Lutz Volkmann

Fundamente der Graphentheorie

Springer Wien NewYork

Univ.-Prof. Dr. Lutz Volkmann
Lehrstuhl II für Mathematik
Rheinisch-Westfälische Technische Hochschule Aachen
Bundesrepublik Deutschland

Satz: Reproduktionsfertige Vorlage des Autors

Graphisches Konzept: Ecke Bonk

Gedruckt auf säurefreiem, chlorfrei gebleichtem Papier – TCF

Die Deutsche Bibliothek – CIP-Einheitsaufnahme

Volkmann, Lutz:
Fundamente der Graphentheorie / Lutz Volkmann. – Wien ;
New York : Springer, 1996
ISBN-13:978-3-211-82774-1   e-ISBN-13:978-3-7091-9449-2
DOI: 10.1007/978-3-7091-9449-2

ISBN-13:978-3-211-82774-1

Gewidmet

meinem Enkelsohn

Tom Fieger

zu seinem ersten Geburtstag

und seinen Eltern

Michael Fieger und Andrea Fieger (geb. Volkmann)

und seinen Großeltern

Günter Fieger, Gertrud Fieger und Hannelore Volkmann

sowie seinen Urgroßmüttern

Rosa Fieger und Edith Volkmann

Vorwort

In den wenigen Jahren, die seit dem Erscheinen meines Lehrbuches
"Graphen und Digraphen" [5] (Springer-Verlag, Wien New York 1991)
vergangen sind, hat nicht nur die Graphentheorie sondern auch der Autor weitere Fortschritte gemacht. Diese Entwicklung ist nicht ohne Einfluß auf mein neues Werk "Fundamente der Graphentheorie" geblieben,
das aus Vorlesungen hervorgegangen ist, die ich in den letzten zehn Jahren regelmäßig an der Rheinisch-Westfälischen Technischen Hochschule
Aachen für Studenten der Mathematik und Informatik gehalten habe.
Bei der Abfassung der vorliegenden Monographie bin ich vielfältig und
ganz wesentlich von meinen besonders begabten und hervorragenden
Schülern Dr. Peter Dankelmann, Dr. Yubao Guo, Dr. Thomas Niessen
und Dipl. Math. Bert Randerath unterstützt worden.

Die Darstellung eines so umfangreichen Gebietes wie die Graphentheorie zwingt natürlich jeden Verfasser zu einer Auswahl. Ich habe (mit
mehr oder weniger Recht) einen Teil derjenigen Ergebnisse neu aufge-
nommen, die mir besonders wichtig und attraktiv erscheinen und sich
organisch in den Aufbau meines ersten Buches einfügen lassen. Dazu
gehören in erster Linie die Ramsey-Theorie (Kapitel 16), die lokal semi-
vollständigen Digraphen (Kapitel 17), Abschnitt 5.2 über multipartite
Turniere, Abschnitt 9.3 über perfekte Graphen, Abschnitt 10.2 über
Graphenparameter im Vergleich, Abschnitt 10.5 über Irredundanzmengen sowie der Abschnitt 13.4 über Totalfärbung. Darüber hinaus sind
die Kapitel 4 (Hamiltonsche Graphen) und Kapitel 7 (Faktortheorie)
umgestaltet und erheblich erweitert worden. Selbstverständlich wurden
auch alle anderen Kapitel überarbeitet und zum Teil stark ergänzt.

Besonderen Wert hat der Autor auf die historischen Ursprünge der
einzelnen Sätze gelegt, wobei Lücken und Fehleinschätzungen natürlich
nicht zu vermeiden sind. Für geschichtliche Hinweise, die die Zeit vor

1936 betreffen, hat mir das erste Lehrbuch über Graphentheorie, das im Jahre 1936 von *Dénes König* [3] veröffentlicht wurde, wertvolle Hilfe geleistet. Denn dieser ungarische Mathematiker (1884 – 1944) faßte nahezu alle am Anfang der 30er Jahre bekannten, in verschiedenen Zeitschriften weit verstreuten Einzelresultate in seinem vorbildlich geschriebenen Werk zu einer einheitlichen Disziplin – eben der Graphentheorie – zusammen.

Genau 200 Jahre vor dem Erscheinen von Königs Buch, war es dem produktivsten und fruchtbarsten Mathematiker aller Zeiten, dem Schweizer Genie *Leonhard Euler* (1707 – 1783) vorbehalten, den historisch ersten graphentheoretischen Artikel zu publizieren. Euler verfaßte seine großen Abhandlungen so leicht, wie ein gewandter Stilist einen Brief an einen Freund schreibt. Sogar die völlige Blindheit während der letzten siebzehn Jahre seines Lebens hemmte in keiner Weise seine unvergleichliche Produktivität. Angeregt durch das bekannte Königsberger Brückenproblem (man vgl. Abschnitt 3.1), stellte Euler [1] 1736 Untersuchungen an, die gerade heute von großem praktischen Nutzen sind. Ein weiteres wichtiges Resultat trägt ebenfalls Eulers Namen, dem wir heute einen Platz in der Theorie der planaren Graphen eingeräumt haben (man vgl. Kapitel 11), nämlich die berühmte Polyederformel $n + l = m + 2$, wobei n, l und m die Anzahl der Ecken, Flächen und Kanten eines (konvexen) Polyeders bedeuten. Diese von Euler 1750 gefundene und 1752 [2], [3] publizierte Formel und seine berühmte Arbeit über das Königsberger Brückenproblem lösten aber noch keine systematische Beschäftigung mit Graphen aus.

Der erste starke Anstoß ging dann von den sich im 19. Jahrhundert schnell entfaltenden Naturwissenschaften aus. Im Jahre 1847 erschien die grundlegende Arbeit von *Gustav Robert Kirchhoff* (1824 – 1887) über elektrische Ströme und Spannungen in Netzwerken, deren Zweige mit Ohmschen Widerständen behaftet sind. Hier ist der Graph durch das elektrische Netzwerk unmittelbar gegeben. In Kirchhoffs Abhandlung [1] findet man den Ursprung der heute so bedeutungsvollen Netzwerktheorie, die sich vor allem mit Verkehrs- und Transportproblemen befaßt (man vgl. Kapitel 15). Sowohl *Arthur Cayley* (1821 – 1895) als auch *James Joseph Sylvester* (1814 – 1879) gelangten über die Chemie zu graphentheoretischen Strukturen. Ausgangspunkt für Cayleys Untersuchungen war die Frage nach der Anzahl isomerer Alkane gleicher Summenformel. Dieses Problem aus der organischen Chemie stand zu jener Zeit im Mittelpunkt des Interesses. Unabhängig von chemischen Überlegungen entwickelte Cayley [1], [2] von 1874 bis 1875 die ersten systematischen Methoden zur Anzahlbestimmung von Isomeren und schaffte damit die mathematische Grundlage für eine allgemeine Abzählungstheorie, die 1937 von *George Pólya* (1887 – 1985) durch seine fundamentale Arbeit [1] voll entfaltet wurde. Als Bezeichnung für graphische Darstellungen von Molekülen benutzte Sylvester [1] im Jahre 1878 erstmalig das Wort "Graph" in dem heutigen Sinne.

Die heftigsten Impulse gingen jedoch von dem berühmt-berüchtigten Vierfarbenproblem aus, das Mitte des 19. Jahrhunderts von dem Studenten Francis Guthrie aufgeworfen wurde. Es fragt danach, ob man die Länder einer Landkarte stets mit höchstens vier Farben so färben kann, daß benachbarte Länder verschiedene Farben tragen (man vgl. dazu Abschnitt 11.2).

Derjenige, der vielleicht die Zukunft voraussah und der – allen Widerständen und Anfeindungen zum Trotz – zum Bahnbrecher für die Graphentheorie wurde, war Dénes König mit seinem wundervollen Buch "Theorie der endlichen und unendlichen Graphen" aus dem Jahre 1936. Damit hat König der wissenschaftlichen Anerkennung und Entfaltung der Graphentheorie einen unschätzbaren Dienst erwiesen. Nach 1960 hat sich die Graphentheorie dann außerordentlich stürmisch entwickelt, und sie besitzt heute einen unverrückbar wichtigen Platz in der reinen wie auch in der angewandten Mathematik.

Mein Hauptziel ist es, dem Leser, insbesondere dem Studierenden, Methoden zu übermitteln und ihn für graphentheoretisches Denken zu interessieren. Obwohl der Text nur Vertrautheit mit Elementarmathematik (Grundbegriffe der Mengenlehre, vollständige Induktion, elementare Kombinatorik) verlangt, enthält er neben dem klassischen Bestand der Graphentheorie eine Fülle moderner und aktueller Forschungsergebnisse, die zum Teil erstmalig in Lehrbuchform zusammengefaßt worden sind. Häufig werden auch die algorithmischen Aspekte betont, die hochinteressante Anwendungen in Wirtschaft, Technik und Naturwissenschaften besitzen. Aufgaben, Beispiele und gezielte Literaturhinweise sind zum Nutzen des Lesers vielfältig eingefügt.

Dieses Werk, das 17 Kapitel umfaßt, die in verschiedene Abschnitte unterteilt sind, wurde vom Autor mit dem Satzsystem LaTeX erstellt. Ein Hinweis auf das Literaturverzeichnis, wie z.B. Euler [1], ist bei dem Namen Euler unter der Ziffer [1] zu finden. Das Ende eines Beweises wird mit ‖ gekennzeichnet.

Aus den folgenden Büchern hat der Verfasser Ideen und Methoden über-
nommen, ohne daß dies in jedem Fall erwähnt werden konnte.
Aigner [1], Berge [4], [6], Bollobás [1], [3], Bondy und Murty [1], Chartrand und Lesniak [1], Halin [2], [3], Harary [2], Jungnickel [1], König
[3], Lovász und Plummer [1], Sachs [2], [3], Tutte [7] und Wilson [1].

Mit großer Sorgfalt hat Herr Dipl. Math. Peter Flach ein Jahrzehnt
die Übungen zu meiner Vorlesung Graphentheorie I geleitet. Daraus
haben sich verschiedene fruchtbare Diskussionen ergeben, die sich in
einigen Abschnitten niedergeschlagen haben. Während Herr Dr. Niessen mir bei der Abfassung der Kapitel 4, 13 und 15 wertvollen Beistand
geleistet hat, wurden Teile der Kapitel 9 und 10 von Herrn Randerath
ergänzt. Das gesamte Werk ist unermüdlich von den Herren Dr. Guo,
Dr. Niessen und Dipl. Math. Randerath mitgestaltet worden, die mir
auch bei den mühevollen Korrekturen geholfen haben. Dabei entfiel die
Hauptlast für die endgültige Fassung auf Herrn Randerath.
Neben dem hier genannten Personenkreis gebührt mein herzlicher und
aufrichtiger Dank auch dem Springer-Verlag in Wien für eine vorbild-
liche und reibungslose Zusammenarbeit.

Aachen, den 7. Oktober 1995   LUTZ VOLKMANN

Inhaltsverzeichnis

Was ist Graphentheorie?   xv

1 Zusammenhang und Abstand   **1**
   1.1 Graphen und Digraphen   1
   1.2 Wege, Kreise und Zusammenhang   9
   1.3 Abstandsmaße 17
   1.4 Bewertete Graphen 22
   1.5 Starker Zusammenhang 27
   1.6 Aufgaben 30

2 Wälder, Kreise und Gerüste   **34**
   2.1 Bäume, Wälder und Kreise 34
   2.2 Gerüste 41
   2.3 Minimalgerüste 48
   2.4 Aufgaben 56

3 Eulersche Graphen   **60**
   3.1 Das Königsberger Brückenproblem 60
   3.2 Gute Ecken in Eulerschen Graphen 65
   3.3 Eulersche Digraphen 68
   3.4 Das chinesische Briefträgerproblem 70
   3.5 Aufgaben 73

4 Hamiltonsche Graphen   **76**
   4.1 Notwendige Bedingungen für Hamiltonsche Graphen . . . 76
   4.2 Hinreichende Bedingungen für Hamiltonsche Graphen . . 80
   4.3 Panzyklische Graphen 85
   4.4 Aufgaben 92

5 Turniertheorie   **95**
   5.1 Turniere 95
   5.2 Multipartite Turniere 100
   5.3 Aufgaben 110

6 Matchingtheorie   **113**
   6.1 Gesättigte und maximale Matchings 113
   6.2 Matchings in bipartiten Graphen 119
   6.3 Matching-Algorithmen 123
   6.4 Aufgaben 132

7 Faktortheorie   **135**
   7.1 Der 1-Faktorsatz von Tutte 135
   7.2 Das f-Faktorproblem 141
   7.3 Reguläre Faktoren in regulären Graphen 153
   7.4 Fastreguläre Faktoren 160
   7.5 Gradsequenzen 165
   7.6 Aufgaben 168

8 Blöcke, Line-Graphen und Graphenoperationen   **170**
   8.1 Schnittecken und Blöcke 170
   8.2 Line-Graphen 180
   8.3 Graphenoperationen 185
   8.4 Aufgaben 189

9 Unabhängige Mengen und Cliquen   **192**
   9.1 Unabhängige Mengen 192
   9.2 Berechnung minimaler Überdeckungen in speziellen
        Graphen 199
   9.3 Perfekte Graphen 203
   9.4 Der Satz von Turán 209
   9.5 Aufgaben 213

10 Dominanz und Irredundanz   **215**
   10.1 Abschätzungen der Dominanzzahl 215
   10.2 Graphenparameter im Vergleich 221
   10.3 Bestimmung minimaler Dominanzmengen in
        Blockgraphen 228

10.4 p-Dominanzmengen 231
10.5 Irredundanzmengen 235
10.6 Aufgaben 241

11 Planare Graphen **244**
11.1 Die Eulersche Polyederformel 244
11.2 Der Fünffarbensatz 249
11.3 Der Satz von Kuratowski 259
11.4 Aufgaben 263

12 Eckenfärbung **265**
12.1 Die chromatische Zahl 265
12.2 Die (pseudo-) achromatische Zahl 270
12.3 Chromatische Polynome 276
12.4 Aufgaben 282

13 Kanten- und Totalfärbung **284**
13.1 Der chromatische Index 284
13.2 Kritische Graphen 292
13.3 Klassifizierung 299
13.4 Totalfärbung 306
13.5 Aufgaben 311

14 Mehrfacher Zusammenhang **313**
14.1 Ecken- und Kantenzusammenhang 313
14.2 Mehrfacher Bogenzusammenhang 322
14.3 Die Mengerschen Sätze 327
14.4 Unabhängige Mengen und Hamiltonkreise 332
14.5 Aufgaben 336

15 Netzwerke **338**
15.1 Die Theorie von Ford-Fulkerson 338
15.2 Algorithmus von Edmonds-Karp 346
15.3 Anwendungen der Netzwerktheorie 351

16 Ramsey-Theorie **357**
16.1 Die klassischen Ramsey-Zahlen 357
16.2 Verallgemeinerte Ramsey-Zahlen 362
16.3 Ramsey-Zahlen von Bäumen 369

17 Lokal semi-vollständige Digraphen   **377**

  17.1 Zwei Struktursätze 377

  17.2 Ringförmige lokal semi-vollständige Digraphen 383

  17.3 Panzyklische lokal semi-vollständige Digraphen 389

Symbolverzeichnis   **396**

Literaturverzeichnis   **401**

Stichwortverzeichnis   **436**

Was ist Graphentheorie?

In dem Titel "Fundamente der Graphentheorie" ist sicherlich jedem der Begriff Fundament geläufig. Aber was bedeutet Graphentheorie?

Lassen Sie mich mit dem allseits bekannten und beliebten Spiel aus unserer Jugendzeit (oder sogar Kindheit) beginnen, nämlich das sogenannte "Haus vom Nikolaus" (das allerdings kein Fundament besitzt) zu skizzieren, ohne dabei den Stift abzusetzen und ohne eine Strecke zweimal zu durchlaufen. Also, zeichnen Sie bitte das "Haus" der ersten Abbildung nach gegebener Vorschrift, und begleiten Sie Ihre Skizze mit den Worten: "Das ist das Haus vom Nikolaus". (Jede Silbe entspricht genau einer Strecke, wobei die beiden Diagonalen als jeweils eine Strecke aufzufassen sind.)

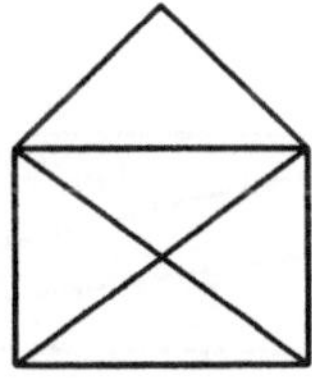

Wenn Sie die erste Aufgabe erfolgreich gelöst haben, dann können Sie die skizzierten Reihenhäuser mit der gleichen Methode versuchen (einen entsprechenden Spruch müssen Sie allerdings selbst entwickeln).

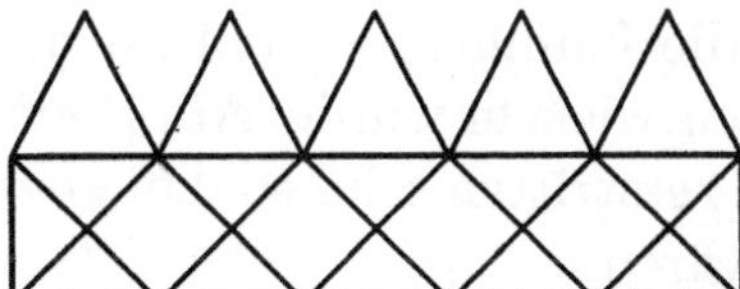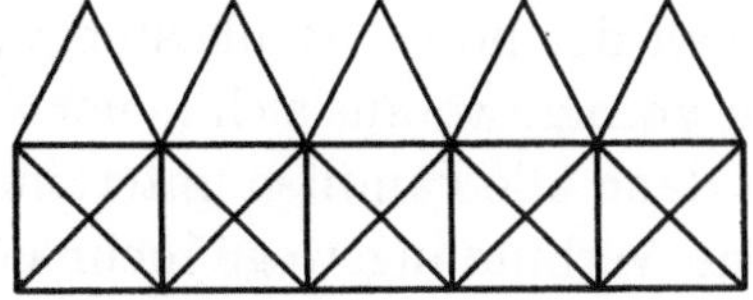

Falls beim Zeichnen der Reihenhäuser Schwierigkeiten auftreten sollten, so schauen Sie einfach in das 3. Kapitel dieses Buches.

Der Ursprung der Graphentheorie ist genau in solchen und ähnlichen Figuren zu finden. Angeregt durch das berühmte Königsberger Brückenproblem (man vgl. dazu auch Abschnitt 3.1), war es dem produktivsten und fruchtbarsten Mathematiker der Geschichte, dem Schweizer Genie *Leonhard Euler* [1] (1707 – 1783) vorbehalten, im Jahre 1736 die historisch erste graphentheoretische Arbeit zu verfassen.

Nun folgt ein Beispiel aus dem "wirklichen Leben". Wir betrachten 6 Familien A_1, A_2, A_3 und B_1, B_2, B_3, die alle ein Grundstück besitzen (heute wirklich nichts besonderes mehr). Jede Familie A_i ist mit jeder Familie B_j befreundet, aber die Familien A_1, A_2, A_3 sowie die Familien B_1, B_2, B_3 sind untereinander verfeindet. Zum gegenseitigen Besuch sind zwischen den Grundstücken der Familien A_i und B_j Verbindungswege geplant. Damit sich aber die Mitglieder der Familien A_1, A_2, A_3 bzw. B_1, B_2, B_3 (im wahrsten Sinne des Wortes) nicht über den Weg laufen können, sollen diese 9 notwendigen Wege kreuzungsfrei angelegt werden. Haben diese Wege z.B. die skizzierte Gestalt, so müßten die Familien A_1 und B_3 einen Tunnel graben oder eine Brücke bauen, damit alle Wege kreuzungsfrei blieben.

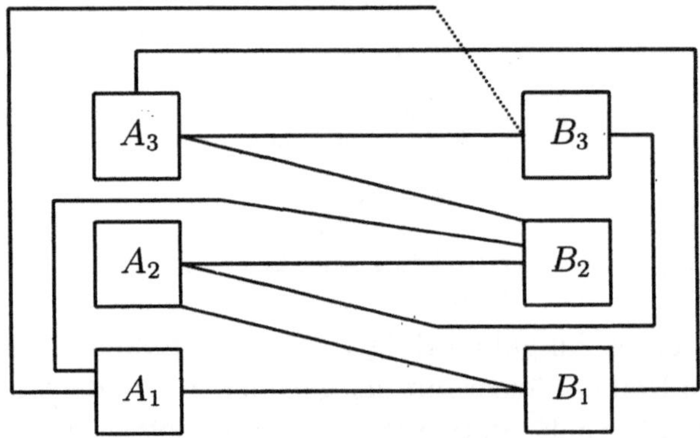

Wegen der hohen Baukosten wären die Familien A_1 und B_3 natürlich sehr zornig, woraus sich neuer Ärger entwickeln würde. Am Ende könnten dann alle Familien untereinander zerstritten sein, so daß überhaupt keine Verbindungswege mehr nötig wären.
Damit Sie gegebenenfalls in solchen oder ähnlichen Situationen hilfreichen Beistand leisten können, empfehle ich Ihnen das Studium des 11. Kapitels.

Weitere typische Objekte aus der Graphentheorie sind Stammbäume. Wir skizzieren einmal den auf der ersten Seite dieses Buches beschriebenen Stammbaum meines Enkelsohnes Tom.

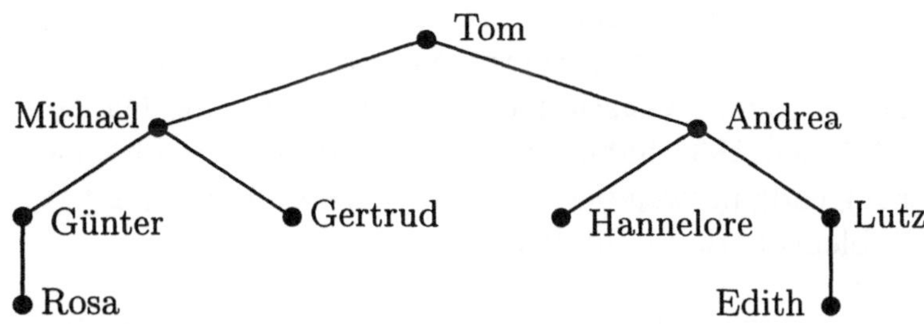

Gebilde dieser Form haben sich in der Graphentheorie als hochgradig nützlich erwiesen, und sie tragen tatsächlich den Namen "Baum" (man vgl. dazu Kapitel 2).

Wir kommen zu einem Problem aus meiner "Praxis". Es wird ein Turnier (z.B. Volleyballturnier) veranstaltet, bei dem jede Mannschaft genau einmal gegen jede andere Mannschaft spielt. Treten z.B. 10 Mannschaften an, so gibt es $10 \times 9/2 = 45$ Begegnungen. Nun soll ein Spielplan erstellt werden, der immer 5 Paarungen gleichzeitig zuläßt. Um einen solchen Spielplan systematisch aufzustellen, kann man z.B. das im Abschnitt 7.3 beschriebene Verfahren verwenden, das natürlich nicht nur für die Zahl 10 gültig ist.

Tritt bei einem Volleyballturnier (Lieblingssportart des Autors) die sehr wahrscheinliche Situation ein, daß Mannschaft A gegen Mannschaft B gewinnt, B gegen C und C gegen A gewinnt, so sind unter den teilnehmenden Mannschaften mindestens zwei punktgleich, so daß für eine Abschlußtabelle das Satz- oder Ballverhältnis einbezogen werden muß (man beachte, daß beim Volleyball kein Unentschieden möglich ist). Einen Nachweis dieser Behauptung findet man im 5. Kapitel.

Ein weiteres "anwendungsbezogenes Beispiel" kann man aus dem sogenannten "Heiratssatz" von König-Hall ableiten. Da Sie im Augenblick vielleicht noch nicht daran denken zu heiraten, möchte ich, um der "Praxis" noch näher zu sein, den Heiratssatz und die damit verbundene Problematik als "Partyproblem" formulieren.

Auf einer Party seien m Damen (oder Mädchen) und $m + n$ Herren (oder Jungen) (wegen der bekannten Tanzfaulheit der Herren ist es im-

mer besser, wenn auf einer Party mehr Herren als Damen anwesend
sind). Wir gehen davon aus, daß jede Dame mit einigen Herren befreundet ist. Nun kommt es zu einer Damenwahl. Da alle m Damen
gerne Tanzen, aber auch alle Damen etwas schüchtern sind, möchte jede Dame nur mit einem Freund tanzen.
Damit haben wir unser "Partyproblem". Denn es stellt sich unmittelbar die Frage, ob der Wunsch der Damen realisiert werden kann. In den
Jahren 1931 und 1935 haben König [2] und Hall [1] unabhängig voneinander folgende notwendige und hinreichende Bedingung zur Lösung
dieses Problems herausgefunden.

Heiratssatz (König [2] 1931, Hall [1] 1935) Notwendig und hinreichend dafür, daß alle m Damen gleichzeitig mit einem ihrer Freunde
tanzen kann, ist, daß für alle k mit $1 \le k \le m$ je k Damen insgesamt
mindestens k Freunde haben.

Beweis. Die Voraussetzungen des Satzes sind natürlich notwendig, denn
sind k Damen mit weniger als k Herren befreundet (für ein einziges k),
so kann der Tanz unter den gegebenen Bedingungen nicht stattfinden.
Daß die Bedingungen auch hinreichend sind, beweisen wir mit vollständiger Induktion nach m, wobei der Induktionsanfang für $m = 1$ sofort
einsichtig ist. Nun sei $m \ge 2$ und wir setzen voraus, daß der Heiratssatz
für alle $q \le m - 1$ schon bewiesen ist. Wir unterscheiden zwei Fälle.
1. Fall. Für alle k, die die Bedingung $1 \le k \le m - 1$ erfüllen, haben je
k Damen insgesamt mindestens $k + 1$ Freunde. Fordert nun eine Dame
einen Freund zum Tanz auf, so erfüllen die verbleibenden $m - 1$ Damen
die Bedingung, daß je j Damen $(1 \le j \le m - 1)$ noch mit j Herren befreundet sind. Das ist aber genau die Voraussetzung des Heiratssatzes
für $q = m - 1$, womit das Problem nach Induktionsvoraussetzung für
diesen Fall schon gelöst ist.
2. Fall. Für ein festes k mit $1 \le k \le m - 1$ gebe es eine Auswahl
von k Damen, die insgesamt genau k Freunde haben. Dann können
sich diese k Damen nach Induktionsvoraussetzung (mit $q = k$) jeweils
einen Freund als Tanzpartner auswählen. Damit suchen die noch verbleibenden $m - k$ Damen einen geeigneten Partner. Nun sind aber je i
dieser $m - k$ Damen $(1 \le i \le m - k)$ mit mindestens i der noch nicht
auserwählten Herren befreundet, denn anderenfalls hätten i Damen zusammen mit den obigen k Damen insgesamt weniger als $i + k$ Freunde.
Nach Induktionsvoraussetzung (mit $q = m - k$) kann jede dieser $m - k$

Damen einen Freund als Partner wählen, und nun darf schließlich und endlich getanzt werden. ||

Damit ist das "Partyproblem" theoretisch gelöst, aber es verbleiben doch noch einige offene Fragen. Z.B.
Wie prüft man die Bedingungen von König und Hall vernünftig nach?
Wie finden die Damen ihre Tanzpartner, falls man tatsächlich die Bedingungen von König und Hall nachgewiesen hat?

Für die praktische Lösung des "Partyproblems" mache ich einige, sich nicht ausschließende, Vorschläge.

1. Sie fragen einen Graphentheoretiker.
2. Sie studieren Kapitel 6 des vorliegenden Buches.
3. Die Damen legen ihre Schüchternheit ab.

Dabei erscheint mir der dritte Vorschlag der einfachste und anwendungsbezogenste zu sein.

Kapitel 1

Zusammenhang und Abstand

1.1 Graphen und Digraphen

Definition 1.1 Es seien E und K zwei disjunkte, nicht leere Mengen. Weiter setzen wir

$$P_2(E) = \{X | X \subseteq E \text{ mit } 1 \le |X| \le 2\},$$

wobei $|X|$ die Kardinalzahl von X bedeutet. Ist $g : K \longrightarrow P_2(E)$ eine Abbildung, so nennen wir das Tripel (E, K, g) einen *Graphen* oder *ungerichteten Graphen G*. Im Fall $E = K = \emptyset$ sprechen wir vom *leeren Graphen* und im Fall $K = \emptyset$ und $E \ne \emptyset$ von einem *Nullgraphen*. Für Graphen benutzen wir folgende Schreibweisen:

$$G = (E, K, g) = (E(G), K(G)) = (E, K)$$

$E = E(G)$ heißt *Eckenmenge* und die Elemente aus E *Ecken* des Graphen G. $K = K(G)$ heißt *Kantenmenge* und die Elemente aus K *Kanten* von G. Ist $k \in K$ mit $g(k) = \{x, y\}$ (x, y nicht notwendig verschieden), so heißen x, y *Endpunkte* der Kante k; man sagt auch, die Kante k *inzidiert* mit den Ecken x und y, oder x und y sind durch die Kante k verbunden; im Fall $x = y$ heißt k *Schlinge* oder *Loop*. Verschiedene Ecken, die durch eine Kante verbunden sind, heißen *benachbart* oder *adjazent*. Inzidieren zwei verschiedene Kanten mit einer gemeinsamen Ecke, so nennt man die Kanten *inzident*. Eine Ecke, die mit keiner Kante inzidiert, heißt *isolierte Ecke*. Sind k_1 und k_2 zwei verschiedene Kanten mit $g(k_1) = g(k_2) = \{x, y\}$, so nennt man k_1 und k_2 *Mehrfachkanten* oder *parallele Kanten*. Ein Graph ohne Schlingen heißt *Multigraph*. Hat ein Multigraph keine Mehrfachkanten, so spricht man von einem *schlichten Graphen*. Ein Nullgraph, der nur aus einer einzigen Ecke besteht, wird auch *trivialer Graph* genannt.

Bei der anschaulichen Deutung eines Graphen kann man im allgemeinen die Ecken und die Kanten als in einem metrischen (oder nur topologischen) Raum, etwa in den $\mathbf{R}^2$ oder $\mathbf{R}^3$, eingebettet betrachten, indem man die Ecken als Punkte des Raumes und die Kanten als Jordansche Bogen, die diese Punkte miteinander verbinden, interpretiert. Prinzipiell sind aber die Ecken Elemente einer beliebigen Menge, und eine Kante k mit $g(k) = \{x, y\}$ besitzt die einzige definierende Eigenschaft, daß sie ihre Endpunkte x und y bestimmt.

Beispiel 1.1 Gegeben seien die zwei disjunkten Mengen

$$E = \{x_1; x_2, x_3, x_4, x_5\} \quad \text{und} \quad K = \{k_1, k_2, k_3, k_4, k_5, k_6, k_7\}$$

mit

$$g(k_1) = g(k_2) = g(k_3) = \{x_2, x_3\}, \ g(k_4) = \{x_3, x_4\},$$
$$g(k_5) = \{x_3, x_5\}, \ g(k_6) = \{x_4, x_5\} \ \text{und} \ g(k_7) = \{x_4\}.$$

Diesen so definierten Graphen $G = (E, K, g)$ veranschaulichen wir zunächst durch eine Skizze.

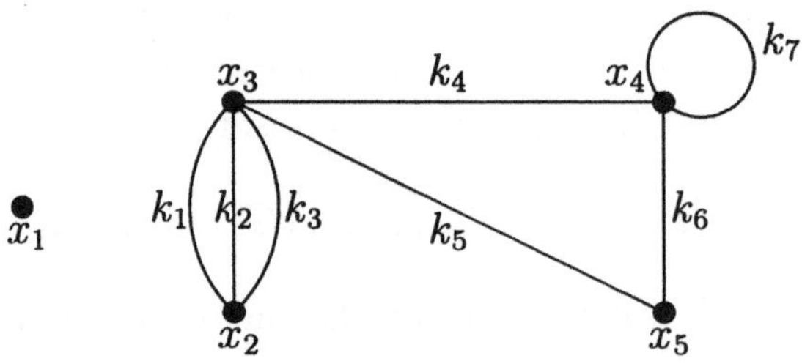

Folgende Eigenschaften von G lesen wir aus der Definition oder der Skizze des Graphen ab.

G besteht aus fünf Ecken und sieben Kanten. Die Ecken x_2 und x_3 sind Endpunkte der parallelen Kanten k_1, k_2 und k_3. Damit ist der Graph nicht schlicht. Die Kante k_7 ist eine Schlinge, womit G auch kein Multigraph ist. Die Kanten k_5 und k_6 inzidieren mit der Ecke x_5, womit diese Kanten inzident sind. Die Ecken x_3 und x_4 sind adjazent, die Ecken x_2 und x_4 sind nicht adjazent. Da x_1 mit keiner Kante inzidiert, ist x_1 eine isolierte Ecke.

Die nächsten beiden Beispiele sollen demonstrieren, daß man nicht jeden Graphen so einfach veranschaulichen kann.

Beispiel 1.2 Ist E die Menge der reellen Zahlen, also $E = \mathbf{R}$, K die Menge aller reellen Zahlenfolgen (x_i) und $g : K \longrightarrow P_2(E)$ definiert durch $g(k) = \{x_1, x_3\}$ mit $k = (x_1, x_2, x_3, ...)$.

Beispiel 1.3 Ist $E = \mathbf{R}$, $K = \{f | f : [0, 1] \longrightarrow \mathbf{R}$ eine Funktion$\}$ und

$$s_f = \sup_{0 \le x \le 1} |f(x)|, \quad i_f = \inf_{0 \le x \le 1} |f(x)|,$$

so definieren wir $g : K \longrightarrow P_2(E)$ durch

$$g(f) = \left\{ i_f, \frac{s_f}{1 + s_f} \right\} \quad \text{mit} \quad \frac{s_f}{1 + s_f} = 1, \quad \text{wenn} \quad s_f = \infty,$$

Nun ist das Tripel (E, K, g) ein Graph.

In der Graphentheorie spielen neben den ungerichteten Graphen noch die gerichteten Graphen eine wichtige Rolle, die wir in der nächsten Definition vorstellen wollen.

Definition 1.2 Es seien E, B nicht leere Mengen mit $E \cap B = \emptyset$. Ist $h : B \longrightarrow E \times E$ eine Abbildung, so nennen wir das Tripel (E, B, h) einen *Digraphen* oder *gerichteten Graphen* D. Für Digraphen benutzen wir folgende Schreibweisen:

$$D = (E, B, h) = (E(D), B(D)) = (E, B)$$

Im Fall $B = \emptyset$ fallen die Begriffe Graph und Digraph zusammen. Analog zu Definition 1.1 werden die *Nulldigraphen* und *trivialen Digraphen* erklärt. $E = E(D)$ heißt *Eckenmenge* und die Elemente aus E *Ecken* des Digraphen D. $B = B(D)$ heißt *Bogenmenge* und die Elemente aus B *Bogen* oder *gerichtete* bzw. *orientierte Kanten* von D. Ist $k \in B$ mit $h(k) = (x, y)$ (x, y nicht notwendig verschieden), so heißt x *Anfangspunkt* und y *Endpunkt* des Bogens k; man sagt auch, der Bogen k geht von x nach y, oder k *inzidiert* mit x *positiv* und mit y *negativ*; im Fall $x = y$ heißt k *Schlinge* oder *Loop*. Anschaulich stellt man k durch einen von x nach y gerichteten Pfeil dar, wenn x und y verschieden sind. Eine Ecke, die weder Anfangspunkt noch Endpunkt eines Bogens ist, heißt *isolierte Ecke*. Zwei Bogen heißen *parallel*, wenn sie denselben Anfangs- und Endpunkt haben. Ein Digraph ohne Schlingen heißt *Multidigraph*.

Hat ein Multidigraph keine parallelen Bogen, so spricht man von einem
schlichten Digraphen.

Jedem Digraphen D können wir auf natürliche und eindeutige Weise
einen Graphen G mit der gleichen Eckenmenge zuordnen, indem wir
jedem Bogen genau eine Kante mit den gleichen Endpunkten zuordnen. Ein solcher Graph $G = G(D)$ heißt *untergeordneter Graph* von D.
Umgekehrt kann man aus einem Graphen G einen Digraphen D konstruieren, indem man aus jeder Kante einen Bogen macht. Man nennt
D dann eine *Orientierung* von G. Diese Konstruktion ist natürlich
keineswegs eindeutig.

Beispiel 1.4 Mit Hilfe einer Skizze werden wir dem Graphen G aus
Beispiel 1.1 eine Orientierung D geben.

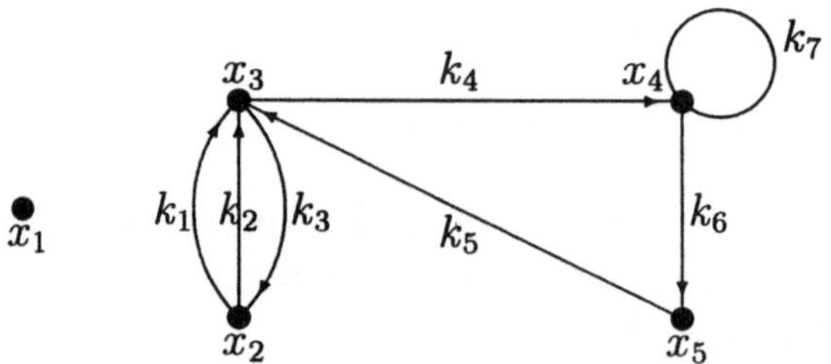

Folgende Eigenschaften von D lesen wir aus der Skizze ab:
Die Bogen k_1 und k_2 sind parallel, womit D nicht schlicht ist. Die Bogen
k_1 und k_3 sind nicht parallel. Der Bogen k_4 geht von x_3 nach x_4, womit
k_4 mit x_3 positiv und mit x_4 negativ inzidiert. D besitzt die Schlinge
k_7. Der Graph G aus Beispiel 1.1 ist der untergeordnete Graph dieses
Digraphen D.

Definition 1.3 Ungerichtete Graphen G bzw. Digraphen D mit der
Eigenschaft $|E(G)|, |K(G)| < \infty$ bzw. $|E(D)|, |B(D)| < \infty$ heißen
endlich. Im Fall von endlichen Graphen bzw. Digraphen benutzen wir
durchweg die Schreibweisen

$$|E(G)| = n(G) = n, \quad |E(D)| = n(D) = n,$$

$$|K(G)| = m(G) = m, \quad |B(D)| = m(D) = m.$$

Man nennt $n(G)$ bzw. $n(D)$ die *Ordnung* und $m(G)$ bzw. $m(D)$ die
Größe des Graphen G bzw. des Digraphen D.

Bemerkung 1.1 In diesem Buch behandeln wir ausschließlich endliche Graphen und endliche Digraphen.

Definition 1.4 Ist $G = (E, K)$ ein Graph und $x \in E$ eine Ecke, so bezeichnen wir mit

$$d(x, G) = d(x)$$

die Anzahl der Kanten, die mit der Ecke x inzidieren, wobei Schlingen doppelt gezählt werden. Wir nennen $d(x)$ den *Eckengrad, Grad* oder die *Valenz* der Ecke x. Ist $d(x) = 1$, so heißt x *Endecke* und die mit der Ecke x inzidierende Kante *Endkante*. Für den *minimalen* bzw. *maximalen Eckengrad* eines Graphen schreiben wir

$$\delta(G) = \delta = \min_{x \in E} d(x),$$

$$\Delta(G) = \Delta = \max_{x \in E} d(x).$$

Ist $D = (E, B)$ ein Digraph und $x \in E$, so bezeichnen wir mit

$$d^+(x, D) = d^+(x) \quad \text{bzw.} \quad d^-(x, D) = d^-(x)$$

die Anzahl der Bogen, die mit x positiv bzw. negativ inzidieren, wobei hier eine Schlinge, die mit x inzidiert, zu $d^+(x)$ und $d^-(x)$ jeweils den Beitrag 1 leistet. Wir nennen $d^+(x)$ den *Außengrad* und $d^-(x)$ den *Innengrad* der Ecke x. Weiter setzen wir

$$\delta^+(D) = \delta^+ = \min_{x \in E} d^+(x), \quad \delta^-(D) = \delta^- = \min_{x \in E} d^-(x),$$

$$\Delta^+(D) = \Delta^+ = \max_{x \in E} d^+(x), \quad \Delta^-(D) = \Delta^- = \max_{x \in E} d^-(x),$$

$$d(G) = \sum_{x \in E} d(x), \quad d^+(D) = \sum_{x \in E} d^+(x), \quad d^-(D) = \sum_{x \in E} d^-(x).$$

Unser erster Satz läßt sich einfach beweisen, ist aber von zentraler Bedeutung für die gesamte Graphentheorie.

Satz 1.1 (Handschlaglemma) i) Es sei $G = (E, K)$ ein Graph. Ist $|K| = m$, so gilt

$$d(G) = \sum_{x \in E} d(x) = 2m.$$

Insbesondere ist die Anzahl der Ecken ungeraden Grades stets gerade.

ii) Ist $D = (E, B)$ ein Digraph mit $|B| = m$, so gilt

$$d^+(D) = \sum_{x \in E} d^+(x) = d^-(D) = \sum_{x \in E} d^-(x) = m.$$

Beweis. i) Jede Kante (auch Schlingen) liefert zum Gesamtgrad von G den Beitrag 2, womit $d(G) = 2m$ gilt. Daraus ergibt sich

$$2m = \sum_{x \in E,\ d(x) \text{ gerade}} d(x) + \sum_{x \in E,\ d(x) \text{ ungerade}} d(x),$$

womit die Anzahl der Ecken ungeraden Grades notwendig gerade ist. ii) Jeder Bogen (auch Schlingen) liefert für $d^+(D)$ und $d^-(D)$ den Beitrag 1, womit $d^+(D) = d^-(D) = m$ gilt. ‖

Definition 1.5 Es seien $G = (E, K, g)$ und $G' = (E', K', g')$ zwei Graphen und $f : E \longrightarrow E'$ sowie $F : K \longrightarrow K'$ Abbildungen. Das Paar (f, F) heißt *Graphenhomomorphismus* oder *Homomorphismus*, wenn für alle $k \in K$ gilt:

$$g(k) = \{x, y\} \Longrightarrow g'(F(k)) = \{f(x), f(y)\}$$

Für Graphenhomomorphismen benutzen wir die kurze Schreibweise $(f, F) : G \longrightarrow G'$. Die Menge aller Homomorphismen von G nach G' bezeichnen wir wie üblich mit $\mathrm{Hom}(G, G')$. Sind die Abbildungen f, F bijektiv, so heißt (f, F) *Graphenisomorphismus* oder *Isomorphismus*, und die Graphen G und G' heißen *isomorph*, in Zeichen $G \cong G'$.

Bemerkung 1.2 Graphenhomomorphismen respektieren Adjazenz von Ecken, d.h.: Ist $(f, F) : G \longrightarrow G'$ ein Graphenhomomorphismus, und sind die beiden Ecken $x, y \in E(G)$ adjazent in G, so gilt $f(x) = f(y)$, oder die Bildecken $f(x)$ und $f(y)$ sind adjazent in G'. Im gleichen Sinne respektieren Graphenhomomorphismen auch die Inzidenz von Kanten. Darüber hinaus gehen bei Homomorphismen Schlingen in Schlingen über.
Isomorphe Graphen werden als im wesentlichen gleich angesehen. Ist $(f, F) : G \longrightarrow G'$ ein Graphenisomorphismus, so gilt z.B. $d(a, G) = d(f(a), G')$ für alle $a \in E(G)$ (man vgl. Aufgabe 1.3).

Bemerkung 1.3 Die Definition 1.5 läßt sich entsprechend für Digraphen formulieren.

Zur Darstellung von Graphen und Digraphen werden auch die sogenannten Adjazenzmatrizen und Inzidenzmatrizen benutzt.

Definition 1.6 Es sei $G = (E, K, g)$ ein Graph mit $E = \{x_1, ..., x_n\}$ und $K = \{k_1, ..., k_m\}$. Die Anzahl der Kanten, die x_i und x_j verbinden, bezeichnen wir mit $m_G(x_i, x_j) = m(x_i, x_j)$, wobei Schlingen doppelt gezählt werden. Die quadratische $n \times n$ Matrix

$$A_G = A = (m(x_i, x_j))$$

heißt *Adjazenzmatrix* von G.
Die $n \times m$ Matrix $I_G = I = (b_{ij})$ mit

$$b_{ij} = \begin{cases} 0 & : \quad \text{wenn } x_i \text{ und } k_j \text{ nicht inzident} \\ 1 & : \quad \text{wenn } x_i \text{ und } k_j \text{ inzident und } k_j \text{ keine Schlinge} \\ 2 & : \quad \text{wenn } x_i \text{ und } k_j \text{ inzident und } k_j \text{ Schlinge} \end{cases}$$

heißt *Inzidenzmatrix* von G für $K \neq \emptyset$.
Es sei $D = (E, B, h)$ ein Digraph mit $E = \{x_1, ..., x_n\}$ und $B = \{k_1, ..., k_m\}$. Mit $m_D(x_i, x_j)$ bezeichnen wir die Anzahl der Bogen von x_i nach x_j, wobei Schlingen einfach gezählt werden. Die quadratische $n \times n$ Matrix

$$A_D = A = (m_D(x_i, x_j))$$

heißt *Adjazenzmatrix* von D.
Die $n \times m$ Matrix $I_D = I = (a_{ij})$ mit

$$a_{ij} = \begin{cases} 0 & : \quad \text{wenn } x_i \text{ und } k_j \text{ nicht inzident} \\ 1 & : \quad \text{wenn } x_i \text{ Anfangspunkt von } k_j \text{ und } k_j \text{ keine Schlinge} \\ -1 & : \quad \text{wenn } x_i \text{ Endpunkt von } k_j \text{ und } k_j \text{ keine Schlinge} \\ -0 & : \quad \text{wenn } x_i \text{ und } k_j \text{ inzident und } k_j \text{ Schlinge} \end{cases}$$

heißt *Inzidenzmatrix* von D für $B \neq \emptyset$ (die -0 dient der Kennzeichnung von Schlingen).

Beispiel 1.5 Den Graphen aus Beispiel 1.1 und den Digraphen aus Beispiel 1.4 werden wir jeweils durch seine Adjazenzmatrix bzw. Inzidenzmatrix darstellen.

$$A_G = \begin{pmatrix} 0 & 0 & 0 & 0 & 0 \\ 0 & 0 & 3 & 0 & 0 \\ 0 & 3 & 0 & 1 & 1 \\ 0 & 0 & 1 & 2 & 1 \\ 0 & 0 & 1 & 1 & 0 \end{pmatrix}$$

$$I_G = \begin{pmatrix} 0 & 0 & 0 & 0 & 0 & 0 & 0 \\ 1 & 1 & 1 & 0 & 0 & 0 & 0 \\ 1 & 1 & 1 & 1 & 1 & 0 & 0 \\ 0 & 0 & 0 & 1 & 0 & 1 & 2 \\ 0 & 0 & 0 & 0 & 1 & 1 & 0 \end{pmatrix}$$

$$A_D = \begin{pmatrix} 0 & 0 & 0 & 0 & 0 \\ 0 & 0 & 2 & 0 & 0 \\ 0 & 1 & 0 & 1 & 0 \\ 0 & 0 & 0 & 1 & 1 \\ 0 & 0 & 1 & 0 & 0 \end{pmatrix}$$

$$I_D = \begin{pmatrix} 0 & 0 & 0 & 0 & 0 & 0 & 0 \\ 1 & 1 & -1 & 0 & 0 & 0 & 0 \\ -1 & -1 & 1 & 1 & -1 & 0 & 0 \\ 0 & 0 & 0 & -1 & 0 & 1 & -0 \\ 0 & 0 & 0 & 0 & 1 & -1 & 0 \end{pmatrix}$$

Bemerkung 1.4 Durch Adjazenz- bzw. Inzidenzmatrizen werden Graphen und Digraphen eindeutig bis auf Isomorphie bestimmt. Diese Matrizen haben die folgenden Eigenschaften (man vgl. Aufgabe 1.4):

i) Die Matrix A_G ist symmetrisch, womit ihre Eigenwerte reell sind.

ii) In A_G ergibt die Summe der Glieder des i-ten Zeilenvektors bzw. des i-ten Spaltenvektors den Eckengrad $d(x_i, G)$.

iii) In I_G ist $d(x_i, G)$ die Summe der Glieder des i-ten Zeilenvektors, und die Summe der Glieder jedes Spaltenvektors beträgt 2.

iv) In A_D ergibt sich $d^+(x_i, D)$ bzw. $d^-(x_i, D)$ als die Summe der Glieder des i-ten Zeilenvektors bzw. des i-ten Spaltenvektors.

v) In I_D ergibt die Summe der Glieder jedes Spaltenvektors 0.

Definition 1.7 Ein Graph $G' = (E', K', g')$ heißt *Teilgraph* eines Graphen $G = (E, K, g)$, in Zeichen $G' \subseteq G$, wenn $E' \subseteq E$, $K' \subseteq K$ und g' die Einschränkung von g auf die Menge K' ist. Im Fall $E' = E$ nennt man den Teilgraphen G' auch *Faktor* von G.

Es sei $E' \subseteq E$. Derjenige Teilgraph von G, der aus E' und allen Kanten von G besteht, die nur mit Ecken aus E' inzidieren, heißt der von E' *induzierte Teilgraph*, in Zeichen $G[E']$. Wir setzen $G[E - E''] = G - E''$ für $E'' \subseteq E$ und $G - \{x\} = G - x$ für $x \in E$.

Es sei $K' \subseteq K$. Derjenige Teilgraph von G, der aus K' und allen Ecken von G besteht, die mit Kanten aus K' inzidieren, heißt der von K' *erzeugte Teilgraph*, in Zeichen $G[K']$. Für $K'' \subseteq K$ wird der Graph $G - K''$ durch $G - K'' = (E, K - K'')$ definiert. Wir setzen $G - \{k\} = G - k$ für $k \in K$.

Entsprechende Operationen kann man auch für Digraphen erklären.
Sind $x, y \in E$ und fügt man zum Graphen G eine neue Kante k mit den
Endpunkten x und y hinzu, so schreibt man dafür $G + k$ oder $G + xy$.
Sind $G_i = (E_i, K_i)$ Teilgraphen von G, so wird die *Vereinigung* bzw.
der *Durchschnitt* dieser Graphen definiert durch:

$$\cup G_i = (\cup E_i, \cup K_i) \quad \text{bzw.} \quad \cap G_i = (\cap E_i, \cap K_i)$$

Es ist leicht zu verifizieren, daß die Vereinigung und der Durchschnitt
von Teilgraphen wieder Teilgraphen sind.

Definition 1.8 Ein Graph G heißt *regulär*, wenn $\delta(G) = \Delta(G)$ gilt.
Setzt man $r = \delta(G) = \Delta(G)$, so nennt man G auch *r-regulär*.
Ein schlichter Graph mit n Ecken, in dem jedes Paar von Ecken adjazent
ist, heißt *vollständiger Graph*, in Zeichen K_n.

Bemerkung 1.5 Ist der Graph $G \cong K_n$, so ist G natürlich $(n-1)$-
regulär. Da für jede Ecke $x \in E(G)$ eines schlichten Graphen G mit
n Ecken die Ungleichung $d(x, G) \leq n - 1$ besteht, ergibt sich aus dem
Handschlaglemma

$$|K(G)| = \frac{1}{2} \sum_{x \in E(G)} d(x, G) \leq \frac{n(n-1)}{2} = \binom{n}{2}$$

für alle schlichten Graphen G, und die Gleichheit besteht genau dann,
wenn G vollständig ist.

1.2 Wege, Kreise und Zusammenhang

Für die nächsten fundamentalen Begriffe der Graphentheorie geben wir
zwei mögliche Definitionen, wobei die erste etwas anschaulicher ist und
die zweite auf dem Homomorphiebegriff beruht.

Definition 1.9 I. Anschauliche Definitionen: Es sei $G = (E, K, g)$ ein
Graph und $k_1, ..., k_p \in K$ (die k_i müssen nicht notwendig verschieden
sein) mit $g(k_i) = \{a_{i-1}, a_i\}$ für $i = 1, ..., p$. Unter diesen Voraussetzungen heißt $(k_1, ..., k_p)$ *Kantenfolge von a_0 nach a_p der Länge p*. Für
Kantenfolgen benutzen wir folgende Schreibweisen

$$Z = (k_1, ..., k_p) = (a_0, ..., a_p) = (a_0, k_1, a_1, ..., k_p, a_p) = a_0 a_1 ... a_p,$$

und wir nennen a_0 *Anfangspunkt* und a_p *Endpunkt* der Kantenfolge Z. Man sagt auch, Z geht von a_0 nach a_p, und die Länge p von Z bezeichnen wir mit $L(Z)$. Die Kantenfolge Z heißt *geschlossen*, wenn $a_0 = a_p$ und *offen*, wenn $a_0 \neq a_p$ gilt.

Sind in einer Kantenfolge alle Kanten paarweise verschieden, so spricht man von einem *Kantenzug*. Sind in einem Kantenzug alle Ecken paarweise verschieden, so liegt ein *Weg* vor. Ein geschlossener Kantenzug $C = (a_0, ..., a_p)$, in dem die Ecken $a_0, ..., a_{p-1}$ paarweise verschieden sind, heißt *Kreis*. Ein Kreis der Länge p wird häufig mit C_p bezeichnet. Mit $E(Z)$ bzw. $K(Z)$ bezeichnen wir die in G liegenden Ecken bzw. Kanten der Kantenfolge Z. Besteht Z nur aus einer einzigen Ecke, so spricht man vom *Nullweg*.

II. Definitionen mit Hilfe von Homomorphismen: Ist $p \in \mathbf{N}_0 = \{0, 1, 2, ...\}$, so heißt der schlichte Graph $J_p = (E(J_p), K(J_p), g)$ mit der Eckenmenge $E(J_p) = \{0, 1, ..., p\}$, der Kantenmenge $K(J_p) = \{l_1, ..., l_p\}$ und $g : K(J_p) \longrightarrow P_2(E(J_p))$ mit $g(l_j) = \{j-1, j\}$ für $j = 1, ..., p$ *Standardintervall* der Länge p (man vgl. die Skizze).

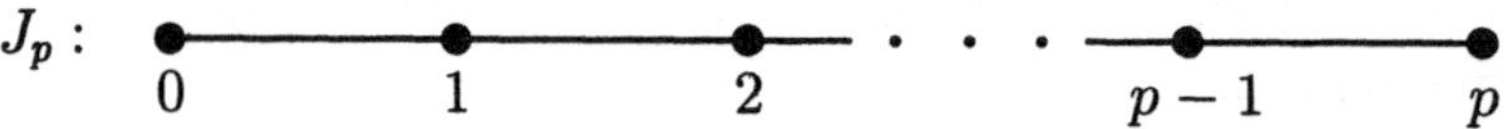

Ist $G = (E, K)$ ein Graph, so heißt ein Homomorphismus $Z = (f, F) : J_p \longrightarrow G$ *Kantenfolge* der *Länge* $L(Z) = p$. Ist F injektiv, so heißt Z *Kantenzug*, und ist f (und damit auch F) injektiv, so heißt Z *Weg*. Im Fall $p = 0$ spricht man vom *Nullweg*. Ist $f(0) = f(p)$, so heißt Z *geschlossene Kantenfolge*; ist zusätzlich F injektiv, so nennt man Z *geschlossenen Kantenzug* oder *Tour*. Im Fall $f(0) \neq f(p)$ spricht man von *offenen Kantenfolgen* bzw. *offenen Kantenzügen*. Ist $f(0) = f(p)$ mit $p > 0$, und ist die Einschränkung der Abbildung f auf die Menge $\{0, ..., p-1\}$ injektiv, so heißt Z *Kreis*.

Zunächst beweisen wir einige Eigenschaften von Kantenfolgen, die anschaulich recht einleuchtend sind.

Satz 1.2 Ist Z eine offene Kantenfolge von a_0 nach a_p, so existiert ein Weg W von a_0 nach a_p mit $K(W) \subseteq K(Z)$.

Beweis. Man wähle eine Kantenfolge W minimaler Länge von a_0 nach a_p mit $K(W) \subseteq K(Z)$. Hat W die Gestalt

$$W = (b_0, k_1, b_1, ..., k_t, b_t) \quad \text{mit } b_0 = a_0, b_t = a_p,$$

so gilt $b_i \neq b_j$ für $i < j$. Denn angenommen $b_i = b_j$ für $i < j$, so wäre

$$V = (b_0, k_1, b_1, ..., b_i, k_{j+1}, b_{j+1}, ..., b_t)$$

eine Kantenfolge von a_0 nach a_p mit $K(V) \subseteq K(Z)$, die $j - i$ weniger Kanten als W hätte, was nach der Wahl von W nicht möglich ist. Damit sind alle Ecken von W verschieden, und W ist ein Weg mit den gewünschten Eigenschaften. ‖

Den nächsten Satz beweist man analog (man vgl. Aufgabe 1.5).

Satz 1.3 Ist Z ein geschlossener Kantenzug positiver Länge, und ist $a \in E(Z)$, so gibt es einen Kreis C mit $a \in E(C)$ und $K(C) \subseteq K(Z)$.

Bemerkung 1.6 Im Satz 1.3 kann der Kantenzug nicht durch eine Kantenfolge ersetzt werden. Denn betrachtet man den Graphen J_1 mit der einzigen Kante l_1, so ist $Z = (0, l_1, 1, l_1, 0)$ eine geschlossene Kantenfolge, aber es existiert natürlich kein Kreis in J_1.

Mit Hilfe von Satz 1.2 ergibt sich ohne Schwierigkeiten das folgende Ergebnis.

Satz 1.4 Sind a, b, c drei verschiedene Ecken eines Graphen, und existieren Kantenfolgen Z_1 von a nach b und Z_2 von b nach c, so gibt es einen Weg W von a nach c mit $K(W) \subseteq K(Z_1) \cup K(Z_2)$.

Satz 1.5 Es sei $G = (E, K, g)$ ein Graph und a, b zwei verschiedene Ecken aus E. Sind W_1 und W_2 zwei verschiedene Wege in G (d.h. $K(W_1) \neq K(W_2)$) von a nach b, so gibt es in G einen Kreis C mit $K(C) \subseteq K(W_1) \cup K(W_2)$.

Beweis. Es seien

$$W_1 = (a_0, k_1, a_1, ..., k_p, a_p) \quad \text{und} \quad W_2 = (b_0, l_1, b_1, ..., l_q, b_q)$$

mit $a_0 = b_0 = a$ und $a_p = b_q = b$. Da W_1 und W_2 verschieden sind, gibt es eine erste Kante k_s mit $g(k_s) = \{a_{s-1}, a_s\}$, die von l_s mit $g(l_s) = \{b_{s-1}, b_s\}$ verschieden ist. Ist nun a_t mit $s \leq t \leq p$ diejenige Ecke mit dem kleinsten Index, die mit einer Ecke $b_s, ..., b_q$, etwa mit b_r, identisch ist, so ist

$$C = (a_{s-1}, k_s, a_s, ..., k_t, a_t, l_r, b_{r-1}, ..., b_s, l_s, b_{s-1} = a_{s-1})$$

ein Kreis mit den gewünschten Eigenschaften. ‖

Definition 1.10 Zwei Ecken a, b eines Graphen G heißen *zusammenhängend*, wenn ein Weg von a nach b existiert. Dies definiert auf der Eckenmenge von G eine Äquivalenzrelation. Jeder von einer Äquivalenzklasse induzierte Teilgraph heißt *Zusammenhangskomponente* oder *Komponente* von G. Sind $G_1, ..., G_\kappa$ die Komponenten von G, so gilt

$$G = \bigcup_{i=1}^{\kappa} G_i.$$

Im folgenden bezeichnen wir mit $\kappa = \kappa(G)$ immer die Anzahl der Komponenten eines Graphen G. Besteht G nur aus einer einzigen Komponente, so heißt der Graph *zusammenhängend*.

Bemerkung 1.7 Ist $G = (E, K, g)$ ein Graph und $k \in K$ eine Kante mit $g(k) = \{a, b\}$, so benutzen wir im folgenden fast ausschließlich die kurze Schreibweise $k = ab$. Entsprechend schreiben wir für einen Bogen k von x nach y auch $k = (x, y)$.

Satz 1.6 Ist G ein Graph und $k \in K(G)$, so gilt

$$\kappa(G) \leq \kappa(G - k) \leq \kappa(G) + 1.$$

Beweis. Da die erste Ungleichung klar ist, genügt es, die zweite Ungleichung zu beweisen.

Es sei $k = ab$, und wir nehmen an, daß $G - k$ aus den Komponenten $G_1, ..., G_p$ mit $p \geq \kappa(G) + 2$ besteht. Sind $a, b \in E(G_i)$ für ein i, so ergibt sich sofort der Widerspruch

$$\kappa(G) = \kappa((G - k) + k) = p > \kappa(G).$$

Im verbleibenden Fall $a \in E(G_i)$ und $b \in E(G_j)$ mit $i \neq j$ ergibt sich der Widerspruch

$$\kappa(G) = \kappa((G - k) + k) = p - 1 > \kappa(G). \quad \|$$

Satz 1.7 Es sei G ein Graph und $k \in K(G)$. Es gilt genau dann $\kappa(G) = \kappa(G - k)$, wenn k zu einem Kreis von G gehört.

Beweis. Es sei $k = ab$. Gibt es einen Kreis C in G mit $k \in K(C)$, so ist $C - k$ ein Weg von a nach b, womit alle Wege, die die Kante k benutzen, über den Weg $C - k$ umgeleitet werden können. Daher ist dann $\kappa(G) = \kappa(G - k)$.

Gilt umgekehrt $\kappa(G) = \kappa(G - k)$, so liegen die Ecken a und b im Graphen $G - k$ weiterhin in einer Komponente, womit es in $G - k$ einen Weg W von a nach b gibt. Dann ist aber $W + k$ ein Kreis im Graphen G. $\|$

Definition 1.11 Eine Kante k eines Graphen G heißt *Brücke*, wenn $\kappa(G) < \kappa(G - k)$ gilt.

Aus den Sätzen 1.6 und 1.7 ergeben sich sofort folgende Charakterisierungen von Brücken.

Folgerung 1.1 Es sei k eine Kante des Graphen G. Folgende Aussagen sind äquivalent:

  i) k ist eine Brücke.

  ii) k gehört zu keinem Kreis von G.

  iii) Es gilt $\kappa(G) + 1 = \kappa(G - k)$.

Folgerung 1.1 liefert uns ohne Schwierigkeit

Folgerung 1.2 Ist a eine Endecke des Graphen G, so gilt

$$\kappa(G) = \kappa(G - a).$$

Satz 1.8 Ein Graph G mit $\delta(G) \geq 2$ besitzt mindestens einen Kreis.

Beweis. Besitzt G eine Schlinge oder Mehrfachkanten, so ist nichts mehr zu zeigen. Nun sei G schlicht und $W = (a_0, k_1, ..., k_p, a_p)$ ein längster Weg, der wegen der Endlichkeit von G endliche Länge hat. Da $d(a_0, G) \geq 2$ gilt, muß a_0 zu einem a_i mit $1 \leq i \leq p$ adjazent sein, womit wir einen Kreis gefunden haben. $\|$

Für schlichte Graphen beweisen wir folgende Erweiterung von Satz 1.8, die auf Dirac [2] 1952 zurückgeht.

Satz 1.9 (Dirac [2] 1952) Ist G ein schlichter Graph mit $\delta(G) \geq 2$, so besitzt G einen Kreis C der Länge $L(C) \geq \delta(G) + 1$.

Beweis. Es sei $W = (a_0, k_1, ..., k_p, a_p)$ ein längster Weg in G. Dann ist a_0 einerseits höchstens zu den Ecken $a_1, ..., a_p$ adjazent, und andererseits ist a_0 mit mindestens $\delta(G)$ dieser Ecken benachbart. Ist a_i diejenige Ecke aus $\{a_1, ..., a_p\}$ mit dem größten Index, die zu a_0 adjazent ist, so gilt $i \geq \delta(G)$, und es ist $C = (a_0, ..., a_i, a_0)$ ein Kreis der gewünschten Länge. $\|$

Satz 1.10 Jeder nicht triviale zusammenhängende Graph G besitzt eine Ecke v, so daß $G - v$ zusammenhängend ist.

Beweis. Ist $W = (a_0, k_1, ..., k_p, a_p)$ ein längster Weg in G, so ist die Ecke $v = a_0$ höchstens zu den Ecken $a_1, ..., a_p$ adjazent. Daraus ergibt sich leicht $\kappa(G - v) = \kappa(G) = 1$. $\|$

Definition 1.12 Ist G ein Graph, so heißt die Größe

$$\mu(G) = m(G) - n(G) + \kappa(G)$$

Index oder *zyklomatische Zahl* von G.

Satz 1.11 Für jeden Graphen G gilt $\mu(G) \geq 0$.

Beweis. Der Beweis erfolgt durch Induktion nach $m = m(G)$.
Ist $m = 0$, so ist G ein Nullgraph, und es gilt $\mu(G) = 0$.
Nun sei $m > 0$ und k eine beliebige Kante von G. Dann ergibt sich nach Induktionsvoraussetzung und aus Satz 1.6

$$\begin{aligned}
0 \;&\leq\; \mu(G - k) = m(G) - 1 - n(G) + \kappa(G - k) \\
&\leq\; m(G) - 1 - n(G) + \kappa(G) + 1 = \mu(G). \quad \|
\end{aligned}$$

Ist G ein beliebiger Graph, so folgt aus Satz 1.11 $n(G) - \kappa(G) \leq m(G)$. Für schlichte Graphen leiten wir nun eine Abschätzung von $m(G)$ nach oben her.

Satz 1.12 Ist G ein schlichter Graph, so gilt

$$m(G) \leq \binom{n(G) - \kappa(G) + 1}{2}.$$

Beweis. Es seien $G_1, G_2, ..., G_\kappa$ die Komponenten von G. Zum Beweis dieser Ungleichung können wir ohne Beschränkung der Allgemeinheit (o.B.d.A.) voraussetzen, daß alle Komponenten von G vollständig sind. Denn ist eine Komponente nicht vollständig, so kann man diese durch Hinzufügen von neuen Kanten zu einem vollständigen Graphen ergänzen, ohne daß sich die rechte Seite der Ungleichung ändert.
Gibt es zwei Komponenten G_i, G_j mit $n(G_i) \geq n(G_j) > 1$, so ersetzen wir G_i und G_j durch zwei neue vollständige Graphen H_i mit $n(G_i) + 1$ und H_j mit $n(G_j) - 1$ Ecken. Auch bei diesem Prozeß bleibt die rechte Seite der Ungleichung unverändert, aber die Anzahl der Kanten erhöht sich um $n(G_i) - (n(G_j) - 1) \geq 1$. Daher wird die linke Seite der Ungleichung maximal, wenn G aus einem vollständigen Graphen mit $n(G) - (\kappa(G) - 1)$ Ecken und $\kappa(G) - 1$ isolierten Ecken besteht. In

diesem Extremalfall gilt aber nach Bemerkung 1.5 in unserer Ungleichung die Gleichheit. ∥

Aus diesem Satz ergibt sich sofort

Folgerung 1.3 Gilt $m(G) > \frac{1}{2}(n(G)-1)(n(G)-2)$ für einen schlichten Graphen G, so ist G zusammenhängend.

Definition 1.13 Ist G ein Graph und $x \in E(G)$, so heißt

$$N(x,G) = N(x) = \{y \in E(G) | y \text{ adjazent zu } x\}$$

die *Menge aller Nachbarn* der Ecke x. Ist $A \subseteq E(G)$, so bedeutet

$$N(A,G) = N(A) = \bigcup_{x \in A} N(x)$$

die *Menge aller Nachbarn* der Eckenmenge A. Weiter sei $N[x,G] = N[x] = N(x) \cup \{x\}$ für $x \in E(G)$ und $N[A,G] = N[A] = N(A) \cup A$ für $A \subseteq E(G)$.

Bemerkung 1.8 Ist G ein schlichter Graph, so gilt für jede Ecke x: $|N(x,G)| = d(x,G)$.

Definition 1.14 Ist $D = (E,B)$ ein Digraph und $x \in E$, so setzen wir:

$$
\begin{aligned}
N^+(x,D) &= N^+(x) = \{y \in E - \{x\} | (x,y) \in B\} \\
N^-(x,D) &= N^-(x) = \{y \in E - \{x\} | (y,x) \in B\}
\end{aligned}
$$

Ist $y \in N^+(x)$, so heißt y *positiver Nachbar* von x. Ist $y \in N^-(x)$, so heißt y entsprechend *negativer Nachbar* von x. Für $A \subseteq E$ kann man analog zur Definition 1.13 auch $N^+(A)$ und $N^-(A)$ erklären.

Definition 1.15 Ist $G = (E,K)$ ein Graph, $x \in E$ und A und B zwei disjunkte Teilmengen aus E, so bezeichnen wir mit $m_G(x,A) = m(x,A)$ die Anzahl der Kanten, die x mit einer Ecke aus $A - \{x\}$ verbinden und mit $m_G(A,B) = m(A,B)$ die Anzahl der Kanten, die mit einer Ecke aus A und einer Ecke aus B inzidieren. Ist $A = \{a\}$ und $B = \{b\}$, so benutzen wir die Schreibweise $m_G(a,b) = m(a,b)$ (man vgl. dazu auch Definition 1.6).

Mit Hilfe der neu erlernten Begriffe beweisen wir nun eine einfache aber wichtige Ungleichung.

Satz 1.13 (Nachbarschaftsungleichung) Ist G ein Multigraph, so gilt für alle $S \subseteq E(G)$ (auch für $S = \emptyset$)

$$\sum_{x \in S} d(x, G) \leq \sum_{y \in N(S,G)} d(y, G).$$

Beweis. Da G ein Multigraph ist gilt für alle $S \subseteq E(G)$

$$\begin{aligned}
\sum_{x \in S} d(x, G) &= \sum_{x \in S} m(x, N(S, G)) \\
&= \sum_{y \in N(S,G)} m(y, S) \leq \sum_{y \in N(S,G)} d(y, G),
\end{aligned}$$

womit die Nachbarschaftsungleichung schon bewiesen ist. $\|$

Aus der Nachbarschaftsungleichung ergibt sich unmittelbar

Folgerung 1.4 Ist G ein Multigraph, so gilt für alle $S \subseteq E(G)$ (auch für $S = \emptyset$) die Ungleichung

$$\delta(G)|S| \leq \Delta(G)|N(S, G)|.$$

Im folgenden wollen wir einen Algorithmus vorstellen, der uns alle Zusammenhangskomponenten eines Graphen und zugleich alle kürzesten Wege von einer Startecke aus liefert.

1. Algorithmus

Algorithmus zur Bestimmung der Komponenten

O.B.d.A. sei $G = (E, K)$ ein schlichter Graph mit $n = |E|$.

    i) Man wähle ein $x \in E$ und setze $A_1 = B_1 = \{x\}$.

    ii) Hat man A_{i-1} und B_{i-1} für $i > 1$ berechnet, so bestimme man $A_i = N(A_{i-1}) - B_{i-1}$ und setze $B_i = A_i \cup B_{i-1}$.

    iii) Man stoppe den Algorithmus beim ersten $s \in \mathbf{N}$ mit der Eigenschaft $N(A_s) - B_s = \emptyset$.

Es soll folgendes gezeigt werden:

1. Der Algorithmus bricht nach höchstens $n + 1$ Schritten ab.

2. $G[B_s]$ ist diejenige Komponente von G, die die Ecke x enthält. Ist $E = B_s$, so ist G zusammenhängend.

3. Darüber hinaus liefert der Algorithmus kürzeste Wege von x zu allen Ecken derjenigen Komponente, die x enthält.

Beweis. 1. Es ist $|B_1| = 1$, und es gilt $A_i = \emptyset$ oder $|B_i| \geq i$ für $i > 1$. Ist $A_i = \emptyset$ für ein $i \leq n$, so bricht der Algorithmus wegen iii) ab. Ist $A_n \neq \emptyset$, so gilt notwendig $n \geq |B_n| \geq n$ und daher

$$A_{n+1} = N(A_n) - B_n = N(A_n) - E = \emptyset.$$

2. Nach Konstruktion ist $G[B_s]$ ein zusammenhängender Graph. Ist a eine von x verschiedene Ecke, die in der gleichen Komponente wie x liegt, so müssen wir zeigen, daß a zu B_s gehört. Dazu wählen wir in G einen kürzesten Weg W von $x = x_1$ nach a mit

$$W = (x_1, k_1, x_2, k_2, x_3, ..., x_p, k_p, a).$$

Dann gilt aber nach Konstruktion notwendig $x_i \in A_i$ für $i = 1, ..., p$ und $a \in A_{p+1}$. Daher ist $p + 1 \leq s$, also $a \in B_{p+1} = A_{p+1} \cup B_p \subseteq B_s$
3. Der Beweis von 2. hat uns folgendes gezeigt. Ist $y \in A_i$, so haben wir y auf einem kürzesten Weg der Länge $i - 1$ erreicht. $\|$

Bemerkung 1.9 Ein graphentheoretischer Algorithmus ist effizient, wenn die Anzahl der Rechenschritte durch ein Polynom $P(m, n)$ beschränkt bleibt. Wächst die Anzahl der Rechenschritte z.B. wie $n!$ oder 2^m, so liegt kein effizienter Algorithmus vor.
Da beim ersten Algorithmus jede Kante höchstens einmal abgefragt wird, ist die Anzahl der Rechenschritte durch $c \cdot m$ beschränkt, wobei c eine Konstante ist, die nicht von n oder m abhängt. Benutzt man das bekannte Landausche Symbol "O", so sagt man auch, daß der Algorithmus die Komplexität $O(m)$ besitzt.

1.3 Abstandsmaße

Definition 1.16 Ist G ein Graph, $a, b \in E(G)$ und W_{ab} ein Weg kürzester Länge von a nach b in G, so definieren wir den *Abstand*

$d_G(a,b) = d(a,b)$ zwischen a und b durch die Länge $L(W_{ab})$ dieses Weges. Im Fall $a = b$ gilt $d(a,b) = d(a,a) = 0$. Existiert kein Weg von a nach b, liegen also a und b in verschiedenen Komponenten, so setzen wir $d(a,b) = \infty$. Die *Exzentrizität* einer Ecke a ist $e(a) = \max_{x \in E(G)} d(x,a)$. Weiter bezeichnen wir mit

$$\mathrm{dm}(G) = \max_{x \in E(G)} e(x) \quad \text{bzw.} \quad r(G) = \min_{x \in E(G)} e(x)$$

den *Durchmesser* bzw. den *Radius* von G. Es gilt natürlich

$$\mathrm{dm}(G) = \max_{x,y \in E(G)} d(x,y).$$

Das *Zentrum* $Z(G)$ besteht aus allen Ecken x mit $e(x) = r(G)$. Ist G nicht zusammenhängend, so werden die Exzentrizität jeder Ecke, der Radius und der Durchmesser von G unendlich.

Bemerkung 1.10 Der erste Algorithmus liefert uns eine effiziente Methode, um alle in Definiton 1.16 eingeführten Größen, also die Exzentrizität jeder Ecke, den Durchmesser und den Radius, zu berechnen.

Beispiel 1.6 Um einen Eindruck von den neuen Größen zu erhalten, betrachten wir den skizzierten Graphen G.

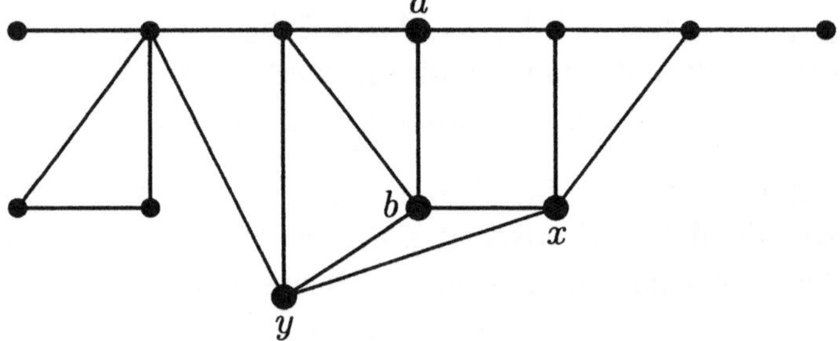

Mit Hilfe des ersten Algorithmus oder durch "scharfes Hinsehen" erhält man $\mathrm{dm}(G) = 5$, $r(G) = 3$ und $Z(G) = \{a,b,x,y\}$.

Satz 1.14 Ist G ein zusammenhängender Graph, so gilt

$$r(G) \leq \mathrm{dm}(G) \leq 2r(G).$$

Beweis. Die erste Ungleichung ergibt sich sofort aus Definition 1.16. Sind $a,b \in E(G)$ mit $d(a,b) = \mathrm{dm}(G)$ und ist $x \in Z(G)$, so folgt

$$\mathrm{dm}(G) = d(a,b) \leq d(a,x) + d(x,b) \leq 2e(x) = 2r(G). \quad \|$$

Beispiel 1.7 Es gilt offensichtlich $r(K_n) = \mathrm{dm}(K_n) = 1$ für den vollständigen Graphen K_n. Für einen Weg W der Länge $L(W) = 2p$ erkennt man leicht $\mathrm{dm}(W) = 2p$ und $r(W) = p$, und für einen Kreis C_n der Länge n läßt sich $\mathrm{dm}(C_n) = r(C_n) = \lfloor \frac{n}{2} \rfloor$ schnell berechnen. Daher existieren sowohl Graphen mit $\mathrm{dm}(G) = r(G)$ als auch Graphen mit $\mathrm{dm}(G) = 2r(G)$, womit man Satz 1.14 im allgemeinen nicht verbessern kann.

Definition 1.17 Das *Komplement* oder der *Komplementärgraph* $\bar{G}$ eines schlichten Graphen G ist der Graph mit der Eckenmenge $E(G)$, in dem zwei Ecken genau dann adjazent sind, wenn sie in G nicht adjazent sind. Ein schlichter Graph G heißt *selbstkomplementär*, wenn $G \cong \bar{G}$ gilt.

Folgendes interessante Resultat findet man in dem Buch von Bondy und Murty [1] auf Seite 14 als Übungsaufgabe.

Satz 1.15 Ist G ein schlichter Graph vom Durchmesser $\mathrm{dm}(G) \geq 4$, so gilt $\mathrm{dm}(\bar{G}) \leq 2$.

Beweis. Da $\mathrm{dm}(G) \geq 4$ gilt, existieren zwei Ecken u und v in G mit $d_G(u,v) \geq 4$, woraus $d_{\bar{G}}(u,v) = 1$ folgt. Es seien nun x und y zwei Ecken aus G mit $d_{\bar{G}}(x,y) \geq 2$.
Sind x und y von u und v verschieden, so sind u und v in G nicht gleichzeitig adjazent zu x, womit $d_{\bar{G}}(u,x) = 1$ oder $d_{\bar{G}}(v,x) = 1$ gilt. Es gelte o.B.d.A. $d_{\bar{G}}(u,x) = 1$. Ist $d_{\bar{G}}(u,y) = 1$, so ergibt sich unmittelbar $d_{\bar{G}}(x,y) = 2$. Ist $d_G(u,y) = 1$, so folgt aus $d_G(u,v) \geq 4$ aber $d_{\bar{G}}(v,x) = d_{\bar{G}}(v,y) = 1$ und damit wieder $d_{\bar{G}}(x,y) = 2$.
Ist o.B.d.A. $x = u$ und $y \neq v$, so gilt notwendig $d_{\bar{G}}(v,y) = 1$, also auch $d_{\bar{G}}(x,y) = 2$. Da wir nun alle Möglichkeiten diskutiert haben, ist der Satz vollständig bewiesen. ‖

Folgerung 1.5 (Ringel [2] 1963) Der Durchmesser eines nicht trivialen, selbstkomplementären Graphen ist 2 oder 3.

Folgerung 1.6 (Harary, Robinson [1] 1985) Ist G ein schlichter Graph mit $\mathrm{dm}(G) \geq 3$, so gilt $\mathrm{dm}(\bar{G}) \leq 3$.

Bemerkung 1.11 Der Weg der Länge 3 oder der Kreis der Länge 5 sind Beispiele für selbstkomplementäre Graphen.
Die Anzahl der Kanten eines selbstkomplementären Graphen der Ordnung n ist $\frac{1}{2}\frac{n(n-1)}{2}$, womit notwendig $n = 4p$ oder $n = 4p + 1$ gelten

muß. Darüber hinaus zeigten Sachs [1] 1962 und Ringel [2] 1963, daß für jede natürliche Zahl p ein selbstkomplementärer Graph der Ordnung $4p$ und $4p + 1$ existiert.
Weitere interessante Resultate über selbstkomplementäre Graphen findet man z.B. in den Arbeiten von Benhocine und Wojda [1] 1985, Clapham und Kleitman [1] 1976, Rao [1] 1979 oder H. Zhang [1] 1992.

Definition 1.18 Es sei G ein zusammenhängender Graph der Ordnung $n \geq 2$. Die *mittlere Entfernung* me(G) in G wird definiert als das arithmetische Mittel der Abstände zwischen allen Eckenpaaren, d.h.

$$\text{me}(G) = \frac{1}{n(n-1)} \sum_{a,b \in E(G)} d(a,b).$$

Weiter setzen wir

$$\xi(G) = \sum_{a,b \in E(G)} d(a,b) \quad \text{und} \quad \xi(v) = \xi(v,G) = \sum_{a \in E(G)} d(v,a).$$

Man beachte, daß bei den Definitionen der Größen me(G) und $\xi(G)$ alle Abstände doppelt gezählt werden.

Aus Definition 1.18 ergeben sich unmittelbar $\xi(G) = \sum_{v \in E(G)} \xi(v)$ und $1 \leq \text{me}(G) \leq \text{dm}(G)$.

Satz 1.16 (Entringer, Jackson, Snyder [1] 1976) Ist G ein schlichter, zusammenhängender Graph mit $n \geq 2$ Ecken und m Kanten, so gilt

$$\text{me}(G) \geq 2 - \frac{2m}{n(n-1)},$$

wobei genau dann die Gleichheit eintritt, wenn G den Durchmesser 1 oder 2 besitzt.

Beweis. Schätzt man den Abstand jedes nicht adjazenten Eckenpaares durch 2 ab, so ergibt sich

$$\xi(G) = \sum_{ab \in K(G)} d(a,b) + \sum_{ab \notin K(G)} d(a,b) \geq 2m + 2(n(n-1) - 2m),$$

woraus die gewünschte Ungleichung folgt. Da in der letzten Abschätzung genau dann das Gleichheitszeichen steht, wenn $\text{dm}(G) \leq 2$ gilt, ist der Satz vollständig bewiesen. ∥

Satz 1.17 (Entringer, Jackson, Snyder [1] 1976) Ist G ein schlichter, zusammenhängender Graph der Ordnung $n \geq 2$, so gilt

$$\mathrm{me}(G) \leq \frac{1}{3}(n+1),$$

wobei genau dann die Gleichheit eintritt, wenn G ein Weg ist.

Beweis. Der Beweis erfolgt durch Induktion nach n. Da die Aussage für $n = 2$ offensichtlich ist, sei nun $n \geq 3$.

Nach Satz 1.10 existiert in G eine Ecke v, so daß $G - v$ zusammenhängend bleibt. Bezeichnen wir mit N_i die Menge der Ecken in G die von v den Abstand i haben, so gilt

$$\xi(v, G) = \sum_i i|N_i|.$$

Daher wird $\xi(v, G)$ maximal, wenn $|N_1| = |N_2| = \ldots = |N_{n-1}| = 1$ gilt, woraus sich

$$\xi(v, G) \leq 1 + 2 + \ldots + (n-1) = \frac{1}{2}n(n-1)$$

ergibt. Da nach Induktionsvoraussetzung $\xi(G - v) \leq \frac{1}{3}n(n-1)(n-2)$ gilt, folgt insgesamt

$$\begin{aligned}
\xi(G) &= \sum_{a,b \in E(G)-\{v\}} d_G(a,b) + 2 \sum_{a \in E(G)-\{v\}} d_G(v,a) \\
&\leq \xi(G - v) + 2\xi(v, G) \\
&\leq \frac{1}{3}n(n-1)(n-2) + n(n-1) \\
&= \frac{1}{3}(n+1)n(n-1),
\end{aligned}$$

woraus sich $\mathrm{me}(G) \leq \frac{1}{3}(n+1)$ ergibt.

Ist G ein Weg und v eine Endecke von G, so steht in diesem Induktionsbeweis überall das Gleichheitszeichen.

Gilt umgekehrt $\mathrm{me}(G) = \frac{1}{3}(n+1)$, so muß in obiger Abschätzung von $\xi(v, G)$ die Gleichheit stehen. Dies ist aber nur dann der Fall, wenn G ein Weg und v eine Endecke des Weges ist. $\|$

Satz 1.17 wurde 1977 unabhängig auch von Doyle und Graver [1] und 1979 von Lovász [4] (S. 276) entdeckt. Einen schönen Überblick sowie neueste Ergebnisse über die mittlere Entfernung in Graphen findet man in der Dissertation meines Schülers Dr. Peter Dankelmann [1] aus dem Jahre 1993.

1.4   Bewertete Graphen

Durch sogenannte bewertete Graphen werden wir den Abstandsbegriff erweitern.

Definition 1.19 Ist $G = (E, K)$ ein Graph und $\rho : K \to \mathbf{R}$ eine Abbildung der Kantenmenge in die rellen Zahlen, so heißt $G = (E, K, \rho)$ *bewerteter Graph* und $\rho(k)$ die *Bewertung* oder *Länge* einer Kante k. Ist $H \subseteq G$ ein Teilgraph , so nennt man

$$\rho(H) = \sum_{k \in K(H)} \rho(k)$$

die *Bewertung* oder *Länge* von H. Die minimale Länge aller Wege von a nach b heißt *ρ-Abstand* zwischen den Ecken a und b. Wenn klar ist, mit welcher Bewertung gearbeitet wird, so benutzen wir wieder das Wort *Abstand* an Stelle von ρ-Abstand. Der ρ-Abstand zweier Ecken a und b wird mit $d_\rho(a, b)$ bezeichnet. Existiert kein Weg zwischen a und b, so setzen wir $d_\rho(a, b) = \infty$. Ferner ist $d_\rho(a, a) = 0$ für alle $a \in E$.
Ist $\rho(k) = 1$ für alle $k \in K$, so stimmt der neue Abstandsbegriff mit dem aus Definition 1.16 überein.
Ist a eine Ecke und $A \subseteq E$, so setzen wir

$$d_\rho(a, A) = \min_{x \in A} d_\rho(a, x).$$

Ist G ein schlichter Graph und $k = ab$ eine Kante aus G, so schreiben wir $\rho(k) = \rho(ab)$. Sind aber $a, b \in E$ nicht adjazent, so setzen wir aus technischen Gründen $\rho(ab) = \infty$.
Ist $A \subseteq E$, so bezeichnen wir mit $\bar{A} = E - A$ das Komplement von A.

In den Anwendungen spielen die bewerteten Graphen eine wichtige Rolle. Die Längen von Kanten können dabei Entfernungen, Zeiten, Kosten, Gewinne und anderes bedeuten. Viele Optimierungsprobleme laufen darauf hinaus, unter gewissen Teilgraphen H eines bewerteten Graphen einen solchen zu bestimmen, für den $\sum_{k \in K(H)} \rho(k)$ minimal oder maximal wird.
Faßt man z.B. das weltweite Flugnetz als bewerteten Graphen auf, so sind natürlich die schnellsten oder billigsten Verbindungen zwischen zwei Orten von größtem Interesse. Dieses Problem soll nun graphentheoretisch formuliert werden.

Problem eines kürzesten Weges. Es sei $G = (E, K, \rho)$ ein schlichter, bewerteter Graph mit $\rho(k) > 0$ für alle $k \in K$. Sind a und b zwei verschiedene Ecken aus G, so wird nach einem kürzesten Weg von a nach b gesucht, d.h. wir suchen den ρ-Abstand $d_\rho(a, b)$ und einen Weg W von a nach b mit $\rho(W) = d_\rho(a, b)$, falls ein solcher Weg existiert.

Zur Lösung dieses Problems wollen wir einen effizienten Algorithmus vorstellen, der unabhängig 1959 von Dijkstra [1] und 1960 von Dantzig [1] gefunden wurde. Dieser Algorithmus läßt sich leicht aus unserem nächsten Satz herleiten.

Im folgenden setzen wir zur Abkürzung

$$d_\rho(a, b) = d(a, b) \quad \text{und} \quad d_\rho(a, A) = d(a, A).$$

Satz 1.18 Es sei $G = (E, K, \rho)$ ein schlichter, bewerteter Graph mit $\rho(k) > 0$ für alle $k \in K$. Ist $A \subseteq E$ mit $A \neq E$ und $a \in A$, so gilt

$$d(a, \bar{A}) = \min_{\substack{x \in A \\ y \in \bar{A}}} \{d(a, x) + \rho(xy)\}. \tag{1.1}$$

Erfüllen die beiden Ecken $u \in A$ und $v \in \bar{A}$ die Gleichung (1.1), also ist $d(a, \bar{A}) = d(a, u) + \rho(uv)$, so gilt

$$d(a, v) = d(a, u) + \rho(uv) = d(a, \bar{A}). \tag{1.2}$$

Beweis. Ist $W_{ac} = (a, ..., b, k, c)$ ein kürzester Weg von a nach $\bar{A}$, so gilt natürlich $c \in \bar{A}$, $b \in A$, und $W_{ab} = W_{ac} - c$ ist ein kürzester Weg von a nach b mit $E(W_{ab}) \subseteq A$. Daraus ergibt sich

$$d(a, \bar{A}) = d(a, c) = d(a, b) + \rho(bc),$$

woraus sofort (1.1) folgt.
Nach Definition von $d(a, \bar{A})$ gilt $d(a, v) \geq d(a, \bar{A})$. Weiter ist $d(a, v) \leq d(a, u) + \rho(uv) = d(a, \bar{A})$, womit auch (1.2) bewiesen ist. $\|$

Mit Hilfe dieses Satzes können wir alle kürzesten Wege, falls sie existieren, von einer Ecke $a = y_0$ zu allen anderen Ecken des Graphen folgendermaßen berechnen:

Im ersten Schritt bestimmt man eine Ecke y_1, die der Ecke y_0 am nächsten ist. Dazu setze man $A_0 = \{y_0\}$ und bestimme nach (1.1) ein $y_i \in A_0$ und ein $y_1 \in \bar{A}_0$ mit

$$d(y_0, y_i) + \rho(y_i y_1) = \min_{\substack{x \in A_0 \\ y \in \bar{A}_0}} \{d(y_0, x) + \rho(xy)\}.$$

Dann gilt wegen (1.2)

$$d(y_0, y_1) = d(y_0, y_i) + \rho(y_i y_1) = \rho(y_0 y_1).$$

Ist $k_1 = y_0 y_1$, so ist $W_1 = (y_0, k_1, y_1)$ ein kürzester Weg von y_0 nach y_1. Setzt man $A_1 = A_0 \cup \{y_1\}$, so bestimme man im zweiten Schritt nach (1.1) ein $y_i \in A_1$ und ein $y_2 \in \bar{A}_1$ mit

$$d(y_0, y_i) + \rho(y_i y_2) = \min_{\substack{x \in A_1 \\ y \in \bar{A}_1}} \{d(y_0, x) + \rho(xy)\}.$$

Dann gilt wegen (1.2)

$$d(y_0, y_2) = d(y_0, y_i) + \rho(y_i y_2).$$

Ist $k_2 = y_i y_2$, so ist $W_2 = W_i \cup G[k_2]$ ein kürzester Weg von y_0 nach y_2, wobei $W_0 = G[\{y_0\}]$ gesetzt wird. Man setze $A_2 = A_1 \cup \{y_2\}$.

Ist allgemein $A_{q-1} = \{y_0, ..., y_{q-1}\}$, und sind $W_0, ..., W_{q-1}$ die gewählten kürzesten Wege von y_0 nach y_i für $i = 0, ..., q-1$, so bestimme man im q-ten Schritt nach (1.1) ein $y_i \in A_{q-1}$ und ein $y_q \in \bar{A}_{q-1}$ mit

$$d(y_0, y_i) + \rho(y_i y_q) = \min_{\substack{x \in A_{q-1} \\ y \in \bar{A}_{q-1}}} \{d(y_0, x) + \rho(xy)\}. \tag{1.3}$$

Dann gilt wegen (1.2)

$$d(y_0, y_q) = d(y_0, y_i) + \rho(y_i y_q). \tag{1.4}$$

Ist $k_q = y_i y_q$, so ist $W_q = W_i \cup G[k_q]$ ein kürzester Weg von y_0 nach y_q. Es wird $A_q = A_{q-1} \cup \{y_q\}$ gesetzt.

Man stoppe den Algorithmus, wenn i) $A_q = E$ gilt, oder ii) $\rho(xy) = \infty$ für alle $x \in A_q$ und $y \in \bar{A}_q$ ist. Im Fall ii) ist der Graph nicht zusammenhängend.

Bei der gerade beschriebenen Methode wurden ständig Rechnungen wiederholt. Der eigentliche Algorithmus von Dantzig und Dijkstra, den wir jetzt notieren wollen, vermeidet alle unnötigen Wiederholungen.

2. Algorithmus

Algorithmus von Dantzig und Dijkstra

Es sei $G = (E, K, \rho)$ ein schlichter, bewerteter Graph und $y_0 \in E$.

  0) Man setze $t_0(y_0) = 0$, $t_0(y) = \infty$ für $y \neq y_0$ und $A_0 = \{y_0\}$.

  1) Für $y \in \bar{A}_0$ setze man

$$t_1(y) = \min\{t_0(y), t_0(y_0) + \rho(y_0 y)\}$$

und wähle ein $y_1 \in \bar{A}_0$ mit $t_1(y_1) = \min_{y \in \bar{A}_0}\{t_1(y)\}$.
Man setze $A_1 = A_0 \cup \{y_1\}$, und es gilt $t_1(y_1) = d(y_0, y_1)$.

  2) Für $y \in \bar{A}_1$ setze man

$$t_2(y) = \min\{t_1(y), t_1(y_1) + \rho(y_1 y)\}$$

und wähle ein $y_2 \in \bar{A}_1$ mit $t_2(y_2) = \min_{y \in \bar{A}_1}\{t_2(y)\}$.
Man setze $A_2 = A_1 \cup \{y_2\}$, und es gilt $t_2(y_2) = d(y_0, y_2)$.

$$\cdots\cdots\cdots\cdots\cdots\cdots\cdots$$

  q) Für $y \in \bar{A}_{q-1}$ setze man

$$t_q(y) = \min\{t_{q-1}(y), t_{q-1}(y_{q-1}) + \rho(y_{q-1} y)\}$$

und wähle ein $y_q \in \bar{A}_{q-1}$ mit $t_q(y_q) = \min_{y \in \bar{A}_{q-1}}\{t_q(y)\}$.
Man setze $A_q = A_{q-1} \cup \{y_q\}$, und es gilt $t_q(y_q) = d(y_0, y_q)$.

Man stoppe den Algorithmus beim ersten $s \in \mathbf{N}$ mit $t_s(y) = \infty$ für alle $y \in \bar{A}_{s-1}$ oder $A_s = E$.

Wir zeigen nun, daß tatsächlich $t_q(y_q) = d(y_0, y_q)$ gilt.
Setzt man für $y \in \bar{A}_{q-1}$

$$t_q(y) = \min_{x \in A_{q-1}}\{d(y_0, x) + \rho(xy)\},$$

so folgt aus (1.3) und (1.4) sofort

$$t_q(y_q) = \min_{y \in \bar{A}_{q-1}}\{t_q(y)\} = \min_{\substack{x \in A_{q-1} \\ y \in \bar{A}_{q-1}}}\{d(y_0, x) + \rho(xy)\} = d(y_0, y_q).$$

Bemerkung 1.12 Man überlegt sich leicht, daß die Komplexität des Algorithmus von Dantzig und Dijkstra $O(n^2)$ beträgt, womit ein effizienter Algorithmus vorliegt.

Definition 1.20 Ein Graph ohne Kreise heißt *Wald*, ein zusammenhängender Graph ohne Kreise heißt *Baum*. (Bäume und Wälder werden im nächsten Kapitel ausführlich diskutiert.)

Vereinigt man beim Algorithmus von Dantzig und Dijkstra alle Wege $W_1, W_2, ...$, so entsteht ein Baum, denn bei jedem Schritt wird ein schon vorhandener Baum mit einer neuen Ecke durch genau eine Kante verbunden, so daß niemals ein Kreis entsteht. Dieser Baum heißt *Entfernungsbaum von G bezüglich* y_0. Die im Entfernungsbaum bezüglich y_0 eindeutig bestimmten Wege (man vgl. Abschnitt 2.1) von y_0 nach y_q sind kürzeste Wege von y_0 nach y_q im vorgegebenen Graphen G. Man beachte, daß ein Entfernungsbaum bezüglich einer Ecke keineswegs eindeutig zu sein braucht.

Bewertete Graphen stellen wir durch sogenannte Bewertungsmatrizen dar.

Definition 1.21 Es sei $G = (E, K, \rho)$ ein schlichter und bewerteter Graph mit der Eckenmenge $E = \{x_1, ..., x_n\}$. Die quadratische $n \times n$ Matrix

$$B_G = B = (\rho(x_i x_j))$$

heißt *Bewertungsmatrix* von G.

Beispiel 1.8 Ein schlichter und bewerteter Graph mit acht Ecken sei durch folgende Bewertungsmatrix gegeben:

	x_1	x_2	x_3	x_4	x_5	x_6	x_7	x_8
x_1	∞	1	∞	2	7	8	5	9
x_2	1	∞	3	1	∞	∞	∞	8
x_3	∞	3	∞	∞	∞	1	3	7
x_4	2	1	∞	∞	6	5	9	6
x_5	7	∞	∞	6	∞	4	9	5
x_6	8	∞	1	5	4	∞	∞	4
x_7	5	∞	3	9	9	∞	∞	3
x_8	9	8	7	6	5	4	3	∞

Mit Hilfe des zweiten Algorithmus kann man sich z.B. einen Entfernungsbaum bezüglich $y_0 = x_1$ erzeugen. Einen solchen haben wir hier skizziert. (Zum Einüben dieser Methode sollte der Leser auch die Entfernungsbäume bezüglich der anderen Ecken berechnen.)

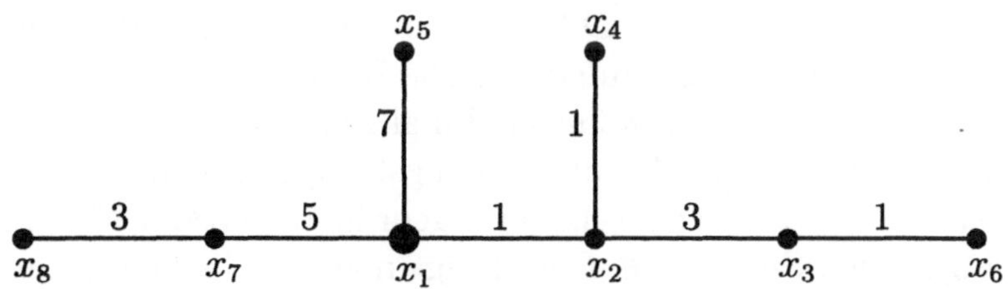

An diesem Entfernungsbaum erkennt man unmittelbar $d(x_1, x_2) = 1$, $d(x_1, x_4) = 2$, $d(x_1, x_3) = 4$, $d(x_1, x_6) = 5$, $d(x_1, x_7) = 5$, $d(x_1, x_5) = 7$ und $d(x_1, x_8) = 8$.

Bemerkung 1.13 Werden bei einem bewerteten Graphen auch Kanten mit negativen Längen zugelassen, so führt der zweite Algorithmus im allgemeinen nicht zum Ziel. In diesem Fall muß der Algorithmus von Dantzig und Dijkstra modifiziert werden (man vgl. dazu z.B. das Lehrbuch von Sachs [2], S. 126 – 128).

Bemerkung 1.14 Für Digraphen mit positiver Bewertung verläuft der zweite Algorithmus völlig analog.

1.5 Starker Zusammenhang

Definition 1.22 Ein Digraph $D' = (E', B', h')$ heißt *Teildigraph* des Digraphen $D = (E, B, h)$, in Zeichen $D' \subseteq D$, wenn $E' \subseteq E$, $B' \subseteq B$ und h' die Einschränkung von h auf die Menge B' ist. Analog zu Definition 1.9 erklärt man *orientierte Kantenfolgen*

$$Z = (a_0, k_1, a_1, k_2, ..., a_{p-1}, k_p, a_p) = (a_0, a_1, ..., a_p) = a_0 a_1 ... a_p$$

von a_0 nach a_p der Länge $p = L(Z)$ mit $a_i \in E$, $k_i \in B$ und $h(k_i) = (a_{i-1}, a_i)$, *orientierte Kantenzüge*, *orientierte Wege*, *offene* und *geschlossene orientierte Kantenfolgen* und *orientierte Kreise*.
Sind a und b zwei Ecken aus D, und existiert ein orientierter Weg mit der Anfangsecke a und der Endecke b, so heißt b von a aus *erreichbar*. Zwei Ecken aus D heißen *stark zusammenhängend*, wenn jede von der

anderen aus erreichbar ist. Wie im Fall der ungerichteten Graphen ist der starke Zusammenhang eine Äquivalenzrelation auf der Eckenmenge. Sind E_i die disjunkten Äquivalenzklassen, so heißen die Teildigraphen $D[E_i]$ *starke Zusammenhangskomponenten* von D. Dabei versteht man unter $D[E_i]$ den *induzierten Teildigraphen* von D, der aus den Ecken von E_i und allen Bogen von D besteht, deren Anfangs- und Endpunkte in E_i liegen. Besitzt D genau eine starke Zusammenhangskomponente, so heißt D *stark zusammenhängend*. Im allgemeinen ist D nicht die Vereinigung seiner starken Zusammenhangskomponenten. D nennt man *zusammenhängend*, wenn sein untergeordneter Graph $G(D)$ zusammenhängend ist. Sind $x, y \in E$ und fügt man zu D einen neuen Bogen $k = (x, y)$ hinzu, so schreiben wir dafür auch $D + k$ oder $D + (x, y)$.

Analog zum Satz 1.8 bzw. Satz 1.9 von Dirac beweist man die nächsten beiden Sätze.

Satz 1.19 Ist D ein Digraph mit $\max\{\delta^+(D), \delta^-(D)\} > 0$, so besitzt D einen orientierten Kreis.

Satz 1.20 Ist D ein schlichter Digraph mit

$$t = \max\{\delta^+(D), \delta^-(D)\} > 0,$$

so existiert ein orientierter Kreis C der Länge $L(C) \geq t + 1$.

Satz 1.21 Es sei D ein zusammenhängender Digraph. D ist genau dann stark zusammenhängend, wenn jeder Bogen auf einem orientierten Kreis liegt.

Beweis. Ist D stark zusammenhängend und $k = (a, b)$ ein Bogen von D, so existiert ein orientierter Weg W_{ba} von b nach a, der den Bogen k nicht enthält. Dann ist aber $W_{ba} + k$ ein orientierter Kreis in D.
Es liege nun jeder Bogen auf einem orientierten Kreis. Ist C ein orientierter Kreis und gilt $E(C) = E(D)$, so ist D stark zusammenhängend. Ist $E(C) \neq E(D)$, so existiert wegen des Zusammenhangs ein Bogen $k = (a, b)$ mit $a \in E(C)$, $b \in E(D) - E(C)$ (oder $b \in E(C)$, $a \in E(D) - E(C)$). Da k auf einem orientierten Kreis C_1 liegt, gehören die Ecken aus $E(C) \cup E(C_1)$ zu einer starken Zusammenhangskomponente. Ist $E(C) \cup E(C_1) = E(D)$, so ist man fertig. Im anderen Fall setze man den oben beschriebenen Prozeß fort, und nach endlich vielen Schritten erzielt man das gewünschte Ergebnis. $\|$

Definition 1.23 Ein Digraph, dessen untergeordneter Graph keinen Kreis besitzt, heißt *Wald*; ist der untergeordnete Graph zusätzlich noch zusammenhängend, so ist der Digraph ein *Baum*. Ein Digraph D heißt *orientierter Wurzelbaum* oder *orientierter Baum*, wenn D ein Baum ist, und wenn D eine Ecke a besitzt, von der aus alle anderen Ecken erreichbar sind; die Ecke a nennt man *Wurzel* von D. Insbesondere ist der triviale Graph ein orientierter Wurzelbaum.

Ist $D = (E, B)$ ein Digraph und $a \in E$, so heißt ein Teildigraph H von D *vollständig orientierter Wurzelbaum bezüglich* a, wenn H ein orientierter Wurzelbaum mit der Wurzel a ist, und wenn kein orientierter Wurzelbaum H' mit der Wurzel a in D existiert mit $H \subseteq H'$ und $H \neq H'$.

Satz 1.22 Ist $D = (E, B)$ ein orientierter Wurzelbaum mit der Wurzel a und $|E| \geq 2$, so gilt:

   i) $d^-(a) = 0$.

   ii) $d^-(x) = 1$ für alle $x \in E - \{a\}$.

Beweis. i) Unter der Annahme $d^-(a) > 0$ existiert ein Bogen k mit $k = (b, a)$. Da es von a nach b einen orientierten Weg W_{ab} gibt, der k nicht enthält, ist $W_{ab} + k$ ein orientierter Kreis, was unserer Voraussetzung widerspricht.

ii) Angenommen, es gibt eine Ecke $b \neq a$ mit $d^-(b) > 2$. Dann existieren zwei Bogen $k_1 = (x, b)$ und $k_2 = (y, b)$ und orientierte Wege von a nach x sowie von a nach y. Damit gibt es wegen $k_1 \neq k_2$ im untergeordneten Graphen $G(D)$ zwei verschiedene Wege von a nach b. Im Widerspruch zur Voraussetzung besäße dann $G(D)$ nach Satz 1.5 einen Kreis.

Da es zu jeder Ecke $x \neq a$ einen orientierten Weg von a nach x gibt, gilt natürlich $d^-(x) \geq 1$, womit wir insgesamt $d^-(x) = 1$ für alle $x \neq a$ gezeigt haben. $\|$

Als nächstes wollen wir einen effizienten Algorithmus vorstellen, der uns alle starken Zusammenhangskomponenten eines Digraphen liefert. Dazu benötigen wir noch folgende Definition.

Definition 1.24 Wir nennen einen Digraphen D *negativ orientierten Wurzelbaum bezüglich* b, wenn D ein Baum ist, und die Ecke b von allen anderen Ecken aus erreichbar ist. Ein Teilgraph H eines Digraphen D heißt *vollständig negativ orientierter Wurzelbaum bezüglich* b, wenn H

ein negativ orientierter Wurzelbaum bezüglich b ist, und wenn kein negativ orientierter Wurzelbaum H' bezüglich b existiert mit $H \subseteq H'$ und $H \neq H'$.

3. Algorithmus

Algorithmus zur Bestimmung der starken Zusammenhangskomponenten

1. Ist D ein Digraph, so wähle man eine Ecke $a \in E(D)$.

2. Analog zum 1. Algorithmus bestimme man in D einen vollständig orientierten Wurzelbaum H^+ bezüglich a.

3. Analog zum 1. Algorithmus bestimme man in D einen vollständig negativ orientierten Wurzelbaum H^- bezüglich a.

4. Dann besteht $S = E(H^+) \cap E(H^-)$ aus genau denjenigen Ecken, die zu der starken Zusammenhangskomponente gehören in der a liegt.

Beweis. Ist $a \in E(D)$, so sei Z diejenige starke Zusammenhangskomponente von D, die die Ecke a enthält. Es gilt $E(Z) \subseteq E(H^+)$, denn in $E(H^+)$ liegen alle Ecken von D, die man von a aus erreichen kann. Ebenso gilt $E(Z) \subseteq E(H^-)$, also $E(Z) \subseteq E(H^+) \cap E(H^-)$. Nun erkennt man leicht $E(H^+) \cap E(H^-) \subseteq E(Z)$, womit der 3. Algorithmus vollständig bewiesen ist. $\|$

1.6 Aufgaben

Aufgabe 1.1 Man beweise $\delta(G)n(G) \leq d(G) \leq \Delta(G)n(G)$ für jeden Graphen G.

Aufgabe 1.2 Es sei $p \in \mathbf{N}$ und $n = 4p + 1$. Gibt es einen Graphen G mit $E(G) = \{x_1, ..., x_n\}$ und $d(x_i, G) = i$ für alle $i = 1, ..., n$?

Aufgabe 1.3 Man beweise Bemerkung 1.2.

Aufgabe 1.4 Man beweise Bemerkung 1.4.

Aufgabe 1.5 Man beweise Satz 1.3.

Aufgabe 1.6 Man gebe einen schlichten, 4-regulären Graphen minimaler Ordnung an.

Aufgabe 1.7 Es sei G ein zusammenhängender Graph und W_1, W_2 zwei längste Wege in G. Man zeige $E(W_1) \cap E(W_2) \neq \emptyset$.

Aufgabe 1.8 Es sei G ein nicht trivialer Graph. Existieren in G zwei verschiedene Ecken x, y mit $N(x) \cup N(y) = E(G)$, so beweise man die Ungleichung $2\Delta(G) \geq n(G)$.

Aufgabe 1.9 Ist G ein schlichter Graph mit $n(G) \geq 2$, so zeige man:
a) $\Delta(G) - \delta(G) \leq n(G) - 2$.
b) In G existieren zwei verschiedene Ecken a, b mit $d(a, G) = d(b, G)$.

Aufgabe 1.10 Für schlichte Graphen G zeige man:
a) Aus $\Delta(G) + \delta(G) + 1 \geq n(G)$ folgt $\kappa(G) = 1$.
b) Besteht G aus zwei Komponenten, die beide nicht regulär sind, so gilt $n(G) \geq \Delta(G) + \delta(G) + 3$.

Aufgabe 1.11 Gibt es einen schlichten Graphen G mit $\kappa(G) = 3$, $n(G) = 12$, $\delta(G) = 3$ und $\Delta(G) = 4$?

Aufgabe 1.12 Es seien G, G' Graphen und $(f, F) : G \longrightarrow G'$ ein Homomorphismus. Man zeige:
a) $d(f(x), f(y)) \leq d(x, y)$ für alle $x, y \in E(G)$.
b) Ist $d(f(x), f(y)) = d(x, y)$ für alle $x, y \in E(G)$, so ist die Eckenabbildung $f : E(G) \longrightarrow E(G')$ injektiv.
c) Die Umkehrung von b) ist im allgemeinen nicht richtig.

Aufgabe 1.13 Es sei G ein schlichter Graph mit $n(G) = 5$, $m(G) = 8$, und es bedeute τ_i die Anzahl der Ecken vom Grade i in G.
a) Man berechne τ_0, τ_1 und τ_i für $i \geq 5$. Man zeige $1 \leq \tau_4 \leq 2$ und berechne $\tau_4 - \tau_2$.
b) Man gebe einen Graphen G_1 mit $\tau_4(G_1) = 1$ und einen Graphen G_2 mit $\tau_4(G_2) = 2$ an.
c) Für $i = 1, 2$ bestimme man, wenn möglich, Homomorphismen der Form $(f, F) : G_i \longrightarrow K_3$.

Aufgabe 1.14 Es sei G ein schlichter, zusammenhängender Graph der Ordnung n mit $\delta(G) \geq 2$. Besitzt G eine Brücke, so beweise man die Ungleichung $2m(G) \leq (n - 3)(n - 4) + 8$.

Aufgabe 1.15 Es sei G ein schlichter Graph der Ordnung n und $q \in \mathbf{N}$ mit $2 \leq q \leq n$. Ist $\delta(G) \geq \lfloor \frac{n}{q} \rfloor$, so zeige man $\kappa(G) \leq q - 1$.

Aufgabe 1.16 Es sei G ein schlichter Graph der Ordnung $2q$. Besitzt G keine Dreiecke (d.h. keine Kreise der Länge 3), so beweise man die Abschätzung $m(G) \leq q^2$.

Aufgabe 1.17 Man zeige, daß es genau 11 paarweise nicht isomorphe schlichte Graphen der Ordnung 4 gibt.

Aufgabe 1.18 Es sei G ein schlichter, zusammenhängender Graph, der nicht vollständig ist. Im Fall $n(G) \geq 3$ zeige man, daß es drei verschiedene Ecken a, b, c aus G gibt mit $ab \in K(G)$, $bc \in K(G)$, aber $ac \notin K(G)$.

Aufgabe 1.19 Es sei G ein zusammenhängender Graph der Ordnung $n(G) \geq 2$. Ist $d(a, G)$ für jede Ecke $a \in E(G)$ gerade, so zeige man $2\kappa(G - a) \leq d(a, G)$ für alle $a \in E(G)$.

Aufgabe 1.20 Es sei G ein schlichter Graph der Ordnung n mit κ vollständigen Komponenten. Ist $n \equiv r \pmod{\kappa}$ mit $0 \leq r < \kappa$, so zeige man

$$m(G) \geq \frac{1}{2\kappa}(n - r)(n + r - \kappa).$$

Aufgabe 1.21 Man beweise die Sätze 1.19 und 1.20.

Aufgabe 1.22 Ist G ein schlichter, zusammenhängender Graph, so zeige man $\mathrm{me}(G) + \mathrm{me}(\bar{G}) \geq 3$.

Aufgabe 1.23 Ist G ein zusammenhängender Graph vom Maximalgrad $\Delta \geq 3$, so zeige man

$$n(G) \leq \frac{\Delta(\Delta - 1)^{\mathrm{dm}(G)} - 2}{\Delta - 2}.$$

Aufgabe 1.24 Es sei G ein schlichter Graph der Ordnung $n(G) \geq 5$. Sind G und $\bar{G}$ zusammenhängend, so beweise man die Abschätzung $\mathrm{dm}(G) + \mathrm{dm}(\bar{G}) \leq n(G) + 1$.

Aufgabe 1.25 Es sei G ein schlichter Graph ohne Kreise der Länge 3. Ist $\delta(G) \geq \frac{n(G)+1}{4}$, so zeige man, daß G zusammenhängend ist.

Aufgabe 1.26 Ist G ein nicht trivialer selbstkomplementärer Graph, so zeige:

a) G ist zusammenhängend.

b) Besitzt G eine Endecke, so gilt $\mathrm{dm}(G) = 3$.

c) G besitzt höchstens zwei Endecken.

Aufgabe 1.27 Ist G ein schlichter, zusammenhängender Graph mit $\mathrm{dm}(G) \geq 3$, so zeige man $\mathrm{dm}(G) \leq n(G) - 2\delta(G) + 1$.

Aufgabe 1.28 Es sei G ein schlichter Graph ohne Kreise der Länge 3. Ist $\delta(G) \geq 2$, so zeige man, daß G einen Kreis C mit $L(C) \geq 2\delta(G)$ besitzt.

Aufgabe 1.29 Ist D ein nicht trivialer negativ orientierter Wurzelbaum bzgl. b, so zeige man $d^+(b, D) = 0$ und $d^+(x, D) = 1$ für alle $x \in E(D) - \{b\}$.

Aufgabe 1.30 Es seien $p, q \geq 2$ gerade Zahlen und G ein schlichter Graph der Ordnung $n = p + q - 1$. Ist $\Delta(\bar{G}) \leq q - 1$, so zeige man $\Delta(G) \geq p$.

Aufgabe 1.31 Es sei D ein schlichter Digraph ohne orientierte Kreise der Länge 2. Ist $\delta^-(D) \geq 1$, so zeige man, daß D einen orientierten Kreis C der Länge $L(C) \geq \delta^-(D) + 2$ besitzt.

Kapitel 2

Wälder, Kreise und Gerüste

2.1 Bäume, Wälder und Kreise

Definition 2.1 Ein Graph ohne Kreise heißt *Wald*. Ein Wald, der nur aus einer Komponente besteht, heißt *Baum*.

Bemerkung 2.1 Die Komponenten eines Waldes sind Bäume. Ein Wald ist notwendig schlicht.

Aus Folgerung 1.1 ergibt sich sofort

Satz 2.1 Ein Graph ist genau dann ein Wald, wenn jede Kante eine Brücke ist.

Satz 2.2 Ein Multigraph G ist genau dann ein Baum, wenn je zwei verschiedene Ecken durch genau einen Weg verbunden sind.

Beweis. Ist G ein Baum, so ist G zusammenhängend, und damit lassen sich je zwei Ecken durch einen Weg verbinden. Gäbe es einen zweiten Weg, so besäße G nach Satz 1.5 einen Kreis, was aber nach Voraussetzung nicht möglich ist.
Existiert umgekehrt zwischen je zwei Ecken genau ein Weg, so ist G zusammenhängend. Gäbe es einen Kreis $(a_1, a_2, ..., a_p, a_1)$ der Länge $p \geq 2$, so wären $(a_1, ..., a_p)$ und (a_p, a_1) zwei verschiedene Wege zwischen a_1 und a_p. $\|$

Bemerkung 2.2 Der skizzierte Graph zeigt, daß Satz 2.2 im allgemeinen nicht mehr gilt, wenn man Schlingen zuläßt.

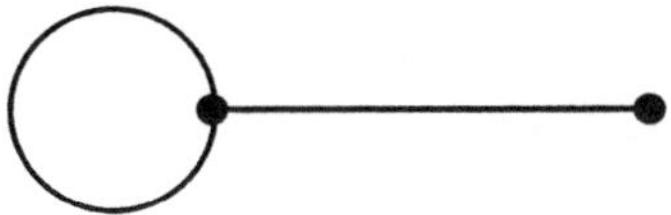

Satz 2.3 Ein Baum G mit $|E(G)| \geq 2$ besitzt mindestens zwei Endecken.

Beweis. Ist $W = (a_1, ..., a_p)$ ein längster Weg in G, so gilt nach Voraussetzung $a_1 \neq a_p$. Analog zum Beweis von Satz 1.8 zeigt man leicht $d(a_1, G) = d(a_p, G) = 1$. $\|$

Definition 2.2 Mit $\nu = \nu(G)$ bezeichnen wir die *Anzahl der Kreise* eines Graphen G.

Im Zusammenhang mit dem in Definition 1.12 eingeführten Index $\mu(G)$ beweisen wir nun eine wichtige Charakterisierung von Wäldern. Dieser Beweis liefert uns gleichzeitig einen neuen Beweis von Satz 1.11 und die Ungleichung $\mu(G) \leq \nu(G)$.

Satz 2.4 (Listing [2] 1862, König [3] 1936) Ist G ein Graph, so gilt:

$$\mu(G) = 0 \iff G \text{ ist ein Wald} \tag{2.1}$$

$$0 \leq \mu(G) \leq \nu(G) \tag{2.2}$$

Beweis. Besitzt G Kreise, so gehe man wie folgt vor:

1. Ist C_1 ein Kreis von G und $k_1 \in K(C_1)$, so sei $G_1 = G - k_1$.

2. Ist C_2 ein Kreis von G_1 und $k_2 \in K(C_2)$, so sei $G_2 = G_1 - k_2$.

. . . .

r. Ist C_r ein Kreis von G_{r-1} und $k_r \in K(C_r)$, so sei $G_r = G_{r-1} - k_r$.

Ist r der kleinste Index, so daß $T = G_r$ keinen Kreis mehr besitzt, so ist $T = G - \{k_1, ..., k_r\}$ ein Wald mit $n(T) = n(G)$,

$$r = m(G) - m(T), \tag{2.3}$$

und es gilt nach Satz 1.7 $\kappa(T) = \kappa(G)$. Dies liefert uns $0 \leq r \leq \nu(G)$, und G ist genau dann ein Wald, wenn $r = 0$ gilt.
Ist $K(T) = \{l_1, ..., l_s\}$, so ist

$$T_0 = T - \{l_1, ..., l_s\} = G - K(G)$$

ein Nullgraph, und es ergibt sich aus Folgerung 1.1 sofort

$$\kappa(T_0) = n(G) = \kappa(G) + s$$

und damit

$$m(T) = s = n(G) - \kappa(G). \qquad (2.4)$$

Die Gleichungen (2.3) und (2.4) liefern uns die entscheidende Beziehung

$$\mu(G) = m(G) - n(G) + \kappa(G) = m(G) - m(T) = r. \; \|$$

Aus (2.1) folgt unmittelbar eine Charakterisierung von Bäumen.

Folgerung 2.1 Ist G ein Graph, so gilt:

$$\mu(G) = 0 \text{ und } \kappa(G) = 1 \iff G \text{ ist ein Baum}$$

Definition 2.3 Ein Graph G, der die Gleichung $\mu(G) = \nu(G)$ erfüllt, heißt *Kaktusgraph*.

Satz 2.5 Ein Graph G ist genau dann ein Kaktusgraph, wenn alle Kreise von G paarweise kantendisjunkt sind.

Beweis. Es gelte $\mu(G) = \nu(G)$. Angenommen, es gibt zwei Kreise C_1 und C_2 mit $k \in K(C_1) \cap K(C_2)$. Dann gilt für $G' = G - k$ wegen (2.2)

$$\mu(G) - 1 = \mu(G') \leq \nu(G') < \nu(G) - 1,$$

was einen Widerspruch zur Voraussetzung bedeutet.
Umgekehrt seien nun alle Kreise $C_1, ..., C_r$ von G kantendisjunkt. Wählt man aus jedem Kreis eine Kante $k_i \in K(C_i)$, so folgt aus (2.1)

$$0 = \mu\Big(G - \bigcup_{i=1}^{r} \{k_i\}\Big) = \mu(G) - r$$

und damit $\mu(G) = r = \nu(G). \; \|$

Satz 2.6 Ist G ein schlichter Kaktusgraph, so gilt

  a) $2m(G) \leq 3n(G) - 3$,

  b) $\delta(G) \leq 2$.

Beweis. a) Da G schlicht ist, besitzt jeder Kreis mindestens drei Kanten, und nach Satz 2.5 sind alle Kreise kantendisjunkt. Daher gilt

$$
\begin{aligned}
m(G) \;\geq\; & 3\nu(G) = 3\mu(G) \\
= \; & 3m(G) - 3n(G) + 3\kappa(G) \geq 3m(G) - 3n(G) + 3,
\end{aligned}
$$

woraus a) unmittelbar folgt.

b) Die Annahme $\delta(G) \geq 3$, liefert zusammen mit Teil a) und dem Handschlaglemma folgenden Widerspruch:

$$
3n(G) - 3 \geq 2m(G) = \sum_{x \in E(G)} d(x, G) \geq 3n(G) \quad \|
$$

In (2.1) haben wir gezeigt, daß $\mu(G) = 0$ gleichbedeutend ist mit $\nu(G) = 0$. Nun beweisen wir:

Satz 2.7 Ist G ein Graph, so gilt:

$$
\mu(G) = 1 \iff \nu(G) = 1
$$

Beweis. Ist $\nu(G) = 1$, so folgt aus Satz 2.4 sofort $\mu(G) = 1$.
Ist $\mu(G) = 1$, aber $\nu(G) > 1$, so existieren nach Satz 2.5 zwei Kreise mit einer gemeinsamen Kante k. Dann besitzt $G - k$ nach Satz 1.5 einen Kreis. Aus Satz 1.7 erhalten wir aber

$$
\mu(G - k) = m(G) - 1 - n(G) + \kappa(G) = 0,
$$

womit wir einen Widerspruch zu (2.1) hergestellt haben. $\|$

Bemerkung 2.3 Für $\mu(G) \geq 2$ ist Satz 2.7 im allgemeinen nicht mehr richtig. Denn zum Beispiel gilt für den Multigraphen G, der aus zwei Ecken und $p \geq 1$ parallelen Kanten besteht, $\mu(G) = p - 1$ und $\nu(G) = \frac{1}{2}p(p - 1)$.

Definition 2.4 Ist G ein Graph, so bezeichnen wir mit $\tau_i = \tau_i(G)$ die Anzahl der Ecken vom Grad i in G und mit $\Gamma(G)$ die Menge seiner Endecken, also $|\Gamma(G)| = \tau_1(G)$.

Satz 2.8 Für jeden Graphen G gilt

$$
2\tau_0(G) + \tau_1(G) + 2(\mu(G) - \kappa(G)) = \sum_{i=3}^{\Delta(G)} (i - 2)\tau_i(G). \tag{2.5}
$$

Beweis. Aus dem Handschlaglemma folgt

$$\tau_1 + 2\tau_2 + \sum_{i=3}^{\Delta} i\tau_i \;=\; \sum_{x \in E(G)} d(x) = 2m = 2\mu - 2\kappa + 2n$$

$$=\; 2\mu - 2\kappa + 2\tau_0 + 2\tau_1 + 2\tau_2 + 2\sum_{i=3}^{\Delta} \tau_i,$$

woraus sich sofort (2.5) ergibt. $\|$

Aus diesem Satz erhält man leicht eine weitere Charakterisierung von Bäumen.

Satz 2.9 Ein nicht trivialer zusammenhängender Graph G ist genau dann ein Baum, wenn gilt:

$$\tau_1(G) = 2 + \sum_{i=3}^{\Delta(G)} (i-2)\tau_i(G) \qquad (2.6)$$

Beweis. Nach Voraussetzung gilt $\kappa(G) = 1$ und $\tau_0(G) = 0$.
Ist G ein Baum, so liefert Folgerung 2.1 $\mu(G) = 0$, womit sich (2.6) sofort aus (2.5) ergibt.
Gilt umgekehrt (2.6), so muß wegen (2.5) notwendig $\mu(G) = 0$ gelten, womit G nach Folgerung 2.1 ein Baum ist. $\|$

Satz 2.9 liefert unmittelbar eine Verallgemeinerung von Satz 2.3.

Folgerung 2.2 Ist G ein nicht trivialer Baum, so gilt

$$\tau_1(G) \geq \max\{2, \Delta(G)\}$$

und $\tau_1(G) = 2$ genau dann, wenn $\tau_i(G) = 0$ für $i \geq 3$, also wenn G ein Weg ist.

Beispiel 2.1 Eine Anwendung in der Chemie. Kohlenwasserstoff-moleküle der Form $C_j H_{2j+2}$ heißen *Alkane*. Bekanntlich ist die Wertigkeit eines Kohlenstoffatoms 4 und die eines Wasserstoffatoms 1. Fassen wir die Kohlenstoffatome C und die Wasserstoffatome H als Ecken eines Graphen G auf, so gilt:

Alle Alkane $C_j H_{2j+2}$ haben Baumstruktur.

Beweis. Den j Kohlenstoffatomen ordnen wir die Ecken $a_1, ..., a_j$ mit $d(a_i, G) = 4$ und den $2j + 2$ Wasserstoffatomen die Ecken $b_1, ..., b_{2j+2}$ mit $d(b_i, G) = 1$ zu. Natürlich fassen wir G als zusammenhängenden Graphen auf. Nun gilt

$$\tau_1(G) = 2j + 2 = 2 + \sum_{i=3}^{\Delta(G)} (i - 2)\tau_i(G),$$

womit G nach Satz 2.9 ein Baum ist. $\parallel$

Beispiel 2.2 Ist G ein schlichter Graph mit $\delta(G) \geq 2$, so gilt folgende Erweiterung von Satz 1.8:

$$\nu(G) \geq \mu(G) \geq \frac{1}{2}\Delta(G)(\delta(G) - 1) \tag{2.7}$$

Beweis. Da G schlicht ist, gilt $n(G) = n \geq \Delta + 1$. Daraus ergibt sich zusammen mit (2.2) und dem Handschlaglemma:

$$\begin{aligned}
2\nu \; & \geq \; 2\mu = 2m - 2n + 2\kappa = \sum_{x \in E(G)} d(x) - 2n + 2\kappa \\
& \geq \; \Delta + (n - 1)\delta - 2n + 2 = n(\delta - 2) + \Delta - \delta + 2 \\
& \geq \; (\Delta + 1)(\delta - 2) + \Delta - \delta + 2 = \Delta(\delta - 1) \quad \parallel
\end{aligned}$$

Satz 2.10 Für den vollständigen Graphen K_n mit $n \geq 3$ gilt

$$\nu(K_n) = \sum_{i=3}^{n} \frac{n!}{2i(n - i)!} = \frac{n!}{2} \sum_{i=3}^{n} \frac{1}{i(n - i)!}. \tag{2.8}$$

Beweis. **(Harary, Manvel [1] 1971)** Jedem Kreis der Länge p ordnen wir $2p$ orientierte Kreise mit einer Wurzel zu, indem man nach Anfangsecke und Orientierung unterscheidet. Für $3 \leq p \leq n$ beträgt im K_n die Anzahl der orientierten Kreise der Länge p mit Wurzel

$$n(n - 1)...(n - (p - 1)) = \frac{n!}{(n - p)!},$$

denn bei der Wahl der Wurzel hat man n Möglichkeiten, bei der Wahl der nächsten Ecke $n - 1$ Möglichkeiten usw. und bei der Wahl der p-ten Ecke $n - (p - 1)$ Möglichkeiten. Folglich ergibt sich für die Anzahl der Kreise der Länge p im K_n die Zahl $\frac{n!}{2p(n-p)!}$ und daraus durch Summation die Formel (2.8). $\parallel$

Analog zum Beweis von (2.8) zeigten Harary und Manvel [1] für den vollständigen bipartiten Graphen $K_{r,s}$ mit $r \leq s$ (man vgl. Definition 4.5)

$$\nu(K_{r,s}) = \frac{r!\,s!}{2} \sum_{i=2}^{r} \frac{1}{i(r-i)!(s-i)!}. \tag{2.9}$$

Für alle schlichten Graphen fanden Golovko und Khomenko [1] 1972 eine Formel für die Anzahl der Kreise, die von der Adjazenzmatrix des Graphen abhängt. Als Spezialfall dieses Resultats wollen wir die Anzahl der Dreiecke (d.h. Kreise der Länge 3) eines schlichten Graphen bestimmen.

Satz 2.11 Ist $G = (E, K)$ ein schlichter Graph mit $E = \{x_1, ..., x_n\}$ und $A = (m(x_i, x_j)) = (a_{ij})$ die Adjazenzmatrix von G, so gelten folgende Aussagen:

i) Für $p \in \mathbf{N}$ gibt das (i, j)-Element der Matrix A^p, das wir mit a_{ij}^p bezeichnen, die Anzahl der Kantenfolgen der Länge p von x_i nach x_j an (mit Berücksichtigung des Anfangspunktes und des Durchlaufsinns).

ii) Das Element a_{ii}^3 in A^3 gibt die doppelte Anzahl der Dreiecke an, die durch die Ecke x_i gehen. Daraus ergibt sich sofort, daß die Anzahl der Dreiecke $\frac{1}{6}\mathrm{Spur}(A^3)$ beträgt.

Beweis. i) Wir führen den Beweis von i) mittels Induktion nach p, wobei die Aussage für $p = 1$ nach Definition der Adjazenzmatrix richtig ist. Wegen $A^{p+1} = A^p A$ gilt

$$a_{ij}^{p+1} = \sum_{r=1}^{n} a_{ir}^p a_{rj}. \tag{2.10}$$

Die Kantenfolgen der Länge $p+1$ von x_i nach x_j erhält man auf folgende Weise. Man bestimme zunächst die Anzahl der Kantenfolgen der Länge p von x_i zu jeder Ecke x_r ($r = i$ und $r = j$ sind natürlich zugelassen). Diese Anzahl wird nach Induktionsvoraussetzung durch a_{ir}^p gegeben. Daher ist $a_{ir}^p a_{rj}$ die Anzahl der Kantenfolgen der Länge $p + 1$ von x_i nach x_j mit x_r als vorletzte Ecke. Summiert man über alle Ecken x_r, so erhält man die gesuchte Anzahl, die mit (2.10) übereinstimmt.
ii) Nach i) ist a_{ii}^3 die Anzahl der Kantenfolgen der Länge 3 von x_i nach x_i. Da G schlicht ist, bildet eine solche Kantenfolge aber notwendig ein Dreieck, und jedes Dreieck ist eine solche Kantenfolge. Ein Dreieck mit der Anfangsecke x_i wurde aber in (2.10) doppelt gezählt, womit a_{ii}^3 die doppelte Anzahl der Dreiecke angibt, die durch x_i gehen. $\|$

2.2 Gerüste

Definition 2.5 Ein Teilgraph T eines zusammenhängenden Graphen G heißt *Gerüst* (*spannender Baum* oder *Baumfaktor*) von G, wenn T ein Baum mit $E(T) = E(G)$ ist.

Der nun folgende Satz, der sich sofort aus dem Beweis von Satz 2.4 ergibt, geht auf Kirchhoff [1] zurück.

Satz 2.12 (Kirchhoff [1] 1847) Jeder zusammenhängende Graph besitzt ein Gerüst.

Die Abschätzung $\mu(G) \leq \nu(G)$ aus Satz 2.4 für die Anzahl der Kreise eines Graphen befindet sich implizit auch schon in der grundlegenden Abhandlung von Kirchhoff [1] aus dem Jahre 1847. Im folgenden wollen wir für die Anzahl der Kreise eine Abschätzung nach oben geben, die Ahrens [1] 1897 gefunden hat.

Definition 2.6 Sind A und B zwei Mengen, so definieren wir durch

$$A \triangle B = (A - B) \cup (B - A)$$

die *symmetrische Differenz* der beiden Mengen.

Satz 2.13 (Ahrens [1] 1897) Ist G ein zusammenhängender Graph, so gilt

$$\nu(G) \leq 2^{\mu(G)} - 1. \tag{2.11}$$

Beweis. Nach Satz 2.12 besitzt G ein Gerüst T. Da T ein Baum ist, folgt aus (2.1)

$$|K(T)| = m(T) = n(T) - 1 = n(G) - 1$$

und damit

$$|K(G) - K(T)| = m(G) - m(T) = m(G) - n(G) + 1 = \mu(G).$$

Setzt man

$$\mathcal{A} = \{A \neq \emptyset \,|\, A \subseteq K(G) - K(T)\},$$

so gilt bekanntlich $|\mathcal{A}| = 2^{\mu(G)} - 1$. Weiter sei $\mathcal{C}$ die Menge aller Kreise von G, und für einen Kreis C aus $\mathcal{C}$ bedeute $K_T^-(C) = K(C) - K(T)$. Damit gilt $K_T^-(C) \in \mathcal{A}$ für alle $C \in \mathcal{C}$. Nun zeigen wir, daß die Abbildung $h : \mathcal{C} \longrightarrow \mathcal{A}$ mit $h(C) = K_T^-(C)$ injektiv ist.

Angenommen, es existieren zwei verschiedene Kreise C_1 und C_2 in $\mathcal{C}$
mit $K_T^-(C_1) = K_T^-(C_2)$. Betrachten wir den Graphen

$$H = G[K(C_1) \triangle K(C_2)],$$

so gilt $H \subseteq T$ und $H \neq \emptyset$. Nun überlegt man sich leicht, daß $d(x, H) \geq 2$
für alle $x \in E(H)$ gilt, womit H nach Satz 1.8 einen Kreis enthält. Das
ist ein Widerspruch dazu, daß T als Gerüst keinen Kreis besitzt.
Damit ist h injektiv, und es folgt insgesamt

$$\nu(G) = |\mathcal{C}| \leq |\mathcal{A}| = 2^{\mu(G)} - 1. \quad \|$$

Im Jahre 1976 charakterisierten Maurer [1] sowie Mateti und Deo [1]
alle schlichten Graphen, für die in (2.11) die Gleichheit gilt.
Sie zeigten, daß genau diejenigen schlichten und zusammenhängenden
Graphen (2.11) mit Gleichheit erfüllen, die man auf einen der folgenden
fünf Graphen "reduzieren" kann:

$$K_1, \quad K_3, \quad K_4, \quad K_{3,3} \text{ oder } K_4 - l,$$

wobei l eine beliebige Kante des K_4 ist. Dabei wird bei der Reduktion
folgendes getan. Es werden sukzessive die Endecken entfernt, bis keine
mehr vorhanden sind. Ist a eine Ecke vom Grad 2 und sind die beiden
Nachbarn x und y nicht adjazent, so wird die Ecke a aus dem Graphen
entfernt und die Kante xy hinzugenommen. Dieser Prozeß wird solange
durchgeführt, bis es keine solchen Ecken a mehr gibt.
Beispielsweise kann man alle Bäume auf den K_1 oder alle Kreise auf
den K_3 reduzieren.

Reid [1] bestimmte 1976 diejenigen Komplementärgraphen von Bäumen mit den wenigsten Kreisen und Zhou [1] 1988 die mit den meisten
Kreisen. Entringer und Slater [1] zeigten 1981, daß bei vorgegebener
Differenz von Ecken- und Kantenzahl immer kubische Graphen mit
maximaler Anzahl von Kreisen existieren.

Wir wenden uns nun der Frage zu, wieviel verschiedene Gerüste ein
Graph besitzt. Im Falle eines vollständigen Graphen ist dieses Problem
gleichbedeutend mit der Bestimmung aller verschiedenen Bäume mit
einer festen Eckenzahl. Dabei werden zwei Bäume mit derselben Eckenmenge $E = \{1, ..., n\}$ genau dann als verschieden angesehen, wenn ein
Eckenpaar i, j mit $i \neq j$ existiert, das in einem der beiden Bäume adjazent ist, in dem anderen jedoch nicht. Bei dieser Betrachtung werden

also die verschiedenen Bäume gezählt, nicht aber die Isomorphietypen.
In diesem Sinne besitzt z.B. der K_3 genau drei verschiedene Gerüste
(man vgl. die Skizze).

Im Jahre 1889 bewies Cayley [4] folgende Anzahlformel, die er in Zusammenhang mit gewissen Determinanten brachte, die 1860 schon bei
Borchardt [1] auftraten.

Satz 2.14 (Cayley [4] 1889) Der vollständige Graph K_n besitzt genau n^{n-2} verschiedene Gerüste.

Wir wollen das Cayleysche Ergebnis nicht direkt beweisen, sondern mit
Hilfe des sogenannten Matrix-Gerüst-Satzes, der uns eine Formel liefert,
mit der man die Anzahl der Gerüste eines beliebigen Graphen bestimmen kann. Auch der Matrix-Gerüst-Satz befindet sich der Idee nach in
der mehrfach erwähnten Abhandlung von Kirchhoff [1] aus dem Jahre 1847. Er wurde später mehrmals wiederentdeckt und neu bewiesen.
Ein klarer, auf dem Determinantensatz von Cauchy-Binet beruhender
Beweis wurde 1954 von Trent [1] geliefert.
Wir werden für diesen Satz einen Induktionsbeweis geben, den man
in dem Buch von Sachs [2] findet. Dieser Beweis schließt sich an eine
Arbeit von Hutschenreuther [1] aus dem Jahre 1967 an und macht nur
von elementaren Determinantensätzen Gebrauch.

Vorbereitend behandeln wir einige einfache Manipulationen von qua-
dratischen Matrizen.
Ist $M = (a_{ij})$ eine quadratische $n \times n$ Matrix, so bezeichnen wir mit
$|M|$ die Determinante von M.
Die $(n-1) \times (n-1)$ Matrix M_i entstehe aus M durch Streichen der
i-ten Zeile und i-ten Spalte, wobei die ursprüngliche Numerierung beibehalten wird. Für $i \neq j$ sei

$$M_{ij} = (M_i)_j, \tag{2.12}$$

womit M_{ij} durch Streichen der i-ten und j-ten Zeilen und Spalten entsteht.
Ersetzt man in M das Element a_{ii} durch 1 und die restlichen Elemente
der i-ten Spalte durch Nullen, so schreiben wir für die neue Matrix M_i^*.

M^i entstehe aus M, indem man das Element a_{ii} durch $a_{ii} - 1$ ersetzt. Dem Entwicklungssatz entnehmen wir sofort

$$|M_i| = |M_i^*|. \tag{2.13}$$

Weiter sieht man leicht für $i \neq j$

$$(M_i)^j = (M^j)_i, \tag{2.14}$$

so daß wir dafür kurz M_i^j schreiben können.

Für $i \neq j$ unterscheiden sich $(M_i)^j$ und $(M_i)_j^*$ nur in der j-ten Spalte, und zwar ist die Summe der j-ten Spalten dieser beiden Matrizen gleich der j-ten Spalte der Matrix M_i. Daher ergibt sich aus den Rechenregeln (der Linearität) für Determinanten

$$|M_i| = |(M_i)^j| + |(M_i)_j^*|$$

und daraus zusammen mit (2.12), (2.13) und (2.14)

$$|M_i| = |M_i^j| + |M_{ij}|. \tag{2.15}$$

Definition 2.7 Es sei G ein Multigraph und $k = ab \in K(G)$. Der neue Multigraph $G^{(k)}$ entstehe aus G durch *Kontraktion der Kante k* wie folgt:

Man identifiziere a und b zu einer neuen Ecke u und streiche die dabei auftretenden Schlingen.

Hilfssatz 2.1 Es sei G ein Multigraph und $k \in K(G)$. Bezeichnen wir mit $z(G)$ die Anzahl der Gerüste von G, so gilt

$$z(G) = z(G^{(k)}) + z(G - k).$$

Beweis. Den Gerüsten von $G^{(k)}$ entsprechen umkehrbar eindeutig diejenigen Gerüste von G, die die Kante k enthalten.

Den Gerüsten von $G - k$ entsprechen umkehrbar eindeutig diejenigen Gerüste von G, die die Kante k nicht enthalten.

Daraus ergibt sich unmittelbar die Behauptung. $\|$

Definition 2.8 Es sei G ein Graph und $D = (d_{ij})$ eine $n \times n$ Diagonalmatrix mit $d_{ii} = d(x_i, G)$ für $x_i \in E(G)$. Ist A die Adjazenzmatrix von G, so heißt $B = B_G = D - A$ *Admittanzmatrix* von G.

Offenbar bleibt das Hinzufügen oder das Fortlassen von Schlingen für die Admittanzmatrix ohne Einfluß. Wegen Bemerkung 1.4 ii) erkennt man sofort, daß die Summen der Spalten- und Zeilenvektoren der Admittanzmatrix verschwinden.

Sind $B^{(k)}$ bzw. $B_{(k)}$ die Admittanzmatrizen von $G^{(k)}$ bzw. $G - k$ mit $g(k) = \{x_i, x_j\}$, so macht man sich für $i \neq j$ leicht die Gültigkeit folgender Identitäten klar:

$$(B^{(k)})_j = (B_i)_j = B_{ij} \tag{2.16}$$

$$(B_{(k)})_i = (B_i)^j = B_i^j \tag{2.17}$$

Satz 2.15 (Matrix-Gerüst-Satz) Es sei G ein Graph mit $E(G) = \{1, ..., n\}$ und $n \geq 2$. Ist $B_G = B$ die Admittanzmatrix von G, so gilt für alle $1 \leq i \leq n$

$$z(G) = |B_i|. \tag{2.18}$$

(Insbesondere ist $|B_i|$ unabhängig von i.)

Beweis. Da sich weder die Anzahl der Gerüste noch die Admittanzmatrix ändern, wenn man zu G Schlingen hinzufügt oder von G wegnimmt, sei im folgenden o.B.d.A. G ein Multigraph.

Der Beweis des Satzes erfolgt nun durch Induktion nach $n = n(G)$ und $m = m(G)$.

Ist $m = 0$, so ist (2.18) richtig, denn es gilt $z(G) = 0$ (wegen $n \geq 2$) und $|B_i| = 0$ für alle $1 \leq i \leq n$.

Auch im Fall $n = 2$ gilt (2.18), denn es ist $z(G) = m$ und

$$|B_1| = d(2, G) = m = d(1, G) = |B_2|.$$

Nun sei (2.18) für alle Multigraphen mit weniger als $m \geq 1$ Kanten bewiesen. Hat G genau m Kanten und $n \geq 3$ Ecken, so unterscheiden wir zwei Fälle.

i) Ist i eine isolierte Ecke, so gilt natürlich $z(G) = 0$. Es ist aber auch $|B_i| = 0$, denn die Summe der Spaltenvektoren von B_i ergibt den Nullvektor, womit die Spaltenvektoren linear abhängig sind.

ii) Es existiert eine Kante k mit $g(k) = \{i, j\}$. Dann folgt aus der Induktionsvoraussetzung, (2.16) und (2.17):

$$
\begin{aligned}
z(G^{(k)}) &= |(B^{(k)})_j| = |B_{ij}| \\
z(G - k) &= |(B_{(k)})_i| = |B_i^j|
\end{aligned}
$$

Daraus ergibt sich zusammen mit dem Hilfssatz 2.1 und (2.15)

$$z(G) = z(G^{(k)}) + z(G - k) = |B_{ij}| + |B_i^j| = |B_i|,$$

womit der Matrix-Gerüst-Satz vollständig bewiesen ist. $\|$

Aus dem Matrix-Gerüst-Satz folgt nun sehr leicht die Anzahlformel von Cayley (Satz 2.14).

Beweis von Satz 2.14. Ist K_n der vollständige Graph, so liefert die Formel (2.18) für $n \geq 2$:

$$z(K_n) = \begin{vmatrix} n-1 & -1 & -1 & \cdots & -1 \\ -1 & n-1 & -1 & \cdots & -1 \\ -1 & -1 & n-1 & \cdots & -1 \\ \multicolumn{5}{c}{\dotfill} \\ -1 & -1 & -1 & \cdots & n-1 \end{vmatrix}$$

Subtrahiert man in dieser $(n-1)$-reihigen Determinante die erste Spalte von allen anderen Spalten, so erhält man:

$$z(K_n) = \begin{vmatrix} n-1 & -n & -n & \cdots & -n \\ -1 & n & 0 & \cdots & 0 \\ -1 & 0 & n & \cdots & 0 \\ \multicolumn{5}{c}{\dotfill} \\ -1 & 0 & 0 & \cdots & n \end{vmatrix}$$

Addiert man in dieser Determinante zur ersten Zeile alle anderen Zeilen, so ergibt sich:

$$z(K_n) = \begin{vmatrix} 1 & 0 & 0 & \cdots & 0 \\ -1 & n & 0 & \cdots & 0 \\ -1 & 0 & n & \cdots & 0 \\ \multicolumn{5}{c}{\dotfill} \\ -1 & 0 & 0 & \cdots & n \end{vmatrix} = n^{n-2} \quad \|$$

Erfüllen zwei natürliche Zahlen s und n die Bedingung $1 \leq s \leq n$, so sei $F(n,s)$ die Anzahl der verschiedenen Wälder mit der Eckenmenge $E = \{1, ..., n\}$, die aus s Komponenten bestehen, wobei die Ecken $1, ..., s$ zu verschiedenen Komponenten gehören sollen. In der schon erwähnten Arbeit von Cayley [4] findet man eine Formel für $F(n,s)$, die erstmalig 1959 von Rényi [1] bewiesen wurde.

Satz 2.16 (Cayley [4] 1889, Rényi [1] 1959) Für $1 \leq s \leq n$ gilt

$$F(n, s) = sn^{n-s-1}.$$

Beweis. **(Takács [1] 1990)** Für $n > 1$ und $1 \leq s \leq n$ beweisen wir zunächst folgende Rekursionsformel

$$F(n, s) = \sum_{j=0}^{n-s} \binom{n-s}{j} F(n-1, s+j-1), \qquad (2.19)$$

wobei $F(1,1) = 1$ und $F(n,0) = 0$ für $n \geq 1$ gilt. Zur Herleitung von (2.19) betrachten wir einen Wald T mit der Eckenmenge $\{1, ..., n\}$, der aus s Komponenten besteht, wobei die Ecken $1, ..., s$ zu verschiedenen Komponenten gehören sollen. Hat die Ecke 1 den Eckengrad j in T, so gilt $0 \leq j \leq n - s$, und die Ecke 1 ist zu j Ecken aus der Eckenmenge $\{s+1, ..., n\}$ adjazent. Nun gibt es $\binom{n-s}{j}$ Möglichkeiten, um j Nachbarn aus der Eckenmenge $\{s + 1, ..., n\}$ zu wählen, und der Wald $T - 1$ der Ordnung $n - 1$ besteht aus $s + j - 1$ Komponenten (man vgl. Aufgabe 2.2), so daß die Ecken $2, ..., n$ und die j Nachbarn von 1 in verschiedenen Komponenten liegen. Die Anzahl solcher Wälder ist $F(n-1, s+j-1)$. Addieren wir für alle möglichen j die Größen $\binom{n-s}{j} F(n-1, s+j-1)$, so erhalten wir $F(n, s)$, womit (2.19) bewiesen ist.

Mit (2.19) leiten wir die Anzahlformel durch vollständige Induktion nach n her, wobei der Fall $n = 1$ unmittelbar einleuchtet. Ist $n > 1$, so gilt nach Induktionsvoraussetzung $F(n - 1, i) = i(n - 1)^{n-i-2}$ für $1 \leq i \leq n - 1$. Daraus ergibt sich zusammen mit (2.19)

$$F(n, s) = \sum_{j=0}^{n-s} \binom{n-s}{j} (s + j - 1)(n - 1)^{n-s-j-1}$$

für alle $1 \leq s \leq n$. Benutzt man in dieser Gleichung für $j \geq 1$ die Identität $j\binom{n-s}{j} = (n - s)\binom{n-s-1}{j-1}$, so folgt aus der binomischen Formel

$$
\begin{aligned}
F(n, s) &= \frac{s - 1}{n - 1} \sum_{j=0}^{n-s} \binom{n-s}{j} (n - 1)^{n-s-j} \\
&\quad + \sum_{j=1}^{n-s} \binom{n-s}{j} j(n - 1)^{n-s-j-1} \\
&= \frac{s - 1}{n - 1} n^{n-s} + \frac{n - s}{n - 1} \sum_{j=1}^{n-s} \binom{n-s-1}{j-1} (n - 1)^{n-s-j}
\end{aligned}
$$

$$= \frac{s-1}{n-1} n^{n-s} + \frac{n-s}{n-1} \sum_{i=0}^{n-s-1} \binom{n-s-1}{i} (n-1)^{n-s-1-i}$$

$$= \frac{s-1}{n-1} n^{n-s} + \frac{n-s}{n-1} n^{n-s-1} = s n^{n-s-1}. \quad \|$$

Setzt man in Satz 2.16 $s = 1$, so ergibt sich sofort die Anzahlformel aus Satz 2.14.

Im Jahre 1958 zeigten Fiedler und Sedlacek [1], daß der $K_{p,q}$ (man vgl. Definition 4.5) genau $p^{q-1} q^{p-1}$ verschiedene Gerüste besitzt. Für diese Formel gab Abu-Sbeih [1] 1990 einen neuen Beweis, und er leitete daraus den Satz 2.14 von Cayley her.

2.3   Minimalgerüste

Wir betrachten einmal folgendes praktische Problem:

Es sollen n Orte durch ein Eisenbahnnetz (oder Telefonnetz oder Kanalsystem) verbunden werden. Für je zwei Orte seien die (positiven) Kosten, die der Bau einer Direktverbindung verursachen würde (oder die Entfernungen zwischen je zwei Orten), bekannt. Das gesuchte Eisenbahnnetz soll dabei folgenden Bedingungen genügen:

a) Je zwei Orte sind direkt oder durch Schienen, die über andere Orte führen, miteinander verbunden.

b) Verzweigungspunkte befinden sich nur in den Orten, und zwar maximal einer in jedem Ort.

c) Unter allen Netzen, die den Bedingungen a) und b) genügen, wird dasjenige gesucht, das die geringsten Baukosten verursacht (oder geringste Länge besitzt).

Der diesem Problem zugeordnete bewertete Graph G ist wegen a) und b) zusammenhängend und von der Ordnung n. Darüber hinaus muß G nach c) ein Baum sein, denn besäße G einen Kreis, so könnte man eine beliebige Kante dieses Kreises löschen, ohne die Bedingungen a) und b) zu verletzen, und erhielte so ein Eisenbahnnetz mit geringeren Baukosten (oder von geringerer Länge).

Zur Lösung dieses Problems könnte man natürlich die Kosten aller Eisenbahnnetze, die die Bedingungen a), b) und c) erfüllen, berechnen und dann das Minimum auswählen. Dieser Lösungsvorschlag ist gleichbedeutend mit der Bestimmung aller Gerüste in einem vollständigen Graphen, womit nach dem Satz von Cayley die Anzahl der Rechenschritte größer als n^{n-2} ist. Somit ist diese Methode hochgradig aufwendig und daher im allgemeinen praktisch nicht durchführbar. Im weiteren wollen wir verschiedene Algorithmen vorstellen, die uns das angesprochene Problem effizient lösen.

Problem eines Minimalgerüstes. Es sei $G = (E, K, \rho)$ ein schlichter, bewerteter Graph. Gesucht wird ein *Minimalgerüst* T von G, d.h. ein Gerüst T von G, dessen Gesamtlänge

$$\rho(T) = \sum_{k \in K(T)} \rho(k)$$

minimal ist.

Der bekannteste Algorithmus zur Lösung dieses Problems dürfte der sogenannte Algorithmus von Kruskal [1] aus dem Jahre 1956 sein.

4. Algorithmus

Algorithmus von Kruskal

Es sei $G = (E, K, \rho)$ ein schlichter, bewerteter Graph der Ordnung $n = n(G) \geq 2$.

1. Es sei T der leere Graph.

2. Ist $K = \emptyset$, so stoppe man den Algorithmus.
   Ist $K \neq \emptyset$, so wähle man eine Kante $k \in K$ minimaler Bewertung, setze $K = K - \{k\}$ und gehe zu 3.

3. Besitzt der Graph $G[K(T) \cup \{k\}]$ einen Kreis, so gehe man wieder zu 2.
   Besitzt der Graph $G[K(T) \cup \{k\}]$ keinen Kreis, so setze man $T = G[K(T) \cup \{k\}]$. Ist $m(T) = n(G) - 1$, so stoppe man den Algorithmus.
   Ist $m(T) < n(G) - 1$, so gehe man zu 2.

Im Fall, daß der Algorithmus im 3. Schritt abbricht, ist $\kappa(G) = 1$ und T ein Minimalgerüst von G.
Im Fall, daß der Algorithmus im 2. Schritt abbricht, ist G nicht zusammenhängend, womit kein Gerüst existieren kann. Daher braucht der Zusammenhang des Ausgangsgraphen nicht gesondert geprüft werden.

Beweis. 1) Nach Konstruktion ist T ein Wald, womit sich aus (2.1) $m(T) = n(T) - \kappa(T)$ ergibt. Bricht der Algorithmus im 3. Schritt ab, so erhält man daraus

$$m(T) = n(G) - 1 \geq n(T) - \kappa(T) = m(T),$$

womit T ein Gerüst von G sein muß.
Bricht der Algorithmus im 2. Schritt ab, so folgt

$$n(T) - \kappa(T) = m(T) < n(G) - 1,$$

also $n(T) < n(G)$ oder $1 < \kappa(T)$, womit T kein Gerüst von G sein kann. In diesem Fall gilt notwendig $\kappa(G) \geq 2$. Denn wäre G zusammenhängend und $n(T) < n(G)$ oder $\kappa(T) > 1$, so gäbe es noch mindestens eine weitere Kante k mit der Eigenschaft, daß $G[K(T) \cup \{k\}]$ kreislos ist. Das widerspricht aber der Abbruchbedingung im 2. Schritt.
2) Nun sei G zusammenhängend, und die Kanten $k_1, k_2, ..., k_{n-1}$ des Gerüstes T seien in dieser Reihenfolge durch den Algorithmus von Kruskal bestimmt worden. Nach Konstruktion gilt dann notwendig $\rho(k_1) \leq ... \leq \rho(k_{n-1})$. Zu zeigen bleibt, daß T ein Minimalgerüst ist. Wir nehmen einmal an, daß T kein Minimalgerüst ist. Dann wählen wir unter allen Minimalgerüsten eines aus, das mit T die meisten Kanten gemeinsam hat. Bezeichnen wir dieses mit H, so gilt $K(H) \neq K(T)$. Es sei i der kleinste Index mit $k_i \in K(T)$ und $k_i \notin K(H)$. Da H ein Gerüst von G ist, gilt $\mu(H + k_i) = 1$, womit der Graph $H + k_i$ nach Satz 2.7 genau einen Kreis besitzt. Auf diesem Kreis liegt notwendig eine Kante l, die nicht zum Baum T gehört. Daher ist $H' = (H + k_i) - l$ nach Satz 1.7 ein zusammenhängender Graph der Ordnung $n(G)$ mit $n(G) - 1$ Kanten. Das bedeutet aber nach Folgerung 2.1, daß auch H' ein Gerüst von G ist mit der Bewertung

$$\rho(H') = \rho(H) + \rho(k_i) - \rho(l). \tag{2.20}$$

Da H ein Minimalgerüst ist, ergibt sich aus (2.20) sofort $\rho(k_i) \geq \rho(l)$. Nach Wahl der Kante k_i gehören die Kanten $k_1, ..., k_{i-1}$ und die Kante

l zum Gerüst H, womit $G[\{k_1, ..., k_{i-1}, l\}]$ keinen Kreis besitzt. Daher liefert der Algorithmus von Kruskal die Ungleichung $\rho(k_i) \leq \rho(l)$ und somit $\rho(k_i) = \rho(l)$. Dies zeigt uns zusammen mit (2.20), daß auch H' ein Minimalgerüst ist, das aber eine Kante mehr als H mit T gemeinsam hat, was einen Widerspruch zur Wahl von H bedeutet. $\|$

Bemerkung 2.4 Man beachte, daß im Gegensatz zum Algorithmus von Dantzig und Dijkstra, beim Algorithmus von Kruskal auch negative Bewertungen zugelassen sind.

Der Algorithmus von Kruskal liefert entsprechend modifiziert auch Maximalgerüste.

Der 4. Algorithmus läßt sich auch auf nicht schlichte und bewertete Graphen anwenden. Aber in dieser Situation ist es günstiger, zunächst die Schlingen zu entfernen und bei parallelen Kanten nur eine von minimaler Bewertung im Graphen zu belassen, um dann auf den verbleibenden schlichten Graphen den Algorithmus von Kruskal anzuwenden.

Bemerkung 2.5 Zum praktischen Gebrauch des 4. Algorithmus ist es im allgemeinen günstig, die m bewerteten Kanten des Graphen der Größe nach zu ordnen. (Spezielle Sortieralgorithmen ermöglichen dies mit einem Aufwand von $O(m \log m)$.)

Weiter notiere man sich immer die Komponenten des Waldes T. Denn dann kann man den 3. Schritt im 4. Algorithmus auf folgende Weise schnell durchführen. Liegen die Endpunkte der Kante k in einer Komponente von T, so besitzt $G[K(T) \cup \{k\}]$ einen Kreis, und in allen anderen Fällen besitzt $G[K(T) \cup \{k\}]$ keinen Kreis. Diese Entscheidung kann man mit n Abfragen treffen. Da man höchstens m solche Abfragen tätigt, ist die Komplexität des Algorithmus von Kruskal $O(n \cdot m)$, womit dieser Algorithmus effizient ist.

Liegt ein schlichter, bewerteter Graph als Skizze vor, so läßt sich der 4. Algorithmus besonders schnell durchführen, denn dann erkennt man die Komponenten des Waldes T ohne Schwierigkeiten. Wir wollen nun ein Beispiel durchrechnen, bei dem der Graph durch eine "halbe" Bewertungsmatrix gegeben ist. Bei einer *halben Bewertungsmatrix* eines schlichten, bewerteten Graphen werden nur die Bewertungen oberhalb der Hauptdiagonalen eingetragen, wodurch der Graph auch vollständig bestimmt ist.

Beispiel 2.3 Ein schlichter, bewerteter Graph sei durch folgende halbe Bewertungsmatrix gegeben.

	a_1	a_2	a_3	a_4	a_5	a_6	a_7	a_8	a_9
a_1		∞	7	-2	6	2	1	2	1
a_2			∞	4	6	2	-1	2	3
a_3				∞	-1	5	6	5	5
a_4					6	1	-1	∞	4
a_5						7	6	8	9
a_6							4	5	3
a_7								7	8
a_8									-2
a_9									

Man bestimme mit Hilfe des Algorithmus von Kruskal ein Minimalgerüst und skizziere es.

Lösung. Das Ordnen der bewerteten Kanten erledigen wir in diesem Beispiel durch "scharfes" Hinsehen.

Als erste Kante wählen wir $k_1 = a_1a_4$, setzen $T = T_1 = G[\{k_1\}]$ und notieren mit $E(T_1) = \{a_1, a_4\}$ die Ecken der einzigen Komponente von T.

Als zweite Kante wählen wir $k_2 = a_8a_9$, deren Endpunkte in keiner Komponente von T liegen. Wir setzen daher $T = G[\{k_1, k_2\}]$ und notieren mit $E(T_2) = \{a_8, a_9\}$ die Ecken der zweiten Komponente des Waldes T.

Als dritte Kante wählen wir $k_3 = a_2a_7$, setzen $T = G[\{k_1, k_2, k_3\}]$, was offensichtlich möglich ist und notieren mit $E(T_3) = \{a_2, a_7\}$ die Ecken der dritten Komponente von T.

Als vierte Kante wählen wir $k_4 = a_3a_5$, setzen $T = G[\{k_1, k_2, k_3, k_4\}]$ und notieren $E(T_4) = \{a_3, a_5\}$.

Als fünfte Kante wählen wir $k_5 = a_4a_7$. Da a_4 zu T_1 und a_7 zu T_3 gehören, setzen wir $T = G[\{k_1, ..., k_5\}]$. Nun sind die Komponenten T_1 und T_3 zu einer Komponente zusammengewachsen, und wir notieren mit $E(T_1) = \{a_1, a_2, a_4, a_7\}$ die Ecken der neuen Komponente T_1 von T und streichen die Komponente T_3.

Fügt man nun die Kante a_1a_7 zu T hinzu, so entsteht offensichtlich ein Kreis, womit diese Kante gestrichen werden muß.

Als sechste Kante wählen wir $k_6 = a_1a_9$. Mit dieser Kante wachsen T_1 und T_2 zu einer Komponente T_1 mit $E(T_1) = \{a_1, a_2, a_4, a_7, a_8, a_9\}$ zusammen, so daß wir $T = G[\{k_1, ..., k_6\}]$ setzen können und T_2 streichen müssen.

Als siebte Kante wählen wir $k_7 = a_4 a_6$. Mit dieser Kante vergrößert sich die Komponente T_1 um die Ecke a_6 zu

$$E(T_1) = \{a_1, a_2, a_4, a_6, a_7, a_8, a_9\}.$$

Daher können wir $T = G[\{k_1, ..., k_7\}]$ setzen.

Nun besteht T aus den Komponenten T_1 und T_4 mit $E(T_4) = \{a_3, a_5\}$. Man erkennt nun leicht, daß mit den folgenden Kanten in T_1 ein Kreis entsteht: $a_1 a_6$, $a_1 a_8$, $a_2 a_6$, $a_2 a_8$, $a_2 a_9$, $a_6 a_9$, $a_2 a_4$, $a_4 a_9$ und $a_6 a_7$. Daher sind diese Kanten zu streichen.

Die nächst größte Kante mit der Bewertung 5 ist $k_8 = a_3 a_6$ mit der T_1 und T_4 zu einem Baum mit 8 Kanten zusammenwachsen, womit $G[\{k_1, ..., k_8\}]$ ein gewünschtes Minimalgerüst ist.

Das gefundene Minimalgerüst, das wir nun skizzieren werden, ist keineswegs eindeutig.

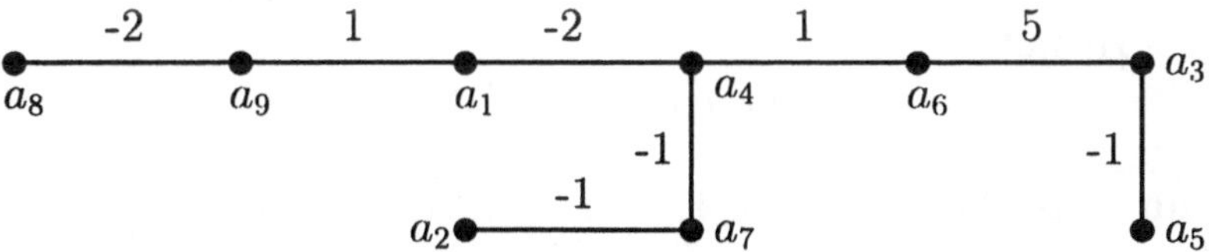

Bemerkung 2.6 Praktiker könnte gegen die vorgeschlagene Verfahrensweise zur Bestimmung eines Eisenbahnnetzes mit geringsten Baukosten (oder kürzester Länge) den Einwand erheben, daß im allgemeinen schon gewisse Eisenbahnverbindungen bereits vorhanden sein werden, die natürlich mitbenutzt werden sollen. In einem solchen Fall setze man die Kosten und damit die Bewertungen schon vorhandener Verbindungen mit Null an und verfahre sonst wie gehabt.

Ein Konkurrenzverfahren zum 4. Algorithmus wurde 1957 von Prim [1] entwickelt. Ausgehend von einer beliebigen Ecke y_0 eines bewerteten Graphen G läßt Prim einen Baum wachsen, indem er eine kürzeste Kante k_1 sucht, die mit y_0 inzidiert und $T_1 = G[\{k_1\}]$ setzt. Danach sucht er eine kürzeste Kante k_2, die mit $E(T_1)$ und mit $E(G) - E(T_1)$ inzidiert und setzt $T_2 = G[\{k_1, k_2\}]$. Dann wird eine kürzeste Kante k_3 bestimmt, die mit $E(T_2)$ und mit $E(G) - E(T_2)$ inzidiert usw.

Diese Vorgehensweise haben wir schon im 1. Kapitel algorithmisch erfaßt. Denn der Algorithmus von Prim läuft analog zum Algorithmus von Dantzig und Dijkstra, wobei allerdings die dort auftretenden Additionen wegfallen. Auch im Algorithmus von Prim wird der Graph G o.B.d.A. als schlicht vorausgesetzt.

5. Algorithmus

Algorithmus von Prim

Sei $G = (E, K, \rho)$ ein bewerteter Graph der Ordnung n und $y_0 \in E$.

0) Man setze $A_0 = \{y_0\}$ und $T_0 = A_0$.

1) Für $y \in \bar{A}_0$ setze man $t_1(y) = \rho(y_0 y)$ und wähle ein $y_1 \in \bar{A}_0$ mit

$$t_1(y_1) = \min_{y \in \bar{A}_0} \{t_1(y)\}.$$

Man setze $A_1 = A_0 \cup \{y_1\}$, und ist k_1 die zugehörige Kante von A_0 nach y_1, so setze man $T_1 = G[\{k_1\}]$.

2) Für $y \in \bar{A}_1$ setze man $t_2(y) = \min\{t_1(y), \rho(y_1 y)\}$ und wähle ein $y_2 \in \bar{A}_1$ mit
$$t_2(y_2) = \min_{y \in \bar{A}_1} \{t_2(y)\}.$$

Man setze $A_2 = A_1 \cup \{y_2\}$, und ist k_2 die zugehörige Kante von A_1 nach y_2, so setze man $T_2 = G[\{k_1, k_2\}]$.

$$. \quad . \quad . \quad . \quad . \quad . \quad . \quad . \quad . \quad . \quad . \quad . \quad . \quad . \quad .$$

q) Für $y \in \bar{A}_{q-1}$ setze man $t_q(y) = \min\{t_{q-1}(y), \rho(y_{q-1} y)\}$ und wähle ein $y_q \in \bar{A}_{q-1}$ mit

$$t_q(y_q) = \min_{y \in \bar{A}_{q-1}} \{t_q(y)\}.$$

Man setze $A_q = A_{q-1} \cup \{y_q\}$, und ist k_q die zugehörige Kante von A_{q-1} nach y_q, so setze man $T_q = G[\{k_1, ..., k_q\}]$.

Man stoppe den Algorithmus beim ersten $i \in \mathbf{N}$ mit $t_i(y) = \infty$ für alle $y \in \bar{A}_{i-1}$ oder $A_i = E$.

Bricht der Algorithmus mit $A_i = E$ ab, so ist $i = n - 1$, und der Graph T_{n-1} ist ein Minimalgerüst von G.

Bricht der Algorithmus vorher mit $t_i(y) = \infty$ für alle $y \in \bar{A}_{i-1}$ ab, so ist G nicht zusammenhängend.

Beweis. 1) Nach Konstruktion ist der Graph T_i für jedes $i \in \mathbf{N}_0$ ein Baum mit $E(T_i) = A_i$ der Ordnung $i + 1$. Daher ist im Fall $A_i = E$ notwendig $i = n - 1$ und T_{n-1} ein Gerüst von G.

Bricht der Algorithmus aber für ein $i \leq n - 1$ mit $t_i(y) = \infty$ für alle $y \in \bar{A}_{i-1}$ ab, so gibt es keine Kante von $E(T_{i-1})$ nach $E - E(T_{i-1})$, womit der Graph nicht zusammenhängend sein kann.

2) Der Nachweis, daß T_{n-1} ein Minimalgerüst ist, verläuft völlig analog zum zweiten Teil des Beweises des Kruskalschen Algorithmus. ‖

Bemerkung 2.7 Bei zusammenhängenden und bewerteten Graphen kann man auch durch sukzessives Herausnehmen von längsten Kanten in Kreisen zu einem Minimalgerüst gelangen. Da diese Methode nur für Graphen mit sehr wenig Kreisen günstig ist, bleibt der Beweis dem Leser überlassen.

Bemerkung 2.8 Um die in Bemerkung 2.7 vorgeschlagene Methode algorithmisch durchzuführen, benötigt man ein Verfahren, um in einem Graphen G Kreise aufzuspüren. Dazu kann man wie folgt vorgehen. Man entferne zunächst sukzessive alle Endecken, bis zu einem Teilgraphen G' mit $\delta(G') \geq 2$. Danach durchlaufe man in G' einen beliebigen Kantenzug solange, bis man einen ersten Kreis gefunden hat. Wegen $\delta(G') \geq 2$ führt dieses Verfahren immer zum Ziel. Nun entferne man eine Kante (für die Methode in Bemerkung 2.7 eine längste Kante) dieses Kreises. Im verbleibenden Graphen nehme man wieder sukzessiv alle Endecken heraus usw.

Wegen der Ähnlichkeit der Algorithmen von Dantzig und Dijkstra sowie von Prim, könnte der Verdacht aufkommen, daß ein Minimalgerüst mit mindestens einem Entfernungsbaum übereinstimmt. Daß dies im allgemeinen nicht der Fall ist, zeigt uns das nächste Beispiel.

Beispiel 2.4 Zu jeder natürlichen Zahl $n \geq 4$ existiert ein zusammenhängender und bewerteter Graph $G = (E, K, \rho)$ der Ordnung n und $\rho(k) > 0$ für alle $k \in K$, so daß jeder Entfernungsbaum von jedem Minimalgerüst verschieden ist.

Beweis. Wir betrachten den skizzierten zusammenhängenden und bewerteten Graphen der Ordnung n.

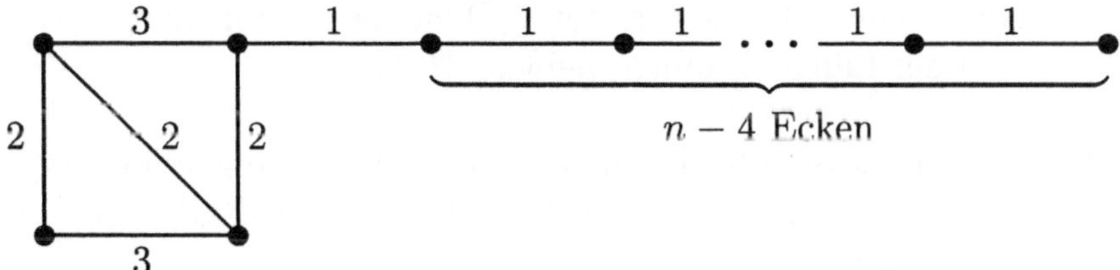

Der 4. oder 5. Algorithmus liefert das skizzierte Minimalgerüst, welches
im vorliegenden Fall eindeutig ist.

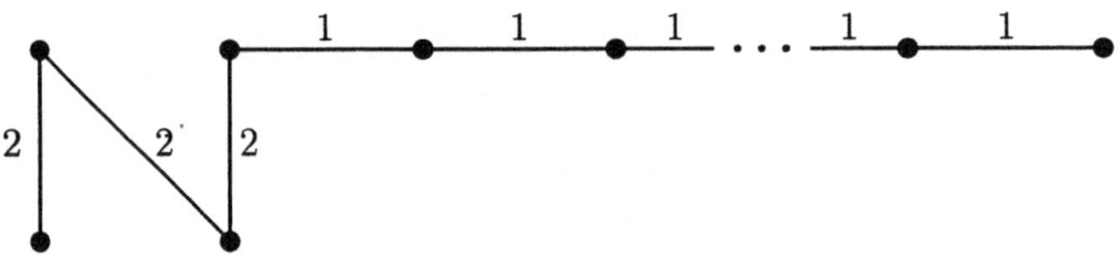

Mit Hilfe des Algorithmus von Dantzig und Dijkstra überzeugt man
sich leicht, daß jeder der n möglichen Entfernungsbäume mindestens
eine Kante der Länge 3 enthält, womit jeder Entfernungsbaum vom
Minimalgerüst verschieden ist. ‖

Bemerkung 2.9 Im Zusammenhang mit dem Problem von Minimalgerüsten schreibt Sedlacek in seinem Buch [1]:
"In der Tschechoslowakei hat die Graphentheorie eine lange Traditi-
on. In der Literatur wird häufig O. Boruvkas Arbeit [1] aus dem Jahre
1926 zitiert. Darin wird die Methode beschrieben, wie man das kürzeste
Stromnetz für eine gegebene Gruppe von Städten finden kann."

2.4   Aufgaben

Aufgabe 2.1 Man zeige, daß ein Graph genau dann ein Wald ist, wenn
jede Kante eine Brücke ist.

Aufgabe 2.2 Es sei $G = (E, K)$ ein nicht trivialer Baum. Ist $x \in E$,
so zeige man $\kappa(G - x) = d(x, G)$.

Aufgabe 2.3 Man zeige, daß alle Alkohole von der Form $C_j H_{2j+1} OH$
Baumstruktur haben.

Aufgabe 2.4 Man zeige, daß alle Moleküle mit der Summenformel
$C_j H_{2j}$ genau einen Kreis besitzen. (Diejenigen Moleküle $C_j H_{2j}$, die
einen Kreis der Länge 2 haben, heißen *Alkene.*)

Aufgabe 2.5 Es sei $p \in \mathbb{N}$ und G ein zusammenhängender Graph mit
$|K(G)| \geq p$. Weiter sei $K' \subseteq K(G)$ mit $|K'| = p$ und $G' = G - K'$. Ist
G' ein Wald, so zeige man $\nu(G) \geq p + 1 - \kappa(G')$.

Aufgabe 2.6 Man bestimme alle nicht isomorphen Bäume mit 6 Ekken.

Aufgabe 2.7 Man bestimme alle schlichten, nicht isomorphen Graphen ohne isolierte Ecken mit genau 3 Kreisen und 6 Kanten.

Aufgabe 2.8 Man gebe eine einfache Charakterisierung aller Bäume, die die Eigenschaft besitzen, daß der Abstand zwischen je zwei verschiedenen Endecken ungerade ist.

Aufgabe 2.9 Es sei $p \in \mathbb{N}$ und G ein schlichter Graph vom Minimalgrad $\delta(G) \geq p$. Ist T ein Baum mit p Kanten, so zeige man, daß G einen zu T isomorphen Teilgraphen besitzt.

Aufgabe 2.10 Man bestimme alle schlichten, nicht isomorphen Graphen G ohne isolierte Ecken mit $\mu(G) = 1$ und $n(G) = 5$.

Aufgabe 2.11 Es sei G ein schlichter Graph mit $\delta(G) \geq 5$. Sind a und b zwei verschiedene Ecken aus G und $G' = G - \{a, b\}$, so zeige man $\mu(G') \geq 3$.

Aufgabe 2.12 Man beweise die Identität (2.9).

Aufgabe 2.13 Man beweise Bemerkung 2.7.

Aufgabe 2.14 Man zeige, daß das Zentrum $Z(G)$ eines Baumes aus einer Ecke oder zwei adjazenten Ecken besteht.

Aufgabe 2.15 Es sei G ein Graph, G' ein Baum und $(f, F) : G \to G'$ ein Homomorphismus mit f surjektiv und F injektiv.
a) Man zeige, daß G notwendig ein Wald ist.
b) Ist $G' = J_3$, $n(G) = 5$ und $\delta(G) = 1$, so gebe man ein Beispiel für G und (f, F) an.
c) Ist $\kappa(G) = 1$, so zeige man, daß (f, F) ein Isomorphismus ist.

Aufgabe 2.16 Es sei G ein Baum und $W = W_{ab}$ ein Weg von a nach b in G der Länge $L(W) = 2p$ mit $p \geq 1$. Weiter sei die Eckenmenge $A \subseteq E(G)$ definiert durch

$$A = \{x \,|\, x \in E(G) \text{ und } d(a, x) = d(b, x)\}.$$

a) Man zeige, daß im Durchschnitt von A und $E(W)$ genau eine Ecke liegt.
b) Man zeige, daß der von A induzierte Teilgraph $G[A]$ zusammenhängend ist.

Aufgabe 2.17 Es sei G ein nicht trivialer und zusammenhängender Graph. Man zeige, daß G mindestens zwei Ecken x_1, x_2 mit der Eigenschaft $\kappa(G - x_i) = 1$ für $i = 1, 2$ besitzt.

Aufgabe 2.18 Es sei G ein nicht trivialer Baum. Man zeige, daß alle längsten Wege in G mindestens eine gemeinsame Ecke besitzen.

Aufgabe 2.19 Man bestimme alle nicht isomorphen, schlichten Graphen G mit $n(G) = 15$ und $m(G) = 17$, die aus drei Komponenten G_1, G_2 und G_3 bestehen, die den folgenden Bedingungen genügen:
i) G_1 ist 3-regulär.
ii) G_2 ist ein Kreis gerader Länge.
iii) $\mu(G_3) = 0$ und $\Delta(G_3) = 3$.

Aufgabe 2.20 Man bestimme alle nicht isomorphen, schlichten Graphen G ohne isolierte Ecken mit $n(G) = 10$ und $m(G) = 15$, die aus drei Komponenten G_1, G_2 und G_3 bestehen, die den folgenden Bedingungen genügen:
i) G_1 ist 4-regulär.
ii) G_2 ist ein Baum.
iii) G_3 ist ein Kreis.

Aufgabe 2.21 Es sei G ein zusammenhängender Graph mit genau einer Ecke maximalen Grades, $\mu(G) = 3$, $\delta(G) \geq 2$ und $\Delta(G) = 4$.
a) Man bestimme die Anzahl der Ecken vom Grad 3 in G.
b) Man gebe ein Modell minimaler Ordnung $n(G)$ an.
c) Man konstruiere bis auf Isomorphie alle schlichten Modelle der Ordnung $n(G) = 6$, die genau ein Dreieck enthalten.

Aufgabe 2.22 Ist B die Admittanzmatrix eines Graphen, so zeige man unabhängig vom Beweis des Satzes 2.15, daß die Determinante $|B_i|$ unabhängig von i ist.

Aufgabe 2.23 Es sei G ein Multigraph und B_G seine Admittanzmatrix. Ist D eine Orientierung von G und I_D die zugehörige Inzidenzmatrix, so zeige man $I_D I_D^T = B_G$.

Aufgabe 2.24 Es sei D ein stark zusammenhängender Digraph mit einem schlichten untergeordneten Graphen $G = G(D)$. Weiter existiere eine Ecke a in D, so daß $D - a$ stark zusammenhängend bleibt, und es gelte $m(D) = n(D) + 1$. Man beweise $\nu(G) = 3$.

Aufgabe 2.25 Es sei G ein schlichter Graph, der keine Kreise gerader Länge besitzt. Man zeige, daß G ein Kaktusgraph ist.

Aufgabe 2.26 Es sei G ein schlichter Graph mit mindestens zwei Ecken maximalen Grades, $\tau_0(G) = 0$, $\tau_1(G) = 1$ und $\mu(G) = 2$.
a) Man bestimme $\kappa(G)$.
b) Man berechne $\tau_i(G)$ für $i \geq 3$.
c) Man gebe ein Modell minimaler Ordnung an.

Aufgabe 2.27 Ist G ein nicht trivialer Baum mit $\tau_2(G) = 0$, so zeige man $\tau_1(G) \geq \lceil \frac{n(G)}{2} \rceil + 1$.

Aufgabe 2.28 Es seien $d_1, d_2, ..., d_n \in \mathbf{N}$. Man beweise: Es gibt genau dann einen Baum G mit der Eckenmenge $\{a_1, a_2, ..., a_n\}$ und den Eckengraden $d(a_i, G) = d_i$ für $i = 1, 2, ..., n$, wenn $d_1 + d_2 + ... + d_n = 2n - 2$ gilt.

Aufgabe 2.29 Es sei G ein schlichter, zusammenhängender Kaktusgraph. Sind a und b zwei Ecken aus G mit $d_G(a, b) = \mathrm{dm}(G)$, so zeige man $\max\{d(a, G), d(b, G)\} \leq 2$.

Kapitel 3

Eulersche Graphen

3.1 Das Königsberger Brückenproblem

Definition 3.1 Es sei G ein zusammenhängender und nicht trivialer Graph. Existiert in G ein Kantenzug Z mit $K(Z) = K(G)$, also enthält Z alle Kanten des Graphen, so heißt G *semi-Eulerscher Graph* und Z *Eulerscher Kantenzug*. Ist ein solcher Kantenzug Z zusätzlich geschlossen, so nennen wir Z *Eulertour*, und der Graph G heißt dann *Eulerscher Graph*.

Bemerkung 3.1 Jeder Eulersche Graph ist auch semi-Eulersch.

Die in Definition 3.1 gegebenen Graphenklassen sind nach dem produktivsten Mathematiker aller Zeiten, dem Schweizer Genie *Leonhard Euler* (1707 – 1783) benannt. Mit seiner berühmten Abhandlung über das Königsberger Brückenproblem aus dem Jahre 1736 wurde die Graphentheorie "geboren". Lassen wir Euler selbst zu Wort kommen.

"... 2. Das Problem, das ziemlich bekannt sein soll, war folgendes: Zu Königsberg in Preussen ist eine Insel A, genannt "der Kneiphof", und der Fluss, der sie umfliesst, teilt sich in zwei Arme, wie dies aus der Fig. I ersichtlich ist. Über die Arme dieses Flusses führen sieben Brücken a, b, c, d, e, f und g. Nun wurde gefragt, ob jemand seinen Spazierweg so einrichten könne, dass er jede dieser Brücken einmal und nicht mehr als einmal überschreite. Es wurde mir gesagt, dass einige diese Möglichkeit verneinen, andere daran zweifeln, dass aber niemand sie erhärte. Hieraus bildete ich mir folgendes höchst allgemeine Problem: Wie auch die Gestalt des Flusses und seine Verteilung in Arme, sowie die Anzahl der Brücken ist, zu finden, ob es möglich sei, jede Brücke genau einmal zu überschreiten oder nicht.

3. Was das Königsberger Problem von den sieben Brücken betrifft, so könnte man es lösen durch eine genaue Aufzählung aller Gänge, die möglich sind; denn dann wüsste man, ob einer derselben der Bedingung genügt oder keiner. Diese Lösungsart ist aber wegen der grossen Zahl von Kombinationen zu mühsam und schwierig, und zudem könnte sie in andern Fragen, wo noch viel

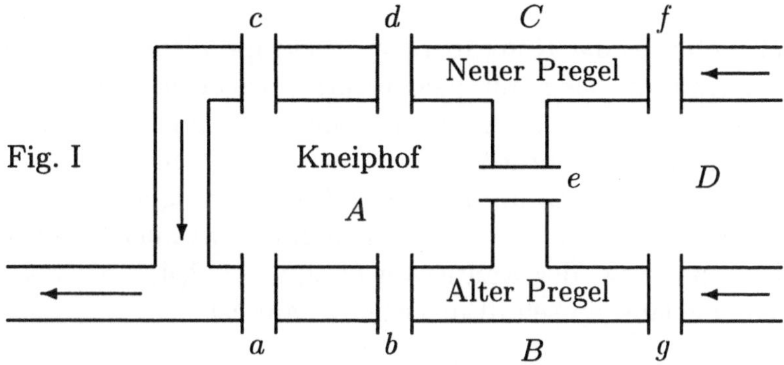

mehr Brücken vorhanden sind, gar nicht mehr angewendet werden. Würde die Untersuchung in der eben erwähnten Weise geführt, so würde Vieles gefunden, wonach gar nicht gefragt war; dies ist zweifellos der Grund, warum dieser Weg so beschwerlich wäre. Darum habe ich diese Methode fallen gelassen und eine andere gesucht, die nur so weit reicht, dass sie erweist, ob ein solcher Spazierweg gefunden werden kann oder nicht; denn ich vermutete, dass eine solche Methode viel einfacher sein werde.

4. Meine ganze Methode beruht nun darauf, dass ich das *Überschreiten* der Brücken in geeigneter Weise bezeichne, wobei ich die grossen Buchstaben A, B, C, D gebrauche zur Bezeichnung der einzelnen Gebiete, welche durch den Fluss voneinander getrennt sind. Wenn also einer vom Gebiet A in das Gebiet B gelangt über die Brücke a oder b, so bezeichne ich diesen Übergang mit den Buchstaben $AB, ...$"

Man erkennt deutlich, wie Euler hier implizit die Ecken A, B, C, D und die Kanten $AB, ...$ einführt. Graphentheoretisch formuliert fragt das Königsberger Brückenproblem danach, ob der links skizzierte Graph KBP einen Eulerschen Kantenzug besitzt. Die ersten Ergebnisse in diesem Abschnitt werden zeigen, daß dies nicht der Fall ist.

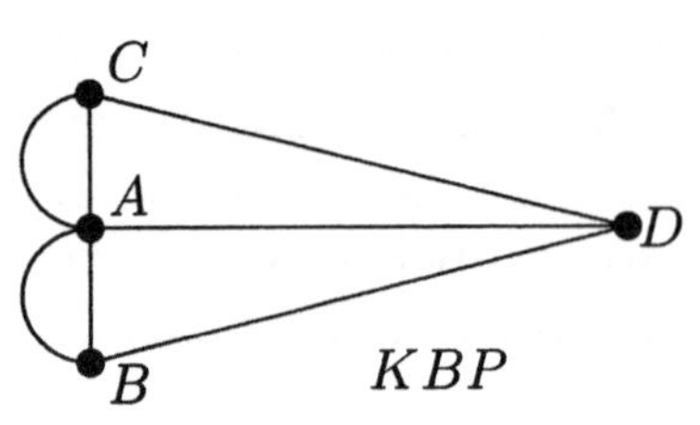

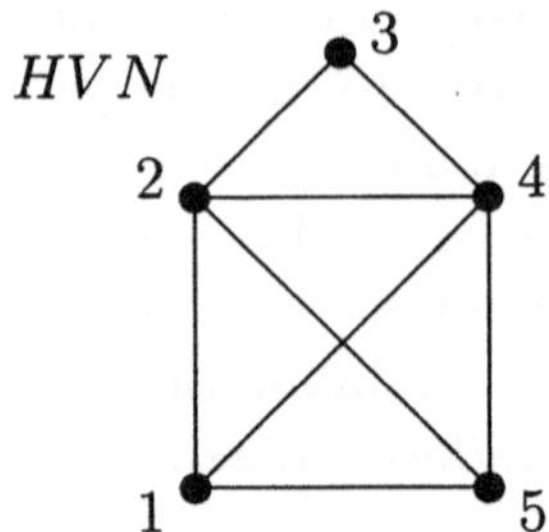

Noch bekannter als das Königsberger Brückenproblem dürfte das Problem im Zusammenhang mit dem rechts skizzierten Graphen HVN sein. Denn diesen Graphen haben wir alle während unserer Schulzeit mit dem begleitenden Spruch "das ist das Haus vom Nikolaus", ohne den Schreibstift abzusetzen, mit großer Begeisterung zu zeichnen versucht. Daß man die Kanten des Graphen HVN wirklich in einem Zug skizzieren kann, zeigt der Kantenzug $(1, 2, 3, 4, 5, 2, 4, 1, 5)$, womit das Haus vom Nikolaus ein semi-Eulerscher Graph ist.

Unser erstes Ergebnis stellt eine sehr schöne und einfache Charakterisierung der Eulerschen Graphen dar.

Satz 3.1 (Euler [1] 1736, Hierholzer [1] 1873) Es sei G ein nicht trivialer, zusammenhängender Graph. G ist genau dann ein Eulerscher Graph, wenn der Grad jeder Ecke gerade ist.

Beweis. Der Graph G sei Eulersch, und es sei Z eine Eulertour von G. Bewegen wir uns entlang der Eulertour, so liefert jeder Durchgang durch eine Ecke den Beitrag zwei zum Grad dieser Ecke (dies gilt auch für den Anfangspunkt von Z, da dieser gleichzeitig Endpunkt von Z ist). Da G zusammenhängend ist, wurde jede Ecke mindestens einmal durchlaufen, und wegen $K(G) = K(Z)$ wurden alle Kanten des Graphen berücksichtigt. Daher hat jede Ecke $a \in E(G)$ geraden Grad mit $d(a, G) \geq 2$.

Hat umgekehrt jede Ecke geraden Grad, so gilt wegen des Zusammenhangs $d(a, G) \geq 2$ für alle $a \in E(G)$. Den Beweis, daß G eine Eulertour besitzt, führen wir mit vollständiger Induktion nach der Kantenzahl $m = |K(G)|$.

Für $m = 1$ besteht G aus einer Ecke und einer Schlinge, womit G eine Eulertour besitzt.

Nun sei $m \geq 2$. Wegen $d(a, G) \geq 2$ für alle $a \in E(G)$ besitzt G nach Satz 1.8 einen Kreis C. Ist der Graph $G' = G - K(C)$ ein Nullgraph, so ist C eine Eulertour von G. Im anderen Fall ist G' ein (möglicherweise nicht zusammenhängender) Teilgraph von G mit weniger als m Kanten, in dem immer noch jede Ecke geraden Grad hat. Daher besitzt jede nicht triviale Komponente von G' nach Induktionsvoraussetzung eine Eulertour. Wegen des Zusammenhangs von G hat jede Komponente von G' mindestens eine Ecke mit dem Kreis C gemeinsam. Eine gesuchte Eulertour von G erhalten wir nun wie folgt: Beginnend in einer Ecke von C folgen wir den Kanten von C bis zu einer ersten Ecke einer Komponente von G', dann durchlaufen wir die entsprechende Eulertour dieser Komponente, danach folgen wir wieder den Kanten des Kreise C usw. $\|$

Bemerkung 3.2 Euler hat nur gezeigt, daß in einem Eulerschen Graphen alle Ecken von geradem Grad sind. Den ersten vollständigen Beweis von Satz 3.1 gab Hierholzer [1] 1873.

Bemerkung 3.3 Der Satz 3.1 zeigt, daß weder der Graph KBP noch der Graph HVN Eulersch ist.

Satz 3.2 (Veblen [1] 1912) Ein nicht trivialer, zusammenhängender Graph G ist genau dann Eulersch, wenn man ihn in kantendisjunkte Kreise zerlegen kann, d.h. wenn man ihn als Vereinigung von kantendisjunkten Kreisen darstellen kann.

Beweis. Ist G Eulersch, so hat nach Satz 3.1 jede Ecke geraden Grad. Damit besitzt G nach Satz 1.8 einen Kreis C, und in $G' = G - K(C)$ sind wieder alle Ecken von geradem Grad. Auf die nicht trivialen Komponenten wende man wieder Satz 1.8 an usw. Da der Graph endlich ist, findet man so eine Zerlegung von G in kantendisjunkte Kreise.
Kann G in kantendisjunkte Kreise zerlegt werden, so hat jede Ecke geraden Grad. Denn gehen durch eine Ecke a genau j kantendisjunkte Kreise, so gilt $d(a, G) = 2j$. Da G zusammenhängend ist, folgt unsere Behauptung wieder aus Satz 3.1. $\|$

Satz 3.3 Jeder zusammenhängende, nicht triviale Graph G besitzt eine geschlossene Kantenfolge, in der jede Kante des Graphen genau zweimal vorkommt.

Beweis. Jeder Kante k von G entsprechend fügen wir eine neue, in G nicht enthaltene Kante k' ein, die mit den gleichen Ecken wie k inzidiert. Durch diese Operation ist ein neuer, ebenfalls zusammenhängender Graph G' entstanden, der doppelt so viel Kanten wie G besitzt, und in dem jede Ecke geraden Grad hat. Nach Satz 3.1 besitzt G' eine Eulertour. Ersetzt man in einer Eulertour von G' jede neu hinzugefügte Kante k' durch die entsprechende Kante k aus G, so erhält man eine geschlossene Kantenfolge von G, die die geforderten Eigenschaften besitzt. $\|$

Bemerkung 3.4 Sind bei einer Messe oder Ausstellung auf beiden Seiten jedes Ganges Auslagen zu besichtigen, so gibt es immer optimale Möglichkeiten, die Gänge zu durchqueren, falls man alles in Augenschein nehmen möchte. Denn nach Satz 3.3 kann man einen Rundgang so anlegen, daß man jede Seite jedes Ganges genau einmal passiert, um dann zum Ausgangspunkt zurückzukehren.

Offen bleibt die Frage, wie man in einem Eulerschen Graphen eine Eulertour findet. Mit diesem Problem befassen wir uns in einem späteren Abschnitt.

Die nächste Anwendung von Satz 3.1 wurde erstmalig 1847 von Listing [1] ohne Beweis ausgesprochen. Einen vollständigen Beweis hat dann 1882 Lucas [1] gegeben.

Satz 3.4 (Listing [1] 1847, Lucas [1] 1882) Es sei p eine natürliche Zahl und G ein zusammenhängender Graph mit genau $2p$ Ecken ungeraden Grades.

    i) G läßt sich in p kantendisjunkte offene Kantenzüge $Z_1, ..., Z_p$ zerlegen, deren Anfangs- und Endpunkte die $2p$ Ecken ungeraden Grades sind.

    ii) Ist $W_1, ..., W_r$ eine Zerlegung von G in r kantendisjunkte Kantenzüge, so gilt $r \geq p$.

Beweis. i) Die Ecken ungeraden Grades fassen wir zu beliebigen Paaren $a_1, b_1; ...; a_p, b_p$ zusammen und fügen p neue Kanten $a_1 b_1, ..., a_p b_p$ zum Graphen G hinzu. Nach Satz 3.1 ist der so entstandene Graph G' Eulersch und besitzt eine Eulertour Z. Entfernt man aus Z die p neuen Kanten, so erhält man die gesuchte Zerlegung von G in p offene kantendisjunkte Kantenzüge, deren Anfangs- und Endpunkte genau die Ecken ungeraden Grades sind.

ii) Ist a eine Ecke aus G, die von allen Anfangs- und Endpunkten der r Kantenzüge $W_1, ..., W_r$ verschieden ist, so liefert jeder Kantenzug einen geraden Beitrag zum Eckengrad von a. Da die Kantenzüge $W_1, ..., W_r$ den Graphen G disjunkt zerlegen, muß $d(a, G)$ notwendig gerade sein. Daher liefert diese Zerlegung höchstens $2r$ Ecken ungeraden Grades, woraus $r \geq p$ folgt. $\|$

Aus den Sätzen 3.1 und 3.4 ergibt sich sofort folgende Charakterisierung der semi-Eulerschen Graphen.

Folgerung 3.1 Ein zusammenhängender, nicht trivialer Graph ist genau dann semi-Eulersch, wenn er zwei Ecken oder keine Ecke ungeraden Grades besitzt.

Diese Folgerung zeigt, daß der Graph KBP des Königsberger Brückenproblems keinen Eulerschen Kantenzug besitzen kann, denn alle vier Ecken dieses Graphen sind von ungeradem Grad.

3.2 Gute Ecken in Eulerschen Graphen

Wir wollen uns nun mit einer speziellen Klasse von Eulerscher Graphen beschäftigen, die Ore [1] 1951 vorgestellt hat.

Definition 3.2 Es sei G ein Eulerscher Graph. Besitzt eine Ecke a von G die Eigenschaft, daß jeder Kantenzug Z von G mit der Anfangsecke a zu einer Eulertour fortgesetzt werden kann, so nennen wir a *gute Ecke*. Ist $Z = (a_1, k_1, a_2, ..., k_p, a_{p+1})$ ein Kantenzug, so nennt man einen Kantenzug W der Form $W = (a_1, k_1, a_2, ..., k_p, a_{p+1}, l_1, b_2, ..., l_r, b_{r+1})$ mit $r \geq 1$ Fortsetzung von Z.

Satz 3.5 (Ore [1] 1951) Ist G ein Eulerscher Graph und $a \in E(G)$, so sind folgende Aussagen äquivalent:

    i) a ist eine gute Ecke.

    ii) Alle Kreise von G gehen durch die Ecke a.

    iii) $G - a$ ist ein Wald.

    iv) Es gilt $\kappa(G - a) = d(a, G) - \mu(G) - s(a)$, wobei $s(a)$ die Anzahl der Schlingen bedeutet, die mit a inzidieren.

Beweis. Aus i) folgt ii). Es sei a eine gute Ecke. Angenommen, es gibt in G einen Kreis C mit $a \notin E(C)$. Nach Satz 3.1 ist dann die Komponente G' von $G - K(C)$, in der die Ecke a liegt Eulersch, und es gilt $d(a, G) = d(a, G')$. Daher kann eine Eulertour von G' mit der Anfangsecke a in G nicht mehr fortgesetzt werden, was einen Widerspruch zur Voraussetzung bedeutet.

Aus ii) folgt i). Gehen alle Kreise von G durch die Ecke a, so betrachte man in G einen beliebigen Kantenzug mit der Anfangsecke a. Diesen Kantenzug setze man in G so lange fort, bis ein Kantenzug Z entstanden ist, den man nicht mehr fortsetzen kann. Da jede Ecke in G geraden Grad hat, muß die Ecke a auch Endecke von Z sein, und für den Graphen $G' = G - K(Z)$ gilt notwendig $d(a, G') = 0$. Wäre G' kein Nullgraph, so gäbe es in G' einen Kreis, der nicht durch a ginge. Daher ist Z eine Eulertour von G, also a eine gute Ecke von G.

Die Bedingungen ii) und iii) sind natürlich äquivalent.

Ein Graph H ist nach Satz 2.4 genau dann ein Wald, wenn $\mu(H) = 0$ gilt. Daraus ergibt sich die Äquivalenz von iii) und iv) wie folgt:

$$
\begin{aligned}
0 \overset{\cdot}{=} \mu(G - a) &= m(G) - d(a, G) + s(a) - (n(G) - 1) + \kappa(G - a) \\
&= \mu(G) - d(a, G) + s(a) + \kappa(G - a) \quad \|
\end{aligned}
$$

Ist G ein Kreis, so ist natürlich jede Ecke von G eine gute Ecke. Das nächste Ergebnis zeigt uns, daß in allen anderen Fällen höchstens zwei gute Ecken existieren können.

Satz 3.6 (Bäbler [2] 1953) Ein Eulerscher Graph G, der kein Kreis ist, besitzt höchstens zwei gute Ecken.

Beweis. Angenommen, der Graph G besitzt die drei guten Ecken a, b und u. Wegen der Sätze 3.2 und 3.5 existiert eine Zerlegung von G in kantendisjunkte Kreise $C_1, ..., C_r$ mit $a, b, u \in E(C_i)$ für $1 \leq i \leq r$. Da G kein Kreis ist, gilt $r \geq 2$. Haben die beiden Kreise C_1 und C_2 die Gestalt

$$
\begin{aligned}
C_1 &= (a, x_1, ..., x_p, b, ..., u, ..., a), \\
C_2 &= (a, y_1, ..., y_s, b, ..., u, ..., a),
\end{aligned}
$$

so ist

$$
Z = (a, x_1, ..., x_p, b, y_s, ..., y_1, a)
$$

ein geschlossener Kantenzug, der die Ecke u nicht enthält. Nach Satz 1.3 gibt es dann auch einen Kreis C, der die Ecke u nicht enthält, was der Annahme widerspricht, daß u eine gute Ecke ist. $\|$

Satz 3.7 (Bäbler [2] 1953) Ist G ein Eulerscher Graph mit einer guten Ecke a, so gilt:

i) $d(a, G) = \Delta(G)$.

ii) Jede Ecke b mit $d(b, G) = \Delta(G)$ ist eine gute Ecke.

Beweis. i) Es sei $C_1, ..., C_r$ eine Zerlegung von G in r kantendisjunkte Kreise. Da nach Satz 3.5 jeder dieser Kreise durch die Ecke a geht, ergibt sich $d(a, G) = 2r \geq \Delta(G)$ und damit die Behauptung.
ii) Es sei C ein beliebiger Kreis von G und $C, C_2, ..., C_r$ eine Zerlegung von G in kantendisjunkte Kreise. Dann gilt

$$d(a, G) = 2r = \Delta(G) = d(b, G),$$

womit auch die Ecke b auf jedem dieser Kreise liegen muß. Insbesondere gehört b zu dem beliebig gewählten Kreis C, so daß b nach Satz 3.5 notwendig eine gute Ecke ist. $\|$

Analog zu Definition 3.2 und dem Satz 3.5 von Ore, läßt sich auch für semi-Eulersche Graphen mit zwei Ecken ungeraden Grades ein Konzept der guten Ecken entwickeln.

Definition 3.3 Es sei G ein semi-Eulerscher Graph mit den zwei Ecken a und b ungeraden Grades. Kann man jeden Kantenzug aus G mit dem Anfangspunkt a zu einem Eulerschen Kantenzug fortsetzen, so heißt a *gute Ecke*.

Satz 3.8 Ist G ein semi-Eulerscher Graph mit den zwei Ecken a und b ungeraden Grades, so sind folgende Aussagen äquivalent:

i) a ist eine gute Ecke von G.

ii) Alle Kreise von G gehen durch die Ecke b.

iii) $G - b$ ist ein Wald.

iv) In dem Eulerschen Graphen $G' = G + ab$ ist b eine gute Ecke.

v) Es gilt $\kappa(G - b) = d(b, G) - \mu(G) - s(b)$, wobei $s(b)$ die Anzahl der Schlingen bedeutet, die mit b inzidieren.

Beweis. Aus i) folgt ii). Angenommen, es gibt in G einen Kreis C mit $b \notin E(C)$. Dann liegen die beiden Ecken a und b notwendig in der gleichen semi-Eulerschen Komponente H von $G - K(C)$, und es gilt

$d(b, G) = d(b, H)$. Daher kann ein Eulerscher Kantenzug von H mit der Anfangsecke a in G nicht mehr fortgesetzt werden, da dieser natürlich in b endet.

Offensichtlich folgt iii) aus ii).

Aus iii) folgt iv). Wegen $G' - b = G - b$, ist auch $G' - b$ ein Wald, womit b nach Satz 3.5 eine gute Ecke von G' ist.

Aus iv) folgt i). Ist $G' = G + k$ mit $k = ab$, so kann man nach Satz 3.5 den Kantenzug (b, k, a) von G' zu einer Eulertour von G' fortsetzen, womit jeder Kantenzug Z in G mit der Anfangsecke a zu einem Eulerschen Kantenzug in G fortsetzbar ist.

Ein Graph H ist nach Satz 2.4 genau dann ein Wald, wenn $\mu(H) = 0$ gilt. Daraus ergibt sich die Äquivalenz von iii) und v) wie folgt:

$$\begin{aligned}
0 = \mu(G - b) &= m(G) - d(b, G) + s(b) - (n(G) - 1) + \kappa(G - b) \\
&= \mu(G) - d(b, G) + s(b) + \kappa(G - b) \quad \|
\end{aligned}$$

Bemerkung 3.5 Es sei G ein semi-Eulerscher Graph mit den zwei Ecken a und b ungeraden Grades. Im Zusammenhang mit den Sätzen 3.6 und 3.7 läßt sich folgendes sagen. Natürlich besitzt G höchstens zwei gute Ecken. Ist a eine gute Ecke von G, so muß weder a noch b vom Maximalgrad sein.

Bemerkung 3.6 Semi-Eulersche Graphen mit guten Ecken sind für Ausstellungen besonders praktisch, denn beginnt der Besucher seine Besichtigungstour in einer guten Ecke, so muß er sich nur an die Vorschrift halten, an jeder Kreuzung einen Gang zu wählen, den er noch nicht benutzt hat, um einen Gesamtüberblick zu erhalten.

3.3   Eulersche Digraphen

Definition 3.4 Es sei D ein nicht trivialer, zusammenhängender Digraph. Existiert in D ein orientierter Kantenzug Z mit $B(Z) = B(D)$, so heißt D *semi-Eulerscher Digraph* und Z *orientierter Eulerscher Kantenzug*. Ist Z zusätzlich geschlossen, so nennen wir Z *orientierte Eulertour* und D *Eulerschen Digraphen*.

Bemerkung 3.7 Jeder Eulersche Digraph ist semi-Eulersch und auch stark zusammenhängend.

Die nächsten beiden Sätze beweist man mit Satz 1.19 völlig analog zu den entsprechenden Sätzen 3.1 und 3.2.

Satz 3.9 Ein nicht trivialer, zusammenhängender Digraph D ist genau dann Eulersch, wenn

$$d^+(x, D) = d^-(x, D)$$

für alle Ecken x aus D gilt.

Satz 3.10 Ein nicht trivialer, zusammenhängender Digraph ist genau dann Eulersch, wenn man ihn in bogendisjunkte orientierte Kreise zerlegen kann.

Nun wollen wir ein Analogon zu Folgerung 3.1 herleiten.

Satz 3.11 Ein nicht trivialer, zusammenhängender Digraph D ist genau dann semi-Eulersch, wenn D Eulersch ist, oder wenn zwei Ecken a, b in D existieren mit

$$d^+(a, D) = d^-(a, D) + 1 \quad \text{und} \quad d^+(b, D) = d^-(b, D) - 1 \qquad (3.1)$$

und außerdem $d^+(x, D) = d^-(x, D)$ für alle $x \in E(D) - \{a, b\}$ gilt.

Beweis. Es sei D semi-Eulersch und $Z = (a_1, k_1, ..., a_p)$ ein orientierter Eulerscher Kantenzug. Ist $a_1 = a_p$, so ist D Eulersch. Ist $a_1 \neq a_p$, so gilt

$$d^+(a_1, D) = d^-(a_1, D) + 1 \quad \text{und} \quad d^+(a_p, D) = d^-(a_p, D) - 1$$

und $d^+(x, D) = d^-(x, D)$ für alle anderen Ecken aus D.
Ist umgekehrt D Eulersch, so ist D semi-Eulersch. Ist für die Ecken a, b die Bedingung (3.1) erfüllt, so füge man zu D einen neuen Bogen (b, a) hinzu. Der so entstandene Digraph ist nach Satz 3.9 Eulersch und besitzt eine orientierte Eulertour. Entfernt man aus dieser Eulertour den Bogen (b, a), so entsteht ein orientierter Eulerscher Kantenzug von D, womit D semi-Eulersch ist. $\|$

Satz 3.12 Es sei D ein zusammenhängender Digraph, p eine natürliche Zahl und a, b zwei Ecken aus D mit

$$d^+(a, D) - d^-(a, D) = p = d^-(b, D) - d^+(b, D).$$

Gilt $d^+(x, D) = d^-(x, D)$ für alle Ecken $x \in E(D) - \{a, b\}$, so existieren p bogendisjunkte orientierte Wege von a nach b.

Beweis. Fügt man p neue Bogen $k_1, ..., k_p$ von b nach a zu D hinzu, so entsteht ein Digraph D' mit $d^+(x, D') = d^-(x, D')$ für alle $x \in E(D')$. Daher besitzt D' nach Satz 3.9 eine orientierte Eulertour, die o.B.d.A. die Gestalt

$$Z = (a, ..., b, k_1, a, ..., b, k_2, a, ..., b, k_p, a, ..., a)$$

haben möge. Dieser Darstellung von Z entnehmen wir, daß es in D mindestens p bogendisjunkte orientierte Kantenzüge von a nach b gibt, aus denen man p bogendisjunkte orientierte Wege von a nach b auswählen kann. $\|$

Vertiefte Informationen zur Theorie der Eulerschen Graphen findet man in einem von Fleischner 1983 verfaßten Artikel [2] und vor allen Dingen in den umfassenden Monographien "Eulerian Graphs and Related Topics" Teil 1 [3] und Teil 2 [4] von Fleischner aus den Jahren 1990 und 1991.

3.4   Das chinesische Briefträgerproblem

Ein Briefträger verläßt sein Postamt, durchläuft die Straßen seines Zustellbereiches mindestens einmal und kehrt am Ende seines Rundganges zum Ausgangspunkt zurück. Wie hat er seine Tour anzulegen, damit seine Gesamtstrecke minimal wird.

Graphentheoretisch können wir dieses Problem wie folgt formulieren.

Das chinesische Briefträgerproblem. Es sei $G = (E, K, \rho)$ ein zusammenhängender, bewerteter Graph mit $\rho(k) \geq 0$ für alle Kanten $k \in K$. Gesucht wird eine geschlossene Kantenfolge Z von minimaler Gesamtlänge mit $K(Z) = K$. Eine solche Kantenfolge nennen wir *optimal*.

Der Name dieses Problems weist auf den chinesischen Mathematiker Kuan [1] hin, der sich 1962 als erster mit diesem Gegenstand beschäftigt hat.

Zur Lösung des chinesischen Briefträgerproblems unterscheiden wir die beiden Fälle, ob der Graph Eulersch oder nicht Eulersch ist.

1. Fall: G ist ein Eulerscher Graph.

Ist G ein Eulerscher Graph, so ist natürlich jede Eulertour optimal, womit in diesem Fall das chinesische Briefträgerproblem theoretisch gelöst ist.
Offen bleibt die Frage, wie man in einem Eulerschen Graphen eine Eulertour möglichst effizient konstruiert. Einen Hinweis auf eine solche Konstruktion gibt uns der Beweis von Satz 3.1. Daher wollen wir den folgenden Algorithmus nach Hierholzer benennen.

6. Algorithmus

Bestimmung einer Eulertour nach Hierholzer

Es sei G ein Eulerscher Graph. Man wähle eine beliebige Ecke x_1 und konstruiere von x_1 ausgehend einen Kantenzug Z_1 von G, den man nicht mehr fortsetzen kann. Da jeder Eckengrad von G gerade ist, besitzt Z_1 den Endpunkt x_1. Ist Z_1 eine Eulertour von G, so ist man fertig.
Ist Z_1 keine Eulertour von G, so setze man $G_1 = G - K(Z_1)$. Da G zusammenhängend ist, existiert eine Ecke $x_2 \in E(Z_1)$, die mit einer Kante aus G_1 inzidiert. Von x_2 ausgehend konstruiere man einen Kantenzug Z_2 von G_1, den man nicht mehr fortsetzen kann. Die beiden geschlossenen Kantenzüge Z_1 und Z_2 setze man zu einem geschlossenen Kantenzug von G wie folgt zusammen. Man beginne in x_1, laufe entlang Z_1 bis x_2, durchlaufe nun ganz Z_2 bis x_2, und dann durchlaufe man die noch verbliebenen Kanten von Z_1 bis x_1.
Setzt man dieses Verfahren fort, so erhält man nach endlich vielen Schritten eine Eulertour von G.

Die Korrektheit des 6. Algorithmus ergibt sich unmittelbar aus den vorangegangenen Untersuchungen.

Bemerkung 3.8 Der 6. Algorithmus läßt sich entsprechend modifiziert auch auf Eulersche Digraphen anwenden.

Ohne Beweis wollen wir einen zweiten Algorithmus zur Bestimmung einer Eulertour vorstellen, der nach Lucas [1] auf Fleury zurückgeht. Beweise dazu findet man z.B. in den Büchern von Bondy und Murty [1] oder Chartrand und Lesniak [1].

7. Algorithmus

Fleurys Algorithmus

Es sei G ein Eulerscher Graph.

   i) Man wähle eine beliebige Ecke x_0 und setze $Z_0 = (x_0)$.

   ii) Hat man den Kantenzug $Z_p = (x_0, k_1, x_1, ..., k_p, x_p)$ bestimmt, so wähle man eine Kante $k_{p+1} \in K(G) - K(Z_p)$ nach folgender Vorschrift und verlängere Z_p durch k_{p+1} zu einem Kantenzug Z_{p+1}.

      a) Die Kante k_{p+1} inzidiert mit x_p.

      b) Die Kante k_{p+1} ist nur dann eine Brücke von $G - K(Z_p)$, wenn es keine andere Möglichkeit gibt.

   iii) Man stoppe den Algorithmus, wenn man ii) nicht mehr durchführen kann.

Bemerkung 3.9 Die Schwierigkeit beim 7. Algorithmus liegt darin, zu erkennen, ob k_{p+1} eine Brücke des Restgraphen $G - K(Z_p)$ ist. Bei skizzierten Graphen ist dies zwar einfach, aber bei Graphen, die durch ihre Adjazenzmatrizen gegeben sind, ist dies relativ aufwendig.

2. Fall: G ist kein Eulerscher Graph.

Ist der Graph G zusammenhängend, aber nicht Eulersch, so müssen einige Kanten mehrmals durchlaufen werden, um das chinesische Briefträgerproblem zu lösen. Der folgende Satz liefert eine Möglichkeit, in einem nicht Eulerschen Graphen, eine optimale Kantenfolge zu konstruieren.

Satz 3.13 Es sei $G = (E, K, \rho)$ ein nicht trivialer, zusammenhängender, bewerteter und nicht Eulerscher Graph mit $\rho(k) > 0$ für alle $k \in K$. Sind $a_1, ..., a_{2p}$ die Ecken ungeraden Grades von G, so berechne man die Längen $d_\rho(a_i, a_j)$ für $1 \leq i < j \leq 2p$ und setze

$$L = \min\left\{ \sum_{i=1}^{p} d_\rho(x_i, x_i') \,\middle|\, \bigcup_{i=1}^{p} \{x_i, x_i'\} = \{a_1, ..., a_{2p}\} \right\}.$$

Fügt man die dem Minimum L entsprechenden p Wege zu G hinzu, so entsteht ein bewerteter Eulerscher Graph H, dessen Eulertour eine optimale Kantenfolge in G induziert.

Beweis. Nach Konstruktion ist der bewertete Graph H Eulersch. Nun sei $G' = (E, K')$ ein beliebiger Eulerscher Graph, der aus G durch Vervielfachung von Kanten (gleicher Bewertung) entstanden ist und $K^* = K' - K$. Da wir $\rho(H) \leq \rho(G')$ zu zeigen haben, genügt es $L \leq \rho(K^*)$ nachzuweisen. Setzen wir $G^* = G[K^*] = (E^*, K^*)$, so gilt für alle $x \in E^*$

$$d(x, G^*) = d(x, G') - d(x, G),$$

womit G^* nach Satz 3.1 genau die Ecken $a_1, ..., a_{2p}$ ungeraden Grades besitzt. Mit $G_1^*, ..., G_r^*$ bezeichnen wir alle Komponenten von G^*, in denen sich Ecken ungeraden Grades befinden. Nach Satz 3.4 lassen sich diese r Komponenten in p offene Kantenzüge $Z_1, ..., Z_p$ zerlegen, deren Anfangs- und Endpunkte die Ecken $a_1, ..., a_{2p}$ sind. Haben die Kantenzüge die Form $Z_i = (u_i, ..., v_i)$ für $1 \leq i \leq p$, so folgt

$$\rho(K^*) = \sum_{k \in K^*} \rho(k) \geq \sum_{i=1}^{p} \rho(Z_i) \geq \sum_{i=1}^{p} d_\rho(u_i, v_i) \geq L,$$

wobei sich die Abstände $d_\rho(u_i, v_i)$ auf unseren Ausgangsgraphen G beziehen. $\|$

Bemerkung 3.10 Benutzt man zur Lösung des chinesischen Briefträgerproblems die in Satz 3.13 vorgestellte Methode, so kann man zur Berechnung der Größen $d_\rho(a_i, a_j)$ den 2. Algorithmus von Dantzig und Dijkstra verwenden. Diesen muß man genau $\binom{2p}{2}$ mal anwenden, so daß der Rechenaufwand polynomial bleibt. Das Minimum L muß man aber unter $1 \cdot 3 \cdot 5 \cdot ... \cdot (2p - 1)$ möglichen Kombinationen herausfinden, womit der gesamte Rechenaufwand nicht mehr polynomial in $n = n(G)$ ist.
Ein erster effektiver Algorithmus zur Lösung des chinesischen Briefträgerproblems wurde 1973 von Edmonds und Johnson [1] gegeben. Der an diesem schwierigen Algorithmus interessierte Leser vgl. z.B. Papadimitriou und Steiglitz [1], Lovász und Plummer [1] oder Jungnickel [1].

3.5 Aufgaben

Aufgabe 3.1 a) Kann ein Eulerscher Graph eine Brücke besitzen?
b) Kann ein schlichter, semi-Eulerscher Graph G mit $\delta(G) \geq 2$ eine Brücke besitzen?

Aufgabe 3.2 Es sei k eine Kante des vollständigen Graphen K_n. Für welche $n \geq 3$ ist der Graph $K_n - k$ semi-Eulersch?

Aufgabe 3.3 Man skizziere einen Eulerschen Graphen G mit minimaler Kanten- und Eckenzahl, der den Bedingungen $n(G)$ gerade und $m(G)$ ungerade genügt.

Aufgabe 3.4 Es sei G ein nicht trivialer und zusammenhängender Graph. Man zeige, daß G eine Orientierung D besitzt, die für alle $x \in E(D)$ die Bedingung $|d^+(x, D) - d^-(x, D)| \leq 1$ erfüllt.

Aufgabe 3.5 Es sei G ein Eulerscher Graph mit einer ungeraden Anzahl von Kanten $m(G)$, und die Menge $A \subseteq E(G)$ sei definiert durch

$$A = \{x | x \in E(G) \ \text{mit} \ d(x, G)/2 \ \text{ungerade}\}.$$

Man beweise, daß $|A|$ ungerade ist.

Aufgabe 3.6 Man bestimme alle nicht isomorphen, schlichten Graphen G mit $n(G) = 13$ und $m(G) = 14$, die aus drei Komponenten G_1, G_2 und G_3 bestehen, die den folgenden Bedingungen genügen:
i) G_1 ist Eulersch mit $\Delta(G_1) \geq 4$.
ii) $\mu(G_2) = 0$ und G_2 besitzt genau drei Endecken.
iii) $\nu(G_3) = 3$.

Aufgabe 3.7 Man beweise die Sätze 3.9 und 3.10.

Aufgabe 3.8 Man definiere und charakterisiere *gute Ecken* in Eulerschen Digraphen (man vgl. Definition 3.2 und die Sätze 3.5 – 3.7).

Aufgabe 3.9 Es sei K_n ein vollständiger Graph mit $n \geq 7$ und k, l zwei verschiedene Kanten aus K_n. Welche Bedingungen muß man an k, l und n stellen, damit der Graph $K_n - \{k, l\}$ eine semi-Eulersche Orientierung besitzt?

Aufgabe 3.10 Im Zusammenhang mit Satz 3.13 zeige man, daß die p Wege, die man zu G hinzufügt, um eine optimale Kantenfolge zu erhalten, paarweise kantendisjunkt sind.

Aufgabe 3.11 Man zeige, daß jeder Eulersche Graph das homomorphe Bild eines Kreises ist.

Aufgabe 3.12 Man beweise die Korrektheit des 7. Algorithmus.

Aufgabe 3.13 Sind G und G' zwei Graphen und $(f, F) : G' \longrightarrow G$ ein Homomorphismus mit f surjektiv und F bijektiv, so zeige man, daß G Eulersch ist, falls G' Eulersch ist.

Aufgabe 3.14 Es sei G ein schlichter Eulerscher Graph mit $\Delta(G) = 6$. Ferner gelte $\mu(G - a) = 0$ und $\kappa(G - a) = 2$ für eine Ecke $a \in E(G)$. Man berechne $d(a, G)$, $\mu(G)$ und $\tau_i(G)$ für alle $i \geq 3$ und gebe ein Modell minimaler Ordnung an.

Aufgabe 3.15 Es sei G ein nicht trivialer zusammenhängender Kaktusgraph. Man zeige, daß G genau dann Eulersch ist wenn G keine Brücken besitzt.

Aufgabe 3.16 Man bestimme alle schlichten Eulerschen Graphen der Ordnung $n = 8$, die folgende Eigenschaften besitzen. Je zwei Ecken maximalen Grades sind nicht adjazent, $\mu(G) = 3$ und G besitzt eine gute Ecke.

Kapitel 4

Hamiltonsche Graphen

4.1 Notwendige Bedingungen für Hamiltonsche Graphen

Im Jahre 1859 hat *Sir William Hamilton* (1805 – 1865), der in der reinen Mathematik durch die Einführung der Quaternionen bekannt geworden ist, ein Spiel herausgegeben, das auf dem unten skizzierten *Dodekaeder* beruht. Eine der von ihm gestellten Aufgaben besteht im Auffinden eines Kreises, der alle Ecken des Dodekaeders enthält (man vgl. Aufgabe 4.1).

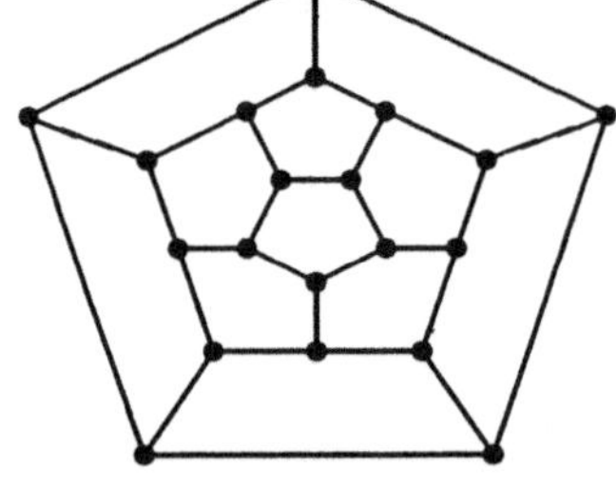

Definition 4.1 Existiert in einem Graphen G ein Kreis C mit der Eigenschaft $E(C) = E(G)$, so heißt C *Hamiltonkreis* und G *Hamiltonscher Graph* .
Existiert in einem Digraphen D ein orientierter Kreis C mit der Eigenschaft $E(C) = E(D)$, so heißt C *orientierter Hamiltonkreis* und D *Hamiltonscher Digraph.* .

Beispiel 4.1 Auch das uralte und vielbehandelte *Problem des Rösselsprunges* auf dem Schachbrett ist gleichbedeutend mit dem Auffinden eines Hamiltonkreises in einem speziellen Graphen. Dabei handelt es sich um folgendes Problem. Man soll mit dem Springer alle Felder des Schachbretts genau einmal in einer Zugfolge erreichen und zum Anfangsfeld zurückkehren.

Wir definieren den *Rösselsprunggraphen* $R(8)$ wie folgt. Jedem der $8 \times 8 = 64$ Felder lassen wir eine Ecke von $R(8)$ entsprechen und verbinden zwei Ecken durch eine Kante genau dann, wenn zwischen den entsprechenden zwei Feldern ein Springerzug möglich ist. Das Rösselsprungproblem ist äquivalent damit, in $R(8)$ einen Hamiltonkreis zu finden. Eine von Euler stammende Lösung geben wir in gewohnter Darstellung und verzichten darauf, den Graphen $R(8)$ zu skizzieren, was wegen der 168 Kanten unübersichtlich wäre.

58	43	60	37	52	41	62	35
49	46	57	42	61	36	53	40
44	59	48	51	38	55	34	63
47	50	45	56	33	64	39	54
22	7	32	1	24	13	18	15
31	2	23	6	19	16	27	12
8	21	4	29	10	25	14	17
3	30	9	20	5	28	11	26

Obwohl die Definitionen für Eulersche und Hamiltonsche Graphen gewisse Ähnlichkeiten aufweisen, sind die zu untersuchenden Probleme von unterschiedlicher Schwierigkeit. Während nämlich durch Satz 3.1 ein einfaches hinreichendes und notwendiges Kriterium für Eulersche Graphen zur Verfügung steht, ist bisher für Hamiltonsche Graphen keine befriedigende Charakterisierung gelungen. Hinzu kommt, daß das Erkennen Hamiltonscher Graphen als NP-vollständig bekannt ist.

Im vorliegenden Abschnitt untersuchen wir Eigenschaften Hamiltonscher Graphen und Digraphen, und danach geben wir verschiedene hinreichende Bedingungen an. Zuvor benötigen wir noch folgende Begriffe.

Definition 4.2 Es sei G ein Graph. Eine Menge $\{P_1, ..., P_q\}$ von eckendisjunkten Wegen in G heißt *Wegüberdeckung* von G, falls $E(G) = \bigcup_{i=1}^{q} E(P_i)$ gilt. Die minimale Anzahl von eckendisjunkten Wegen mit der man G überdecken kann, heißt *Wegüberdeckungszahl* und wird mit $\pi = \pi(G)$ bezeichnet. Ist $\pi(G) = 1$, so nennt man einen Weg P mit $E(P) = E(G)$ *Hamiltonschen Weg* und G heißt *semi-Hamiltonscher Graph*.

Es sei D ein Digraph. Eine Menge $\{P_1, ..., P_q\}$ von eckendisjunkten orientierten Wegen in D heißt *orientierte Wegüberdeckung* von D, falls $E(D) = \cup_{i=1}^{q} E(P_i)$ gilt. Die minimale Anzahl von eckendisjunkten orientierten Wegen mit der man D überdecken kann, heißt *orientierte Wegüberdeckungszahl* und wird mit $\pi^* = \pi^*(D)$ bezeichnet. Ist $\pi^*(D) = 1$, so nennt man einen orientierten Weg P mit $E(P) = E(D)$ *orientierten Hamiltonschen Weg* und D heißt *semi-Hamiltonscher Digraph*.

Bemerkung 4.1 Jeder Hamiltonsche Graph (Digraph) ist ein semi-Hamiltonscher Graph (Digraph).

Definition 4.3 Es sei G ein zusammenhängender Graph. Eine Ecke x aus G heißt *Schnittecke* von G, wenn $\kappa(G - x) > 1$ gilt. Ein zusammenhängender Graph ohne Schnittecken wird auch *Block* (man vgl. Definition 8.1) oder *2-fach eckenzusammenhängend* genannt (man vgl. Definition 14.1).

Jeder Hamiltonsche Graph ist offensichtlich zusammenhängend, und er besitzt keine Schnittecken.

Satz 4.1 Ist G ein Hamiltonscher Graph, so gilt für jede nicht leere Eckenmenge $S \subseteq E(G)$

$$\kappa(G - S) \leq \pi(G - S) \leq |S|.$$

Beweis. Es sei C ein Hamiltonkreis von G und $S = \{x_1, ..., x_p\}$. Dann ist $C - \{x_1\}$ ein Weg, und der Graph $C - \{x_1, x_2\}$ besteht aus höchstens zwei Wegen. Induktiv erkennt man, daß $C - \{x_1, ..., x_p\}$ aus höchstens p Wegen besteht, womit wir $\pi(C - S) \leq |S|$ nachgewiesen haben. Unsere Behauptung folgt sofort aus der Ungleichung

$$\kappa(G - S) \leq \pi(G - S) \leq \pi(C - S) \leq |S|. \quad \|$$

Beispiel 4.2 Ist G der links skizzierte Graph, so hat der Teilgraph $G' = G - \{x, y, z\}$ die rechts skizzierte Gestalt. Nach Satz 4.1 ist G nicht Hamiltonsch, denn es gilt $\kappa(G') = 4 > 3 = |\{x, y, z\}|$.

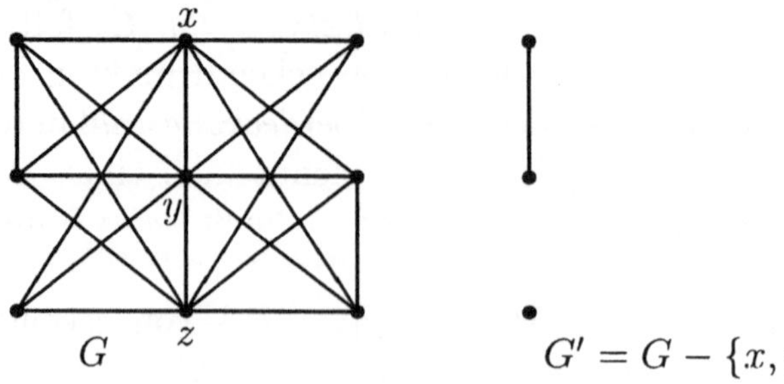

Definition 4.4 Ein Graph G heißt 1-*tough*, falls er für jede nicht leere Eckenmenge $S \subseteq E(G)$ die Ungleichung $\kappa(G - S) \leq |S|$ erfüllt.
Ein Graph G heißt *path-tough*, falls er für jede nicht leere Eckenmenge $S \subseteq E(G)$ die Ungleichung $\pi(G - S) \leq |S|$ erfüllt.

Bemerkung 4.2 Aus Definition 4.4 ergibt sich unmittelbar:
a) Ist ein Graph 1-tough, so ist er auch 2-fach eckenzusammenhängend.
b) Ist ein Graph path-tough, so ist er auch 1-tough.
c) Aus Satz 4.1 folgt: Ist ein Graph Hamiltonsch, so ist er sowohl 1-tough als auch path-tough.

Satz 4.2 Ein Graph G ist genau dann path-tough, wenn $G - x$ für jede Ecke $x \in E(G)$ semi-Hamiltonsch ist.

Beweis. Ist G path-tough, so gilt $\pi(G - x) = 1$ für jede Ecke $x \in E(G)$, womit $G - x$ semi-Hamiltonsch ist.
Ist $G - x$ semi-Hamiltonsch für jede Ecke $x \in E(G)$, so gilt $\pi(G - S) = 1$ für alle $S \subseteq E(G)$ mit $|S| = 1$. Analog zum Beweis von Satz 4.1 ergibt sich daraus auch $\pi(G - S) \leq |S|$ für alle $S \subseteq E(G)$ mit $|S| \geq 2$, womit G path-tough ist. ||

Beispiel 4.3 Wir betrachten nun die drei skizzierten Familien von Graphen. Dabei bedeuten die parallelen Linien, daß die Ecken u, v und x zu allen Ecken der jeweiligen vollständigen Graphen adjazent sind.

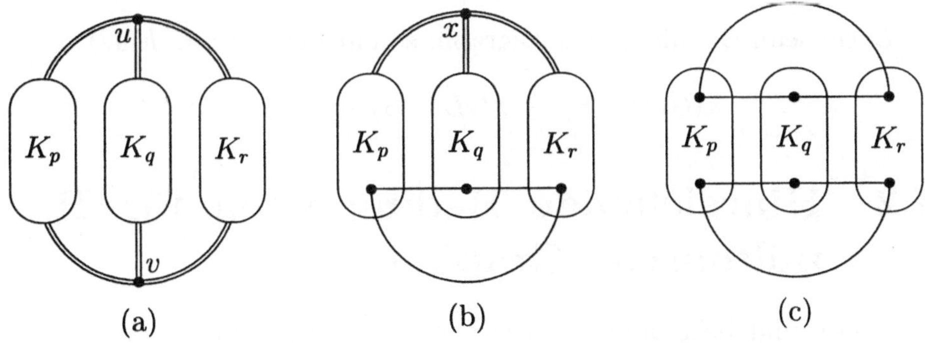

Es ist leicht zu sehen, daß keiner der skizzierten Graphen eine Schnittecke besitzt, womit alle Graphen aus den drei Familien 2-fach eckenzusammenhängend sind.
Entfernt man aus der Familie (a) die Ecken u und v, so erkennt man, daß diese Graphen nicht 1-tough und damit auch nicht path-tough und nicht Hamiltonsch sind.

Für die vollständigen Graphen aus der Familie (b) gelte $p, q, r \geq 2$ und
für die aus (c) $p, q, r \geq 3$. Unter diesen Voraussetzungen überlegt man
sich leicht, daß keiner der skizzierten Graphen Hamiltonsch ist (man
vgl. Aufgabe 4.2).

Entfernt man in (b) die Ecke x, so besitzen die verbleibenden Graphen
keinen Hamiltonschen Weg, womit die ursprünglichen Graphen nicht
path-tough sind. Man verifiziert ohne größere Mühe, daß die Graphen
aus (b) aber 1-tough sind (man vgl. Aufgabe 4.3).

Benutzt man Satz 4.2, so sieht man, daß die Graphen aus der Familie
(c) path-tough und damit auch 1-tough sind.

Ein weiterer Graph, der auch path-tough aber nicht Hamiltonsch ist,
ist der im Abschnitt 13.1 skizzierte Petersen-Graph.

Analog zu Satz 4.1 beweist man die folgenden Ergebnisse (man vgl.
Aufgabe 4.10).

Satz 4.3 Ist G ein semi-Hamiltonscher Graph, so gilt für alle Eckenmengen $S \subseteq E(G)$

$$\kappa(G - S) \leq \pi(G - S) \leq |S| + 1.$$

Satz 4.4 Ist D ein Hamiltonscher Digraph, so gilt für alle nicht leeren
Mengen $S \subseteq E(D)$

$$\kappa(G(D - S)) \leq \pi^*(D - S) \leq |S|.$$

Ist D ein semi-Hamiltonscher Digraph, so gilt für alle $S \subseteq E(D)$

$$\kappa(G(D - S)) \leq \pi^*(D - S) \leq |S| + 1.$$

4.2 Hinreichende Bedingungen für Hamiltonsche Graphen

Das erste und bekannteste hinreichende Kriterium für Hamiltonsche
Graphen hat Dirac [2] 1952 gegeben.

Satz 4.5 (Dirac [2] 1952) Ist G ein schlichter Graph mit $n(G) \geq 3$
und $2\delta(G) \geq n(G)$, so ist G Hamiltonsch.

Diese Bedingung wurde 1960 von Ore [4] durch folgendes Ergebnis verallgemeinert.

Satz 4.6 (Ore [4] 1960) Ist G ein schlichter Graph der Ordnung $n(G) \geq 3$, und gilt für alle nicht adjazenten Ecken x, y die Ungleichung $d(x, G) + d(y, G) \geq n(G)$, so ist G Hamiltonsch.

Die Sätze von Dirac und Ore sind eine leichte Folgerung aus dem nächsten Resultat.

Satz 4.7 (Lemma von Ore, Ore [4] 1960) Ist G ein schlichter Graph, und erfüllen zwei nicht adjazente Ecken $a, b \in E(G)$ die Bedingung $d(a, G) + d(b, G) \geq n(G)$, so ist G genau dann Hamiltonsch, wenn $G + ab$ Hamiltonsch ist.

Beweis. Ist G Hamiltonsch, so ist natürlich auch $G + ab$ Hamiltonsch. Nun sei umgekehrt $G + ab$ Hamiltonsch, $n = n(G)$ und C ein Hamiltonkreis in $G + ab$. Ist $ab \notin K(C)$, so ist auch G Hamiltonsch. Ist $ab \in K(C)$, so besitzt G einen Hamiltonschen Weg $(a, x_1, ..., x_{n-2}, b)$. Mit der Voraussetzung $d(a, G) + d(b, G) \geq n$ folgt, wie wir anschliessend nachweisen werden, die Existenz einer Zahl $p \in \{1, ..., n-3\}$ mit $ax_{p+1} \in K(G)$ und $bx_p \in K(G)$. Dann ist aber

$$(a, x_1, ..., x_p, b, x_{n-2}, x_{n-3}, ..., x_{p+1}, a)$$

ein Hamiltonkreis in G.

Um die Existenz dieser Zahl p nachzuweisen, setzen wir

$$
\begin{aligned}
A &= \{i \,|\, 1 \leq i \leq n-3 \text{ mit } ax_{i+1} \in K(G)\}, \\
B &= \{i \,|\, 1 \leq i \leq n-3 \text{ mit } bx_i \in K(G)\}.
\end{aligned}
$$

Es gilt $|A| = d(a, G) - 1$ und $|B| = d(b, G) - 1$, also $|A| + |B| \geq n - 2$. Wegen $A, B \subseteq \{1, ..., n-3\}$ ergibt sich schließlich $A \cap B \neq \emptyset$. ||

Beweis von Satz 4.6. Wegen $d(x, G) + d(y, G) \geq n(G)$ für alle nicht adjazenten Ecken von G kann man diese Ecken nach dem Lemma von Ore paarweise miteinander durch eine Kante verbinden, ohne dabei die Eigenschaft, daß die Graphen Hamiltonsch sind, zu verändern. Da der vollständige Graph K_n für $n \geq 3$ natürlich Hamiltonsch ist, haben wir damit Satz 4.6 bewiesen. ||

Für eine erste Anwendung der Sätze 4.1 und 4.5 benötigen wir folgende Begriffe.

Definition 4.5 Es sei G ein Graph und $p \geq 2$ eine natürliche Zahl. Der Graph G heißt *p-partit*, wenn man $E(G)$ in p paarweise disjunkte Eckenmengen $E_1, ..., E_p$ zerlegen kann, so daß $G[E_i]$ für alle $1 \leq i \leq p$ Nullgraphen sind. Wir nennen $E_1, ..., E_p$ eine *Partition* des p-partiten Graphen G. Im Fall $p = 2$ sagt man im allgemeinen *bipartiter Graph*, und man nennt dann E_1, E_2 auch eine *Bipartition*. Ist ein p-partiter Graph G schlicht und gilt $xy \in K(G)$ für alle $x \in E_i$ und $y \in E_j$ mit $1 \leq i < j \leq p$, so heißt G *vollständiger p-partiter Graph*, und wir schreiben dafür $K_{r_1,...,r_p}$ mit $r_i = |E_i|$. Im Fall $p = 2$ spricht man von einem *vollständigen bipartiten Graphen*.

Bemerkung 4.3 Ein p-partiter Graph besitzt keine Schlingen.

Satz 4.8 Es sei $G = K_{r_1,...,r_p}$ ein vollständiger p-partiter Graph mit $r_1 \leq r_2 \leq ... \leq r_p$ und $n(G) \geq 3$. Der Graph G ist genau dann Hamiltonsch, wenn $\sum_{i=1}^{p-1} r_i \geq r_p$ gilt.

Beweis. Es sei $E_1, E_2, ..., E_p$ eine Partition von G mit $|E_i| = r_i$ für $i = 1, 2, ..., p$.

Ist G Hamiltonsch, so ergibt sich aus Satz 4.1 mit $S = E_1 \cup ... \cup E_{p-1}$

$$r_p = |E_p| = \kappa(G - S) \leq |S| = \sum_{i=1}^{p-1} r_i.$$

Ist umgekehrt $\sum_{i=1}^{p-1} r_i \geq r_p$, so gilt $n = n(G) \geq 2r_p$ und daher für $x \in E_i$ $(i = 1, 2, ..., p)$

$$d(x, G) = n - r_i \geq n - r_p \geq n - \frac{n}{2} = \frac{n}{2},$$

also $\delta(G) \geq \frac{n}{2}$. Damit ist G nach dem Satz von Dirac (Satz 4.5) Hamiltonsch. $\|$

Es gibt in der Literatur eine Fülle interessanter Verallgemeinerungen der Sätze von Dirac und Ore. Eine von diesen kann ebenfalls mit dem Lemma von Ore bewiesen werden.

Satz 4.9 (Fan [1] 1984) Es sei G ein schlichter und 2-fach eckenzusammenhängender Graph mit $n = n(G) \geq 3$. Gilt für alle Ecken a, b mit $d_G(a, b) = 2$ die Bedingung

$$\max\{d(a, G), d(b, G)\} \geq \frac{1}{2} n(G),$$

so ist G Hamiltonsch.

Beweis. (**Tian [1] 1988**) Es sei G ein Graph, der die Voraussetzungen des Satzes erfüllt. Zunächst werden wir zeigen, daß wir o.B.d.A. davon ausgehen dürfen, daß je zwei Ecken x und y von G, deren Grad mindestens $n/2$ ist, durch eine Kante verbunden sind. Ist dies nämlich nicht der Fall, so können wir die Kante xy zu G hinzufügen. Der resultierende Graph erfüllt ebenfalls die Voraussetzungen des Satzes, und er ist nach dem Lemma von Ore genau dann Hamiltonsch, wenn G Hamiltonsch ist.

Als nächstes betrachten wir den Teilgraphen H, der von den Ecken induziert wird, die in G einen Grad kleiner als $n/2$ besitzen. Da, falls H leer ist, G vollständig und somit auch Hamiltonsch ist, können wir H als nicht leer voraussetzen. Aufgrund der Gradbedingung des Satzes sind die Komponenten von H vollständig. Denn wäre eine Komponente von H nicht vollständig, so gäbe es in dieser Komponente zwei Ecken u und v vom Abstand 2 mit $\max\{d(u,G), d(v,G)\} < n/2$, was unserer Voraussetzung widerspricht. Wir werden nun zeigen, daß zu jeder Komponente J von H ein Weg $P(J)$ in G existiert, dessen innere Ecken gerade die Ecken aus J sind. Ist nämlich J eine triviale Komponente, also $|E(J)| = 1 = |\{x\}|$, so existieren, da G 2-fach eckenzusammenhängend ist, zwei Kanten xy_1 und xy_2 in G. In diesem Fall setzen wir $P(J) = (y_1, x, y_2)$. Ist aber J eine Komponente mit $|E(J)| \geq 2$, so folgt ebenfalls mittels des 2-fachen Eckenzusammenhangs von G die Existenz zweier nicht inzidenter Kanten x_1y_1, x_2y_2 in G mit $x_1, x_2 \in E(J)$ und $y_1, y_2 \notin E(J)$. Da J vollständig ist, können wir den gewünschten Weg durch $P(J) = (y_1, x_1, w_1, ..., w_r, x_2, y_2)$ definieren, wobei $w_1, ..., w_r$ die restlichen Ecken von J bezeichnen.

Es seien nun $J_1, ..., J_s$ die Komponenten von H und $P(J_1), ..., P(J_s)$ die zugehörigen Wege. Die Endecken dieser Wege sind aufgrund der Gradbedingung des Satzes paarweise verschieden. Da $G - E(H)$ vollständig ist, kann man die Wege $P(J_1), ..., P(J_s)$ zu einem Weg P_1 zusammenfassen, der genau die Ecken dieser s Wege enthält. Die Endecken u und v des Weges P_1 gehören dann nicht zu H. Da $G - E(H)$ vollständig ist, können wir außerdem einen Weg P_2 von u nach v in G finden, dessen innere Ecken nicht zu P_1 gehören. Demzufolge liefern die beiden Weg P_1 und P_2 zusammen einen Hamiltonkreis von G. $\|$

Erweiterungen dieses Resultats von Fan wurden 1987 durch Benhocine und Wojda [2] gegeben.

Die Gradbedingungen der Sätze von Dirac und Ore implizieren, daß die betrachteten Graphen 2-fach eckenzusammenhängend sind. Schränkt man die Betrachtung aber auf Graphen ein, die 1-tough oder sogar path-tough sind, so kann man die Gradbedingungen abschwächen. Wir wollen hier zwei solche Resultate ohne Beweis vorstellen.

Satz 4.10 (Jung [2] 1978) Es sei G ein schlichter Graph der Ordnung $n(G) \geq 11$. Ist G 1-tough, und gilt für alle nicht adjazenten Ecken x, y die Ungleichung $d(x, G) + d(y, G) \geq n(G) - 4$, so ist G Hamiltonsch.

Satz 4.11 (Dankelmann, Niessen, Schiermeyer [1] 1994) Es sei G ein schlichter Graph, der path-tough ist. Gilt $\delta(G) \geq \frac{3}{6+\sqrt{3}} n(G)$ oder $d(x, G) + d(y, G) \geq \frac{2}{5} n(G)$ für alle nicht adjazenten Ecken x, y, so ist G Hamiltonsch.

Im Jahre 1960 hat Ghouila-Houri [1] den Satz von Dirac auf Digraphen erweitert. Wir beweisen hier den folgenden Spezialfall dieses Resultats (man vgl. Bondy und Murty [1], S. 178).

Satz 4.12 (Ghouila-Houri [1] 1960) Ist D ein schlichter Digraph mit

$$\min\{\delta^+(D), \delta^-(D)\} \geq \frac{1}{2} n(D) > 1,$$

so ist D Hamiltonsch.

Beweis. Wir setzen $n = n(D)$ und nehmen an, daß D keinen orientierten Hamiltonkreis besitzt. Ist $C = (x_1, ..., x_t, x_1)$ ein längster orientierter Kreis der Länge $L(C) = t$ in D, so folgt aus Satz 1.20 und unseren Voraussetzungen $t > n/2$. Nun sei $W = (y_1, ..., y_{r+1})$ ein längster orientierter Weg in $D - E(C)$ von $a = y_1$ nach $b = y_{r+1}$ der Länge $L(W) = r$. Dann gilt natürlich $t + r + 1 \leq n$ und $r < n/2$. Setzen wir

$$A = \{i | (x_{i-1}, a) \in B(D)\} \quad \text{und} \quad B = \{i | (b, x_i) \in B(D)\}$$

(mit $x_0 = x_t$), so sind die Mengen A und B disjunkt. Denn läge ein i in A und B, so wäre der orientierte Kreis

$$(x_{i-1}, a, y_2, ..., y_r, b, x_i, x_{i+1}, ..., x_t, x_1, ..., x_{i-1})$$

länger als C, was unserer Annahme widerspricht.
Mit der Tatsache, daß W ein längster orientierter Weg in $D - E(C)$ ist, erhält man $N^-(a, D) \subseteq E(W) \cup E(C)$. Wegen der Schlichtheit von D

ergibt sich daraus $d^-(a, D) \leq r + |A|$. Zusammen mit $d^-(a, D) \geq n/2$ folgt dann die Ungleichung

$$|A| \geq \frac{1}{2}n - r. \tag{4.1}$$

Mit analogen Argumenten zeigt man

$$|B| \geq \frac{1}{2}n - r. \tag{4.2}$$

Addiert man (4.1) und (4.2), so erhält man zusammen mit $n \geq t+r+1$ und $A \cap B = \emptyset$

$$|A \cup B| = |A| + |B| \geq t - r + 1 \tag{4.3}$$

und damit auch $r \geq 1$. Da $r < n/2$ gilt, zeigen uns (4.1) und (4.2), daß weder A noch B leer ist. Daher können wir zwei natürliche Zahlen i und $j \geq 2$ mit $i \in A$ und $i + j \in B$ so wählen, daß

$$i + s \notin A \cup B \quad \text{für} \quad 1 \leq s < j \tag{4.4}$$

gilt, wobei die Additionen modulo t zu verstehen sind. Aus $|A \cup B| \leq t$, (4.3) und (4.4) folgt $j \leq r$. Daher hat der orientierte Kreis

$$(x_{i+j}, x_{i+j+1}, ..., x_{i-1}, a, y_2, ..., y_r, b, x_{i+j})$$

die Länge $t - j + r + 1 > L(C)$, was nach der Wahl von C aber nicht möglich ist. $\|$

Weitere Ergebnisse über Hamiltonsche Diraphen findet man z.B. bei Chartrand und Lesniak [1], S. 201 – 206 oder in dem Übersichtsartikel von Bermond [1] aus dem Jahre 1978.

4.3 Panzyklische Graphen

Definition 4.6 Ein Graph G der Ordnung n heißt *panzyklisch*, wenn G Kreise aller Längen ℓ mit $3 \leq \ell \leq n$ besitzt.

Im Vordergrund dieses Abschnitts stehen hinreichende Bedingungen für panzyklische Graphen.

Ausgehend von dem Lemma von Ore entwickelten Bondy und Chvátal [1] 1976 das sogenannte Hüllenkonzept. Bevor wir die Hülle eines Graphen definieren können, benötigen wir den folgenden Hilfssatz.

Hilfssatz 4.1 Es sei G ein schlichter Graph und $r \in \mathbf{N}_0$. Bildet man ausgehend vom Graphen $G = G_1$ eine längstmögliche Folge von Graphen $(G_i)_{i=1,\ldots,p}$, indem man beim Übergang von G_i zu G_{i+1} jeweils eine Kante $k = xy$ hinzufügt, die zwei in G_i nicht adjazente Ecken x und y mit $d(x, G_i) + d(y, G_i) \geq r$ verbindet, so ist G_p unabhängig von der konstruierten Folge.

Beweis. Wir gehen indirekt vor und nehmen dazu an, daß es zwei Folgen $(G_i)_{i=1,\ldots,p}$ und $(H_i)_{i=1,\ldots,q}$ mit $G = G_1 = H_1$ und $G_p \neq H_q$ gibt, die beide wie oben beschrieben erhalten wurden. Dann existiert o.B.d.A. eine Kante $xy \in K(G_p) - K(H_q)$. Diese Kante sei beim Übergang von G_j zu G_{j+1} hinzugefügt worden. Wählen wir die Kante xy, so daß j kleinstmöglich ist, so gilt $d(x, H_q) + d(y, H_q) \geq d(x, G_j) + d(y, G_j) \geq r$. Dies bedeutet aber einen Widerspruch, da nun die Kante xy noch zu H_q hinzugefügt werden könnte. $\parallel$

Definition 4.7 Es sei G ein schlichter Graph und $r \in \mathbf{N}_0$. Unter der *r-Hülle* von G versteht man den Graphen G_p aus Hilfssatz 4.1. Wir bezeichnen ihn mit $Cl_r(G)$.

Durch wiederholte Anwendung des Lemmas von Ore erhalten wir

Folgerung 4.1 Es sei G ein schlichter Graph mit $n = n(G) \geq 3$. Der Graph G ist genau dann Hamiltonsch, wenn $Cl_n(G)$ Hamiltonsch ist. Insbesondere ist also G Hamiltonsch, falls $Cl_n(G)$ vollständig ist.

Die Bedeutung der r-Hülle besteht darin, daß Aussagen wie die in Folgerung 4.1 für viele Eigenschaften nachgewiesen werden können, wobei natürlich der Hüllenparameter r von der Ordnung des Graphen und von der betrachteten Eigenschaft abhängen (Beispiele hierzu findet man bei Bondy und Chvátal [1]). Grundsätzlich gilt der erste Teil der Aussage von Folgerung 4.1 für jede Eigenschaft, wenn man als Hüllenparameter ein $r \geq 2n(G) - 3$ wählt. In diesem Fall ist es nämlich nicht möglich, zu dem Graphen G überhaupt Kanten hinzuzufügen.

Für die Eigenschaft, die wir nun definieren werden, wurde erst kürzlich nachgewiesen, daß zumindest der zweite Teil von Folgerung 4.1 mit einem nicht trivialen Hüllenparameter gültig ist.

Satz 4.13 (Faudree, Favaron, Flandrin, Li [1] 1993) Es sei G ein schlichter Graph der Ordnung $n = n(G) \geq 3$. Ist $Cl_{n+1}(G)$ vollständig, so ist G panzyklisch.

Beweis. Da G vollständig und somit auch panzyklisch ist, falls $n = 3$ gilt, können wir im folgenden von $n \geq 4$ ausgehen.

Wir wählen nun eine Ecke $x \in E(G)$ mit $d(x, G) = \Delta(G)$. Für den Graphen $G^* = G - x$ gilt $n(G^*) = n - 1 \geq 3$ und seine $(n-1)$-Hülle ist vollständig. Letzteres ergibt sich, da die in G^* eventuell nicht vorhandenen Kanten in derselben Reihenfolge hinzugefügt werden können wie bei der Bildung der $(n+1)$-Hülle von G. Folgerung 4.1 liefert die Existenz eines Hamiltonkreises $C = (x_0, ..., x_{n-2}, x_0)$ von G^*. Es sei nun $l \in \{3, ..., n\}$. Für jedes $j = 0, ..., n-2$ können wir einen Weg der Länge $l - 2$ durch $P_j = (x_j, x_{j+1}, ..., x_{j+l-2})$ definieren, wobei alle Indizes modulo $(n-1)$ zu verstehen sind. Ist nun x für ein j sowohl mit x_j als auch mit x_{j+l-2} adjazent, so ist $(x, x_j, ..., x_{j+l-2}, x)$ ein Kreis der Länge l in G. Deshalb nehmen wir nun an, daß für ein l mit $3 \leq l \leq n$ kein Kreis der Länge l in G existiert. Dann ist x für jedes j zumindest mit der Anfangsecke x_j von P_j oder mit der Endecke x_{j+l-2} nicht adjazent. Demzufolge gibt es also mindestens $\lceil \frac{n-1}{2} \rceil$ Anfangsecken oder mindestens $\lceil \frac{n-1}{2} \rceil$ Endecken dieser Wege, die nicht mit x adjazent sind. Daraus folgt $\Delta(G) = d(x, G) \leq n - 1 - \lceil \frac{n-1}{2} \rceil = \lfloor \frac{n-1}{2} \rfloor$. Dies impliziert einerseits, daß G nicht vollständig ist und andererseits, daß bei Bildung der $(n+1)$-Hülle von G keine Kante hinzugefügt werden kann. Somit ist $Cl_{n+1}(G)$ nicht vollständig, was einen Widerspruch bedeutet. $\|$

Im folgenden benötigen wir eine wichtige Charakterisierung der bipartiten Graphen, die auf König [1] zurückgeht.

Satz 4.14 (König [1] 1916) Ein Graph G ist genau dann bipartit, wenn er keine Kreise ungerader Länge besitzt.

Beweis. Es sei G bipartit mit der Bipartition E_1, E_2. Angenommen, es existiert ein Kreis $(a_1, k_1, a_2, ..., a_{2p+1}k_{2p+1}, a_1)$ von ungerader Länge $2p + 1$. Gilt o.B.d.A. $a_1 \in E_1$, so folgt notwendig

$$a_2 \in E_2, \quad a_3 \in E_1, \quad ..., \quad a_{2p+1} \in E_1, \quad a_1 \in E_2,$$

was ein offensichtlicher Widerspruch ist.

Nun besitze G keine Kreise ungerader Länge. Wir setzen o.B.d.A. G als zusammenhängend voraus, denn ein Graph ist genau dann bipartit, wenn seine Komponenten bipartit sind. Ist $a \in E(G)$ eine fest gewählte Ecke, so setzen wir

$$A = \{x \in E(G) | d_G(a, x) \text{ ist gerade}\},$$
$$B = \{x \in E(G) | d_G(a, x) \text{ ist ungerade}\}.$$

Im folgenden wird sich herausstellen, daß A, B eine Bipartition von G ist. Dabei ergeben sich die Eigenschaften $A \cup B = E(G)$ und $A \cap B = \emptyset$ sofort aus der Definition der Eckenmengen A und B. Zu zeigen bleibt, daß es keine Kante $k \in K(G)$ gibt mit $k = uv$, wobei $u, v \in A$ oder $u, v \in B$ gilt. Wir nehmen einmal an, daß eine Kante $k = uv$ existiert mit $u, v \in A$.

Im Fall $u = v$ wäre k eine Schlinge, also ein Kreis der Länge 1, was nach Voraussetzung nicht möglich ist. Ist $u \neq v$, so seien P_{au} bzw. W_{av} zwei kürzeste Wege von a nach u bzw. von a nach v in G. Von a aus betrachtet sei y die letzte gemeinsame Ecke dieser beiden Wege. Die Teile des Weges P_{au}, die von a nach y bzw. von y nach u führen, bezeichnen wir mit P_{ay} bzw. P_{yu}. Entsprechend sei $W_{av} = W_{ay} \cup W_{yv}$. Da P_{au} und W_{av} kürzeste Wege sind, gilt $L(P_{ay}) = L(W_{ay})$ und daher für die Gesamtlänge der Wege P_{au} und W_{av}

$$L(P_{au}) + L(W_{av}) = 2L(P_{ay}) + L(P_{yu}) + L(W_{yv}).$$

Da nach Definition der Eckenmenge A die linke Seite dieser Gleichung eine gerade Zahl ist, muß $L(P_{yu}) + L(W_{yv})$ notwendig gerade sein. Damit würden die beiden Wege P_{yu} und W_{yv} zusammen mit der Kante k einen Kreis ungerader Länge bilden, was einen Widerspruch zur Voraussetzung bedeutet.

Der Fall $u, v \in B$ wird völlig analog bewiesen. $\|$

Folgerung 4.2 Jeder Wald ist ein bipartiter Graph.

Folgerung 4.3 Ist G ein bipartiter, Hamiltonscher Graph mit der Bipartition A, B, so gilt $|A| = |B|$, womit $|E(G)|$ notwendig gerade ist.

Beweis. Ist $C = (a_0, a_1, ..., a_p, a_0)$ ein Hamiltonkreis des Graphen G und o.B.d.A. $a_0 \in A$, so gilt $a_1 \in B$, $a_2 \in A, ..., a_p \in B$. Daraus folgt unmittelbar $|A| = |B|$. $\|$

Beispiel 4.4 Mit Hilfe von Folgerung 4.3 können wir zeigen, daß der Satz 4.5 von Dirac bestmöglich ist. Denn im Fall $n(G) = 2q + 1$ ist der vollständige bipartite Graph $K_{q,q+1}$ nicht Hamiltonsch, und im Fall $n(G) = 2q$ ist der vollständige bipartite Graph $K_{q-1,q+1}$ nicht Hamiltonsch.

Für jede gerade natürliche Zahl n zeigt der vollständige bipartite Graph $K_{n/2,n/2}$, daß auch Satz 4.13 nicht ohne weiteres verbessert werden kann. Der $K_{n/2,n/2}$ spielt auch in den folgenden hochinteressanten Ergebnissen von Bondy [2] eine besondere Rolle. Zum Beweis dieser Resultate benutzen wir den folgenden Hilfssatz.

Hilfssatz 4.2 Ist G ein schlichter Graph mit $4m(G) = (n(G))^2$, so enthält G entweder einen Kreis ungerader Länge, oder G ist isomorph zum vollständigen bipartiten Graphen $K_{n/2,n/2}$, wobei $n = n(G)$ ist.

Beweis. Besitzt G keinen Kreis ungerader Länge, so ist G nach dem Satz von König (Satz 4.14) bipartit. Ist E_1, E_2 eine Bipartition von G, so gelte o.B.d.A. $|E_1| = t \leq n/2$ und $|E_2| = n - t$. Da G schlicht ist, gilt $m(G) \leq t(n-t)$. Setzt man $g(t) = t(n-t)$, so erkennt man ohne Mühe, daß $g(t)$ im Intervall $[1, n/2]$ eine streng monoton wachsende Funktion ist, die im Punkt $n/2$ ihr absolutes Maximum $(n/2)^2$ besitzt. Daraus ergibt sich zunächst $t = n/2$ und dann $G \cong K_{n/2,n/2}$. $\|$

Der Beweis des nächsten Satzes folgt einer Idee von Carsten Thomassen, und er ist im wesentlichen dem Lehrbuch von Chartrand und Lesniak [1], S. 192 – 194 entnommen.

Satz 4.15 (Bondy [2] 1971) Es sei G ein schlichter, Hamiltonscher Graph der Ordnung $n \geq 3$ und der Größe m. Ist $4m \geq n^2$, so ist G entweder panzyklisch, oder n ist gerade und $G \cong K_{n/2,n/2}$.

Beweis. 1. Schritt: Im ersten Schritt zeigen wir, daß n gerade ist und $G \cong K_{n/2,n/2}$ gilt, falls $n \geq 4$ und G keinen Kreis der Länge $n - 1$ besitzt.

Es sei $C = x_1 x_2 \ldots x_n x_1$ ein Hamiltonkreis von G und x_j und x_{j+1} zwei aufeinanderfolgende Ecken von C, wobei alle Indizes modulo n zu verstehen sind. Analog zum Beweis vom Lemma von Ore zeigen wir nun

$$d(x_j, G) + d(x_{j+1}, G) \leq n. \tag{4.5}$$

O.B.d.A. sei $j = n$ und $j + 1 = 1$, und wir nehmen an, daß $d(x_1, G) + d(x_n, G) \geq n+1$ gilt. Mit dieser Voraussetzung folgt, wie wir anschliessend nachweisen werden, die Existenz einer Zahl $p \in \{1, \ldots, n - 2\}$ mit $x_1 x_{p+2} \in K(G)$ und $x_n x_p \in K(G)$. Dann ist aber

$$x_1 x_2 \ldots x_p x_n x_{n-1} \ldots x_{p+2} x_1$$

ein Kreis der Länge $n - 1$ in G, was unserer Voraussetzung im 1. Schritt widerspricht.

Um die Existenz dieser Zahl p nachzuweisen, setzen wir

$$
\begin{aligned}
A &= \{i | 1 \leq i \leq n - 2 \text{ mit } x_1 x_{i+2} \in K(G)\}, \\
B &= \{i | 1 \leq i \leq n - 2 \text{ mit } x_n x_i \in K(G)\}.
\end{aligned}
$$

Es gilt $|A| = d(x_1, G) - 1$ und $|B| = d(x_n, G) - 1$, also nach unserer Annahme $|A| + |B| \geq n - 1$. Wegen $A, B \subseteq \{1, ..., n - 2\}$ ergibt sich daraus $A \cap B \neq \emptyset$, womit wir (4.5) vollständig bestätigt haben.

Sei nun n eine ungerade Zahl. Wegen (4.5) gibt es eine Ecke x_q mit $d(x_q, G) \leq (n - 1)/2$. Ist o.B.d.A. $q = n$, so folgt aus (4.5)

$$2m = d(x_n, G) + \sum_{i=1}^{n-1} d(x_i, G) \leq \frac{n - 1}{2} + \frac{n(n - 1)}{2} < \frac{n^2}{2},$$

was unserer Voraussetzung $4m \geq n^2$ widerspricht. Daher ist n gerade, und es folgt wiederum aus (4.5) $2m \leq \sum_{i=1}^{n} d(x_i, G) \leq n^2/2$ und insgesamt dann $4m = n^2$. Daher steht in (4.5) für jedes j das Gleichheitszeichen. Für $i \neq j - 1, j$ ergibt sich nun

$$x_j x_i \in K(G) \quad \Longleftrightarrow \quad x_{j+1} x_{i+2} \notin K(G). \tag{4.6}$$

Denn definiert man analog zu oben die beiden Mengen A und B, so folgt $n = d(x_{j+1}, G) + d(x_j, G) = |A| + 1 + |B| + 1$, also $|A| + |B| = n - 2$. Da G keinen Kreis der Länge $n - 1$ besitzt, muß notwendig $A \cap B = \emptyset$ und daher $A \cup B \cup \{j - 1, j\} = \{1, 2, ..., n\}$ gelten, womit für jedes j und jedes $i \neq j - 1, j$ entweder $i \in A$ oder $i \in B$ gilt.

Sei nun $G \not\cong K_{n/2,n/2}$. Wegen $4m = n^2$ folgt aus Hilfssatz 4.2, daß G einen Kreis ungerader Länge enthält. Dann besitzt G auch eine Kante $x_j x_{j+2q}$ mit $1 \leq q \leq (n - 2)/2$. Denn gäbe es nur Kanten zwischen geraden und ungeraden Indizes, so wäre $E_1 = \{x_1, x_3, ..., x_{n-1}\}$ und $E_2 = \{x_2, x_4, ..., x_n\}$ eine Bipartition von G, was nach dem Satz von König nicht möglich ist. Damit besitzt G den Kreis $C_1 = x_j x_{j+1} ... x_{j+2q} x_j$ ungerader Länge $2q + 1$ mit nur einer Kante, nämlich $x_j x_{j+2q}$, die nicht zu C gehört. Nun sei C_1 schon ein kürzester Kreis mit diesen Eigenschaften. Da G keinen Kreis der Länge $n - 1$ besitzt, gilt zusätzlich $4 \leq 2q \leq n - 4$. Wegen $x_j x_{j+2q} \in K(G)$ ergibt sich aus (4.6) $x_{j-1} x_{j+2q-2} \notin K(G)$ und damit $x_{j-2} x_{j+2q-4} \in K(G)$. Dann ist aber auch $C_2 = x_{j-2} x_{j-1} ... x_{j+2q-4} x_{j-2}$ ein Kreis ungerader Länge, der genau eine Kante besitzt die nicht zu C gehört mit $L(C_2) = 2q - 1 < 2q + 1 = L(C_1)$. Dieser Widerspruch liefert uns dann $G \cong K_{n/2,n/2}$.

2. Schritt: Im zweiten Schritt zeigen wir mittels Induktion nach $n = n(G)$, daß ein Hamiltonscher Graph G mit $4m(G) \geq n^2$ entweder panzyklisch ist oder n gerade und $G \cong K_{n/2,n/2}$ gilt. Für $n = 3$ ist $G \cong K_3$ und damit panzyklisch. Nach Induktionsvoraussetzung gilt nun für alle schlichten, Hamiltonschen Graphen H der Ordnung $n - 1 \geq 3$ mit mindestens $(n-1)^2/4$ Kanten, daß sie entweder panzyklisch sind oder $n-1$ gerade und $H \cong K_{(n-1)/2,(n-1)/2}$ gilt. Nun zeigen wir unter der Voraussetzung, daß entweder (a) n gerade und $G \not\cong K_{n/2,n/2}$ oder (b) n ungerade ist, daß G panzyklisch sein muß. Aus diesen Voraussetzungen ergibt sich zusammen mit dem ersten Teil des Beweises, daß G einen Kreis $C^* = w_1 w_2 ... w_{n-1} w_1$ der Länge $n-1$ enthält. Es sei w die Ecke von G, die nicht zu C^* gehört.

Ist $d(w, G) \geq n/2$, so gehört die Ecke w zu einem Kreis der Länge ℓ für alle $3 \leq \ell \leq n$. Denn liegt w auf keinem Kreis der Länge p für ein p mit $3 \leq p \leq n-1$, so ergibt sich aus $w w_i \in K(G)$ für $1 \leq i \leq n-1$ sofort $w w_j \notin K(G)$, wenn $j \equiv i + p - 2 \pmod{(n-1)}$ gilt. Diese Überlegungen liefern den Widerspruch $d(w, G) \leq (n-1)/2$ (man vgl. dazu auch den Beweis von Satz 4.13).

Ist $d(w, G) < n/2$, so ist $G - w$ ein Hamiltonscher Graph der Ordnung $n-1$ mit mindestens $n^2/4 - (n-1)/2 > (n-1)^2/4$ Kanten, womit $G - w \not\cong K_{(n-1)/2,(n-1)/2}$ gilt. Daher ist $G - w$ nach Induktionsvoraussetzung panzyklisch, also auch G panzyklisch. $\|$

Unser nächstes Resultat zeigt, daß die Voraussetzungen im Satz von Ore mehr Informationen über die Kreisstruktur des Graphen liefern.

Satz 4.16 (Bondy [2] 1971) Ist G ein schlichter Graph der Ordnung $n = n(G) \geq 3$, und gilt für je zwei nicht adjazente Ecken x, y die Ungleichung $d(x, G) + d(y, G) \geq n$, so ist G entweder panzyklisch, oder n ist gerade und G isomorph zum $K_{n/2,n/2}$.

Beweis. Satz 4.6 zeigt, daß G Hamiltonsch ist. Daher genügt es wegen Satz 4.15 die Abschätzung $4m(G) \geq n^2$ nachzuweisen.
Ist der Minimalgrad $\delta(G) = \delta \geq n/2$, dann gilt natürlich $4m(G) \geq n^2$. Daher sei nun $\delta < n/2$.
Mit p bezeichnen wir die Anzahl der Ecken minimalen Grades von G. Dann induzieren diese p Ecken einen vollständigen Graphen H, denn gäbe es zwei nicht adjazente Ecken x und y vom Grad δ, so erhielten wir den Widerspruch $d(x, G) + d(y, G) = 2\delta < n$. Damit folgt $p \leq \delta + 1$, und da G zusammenhängend ist, sogar $p \leq \delta$.
Ist u eine Ecke vom Grad δ, so besitzt u wegen $p \leq \delta$ einen Nachbarn von Grad größer oder gleich $\delta + 1$. Ist $w \neq u$ eine der $n - \delta - 1$ Ecken, die nicht adjazent zu u ist, so ergibt sich aus $d(u, G) + d(w, G) \geq n$ für w die Abschätzung $d(w, G) \geq n - \delta$. Diese Überlegungen liefern nun

$$2m(G) \;=\; \sum_{x \in E(G)} d(x,G) \geq \delta + 1 + \delta^2 + (n - \delta - 1)(n - \delta)$$

$$=\; 2\delta^2 + (2 - 2n)\delta + (n^2 - n + 1) \geq \frac{n^2 + 1}{2}.$$

Die letzte Ungleichung ergibt sich aus der Tatsache, daß der Ausdruck $2\delta^2 + (2 - 2n)\delta + (n^2 - n + 1)$ für $1 \leq \delta \leq (n - 1)/2$ sein Minimum bei $\delta = (n - 1)/2$ besitzt. $\|$

Neuere Resultate zur Hamiltontheorie kann man z.B. in den Arbeiten von Broersma [1] 1988, Broersma, van den Heuvel und Veldman [1] 1993, Faudree, Gould, Jacobson und Lesniak [1] 1992, van den Heuvel [1] 1993 und Jackson [2] 1991 nachlesen.
Weitere Ergebnisse über Hamiltonsche Graphen befinden sich auch im Abschnitt 14.4.

4.4   Aufgaben

Aufgabe 4.1 Man gebe für das skizzierte Dodekaeder einen Hamiltonschen Kreis an.

Aufgabe 4.2 Man zeige, daß die Graphen aus Beispiel 4.3 nicht Hamiltonsch sind.

Aufgabe 4.3 Man zeige, daß die Graphen aus Beispiel 4.3 (b) 1-tough sind.

Aufgabe 4.4 Es sei G ein Graph der Ordnung $n \geq 8$ mit $\mu(G) = 6$. Für die Ecken $x_1, ..., x_8 \in E(G)$ gelte $d(x_1, G) = 6$, $d(x_2, G) = 4$ und $d(x_i, G) = 3$ $(i = 3, ..., 8)$. Erfüllen die restlichen Ecken, also die Ecken $x \in E(G) - \{x_1, ..., x_8\}$, die Bedingung $d(x, G) \leq 2$, so zeige man, daß G nicht Hamiltonsch ist.

Aufgabe 4.5 Es sei G ein schlichter Graph der Ordnung $n(G) = n \geq 6$ und der Größe $m(G) \geq n + \frac{1}{4}n^2$ mit $\delta(G) \geq \Delta(G) - 2$. Man zeige, daß G Hamiltonsch ist.

Aufgabe 4.6 Es sei $q \geq 2$ eine ganze Zahl und G ein schlichter Graph mit $\Delta(\bar{G}) \leq q - 1$. Man zeige: Ist $n(G) \geq 2q$, so ist G Hamiltonsch, und es gilt $4m(G) \geq (n(G))^2$.

Aufgabe 4.7 Man bestimme alle nicht isomorphen, schlichten Graphen G mit $m(G) = 19$, die aus drei Komponenten G_1, G_2 und G_3 bestehen, die den folgenden Bedingungen genügen:
i) $|\Gamma(G_1)| = 1$.
ii) $\nu(G_2) = 2$.
iii) G_3 ist Eulersch und Hamiltonsch mit $\Delta(G_3) \geq 3$.

Aufgabe 4.8 Man beweise, daß der *Rösselsprunggraph* $R(n)$ (man vgl. Beispiel 4.1) bipartit ist.

Aufgabe 4.9 Es sei $R(n)$ der allgemeine Rösselsprunggraph.
a) Für welche n ist $R(n)$ zusammenhängend?
b) Man beweise für die Anzahl m der Kanten von $R(n)$ die Identität $m = 4(n-1)(n-2)$.

Aufgabe 4.10 Bezeichnen wir die n^2 Ecken des Rösselsprunggraphen $R(n)$ mit (i, j) für $1 \leq i, j \leq n$, so zeige man:
a) $R(3) - (2, 2)$ ist Hamiltonsch.
b) $R(4)$ ist nicht semi-Hamiltonsch.
c) $R(5)$ ist nicht Hamiltonsch.
d) $R(5) - (1, 1)$ ist Hamiltonsch.
e) $R(5)$ ist semi-Hamiltonsch.

Aufgabe 4.11 Man beweise die Sätze 4.3 und 4.4.

Aufgabe 4.12 Man zerlege den K_{2p+1} in p kantendisjunkte Hamiltonkreise.

Aufgabe 4.13 Ist G ein schlichter p-partiter Graph, so zeige man $\delta(G) \leq \frac{p-1}{p} n(G)$.

Aufgabe 4.14 Gibt es schlichte Hamiltonsche Graphen G, die die Bedingung $\nu(G) = 2, 3, 4, 5, 6, 7$ erfüllen?

Aufgabe 4.15 Ein Graph G bestehe aus zwei Komponenten G_1 und G_2. Dabei sei G_1 vollständig und G_2 r-regulär und vollständig bipartit. Im Fall $|K(G)| = 19$ gebe man alle nicht isomorphen Möglichkeiten für G an.

Aufgabe 4.16 Man bestimme alle nicht isomorphen, schlichten Graphen G ohne isolierte Ecken mit $n(G) = 11$, die aus drei Komponenten G_1, G_2 und G_3 bestehen, die den folgenden Bedingungen genügen:
i) G_1 ist bipartit und besitzt genau einen Kreis.
ii) G_2 ist 3-regulär.
iii) G_3 ist ein Baum.

Aufgabe 4.17 Man bestimme alle nicht isomorphen Graphen G mit $n(G) = 14$ und $\mu(G) = 5$, die aus drei Komponenten G_1, G_2 und G_3 bestehen, die den folgenden Bedingungen genügen:
i) G_1 ist ein schlichter, Eulerscher Graph mit einer guten Ecke a.
ii) $G_2 \cong G_1 - a$ und $\Delta(G_2) \geq 4$.
iii) G_3 ist bipartit mit $\delta(G_3) \geq 2$.

Aufgabe 4.18 Es sei G ein schlichter, zusammenhängender Graph der Ordnung n. Ist der kürzeste Weg zwischen je zwei Ecken von G eindeutig bestimmt, so zeige man:
a) Ist G bipartit, so ist G ein Baum.
b) Ist $\delta(G) \geq \frac{1}{2}n$, so ist G vollständig.

Aufgabe 4.19 Es sei G ein schlichter und bipartiter Graph mit der Bipartition A, B. Ist $|A| = |B| = n$, und erfüllen die nicht adjazenten Ecken $a \in A$ und $b \in B$ die Bedingung $d(a, G) + d(b, G) \geq n+1$, so zeige man, daß G genau dann Hamiltonsch ist, wenn $G + ab$ Hamiltonsch ist.

Kapitel 5

Turniertheorie

5.1   Turniere

Definition 5.1 Eine beliebige Orientierung des vollständigen Graphen K_n mit $n \geq 2$ heißt *n-Turnier* oder *Turnier*. Ein n-Turnier bezeichnen wir im allgemeinen mit T_n.

Satz 5.1 (Rédei [1] 1934) Jedes Turnier T_n besitzt einen orientierten Hamiltonschen Weg.

Beweis. Wir geben einen konstruktiven Beweis, der uns gleichzeitig einen guten Algorithmus zur Bestimmung eines orientierten Hamiltonschen Weges liefert. Ist $W = a_1 a_2 ... a_p$ ein orientierter Weg in $T_n = (E, B)$, so heißt W *gesättigt*, wenn es für alle $b \in E - E(W)$ weder einen Bogen (b, a_1) noch einen Bogen (a_p, b) in T_n gibt. Es ist leicht, sich einen gesättigten orientierten Weg $W = a_1 a_2 ... a_p$ in T_n zu beschaffen. Ist W kein orientierter Hamiltonscher Weg, so werden wir aus W einen gesättigten orientierten Weg W_1 konstruieren, dessen Länge um eins größer ist, als die Länge von W.
Ist W kein orientierter Hamiltonscher Weg, so existiert eine Ecke $b \in E - E(W)$. Da wir W als gesättigt vorausgesetzt haben, und T_n ein Turnier ist, gilt $(a_1, b) \in B$ und $(b, a_p) \in B$. Setzt man

$$j = \max_{1 \leq i < p} \{ i | (a_i, b) \in B \},$$

so ist $W_1 = a_1 ... a_j b a_{j+1} ... a_p$ ein gesättigter orientierter Weg der Länge $L(W_1) = L(W) + 1$. ∥

Für $n \geq 3$ gibt es eine Vielzahl nicht isomorpher n-Turniere, deren genaue Anzahl nur in Spezialfällen bekannt ist. Im Fall $n = 3$ existieren genau zwei nicht isomorphe 3-Turniere, die besonders ausgezeichnet werden.

Definition 5.2 Es gibt genau die beiden skizzierten nicht isomorphen 3-Turniere.

I. heißt *Dreikreis* oder *zyklisches 3-Turnier*.
  II. heißt *transitives 3-Turnier*.
Ein Turnier T_n mit $n \geq 3$ heißt *transitiv*, wenn jedes Unterturnier, das aus drei Ecken besteht, transitiv ist.

Im nächsten Satz stellen wir eine Reihe von Charakterisierungen der transitiven Turniere vor.

Satz 5.2 Ist $T_n = (E, B)$ ein Turnier mit $n \geq 3$, so sind folgende Aussagen äquivalent:

i) T_n besitzt keinen orientierten Kreis.

ii) T_n ist transitiv.

iii) Es gilt $d^+(x, T_n) \neq d^+(y, T_n)$ für zwei verschiedene Ecken x und y aus T_n.

iv) Es gilt $d^-(x, T_n) \neq d^-(y, T_n)$ für zwei verschiedene Ecken x und y aus T_n.

v) Es gibt eine eindeutige Numerierung $x_0, ..., x_{n-1}$ der Ecken von T_n mit $d^+(x_i, T_n) = i$ für $0 \leq i \leq n - 1$.

vi) T_n besitzt genau einen orientierten Hamiltonschen Weg.

Beweis. Aus i) folgt ii). Da T_n keinen orientierten Kreis besitzt, ist jedes 3-Unterturnier transitiv.
Aus ii) folgt iii). Es gelte o.B.d.A. $(x, y) \in B$, und es sei $d^+(y, T_n) = p$. Ist $p = 0$, so ist man fertig. Ist $p > 0$ und $N^+(y) = \{a_1, ..., a_p\}$, so gilt wegen der Transitivität $(x, a_i) \in B$ für alle $i = 1, ..., p$ und damit

$$d^+(x, T_n) \geq p + 1 > p = d^+(y, T_n).$$

iii) ist äquivalent zu iv). Wegen $d^+(x, T_n) + d^-(x, T_n) = n - 1$ für alle $x \in E$, ist iii) äquivalent zu iv).

Aus iii) folgt v). Wegen $0 \leq d^+(x, T_n) \leq n - 1$ für alle Ecken x und iii) muß man den n Ecken von T_n genau n paarweise verschiedene ganze Zahlen zwischen 0 und $n - 1$ zuordnen. Dies ist aber nur auf die in v) angegebene Art möglich.

Aus v) folgt vi). Wegen $d^+(x_{n-1}, T_n) = n - 1$ ergibt sich notwendig $(x_{n-1}, x_i) \in B$ für alle $i = 0, ..., n - 2$. Wegen $d^+(x_{n-2}, T_n) = n - 2$ ergibt sich dann notwendig $(x_{n-2}, x_i) \in B$ für alle $i = 0, ..., n - 3$ usw. Insgesamt erhalten wir dadurch $\frac{1}{2}n(n - 1)$ Bogen des Turniers, womit wir aber alle Bogen von T_n bestimmt haben. Dies bedeutet, daß (x_i, x_j) kein Bogen des Turniers ist, wenn $i < j$ gilt. Somit ist $W = x_{n-1}...x_0$ der einzige orientierte Hamiltonsche Weg von T_n.

Aus vi) folgt i). Ist $W = a_n...a_1$ der eindeutige orientierte Hamiltonsche Weg, so zeigen wir, daß es keinen Bogen (a_i, a_j) mit $i < j$ gibt.

Angenommen, dies ist nicht der Fall. Dann wählen wir eine Ecke a_j mit dem größten Index, zu der ein Bogen von einer Ecke mit kleinerem Index führt. Zu diesem fest gewähltem j wählen wir danach $i < j$ minimal mit der Eigenschaft $(a_i, a_j) \in B$. Durch die Wahl von j und i folgt $(a_{j+1}, a_{j-1}) \in B$, falls $j \neq n$ und $(a_j, a_{i-1}) \in B$, falls $i \neq 1$. Daraus ergibt sich ein von W verschiedener orientierter Hamiltonscher Weg, der sich aus den folgenden orientierten Wegen zusammensetzt:

$$a_n...a_{j+1}, \quad (a_{j+1}, a_{j-1}), \quad a_{j-1}...a_i, \quad (a_i, a_j), \quad (a_j, a_{i-1}), \quad a_{i-1}...a_1$$

Im Fall $j = n$ fallen die ersten beiden und im Fall $i = 1$ die letzten beiden orientierten Wege weg.

Gäbe es in T_n einen orientierten Kreis, so müßte aber notwendig ein Bogen (a_i, a_j) mit $i < j$ in B existieren. $\|$

Definition 5.3 Es sei D ein Digraph und x, y zwei verschiedene Ecken aus D. Gibt es einen Bogen zwischen x und y, so nennen wir x und y *adjazent*. Existiert in D der Bogen (x, y) aber nicht der Bogen (y, x), so sagt man x *dominiert* y, in Zeichen $x \to y$. Sind D_1 und D_2 zwei disjunkte Teildigraphen (oder Eckenmengen) von D, und dominiert jede Ecke aus D_1 jede Ecke aus D_2, so sagt man D_1 *dominiert* D_2, in Zeichen $D_1 \to D_2$.

Einen orientierten Kreis der Länge q nennen wir kurz q-*Kreis*.

Satz 5.3 (Moon [1] 1966) Ist $T_n = (E, B)$ ein stark zusammenhängendes Turnier, so liegt jede Ecke von T_n auf einem p-Kreis für alle p mit $3 \leq p \leq n$.

Beweis. Wir führen den Beweis durch vollständige Induktion nach p. Ist $a \in E$, so zeigen wir zunächst, daß a auf einem Dreikreis liegt. Da T_n stark zusammenhängend ist, gilt $N^+(a), N^-(a) \neq \emptyset$. Darüber hinaus gibt es wegen des starken Zusammenhangs ein $x \in N^+(a)$ und ein $y \in N^-(a)$ mit $(x,y) \in B$. Damit ist aber $C = axya$ ein Dreikreis durch die Ecke a.

Nun liege die Ecke a auf einem p-Kreis $C = a_0 a_1 ... a_p$ mit $3 \leq p < n$ und $a_0 = a_p = a$. Wir werden zeigen, daß a auch auf einem $(p+1)$-Kreis liegt. Dazu unterscheiden wir zwei Fälle.

1. Fall: Es existiert eine Ecke $b \in E - E(C)$ mit $N^+(b) \cap E(C) \neq \emptyset$ und $N^-(b) \cap E(C) \neq \emptyset$. Gilt o.B.d.A. $(a_0, b) \in B$, so sei j der kleinste Index mit $(b, a_j) \in B$. Dann ist $a_0 ... a_{j-1} b a_j ... a_p$ ein orientierter Kreis der Länge $p + 1$ durch die Ecke a.

2. Fall: Gibt es keine Ecke $x \in E - E(C)$, die die Bedingungen aus dem 1. Fall erfüllt, so zerfällt $E - E(C)$ in zwei disjunkte Teilmengen S_1 und S_2 mit $S_2 \to C \to S_1$. Da D stark zusammenhängend ist, gilt $S_1, S_2 \neq \emptyset$, und es existiert ein Bogen (u,v) in T_n mit $u \in S_1$ und $v \in S_2$. Dann ist aber $a_0 u v a_2 a_3 ... a_p$ ein orientierter Kreis der Länge $p + 1$ durch die Ecke a. $\|$

Definition 5.4 Ein Digraph D (Graph G) der Ordnung n heißt *panzyklisch*, wenn D (G) orientierte Kreise (Kreise) aller Längen ℓ mit $3 \leq \ell \leq n$ besitzt. Ein Digraph D (Graph G) der Ordnung n heißt *Ecken-panzyklisch*, wenn jede Ecke von D (G) auf orientierten Kreisen (Kreisen) aller Längen ℓ mit $3 \leq \ell \leq n$ liegt.

Ein Digraph D der Ordnung n heißt *Bogen-panzyklisch*, wenn jeder Bogen von D auf orientierten Kreisen aller Längen ℓ mit $3 \leq \ell \leq n$ liegt.

Gemäß dieser Definition besagt das Moon'sche Ergebnis, daß ein stark zusammenhängendes Turnier Ecken-panzyklisch ist. Als unmittelbare Folgerungen aus diesem fundamentalen Satz der Turniertheorie erhalten wir die nächsten beiden Resultate.

Folgerung 5.1 (Camion [1] 1959) Ein Turnier T_n ist genau dann stark zusammenhängend, wenn es Hamiltonsch ist.

Folgerung 5.2 (Harary, Moser [1] 1966) Ein stark zusammenhängendes Turnier T_n ist panzyklisch.

Folgerung 5.3 Es sei T_n ein stark zusammenhängendes Turnier mit $n \geq 4$. Dann existieren zwei verschiedene Ecken x_1 und x_2 in T_n, so daß auch $T_n - x_1$ und $T_n - x_2$ stark zusammenhängend sind.

Beweis. Ist x eine beliebige Ecke des Turniers, so liegt x nach dem Satz von Moon (Satz 5.3) auf einem orientierten Kreis C der Länge $n-1 \geq 3$. Ist x_1 die Ecke von T_n, die nicht zu C gehört, so ist $T_n - x_1$ stark zusammenhängend. Da auch x_1 auf einem $(n-1)$-Kreis C' liegt, wählen wir als x_2 diejenige Ecke, die nicht zu C' gehört. $\|$

Bemerkung 5.1 Es seien $x_1, x_2, ..., x_n$ die Ecken eines Turniers T_n. Setzen wir $d^+(x_i, T_n) = s_i$ für alle $i = 1, 2, ..., n$, so gelte o.B.d.A. $s_1 \leq s_2 \leq ... \leq s_n$. Nun ist leicht zu sehen, daß notwendig

$$\sum_{i=1}^{p} s_i \geq \binom{p}{2}$$

für alle $p = 1, 2, ..., n$ gilt. Umgekehrt hat Landau 1953 [1] gezeigt, daß jede Sequenz mit $0 \leq s_1 \leq s_2 \leq ... \leq s_n \leq n - 1$ die obige Ungleichungen erfüllt, tatsächlich durch ein Turnier T_n realisiert werden kann, so daß $d^+(x_i, T_n) = s_i$ für alle $i = 1, 2, ..., n$ gilt. Den nicht ganz einfachen Beweis findet man z.B. in dem Buch von Moon [2] auf den Seiten 61 – 62.

Bemerkung 5.2 Den Ausgang eines Wettkampfes von n Teams, von denen jedes genau einmal gegen jedes andere gespielt hat und ein Unentschieden ausgeschlossen ist (z.B. bei einem Volleyballturnier), kann man durch ein Turnier T_n darstellen. Bei Sportturnieren, bei denen auch unentschiedene Spielausgänge möglich sind, kann man wie folgt vorgehen. Gewinnt Team x gegen Team y, so werden x und y durch zwei parallele Bogen von x nach y verbunden, und spielen x und y unentschieden, so notieren wir einen Bogen von x nach y und einen von y nach x. Diese Betrachtung führt auf natürliche Weise zu den sogenannten *Multiturnieren* T_n^p, bei denen je zwei Ecken durch genau p Bogen verbunden sind. Durch T_{18}^4 wird z.B. die Fußballbundesliga repräsentiert. Resultate über Multiturniere findet man z.B. in den Arbeiten von Harborth und Kemnitz [1] sowie Kemnitz [1].

Im Zusammenhang mit dem schwierigen Problem, "vernünftige" hinreichende Bedingungen für Bogen-panzyklische Turniere anzugeben, notieren wir folgendes Resultat ohne Beweis.

Satz 5.4 (C.-Q. Zhang [1] 1981) Es sei T_n ein Turnier der Ordnung n. Liegt jeder Bogen von T_n auf einem Dreikreis, und gilt zusätzlich $d^+(x), d^-(x) \geq p$ für alle $x \in E(T_n)$ mit $n \leq 4p - 3$, so ist T_n Bogen-panzyklisch.

Definition 5.5 Ein Digraph D heißt *r-regulär* oder auch nur *regulär*, wenn $d^+(x, D) = d^-(x, D) = r$ für alle $x \in E(D)$ gilt.

Als leichte Folgerung aus Satz 5.4 erhalten wir ein etwas älteres Ergebnis von Alspach.

Folgerung 5.4 (Alspach [1] 1967) Ein reguläres Turnier ist Bogenpanzyklisch.

Für reguläre Turniere gibt es folgende alte ungelöste Vermutung von Kelly (man vgl. Moon [2], S. 7).

Vermutung (Kelly) Jedes reguläre Turnier T_n läßt sich in $\frac{n-1}{2}$ orientierte Hamiltonkreise zerlegen.

Für interessante Verallgemeinerungen von Satz 5.4 vgl. man den Artikel von Tian, Wu und Zhang [1] aus dem Jahre 1982. Weitere Resultate über Turniere findet der Leser im 17. Kapitel, in dem Buch von Moon [2] 1968 sowie in den Übersichtsartikeln von Beineke und Wilson [2] 1975, Reid und Beineke [1] 1978 und Bermond und Thomassen [1] 1981.

5.2   Multipartite Turniere

Definition 5.6 Eine beliebige Orientierung eines vollständigen p-partiten Graphen nennt man *multipartites* oder *p-partites Turnier*.   Ist $E_1, E_2, ..., E_p$ eine Partition des vollständigen p-partiten Graphen, so sprechen wir auch von einer *Partition* des multipartiten Turnieres. Ist $p = 2$, so wird im allgemeinen der Begriff *bipartites Turnier* benutzt.

Wir wollen uns in diesem Abschnitt vor allen Dingen mit der Kreisstruktur stark zusammenhängender multipartiter Turniere beschäftigen, die allerdings bei weitem nicht so vollständig bekannt ist, wie die der Turniere. Dabei stehen die p-partiten Turniere mit $p \geq 3$ im Vordergrund. Zum Einüben der hier verwendeten Techniken, beginnen wir mit einem Ergebnis, das sich recht einfach beweisen läßt.

Satz 5.5 (Goddard, Kubicki, Oellermann, Tian [1] 1991) Es sei D ein p-partites Turnier. Liegt die Ecke a auf einem orientierten Kreis, so liegt a auch auf einem 3-Kreis oder 4-Kreis.

Beweis. Es sei $E_1, E_2, ..., E_p$ eine Partition von D und o.B.d.A. gehöre die Ecke a zu E_1. Nun wählen wir einen kürzesten orientierten Kreis $C = a_1a_2...a_ta_1$ in D mit $a_1 = a$. Ist $t = 3$, so ist der Satz bewiesen. Daher sei nun $t \geq 4$. Da C ein kürzester orientierter Kreis durch a_1 ist, sind a_1 und a_3 in D nicht adjazent, womit notwendig $a_3 \in E_1$ gilt. Das bedeutet aber, daß a_4 nicht zu E_1 gehört, woraus sich sofort $t = 4$ ergibt. ‖

Zunächst beweisen wir zwei mehr strukturelle Aussagen, die wir im folgenden häufig anwenden werden.

Hilfssatz 5.1 (Guo, Pinkernell, Volkmann [1] 1995) Es sei C ein t-Kreis eines stark zusammenhängenden p-partiten Turnieres D. Existiert eine Ecke $y \in E(D) - E(C)$ mit $N^+(y) \cap E(C) = \emptyset$ (oder $N^-(y) \cap E(C) = \emptyset$), so existiert ein $(t + 1)$- oder $(t + 2)$-Kreis C' mit $E(C) \subseteq E(C')$.

Beweis. Es sei $C = v_1v_2...v_tv_1$. Da D stark zusammenhängend ist, existiert ein kürzester orientierter Weg $P = y_1y_2...y_q$ von $y = y_1$ nach C, und wegen der Voraussetzung $N^+(y) \cap E(C) = \emptyset$ gilt $q \geq 3$. Es gelte o.B.d.A. $y_q = v_3$.
Gehören v_2 und y_{q-2} zu verschiedenen Partitionsmengen, so ergibt sich aus der Wahl von P notwendig $v_2 \rightarrow y_{q-2}$. Dann liegen aber alle Ecken von C auf dem $(t + 2)$-Kreis $v_1v_2y_{q-2}y_{q-1}v_3...v_tv_1$. Gehören v_2 und y_{q-2} zur gleichen Partitionsmenge, so liegen v_2 und y_{q-1} sowie v_1 und y_{q-2} in verschiedenen Partitionsmengen. Im Fall $v_2 \rightarrow y_{q-1}$ gehören alle Ecken von C zu dem $(t + 1)$-Kreis $v_1v_2y_{q-1}v_3...v_tv_1$, und im Fall $y_{q-1} \rightarrow v_2$ liegen alle Ecken von C auf dem $(t + 2)$-Kreis $v_1y_{q-2}y_{q-1}v_2v_3...v_tv_1$.
(Verwendet man im Fall $N^-(y) \cap E(C) = \emptyset$ einen kürzesten orientierten Weg von C nach y, so verläuft der Beweis analog.) ‖

Hilfssatz 5.2 (Guo, Pinkernell, Volkmann [1] 1995) Es sei D ein stark zusammenhängendes p-partites Turnier mit $p \geq 3$. Ist C ein t-Kreis von D, der Ecken aus höchstens $p - 1$ Partitionsmengen enthält, so existiert ein $(t + 1)$- oder $(t + 2)$-Kreis C' mit $E(C) \subseteq E(C')$.

Beweis. Es sei $E_1, E_2, ..., E_p$ eine Partition von D und $C = v_1v_2...v_tv_1$. Ist o.B.d.A. $E(C) \cap E_p = \emptyset$, so wählen wir eine Ecke $y \in E_p$. Wegen $E(C) \cap E_p = \emptyset$ ist die Ecke y zu allen Ecken von C adjazent.
Im Fall $E(C) \rightarrow y$ oder $y \rightarrow E(C)$ folgt unser gewünschtes Resultat unmittelbar aus Hilfssatz 5.1.

Im Fall $N^+(y) \cap E(C) \neq \emptyset$ und $N^-(y) \cap E(C) \neq \emptyset$ erkennt man analog zum 1. Fall im Beweis des Satzes von Moon, daß eine Zahl $j \in \{1, 2, ..., t\}$ mit $v_j \to y$ und $y \to v_{j+1}$ existiert. Ist o.B.d.A. $j = 1$, so hat der $(t+1)$-Kreis $v_1 y v_2 v_3 ... v_t v_1$ die gewünschten Eigenschaften. $\|$

Aus diesem Hilfssatz ergibt sich übrigens unmittelbar der Satz von Camion (Folgerung 5.1).

Satz 5.6 (Guo, Pinkernell, Volkmann [1] 1995) Ist D ein stark zusammenhängendes p-partites Turnier, so liegt jede Ecke auf einem längsten orientierten Kreis.

Beweis. Es sei $C = v_1 v_2 ... v_t v_1$ ein längster orientierter Kreis von D. Ist C ein orientierter Hamiltonkreis, so gibt es nichts mehr zu beweisen. Daher sei nun b eine beliebige Ecke aus $E(D) - E(C)$. Da C ein längster orientierter Kreis ist, ergibt sich aus Hilfssatz 5.1 sofort $N^+(b) \cap E(C) \neq \emptyset$ und $N^-(b) \cap E(C) \neq \emptyset$. Nun darf es keine Zahl $j \in \{1, 2, ..., t\}$ mit $v_{j-1} \to b$ und $b \to v_j$ geben, womit aber notwendig eine Zahl $i \in \{1, 2, ..., t\}$ existiert mit $v_{i-1} \to b$ und $b \to v_{i+1}$. Ist o.B.d.A. $i = 2$, so liegt die Ecke b auf dem t-Kreis $v_1 b v_3 v_4 ... v_t v_1$, womit Satz 5.6 vollständig bewiesen ist. $\|$

Das nächste Resultat, das sich leicht aus dem Beweis von Satz 5.6 ergibt, wurde ungefähr im Jahre 1981 von J. Ayel gefunden. Man vgl. dazu die Arbeit von Jackson [1], der dort dieses Ergebnis speziell für bipartite Turniere bewiesen hat.

Satz 5.7 (Ayel 1981) Es sei D ein stark zusammenhängendes p-partites Turnier. Ist C ein längster orientierter Kreis von D, und ist $D - E(C) \neq \emptyset$, so existiert in $D - E(C)$ kein orientierter Kreis.

Beweis. Es sei $C = v_1 v_2 ... v_t v_1$. Angenommen, es gibt in $D - E(C)$ einen orientierten Kreis $b_1 b_2 ... b_k b_1$. Wie im Beweis von Satz 5.6 existiert nun eine Zahl $i \in \{1, 2, ..., t\}$ mit $v_{i-1} \to b_1$ und $b_1 \to v_{i+1}$, wobei b_1 und v_i zur gleichen Partitionsmenge gehören. Nun erkennt man ohne Mühe, daß die beiden möglichen Fälle $b_2 \to v_i$ oder $v_i \to b_2$ einen Widerspruch zu der Voraussetzung, daß C ein längster orientierter Kreis von D ist, erzeugen. $\|$

Satz 5.8 (Guo, Pinkernell, Volkmann [1] 1995) Ist D ein stark zusammenhängendes p-partites Turnier mit $p \geq 3$, so liegt jede Ecke von D auf einem t- oder $(t+1)$-Kreis für jedes $t \in \{3, 4, ..., p\}$.

Beweis. Ist v eine beliebige Ecke aus D, so werden wir mit Hilfe eines Induktionsbeweises zeigen, daß für alle $t \in \{3, 4, ..., p\}$ die Ecke v auf einem t- oder $(t+1)$-Kreis liegt.
Da D stark zusammenhängend ist, ergibt sich für $t = 3$ das gewünschte Resultat aus Satz 5.5.
Gehört v zu einem t- oder $(t+1)$-Kreis für $3 \leq t < p$, so müssen wir nachweisen, daß v auch auf einem $(t+1)$- oder $(t+2)$-Kreis liegt. Im Fall, daß v zu einem $(t+1)$-Kreis gehört, sind wir fertig. Daher sei v die Ecke eines t-Kreises. Wegen der Voraussetzung $t < p$, erkennt man zusammen mit Hilfssatz 5.2, daß v dann auch auf einem $(t+1)$- oder $(t+2)$-Kreis liegt. $\|$

Beispiel 5.1 Das p-partite Turnier D bestehe aus den Partitionsmengen $E_1, E_2, ..., E_p$ mit $p \geq 3$ und $|E_1| = 1$. Gilt weiter $E_p \rightarrow E_1 \rightarrow E_i$ für $2 \leq i \leq p - 1$ und $E_i \rightarrow E_j$ für $2 \leq i < j \leq p$, so ist D stark zusammenhängend, und D enthält keinen t-Kreis für $t > p$.

Dieses Beispiel von Bondy [1] zeigt uns, daß es stark zusammenhängende p-partite Turniere gibt (die keine Turniere sind), die einen längsten orientierten Kreis der Länge p besitzen, womit Satz 5.8 in diesem Sinne bestmöglich ist. Verlangt man aber, daß alle Partitionsmengen mindestens zwei Elemente enthalten, so existiert immer ein längerer Kreis. Dies zeigte bereits Bondy [1] 1976.

Satz 5.9 (Bondy [1] 1976) Es sei D ein stark zusammenhängendes p-partites Turnier. Enthält jede Partitionsmenge von D mindestens zwei Ecken, so besitzt D einen orientierten Kreis der Länge $r > p$.

Gutin [2] gab 1984 diesem Resultat von Bondy die folgende mehr qualitative Form.

Satz 5.10 (Gutin [2] 1984) Es sei D ein stark zusammenhängendes p-partites Turnier mit $p \geq 5$. Enthält jede Partitionsmenge von D mindestens zwei Ecken, so besitzt D einen $(p+1)$- oder $(p+2)$-Kreis.

Unser nächster Satz zeigt, daß die Aussage von Gutin sogar für jede Ecke eines solchen multipartiten Turnieres gilt.

Satz 5.11 (Guo, Pinkernell, Volkmann [1] 1995) Es sei D ein stark zusammenhängendes p-partites Turnier mit $p \geq 4$ und der Partition $E_1, E_2, ..., E_p$. Ist $|E_i| \geq 2$ für alle $i = 1, 2, ..., p$, so gehört jede Ecke von D zu einem $(p+1)$- oder $(p+2)$-Kreis.

Beweis. Wegen Satz 5.8 liegt jede Ecke v von D auf einem p- oder $(p+1)$-Kreis. Da wir im Fall, daß v auf einem $(p+1)$-Kreis liegt, fertig sind, gehöre v nun zu einem p-Kreis $C = v_1v_2...v_pv_1$ mit $v = v_1$. Nach Hilfssatz 5.2 genügt es den Fall zu diskutieren, daß der orientierte Kreis C genau eine Ecke aus jeder Partitionsmenge enthält. Es gelte o.B.d.A. $v_i \in E_i$ für $i = 1, 2, ..., p$.

Existiert eine Ecke $y \in E(D) - E(C)$ mit $N^+(y) \cap E(C) = \emptyset$ oder $N^-(y) \cap E(C) = \emptyset$, so gehört v nach Hilfssatz 5.1 auch zu einem $(p+1)$- oder $(p+2)$-Kreis.

Daher gelte im folgenden $N^+(x) \cap E(C) \neq \emptyset$ und $N^-(x) \cap E(C) \neq \emptyset$ für alle $x \in E(D) - E(C)$. Gibt es eine Ecke $w \in E(D) - E(C)$ mit $v_{j-1} \to w$ und $w \to v_j$ für ein $j \in \{1, 2, ..., p\}$, so ist v ein Element des $(p+1)$-Kreises $v_{j-1}wv_j...v_{j-1}$. Existiert keine solche Ecke w, dann überlegt man sich leicht, daß für jede Ecke $b_i \in E_i - v_i$ notwendig $v_{i-1} \to b_i \to v_{i+1}$ für alle $i \in \{1, 2, ..., p\}$ gilt (hier und im folgenden wird natürlich modulo p gerechnet). Nun betrachten wir das p-partite Turnier $D' = D[\{v_1, v_2, ..., v_p, b_1, b_2, ..., b_p\}]$.

Gibt es ein j mit $b_{j+1} \to b_j$, so ist v eine Ecke des $(p+2)$-Kreises $v_jb_{j+1}b_jv_{j+1}...v_j$. Daher verbleibt der Fall $\{v_i, b_i\} \to \{v_{i+1}, b_{i+1}\}$ für alle $i \in \{1, 2, ..., p\}$. Gibt es eine Ecke a aus der Menge $\{v_j, b_j\}$ mit $a \in N^+(v_1, D') \cap N^-(b_1, D')$, so ist $j \geq 3$ und $v_1ab_1v_2...v_{j-1}bv_{j+1}...v_pv_1$ ist ein $(p+2)$-Kreis durch die Ecke v, wobei $b \in \{v_j, b_j\}$ mit $b \neq a$ gilt. Im Fall $N^-(v_1, D') \cap N^+(b_1, D') \neq \emptyset$ finden wir analog einen $(p+2)$-Kreis durch v.

Zum Schluß unseres Beweises betrachten wir den verbleibenden Fall $N^+(v_1, D') = N^+(b_1, D')$ und $N^-(v_1, D') = N^-(b_1, D')$. Da die beiden Turniere $D_1 = D[\{v_1, v_2, ..., v_p\}]$ und $D_2 = D[\{b_1, b_2, ..., b_p\}]$ stark zusammenhängend sind, liegt nach dem Satz von Moon die Ecke v_1 auf einem 3-Kreis $v_1v_jv_\ell v_1$ in D_1 und die Ecke b_1 auf einem $(p-1)$-Kreis $b_1b_2'b_3'...b_{p-1}'b_1$ in D_2. Nun ist aber $v_1v_kv_\ell b_1b_2'b_3'...b_{p-1}'v_1$ ein $(p+2)$-Kreis durch die Ecke v. $\|$

Beispiel 5.2 Das 3-partite Turnier D mit der Partition E_1, E_2, E_3 und $E_1 \to E_2 \to E_3 \to E_1$ zeigt, daß die Bedingung $p \geq 4$ im Satz 5.11 notwendig ist, denn D besitzt keinen 4-Kreis und keinen 5-Kreis. Unter der Voraussetzung $|E_1|, |E_2|, |E_3| \geq 2$ existiert natürlich ein 6-Kreis. Überhaupt kann man für alle stark zusammenhängenden 3-partiten Turniere, die in jeder Partitionsmenge mindestens zwei Elemente enthalten, leicht zeigen, daß sie einen orientierten Kreis der Länge $r > 3$ enthalten (man vgl. Aufgabe 5.14).

Beispiel 5.3 Sei $E_1, E_2 \cup \{x\}, E_3, ..., E_p$ die Partition eines p-partiten Turnieres D mit $p \geq 3$. Gilt weiter $E_1 \to x$, $x \to E_i$ für $3 \leq i \leq p$ und $E_j \to E_i$ für $1 \leq i < j \leq p$, so ist D stark zusammenhängend ohne einen t-Kreis für $t \geq p+2$. Dieses Beispiel von Bondy [1] zeigt uns, daß Satz 5.11 in dem Sinne bestmöglich ist, daß wir die Partitionsmengen beliebig groß wählen können, aber die Länge eines längsten orientierten Kreises nicht die Zahl $p+1$ übersteigt.

Fordert man im Satz 5.11 zusätzlich noch $\max\{\delta^+, \delta^-\} \geq 2$, so läßt sich folgendes zeigen.

Satz 5.12 (Guo, Pinkernell, Volkmann [1] 1995) Es sei D ein stark zusammenhängendes p-partites Turnier mit $p \geq 4$. Erfüllen die Partitionsmengen $E_1, E_2, ..., E_p$ von D die Bedingung $|E_i| \geq 2$ für alle $i = 1, 2, ..., p$ und gilt $\max\{\delta^+(D), \delta^-(D)\} \geq 2$, so gehört jede Ecke von D zu einem $(p+2)$- oder $(p+3)$-Kreis.

Da wir von diesem Satz nur einen fürchterlich langen Beweis haben, wird er hier natürlich unterdrückt.

Ist D ein stark zusammenhängendes p-partites Turnier, so haben wir uns vor allen Dingen mit der Existenz von t- oder $(t+1)$-Kreisen für $t \in \{3, 4, ..., p+1\}$ befaßt. Die Frage, welche Kreislängen wirklich existieren, blieb bisher ungeklärt. In diesem Zusammenhang bewies Bondy [1] im Jahre 1976 folgenden wichtigen Satz, der die Folgerung 5.2 von Harary und Moser als Spezialfall enthält.

Satz 5.13 (Bondy [1] 1976) Ist D ein stark zusammenhängendes p-partites Turnier mit $p \geq 3$, so enthält D einen t-Kreis für jedes $t \in \{3, 4, ..., p\}$.

Auch das nächste Resultat von Gutin [3] aus dem Jahre 1993, das sich mit einer speziellen Klasse von multipartiten Turnieren befaßt, zielt in diese Richtung und verallgemeinert den Moon'schen Satz.

Satz 5.14 (Gutin [3] 1993) Es sei D ein stark zusammenhängendes p-partites Turnier mit $p \geq 3$. Besteht eine Partitionsmenge von D aus genau einer Ecke, so liegt diese Ecke auf einem t-Kreis für jedes $t \in \{3, 4, ..., p\}$.

Kürzlich entdeckte ich gemeinsam mit meinem Schüler Dr. Yubao Guo folgendes attraktive Resultat, das die gerade genannten Ergebnisse von Bondy und Gutin wesentlich verallgemeinert und damit auch den Satz von Moon umfaßt.

Satz 5.15 (Guo, Volkmann [2] 1994) Ist D ein stark zusammenhängendes p-partites Turnier mit $p \geq 3$, so besitzt jede Partitionsmenge von D mindestens eine Ecke, die auf einem t-Kreis für jedes $t \in \{3, 4, ..., p\}$ liegt.

Beweis. Es sei $E_1, E_2, ..., E_p$ eine Partition von D. O.B.d.A. zeigen wir, daß die Partitionsmenge E_1 eine Ecke enthält, die auf einem t-Kreis für jedes $t \in \{3, 4, ..., p\}$ liegt. Wir führen den Beweis durch vollständige Induktion nach der Kreislänge t.

Zunächst zeigen wir, daß eine Ecke aus E_1 auf einem Dreikreis liegt. Sei $v = v_1$ eine Ecke aus E_1, $C = v_1 v_2 ... v_r v_1$ ein kürzester orientierter Kreis von D durch v, und es gelte o.B.d.A. $v_2 \in E_2$. Ist $r = 3$, so sind wir fertig. Daher sei nun $r \geq 4$. Da C ein kürzester orientierter Kreis durch v_1 ist, gilt analog zum Beweis von Satz 5.5 $v_3 \in E_1$ und $r = 4$. Ist $v_4 \notin E_2$, so gilt $(v_4, v_2) \in B(D)$, und nun liegt die Ecke $v_3 \in E_1$ auf einem Dreikreis.

Im Fall $v_4 \in E_2$ setzen wir $S = E_3 \cup ... \cup E_p$. Existiert eine Ecke $x \in S$ mit $N^+(x) \cap E(C) \neq \emptyset$ und $N^-(x) \cap E(C) \neq \emptyset$, so sieht man leicht, daß mindestens eine Ecke aus $\{v_1, v_3\}$ auf einem Dreikreis liegt. Im anderen Fall kann S in zwei Teilmengen S_1 und S_2 zerlegt werden, so daß $S_2 \to C \to S_1$ gilt. Ist o.B.d.A. $S_1 \neq \emptyset$, so existiert ein kürzester orientierter Weg $Z = x_1 x_2 ... x_q$ von S_1 nach C mit $q \geq 3$. Ist $E(Z) \cap S_2 = \emptyset$, so gilt $\{x_2, x_3\} \cap E_1 \neq \emptyset$. Dann ist aber $x_1 x_2 x_3 x_1$ ein Dreikreis von D, und wir sind fertig. Im Fall $E(Z) \cap S_2 \neq \emptyset$ gehört die Ecke x_{q-1} notwendig zu S_2. Ist $x_{q-2} \notin E_1$, so ist $v_1 x_{q-2} x_{q-1} v_1$ ein Dreikreis in D. Ist $x_{q-2} \in E_1$, so ist $x_{q-2} x_{q-1} v_2 x_{q-2}$ ein Dreikreis in D. Damit haben wir gezeigt, daß E_1 eine Ecke enthält, die auf einem Dreikreis liegt.

Nun sei u eine Ecke von E_1, die auf einem ℓ-Kreis für jedes ℓ mit $3 \leq \ell \leq r < p$ liegt, und es sei $C = u_1 u_2 ... u_r u_1$ ein r-Kreis mit $u_1 = u$. Wir werden zeigen, daß u zu einem $(r+1)$-Kreis gehört, oder E_1 eine andere Ecke enthält, die auf einem ℓ-Kreis für jedes $\ell \in \{3, 4, ..., r+1\}$ liegt. Ist $S = \{x \mid x \in E_i \text{ und } E_i \cap E(C) = \emptyset\}$, so folgt aus $r < p$ sofort $S \neq \emptyset$. Enthält S eine Ecke x mit $N^+(x) \cap E(C) \neq \emptyset$ und $N^-(x) \cap E(C) \neq \emptyset$, so existiert ein $(r+1)$-Kreis durch die Ecke u. Im anderen Fall kann S wieder in zwei Teilmengen S_1 und S_2 zerlegt werden mit $S_2 \to C \to S_1$. Gilt o.B.d.A. $S_1 \neq \emptyset$, so existiert ein kürzester orientierter Weg $W = y_1 y_2 ... y_q$ von S_1 nach C mit $q \geq 3$.

Wir setzen zunächst $E(W) \cap S_2 = \emptyset$ voraus. Dann gilt $y_i \to y_1$ für alle $i \geq 3$.

Wenn W mindestens eine Ecke von E_1 enthält, so werden wir zeigen, daß $y_s \in E(W) \cap E_1$ mit $s = \min\{j \,|\, y_j \in E(W) \cap E_1\}$ auf einem ℓ-Kreis für jedes $\ell \in \{3, 4, ..., r + (q-1)\}$ liegt. Ist $s = 2$ oder $s = 3$, so folgt aus $y_i \to y_1$ für $i \geq 3$ sofort, daß y_s auf einem ℓ-Kreis für alle $\ell \in \{3, 4, ..., q\}$ liegt, der nur aus Ecken von W besteht. Aus $C \to y_1$ ergibt sich weiter, daß y_s auch auf einem ℓ-Kreis für jedes $\ell \in \{q+1, ..., r + (q-1)\}$ liegt. Ist $s \geq 4$, so ergibt sich $y_s \to y_i$ für $i \leq s - 2$. Aus den schon bekannten Tatsachen $y_i \to y_1$ für $i \geq 3$ und $C \to y_1$ erhält man genauso, daß y_s auf einem ℓ-Kreis für jedes $\ell \in \{3, 4, ..., r + (q-1)\}$ liegt.

Ist nun $E(W) \cap E_1 = \emptyset$, so gilt $u_1 \to y_i$ für alle $i \leq q - 2$, und wir können sogar $u_1 \to y_{q-1}$ voraussetzen, denn anderenfalls wären wir im zuletzt diskutierten Fall. Ist $y_q = u_k$ mit $k \geq 2$, so sehen wir für jedes i mit $1 \leq i \leq q - 1$, daß $u_1 y_{q-i} y_{q-i+1} ... y_q u_{k+1} ... u_1$ ein orientierter Kreis der Länge $i + r - k + 2$ ist. Daher liegt u_1 auf einem ℓ-Kreis für $r - k + 3 \leq \ell \leq r - k + q + 1$. Darüber hinaus ist

$$u_1 ... u_j y_1 y_2 ... y_{q-1} u_k ... u_1$$

für jedes j mit $1 \leq j \leq k - 1$ ein orientierter Kreis der Länge $j + q + r - k$, womit u_1 auch auf einem ℓ-Kreis mit $q + r - k + 1 \leq \ell \leq q + r - 1$ liegt. Wegen $r - k + 3 \leq r + 1 \leq r + q - 1$ liegt die Ecke u_1 schließlich auf einem $(r+1)$-Kreis, womit auch dieser Fall vollständig diskutiert ist.

Im letzten Fall gelte $E(W) \cap S_2 \neq \emptyset$. Aus $S_2 \to C$ ergibt sich sofort $E(W) \cap S_2 = \{y_{q-1}\}$. Gehören u_1 und y_{q-2} zu verschiedenen Partitionsmengen, so gilt $u_1 \to y_{q-2}$, und $u_1 y_{q-2} y_{q-1} u_3 ... u_r u_1$ ist ein $(r+1)$-Kreis durch u_1. Ist $y_{q-2} \in E_1$, so existiert der Bogen (u_2, y_{q-2}) in D, womit $u_1 u_2 y_{q-2} y_{q-1} u_4 ... u_r u_1$ (oder $u_1 u_2 y_{q-2} y_{q-1} u_1$, wenn $r = 3$) ein gewünschter $(r+1)$-Kreis ist. $\|$

Folgerung 5.5 (Goddard, Kubicki, Oellermann, Tian [1] 1991)
Ist D ein p-partites Turnier mit $p \geq 3$, so sind folgende Aussagen äquivalent:

i) In D existiert ein Dreikreis.

ii) In D existiert ein orientierter Kreis ungerader Länge.

iii) In D existiert ein orientierter Kreis, der Ecken aus mindestens 3 Partitionsmengen enthält.

Beweis. Es folgt offensichtlich ii) aus i) und iii) aus ii). Ist iii) erfüllt, so sei C ein orientierter Kreis, der durch mindestens drei Partitionsmengen geht. Das von $E(C)$ induzierte multipartite Turnier besitzt dann nach Satz 5.15 einen Dreikreis. ‖

Eine weitere schöne Verallgemeinerung des Moon'schen Satzes bewiesen Goddard und Oellermann [1] 1991.

Satz 5.16 (Goddard, Oellermann [1] 1991) Es sei D ein stark zusammenhängendes p-partites Turnier mit $p \geq 3$. Ist s eine natürliche Zahl mit $3 \leq s \leq p$, so liegt jede Ecke von D auf einem orientierten Kreis, der durch genau s Partitionsmengen geht.

Der Beweis des letzten Satzes erfolgt auch durch Induktion und zwar nach s. Den Induktionsanfang, daß nämlich jede Ecke auf einem orientierten Kreis liegt, der durch zwei oder drei Partitionsmengen geht, findet man schon im ersten Teil des Beweises von Satz 5.15. Der Induktionsschluß wird nun ähnlich (aber viel einfacher) zum Beweis von Satz 5.15 geführt und bleibt daher dem Leser überlassen (man vgl. Aufgabe 5.16).

Bondy stellte in [1] die Frage, ob jedes stark zusammenhängende p-partite Turnier ($p \geq 5$), das mindestens zwei Ecken in jeder Partitionsmenge enthält, einen $(p + 1)$-Kreis besitzt. Das folgende Beispiel, das unabhängig von Gutin [1] 1982 und Balakrishnan und Paulraja [1] 1984 gefunden wurde, zeigt uns, daß dies keineswegs der Fall sein muß.

Beispiel 5.4 Das stark zusammenhängende multipartite Turnier D bestehe aus den Partitionsmengen $E_i = \{a_i, b_i\}$ für $i = 1, 2, ..., p$ mit $p \geq 3$. Weiter besitze D die beiden p-Kreise $a_1 a_2 ... a_p a_1$, $b_1 b_2 ... b_p b_1$, und es gelte $a_i \rightarrow a_j$ und $b_i \rightarrow b_j$ für $p \geq i \geq j + 2 \geq 3$. Schließlich enthalte D den Bogen (b_p, a_1) sowie die Bogen (a_i, b_j) für $1 \leq i \neq j \leq p$ mit Ausnahme des Bogens (a_1, b_p).
Beachtet man die Tatsache, daß ein $(p+1)$-Kreis von D notwendig den Bogen (b_p, a_1) enthält, so erkennt man leicht, daß ein solcher orientierter Kreis nicht existieren kann.

Im Jahre 1995 haben mein Schüler Dr. Yubao Guo und ich [6] alle stark zusammenhängenden p-partiten Turniere ohne $(p+1)$-Kreis charakterisiert und damit eine vollständige Lösung des oben genannten Problems von Bondy gegeben. Beim Beweis dieser Charakterisierung haben wir das folgende Ergebnis benutzt, das für sich selbst aber auch schon interessant ist.

Satz 5.17 (Guo, Volkmann [6] 1995) Es sei D ein stark zusammenhängendes p-partites Turnier. Besitzt D einen k-Kreis, der durch genau $\ell < p$ Partitionsmengen geht, so gibt es in D einen t-Kreis für alle t mit $k \leq t \leq p + (k - \ell)$.

Beweis. Es sei $C_r = x_1 x_2 ... x_r x_1$ ein längster orientierter Kreis von D, der die beiden folgenden Eigenschaften erfüllt. Der orientierte Kreis C_r enthält Ecken aus höchstens $\ell + (r - k)$ Partitionsmengen, und D besitzt orientierte Kreise der Länge $k, k + 1, ..., r$. Nach Voraussetzung ist die Existenz von C_r gesichert. Ist $r \geq p + (k - \ell)$, so sind wir fertig. Daher sei nun $r < p + (k - \ell)$. Daraus ergibt sich $\ell + (r - k) < \ell + [p + (k - \ell) - k] = p$, womit mindestens eine Partitionsmenge von D mit $E(C_r)$ einen leeren Durchschnitt besitzt. Es sei S die Vereinigung aller Partitionsmengen, die in C_r nicht repräsentiert werden. Existiert eine Ecke x in S mit $N^+(x) \cap E(C_r) \neq \emptyset$ und $N^-(x) \cap E(C_r) \neq \emptyset$, dann existiert natürlich ein $(r + 1)$-Kreis durch die Ecke x, der durch höchstens $\ell + (r - k) + 1$ Partitionsmengen geht, was der Wahl von C_r widerspricht. Existiert eine solche Ecke x nicht, so läßt sich S in zwei disjunkte Teilmengen S_1 und S_2 zerlegen mit $S_2 \rightarrow C_r \rightarrow S_1$. Ist o.B.d.A. $S_1 \neq \emptyset$, so existiert wegen des starken Zusammenhangs ein kürzester orientierter Weg $P = y_1 y_2 ... y_q$ von S_1 nach C_r mit $q \geq 3$. Es gelte o.B.d.A. $y_q = x_1$. Ist $E(P) \cap S_2 = \emptyset$, so gehören alle Ecken aus $E(P) - \{y_1\}$ zu einer Partitionsmenge, die schon in C_r vertreten ist. Daraus ergibt sich dann $y_i \rightarrow y_1$ für alle $i \in \{3, 4, ..., q\}$. Im Fall $q \geq r + 1$ ist $y_1 y_2 ... y_{r+1} y_1$ ein $(r + 1)$-Kreis, und im Fall $q \leq r$ ist $y_1 y_2 ... y_q x_2 x_3 ... x_{r+2-q} y_1$ ein $(r + 1)$-Kreis von D. Da beide $(r + 1)$-Kreise durch höchstens $\ell + (r - k) + 1$ Partitionsmengen gehen, haben wir einen Widerspruch zur Wahl von C_r erzeugt.

Schließlich setzen wir $E(P) \cap S_2 \neq \emptyset$ voraus. Aus $S_2 \rightarrow C_r$ folgt $y_{q-1} \in S_2$ und $y_{q-2} \notin S_2$. Natürlich besitzt die Ecke y_{q-2} einen negativen Nachbarn in C_r. Wegen $y_{q-1} \rightarrow C_r$ können wir o.B.d.A. annehmen, daß der Bogen (x_1, y_{q-2}) zu D gehört. Ist y_{q-2} kein Element von S_1, so enthält der $(r + 1)$-Kreis $x_1 y_{q-2} y_{q-1} x_3 x_4 ... x_r x_1$ Ecken aus höchstens $\ell + (r - k) + 1$ Partitionsmengen, was der Wahl von C_r widerspricht. Im Fall $y_{q-2} \in S_1$ gilt $q = 3$. Nun ist zunächst $x_1 y_1 y_2 x_3 x_4 ... x_r x_1$ ein $(r+1)$-Kreis und $x_1 y_1 y_2 x_2 x_3 ... x_r x_1$ ein $(r+2)$-Kreis, der durch höchstens $\ell + (r - k) + 2$ Partitionsmengen geht. Aber auch dies bedeutet einen Widerspruch zur Wahl von C_r, womit der Satz bewiesen ist. $\|$

Folgerung 5.6 (Balakrishnan, Paulraja [1] 1984) Es sei D ein stark zusammenhängendes p-partites Turnier. Gibt es in D einen p-Kreis, der durch höchstens $p - 1$ Partitionsmengen geht, so besitzt D einen $(p + 1)$-Kreis.

Zum Schluß dieses Kapitels wollen wir noch die beiden folgenden interessanten Ergebnisse ohne Beweis notieren.

Satz 5.18 (Goddard, Kubicki, Oellermann, Tian [1] 1991) Es sei D ein p-partites Turnier mit $p \geq 3$. Existiert in D ein t-Kreis ($t \geq 4$), der Ecken aus mindestens drei Partitionsmengen enthält, so besitzt D einen orientierten Kreis der Länge $t - 1$, $t - 2$ oder $t - 3$. Existiert in D ein t-Kreis ($t \geq 5$), der Ecken aus mindestens drei Partitionsmengen enthält, so besitzt D einen orientierten Kreis der Länge $t - 2$ oder $t - 3$.

Satz 5.19 (C.-Q. Zhang [2] 1989) Ein reguläres p-partites Turnier D enthält einen orientierten Kreis C der Länge $L(C) \geq n(D) - 1$.

Weitere Resultate und ausführliche Literaturhinweise zum Thema multipartite Turniere befinden sich in dem 1995 erschienenen Übersichtsartikel von Gutin [4] .

5.3 Aufgaben

Aufgabe 5.1 Es sei T_n ein Turnier der Ordnung $n \geq 4$, das genau zwei starke Zusammenhangskomponenten D_1 und D_2 besitzt. Mit L_n bezeichnen wir die Länge des längsten Kreises von T_n.
a) Man zeige $L_n \geq \lceil \frac{n}{2} \rceil$.
b) Für alle $n \geq 6$ gebe man Beispiele mit $L_n = \lceil \frac{n}{2} \rceil$ an.
c) Man zeige, daß b) für $n = 4$ bzw. $n = 5$ nicht möglich ist.

Aufgabe 5.2 Es sei T_n ein Turnier der Ordnung $n \geq 3$. Man beweise oder widerlege:
a) Liegt jede Ecke von T_n auf einem orientierten Kreis, so ist das Turnier stark zusammenhängend.
b) Liegt jeder Bogen von T_n auf einem orientierten Kreis, so besitzt das Turnier einen orientierten Hamiltonkreis.

Aufgabe 5.3 Ist T_n ein Turnier, so zeige man:
a) Es gibt höchstens drei Ecken x mit $d^+(x, T_n) = 1$.
b) Ist $n \geq 4$ und T_n stark zusammenhängend, so existieren höchstens zwei Ecken x mit $d^+(x, T_n) = 1$.

Aufgabe 5.4 Sind $x_1, x_2, ..., x_n$ die Ecken eines Turniers T_n, so setzen wir $d^+(x_i, T_n) = s_i$ für alle $i = 1, 2, ..., n$.
a) Für alle $p = 1, 2, ..., n$ zeige man

$$\sum_{i=1}^{p} s_i \geq \binom{p}{2}.$$

b) Ist T_n stark zusammenhängend und $n \geq 3$, so zeige man für alle $p = 1, 2, ..., n-1$

$$\sum_{i=1}^{p} s_i > \binom{p}{2}.$$

Aufgabe 5.5 Man beweise Folgerung 5.4 mit Hilfe von Satz 5.4.

Aufgabe 5.6 Es sei T_n ein Turnier der Ordnung $n \geq 3$. Man beweise oder widerlege:
a) Liegt jede Ecke von T_n auf einem orientierten Kreis der Länge $> \frac{n}{2}$, so besitzt das Turnier einen orientierten Hamiltonschen Kreis.
b) Ist T_n nicht transitiv, und ist k ein Bogen von T_n, so besitzt der Digraph $T_n - k$ einen orientierten Hamiltonschen Weg.

Aufgabe 5.7 Es sei T_n ($n \geq 3$) ein Turnier mit $d^+(x, T_n) = d^-(x, T_n)$ für alle Ecken $x \in E(T_n)$. Man zeige:
a) Die Ordnung $n = n(T_n)$ hat notwendig die Gestalt $n = 2r + 1$ ($r \in \mathbf{N}$), und es gilt $d^+(x, T_n) = d^-(x, T_n) = r$ für alle $x \in E(T_n)$.
b) Das Turnier T_n ist Hamiltonsch.
c) Für jedes $n = 2r + 1 \geq 3$ existiert ein Turnier mit $d^+(x, T_n) = d^-(x, T_n) = r$ für alle $x \in E(T_n)$.

Aufgabe 5.8 Es sei T_n ($n \geq 5$) ein stark zusammenhängendes Turnier und $p \in \mathbf{N}$ mit $3 < p < n$. Man zeige, daß es mindestens $p - 2$ Ecken in T_n gibt, die auf zwei orientierten Kreisen der Länge $p - 1$ liegen.

Aufgabe 5.9 Es sei T_n ein Turnier mit $n \geq 7$, und jeder Bogen von T_n liege auf einem orientierten Kreis. Ist $p \in \mathbf{N}$ mit $3 \leq p < \frac{n}{2}$, so zeige man, daß T_n mindestens 3 verschiedene orientierte Kreise der Länge p besitzt.

Aufgabe 5.10 Es sei T_n ein Turnier der Ordnung $n \geq 3$, das die Bedingung $\min\{\delta^-, \delta^+\} \geq \frac{1}{4}(n - 1)$ erfüllt. Man zeige, daß T_n stark zusammenhängend ist.

Aufgabe 5.11 Es sei T_n ein reguläres Turnier mit $n \geq 5$. Man zeige, daß jeder Bogen des Turniers auf einem 3-Kreis und einem 4-Kreis liegt.

Aufgabe 5.12 Es sei T_n ein Turnier mit $n \geq 2$. Man zeige, daß es eine Ecke $a \in E(T_n)$ gibt, so daß zu jeder anderen Ecke $x \in E(T_n)$ ein orientierter Weg W_{ax} von a nach x der Länge $L(W_{ax}) \leq 2$ existiert.

Aufgabe 5.13 Man zeige, daß ein p-partites Turnier einen orientierten Weg der Länge $r \geq p - 1$ besitzt.

Aufgabe 5.14 Es sei D ein stark zusammenhängendes 3-partites Turnier. Enthält jede Partitionsmenge mindestens zwei Ecken, so zeige man, daß D einen orientierten Kreis der Länge $r > 3$ besitzt.

Aufgabe 5.15 Man beweise Satz 5.16.

Kapitel 6

Matchingtheorie

6.1 Gesättigte und maximale Matchings

Definition 6.1 Ist G ein Graph, so nennt man eine Kantenmenge M aus G ein *Matching* von G, wenn M keine Schlingen enthält und keine zwei Kanten aus M inzident sind. Ein Matching M_0 von G heißt *gesättigt*, wenn es in G kein Matching M gibt mit $M_0 \subseteq M$ und $M_0 \neq M$. Ein Matching M^* von G nennt man *maximal*, wenn es in G kein Matching M gibt mit $|M^*| < |M|$. Ist $G[M] = (E(M), M)$ der von M erzeugte Teilgraph, so heißt das Matching M *perfekt* bzw. *fast-perfekt*, falls $E(M) = E(G)$ bzw. $|E(M)| = |E(G)| - 1$ gilt.

Um uns mit den neuen Begriffen etwas vertraut zu machen, betrachten wir zunächst ein Beispiel.

Beispiel 6.1

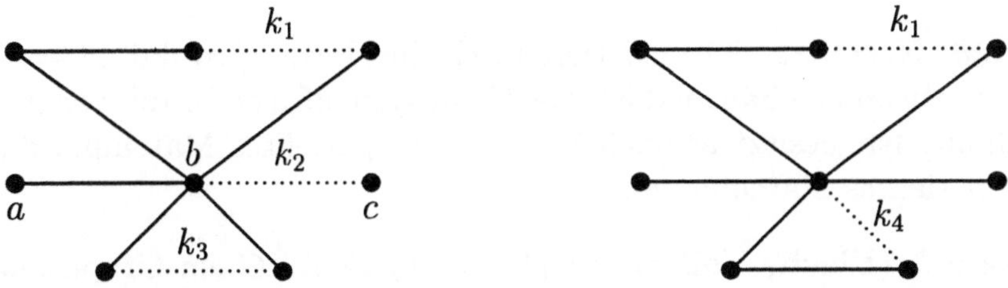

Da die Kanten ab und $bc = k_2$ inzident sind, können sie nicht gleichzeitig zu einem Matching gehören. Daher existiert kein perfektes Matching, womit z.B. das Matching $M^* = \{k_1, k_2, k_3\}$ in der linken Skizze maximal ist. Man überlegt sich leicht, daß das Matching $M_0 = \{k_1, k_4\}$ in der rechten Skizze gesättigt aber nicht maximal ist.

Bemerkung 6.1 Für jeden Graphen G gilt:

i) Jedes maximale Matching ist gesättigt.

ii) Jedes perfekte bzw. fast-perfekte Matching ist maximal und gesättigt.

iii) Für jedes Matching M ist $|E(M)| = 2|M|$.

iv) Für ein perfektes Matching M von G gilt $2|M| = |E(G)|$. Für ein fast-perfektes Matching M von G gilt $2|M| = |E(G)| - 1$.

Wir beginnen mit einer recht bekannten und hübschen hinreichenden Bedingung für die Existenz eines perfekten Matchings in einem Graphen gerader Ordnung. Den kurzen Beweis habe ich zusammen mit meinen Schülern Dr. Y. Guo und B. Randerath bei einem unserer traditionellen Treffen zum Nachmittagskaffee beobachtet.

Definition 6.2 Besitzt ein Graph G keinen $K_{1,3}$ als (von Ecken) induzierten Teilgraphen, so heißt G *klauenfrei* (claw-free).

Satz 6.1 (Sumner [1] 1974, Las Vergnas [1] 1975) Ist G ein zusammenhängender und klauenfreier Graph gerader Ordnung, so besitzt G ein perfektes Matching.

Beweis. Es sei $a_1 a_2 a_3 ... a_p$ ein längster Weg in G. Da G klauenfrei ist, erkennt man leicht, daß $G' = G - \{a_1, a_2\}$ wieder klauenfrei und zusammenhängend ist. Das gewünschte Resultat erhält man nun durch vollständige Induktion nach der Ordnung von G. $\parallel$

Folgerung 6.1 Ist G ein zusammenhängender und klauenfreier Graph ungerader Ordnung, so besitzt G ein fast-perfektes Matching.

Beweis. Nach Satz 1.10 existiert in G eine Ecke v, so daß $H = G - v$ wieder zusammenhängend ist. Da H ein klauenfreier Graph von gerader Ordnung ist, besitzt er nach Satz 6.1 ein perfektes Matching, das ein fast-perfektes Matching von G ist. $\parallel$

Satz 6.2 (Flach, Volkmann [1] 1987) Es sei G ein Graph und M_0 ein gesättigtes Matching von G. Ist M ein beliebiges Matching von G, so gilt $|M| \leq 2|M_0|$.

Beweis. Wir dürfen o.B.d.A. den Graphen als schlicht voraussetzen. Für eine Kante $k \in K(G)$ setzen wir

$$I(k) = \{k' \in K(G) \mid k' \text{ und } k \text{ sind inzident}\} \cup \{k\}.$$

Da M_0 ein gesättigtes Matching ist, gilt

$$K(G) = \bigcup_{k \in M_0} I(k)$$

und daher

$$M = M \cap K(G) = M \cap \left(\bigcup_{k \in M_0} I(k) \right) = \bigcup_{k \in M_0} (M \cap I(k)).$$

Aus der Tatsache, daß M ein Matching ist, folgt für $k \in K(G)$

$$|M \cap I(k)| \leq 2,$$

womit wir insgesamt die gewünschte Abschätzung erhalten:

$$|M| \leq \sum_{k \in M_0} |M \cap I(k)| \leq 2|M_0| \quad \|$$

Das folgende Beispiel zeigt, daß die Ungleichung in Satz 6.2 scharf ist.

Beispiel 6.2 Gegeben sei der skizzierte Baum G der Ordnung $2p$.

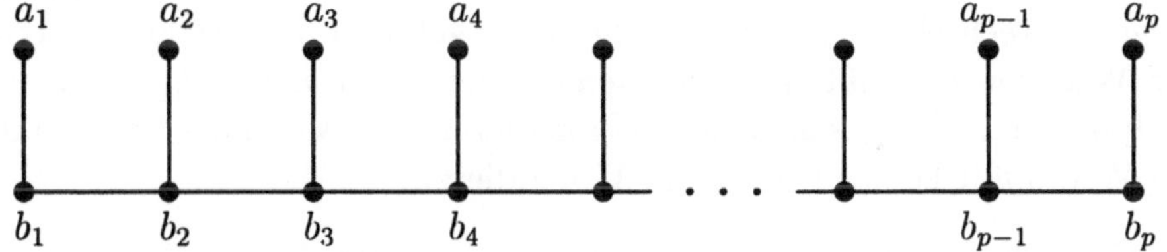

Das Matching $M^* = \{a_i b_i | i = 1, ..., p\}$ ist perfekt. Wenn p gerade ist, dann ist das Matching $M_0 = \{b_1 b_2, b_3 b_4, ..., b_{p-1} b_p\}$ gesättigt, und es gilt $|M^*| = 2|M_0|$.

Folgerung 6.2 Existiert in einem Graphen G ein gesättigtes Matching M_0 mit $4|M_0| < |E(G)|$, so besitzt G kein perfektes Matching.

Beweis. Angenommen, G besitzt ein perfektes Matching M^*. Dann ergibt sich aus Satz 6.2 und Bemerkung 6.1 iv) der Widerspruch

$$|E(G)| = 2|M^*| \leq 4|M_0| < |E(G)|. \quad \|$$

Folgerung 6.2 kann nützlich sein, um nachzuweisen, daß ein Graph kein perfektes Matching besitzt. Dazu betrachten wir

Beispiel 6.3 Gegeben sei der skizzierte Graph G der Ordnung 10.

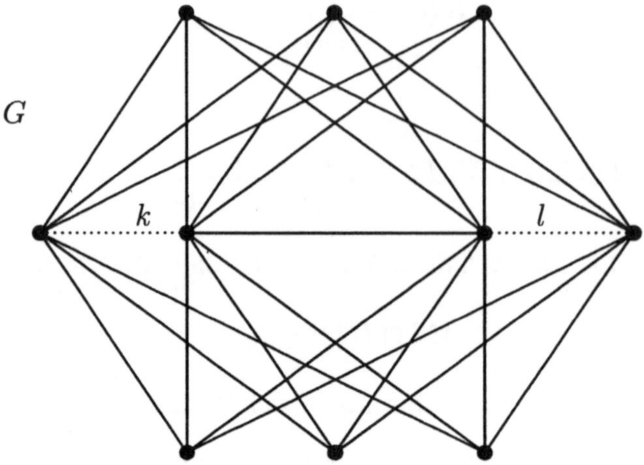

Das Matching $M_0 = \{k, l\}$ ist gesättigt mit $4|M_0| = 8 < 10$. Daher besitzt G nach Folgerung 6.2 kein perfektes Matching.

Definition 6.3 Es sei G ein Graph und M ein Matching von G. Ein Weg positiver Länge in G heißt *M-alternierend*, wenn die Kanten des Weges abwechselnd zu M und nicht zu M gehören. Ein M-alternierender Weg von G heißt *M-zunehmend* oder *M-erweiternd*, wenn die Endpunkte des Weges nicht mit M inzidieren, d.h. wenn die Endpunkte des Weges mit keiner Kante aus M inzidieren.

Die Bezeichnung M-zunehmender Weg begründet sich darin, daß man mit Hilfe der symmetrischen Differenz (man vgl. Definition 2.6) aus einem solchen Weg leicht ein Matching M' konstruieren kann mit $|M'| = |M| + 1$. Ist nämlich

$$W = (k_1, l_1, k_2, l_2, ..., k_{p-1}, l_{p-1}, k_p)$$

ein M-zunehmender Weg in einem Graphen G, also $k_i \in K(G) - M$ und $l_i \in M$, so ist

$$
\begin{aligned}
M' &= M \triangle K(W) = (M - K(W)) \cup (K(W) - M) \\
&= (M - \{l_1, l_2, ..., l_{p-1}\}) \cup \{k_1, k_2, ..., k_p\}
\end{aligned}
$$

ein Matching in G mit $|M'| = |M| + 1$. Damit haben wir bereits die eine Hälfte des nächsten Satzes bewiesen, der für die Matchingtheorie von fundamentaler Bedeutung ist.

Satz 6.3 (Berge [1] 1957) Ein Matching M^* in einem Graphen G ist genau dann maximal, wenn es keinen M^*-zunehmenden Weg in G gibt.

Beweis. Ist M^* ein maximales Matching von G, so entnehmen wir der Vorbetrachtung, daß es keinen M^*-zunehmenden Weg geben kann.
Nun sei umgekehrt M^* ein Matching von G, und es existiere kein M^*-zunehmenden Weg. Angenommen, das Matching M^* ist nicht maximal. Dann gibt es aber ein Matching M in G mit $|M| > |M^*|$. Betrachten wir den Graphen

$$H = G[M^* \triangle M] = G[(M^* - M) \cup (M - M^*)],$$

so hat jede Ecke von H den Eckengrad 1 oder 2, denn jede Ecke von H inzidiert höchstens einmal mit einer Kante aus M^* oder M. Daher ist jede Komponente von H entweder ein Kreis oder ein Weg, wobei inzidente Kanten in H aus M^* und M sind. Wegen $|M| > |M^*|$ enthält H mehr Kanten aus M als aus M^*, denn aus M und M^* wurden nur solche Kanten entfernt, die in beiden Mengen liegen. Da jede Kreiskomponente von H gleich viele Kanten aus M und M^* besitzt, muß es in H eine Wegkomponente geben, die mit einer Kante aus M beginnt und einer Kante aus M endet. Diese Wegkomponente von H ist dann notwendig ein M^*-zunehmender Weg in G, was unserer Voraussetzung widerspricht. $\|$

Satz 6.4 (Folkman, Fulkerson [1] 1969) Sind M und N zwei kantendisjunkte Matchings in einem Graphen G mit $|M| > |N|$, so existieren zwei kantendisjunkte Matchings M' und N' mit

a) $M' \cup N' = M \cup N$,

b) $|M'| = |M| - 1$ und $|N'| = |N| + 1$.

Beweis. Betrachten wir analog zum Beweis vom Satz 6.3 den Graphen $H = G[M \triangle N]$, so besitzt H eine Wegkomponente, die genau eine Kante mehr aus M, als aus N besitzt. Tauschen wir in dieser Wegkomponente die Kanten von M und N aus, so erhalten wir Matchings M' und N' mit den Eigenschaften a) und b). $\|$

Definition 6.4 Ist G ein Multigraph, und sind $M_1, ..., M_p$ paarweise kantendisjunkte Matchings mit $M_1 \cup M_2 \cup ... \cup M_p = K(G)$, so sagt man, daß sich G in p kantendisjunkte Matchings zerlegen läßt. Es gilt natürlich notwendig $p \geq \Delta(G)$.

Satz 6.5 (Folkman, Fulkerson [1] 1969) Es sei G ein Multigraph, der sich in q kantendisjunkte Matchings zerlegen läßt. Ist p eine ganze Zahl mit $p \geq q$, so existiert eine Zerlegung von G in p kantendisjunkte Matchings $M_1, ..., M_p$ mit

$$\left\lfloor \frac{|K(G)|}{p} \right\rfloor \leq |M_i| \leq \left\lceil \frac{|K(G)|}{p} \right\rceil \quad (1 \leq i \leq p). \tag{6.1}$$

Beweis. Nach Voraussetzung läßt sich G in p kantendisjunkte Matchings $M_1', ..., M_p'$ zerlegen, wenn man $M_i' = \emptyset$ zuläßt. Durch wiederholtes Anwenden von Satz 6.4 erhält man daraus eine Zerlegung von G in p kantendisjunkte Matchings $M_1, ..., M_p$ mit $||M_i| - |M_j|| \leq 1$ für $1 \leq i, j \leq p$. Ist $r = \min_{1 \leq i \leq p}\{|M_i|\}$, so gilt $|M_i| = r$ oder $|M_i| = r + 1$. Bestehen t dieser Matchings aus r Kanten mit $1 \leq t \leq p$, so gilt

$$|K(G)| = tr + (p - t)(r + 1) = pr + p - t,$$

also

$$\frac{|K(G)|}{p} = r + 1 - \frac{t}{p},$$

woraus sich ohne Mühe (6.1) ergibt. $\|$

Im Abschnitt 6.3 stellen wir Algorithmen zum Auffinden maximaler Matchings vor. Für eine bessere Effizienz werden wir folgende Beobachtung von Dörfler und Mühlbacher ausnutzen.

Satz 6.6 (Dörfler, Mühlbacher [1] 1974) Es sei M ein Matching des Graphen G. Weiter sei $a \in E(G)$ mit $a \notin E(M)$, und von a aus gebe es keinen M-zunehmenden Weg in G.
Ist W_{xy} ein M-zunehmender Weg von x nach y in G, und betrachtet man das Matching $M' = M \triangle K(W_{xy})$, so existiert von der Ecke a aus auch kein M'-zunehmender Weg in G.

Beweis. Angenommen, es gibt in G einen M'-zunehmenden Weg W_{ab} von a nach b.
Ist $E(W_{ab}) \cap E(W_{xy}) = \emptyset$, so ist W_{ab} auch ein M-zunehmender Weg, was unserer Voraussetzung widerspricht.
Ist $a = a_0$, $b = a_r$ und hat der Weg W_{ab} die Gestalt

$$W_{ab} = (a, k_1, a_1, ..., a_{i-1}, k_i, a_i, ..., b),$$

so sei i der kleinste Index mit $a_i \in E(W_{xy})$. Dann gehören die Kanten $k_1, ..., k_i$ gleichzeitig zu M und M' bzw. gleichzeitig nicht zu M und M'. Hat der M-zunehmende Weg W_{xy} die Form

$$W_{xy} = (x, h_1, x_1, l_1, y_1, h_2, ..., h_j, x_j, l_j, a_i, h_{j+1}, ..., h_p, y)$$

mit $h_j \in K(G) - M$ und $l_j \in M$, so unterscheiden wir die beiden Fälle i gerade oder i ungerade.

Ist i gerade, so gilt $k_i \in M$. Da k_i und l_j mit der Ecke a_i inzidieren, sind k_i und l_j inzident, was der Tatsache widerspricht, daß M ein Matching ist.

Ist i ungerade, so gilt $k_i \in K(G) - M$ und

$$W_{ax} = (a, k_1, a_1, ..., a_{i-1}, k_i, a_i, l_j, x_j, h_j, ..., h_1, x)$$

ist ein M-zunehmender Weg von a aus. Das widerspricht unserer Voraussetzung. Der Fall, daß W_{xy} die Form

$$W_{xy} = (x, h_1, x_1, l_1, y_1, h_2, ..., h_j, a_i, l_j, y_j, h_{j+1}, ..., h_p, y)$$

hat, wird analog behandelt. $\|$

6.2 Matchings in bipartiten Graphen

Der erste Satz in diesem Abschnitt, der 1931 von König [2] und 1935 unabhängig von Hall [1] gefunden wurde, ist für die gesamte Graphentheorie von zentraler Bedeutung. Im Abschnitt "Was ist Graphentheorie" (S. xi – xv) haben wir dieses Ergebnis schon unter dem Namen "Heiratssatz" kennengelernt. Wir geben hier einen zweiten Beweis, der gleichzeitig als Vorbereitung für einen Matchingalgorithmus dient.

Satz 6.7 (König-Hall, König [2] 1931, Hall [1] 1935) Es sei G ein bipartiter Graph mit der Bipartition A, B. Es gibt genau dann ein Matching M in G mit $E(M) \cap A = A$, wenn für alle $S \subseteq A$ gilt:

$$|S| \leq |N(S, G)|$$

Beweis. Es gebe ein Matching $M = \{k_1, ..., k_p\}$ mit $E(M) \cap A = A$. Ist $k_i = a_i b_i$ mit $a_i \in A$, so gilt notwendig $b_i \in B$ für jedes $i = 1, ..., p$, und die Ecken $b_1, ..., b_p$ sind paarweise verschieden. Daraus folgt für alle $S \subseteq A$ mit $S = \{a_{j_1}, ..., a_{j_q}\}$

$$|S| = q = |\{b_{j_1}, ..., b_{j_q}\}| \leq |N(S, G)|.$$

Nun gelte umgekehrt $|S| \leq |N(S,G)|$ für alle $S \subseteq A$. Es sei M ein maximales Matching von G, und wir nehmen an, daß $E(M) \cap A \neq A$ gilt. Dann wählen wir eine feste Ecke $a \in A-E(M)$ und bezeichnen mit $U(a)$ die Menge aller Ecken von G, die man durch einen M-alternierenden Weg mit a verbinden kann. Weiter sei $Z = U(a) \cup \{a\}$. Da M maximal ist, gilt nach dem Satz von Berge (Satz 6.3)

$$Z - \{a\} \subseteq E(M). \tag{6.2}$$

Setzt man

$$S = Z \cap A \quad \text{und} \quad I = Z \cap B,$$

so folgt mit (6.2), daß jede Ecke aus $S - \{a\}$ mit genau einer Ecke von I durch eine Kante aus M verbunden ist und umgekehrt. Daraus ergibt sich

$$|I| = |S| - 1 \tag{6.3}$$

und $I \subseteq N(S,G)$. Es gilt sogar

$$I = N(S,G), \tag{6.4}$$

denn gäbe es eine Ecke $u \in N(S,G)$ mit $u \notin I$, so würde ein M-alternierender Weg von a nach u existieren, was aber nicht möglich ist. Die Identitäten (6.3) und (6.4) liefern uns die Ungleichung

$$|S| = |I| + 1 = |N(S,G)| + 1 > |N(S,G)|,$$

die unserer Voraussetzung widerspricht. ||

Folgerung 6.3 Es sei G ein bipartiter Graph mit der Bipartition A, B. Gilt

$$\delta_A = \min_{x \in A} d(x,G) \geq \max_{y \in B} d(y,G) = \Delta_B \geq 1,$$

so existiert in G ein maximales Matching M mit $|M| = |A|$.

Beweis. Für alle $S \subseteq A$ ergibt sich aus $N(S,G) \subseteq B$ und der Nachbarschaftsungleichung (Satz 1.13)

$$|S|\delta_A \leq \sum_{x \in S} d(x,G) \leq \sum_{y \in N(S,G)} d(y,G) \leq |N(S,G)|\Delta_B \leq |N(S,G)|\delta_A.$$

Wegen $\delta_A \geq 1$ folgt daraus $|S| \leq |N(S,G)|$, womit nach dem Satz von König-Hall (Satz 6.7) ein Matching M mit $|M| = |A|$ existiert, welches natürlich maximal ist. ||

Im Jahre 1955 fand Ore [2] folgende interessante Verallgemeinerung des Satzes von König-Hall.

Satz 6.8 (König-Ore, Ore [2] 1955) Ist G ein bipartiter Graph mit der Bipartition A, B, und ist M ein maximales Matching in G, so gilt

$$|A| - |M| = \max_{S \subseteq A}\{|S| - |N(S, G)|\}. \tag{6.5}$$

Beweis. Setzen wir die linke Seite von (6.5) gleich q, so gilt natürlich $q \geq 0$. Setzen wir die rechte Seite von (6.5) gleich p, so liefert $S = \emptyset$ die Ungleichung $p \geq 0$.

Um $p \geq q$ zu zeigen, fügen wir p neue Ecken zur Menge B hinzu und verbinden jede neue Ecke mit allen Ecken aus A durch eine Kante. Der dadurch entstandene bipartite Graph H besitzt eine Bipartition A, Y, wobei Y aus den Ecken von B und den p neuen Ecken besteht. Für eine nicht leere Menge $S \subseteq A$ ist $|N(S, H)| = |N(S, G)| + p$. Daraus ergibt sich zusammen mit der Voraussetzung $|S| - |N(S, G)| \leq p$

$$|S| \leq |N(S, H)|.$$

Da diese Ungleichung auch für $S = \emptyset$ gilt, existiert nach dem Satz von König-Hall in H ein Matching M^* mit $|M^*| = |A|$. Da M^* höchstens p Kanten enthält, die nicht zu G gehören, gibt es in G ein Matching M' mit $|M'| \geq |M^*| - p$. Daher gilt für das maximale Matching M die Abschätzung $|M| \geq |M'| \geq |A| - p$, also $p \geq q$.

Um $q \geq p$ zu zeigen, fügen wir q neue Ecken zur Menge B hinzu und verbinden jede neue Ecke mit allen Ecken aus A durch eine Kante. In dem neuen Graphen H kann man das Matching M zu einem Matching M^* ergänzen mit $|M^*| = |M| + q = |A|$. Daher gilt nach dem Satz von König-Hall

$$|S| \leq |N(S, H)| \leq |N(S, G)| + q$$

für alle $S \subseteq A$, woraus sich sofort die gewünschte Ungleichung $p \leq q$ ergibt. $\|$

Aus dem Satz von König-Hall und der Nachbarschaftsungleichung oder direkt aus Folgerung 6.3 ergeben sich zwei wichtige und sehr attraktive Resultate von König [1] aus dem Jahre 1916.

Satz 6.9 (König [1] 1916) Ist G ein bipartiter und r-regulärer Graph mit $r \geq 1$, so besitzt G ein perfektes Matching.

Beweis. Nach Voraussetzung gilt $\Delta(G) = \delta(G) = r \geq 1$. Ist A, B eine Bipartition von G, so existiert nach Folgerung 6.3 ein maximales Matching M_1 mit $|M_1| = |A|$ sowie ein maximales Matching M_2 mit

$|M_2| = |B|$. Daraus folgt $|A| = |M_1| = |M_2| = |B|$ und die Matchings sind perfekt. $\|$

Sukzessives Anwenden von Satz 6.9 liefert unmittelbar

Satz 6.10 (König [1] 1916) Ein bipartiter und r-regulärer Graph G läßt sich in r kantendisjunkte perfekte Matchings zerlegen.

Als hochinteressante Folgerung aus Satz 6.10 entdeckte König noch das nächste Ergebnis.

Satz 6.11 (König [1] 1916) Ist G ein bipartiter Graph, so kann man G in $\Delta(G)$ kantendisjunkte Matchings zerlegen.

Beweis. Ist A, B eine Bipartition von G mit $A = \{a_1, ..., a_p\}$ und $B = \{b_1, ..., b_q\}$, so gelte o.B.d.A. $q \le p$. Nun konstruieren wir aus G einen bipartiten und $\Delta(G)$-regulären Graphen H mit $2p$ Ecken wie folgt und wenden auf H Satz 6.10 an.
Zunächst fügen wir $p - q$ neue Ecken $b_{q+1}, ..., b_p$ zu B hinzu und setzen dann $Y = \{b_1, ..., b_p\}$. Nun verbinden wir die Ecken aus A mit denen aus Y durch

$$p\Delta(G) - \sum_{x \in A} d(x, G)$$

zusätzliche Kanten, so daß daraus ein Graph H entsteht, der die Bedingung $\Delta(H) = \Delta(G)$ erfüllt. Nach Konstruktion ist H wieder bipartit und außerdem $\Delta(G)$-regulär. Wegen Satz 6.10 läßt sich H in $\Delta(G)$ kantendisjunkte perfekte Matchings zerlegen. Entfernt man aus diesen Matchings die neu hinzugefügten Kanten, so erhält man eine Zerlegung von G in $\Delta(G)$ kantendisjunkte Matchings. $\|$

Bemerkung 6.2 Mit Satz 6.11 lassen sich optimale Stundenpläne erstellen. Denn gibt es an einer Schule p Lehrer $A_1, ..., A_p$ und q Klassen $B_1, ..., B_q$, so unterrichte der Lehrer A_i die Klasse B_j für t_{ij} Stunden. Gesucht wird ein Stundenplan, der in kürzester Zeit alle Unterrichtsstunden abdeckt.
Zur Lösung dieses Problems konstruieren wir uns einen bipartiten Graphen G mit der Bipartition

$$A = \{a_1, ..., a_p\} \text{ und } B = \{b_1, ..., b_q\},$$

wobei A den Lehrern und B den Klassen entspricht. Dann werden die Ecken a_i und b_j durch t_{ij} parallele Kanten verbunden.

In jeder Zeiteinheit (z.B. von 8.00 - 9.00 Uhr, 9.00 - 10.00 Uhr usw.) kann ein Lehrer höchstens eine Klasse unterrichten, und jede Klasse kann in einer Zeiteinheit von höchstens einem Lehrer unterrichtet werden. Somit entspricht während einer Zeiteinheit die Zuordnung der Lehrer zu den Klassen einem Matching in G und umgekehrt entspricht jedes Matching einer möglichen Zuordnung. Daher ist das Stundenplanproblem gleichbedeutend damit, den zugehörigen bipartiten Graphen G in möglichst wenig kantendisjunkte Matchings zu zerlegen. Nach Satz 6.11 besteht also ein solcher optimaler Stundenplan aus genau $\Delta(G)$ Zeiteinheiten.

Aus den Sätzen 6.5 und 6.11 ergibt sich unmittelbar

Folgerung 6.4 Ist G ein bipartiter Graph und p eine ganze Zahl mit $p \geq \Delta(G)$, so kann man G in p kantendisjunkte Matchings $M_1, ..., M_p$ zerlegen mit

$$\left\lfloor \frac{|K(G)|}{p} \right\rfloor \leq |M_i| \leq \left\lceil \frac{|K(G)|}{p} \right\rceil \quad (1 \leq i \leq p).$$

Bemerkung 6.3 Mit Hilfe von Folgerung 6.4 kann man das Stundenplanproblem auch dann lösen, wenn man zusätzlich noch voraussetzt, daß nur eine bestimmte Anzahl von Klassenräumen zur Vefügung steht. Ist G der dem Stundenplan zugeordnete bipartite Graph, so werden insgesamt $m = K(G)$ Stunden unterrichtet.

a) Stehen r Räume zur Verfügung, so gibt es einen Stundenplan, der mit $\max\{\Delta(G), \lceil \frac{m}{r} \rceil\}$ Zeiteinheiten auskommt.

b) Bei $t \geq \Delta(G)$ vorgegebenen Zeiteinheiten gibt es einen Stundenplan, bei dem nur $\lceil \frac{m}{t} \rceil$ Räume benötigt werden.

Für weitere Einzelheiten zum Stundenplanproblem vgl. man z.B. die Arbeiten von Dempster [1] 1971 und de Werra [1] 1970.

6.3 Matching-Algorithmen

Die praktische Bedeutung der Matchingtheorie kann auch durch das Personal-Zuteilungsproblem belegt werden.

In einer Firma seien p Arbeitnehmer $A_1, ..., A_p$ beschäftigt, und es seien p Arbeitsplätze $B_1, ..., B_p$ vorhanden. Jeder Arbeitnehmer sei für einen

oder mehrere Arbeitsplätze qualifiziert. Nun stellt sich die natürliche
Frage, ob man allen Arbeitnehmern einen geeigneten Arbeitsplatz zu-
weisen kann.

Graphentheoretisch gesehen hat dieses Problem folgende Gestalt. Gegeben sei ein bipartiter Graph G mit der Bipartition

$$A = \{a_1, ..., a_p\} \quad \text{und} \quad B = \{b_1, ..., b_p\},$$

wobei A den Arbeitnehmern und B den Arbeitsplätzen entspricht. Dabei wird eine Ecke a_i mit einer Ecke b_j durch eine Kante verbunden,
wenn der Arbeitnehmer A_i für den Arbeitsplatz B_j qualifiziert ist. Man
kann jedem Arbeitnehmer genau dann einen geeigneten Arbeitsplatz
geben, wenn der Graph G ein perfektes Matching besitzt. Im Fall, daß
in G kein perfektes Matching existiert, kann ein maximales Matching
auch noch von Interesse sein.

Wir wenden uns nun Verfahren zu, mit denen man maximale Matchings
konstruieren kann. Dabei legen uns die Untersuchungen aus dem Abschnitt 6.1 folgende prinzipielle Vorgehensweise nahe.

Da das Aufsuchen eines gesättigten Matchings M keine Mühe macht,
sollte man jeden Matching-Algorithmus mit einem solchen Matching
starten, zumal $|M|$ nach Satz 6.2 mindestens halb so groß ist, wie ein
maximales Matching. Ist M perfekt oder fast-perfekt, so ist M maximal. Ist das nicht der Fall, so wähle man eine Ecke a, die nicht mit M
inzident und suche systematisch nach einem M-zunehmenden Weg mit
der Anfangsecke a.
Gibt es einen solchen Weg W, so liefert das im Satz von Berge (Satz
6.3) beschriebene Kantenaustauschverfahren ein Matching

$$M' = M \triangle K(W)$$

mit $|M'| = |M| + 1$. Mit dem Matching M', das eine Kante mehr als
unser Ausgangsmatching besitzt, beginne man das beschriebene Verfahren von neuem.
Gibt es keinen M-zunehmenden Weg von a aus, so kann man wegen
Satz 6.6 die Ecke a aus G entfernen und sich auf den Graphen $G - a$
beschränken.

Die Schwierigkeit der oben beschriebenen Methode liegt in der systematischen Suche nach M-zunehmenden Wegen. Für den bipartiten Fall wollen wir ausführlich einen Algorithmus vorstellen, der uns dieses Problem effizient löst. An der Entwicklung dieses Verfahrens, das heute unter dem Namen *Ungarische Methode* bekannt ist, haben neben dem schon genannten Personenkreis auch Kuhn [1] 1955, Munkres [1] 1957 und Edmonds [1] 1965 mitgewirkt.

Definition 6.5 Es sei M ein Matching in einem Graphen G. Ist $a \in E(G)$ eine Ecke, die nicht mit M inzidiert, so heißt ein Baum $T \subseteq G$ ein *M-alternierender Wurzelbaum* mit der *Wurzel a*, wenn die beiden folgenden Bedingungen erfüllt sind:

i) $a \in E(T)$.

ii) Jede Ecke aus T ist mit der Ecke a durch einen (eindeutigen) M-alternierenden Weg in T verbunden.

Ein solcher M-alternierender Wurzelbaum T heißt *gesättigt*, wenn man T durch keine Kante aus G vergrößern kann.

Die systematische Suche nach M-zunehmenden Wegen mit der Anfangsecke a erfolgt in bipartiten Graphen durch sukzessives Aufbauen eines M-alternierenden Wurzelbaumes T mit der Wurzel a. Der folgende Satz zeigt, daß es in bipartiten Graphen genügt, einen einzigen M-alternierenden Wurzelbaum mit der Wurzel a wachsen zu lassen, um zu entscheiden, ob es einen M-zunehmenden Weg mit der Anfangsecke a gibt.

Satz 6.12 Es sei G ein bipartiter Graph, M ein Matching von G und $a \in E(G)$ eine Ecke, die nicht mit M inzidiert. Weiter sei $T \subseteq G$ ein M-alternierender Wurzelbaum mit der Wurzel a.
a) Ist W ein M-zunehmender Weg in T mit der Anfangsecke a, den man in G durch keine Kante aus M verlängern kann, so ist W ein M-zunehmender Weg in G.
b) Ist T gesättigt, und gibt es in T keinen M-zunehmenden Weg von a aus, so gibt es auch in G keinen M-zunehmenden Weg mit der Anfangsecke a.

Beweis. Der Teil a) des Satzes ist sofort ersichtlich, und diese Aussage gilt sogar für nicht bipartite Graphen.

Nun wollen wir b) bestätigen. Ist A, B eine Bipartition von G, so gelte o.B.d.A. $a \in A$. Wir setzen $K_M(T) = M \cap K(T)$ und analog zum Beweis von Satz 6.7

$$S = E(T) \cap A \quad \text{und} \quad I = E(T) \cap B.$$

Wie beim Beweis von Satz 6.7 erkennt man $I \subseteq N(S, G)$, und da T gesättigt ist, gilt sogar $I = N(S, G)$. Angenommen, es gibt in G einen M-zunehmenden Weg

$$W = (a, k_1, y_1, l_1, x_1, ..., x_j, k_{j+1}, y_{j+1}, l_{j+1}, x_{j+1}, ..., x_{p-1}, k_p, y_p)$$

mit $x_i \in A$, $y_i \in B$, $l_i \in M$ und $k_i \in K(G) - M$. Da nach Voraussetzung alle Ecken $x \in E(T)$, die von a verschieden sind, mit einer Kante aus $K_M(T)$ inzidieren, folgt mit $x_0 = a$ für alle $j \geq 0$:
Ist $x_j \in E(T)$, so gehört x_j zu der Menge S. Damit gilt natürlich $y_{j+1} \in N(S, G) = I$, also $l_{j+1} \in K_M(T)$ und daher $x_{j+1} \in E(T)$. Daraus schließen wir induktiv, daß die Endecke y_p des M-zunehmenden Weges W zur Menge $E(T)$ gehört. Das ist ein Widerspruch dazu, daß y_p mit einer Kante aus $K_M(T)$ inzidiert. $\|$

Zusammenfassend ergibt sich der folgende effiziente Algorithmus zur Bestimmung maximaler Matchings in bipartiten Graphen.

8. Algorithmus

Ungarische Methode

Es sei G ein bipartiter Graph mit einer Bipartition A, B, und es gelte o.B.d.A. $|A| \leq |B|$.

1. Man starte mit einem gesättigten Matching M.

2. Ist $E(M) \cap A = A$, so stoppe man den Algorithmus.
   Ist $E(M) \cap A \neq A$, so wähle man eine Ecke $a \in A - E(M)$ und setze
   $$S = \{a\}, \quad I = \emptyset \quad \text{und} \quad T = \{a\}.$$

3. Ist $I = N(S, G)$, so setze man $A = A - \{a\}$ und gehe zu 2.
   Ist $I \neq N(S, G)$, so wähle man ein $y \in N(S, G) - I$ und eine Kante $k = xy$ mit $x \in E(T)$ und gehe zu 4.

4. Inzidiert y mit M, so existiert eine Kante $l \in M$ mit $l = yz$, wobei z nicht in $E(T)$ liegt. Man setze

$$S = S \cup \{z\} \quad \text{und} \quad I = I \cup \{y\},$$

erweitere den M-alternierenden Wurzelbaum T durch die Ecken y, z sowie durch die Kanten k, l und gehe mit dem neuen Baum zu 3.

Inzidiert y nicht mit M, so ist der im Baum T eindeutig bestimmte Weg von a nach x, zusammen mit der Ecke y und der Kante k, ein M-zunehmender Weg W in G. Nun setze man $M = M \triangle K(W)$ und gehe zu 2.

Definition 6.6 Es sei G ein bipartiter Graph mit der Bipartition

$$A = \{a_1, ..., a_p\} \quad \text{und} \quad B = \{b_1, ..., b_q\}.$$

Die $p \times q$ Matrix $(m_G(a_i, b_j)) = (m(a_i, b_j))$ heißt *Partitionsmatrix*.

Bemerkung 6.4 Bipartite Graphen werden durch Partitionsmatrizen übersichtlich dargestellt, und sie sind durch ihre Partitionsmatrizen eindeutig bestimmt.

Beispiel 6.4 Ein bipartiter Graph G sei durch folgende Partitionsmatrix gegeben.

	b_1	b_2	b_3	b_4	b_5	b_6	b_7	b_8
a_1	1	1						
a_2	1	1						
a_3		1			1			
a_4	1	1						
a_5		1	1	1		1	1	1
a_6			1	1	1	1		1
a_7				1			1	

Mit Hilfe der Ungarischen Methode wollen wir ein maximales Matching von G bestimmen. Dabei starten wir z.B. mit dem gesättigten Matching

$$M_0 = \{a_2b_1, a_4b_2, a_5b_7, a_6b_5\}.$$

Die Ecke a_1 inzidiert nicht mit M_0, und der skizzierte M_0-alternierende Wurzelbaum T_0 mit der Wurzel a_1 ist gesättigt.

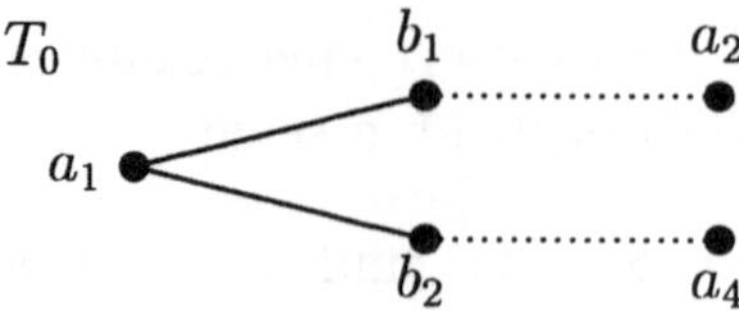

Da es in T_0 offensichtlich keinen M_0-zunehmenden Weg von a_1 aus gibt, können wir die Ecke a_1 aus G entfernen.

Die Ecke a_3 inzidiert auch nicht mit M_0, und wir betrachten z.B. den skizzierten M_0-alternierenden Wurzelbaum T_1 mit der Wurzel a_3.

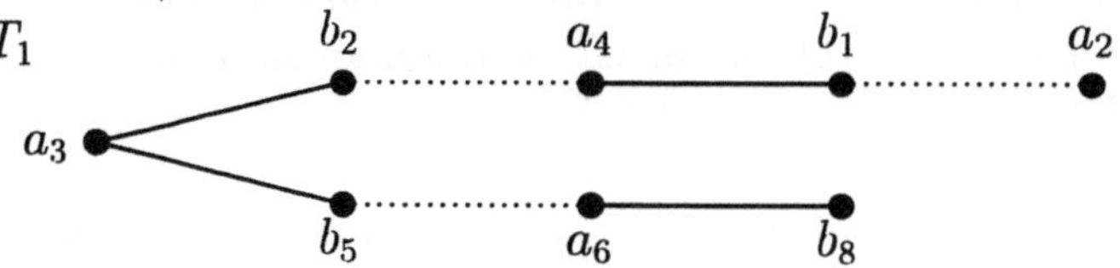

Da die Ecke b_8 nicht mit M_0 inzidiert, ist (a_3, b_5, a_6, b_8) ein M_0-zunehmender Weg, und das Kantenaustauschverfahren liefert uns das Matching

$$M_1 = \{a_2 b_1, a_3 b_5, a_4 b_2, a_5 b_7, a_6 b_8\}.$$

Die Ecke a_7 inzidiert nicht mit M_1, und wir betrachten z.B. den skizzierten M_1-alternierenden Wurzelbaum T_2 mit der Wurzel a_7.

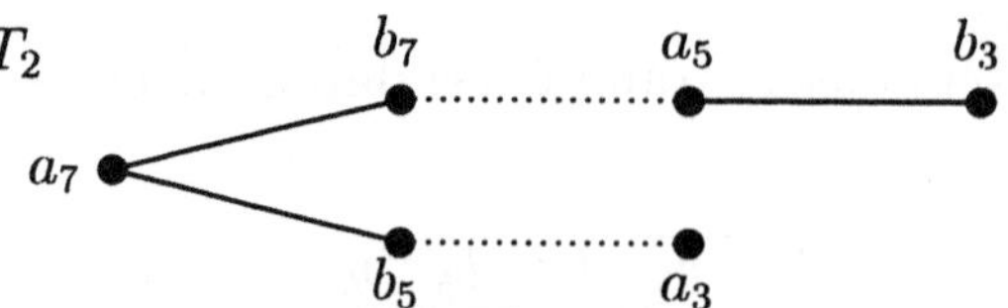

Da die Ecke b_3 nicht mit M_1 inzidiert, ist (a_7, b_7, a_5, b_3) ein M_1-zunehmender Weg, und das Kantenaustauschverfahren liefert uns das Matching

$$M_2 = \{a_2 b_1, a_3 b_5, a_4 b_2, a_5 b_3, a_6 b_8, a_7 b_7\},$$

welches notwendig maximal in G ist.

Das nächste Beispiel wird zeigen, daß der 8. Algorithmus nicht anwendbar ist, wenn der gegebene Graph Kreise ungerader Länge besitzt. Dies liegt daran, daß Teil b) des Satzes 6.12 für solche Graphen keine Gültigkeit hat.

Beispiel 6.5 Gegeben sei der skizzierte Graph G mit dem gesättigten Matching $M_0 = \{x_2 x_4, x_3 x_5\}$.

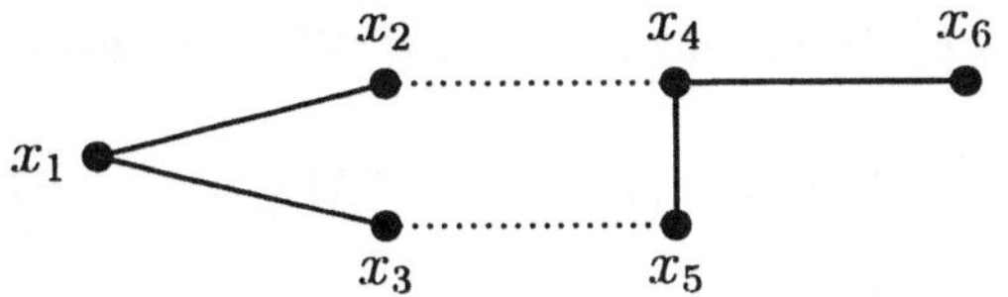

Die Ecke x_1 inzidiert nicht mit M_0, und wir betrachten z.B. den skizzierten M_0-alternierenden Wurzelbaum T mit der Wurzel x_1.

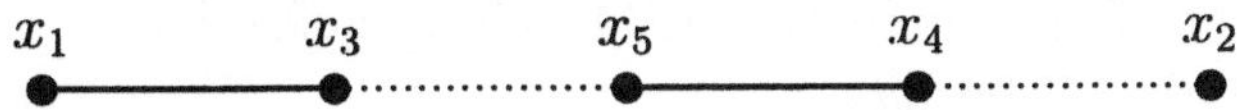

Offensichtlich ist T gesättigt, aber in G existiert der M_0-zunehmende Weg (x_1, x_2, x_4, x_6).

Zum Schluß dieses Kapitels wollen wir einen allgemeinen Matching-Algorithmus beschreiben, der auf Edmonds [1] 1965 zurückgeht (man vgl. dazu auch das Buch von Lovász und Plummer [1], S. 358). Als erstes zeigen wir, daß man die Größe eines Graphen reduzieren kann, falls Kreise auftreten, die eine Gestalt wie im Beispiel 6.5 haben.

Satz 6.13 (Edmonds [1] 1965) Es sei G ein Multigraph und M ein Matching von G. Weiter sei C ein Kreis von G der Länge $2p + 1$, der p Kanten von M enthält, und C besitze genau eine Ecke a, die nicht zu $E(M)$ gehört. Entsteht der Graph G' aus G durch Zusammenziehen des Kreises C zu einer Ecke u und durch Löschung aller dabei auftretenden Schlingen, so ist $M' = M - K(C)$ genau dann ein maximales Matching von G', wenn M ein maximales Matching von G ist.

Beweis. Ist M kein maximales Matching von G, so existiert nach dem Satz von Berge (Satz 6.3) ein M-zunehmender Weg W in G. Im Fall $E(W) \cap E(C) = \emptyset$ ist W auch ein M'-zunehmender Weg in G' und folglich M' nicht maximal in G'. Daher gelte nun $E(W) \cap E(C) \neq \emptyset$. Wenigstens einer der beiden Endpunkte von W, den wir mit x bezeichnen wollen, gehört nicht zum Kreis C. Von x aus gesehen sei y die erste Ecke, die zu C und zu W gehört. Ist $y = a$ oder $y \neq a$, so ist der Teil W_{xy} des Weges W von x nach y, der in G' die Gestalt W_{xu} hat, notwendig ein M'-zunehmender Weg in G', womit M' auch in diesem Fall nicht maximal ist.

Nun sei umgekehrt M' kein maximales Matching von G' und N' ein Matching von G' mit $|N'| > |M'|$. Dieses Matching N' entspricht in G einem Matching N mit $|E(N) \cap E(C)| \leq 1$. Daher kann N durch p

Kanten des Kreises C zu einem Matching N^* in G ergänzt werden, so daß

$$|N^*| = |N| + p = |N'| + p > |M'| + p = |M|$$

gilt. Daher ist M kein maximales Matching von G. $\|$

Benutzen wir die Bezeichnungen aus Satz 6.13, so liefert uns der Beweis dieses Satzes auch eine Methode, um in G ein größeres Matching als M zu konstruieren, falls wir in G' ein Matching gefunden haben, welches mehr Kanten als M' besitzt.

Nun wenden wir uns der Beschreibung des allgemeinen Matching-Algorithmus von Edmonds [1] aus dem Jahre 1965 zu.

9. Algorithmus

Algorithmus von Edmonds

Es sei M ein gesättigtes Matching eines Graphen G. Ist M perfekt oder fast-perfekt, so sind wir fertig. Daher gelte für die Eckenmenge $S = E(G) - E(M)$ die Ungleichung $|S| \geq 2$. Ausgehend von S konstruieren wir einen *M-alternierenden Wald* $H \subseteq G$ mit folgenden Eigenschaften. Jede Komponente von H enthält genau eine Ecke aus S, jede Ecke aus S gehört zu genau einer Komponente von H, und jede Komponente von H ist ein M-alternierender Wurzelbaum mit einer Wurzel aus S. Darüber hinaus soll jede Ecke aus H, die nicht in S liegt, mit einer Kante aus $M \cap K(H)$ inzidieren. Unter diesen Voraussetzungen haben alle Ecken von H, die eine ungerade Entfernung von S besitzen, den Eckengrad 2 in H, und man nennt sie *innere Ecken* von H, während die verbleibenden Ecken *äußere Ecken* von H heißen. Der Nullgraph, der aus der Eckenmenge S besteht, ist ein solcher M-alternierender Wald. Gibt es in H eine äußere Ecke x, die zu einer Ecke y adjazent ist, die nicht zu H gehört, so gilt $y \notin S$. Daher existiert eine Kante $l \in M$ mit $l = yz$, und es gilt $z \notin E(H)$. Ist $k = xy$, so können wir den Wald H durch Hinzufügen der Ecken y, z und der Kanten l, k vergrößern.

Gibt es in H zwei äußere Ecken x und y, die zu zwei verschiedenen Komponenten von H gehören und adjazent sind, so sind die beiden Wurzeln dieser Komponenten durch einen M-zunehmenden Weg verbunden. Daraus gewinnen wir auf die übliche Weise ein Matching M^* mit $|M^*| = |M| + 1$. Mit dem Matching M^* beginne man die Prozedur von neuem.

Existieren in einer Komponente T von H mit der Wurzel a zwei äußere Ecken x und y, die durch eine Kante k verbunden sind, so sei C der Kreis, der sich aus dem eindeutigen Weg von x nach y in T und der Kante k zusammensetzt. Ist W der (eindeutige) kürzeste Weg in T von a nach $E(C)$, so ist W M-alternierend. Darüber hinaus beginnt W mit einer Kante aus $K(G) - M$ und endet mit einer Kante aus M, oder W ist der Nullweg. Tauscht man in W die Kanten von M gegen die Kanten von $K(G) - M$ aus, so erhält man erneut ein Matching M_1 mit $|M_1| = |M|$. Das neue Matching M_1 und der Kreis C erfüllen die Voraussetzungen von Satz 6.13. Daher genügt es nun, in dem kleineren Graphen G' nach einem Matching zu suchen, das größer ist als $M_1 - K(C)$.

Als letzte Möglichkeit setzen wir voraus, daß jede äußere Ecke von H nur Nachbarn in G hat, die innere Ecken von H sind. In diesem Fall wird sich herausstellen, daß M ein maximales Matching von G ist. Denn gibt es r innere Ecken $\{u_1, ..., u_r\} = A$ und p äußere Ecken $\{v_1, ..., v_p\} = B$ von H, so gilt $p - r = |S|$. Darüber hinaus sind alle Ecken aus B isolierte Ecken im Graphen $G - A$. Bezeichnet man mit $q(G - A)$ die Anzahl der Komponenten ungerader Ordnung von $G - A$, so folgt daraus

$$n(G) - 2|M| = |S| = p - r \leq q(G - A) - |A|.$$

Aus dieser Ungleichung ergibt sich zusammen mit Folgerung 7.2 (man vgl. Abschnitt 7.1), daß M ein maximales Matching von G ist.

Zusammenfassend wird bei dem Algorithmus von Edmonds immer einer der folgenden Schritte durchgeführt:

1. Der M-alternierende Wald H wird vergrößert.

2. Das Matching M wird vergrößert.

3. Die Anzahl $|E(G)|$ der Ecken von G wird verkleinert.

4. Der Algorithmus stoppt mit einem maximalen Matching.

Von daher kann man sich überlegen, daß auch dieser Algorithmus effizient ist.

Für Verallgemeinerungen, Verfeinerungen und Erweiterungen des neunten Algorithmus vgl. man z.B. Jungnickel [1] 1987, Lovász und Plummer [1] 1986 oder Papadimitriou und Steiglitz [1] 1982.

6.4 Aufgaben

Aufgabe 6.1 Es sei G ein schlichter Graph und M ein gesättigtes Matching von G. Man beweise $\delta(G) \leq 2|M|$.

Aufgabe 6.2 Ist G ein Graph, und sind M_1, M_2, M_3 drei Matchings von G, so zeige man:
i) Für jede Ecke x des Graphen $H = G[M_1 \cup M_2 \cup M_3]$ gilt notwendig $1 \leq d(x, H) \leq 3$.
ii) Sind M_1 und M_2 maximale Matchings, so hat jede Komponente von $G[M_1 \triangle M_2]$ eine gerade Anzahl von Kanten.
iii) Sind M_1 und M_2 perfekt, so ist $G[M_1 \triangle M_2]$ 2-regulär.

Aufgabe 6.3 Besitzt ein schlichter Graph G vier paarweise kantendisjunkte perfekte Matchings, so zeige man $6\kappa(G) \leq n(G)$.

Aufgabe 6.4 Man bestimme alle nicht isomorphen, schlichten Graphen G mit $n(G) = 11$, die aus drei Komponenten G_1, G_2 und G_3 bestehen, die den folgenden Bedingungen genügen:
i) G_1 ist Eulersch und regulär.
ii) G_2 besitzt genau eine Brücke.
iii) G_3 ist in zwei kantendisjunkte perfekte Matchings zerlegbar.

Aufgabe 6.5 Es sei M ein beliebiges und M_0 ein gesättigtes Matching eines Graphen. Man beweise oder widerlege die folgende Ungleichung:
$|E(M) \cap E(M_0)| \geq |M|$.

Aufgabe 6.6 Es sei G ein schlichter Graph gerader Ordnung, M ein nicht perfektes Matching von G und $H = G - E(M)$. Unter der Voraussetzung $2\delta(H) \geq |E(H)|$ zeige man, daß in G ein perfektes Matching M^* existiert mit $M \subseteq M^*$.

Aufgabe 6.7 Man beweise Bemerkung 6.3.

Aufgabe 6.8 Man bestimme alle nicht isomorphen, schlichten Graphen G mit $n(G) = 14$, die aus drei Komponenten G_1, G_2 und G_3 bestehen, die den folgenden Bedingungen genügen:
i) G_1 ist Eulersch und besitzt ein perfektes Matching.
ii) $\mu(G_2) = 0$ und $|\Gamma(G_2)| = 4$.
iii) G_3 ist Hamiltonsch mit $\nu(G_3) = 6$.

Aufgabe 6.9 Zwei Spieler "spielen auf einem Graphen G" auf folgende Weise. Die beiden Spieler wählen abwechselnd verschiedene Ecken $a_0, a_1, \ldots$ ($a_i \neq a_j$ für $i \neq j$) des Graphen, und zwar so, daß a_{i+1} und a_i ($i \geq 0$) adjazent sind. Derjenige Spieler gewinnt, der in der Lage ist, die letzte Ecke zu wählen.
Man zeige, daß derjenige Spieler, der die erste Ecke wählt, genau dann eine Gewinnstrategie hat, wenn G kein perfektes Matching besitzt.

Aufgabe 6.10 Man zeige, daß ein Baum höchstens ein perfektes Matching besitzt.

Aufgabe 6.11 Beim Zusammentreffen von 6 Personen gibt es immer 3 Personen, die sich untereinander kennen oder 3 Personen, die sich gegenseitig nicht kennen.

Aufgabe 6.12 Es sei M ein gesättigtes Matching im Graphen G und W ein M-zunehmender Weg. Man zeige, daß dann auch das Matching $M' = M \triangle K(W)$ in G gesättigt ist.

Aufgabe 6.13 Es sei G ein schlichter bipartiter Graph mit der Bipartition A, B. Man zeige, daß G ein Matching M besitzt mit

$$|M| \geq \min\{|A|, |B|, 2\delta(G)\}.$$

Aufgabe 6.14 Es sei G ein Baum und M ein Matching von G. Enthält M keine Endkante von G, so zeige man, daß M nicht maximal ist.

Aufgabe 6.15 Es sei G ein bipartiter Graph ohne isolierte Ecken mit der Bipartition A, B. Ist $|A| = |B| = n$ und gilt

$$|N(u, G) \cup N(v, G)| \geq \frac{n}{2}$$

für je zwei verschiedene, nicht adjazente Ecken u und v von G, so zeige man, daß G ein perfektes Matching besitzt.

Aufgabe 6.16 Es sei G ein Multigraph. Man zeige:
a) Ist $x \in E(G)$ mit $d(x, G) \geq 1$ beliebig gegeben, so existiert ein maximales Matching M mit $x \in E(M)$.
b) Ist G bipartit und r-regulär ($r > 0$), und ist k eine beliebige Kante von G, so existiert ein maximales Matching M mit $k \in M$.
c) Man gebe ein Beispiel an, das zeigt, daß Teil b) für allgemeine reguläre Multigraphen nicht gilt.

Aufgabe 6.17 Es sei $p \geq 2$ eine natürliche Zahl und G ein schlichter $(2p+1)$-regulärer Graph der Ordnung n mit $2p+1 < n \leq 4p+1$. Man zeige, daß G einen Eulerschen Faktor G' mit $\delta(G') \geq 3$ besitzt.

Aufgabe 6.18 Es sei G ein schlichter Graph und a, b zwei verschiedene nicht adjazente Ecken von G mit $d(a, G) + d(b, G) \geq n(G) - 1$. Man zeige, daß G genau dann ein perfektes Matching besitzt, wenn $G + ab$ ein perfektes Matching besitzt.

Kapitel 7

Faktortheorie

7.1   Der 1-Faktorsatz von Tutte

Definition 7.1 Ein Teilgraph H eines Graphen G mit $E(H) = E(G)$ heißt *Faktor* von G. Ist $f : E(G) \longrightarrow \mathbf{N}_0$ eine Funktion und H ein Faktor von G mit $d(x, H) = f(x)$ für alle $x \in E(G)$, so nennen wir H einen *f-Faktor* von G. Im Fall $f(x) \equiv r$ sprechen wir auch von einem *r-Faktor*.

Es seien $H_1, H_2, ..., H_q$ Faktoren von G mit $K(G) = \bigcup_{i=1}^{q} K(H_i)$ und $K(H_i) \cap K(H_j) = \emptyset$ für $1 \leq i < j \leq q$. Dann heißt G *faktorisierbar* durch die Faktoren $H_1, H_2, ..., H_q$. Sind dabei alle H_i sogar r-Faktoren, so nennt man G auch *r-faktorisierbar*.

Zum besseren Verständnis der neuen Begriffe geben wir zunächst ein paar einfache Beispiele.

Beispiel 7.1 i) Jeder Kreis gerader Länge ist 1-faktorisierbar.
ii) Jeder Hamiltonsche Graph besitzt einen 2-Faktor.
iii) Der vollständige Graph K_5 ist 2-faktorisierbar.
iv) Da jeder 3-reguläre und Hamiltonsche Graph G gerade Ordnung hat, erkennt man zusammen mit i), daß G dann 1-faktorisierbar ist.

Da jeder 1-Faktor einem perfekten Matching entspricht und umgekehrt, kann man die Faktortheorie als eine Fortführung der Matchingtheorie ansehen. Einige interessante Ergebnisse über Faktoren haben wir in den vorangegangenen Kapiteln schon kennengelernt, z.B.

Satz 2.12 Jeder zusammenhängende Graph hat einen Baumfaktor.

Satz 6.9 (König [1] 1916) Jeder bipartite und r-reguläre $(r > 0)$ Graph besitzt einen 1-Faktor.

Satz 6.10 (König [1] 1916) Jeder bipartite und r-reguläre $(r > 0)$ Graph ist 1-faktorisierbar.

Beim Beweis dieser Resultate von König spielte der Satz 6.7 von König-Hall für bipartite Graphen, und dabei die bekannte König-Hall Bedingung $|N(S)| \geq |S|$ für alle $S \subseteq A$, eine zentrale Rolle, wobei A, B eine Bipartition des Graphen ist. Die Bedeutung der König-Hall Bedingung für beliebige Graphen wurde 1953 von Tutte [3] geklärt.

Definition 7.2 Es sei G ein Graph und $g, f : E(G) \longrightarrow \mathbf{N}_0$ zwei Abbildungen mit $0 \leq g(x) \leq f(x)$ für alle $x \in E(G)$. Ist H ein Faktor von G, der für alle $x \in E(G)$ die Bedingungen $g(x) \leq d(x, H) \leq f(x)$ erfüllt, so nennt man H einen (g, f)-*Faktor* von G. Im Spezialfall $g(x) \equiv a$ und $f(x) \equiv b$ sprechen wir auch von einem $[a, b]$-*Faktor*.
Ein $[a, a+1]$-Faktor H von G heißt *perfekt*, wenn seine Komponenten entweder a- oder $(a+1)$-regulär sind.

Satz 7.1 (Tutte [3] 1953) Ein Multigraph $G = (E, K)$ besitzt genau dann einen perfekten $[1, 2]$-Faktor, wenn für alle $S \subseteq E$ die Bedingung $|S| \leq |N(S, G)|$ erfüllt ist.

Beweis. **(Mader [8] 1988, Niessen [1] 1988)** i) Es sei $H = H_1 \cup H_2$ ein perfekter $[1, 2]$-Faktor von G. Dabei bestehe H_1 aus den 1-regulären und H_2 aus den 2-regulären Komponenten von H. Ist $S \subseteq E$, so setzen wir $S_1 = S \cap E(H_1)$ und $S_2 = S \cap E(H_2)$. Es gilt natürlich $|S_1| = |N(S_1, H)|$. Ferner folgt aus der Nachbarschaftsungleichung bzw. aus Folgerung 1.4

$$2|S_2| \leq 2|N(S_2, H_2)| = 2|N(S_2, H)|,$$

also $|S_2| \leq |N(S_2, H)|$. Da $N(S_1, H)$ und $N(S_2, H)$ disjunkt sind, ergibt sich die gewünschte Bedingung

$$|S| = |S_1| + |S_2| \leq |N(S_1, H)| + |N(S_2, H)| = |N(S, H)| \leq |N(S, G)|.$$

ii) Es gelte nun $|S| \leq |N(S, G)|$ für alle $S \subseteq E = \{x_1, ..., x_n\}$. Wir setzen

$$E' = \{x'_1, ..., x'_n\} \quad \text{und} \quad E'' = \{x''_1, ..., x''_n\}$$

mit $E' \cap E'' = \emptyset$ und $K' = \{x_i' x_j'' | x_i x_j \in K\}$, womit der neue Graph $G' = (E' \cup E'', K')$ bipartit ist. Ist $S' \subseteq E'$ und $S = \{x_i | x_i' \in S'\}$, so gilt $N(S', G') = \{x_i'' | x_i \in N(S, G)\}$ und damit

$$|S'| = |S| \leq |N(S, G)| = |N(S', G')|.$$

Daher besitzt G' wegen $|E'| = |E''|$ nach dem Satz von König-Hall (Satz 6.7) einen 1-Faktor H'. Setzen wir

$$M = \{x_i x_j | x_i' x_j'' \in K(H')\},$$

so werden wir zeigen, daß die Komponenten des schlichten Faktors $H = (E, M)$ entweder 1- oder 2-regulär sind.

Es gilt $1 \leq d(x_i, H) \leq 2$ für alle $1 \leq i \leq n$. Daher genügt es zu zeigen: Ist $d(x_i, H) = 1$ für ein $x_i \in E$ und $x_i x_j \in M$, so gilt $d(x_j, H) = 1$. Nach Voraussetzung existieren $j, k \in \{1, ..., n\}$ mit $x_i' x_j'', x_k' x_i'' \in K(H')$. Da $d(x_i, H) = 1$ ist, gilt notwendig $j = k$, womit wir $d(x_j, H) = 1$ gezeigt haben. $\|$

Als nette Anwendung von Satz 7.1 und der Nachbarschaftsungleichung bzw. Folgerung 1.4 ergibt sich unmittelbar

Folgerung 7.1 Jeder r-reguläre ($r \geq 1$) Multigraph besitzt einen perfekten $[1, 2]$-Faktor.

Mit einer völlig neuen Idee konnte Tutte 1947 durch eine bemerkenswerte Bedingung alle Graphen charakterisieren, die einen 1-Faktor besitzen. Dazu benötigen wir den folgenden Begriff.

Definition 7.3 Ist G ein Graph und $A \subseteq E(G)$, so bedeutet $q(G - A)$ die Anzahl der Komponenten ungerader Ordnung des Graphen $G - A$ (kurz: die Anzahl der ungeraden Komponenten von $G - A$).

Satz 7.2 (1-Faktorsatz, Tutte [1] 1947) Ein Graph $G = (E, K)$ besitzt genau dann einen 1-Faktor, wenn für alle $A \subseteq E$ gilt:

$$q(G - A) \leq |A| \tag{7.1}$$

Beweis. **(Anderson [1] 1971)** i) Besitzt G einen 1-Faktor H, und ist $A \subseteq E$, so bezeichnen wir mit $U_1, ..., U_q$ die ungeraden Komponenten von $G - A$. Da jede Komponente U_i eine ungerade Anzahl von Ecken besitzt, muß zu jeder Komponente U_i eine Kante des Faktors existieren, die mit einer Ecke $a_i \in A$ und einer Ecke $u_i \in E(U_i)$ inzidiert. Da H ein 1-Faktor ist, sind diese Ecken $a_i \in A$ paarweise verschieden, womit

$$q(G - A) = q = |\{a_1, ..., a_q\}| \le |A|$$

gilt, und daher die Bedingung (7.1) erfüllt ist.

ii) Wir setzen umgekehrt (7.1) voraus und beweisen die Existenz eines 1-Faktors durch Induktion nach $|E| = n \ge 2$.
Für $A = \emptyset$ ergibt sich sofort, daß G keine ungeraden Komponenten besitzt, also n gerade ist.
Daher muß G im Fall $n = 2$ zusammenhängend sein und somit einen 1-Faktor enthalten.
Es sei nun $n \ge 4$. Ist $x \in E$, so besteht $G - x$ aus einer ungeraden Anzahl von Ecken und besitzt daher mindestens eine ungerade Komponente. Setzt man in (7.1) $A = \{x\}$, so folgt insgesamt

$$q(G - x) = |\{x\}| = 1. \tag{7.2}$$

Nun wählen wir $|T|$ maximal mit $T \subseteq E$ und

$$q(G - T) = |T|. \tag{7.3}$$

Im folgenden zeigen wir in drei Schritten, daß G einen 1-Faktor besitzt.
a) Der Teilgraph $G - T$ enthält keine geraden Komponenten, denn ist V eine gerade Komponente mit $a \in E(V)$, so ergibt sich aus (7.1) und (7.3) nachstehender Widerspruch zur Maximalität von $|T|$:

$$|T| + 1 = 1 + q(G - T) \le q(G - (T \cup \{a\})) \le |T \cup \{a\}| = |T| + 1$$

b) Es seien $U_1, ..., U_t$ die ungeraden Komponenten von $G - T$. Ist $x \in E(U_i)$, so zeigen wir, daß $H = U_i - x$ einen 1-Faktor besitzt.
Wir nehmen an, dies sei falsch. Dann existiert nach Induktionsvoraussetzung eine Menge $S \subseteq E(H)$ mit

$$q(H - S) > |S|. \tag{7.4}$$

Da $|E(H)|$ gerade ist, muß $q(H - S) - |S|$ ebenfalls gerade sein, denn ist $|S|$ ungerade, so auch $|E(H) - S|$ und damit $q(H - S)$ ungerade, ist $|S|$ gerade, so auch $|E(H) - S|$ und damit $q(H - S)$ gerade. Daher liefert (7.4) sogar

$$q(H - S) \ge |S| + 2. \tag{7.5}$$

Zusammen mit (7.1) und (7.3) ergibt sich daraus

$$
\begin{aligned}
|T| + |S| + 1 \; &= \; |T \cup S \cup \{x\}| \geq q(G - (T \cup S \cup \{x\})) \\
&= \; q(G - T) - 1 + q(H - S) \\
&\geq \; |T| - 1 + |S| + 2 = |T| + |S| + 1,
\end{aligned}
$$

im Widerspruch zur Maximalität von $|T|$.

c) Wegen $|T| = t$ genügt es zu zeigen, daß es t nicht inzidente Kanten gibt, die alle Komponenten $U_1, ..., U_t$ mit T verbinden. Denn sind $y_i \in E(U_i)$ die t Ecken, die mit diesen t Kanten inzidieren, so existiert nach b) in jedem Graphen $U_i - y_i$ ein 1-Faktor, womit wir dann insgesamt einen 1-Faktor von G gefunden haben.

Um diese gewünschten t Kanten zu finden, konstruieren wir einen bipartiten Graphen B auf der Eckenmenge $U = \{U_1, ..., U_t\}$ und T, wobei die Ecken U_i und $a_j \in T$ genau dann durch eine Kante verbunden werden, wenn in G mindestens eine Kante von a_j in die Komponente U_i führt. Unsere Behauptung ist gleichbedeutend mit der Existenz eines perfekten Matchings in B. Dies zeigen wir wieder mit dem Satz von König-Hall.

Für $X \subseteq U$ gilt natürlich $R = N(X, B) \subseteq T$. Ist $X = \{U_1', ..., U_r'\}$, so besitzt $G - R$ mindestens die Komponenten $U_1', ..., U_r'$, womit $|X| \leq q(G - R)$ gilt. Zusammen mit unserer Voraussetzung (7.1) folgt daher für alle $X \subseteq U$

$$
|X| \leq q(G - R) \leq |R| = |N(X, B)|,
$$

womit die bekannte Bedingung des Satzes von König-Hall erfüllt ist, also B ein perfektes Matching besitzt. $\|$

In dem Sinne, wie Ore 1955 den Satz von König-Hall erweitert hat (Satz 6.8), gelang es Berge 1958 den 1-Faktorsatz von Tutte zu verallgemeinern.

Definition 7.4 Sind G und H zwei disjunkte Graphen, so besteht die *Summe $G + H$* aus $G \cup H$ und den Kanten, die alle Ecken von G mit allen Ecken von H verbinden.

Satz 7.3 (Tutte-Berge, Berge [2] 1958) Ist G ein Graph der Ordnung n und M ein maximales Matching von G, so gilt

$$
n - 2|M| = \max_{A \subseteq E(G)} \{q(G - A) - |A|\}. \tag{7.6}
$$

Beweis. (**McCarthy [1] 1973**) Wir setzen $n - 2|M| = t \geq 0$, und die rechte Seite von (7.6) bezeichnen wir mit s. Mit $A = \emptyset$ ergibt sich $s \geq 0$. Zu zeigen ist: $s = t$.

i) Um $s \leq t$ zu beweisen, betrachten wir den Graphen $H = G + K_t$. Der Graph H besitzt ein perfektes Matching, denn die t Ecken in G, die nicht mit dem maximalen Matching M inzidieren, kann man in H mit den Ecken des vollständigen Graphen durch t paarweise nicht inzidente Kanten verbinden. Damit gilt in H die Ungleichung (7.1) für alle $B \subseteq E(H)$. Wählt man speziell $B = A \cup E(K_t)$ mit $A \subseteq E(G)$, so ergibt sich zusammen mit (7.1)

$$q(G - A) = q(H - B) \leq |B| = |A| + t$$

und daher

$$s = \max_{A \subseteq E(G)} \{q(G - A) - |A|\} \leq t.$$

ii) Um $t \leq s$ nachzuweisen, betrachten wir zunächst den Fall $s = 0$. Dann besitzt G nach dem 1-Faktorsatz einen 1-Faktor, woraus sich auch $t = 0$ ergibt. Ist $s \geq 1$, so setzen wir $T = G + K_s$. Für den zusammenhängenden Graphen T zeigen wir nun $q(T - S) \leq |S|$ für alle $S \subseteq E(T)$.

a) Ist $S = A \cup E(K_s)$ mit $A \subseteq E(G)$, so gilt

$$q(T - S) = q(G - A) \leq |A| + s = |S|.$$

b) Ist $S \cap E(K_s) \neq E(K_s)$ und $S \neq \emptyset$, so besteht $T - S$ aus einer Komponente, und es gilt $q(T - S) \leq 1 \leq |S|$.

c) Es verbleibt der Fall $S = \emptyset$. Ist n gerade, so ist $q(G - A) - |A|$ gerade für alle $A \subseteq E(G)$ (man vgl. Teil b) des Beweises vom 1-Faktorsatz). Daher muß notwendig s gerade, also $|E(T)| = n + s$ gerade sein. Ist n ungerade, so ist $q(G - A) - |A|$ für alle $A \subseteq E(G)$ ungerade. Denn ist $|A|$ ungerade, so ist $q(G - A)$ gerade, und ist $|A|$ gerade, so ist $q(G - A)$ ungerade. Daher muß s ungerade, also $|E(T)| = n + s$ wieder gerade sein. Da T zusammenhängend ist, folgt schließlich für $S = \emptyset$:

$$q(T - S) = q(T) = 0 = |S|$$

Zusammen zeigen a), b) und c), daß T die Bedingung (7.1) erfüllt, womit T einen 1-Faktor besitzt. Dieser 1-Faktor hat maximal s Kanten, die nicht in G liegen, und deshalb gilt für jedes maximale Matching M in G die Ungleichung $2|M| \geq n - s$, also $s \geq n - 2|M| = t$. $\|$

Folgerung 7.2 Es sei G ein Graph der Ordnung n. Ist M ein Matching von G und $S \subseteq E(G)$ mit

$$n - 2|M| \leq q(G - S) - |S|,$$

so ist M ein maximales Matching von G.

Beweis. Ist M^* ein maximales Matching von G, so folgt aus (7.6) und der Voraussetzung

$$n - 2|M| \leq q(G - S) - |S| \leq n - 2|M^*|,$$

also $|M^*| \leq |M|$, womit M maximal ist. $\|$

Andere elegante Beweise der Sätze 7.2 bzw. 7.3 gaben Lovász [3] 1975, Mader [3] 1973 und Woodall [1] 1973.

7.2   Das f-Faktorproblem

Das allgemeine f-Faktorproblem kann man mit Hilfe einer geschickten Konstruktion, die auch auf Tutte zurückgeht, in ein 1-Faktorproblem überführen.

Definition 7.5 Es sei G ein Multigraph ohne isolierte Ecken. Ist $f : E(G) \to \mathbf{N}_0$ eine Abbildung mit $f(x) \leq d(x, G)$ für alle $x \in E(G)$, so sei $s(x) = d(x, G) - f(x)$. Nun ordnen wir jeder Ecke $x \in E(G)$ zwei disjunkte Mengen zu:

$$
\begin{aligned}
D(x) &= \{x_k | k \in K(G) \text{ und } k \text{ inzidiert mit } x\} \\
S(x) &= \{x(i) | 1 \leq i \leq s(x)\}
\end{aligned}
$$

Es gilt $|D(x)| = d(x, G)$ und $|S(x)| = s(x)$. Mit Hilfe dieser beiden Mengen definieren wir einen neuen Graphen $G^* = G_f^* = (E^*, K^*)$ mit

$$E^* = D^* \cup S^*, \quad K^* = L^* \cup M^*,$$

wobei folgendes festgesetzt wird:

$$
\begin{aligned}
D^* &= \bigcup_{x \in E(G)} D(x), \quad S^* = \bigcup_{x \in E(G)} S(x) \\
L^* &= \{x_k y_k | k = xy \in K(G)\} \\
M^* &= \{uv | u \in D(x) \text{ und } v \in S(x)\}
\end{aligned}
$$

Um die in Definition 7.5 beschriebene Konstruktion besser zu verstehen, betrachten wir

Beispiel 7.2 Die Zahlen an den Ecken des Graphen G bedeuten $f(x)$.

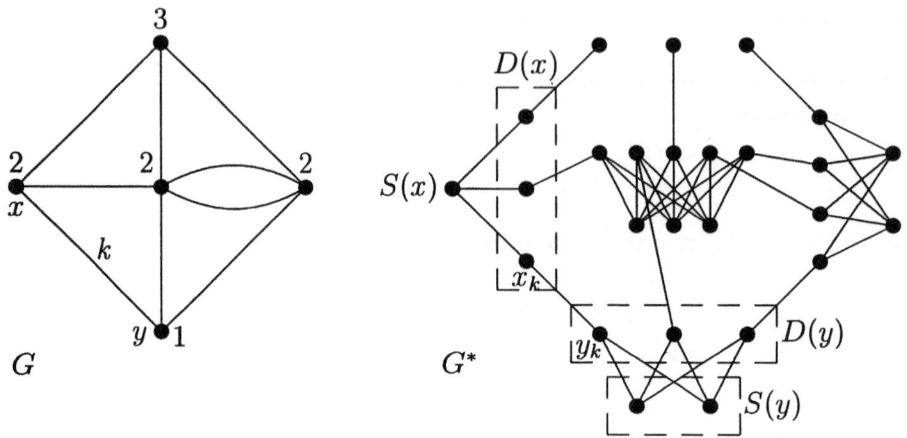

Bemerkung 7.1 Die Abbildung $F : K(G) \to L^*$ mit $F(k) = x_k y_k$, wobei $k = xy$ gilt, ist bijektiv, so daß L^* genau den Kanten von G entspricht. Darüber hinaus ist L^* nach Konstruktion ein Matching von G^*. Identifiziert man in $G^*[D^*]$ jeweils alle Ecken aus $D(x)$ zu einer Ecke, so erhält man einen zu G isomorphen Graphen. Für jede Ecke $x \in E(G)$ ist $G^*[D(x) \cup S(x)] = B^*(x)$ ein vollständiger bipartiter Graph.

Satz 7.4 (Tutte [4] 1954) Ein Multigraph G ohne isolierte Ecken hat genau dann einen f-Faktor, wenn G_f^* einen 1-Faktor besitzt.

Beweis. i) Hat G einen f-Faktor H, so ist nach Bemerkung 7.1 $F(K(H))$ ein Matching in G_f^*, und in jeder Eckenmenge $D(x)$ inzidieren genau $s(x)$ Ecken nicht mit den Kanten aus $F(K(H))$. Diese $s(x)$ Ecken lassen sich nun leicht durch $s(x)$ paarweise nicht inzidente Kanten mit $S(x)$ verbinden, womit wir insgesamt in G^* einen 1-Faktor erzeugt haben.
ii) Besitzt umgekehrt G^* einen 1-Faktor mit der Kantenmenge $J \subseteq K^*$, so bilden die Kanten $F^{-1}(J \cap L^*)$ zusammen mit $E(G)$ einen f-Faktor von G. ||

Bemerkung 7.2 Damit ein Graph G einen f-Faktor besitzt, muß nach dem Handschlaglemma notwendig $\sum_{x \in E(G)} f(x) \equiv 0 \pmod 2$ gelten.

Bemerkung 7.3 Benutzt man Satz 7.4 und den Algorithmus von Edmonds (9. Algorithmus), so läßt sich das allgemeine f-Faktorproblem für schlichte Graphen effizient lösen.

Im Jahre 1952 publizierte Tutte [2] seinen äußerst wichtigen f-Faktorsatz, für den er zwei Jahre später einen wesentlich kürzeren Beweis fand [4]. Dieser Beweis, den wir jetzt vorstellen wollen, greift auf den Graphen G^* aus Definition 7.5 und den 1-Faktorsatz zurück.

Definition 7.6 Es sei G ein Multigraph ohne isolierte Ecken. Ist nun $f : E(G) \longrightarrow \mathbf{N}_0$ eine Abbildung mit $f(x) \le d(x, G)$ für alle $x \in E(G)$, so seien $D(x)$, $S(x)$ und E^* die in Definition 7.5 eingeführten Größen. Wir nennen eine Eckenmenge $W^* \subseteq E^*$ *normal*, wenn für alle $x \in E(G)$ folgende drei Bedingungen erfüllt sind.

i) Ist $D(x) \cap W^* \neq \emptyset$, so gilt $D(x) \subseteq W^*$.

ii) Ist $S(x) \cap W^* \neq \emptyset$, so gilt $S(x) \subseteq W^*$.

iii) Höchstens eine der beiden Mengen $D(x)$ und $S(x)$ ist eine Teilmenge von W^*.

Ist $W^* \subseteq E^*$ normal, so setzen wir:

$$
\begin{aligned}
D &= \{x \mid x \in E(G) \ \text{mit} \ D(x) \subseteq W^*\} \\
S &= \{x \mid x \in E(G) \ \text{mit} \ S(x) \subseteq W^*\}
\end{aligned}
$$

Für $X, Y \subseteq E(G)$ benutzen wir im folgenden auch die Schreibweisen $\sum_{y \in Y} d(y, G - X) = d_{G-X}(Y)$ und $\sum_{x \in X} f(x) = f(X)$.

Satz 7.5 (f-Faktorsatz, Tutte [2] 1952) Es sei G ein Graph und $f : E(G) \longrightarrow \mathbf{N}_0$ eine Abbildung. Der Graph G besitzt genau dann einen f-Faktor, wenn für alle disjunkten Teilmengen X und Y von $E(G)$ gilt:

$$\Theta_G(X, Y, f) = f(X) - f(Y) + d_{G-X}(Y) - q_G(X, Y, f) \ge 0$$

Dabei bedeutet $q_G(X, Y, f)$ die Anzahl der Komponenten U des Graphen $G - (X \cup Y)$ mit

$$m_G(Y, E(U)) + f(E(U)) = 1 \pmod 2.$$

(Solche Komponenten U werden auch *ungerade f-Komponenten* genannt.)

Beweis. O.B.d.A. setzen wir voraus, daß G keine isolierten Ecken besitzt. Denn ist I die Menge der isolierten Ecken von G und $G' = G - I$, so hat G genau dann einen f-Faktor, wenn G' einen f-Faktor besitzt und $f(x) = 0$ für alle $x \in I$ gilt. Nun überlegt man sich leicht die Identität $\Theta_G(X, Y, f) = \Theta_{G'}(X - I, Y - I, f)$, denn in beiden Größen ist die Anzahl der ungeraden f-Komponenten gleich.
Weiter sei G zunächst ein Multigraph. Der allgemeine Fall wird dann am Ende des Beweises diskutiert.

1. Schritt: Ist $W^* \subseteq E^*$ normal, so sind die Mengen D und S aus Definition 7.6 disjunkt mit $|D| = d_G(D)$ und $|S| = d_G(S) - f(S)$. Daraus ergibt sich

$$|W^*| = |D| + |S| = d_G(D) - f(S) + d_G(S). \qquad (7.7)$$

Ist H^* eine Komponente von $G^* - W^*$, so erfüllt H^* genau eine der folgenden vier Bedingungen.
1. Die Komponente H^* besteht aus einer einzelnen Ecke aus $D(x)$, also $H^* = \{x_k\}$ mit $k = xy \in K(G)$. Dann gilt $S(x) \cup \{y_k\} \subseteq N(x_k, G^*) \subseteq W^*$ und daher $x \in S$ und $y \in D$. Ist umgekehrt $k = xy \in K(G)$ mit $x \in S$ und $y \in D$, so besteht die Komponente von $G^* - W^*$, die x_k enthält, nur aus der Ecke x_k. Daher ist die Anzahl solcher Komponenten gleich

$$m_G(D, S) = d_G(S) - d_{G-D}(S). \qquad (7.8)$$

2. Die Komponente H^* besteht aus einer einzelnen Ecke $x(i)$ für ein i mit $1 \leq i \leq s(x)$ und $x \in E(G)$. Dann gilt notwendig $x \in D$. Ist umgekehrt $x \in D$, so bilden alle $x(i)$ für $1 \leq i \leq s(x)$ eine Komponente dieser Form. Daher ist die Anzahl dieser Komponenten gleich

$$\sum_{x \in D} s(x) = \sum_{x \in D} (d(x, G) - f(x)) = d_G(D) - f(D). \qquad (7.9)$$

3. Es gilt $K(H^*) \neq \emptyset$ mit $K(H^*) \subseteq L^*$. Da L^* ein Matching von G^* ist, ergibt sich in diesem Fall $|E(H^*)| = 2$.
4. Es gilt $K(H^*) \cap M^* \neq \emptyset$. Komponenten dieser Form werden *große Komponenten* von $G^* - W^*$ genannt. Enthält H^* eine Kante aus $B^*(x)$, so gilt $D(x), S(x) \not\subseteq W^*$, also $B^*(x) \subseteq H^*$. Setzt man

$$E_1(H^*) = \{x \mid x \in E(G),\ B^*(x) \subseteq H^* \text{ mit } K(B^*(x)) \neq \emptyset\},$$

so gilt $E_1(H^*) \subseteq E(G) - (D \cup S)$.

Aus den Teilgraphen $B^*(x) \subseteq H^*$ läßt sich H^* wie folgt erzeugen. Zu allen $B^*(x) \subseteq H^*$ füge man alle Kanten hinzu, die zwischen diesen Teilgraphen in G^* existieren. Diese Konstruktion liefert einen zusammenhängenden Teilgraphen, den wir mit H_0^* bezeichnen wollen. Zu H^* gehören weiter alle Kanten $x_k y_k$ und alle Ecken $x_k \in D(x)$ mit $x \in S$ und $y_k \in E(H_0^*)$. Man sieht nun leicht, daß $E_1(H^*)$ genau die Eckenmenge einer Komponente F_{H^*} von $G - (D \cup S)$ ist, wobei F_{H^*} aus H_0^* durch Identifizierung aller Ecken von $B^*(x) \subseteq H_0^*$ zu einer Ecke x entsteht.

Ist umgekehrt F eine Komponente von $G-(D\cup S)$, so gilt für $x \in E(F)$ wegen $x \notin S$ natürlich $S(x) \neq \emptyset$ und wegen $x \notin D$ aber $D(x) \cap W^* = S(x) \cap W^* = \emptyset$. Daher ist $B^*(x) \subseteq G^* - W^*$ und $K(B^*(x)) \neq \emptyset$, womit $B^*(x)$ zu einer großen Komponente H^* von G^*-W^* mit $F = G[E_1(H^*)]$ gehört. Damit ist die Anzahl der Komponenten von $G - (D \cup S)$ gleich der Anzahl der großen Komponenten H^* von $G^* - W^*$ mit

$$\begin{aligned}
|E(H^*)| &= \sum_{x\in E(F_{H^*})} (d(x,G) + s(x)) + m_G(E(F_{H^*}),S) \\
&\equiv \sum_{x\in E(F_{H^*})} f(x) + m_G(E(F_{H^*}),S) \pmod 2 \\
&\equiv m_G(S, E(F_{H^*})) + f(E(F_{H^*})) \pmod 2,
\end{aligned}$$

womit die Anzahl der großen ungeraden Komponenten von $G^* - W^*$ gleich der Anzahl $q_G(D, S, f)$ der ungeraden f-Komponenten des Graphen $G - (D \cup S)$ ist. Daher ergibt sich aus (7.8) und (7.9)

$$q(G^* - W^*) = d_G(S) - d_{G-D}(S) + d_G(D) - f(D) + q_G(D, S, f).$$

Zusammen mit (7.7) folgt daraus

$$\begin{aligned}
|W^*| - q(G^* - W^*) &= f(D) - f(S) + d_{G-D}(S) - q_G(D, S, f) \\
&= \Theta_G(D, S, f). \qquad (7.10)
\end{aligned}$$

2. Schritt: Besitzt G einen f-Faktor, so gilt notwendig $f(x) \leq d(x, G)$ für alle $x \in E(G)$ und $\sum_{x\in E(G)} f(x) \equiv 0 \pmod 2$. Angenommen, es gilt $\Theta_G(A, B, f) < 0$ für ein Paar A, B. Im folgenden sei $|A|$ minimal mit dieser Eigenschaft gewählt. Ist $f(a) = d(a, G)$ für ein $a \in A$, so werden wir für $A' = A - \{a\}$ und $B' = B \cup \{a\}$ zeigen, daß dann auch $\Theta_G(A', B', f) < 0$ gilt, was aber der Minimalität von $|A|$ widerspricht. Da die Zusammenhangskomponenten in den Graphen $G - (A \cup B)$ und $G - (A' \cup B')$ übereinstimmen, unterscheidet sich die Anzahl der ungeraden f-Komponenten in den beiden Teilgraphen $G - (A \cup B)$ und $G - (A' \cup B')$ um maximal $d(a, G) - m_G(a, A' \cup B)$, woraus sich $q_G(A', B', f) \geq q_G(A, B, f) - (d(a, G) - m_G(a, A' \cup B))$ ergibt. Daraus folgt:

$$
\begin{aligned}
\Theta_G(A', B', f) &= f(A') - f(B') + d_{G-A'}(B') - q_G(A', B', f) \\
&\leq f(A) - d(a, G) - f(B) - d(a, G) + d_{G-A'}(B) \\
&+ d_{G-A'}(a) + d(a, G) - q_G(A, B, f) - m_G(a, A' \cup B) \\
&\leq f(A) - f(B) + d_{G-A'}(B) \\
&- q_G(A, B, f) - m_G(a, B) \\
&= f(A) - f(B) + d_{G-A}(B) - q_G(A, B, f) \\
&= \Theta_G(A, B, f) < 0
\end{aligned}
$$

Daher sei nun $s(x) = d(x, G) - f(x) > 0$ für alle $x \in A$. Setzen wir

$$
W^* = \left(\bigcup_{x \in A} D(x) \right) \cup \left(\bigcup_{y \in B} S(y) \right),
$$

so ist W^* normal, denn i) und ii) sind definitionsgemäß erfüllt, und gilt $D(x) \subseteq W^*$, so ist $s(x) > 0$, also $S(x) \neq \emptyset$, womit $S(x)$ wegen $A \cap B = \emptyset$ keine Teilmenge von W^* ist. Berücksichtigt man Definition 7.6, so ergibt sich $A = D$ und $B = S$, woraus dann wegen (7.10) die Ungleichung $q(G^* - W^*) > |W^*|$ folgt. Somit besitzt G^* nach dem 1-Faktorsatz keinen 1-Faktor, also G wegen Satz 7.4 keinen f-Faktor, was unserer Voraussetzung widerspricht.

3. Schritt: Es gelte nun $\Theta_G(X, Y, f) \geq 0$ für alle disjunkten Teilmengen $X, Y \subseteq E(G)$. Setzt man speziell $X = Y = \emptyset$, so ergibt sich mühelos $\sum_{x \in E(G)} f(x) \equiv 0 \pmod 2$. Weiter folgt für $X = \emptyset$ und $Y = \{y\}$ sofort $f(y) \leq d(y, G)$ für alle $y \in E(G)$.

Angenommen, es gibt in G keinen f-Faktor. Dann besitzt G^* wegen Satz 7.4 keinen 1-Faktor, womit nach dem 1-Faktorsatz eine Menge $W^* \subset E^*$ existiert mit

$$
|W^*| < q(G^* - W^*). \tag{7.11}
$$

Wählt man $|W^*|$ minimal in (7.11), so werden wir zeigen, daß W^* normal ist, was uns zusammen mit (7.10) den gewünschten Widerspruch liefert.

Da $\sum_{x\in E(G)} f(x)$ gerade ist, ist auch

$$|E(G^*)| = \sum_{x\in E(G)} d(x,G) + \sum_{x\in E(G)} (d(x,G) - f(x))$$

gerade, womit sich aus (7.11)

$$|W^*| \le q(G^* - W^*) - 2 \tag{7.12}$$

ergibt. Ist $V^* \subset W^*$, so erhält man aus der Minimalität von $|W^*|$ zusammen mit (7.12)

$$\begin{aligned} q(G^* - V^*) &\le |V^*| \le |V^*| + q(G^* - W^*) - 2 - |W^*| \\ &\le q(G^* - W^*) - 3. \tag{7.13} \end{aligned}$$

Nun werden wir für W^* die Eigenschaften i), ii) und iii) aus Definition 7.6 nachweisen.

Es gelte $W^* \cap S(x) \ne \emptyset$ für ein $x \in E(G)$. Angenommen, es gibt ein $a \in S(x)$ mit $a \notin W^*$. Dann setzen wir $V^* = W^* - S(x)$. Ist $D(x) \subseteq W^*$, so erhalten wir $q(G^* - V^*) \ge q(G^* - W^*)$, was (7.13) widerspricht. Existiert dagegen ein $b \in D(x)$ mit $b \notin W^*$, so gehören in $G^* - W^*$ sowie in $G^* - V^*$ alle verbleibenden Ecken aus $B^*(x)$ zu einer Komponente, womit $q(G^* - V^*) \ge q(G^* - W^*) - 1$ gilt. Da dies ein Widerspruch zu (7.13) ist, haben wir ii) nachgewiesen.

Es gelte $W^* \cap D(x) \ne \emptyset$ für ein $x \in E(G)$. Ist $x_k \in W^* \cap D(x)$ mit $k = xy \in K(G)$, so setzen wir $V^* = W^* - \{x_k\}$. Unter der Voraussetzung $S(x) \subseteq W^*$ ist x_k eine Endecke in $G^* - V^*$, woraus sich sofort der Widerspruch $q(G^* - V^*) \ge q(G^* - W^*) - 1$ ergibt. Damit ist auch iii) bewiesen.

Es gelte $W^* \cap D(x) \ne \emptyset$ für ein $x \in E(G)$. Angenommen, es gibt ein $a \in D(x)$ mit $a \notin W^*$. Wegen obiger Überlegungen gilt $S(x) \not\subseteq W^*$, insbesondere $S(x) \ne \emptyset$. Ist $x_k \in W^* \cap D(x)$ mit $k = xy \in K(G)$, so setzen wir wieder $V^* = W^* - \{x_k\}$. Vergleicht man nun die Komponenten von $G^* - W^*$ mit denen von $G^* - V^*$, so erkennt man, daß höchstens eine Komponente von $G^* - V^*$ in zwei Komponenten von $G^* - W^*$ zerfällt, womit sich $q(G^* - V^*) \ge q(G^* - W^*) - 2$ ergibt, was aber wegen (7.13) nicht möglich ist. Damit ist auch i) gezeigt, und wir haben den f-Faktorsatz für Multigraphen bewiesen.

Den Fall, daß G Schlingen enthält, führen wir durch folgenden Trick, der von meinem Schüler Dr. Niessen [3] stammt, auf den gerade behandelten Fall zurück.

Ersetzen wir in G jede Schlinge durch einen Kreis der Länge drei, so entsteht aus G ein Multigraph, den wir mit H bezeichnen wollen. Weiter definieren wir $g : E(H) \longrightarrow \mathbf{N_0}$ durch $g(v) = f(v)$ für $v \in E(G)$ und $g(v) = 1$ für $v \in E(H) - E(G)$. Nun erkennt man ohne Mühe, daß G genau dann einen f-Faktor hat, wenn H einen g-Faktor besitzt. Daher genügt es zu zeigen, daß H genau dann einen g-Faktor besitzt, wenn für alle disjunkten Teilmengen X und Y von $E(G)$ die Ungleichung $\Theta_G(X, Y, f) \geq 0$ erfüllt ist. Für solche Mengen X und Y überlegt man sich leicht die Identität $\Theta_H(X, Y, g) = \Theta_G(X, Y, f)$. Da H ein Multigraph ist folgt unmittelbar $\Theta_G(X, Y, f) \geq 0$ für alle disjunkten Teilmengen X und Y von $E(G)$, falls H einen g-Faktor hat. Für die umgekehrte Richtung werden wir nun nachweisen, daß zwei disjunkte Teilmengen A und B aus $E(G)$ mit $\Theta_G(A, B, f) < 0$ existieren, falls H keinen g-Faktor enthält.

Ist $g(E(H)) \equiv 1 \pmod 2$, so existiert natürlich kein g-Faktor, und es gilt dann $\Theta_G(\emptyset, \emptyset, f) < 0$. Daher sei nun $g(E(H)) \equiv 0 \pmod 2$.

Hat H keinen g-Faktor, so existieren zwei disjunkte Teilmengen A und B in $E(H)$ mit $\Theta_H(A, B, g) < 0$. Wegen der anschließenden Bemerkung 7.4 gilt sogar $\Theta_H(A, B, g) \leq -2$. Wir wählen dabei A und B so, daß $|A \cup B|$ minimal ist. Nun zeigen wir $A \cup B \subseteq E(G)$.

Gibt es eine Ecke $b \in B$ mit $b \notin E(G)$, so gilt $\Theta_H(A, B - \{b\}, g) \geq 0$ und daher

$$
\begin{aligned}
-2 \;\geq\;\; & \Theta_H(A, B, g) - \Theta_H(A, B - \{b\}, g) \\
=\;\; & -1 + d_{H-A}(b) - q_H(A, B, g) + q_H(A, B - \{b\}, g). \quad (7.14)
\end{aligned}
$$

Da die Nachbarn von b in H adjazent sind, gilt $q_H(A, B - \{b\}, g) \geq q_H(A, B, g) - 1$ und im Fall $q_H(A, B - \{b\}, g) = q_H(A, B, g) - 1$ die Abschätzung $d_{H-A}(b) \geq 1$. Das widerspricht offensichtlich der Ungleichung (7.14).

Gibt es eine Ecke $a \in A$ mit $a \notin E(G)$, so erhalten wir zusammen mit $q_H(A - \{a\}, B, g) \geq q_H(A, B, g) - 1$ den Widerspruch

$$
\begin{aligned}
-2 \;\geq\;\; & \Theta_H(A, B, g) - \Theta_H(A - \{a\}, B, g) \\
=\;\; & 1 + m_H(a, B) - q_H(A, B, g) + q_H(A - \{a\}, B, g) \geq 0.
\end{aligned}
$$

Daraus folgt $A \cup B \subseteq E(G)$ und daher $\Theta_G(A, B, f) = \Theta_H(A, B, g) < 0$. Damit haben wir schließlich und endlich den f-Faktorsatz von Tutte vollständig bewiesen, falls wir noch die anschließende Bemerkung beachten. ‖

Bemerkung 7.4 Es sei G ein Graph und $f : E(G) \longrightarrow \mathbf{N}_0$ eine Abbildung. Dann gilt für alle disjunkten Teilmengen X und Y von $E(G)$

$$\Theta_G(X, Y, f) \equiv f(E(G)) \pmod 2.$$

Beweis. Sind $U_1, ..., U_t$ die Komponenten von $G - (X \cup Y)$, so ergibt sich aus der Definition von $q_G(X, Y, f)$

$$
\begin{aligned}
\Theta_G(X, Y, f) &= f(X) - f(Y) + d_{G-X}(Y) - q_G(X, Y, f) \\
&\equiv f(X) + f(Y) + d_{G-X}(Y) \\
&\quad + \sum_{i=1}^{t} [m_G(Y, E(U_i)) + f(E(U_i))] \\
&= f(E(G)) + d_{G-X}(Y) + m_G(Y, E(G - (X \cup Y))) \\
&= f(E(G)) + 2|K(G[Y])| + 2m_G(Y, E(G - (X \cup Y))) \\
&\equiv f(E(G)) \pmod 2. \quad \|
\end{aligned}
$$

Zwei Jahre vor Tutte hatte Belck [1] den f-Faktorsatz für konstantes f gefunden. Dieses Ergebnis von Belck, das sich sofort aus Satz 7.5 ergibt, hat dann folgende Gestalt.

Satz 7.6 (r-Faktorsatz, Belck [1] 1950) Es sei $r \in \mathbf{N}$. Ein Graph G besitzt genau dann einen r-Faktor, wenn für alle disjunkten Teilmengen X und Y von $E(G)$ gilt:

$$\Theta_G(X, Y, r) = r|X| - r|Y| + d_{G-X}(Y) - q_G(X, Y, r) \geq 0$$

Dabei bedeutet $q_G(X, Y, r)$ die Anzahl der Komponenten U des Graphen $G - (X \cup Y)$ mit

$$m_G(Y, E(U)) + r|E(U)| \equiv 1 \pmod 2.$$

Als erste Anwendung des r-Faktorsatzes von Belck beweisen wir folgendes interessante Ergebnis.

Satz 7.7 (Katerinis [1] 1985) Es seien p, r und t ungerade natürliche Zahlen mit $p < r < t$. Besitzt ein Graph G einen p-Faktor und einen t-Faktor, so hat G auch einen r-Faktor.

Beweis. Angenommen, G hat keinen r-Faktor. Dann existieren nach Satz 7.6 zwei disjunkte Teilmengen X und Y von $E(G)$ mit

$$q_G(X, Y, r) - d_{G-X}(Y) > r(|X| - |Y|), \tag{7.15}$$

wobei $q_G(X, Y, r)$ die Anzahl der Komponenten U von $G - (X \cup Y)$ mit

$$m_G(Y, E(U)) + r|E(U)| \equiv 1 \pmod 2$$

bedeutet. Da G aber einen p-Faktor und einen t-Faktor besitzt, gilt nach Satz 7.6 für diese Mengen X und Y

$$q_G(X, Y, p) - d_{G-X}(Y) \leq p(|X| - |Y|), \tag{7.16}$$

$$q_G(X, Y, t) - d_{G-X}(Y) \leq t(|X| - |Y|), \tag{7.17}$$

wobei $q_G(X, Y, p)$ und $q_G(X, Y, t)$ entsprechend definiert sind. Da p, r und t ungerade Zahlen sind, erkennt man ohne Mühe

$$q_G(X, Y, p) = q_G(X, Y, r) = q_G(X, Y, t).$$

Daher ergibt sich aus (7.15) und (7.16) $|X| < |Y|$ und aus (7.15) und (7.17) der Widerspruch $|X| > |Y|$. $\|$

Als wichtige Erweiterung des f-Faktorsatzes entdeckte Lovász [1] 1970 den (g, f)-Faktorsatz. Zehn Jahre später zeigte wiederum Tutte [6], wie man den (g, f)-Faktorsatz relativ einfach auf den f-Faktorsatz zurückführen kann.

Satz 7.8 ((g, f)-Faktorsatz, Lovász [1] 1970) Es sei G ein Graph und $g, f : E(G) \longrightarrow \mathbf{N}_0$ zwei Abbildungen mit $g(x) \leq f(x)$ für alle $x \in E(G)$. Der Graph G besitzt genau dann einen (g, f)-Faktor, wenn für alle disjunkten Teilmengen X und Y von $E(G)$ gilt:

$$\Theta_G(X, Y, g, f) = f(X) - g(Y) + d_{G-X}(Y) - q_G(X, Y, g, f) \geq 0$$

Dabei bedeutet $q_G(X, Y, g, f)$ die Anzahl der Komponenten U des Graphen $G - (X \cup Y)$ mit $g(x) = f(x)$ für alle $x \in E(U)$ und

$$m_G(Y, E(U)) + f(E(U)) \equiv 1 \pmod 2.$$

(Solche Komponenten U werden auch *ungerade (g, f)-Komponenten* genannt.)

Beweis. **(Tutte [6] 1981)** Wir nehmen zunächst an, daß der Graph G einen (g, f)-Faktor F besitzt. Sind nun X und Y zwei disjunkte Teilmengen von $E(G)$, so gilt offensichtlich

$$f(X) \geq m_F(X, Y) \geq g(Y) - d_{G-X}(Y).$$

Es sei nun U eine ungerade (g,f)-Komponente von $G - (X \cup Y)$. Aus dem Handschlaglemma folgt, daß mindestens eine Kante von U nach X zu F gehört oder, daß nicht alle Kanten von G, die Ecken aus U und Y verbinden, zu F gehören. Demnach kann also für jede derartige Komponente U zumindest eine der obigen Abschätzungen um 1 verbessert werden. Faßt man diese Überlegungen zusammen, so ergibt sich $\Theta_G(X,Y,g,f) \geq 0$.

Die umgekehrte Richtung zeigen wir nur für den Fall, daß $f \neq g$ gilt, denn anderenfalls folgt diese Aussage schon aus dem f-Faktorsatz von Tutte (Satz 7.5).

Zunächst setzen wir $s = \sum_{x \in E(G)}(f(x) - g(x))$ und wählen dasjenige $p \in \{s-1, s\}$, für das $\sum_{x \in E(G)} f(x) \equiv p \pmod 2$ gilt. Da $f \neq g$ ist, existiert ein solches mit $p \geq 0$. Nun fügen wir zu G eine neue Ecke a hinzu und verbinden a mit jeder Ecke $x \in E(G)$ durch genau $f(x) - g(x)$ Kanten. Schließlich ergänzen wir p Schlingen an a. Den so erhaltenen Graphen nennen wir H. Für $u \in E(H)$ setzen wir

$$f_p(u) = \begin{cases} f(u) & \text{falls } u \in E(G) \\ p & \text{falls } u = a. \end{cases}$$

Man beachte, daß p so gewählt wurde, daß $\sum_{u \in E(H)} f_p(u) \equiv 0 \pmod 2$ gilt.

Als erstes überlegen wir uns, daß G genau dann einen (g,f)-Faktor hat, wenn H einen f_p-Faktor besitzt. Es sei zunächst J ein f_p-Faktor von H. Dann ist $F = J - a$ natürlich ein (g,f)-Faktor von G. Ist umgekehrt F ein (g,f)-Faktor von G, so fügen wir die Ecke a zu F hinzu und verbinden a mit jeder anderen Ecke x durch genau $f(x) - d(x, F)$ Kanten. Wegen der Ungleichung $\sum_{x \in E(G)}(f(x) - d(x, F)) \leq s$, und da nach der Wahl von p auch $\sum_{x \in E(G)}(f(x) - d(x, F)) \equiv \sum_{x \in E(G)} f(x) \equiv p \pmod 2$ gilt, können wir nun noch $(p - \sum_{x \in E(G)}(f(x) - d(x, F)))/2$ Schlingen an a hinzufügen, so daß wir einen f_p-Faktor von H erhalten.

Den eigentlichen Beweis führen wir nun indirekt. Dazu nehmen wir an, daß $\Theta_G(X,Y,g,f) \geq 0$ für alle disjunkten Teilmengen X und Y von G gilt, und G keinen (g,f)-Faktor besitzt. Wie wir bereits gesehen haben, besitzt dann H keinen f_p-Faktor. Aus dem f-Faktorsatz und der Bemerkung 7.4 folgt demnach die Existenz zweier disjunkter Teilmengen X_p, Y_p von $E(H)$ mit $\Theta_H(X_p, Y_p, f_p) \leq -2$. Wir nehmen an, daß diese Teilmengen minimal bezüglich $|X_p \cup Y_p|$ gewählt sind.

Wir unterscheiden nun danach, ob a zu X_p, zu Y_p oder nicht zu $X_p \cup Y_p$ gehört.

Ist $a \notin X_p \cup Y_p$, so gilt

$$
\begin{aligned}
-2 \;&\geq\; \Theta_H(X_p, Y_p, f_p) - \Theta_G(X_p, Y_p, g, f) \\
&= g(Y_p) - f(Y_p) + d_{H-X_p}(Y_p) - d_{G-X_p}(Y_p) \\
&\quad + q_G(X_p, Y_p, g, f) - q_H(X_p, Y_p, f_p) \\
&= q_G(X_p, Y_p, g, f) - q_H(X_p, Y_p, f_p).
\end{aligned}
$$

Demnach ist also $q_H(X_p, Y_p, f_p) \geq q_G(X_p, Y_p, g, f) + 2$, was einen Widerspruch bedeutet.

Ist $a \in Y_p$, so gilt $-2 \geq \Theta_H(X_p, Y_p, f_p) - \Theta_H(X_p, Y_p - \{a\}, f_p)$ aufgrund der Wahl des Paares (X_p, Y_p). Durch Einsetzen und Umformen erhalten wir die Abschätzung

$$
f_p(a) - 2 \geq d(a, H - X_p) - q_H(X_p, Y_p, f_p) + q_H(X_p, Y_p - \{a\}, f_p).
$$

Da jede ungerade f_p-Komponente bezüglich (X_p, Y_p) ebenfalls eine ungerade f_p-Komponente bezüglich $(X_p, Y_p - \{a\})$ ist, gilt die Ungleichung $q_H(X_p, Y_p, f_p) \leq q_H(X_p, Y_p - \{a\}, f_p)$. Zusammen mit obiger Abschätzung erhalten wir daraus $f_p(a) - 2 \geq d(a, H - X_p)$, was aber einen Widerspruch bedeutet, da $f_p(a) = p$ ist und $d(a, H - X_p) \geq 2p$ gilt.

Ist $a \in X_p$, so gilt $-2 \geq \Theta_H(X_p, Y_p, f_p) - \Theta_H(X_p - \{a\}, Y_p, f_p)$ aufgrund der Wahl von (X_p, Y_p). Einsetzen und Umformen ergeben in diesem Fall die Ungleichung

$$
f_p(a) \leq m_H(a, Y_p) - 2 + q_H(X_p, Y_p, f_p) - q_H(X_p - \{a\}, Y_p, f_p).
$$

Wie oben folgt $q_H(X_p, Y_p, f_p) \leq q_H(X_p - \{a\}, Y_p, f_p)$. Damit erhalten wir hier

$$
p = f_p(a) \leq m_H(a, Y_p) - 2 \leq \sum_{x \in E(G)} (f(x) - g(x)) - 2 = s - 2,
$$

was der Wahl von p widerspricht. Damit ist der (g, f)-Faktorsatz von Lovász vollständig bewiesen. $\parallel$

Im Jahre 1990 publizierten Heinrich, Hell, Kirkpatrick und Liu [1] einen kurzen Beweis des (g, f)-Faktorsatzes für die Spezialfälle, daß $g < f$ gilt oder der Graph bipartit ist.

7.3 Reguläre Faktoren in regulären Graphen

Unser erstes Ergebnis über reguläre Faktoren in regulären Graphen ist äußerst wichtig für Turniere und Spielpläne (z.B. Fußballbundesliga). Da der Beweis dieses Satzes konstruktiv sein wird, kann man mit dieser Methode tatsächlich Spielpläne erstellen.

Satz 7.9 (Kirkman [1] 1847, Reiß [1] 1859) Jeder vollständige Graph K_{2n} ist 1-faktorisierbar.

Beweis. Wir geben hier einen geometrischen Beweis. Sind $a_1, ..., a_{2n}$ die Ecken des vollständigen Graphen, so seien $a_1, ..., a_{2n-1}$ die Eckpunkte eines ebenen, regulären $(2n-1)$-Ecks, in das alle Diagonalen eingezeichnet sind. Über diesem $(2n-1)$-Eck errichten wir eine Pyramide mit der Spitze a_{2n}. Nehmen wir nun eine Seitenkante des $(2n-1)$-Ecks, alle dazu parallelen Diagonalen und diejenige Kante, die die Spitze der Pyramide mit dem übriggebliebenen Eckpunkt verbindet, so haben wir einen 1-Faktor gefunden. Zwei verschiedene Seitenkanten des $(2n-1)$-Ecks erzeugen so zwei kantendisjunkten 1-Faktoren. Ausgehend von allen Seitenkanten erhält man eine 1-Faktorisierung des K_{2n}. ‖

Aus diesem Satz ergibt sich leicht (man vgl. Aufgabe 7.8)

Folgerung 7.3 Ein schlichter und $(2n-2)$-regulärer Graph G der Ordnung $2n$ ist 1-faktorisierbar.

Im Jahre 1891 publizierte Julius Petersen [1] in der Acta Mathematica 15 eine Arbeit mit Titel "Die Theorie der regulären graphs". In dieser, an Tiefe und Auswirkung, bemerkenswerten Abhandlung wird erstmalig das allgemeine Faktorisierungsproblem in Angriff genommen. Petersens Arbeit ist wirklich ein Markstein in der Graphentheorie.
Im Anschluß an ein von Gordan und Hilbert behandeltes Problem der Invariantentheorie betrachtete Petersen folgende Aufgabe:

Gegeben sei ein homogenes Polynom P in n Veränderlichen $x_1, ..., x_n$ von der Form

$$P = (x_1 - x_2)^{m_{1,2}} (x_1 - x_3)^{m_{1,3}} \ldots (x_{n-1} - x_n)^{m_{n-1,n}},$$

wobei die $m_{i,j}$ nicht negative ganze Zahlen bedeuten, und der Grad von P in jeder der n Veränderlichen dieselbe positive Zahl r ist. Es wird verlangt, P als Produkt von Polynomen derselben Art – aber mit kleineren konstanten Zahlen r – darzustellen.

Als Beispiele betrachten wir die Produkte

$$(x_1 - x_2)^2(x_1 - x_3)(x_1 - x_4)(x_2 - x_3)(x_2 - x_4)(x_3 - x_4)^2 =$$

$$[(x_1-x_2)(x_3-x_4)][(x_1-x_2)(x_3-x_4)][(x_1-x_3)(x_2-x_4)][(x_1-x_4)(x_2-x_3)]$$

bzw.

$$(x_1 - x_2)(x_1 - x_3)(x_2 - x_3),$$

wobei das erste Produkt vom Grad 4 aus 4 Faktoren 1. Grades besteht, und das zweite Produkt vom Grad 2 nicht weiter zerlegt werden kann.

Die fundamentale Idee von Petersen bestand darin, die oben geschilderte Aufgabe in ein graphentheoretisches Problem zu transformieren. Dazu lassen wir nun Petersen selbst zu Wort kommen.

"Man kann der Aufgabe eine geometrische Form geben, indem man $x_1, x_2, ..., x_n$ durch beliebige Punkte der Ebene repräsentiert, während der Factor $x_m - x_p$ durch eine beliebige Verbindungslinie zwischen x_m und x_p dargestellt wird. Man erhält so für das Product eine Figur, welche aus n Punkten besteht, die so verbunden sind, dass in jedem Punkte gleich viele Linien zusammenlaufen. Dieselben zwei Punkte können durch mehrere Linien verbunden sein. Als Beispiel betrachte man die Figur I, die das Product

$$(x_1 - x_2)^2(x_3 - x_4)^2(x_1 - x_3)(x_2 - x_4)(x_1 - x_4)(x_2 - x_3) =$$

$$[(x_1-x_2)(x_3-x_4)][(x_1-x_2)(x_3-x_4)][(x_1-x_3)(x_2-x_4)][(x_1-x_4)(x_2-x_3)]$$

darstellt.

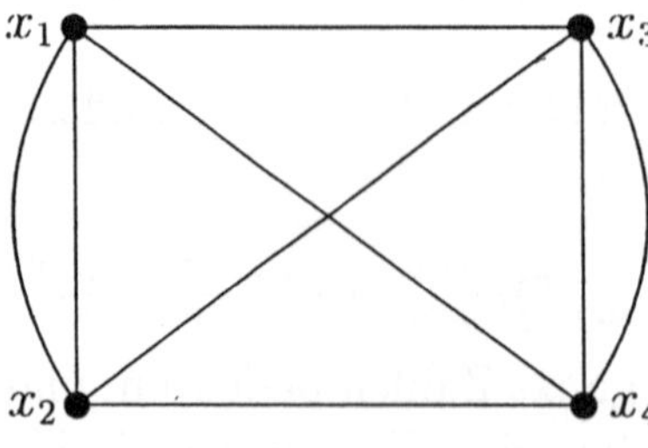

Figur I

Englische Verfasser haben für ähnliche Figuren den Namen *graph* eingeführt; ich werde diesen Namen beibehalten und nenne den *graph* regulär, weil in jedem Punkte gleich viele Linien zusammenlaufen.
Für Halbinvarianten würden irreguläre *graphs* in Betracht kommen, was doch hier nicht näher besprochen werden soll.
Durch die *Ordnung* eines *graphs* werde ich die Anzahl der Punkte (die Ordnung der binären Grundform) verstehen, durch den *Grad* die Anzahl der in jedem Punkt zusammenlaufenden Linien (den Grad der entsprechenden Invariante). Durch G_α^n oder einfach G_α werde ich einen *graph* von der Ordnung n und vom Grade α verstehen. Ein solcher lässt sich zerlegen oder in Factoren auflösen, wenn man andere *graphs* von derselben Ordnung aber niedrigerem Grade finden kann, die durch Überlagerung den gegebenen *graph* herstellen. Ein *graph*, der sich nicht in solcher Weise auflösen lässt, heisst *primitiv*. Unsere Aufgabe geht auf die Bestimmung aller primitiven *graphs* aus."

Wir beobachten, daß die von Petersen benutzten Bezeichnungen Graph, Faktor, regulärer Graph, Ordnung eines Graphen und Grad auch heute noch aktuell sind. Außerdem erkennen wir deutlich, woher der Name Faktor kommt.
Am Anfang seiner Arbeit bemerkte Petersen, daß die Theorie der Faktorisierung regulärer Graphen ungeraden Grades wesentlich schwieriger ist als die der geraden Grades. Im geraden Fall gab Petersen durch folgenden Satz eine vollständige Lösung des oben gestellten Problems.

Satz 7.10 (I. Satz von Petersen [1] 1891) Ein Graph G ist genau dann 2-faktorisierbar, wenn er $2p$-regulär ist ($p > 0$).

Beweis. Da ein 2-faktorisierbarer Graph $2p$-regulär ist, betrachten wir umgekehrt einen Graphen G, der $2p$-regulär ist. Im Fall $p = 1$ besteht G aus disjunkten Kreisen, und G ist sein eigener 2-Faktor. Ist $p > 1$, so genügt es nachzuweisen, daß G einen 2-Faktor besitzt, denn der Rest ergibt sich durch Induktion.
Nach Voraussetzung sind die Komponenten von G Eulersche Graphen, womit jede Komponente eine Eulertour besitzt. Geben wir jeder Kante von G die durch diese Touren induzierte Orientierung, so erhalten wir einen Digraphen D. Da G $2p$-regulär ist, gilt $d^+(x, D) = d^-(x, D) = p$ für alle $x \in E(D)$. Ist $E(G) = \{x_1, ..., x_n\}$, so setzen wir

$$E' = \{x'_1, ..., x'_n\} \quad \text{und} \quad E'' = \{x''_1, ..., x''_n\}$$

mit $E' \cap E'' = \emptyset$ und $K' = \{x_i' x_j'' | (x_i, x_j) \in B(D)\}$, womit dann $G' = (E' \cup E'', K')$ ein p-regulärer, bipartiter Graph ist. Nach Satz 6.9 besitzt G' einen 1-Faktor H. Identifizieren wir in diesem 1-Faktor die Ecken x_i' und x_i'' zu x_i für alle $i = 1, ..., n$, so erhalten wir einen 2-Faktor in G. (Ist $x_i' x_i'' \in K(H)$, so ergibt die Identifizierung eine Schlinge in G, und sind $x_i' x_j'', x_j' x_i'' \in K(H)$ mit $i \neq j$, so entsteht ein Kreis der Länge 2 in G.) $\|$

Das nächste Beispiel zeigt, daß der I. Satz von Petersen in einem gewissen Sinne bestmöglich ist.

Beispiel 7.3 Zunächst einmal besitzt ein $2p$-regulärer Graph ungerader Ordnung sicherlich keinen regulären Faktor ungeraden Grades.
Darüber hinaus existiert zu jedem $p \geq 2$ ein schlichter, zusammenhängender $2p$-regulärer Graph gerader Ordnung ohne 1-Faktor, sogar ohne regulären Faktor ungeraden Grades, falls p gerade ist.
Um dies zu zeigen, setzen wir $H = K_{2p+1} - k$, wobei k eine beliebige Kante vom K_{2p+1} ist. Weiter seien $H_1, ..., H_{2p}$ Kopien von H, $a_i, b_i \in E(H_i)$ die Ecken vom Grad $2p - 1$ für $i = 1, ..., 2p$ und u, v zwei zusätzliche Ecken. Den Graphen G definieren wir als Vereinigung von $H_1, ..., H_{2p}$ und den Ecken u, v zusammen mit den neuen Kanten ua_i und vb_i für $i = 1, ..., 2p$. Dann ist G ein $2p$-regulärer Graph von gerader Ordnung $2p(2p + 1) + 2$.
Ist F ein $(2k + 1)$-regulärer Faktor von G, so gilt $d(u, F) = d(v, F) = 2k + 1$. Das Handschlaglemma zeigt uns, daß für jedes $i \in \{1, ..., 2p\}$ genau eine der beiden Kanten ua_i oder vb_i zu F gehört. Daraus ergibt sich $2p = 2(2k + 1)$, also $p = 2k + 1$. Da $p \geq 2$ vorausgesetzt war, enthält G keinen 1-Faktor, und wenn p gerade ist, besitzt G überhaupt keinen regulären Faktor ungeraden Grades.

Besitzt ein regulärer Graph aber einen 1-Faktor, so gilt folgende schöne Aussage.

Satz 7.11 (Katerinis [1] 1985) Hat ein r-regulärer Graph G einen 1-Faktor, so besitzt G einen q-Faktor für alle $q \in \{1, ..., r\}$.

Beweis. Ist r gerade, so enthält G nach dem I. Satz von Petersen jeden regulären Faktor geraden Grades zwischen 2 und r. Nach Voraussetzung existiert in G ein 1-Faktor und damit auch ein $(r - 1)$-Faktor, womit G nach Satz 7.7 aber auch jeden q-Faktor ungeraden Grades zwischen 1 und $r - 1$ besitzt.

Ist r ungerade, so folgt die gewünschte Aussage unmittelbar aus dem I. Satz von Petersen. ‖

Einen r-regulären Graphen mit keinem q-Faktor für $1 \leq q \leq r - 1$ nennt Petersen *primitiv*. Aus dem I. Satz von Petersen folgt, daß ein $2p$-regulärer Graph G genau dann primitiv ist, wenn $p = 1$ gilt, und G einen Kreis ungerader Länge besitzt. An Hand der folgenden Beispiele zeigte Petersen [1] in seiner Abhandlung, daß die Situation ganz anders ist, wenn man $(2p + 1)$-reguläre Graphen betrachtet.

Beispiel 7.4 Für jedes $p \in \mathbf{N}$ liefert die folgende Konstruktion einen $(2p + 1)$-regulären primitiven Graphen.

Die Ecke u sei zu $2p+1$ verschiedenen Ecken $x_1, ..., x_{2p+1}$ adjazent. Jede Ecke x_i sei mit zwei weiteren Ecken y_i und z_i durch p parallele Kanten verbunden für $i = 1, ..., 2p + 1$. Schließlich seien die Ecken y_i und z_i durch $p+1$ parallele Kanten miteinander verbunden für $i = 1, ..., 2p+1$. Da die Ecke u auf keinem Kreis liegt, besitzt dieser $(2p + 1)$-reguläre Graph G keinen 2-Faktor, also überhaupt keinen regulären Faktor geraden Grades. Daraus ergibt sich unmittelbar, daß in G auch kein regulärer Faktor ungeraden Grades existiert.

Der Fall $p = 1$ dieses Beispiels stammt von Sylvester mit dem Petersen diese Probleme intensiv diskutiert hat. Der skizzierte Graph zeigt uns eine schlichte Version des Graphen von Sylvester.

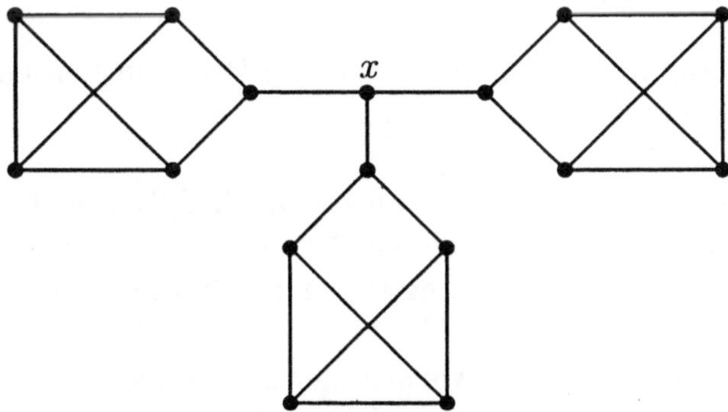

Den zweiten Teil seiner Abhandlung widmete Petersen [1] dem Studium der regulären Graphen ungeraden Grades, und er bewies den folgenden wichtigen Satz über 3-reguläre Graphen. Der Beweis von Petersen ist lang und außerordentlich kompliziert. Mit dem 1-Faktorsatz läßt sich dieses Ergebnis sehr schnell herleiten, was auch ein Indiz für die Tiefe des 1-Faktorsatzes von Tutte ist.

Satz 7.12 (II. Satz von Petersen [1] 1891) Ist G ein zusammenhängender und 3-regulärer Graph mit höchstens zwei Brücken, so besitzt G einen 1-Faktor.

Beweis. Da $n(G)$ gerade ist, gilt $|A| \equiv q(G - A) \pmod 2$ für alle $A \subseteq E(G)$. Hat G keinen 1-Faktor, so existiert nach dem 1-Faktorsatz von Tutte eine Eckenmenge $S \neq \emptyset$ mit $|S| \leq q(G - S) - 2$. Aus dem Handschlaglemma und der 3-Regularität von G folgt, daß jede ungerade Komponente von $G - S$ durch eine ungerade Anzahl von Kanten mit S verbunden sein muß. Beachten wir, daß G höchstens zwei Brücken hat, so erkennen wir, daß die ungeraden Komponenten von $G - S$ mindestens

$$3(q(G - S) - 2) + 2 \geq 3|S| + 2$$

Kanten nach S senden. Da aber höchstens $3|S|$ Kanten von S zu den ungeraden Komponenten von $G - S$ gehen, haben wir einen Widerspruch erzielt, und der II. Satz von Petersen ist bewiesen. $\|$

Der oben skizzierte Graph zeigt uns, daß der zweite Satz von Petersen im allgemeinen nicht gilt, wenn man mehr als zwei Brücken zuläßt. Als unmittelbare Folgerung aus Satz 7.12 erhalten wir die sogenannte *schwache Form des zweiten Satzes von Petersen.*

Satz 7.13 (Petersen [1] 1891) Ist G ein 3-regulärer Graph ohne Brücken, so besitzt G einen 1-Faktor.

Im Zusammenhang mit den Ergebnissen von Petersen schrieb König in seinem Buch [3] aus dem Jahre 1936:

"Diese Abhandlung von Petersen, an der auch Sylvester beteiligt ist, ist sicherlich eine der bedeutendsten Arbeiten über Graphentheorie, scheint aber mehr als 25 Jahre lang fast gänzlich unbeachtet geblieben zu sein.
Es ist nichts darüber bekannt, wie sich der Petersensche Satz auf reguläre Graphen vom Grad 5,7,9,... ausdehnen läßt. Petersen hat die Vermutung ausgesprochen, daß auch diese Graphen nur dann primitiv sein können, wenn sie Brücken enthalten. Er hat aber "die Schwierigkeiten zu groß gefunden und die Untersuchungen auf Graphen dritten Grades beschränkt." Am Ende seiner Abhandlung schreibt dann Petersen: "Es scheint doch, daß der hier befolgte Weg auch dort zum Ziel führen kann."

Trotz der mehr als 40 Jahre, die seitdem vergangen sind und trotz der (besonders von Frink gefundenen) Vereinfachungen, die den Petersenschen Weg sicherlich gangbarer gemacht haben, konnte dieses Ziel bis heute nicht erreicht werden."

Nur zwei Jahre später gab Bäbler eine Antwort auf das von König gestellte Problem, und er bewies die Vermutung von Petersen (man vergleiche dazu die nächsten beiden Sätze). Analog zum zweiten Satz von Petersen beweist man das erste Resultat von Bäbler (man vgl. Aufgabe 7.11).

Satz 7.14 (Bäbler [1] 1938) Ein $(2p + 1)$-regulärer, $2p$-fach kantenzusammenhängender Graph (man vgl. Def. 14.1) besitzt einen 1-Faktor.

Satz 7.15 (Bäbler [1] 1938) Ist $r \in \mathbf{N}$ eine ungerade Zahl mit $r \geq 3$ und G ein zusammenhängender, r-regulärer Graph ohne Brücken, so besitzt G einen 2-Faktor.

Beweis. Nach Satz 7.13 ist die Aussage des Satzes für $r = 3$ richtig. Daher sei nun $r \geq 5$. Ist $X \subseteq E(G)$ und y ein Ecke von $G - X$, so gilt

$$d(y, G - X) = d(y, G) - m(y, X) = r - m(y, X).$$

Daher genügt es wegen Satz 7.6 für alle disjunkten Teilmengen $X, Y \subseteq E(G)$ die Ungleichung

$$q_G(X, Y, 2) \leq 2|X| + (r - 2)|Y| - m(X, Y) \qquad (7.18)$$

nachzuweisen, wobei $q_G(X, Y, 2)$ die Anzahl der Komponenten U von $G - (X \cup Y)$ bedeutet mit $m_G(Y, E(U)) \equiv 1 \pmod 2$. Da (7.18) für $X = Y = \emptyset$ richtig ist, sei nun $X \cup Y \neq \emptyset$. Nach Voraussetzung besitzt G keine Brücken, womit mindestens $2q_G(X, Y, 2)$ Kanten von $X \cup Y$ nach $G - (X \cup Y)$ führen. Aus der r-Regularität folgt daher

$$2q_G(X, Y, 2) \leq r|X| + r|Y| - 2m(X, Y). \qquad (7.19)$$

Die Bedingung $m(Y, E(U)) \geq 1$ liefert die Ungleichung

$$q_G(X, Y, 2) \leq r|Y| - m(X, Y). \qquad (7.20)$$

Multipliziert man (7.19) mit $\frac{2}{r}$ und (7.20) mit $1 - \frac{4}{r} > 0$ und addiert die beiden neuen Ungleichungen, so erhält man die gewünschte Abschätzung (7.18). ‖

Erweiterungen und Verallgemeinerungen von Satz 7.15 befinden sich in den Arbeiten von Bollobás, Saito und Wormald [1] 1985 sowie Niessen und Randerath [1].

7.4   Fastreguläre Faktoren

Das nächste Resultat wurde von Erdös vermutet und erstmalig 1978 von Tutte [5] mit dem f-Faktorsatz bewiesen.

Satz 7.16 (Tutte [5] 1978) Ist G ein δ-regulärer Graph, so besitzt G einen $[p, p+1]$-Faktor für alle ganzen Zahlen p mit $0 \le p \le \delta$.

Bemerkung 7.5 Satz 7.16 ist nur im Fall, daß δ ungerade ist neu, denn im anderen Fall liefert schon der I. Satz von Petersen eine genauere Aussage.

Kurze Zeit später fanden Bollobás und Thomassen Verallgemeinerungen von Satz 7.16. Zur Formulierung dieser Verallgemeinerungen benötigen wir folgende

Definition 7.7 Ein Graph G heißt r-*fastregulär* $(r \in \mathbf{N}_0)$, wenn für alle $x, y \in E(G)$ gilt:

$$|d(x, G) - d(y, G)| \le r \qquad\qquad (7.21)$$

Der Graph G heißt *lokal-r-fastregulär,* wenn alle adjazenten Ecken x und y aus G die Ungleichung (7.21) erfüllen.

Satz 7.17 (Thomassen [3] 1981) Es sei G ein 1-fastregulärer Graph. Dann besitzt G einen $[p, p+1]$-Faktor für alle ganzen Zahlen p mit $0 \le p \le \delta(G)$.

Satz 7.18 (Bollobás [3] 1979) Ist G ein r-fastregulärer $(r > 0)$ Graph, so besitzt G einen $[p, p+r]$-Faktor für alle ganzen Zahlen p mit $0 \le p \le \delta(G)$.

Offensichtlich folgt Satz 7.16 aus Satz 7.17 und Satz 7.17 aus Satz 7.18. Wir wollen jetzt Satz 7.18 für lokal-r-fastreguläre Graphen beweisen. Diese Erweiterung des Bollobásschen Ergebnisses habe ich zusammen mit meinem Schüler Arno Joentgen gefunden.

Satz 7.19 (Joentgen, Volkmann [1] 1991) Ist G ein lokal-r-fastregulärer $(r > 0)$ Graph, so besitzt G einen $[p, p+r]$-Faktor für alle ganzen Zahlen p mit $0 \le p \le \delta(G) = \delta$.

Beweis. Zunächst zeigen wir, daß G einen $[\delta, \delta + r]$-Faktor besitzt.

i) Ist $\Delta(G) = \Delta \le \delta + r$, so sind wir fertig.

Im Fall $\Delta \ge \delta + r + 1$ genügt es nachzuweisen, daß G einen lokal r-fastregulären Faktor H_1 besitzt mit $\delta(H_1) = \delta$ und $\Delta(H_1) < \Delta$. Denn iteriert man diesen Schritt oft genug, so erhält man einen lokal r-fastregulären Faktor H von G mit $\delta(H) = \delta$ und $\Delta(H) \le \delta(H) + r$, womit H gleichzeitig ein $[\delta, \delta + r]$-Faktor ist.

ii) Es sei $\Delta \ge \delta + r + 1$ und $I \subseteq E(G)$ die Menge der Ecken von maximalem Grad Δ. Sind alle Ecken aus I paarweise nicht adjazent, so setze man $G_1 = G$, $I_1 = I$ und gehe zu iii). Ist das nicht der Fall, so verbinde die Kante k zwei verschiedene Ecken $x, y \in I$. Offensichtlich ist $G' = G - k$ ein lokal r-fastregulärer Faktor von G mit $\delta(G') = \delta$. Im Fall $\Delta(G') < \Delta$ ist $G' = H_1$ ein gesuchter Faktor. Im Fall $\Delta(G') = \Delta$ ist $I' = I - \{x, y\}$ die Menge der Ecken von maximalem Grad in G'. Sind die Ecken aus I' paarweise nicht adjazent, so setze man $G_1 = G'$, $I_1 = I'$ und gehe zu iii). Ist das nicht der Fall, so wiederhole man die beschriebene Prozedur so lange, bis die verbleibende Menge I_1 der Ecken von maximalem Grad Δ aus paarweise nicht adjazenten Ecken besteht oder der Maximalgrad absinkt. Sinkt der Maximalgrad ab, so sind wir fertig. Im anderen Fall erhalten wir einen lokal r-fastregulären Faktor G_1 von G mit $\delta(G_1) = \delta$ und $\Delta(G_1) = \Delta$.

iii) Die Menge $Y \subseteq I_1$ bestehe aus Ecken, die mit einer Schlinge inzidieren. Wählen wir zu jeder Ecke $y \in Y$ eine Schlinge, die mit y inzidiert, so erhalten wir eine Menge von Schlingen, die wir mit L bezeichnen (im Fall $Y = \emptyset$ setzen wir $L = \emptyset$). Nun ist leicht zu sehen, daß auch $G_2 = G_1 - L$ ein lokal r-fastregulärer Faktor von G_1 und damit von G ist mit $\delta(G_2) = \delta$. Im Fall $Y = I_1$ gilt sogar $\Delta(G_2) < \Delta$, und wir haben einen gewünschten Faktor $H_1 = G_2$ gefunden.

iv) Ist $X = I_1 - Y \ne \emptyset$, so sei B der bipartite Graph, bestehend aus der Bipartition $X, N(X, G_2)$ zusammen mit allen Kanten von G_2, die die Ecken aus X mit denen aus $N(X, G_2)$ verbinden. Da $d(x, B) = \Delta$ für jedes $x \in X$ gilt, existiert nach Folgerung 6.3 ein Matching $M \subseteq K(B)$, welches mit allen Ecken von X inzidiert. Da $H_1 = G_2 - M$ ein Faktor von G ist mit $\delta(H_1) = \delta$ und $\Delta(H_1) < \Delta$, verbleibt zu zeigen, daß H_1 lokal r-fastregulär ist.

Es sei A diejenige Eckenmenge aus $N(X, G_2)$, die mit M inzidiert. Sind x und y zwei adjazente Ecken aus H_1 mit $x, y \in X \cup A$ oder $x, y \notin X \cup A$, so erkennt man ohne Mühe

$$|d(x, H_1) - d(y, H_1)| = |d(x, G_2) - d(y, G_2)| \le r.$$

Nun gelte $x \in X \cup A$ und $y \notin X \cup A$. Da G_2 lokal-r-fastregulär ist, gilt $d(x, G_2) \geq \Delta - r$. Daraus ergibt sich

$$\begin{aligned}
d(x, H_1) - d(y, H_1) &= d(x, G_2) - 1 - d(y, G_2) \leq r - 1 < r, \\
d(y, H_1) - d(x, H_1) &= d(y, G_2) - d(x, G_2) + 1 \\
&\leq \Delta - 1 - (\Delta - r) + 1 = r,
\end{aligned}$$

womit auch H_1 lokal-r-fastregulär ist.

Wendet man die unter ii) - iv) beschriebene Methode in entsprechender Form auf den $[\delta, \delta + r]$-Faktor an, so erhält man einen Faktor, dessen Minimalgrad $\geq \delta - 1$ und dessen Maximalgrad $\leq \delta + r - 1$ ist, womit ein $[\delta - 1, \delta - 1 + r]$-Faktor von G existiert. Durch wiederholtes Anwenden dieses Verfahrens ergibt sich die Aussage des Satzes. $\|$

Der Beweis von Satz 7.19 liefert sofort folgenden Zusammenhang zwischen den lokal-r-fastregulären und den r-fastregulären Graphen.

Folgerung 7.4 (Joentgen, Volkmann [1] 1991) Ist G ein lokal-r-fastregulärer Graph $(r > 0)$, so besitzt G einen r-fastregulären Faktor H mit $\delta(H) = \delta(G)$.

Bemerkung 7.6 Für $r = 0$ ist Folgerung 7.4 nicht gültig. Denn betrachtet man z.B. den Graphen $G = K_3 \cup K_2$, so ist G natürlich lokal 0-fastregulär, aber G besitzt keinen 0-fastregulären Faktor H mit $\delta(H) = \delta(G) = 1$, d.h. G besitzt keinen 1-Faktor.

Satz 7.20 (Egawa, Kano [1] 1990) Es sei G ein zusammenhängender Multigraph und $g, f : E(G) \longrightarrow \mathbf{N}_0$ zwei Abbildungen mit $g(x) \leq f(x)$ und $g(x) \leq d(x, G)$ für alle $x \in E(G)$. Erfüllen f, g und G die drei folgenden Bedingungen, so besitzt G einen (g, f)-Faktor.

   i) Entweder besitzt G eine Ecke v mit $g(v) < f(v)$, oder es gilt $g(x) = f(x)$ für alle $x \in E(G)$ und $\sum_{x \in E(G)} f(x) \equiv 0 \pmod 2$.

   ii) Für jedes Paar adjazenter Ecken x und y aus G gilt

$$\frac{g(x)}{d(x, G)} \leq \frac{f(y)}{d(y, G)}.$$

iii) Für jede echte Teilmenge X von $E(G)$ mit $g(x) = f(x)$ für alle $x \in X$ und $G[X]$ zusammenhängend gilt

$$\sum_{a \in E(G)-X} m_G(a, X) \cdot \min\left(\frac{f(a)}{d(a,G)}, 1 - \frac{g(a)}{d(a,G)}\right) \geq 1.$$

Beweis. Sind X und Y zwei disjunkte Teilmengen von $E(G)$, so genügt es wegen Satz 7.8 $\Theta_G(X, Y, g, f) \geq 0$ nachzuweisen. Im Fall $X = Y = \emptyset$ gilt wegen $\kappa(G) = 1$ und der Bedingung i) $q_G(\emptyset, \emptyset, g, f) = 0$ und damit $\Theta_G(\emptyset, \emptyset, g, f) = 0$. Daher gelte im folgenden $X \cup Y \neq \emptyset$, und wir setzen $q_G(X, Y, g, f) = t \in \mathbf{N}_0$. Ist $t \geq 1$, so seien $U_1, ..., U_t$ die Komponenten von $G - (X \cup Y)$, die den Bedingungen von Satz 7.8 genügen. Beachtet man die Identität

$$m(X, Y) = m_G(X, Y) = \sum_{x \in X} \sum_{y \in Y} m(x, y),$$

so ergibt sich aus den Bedingungen ii) und iii) mit $d(u) = d(u, G)$

$$\Theta_G(X, Y, g, f) = \sum_{x \in X} d(x)\frac{f(x)}{d(x)} + \sum_{y \in Y} d(y)\left(1 - \frac{g(y)}{d(y)}\right) - m(X, Y) - t$$

$$\geq \sum_{i=1}^{t}\left\{-1 + \sum_{x \in X} m(x, E(U_i))\frac{f(x)}{d(x)} + \sum_{y \in Y} m(y, E(U_i))\left(1 - \frac{g(y)}{d(y)}\right)\right\}$$

$$+ \sum_{x \in X} \sum_{y \in Y} m(x, y)\frac{f(x)}{d(x)} + \sum_{x \in X} \sum_{y \in Y} m(x, y)\left(1 - \frac{g(y)}{d(y)}\right)$$

$$- \sum_{x \in X} \sum_{y \in Y} m(x, y)$$

$$= \sum_{i=1}^{t}\left\{\sum_{x \in X} m(x, E(U_i))\frac{f(x)}{d(x)} + \sum_{y \in Y} m(y, E(U_i))\left(1 - \frac{g(y)}{d(y)}\right) - 1\right\}$$

$$+ \sum_{x \in X} \sum_{y \in Y} m(x, y)\left(\frac{f(x)}{d(x)} - \frac{g(y)}{d(y)}\right)$$

$$\geq \sum_{i=1}^{t}\left\{\sum_{a \in E(G)-E(U_i)} m(a, E(U_i)) \cdot \min\left(\frac{f(a)}{d(a)}, 1 - \frac{g(a)}{d(a)}\right) - 1\right\} \geq 0.$$

Im Fall $t = 0$ wird die leere Summe wie üblich gleich Null gesetzt. $\|$

Folgerung 7.5 (Egawa, Kano [1] 1990) Es sei G ein Graph, und es seien $g, f : E(G) \longrightarrow \mathbf{N}_0$ zwei Abbildungen mit $g(x) \leq d(x, G)$ und $g(x) < f(x)$ für alle $x \in E(G)$. Ist

$$\frac{g(x)}{d(x, G)} \leq \frac{f(y)}{d(y, G)}$$

für alle adjazenten Ecken $x, y \in E(G)$, so besitzt G einen (g, f)-Faktor.

Beweis. Da für alle $x \in E(G)$ die Ungleichung $g(x) < f(x)$ gilt, sind die Bedingungen aus Satz 7.20 für jede Komponente von G erfüllt, womit sich Folgerung 7.5 sofort aus Satz 7.20 ergibt. ∥

Folgerung 7.6 (Joentgen, Volkmann [1] 1991) Es sei G ein lokal r-fastregulärer Graph und p, s ganze Zahlen mit $0 \leq p \leq \delta(G) = \delta$ und $s > 0$. Wird die Ungleichung $rp \leq \delta s$ erfüllt, so besitzt G einen $[p, p + s]$-Faktor.

Beweis. Ist $\delta = 0$, so gibt es nichts zu beweisen. Daher sei nun $\delta \geq 1$. Definieren wir die Abbildungen $g, f : E(G) \longrightarrow \mathbf{N}_0$ durch $g(x) = p$ und $f(x) = p + s$ für alle $x \in E(G)$, so gilt wegen $s > 0$ für alle Ecken x die Ungleichung $g(x) < f(x)$. Aus den Voraussetzungen $rp \leq \delta s$ und $d(y) \leq d(x) + r$ für alle adjazenten Ecken x und y folgt

$$\frac{g(x)}{f(y)} = \frac{p}{p + s} \leq \frac{\delta}{\delta + r} \leq \frac{d(x)}{d(y)}$$

für alle adjazenten Ecken x und y. Daher besitzt G nach Folgerung 7.5 einen $[p, p + s]$-Faktor. ∥

Setzt man in Folgerung 7.6 $r = s$, so ergibt sich sofort Satz 7.19.

Mit der Voraussetzung, daß G ein r-fastregulärer Graph ist, geht Folgerung 7.6 auf Kano und Saito [1] 1983 zurück. In der gleichen Note bewiesen sie auch das nächste Ergebnis, das man ebenfalls ohne Mühe aus Folgerung 7.5 erhält.

Folgerung 7.7 (Kano, Saito [1] 1983) Es sei G ein Graph, und es seien $g, f : E(G) \longrightarrow \mathbf{N}_0$ zwei Abbildungen mit $g(x) < f(x)$ für alle $x \in E(G)$. Existiert eine reelle Zahl ω mit $0 \leq \omega \leq 1$, so daß $g(x) \leq \omega d(x, G) \leq f(x)$ für alle $x \in E(G)$ gilt, so besitzt G einen (g, f)-Faktor.

Als weitere Anwendung des (g, f)-Faktorsatzes von Lovász konnte Kano [1] 1986 folgende hochinteressante Verschärfung von Satz 7.16 für den ungeraden Fall beweisen.

Satz 7.21 (Kano [1] 1986) Ist G ein δ-regulärer Multigraph, so besitzt G einen perfekten $[p, p + 1]$-Faktor für alle ganzen Zahlen p mit $0 \leq p \leq \frac{2}{3}\delta - 1$.

Darüber hinaus konstruierte Kano [1] schlichte, δ-reguläre Graphen, die für $\delta - \sqrt{\delta + 1} < p \leq \delta - 2$ keinen perfekten $[p, p + 1]$-Faktor besitzen. Der Fall $\frac{2}{3}\delta \leq p \leq \delta - \sqrt{\delta + 1}$ ist noch ungeklärt.

Bemerkung 7.7 Der Satz 7.21 von Kano kann nicht für fastreguläre oder lokal fastreguläre Graphen gelten. Denn betrachtet man z.B. den vollständigen bipartiten Graphen $G = K_{\delta, \delta+1}$ mit der Bipartition A, B, so kann dieser keinen perfekten $[p, p + 1]$-Faktor besitzen, da jeder reguläre Teilgraph von G gleich viele Ecken aus A und B besitzt.

Weitere interessante Ergebnisse zur Faktortheorie findet man in der Doktorarbeit "Hinreichende Bedingungen für die Existenz regulärer Faktoren in Graphen" meines Schülers Dr. T. Niessen [2].
Die Matching- und Faktortheorie gehören heute zu den am weitesten erforschten Teilgebieten der Graphentheorie. Den interessierten Leser möchte ich auf das umfassende Werk von Lovász und Plummer [1] "Matching Theory" aus dem Jahre 1986 hinweisen, das eine Fülle von Resultaten zu diesem Thema enthält. Die wichtigsten Ergebnisse der Faktortheorie bis 1985 findet man in dem Übersichtsartikel "Factors and factorizations of graphs - a survey" von Akiyama und Kano [1]. Die Entwicklung der Faktortheorie von den Anfängen bis heute, mit besonderer Würdigung der Petersenschen Sätze, wurde in der 1995 erschienenen Arbeit "Regular graphs, regular factors, and the impact of Petersen's Theorems" von Volkmann [7] beschrieben.

7.5 Gradsequenzen

Definition 7.8 Ist G ein Graph mit den Ecken $x_1, ..., x_n$, so heißt die Folge $d(x_1, G), ..., d(x_n, G)$ *Gradsequenz* von G. Eine Folge nicht negativer ganzer Zahlen $d_1, ..., d_n$ heißt *graphisch*, wenn ein schlichter Graph G existiert, der diese Folge als Gradsequenz besitzt.

Eine schöne einfache und praktisch verwendbare notwendige und hinreichende Bedingung dafür, daß eine Folge graphisch ist, gaben Havel und Hakimi.

Satz 7.22 (Havel [1] 1955, Hakimi [1] 1962) Eine Folge nicht negativer ganzer Zahlen $d_1 \geq \ldots \geq d_n$ ist genau dann graphisch, wenn die Folge $d_1 - 1, \ldots, d_{d_n} - 1, d_{d_n+1}, \ldots, d_{n-1}$ graphisch ist.

Beweis. Ist die zweite Folge graphisch, und realisiert der schlichte Graph G' diese Folge, so füge man zu G' eine neue Ecke hinzu und verbinde diese mit den ersten d_n Ecken von G' durch Kanten. Dieser neue schlichte Graph besitzt dann die Gradsequenz $d_1, \ldots, d_n$.

Nun sei die erste Folge graphisch, und es sei G ein Graph der Ordnung n mit $d(x_i, G) = d_i$ für $1 \leq i \leq n$ und $x_i \in E(G)$. Ist x_n adjazent zu den ersten d_n Ecken $x_1, \ldots, x_{d_n}$, so ist $G - x_n$ ein Graph, der die zweite Folge realisiert. Ist das nicht der Fall, so erzeugen wir durch folgende Prozedur einen solchen Graphen.

Angenommen, es existieren Ecken x_i, x_j mit $1 \leq i < j \leq n - 1$, so daß x_n zu x_j adjazent ist, aber nicht zu x_i. Da $d_j \leq d_i$ gilt, existiert eine Ecke $x_t \neq x_i, x_j, x_n$, die zu x_i, aber nicht zu x_j adjazent ist. Ersetzt man in G die Kanten $x_t x_i$ und $x_n x_j$ durch die Kanten $x_n x_i$ und $x_t x_j$, so erhalten wir einen neuen schlichten Graphen mit der gleichen Gradsequenz, aber nun ist x_i ein Nachbar von x_n und x_j nicht. Durch wiederholtes Anwenden dieses Prozesses erhalten wir das gewünschte Ergebnis. ∥

Ein weiteres wichtiges Kriterium, um festzustellen, ob eine gegebene Folge graphisch ist, stammt von Erdös und Gallai.

Satz 7.23 (Erdös, Gallai [1] 1960) Eine Folge $d_1 \geq \ldots \geq d_n$ nicht negativer ganzer Zahlen ist genau dann graphisch, wenn $\sum_{i=1}^{n} d_i$ gerade ist, und wenn

$$\sum_{i=1}^{p} d_i \leq p(p - 1) + \sum_{i=p+1}^{n} \min\{p, d_i\} \tag{7.22}$$

für alle p mit $1 \leq p \leq n$ gilt.

Beweis. Ist die gegebene Folge graphisch, so ist natürlich $\sum_{i=1}^{n} d_i$ gerade. Ist G ein schlichter Graph mit $d(x_i, G) = d_i$ für alle $1 \leq i \leq n$, und setzen wir $X = \{x_1, ..., x_p\}$, so folgt

$$\sum_{i=1}^{p} d(x_i, G) \;\leq\; p(p-1) + m_G(X, E(G) - X)$$

$$\leq\; p(p-1) + \sum_{i=p+1}^{n} \min\{p, d(x_i, G)\},$$

womit wir die Notwendigkeit der Bedingung (7.22) bewiesen haben. Für die Umkehrung beachten wir, daß die Folge $d_1, ..., d_n$ genau dann graphisch ist, wenn der vollständige Graph $G = K_n$ mit der Eckenmenge $E(G) = \{x_1, ..., x_n\}$ einen f-Faktor mit $f(x_i) = d_i$ für alle $1 \leq i \leq n$ besitzt. Wegen des f-Faktorsatzes und der Bemerkung 7.4 genügt es nachzuweisen, daß für alle $X, Y \subseteq E(G)$ mit $X \cap Y = \emptyset$, die Ungleichung $\Theta_G(X, Y, f) \geq -1$ gilt. Nach dem f-Faktorsatz ist diese Ungleichung äquivalent zu:

$$\begin{aligned} q_G(X, Y, f) - 1 \;&\leq\; f(X) - f(Y) + d_{G-X}(Y) \\ &=\; f(X) - f(Y) + |Y|(n - 1 - |X|) \end{aligned}$$

Da G vollständig ist, gilt $q_G(X, Y, f) \leq 1$, womit unser Ergebnis aus der Abschätzung

$$0 \leq f(X) - f(Y) + |Y|(n - 1 - |X|)$$

folgt, die wir nun nachweisen werden. Setzen wir $|X| = r$ und $|Y| = p$, so wird die rechte Seite der letzten Ungleichung minimal, wenn $X = \{x_{n-r+1}, ..., x_n\}$ und $Y = \{x_1, ..., x_p\}$ gilt. Nun folgt aus (7.22)

$$f(X) - f(Y) + |Y|(n - 1 - |X|)$$

$$\geq\; \sum_{i=n-r+1}^{n} d_i - \sum_{i=1}^{p} d_i + (n - 1 - r)p$$

$$\geq\; \sum_{i=n-r+1}^{n} d_i - p(p-1) - \sum_{i=p+1}^{n} \min\{p, d_i\} + (n - 1 - r)p$$

$$\geq\; \sum_{i=n-r+1}^{n} d_i - p(p-1) - \sum_{i=p+1}^{n-r} p - \sum_{i=n-r+1}^{n} d_i + (n - 1 - r)p$$

$$=\; 0,$$

womit der Satz vollständig bewiesen ist. ∥

Einen direkten Beweis, also einen Beweis, der den f-Faktorsatz von Tutte nicht benutzt, findet man in der Originalarbeit von Erdös und Gallai [1] oder in dem Buch von Harary [2] auf den Seiten 59 – 61.

7.6 Aufgaben

Aufgabe 7.1 Ist G ein Graph und $r \in \mathbf{N}$ eine ungerade Zahl, so zeige man:
i) Besitzt G einen r-Faktor, so ist die Ordnung $n(G)$ gerade, und es gilt $m(G) \geq \frac{r}{2}n(G)$.
ii) Ist G r-faktorisierbar, so ist die Größe $m(G)$ ein ganzzahliges Vielfaches von $\frac{r}{2}n(G)$.

Aufgabe 7.2 Es sei G ein p-regulärer, bipartiter Graph ($p \in \mathbf{N}$). Man zeige, daß G genau dann r-faktorisierbar ist ($r \in \mathbf{N}$), wenn $p = r \cdot t$ mit $t \in \mathbf{N}$ gilt.

Aufgabe 7.3 Als Anwendung des 1-Faktorsatzes zeige man:
Ist G ein schlichter Graph mit $|E(G)| = 8$, $|K(G)| \geq 15$ und $2 = \delta(G) \leq \Delta(G) \leq 5$, so besitzt G einen 1-Faktor.

Aufgabe 7.4 Es sei G ein schlichter und Eulerscher Graph der Ordnung 10 mit $\delta(G) \geq 3$.
i) Gibt es in G mindestens fünf Ecken x mit $d(x, G) \geq 5$, so zeige man, daß G einen 1-Faktor besitzt.
ii) Man gebe ein Beispiel G an, das nur vier Ecken x mit $d(x, G) \geq 5$ besitzt, welches keinen 1-Faktor besitzt.

Aufgabe 7.5 Es seien H und G zwei disjunkte Graphen mit folgenden Eigenschaften:
a) $n(H) \leq n(G)$.
b) G besitzt einen 1-Faktor.
Man zeige, daß der Graph $H + G$ (man vgl. Definition 7.4) genau dann einen 1-Faktor besitzt, wenn $n(H)$ gerade ist.

Aufgabe 7.6 Es sei G ein nicht trivialer Baum. Man zeige, daß G genau dann einen 1-Faktor besitzt, wenn $q(G-x) = 1$ für alle $x \in E(G)$ gilt.

Aufgabe 7.7 Es sei G der vollständige p-partite Graph $K_{r_1,\ldots,r_p}$ mit $p \geq 2$, und es gelte o.B.d.A. $r_1 \leq \ldots \leq r_p$.
Man zeige, daß G genau dann einen 1-Faktor besitzt, wenn $n(G)$ gerade ist und $\sum_{i=1}^{p-1} r_i \geq r_p$ gilt.

Aufgabe 7.8 Man beweise Folgerung 7.3.

Aufgabe 7.9 Für die Graphen aus Beispiel 7.4 gebe man schlichte Versionen an.

Aufgabe 7.10 Es sei G ein zusammenhängender 3-regulärer Graph. Liegen alle Brücken von G auf einem Weg, so zeige man, daß G einen 1-Faktor besitzt.

Aufgabe 7.11 Man beweise Satz 7.14.

Aufgabe 7.12 Man beweise Folgerung 7.4.

Aufgabe 7.13 Es sei G ein schlichter Graph der Ordnung $n(G) = 2p$ mit $\delta(G) \geq p + 1 \geq 3$. Man zeige, daß G einen 3-Faktor besitzt.

Aufgabe 7.14 Welche der folgenden Gradsequenzen sind graphisch?

   i) 4,3,3,3,2,2,2,1

  ii) 8,7,6,5,4,3,2,2,1

 iii) 5,5,5,3,3,3,3,3

 iv) 5,4,3,2,1,1,1,1,1,1,1,1

  v) 8,7,7,5,4,3,2,1,1,1

 vi) 11,9,9,7,7,7,7,4,4,4,3,3,3,3,2,2,2,1,1,1

vii) 14,13,12,11,11,8,8,8,8,8,3,3,2,2,2,2,1

Aufgabe 7.15 Ist eine gegebene Gradsequenz graphisch, so konstruiere man mit Hilfe des Beweises von Satz 7.22 einen effektiven Algorithmus, der einen entsprechenden schlichten Graphen liefert.

Aufgabe 7.16 Es sei $d_1 \geq \ldots \geq d_n$ eine Folge nicht negativer ganzer Zahlen, deren Summe gerade ist. Man zeige, daß es einen Graphen (Schlingen und Mehrfachkanten sind zugelassen) G mit der Gradsequenz $d_1, \ldots, d_n$ gibt.

Kapitel 8

Blöcke, Line-Graphen und Graphenoperationen

8.1 Schnittecken und Blöcke

Definition 8.1 Es sei G ein zusammenhängender Multigraph. Eine Ecke x aus G heißt *Schnittecke* von G, wenn $\kappa(G-x) > 1$ ist. Ein zusammenhängender Teilgraph B von G, der bezüglich B keine Schnittecke besitzt, ist ein *Block* von G, wenn es keinen zusammenhängenden Teilgraphen $B' \subseteq G$ ohne Schnittecke gibt mit $B \subseteq B'$ und $B \neq B'$. Damit ist ein Block eines Multigraphen G ein maximaler zusammenhängender Teilgraph ohne Schnittecke. Besitzt ein zusammenhängender Multigraph G keine Schnittecke, so bezeichnet man G auch als *Block* (damit ist der K_1 ein Block). Man nennt einen Block B von G *Endblock*, wenn es in B höchstens eine Ecke gibt, die Schnittecke von G ist.

Satz 8.1 (König [3] 1936) Eine Ecke x eines zusammenhängenden Multigraphen G ist genau dann eine Schnittecke von G, wenn zwei von x verschiedene Ecken u, v $(u \neq v)$ existieren, so daß x auf jedem Weg von u nach v liegt.

Beweis. Ist x eine Schnittecke von G, so ist $G - x$ nicht zusammenhängend. Liegen die beiden Ecken u und v in verschiedenen Komponenten von $G - x$, so existiert kein Weg von u nach v in $G - x$. Da G zusammenhängend ist, führen dann in G alle Wege von u nach v über x.
Gibt es umgekehrt zwei Ecken u, v in G, so daß jeder Weg von u nach v durch die Ecke x geht, so existiert in $G - x$ kein Weg von u nach v, womit $G - x$ nicht zusammenhängend, also x eine Schnittecke ist. $\parallel$

Wir beweisen nun einen wichtigen Struktursatz, den man im wesentlichen in dem Buch von König [3] S. 224 – 228 findet.

Satz 8.2 (König [3] 1936) Es sei G ein zusammenhängender Multigraph mit einer Schnittecke. Sind $B_1, ..., B_t$ alle Blöcke von G, so gelten folgende Aussagen für $1 \leq i < j \leq t$:

i) $|E(B_i) \cap E(B_j)| \leq 1$.

ii) $K(B_i) \cap K(B_j) = \emptyset$ und $K(G) = K(B_1) \cup ... \cup K(B_t)$.

iii) Ist $x \in E(B_i) \cap E(B_j)$, so ist x eine Schnittecke von G.

iv) Ist x eine Schnittecke von G, so gehört x zu mindestens zwei verschiedenen Blöcken von G.

v) Gehören die Ecken a und b nicht zu einem Block, so liegt auf jedem Weg von a nach b eine Schnittecke $x \neq a, b$ von G, so daß a und b in verschiedenen Komponenten von $G - x$ liegen.

Beweis. i) Gäbe es zwei verschiedene Ecken $x, y \in E(B_i) \cap E(B_j)$, so besäße der Teilgraph $B_i \cup B_j$ keine Schnittecke, womit B_i und B_j keine Blöcke von G wären.

ii) Die erste Aussage folgt direkt aus i). Da jede Kante in einem Block liegt, ergibt sich sofort der zweite Teil von ii).

iii) Es seien $u \in E(B_i)$ und $v \in E(B_j)$ mit $u, v \neq x$. Ist x keine Schnittecke von G, so gibt es in $G - x$ einen Weg W von u nach v. Dann besitzt aber der Teilgraph $B_i \cup B_j \cup W$ keine Schnittecke, womit wir einen Widerspruch erzeugt haben.

iv) Es seien H und L zwei Komponenten von $G-x$. Dann existieren zwei Kanten ax und bx mit $a \in E(H)$ und $b \in E(L)$. Da x eine Schnittecke von G ist, müssen diese beiden Kanten zu verschiedenen Blöcken von G gehören, womit x in mindestens zwei Blöcken liegt.

v) Es sei $W_{ab} = (a_0, k_1, a_1, k_2, a_2, ..., a_{p-1}, k_p, a_p)$ ein Weg von $a = a_0$ nach $b = a_p$ in G mit $k_1 \in K(B_i)$, und es sei r der kleinste Index mit $a_r \notin E(B_i)$. Dann liegt a_{r-1} in mindestens zwei Blöcken und ist daher nach iii) eine Schnittecke. Gäbe es in $G - a_{r-1}$ noch einen Weg P von a nach b, so sei s mit $0 \leq s \leq r - 2$ der größte Index und l mit $r \leq l \leq p$ der kleinste Index, so daß $a_s, a_l \in E(P)$ gilt. Dann gehören aber die Ecken $a_s, ..., a_{r-2}, a_{r-1}, a_r, ..., a_l$ zu einem Block B^* von G und wegen $k_{r-1} \in K(B_i) \cap K(B^*)$ folgt aus ii) $B_i = B^*$, womit entgegen unserer Annahme auch noch a_r zu B_i gehört. Daher ist $x = a_{r-1}$ eine gesuchte Schnittecke von G. $\parallel$

Beispiel 8.1 Die Skizze zeigt uns einen Graphen G und seine Zerlegung in 6 kantendisjunkte Blöcke. Die Ecken x, y, u und v sind die Schnittecken von G, und die Blöcke B_1, B_4 und B_6 sind die Endblöcke von G.

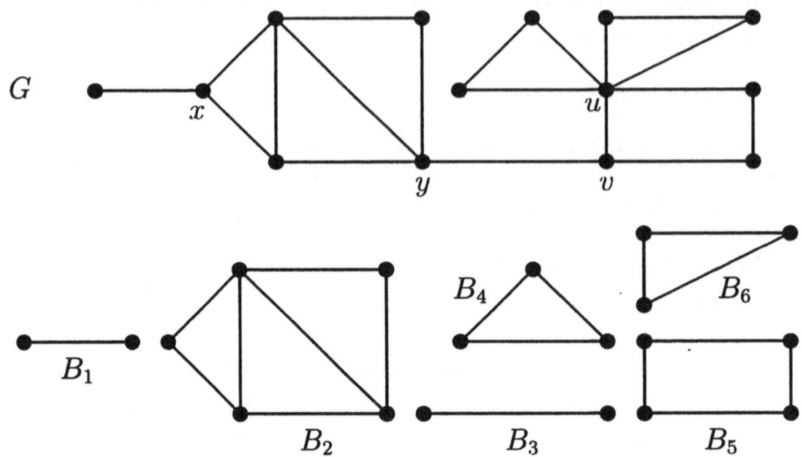

Satz 8.3 (Harary, Norman [1] 1953) Das Zentrum eines zusammenhängenden Multigraphen G liegt in einem einzigen Block von G.

Beweis. Angenommen, das Zentrum $Z(G)$ liegt nicht in einem Block von G. Dann besitzt G nach Satz 8.2 v) eine Schnittecke v, so daß $G - v$ mindestens zwei Komponenten G_1 und G_2 hat, in denen sich Elemente aus $Z(G)$ befinden. Ist $e(v)$ die Exzentrizität der Ecke v in G, so sei $u \in E(G)$ mit $d_G(u, v) = e(v)$ und W_{uv} ein Weg von u nach v in G mit $L(W_{uv}) = e(v)$. Wenigstens eine der beiden Komponenten G_1 und G_2 enthält dann keine Ecke des Weges W_{uv}. Es gelte o.B.d.A. $E(W_{uv}) \cap E(G_2) = \emptyset$. Nun sei $x \in Z(G) \cap E(G_2)$ und W_{vx} ein Weg von v nach x in G mit $L(W_{vx}) = d_G(v, x)$. Fügt man die beiden Wege W_{uv} und W_{vx} zusammen, so erhält man einen Weg W_{ux} von u nach x in G mit $L(W_{ux}) = d_G(u, x)$. Denn gäbe es einen kürzeren Weg von u nach x, so würde dieser die Ecke v nicht enthalten, womit aber u und x in der gleichen Komponente von $G - v$ lägen. Daraus ergibt sich

$$e(x) \geq d_G(u, x) = L(W_{ux}) > L(W_{uv}) = e(v),$$

was ein Widerspruch zu der Tatsache ist, daß die Ecke x zum Zentrum von G gehört. $\|$

Folgerung 8.1 (Jordan [1] 1869) Da in einem nicht trivialen Baum jeder Block ein K_2 ist, besteht das Zentrum eines Baumes entweder aus einem K_1 oder einem K_2.

Bemerkung 8.1 Jeder Graph kann das Zentrum eines anderen Graphen sein. Denn ist G ein beliebiger Graph, so betrachte man z.B. $K_2 \cup G \cup K_2$. In diesem Graphen verbinde man jeweils eine Ecke der beiden vollständigen Graphen K_2 mit allen Ecken von G durch eine Kante. Für den so konstruierten Graphen H gilt dann $\mathrm{dm}(H) = 4$, $r(H) = 2$ und $Z(H) = G$.

Weitere Informationen zu den Begriffen Durchmesser, Radius, Zentrum usw. erhält man aus dem Lehrbuch von Buckley und Harary [1] 1990.

Definition 8.2 Es sei G ein beliebiger Graph und $k = ab$ eine Kante von G. Wir sagen k wird *unterteilt*, wenn wir zu G eine neue Ecke x hinzufügen und die Kante k durch zwei neue Kanten ax und xb ersetzen. Ein Graph H heißt *Unterteilungsgraph* von G, wenn man H aus G durch sukzessives Unterteilen von Kanten erhält.

Satz 8.4 (Whitney [4] 1932) Ist G ein zusammenhängender Multigraph mit $|E(G)| \geq 3$, so sind folgende Aussagen äquivalent:

i) G ist ein Block.

ii) Je zwei Ecken von G liegen auf einem gemeinsamen Kreis.

iii) Je eine Ecke und eine Kante von G liegen auf einem gemeinsamen Kreis.

iv) Je zwei Kanten von G liegen auf einem gemeinsamen Kreis.

Beweis. Aus i) folgt ii). Sei a eine beliebige Ecke von G und $U(a)$ die Menge der Ecken, die auf einem gemeinsamen Kreis mit a liegen. Da G ein Block ist, gibt es keine Schnittecke, und da $|E(G)| \geq 3$ gilt, enthält G auch keine Brücke. Daher liegt nach Folgerung 1.1 jede Kante auf einem Kreis, womit alle Nachbarn von a zu $U(a)$ gehören. Ist $U(a) \neq E(G)$, so existiert eine Ecke $b \in E(G) - U(a)$. Da G zusammenhängend ist, gibt es einen Weg $(a_0, a_1, ..., a_t)$ von $a = a_0$ nach $b = a_t$. Es sei i der kleinste Index mit $a_i \notin U(a)$ und $a_{i-1} \in U(a)$ und C ein Kreis, der die beiden Ecken a und a_{i-1} enthält. Da a_{i-1} keine Schnittecke ist und $a_{i-1} \neq a$ gilt, existiert ein Weg $W = (a_i = x_0, x_1, ..., x_r = a)$, der die Ecke a_{i-1} nicht enthält. Ist a die einzige gemeinsame Ecke von C und W, so erkennt man leicht, daß es einen Kreis gibt, der die Ecken a und a_i enthält, womit wir einen Widerspruch erhalten. Daher gibt es weitere gemeinsame Ecken von C und W. Sei j der kleinste Index mit $1 \leq j < r$, so daß x_j zu C gehört. Dann läßt sich ein Kreis, der die Ecken a und a_i enthält, folgendermaßen konstruieren: Beginnend bei a_i nehme man zunächst den Teilweg von a_i nach x_j von W, danach den Teil des Kreises C von x_j nach a, der a_{i-1} nicht enthält, dann den Teil des Kreises C von a nach a_{i-1}, der noch nicht genommen wurde und zum Schluß die Kante $a_{i-1}a_i$. (Man beachte, daß $x_j = a_{i-1}$ nicht möglich ist.) Damit haben wir einen Widerspruch erzeugt, womit es eine solche Ecke b nicht geben kann.

Aus ii) folgt i). Hätte G eine Schnittecke x, so würden nach Satz 8.1 zwei Ecken u, v existieren, so daß x auf jedem Weg von u nach v läge. Ist nun C ein Kreis, der die beiden Ecken u und v enthält, so ergibt das einen offensichtlichen Widerspruch.

Aus i) folgt iii). Es sei $k = ab$ und o.B.d.A. $u \neq a, b$. Durch Einfügen einer neuen Ecke x unterteilen wir die Kante k in die Kanten ax und xb. Dieser neue Graph G' ist wieder ein Block und erfüllt damit ii). Daher gibt es in G' einen Kreis, der durch die Ecken x und u geht, womit ein entsprechender Kreis in G die Kante k und die Ecke u enthält.

Aus i) folgt iv) zeigt man analog zum letzten Teil des Beweises.

Da ii) sofort aus iii) und iii) sofort aus iv) folgt, ist Satz 8.4 vollständig bewiesen. ‖

Als erste Anwendung von Satz 8.4 wollen wir ein hübsches Resultat von Rubin vorstellen (man vgl. Erdös, Rubin und Taylor [1] 1980 oder Entringer [1] 1985).

Satz 8.5 (Rubin) Es sei G ein schlichter Block mit $|E(G)| \geq 3$, der jedoch kein Kreis ist. Es gibt genau dann Kreise gerader und ungerader Länge in G, wenn G nicht bipartit ist.

Beweis. Besitzt G Kreise gerader und ungerader Länge, so ist G nach dem Satz von König (Satz 4.14) nicht bipartit.

Ist G nicht bipartit, so gibt es nach dem Satz von König sicher einen Kreis ungerader Länge in G. Daher müssen wir noch die Existenz eines Kreises gerader Länge nachweisen. Es sei $C = (x_1, k_1, x_2, ..., x_p, k_p, x_1)$ ein längster Kreis in G. Da wir im Fall, daß $L(C)$ gerade ist, fertig sind, sei im folgenden $L(C)$ ungerade. Ist C ein Hamiltonkreis, so gibt es nach Voraussetzung eine Kante k in G, die nicht zu $K(C)$ gehört. Man erkennt ohne Mühe, daß die Kante k mit einem Teil des Kreises C einen Kreis gerader Länge bildet. Ist C kein Hamiltonkreis, so existiert eine Kante $l_1 \in K(G) - K(C)$, die mit genau einer Ecke, sagen wir x_1, von C inzidiert. Nach Satz 8.4 liegen die beiden Kanten $l_1 = x_1a_2$ und k_1 auf einem gemeinsamen Kreis $(x_1, l_1, a_2, l_2, a_3, ..., a_t, l_t, x_1)$ mit

$a_t = x_2$ und $l_t = k_1$. Nun sei $j \in \{3, 4, ..., t\}$ der kleinste Index, so daß a_j zu C gehört. Ist $a_j = x_q$, so gilt sicher $q \neq 1$, und $C' = (x_1, l_1, a_2, ..., a_j = x_q, k_{q-1}, x_{q-1}, ..., x_2, k_1, x_1)$ ist ein Kreis, der mit C genau die Kanten $k_1, k_2, ..., k_{q-1}$ gemeinsam hat. Ist $L(C')$ gerade, so ist der Satz bewiesen. Ist $L(C')$ ungerade, so sieht man leicht, daß dann der Kreis $(x_1, l_1, a_2, l_2, ..., a_j = x_q, k_q, ..., k_p, x_1)$ gerade Länge hat. $\|$

Definition 8.3 Es sei G ein zusammenhängender Multigraph. Sind $B_1, ..., B_r$ die Blöcke und $x_1, ..., x_t$ die Schnittecken von G, so definieren wir einen schlichten, bipartiten Graphen $BS(G)$ auf den Eckenmengen $X = \{B_1, ..., B_r\}$ und $Y = \{x_1, ..., x_t\}$, wobei die Ecken B_i und x_j genau dann durch eine Kante verbunden werden, wenn $x_j \in E(B_i)$ gilt.

Satz 8.6 (Harary, Prins [1] 1966) Ist G ein zusammenhängender, nicht trivialer Multigraph, so ist der gemäß Definition 8.3 gegebene bipartite Graph $BS(G)$ ein Baum.

Beweis. Nehmen wir zunächst an, daß der Graph $BS(G)$ nicht zusammenhängend ist, und es sei U eine Komponente vom Graphen $BS(G)$. Mit H bezeichnen wir die Vereinigung aller Blöcke von G, die durch U induziert werden, und L sei die Vereinigung der verbleibenden Blöcke von G. Da G zusammenhängend ist, gilt $E(H) \cap E(L) \neq \emptyset$. Ist x eine Ecke aus dieser Schnittmenge, so ist x nach Satz 8.2 iii) eine Schnittecke von G. Damit ist x im Graphen $BS(G)$ adjazent zu einer Ecke aus U aber auch zu einer Ecke, die nicht zu U gehört. Das widerspricht der Voraussetzung, daß U eine Komponente ist.
Nun nehmen wir an, daß der Graph $BS(G)$ einen Kreis besitzt. Ist

$$C = (B_1^*, y_1, B_2^*, y_2, ..., B_p^*, y_p, B_1^*)$$

mit $B_i^* \in X$ und $y_i \in Y$ für $1 \leq i \leq p$ ein Kreis kürzester Länge im Graphen $BS(G)$, so erkennt man leicht, daß der Teilgraph $B_1^* \cup ... \cup B_p^*$ von G keine Schnittecke besitzt, was der Eigenschaft widerspricht, daß B_1^* ein Block ist. $\|$

Folgerung 8.2 Ist G ein zusammenhängender Multigraph mit einer Schnittecke, so besitzt G mindestens zwei Endblöcke.

Beweis. Da G eine Schnittecke besitzt, hat der Baum $BS(G)$ wenigstens drei Ecken. Nach Satz 2.3 existieren dann mindestens zwei Endecken in $BS(G)$, die aber genau den Endblöcken von G entsprechen. $\|$

Das Beispiel 2.2 liefert uns für alle schlichten Graphen die Abschätzung $\nu \geq \frac{1}{2}\Delta(\delta - 1)$. Wir zeigen nun, daß diese Ungleichung auch für Multigraphen gilt.

Satz 8.7 (Volkmann) Ist G ein Multigraph, so gilt

$$\nu(G) \geq \frac{1}{2}\Delta(G)(\delta(G) - 1).$$

Beweis. Wir führen einen Induktionsbeweis nach der Anzahl der Blöcke von G. Ist G ein Block, so sei $a \in E(G)$ mit $d(a, G) = \Delta(G)$. Da nach Satz 8.4 je zwei Kanten auf einem gemeinsamen Kreis liegen, gehört die Ecke a zu mindestens $\frac{1}{2}\Delta(G)(\Delta(G) - 1)$ verschiedenen Kreisen.
Im Fall, daß G kein Block ist, existiert eine Schnittecke v von G mit $d(v, G) = \Delta(G)$. Sind $E_1, ..., E_r$ die Eckenmengen der Komponenten von $G - v$, so setzen wir $G_i = G[E_i \cup \{v\}]$ für $i = 1, ..., r$. Es gilt dann $\sum_{i=1}^{r} d(v, G_i) = d(v, G)$ und $\nu(G) = \sum_{i=1}^{r} \nu(G_i)$ (man vgl. Aufgabe 8.3). Ist $d(v, G_i) \leq \delta(G) - 1$, so existiert wegen Folgerung 8.2 eine Ecke x_i in einem Endblock von G_i mit $d(x_i, G_i) \geq \delta(G)$, die keine Schnittecke von G_i ist. Daher gehen durch x_i nach Satz 8.4 iv) mindestens

$$\frac{1}{2}d(x_i, G_i)(d(x_i, G_i) - 1) \geq \frac{1}{2}d(v, G_i)(\delta(G) - 1)$$

Kreise.
Ist $d(v, G_i) \geq \delta(G)$, so gilt $\delta(G_i) \geq \delta(G)$ und nach Induktionsvoraussetzung gibt es in G_i mindestens

$$\frac{1}{2}d(v, G_i)(\delta(G) - 1)$$

Kreise. Insgesamt folgt nun

$$\begin{aligned}
\nu(G) &= \sum_{i=1}^{r} \nu(G_i) \geq \frac{1}{2}(\delta(G) - 1)\sum_{i=1}^{r} d(v, G_i) \\
&= \frac{1}{2}\Delta(G)(\delta(G) - 1). \quad \|
\end{aligned}$$

Definition 8.4 Ein schlichter Graph G heißt *Blockgraph*, wenn jeder Block in G vollständig ist.

Definition 8.5 Es sei G ein zusammenhängender Multigraph. Sind $B_1, ..., B_r$ die Blöcke von G, so definieren wir den schlichten Graphen $B(G)$ auf der Eckenmenge $U = \{B_1, ..., B_r\}$, wobei zwei Ecken B_i und B_j genau dann adjazent sind, wenn $E(B_i) \cap E(B_j) \neq \emptyset$ gilt.

Satz 8.8 (Harary [1] 1963) Ist G ein zusammenhängender Multigraph, so ist der Graph $B(G)$ aus Definition 8.5 ein Blockgraph.

Beweis. Nach Definition 8.5 ist der Graph $B(G)$ schlicht.
1. Schritt: Wir werden induktiv nach der Länge der Kreise zeigen, daß jeder Kreis C in $B(G)$ einen vollständigen Graphen induziert, wobei im Fall $L(C) = 3$ nichts zu beweisen ist.
Nun sei $L(C) = 4$ mit $C = A_1A_2A_3A_4A_1$, wobei A_i für $i = 1, 2, 3, 4$ ein Block aus G bedeutet.
Hat C keine Sehne (man vgl. dazu Definition 9.5), also gilt einerseits $E(A_1) \cap E(A_3) = \emptyset$ und andererseits $E(A_2) \cap E(A_4) = \emptyset$ in G, so ergibt sich nacheinander $E(A_1) \cap E(A_2) = \{x_1\}$, $E(A_2) \cap E(A_3) = \{x_2\}$ mit $x_1 \neq x_2$, $E(A_3) \cap E(A_4) = \{x_3\}$ mit $x_3 \neq x_1, x_2$ und schließlich $E(A_4) \cap E(A_1) = \{x_4\}$ mit $x_4 \neq x_1, x_2, x_3$. Dann besitzt aber auch der Teilgraph $A_1 \cup A_2 \cup A_3 \cup A_4$ keine Schnittecke, was der Definition des Blockes widerspricht.
Hat C o.B.d.A. die Sehne A_1A_3, so folgt analog zu obiger Betrachtung $E(A_1) \cap E(A_2) \cap E(A_3) = \{x_1\}$ und $E(A_1) \cap E(A_3) \cap E(A_4) = \{x_2\}$. Daraus ergibt sich zusammen mit Satz 8.2 i) notwendig $x_1 = x_2$, womit C auch die Sehne A_2A_4 besitzt, also C einen vollständigen Graphen induziert.
Nun gelte $L(C) \geq 5$. Hat C keine Sehne, so erzeugt man analog zum Fall $L(C) = 4$ einen Widerspruch. Hat $C = A_1A_2...A_pA_1$ dagegen eine Sehne A_iA_j mit $1 \leq i < j \leq p$ und $i + 2 \leq j$, so induzieren die beiden Kreise $A_1...A_iA_jA_{j+1}...A_pA_1$ und $A_iA_{i+1}...A_jA_i$ nach Induktionsvoraussetzung vollständige Graphen. Durch weitere solche Überlegungen folgt nun wieder induktiv, daß C einen vollständigen Graphen induziert.
2. Schritt: Ist D ein Block von $B(G)$, mit $|E(D)| \geq 3$, so liegen nach Satz 8.4 je zwei Ecken von D auf einem gemeinsamen Kreis, womit diese beiden Ecken nach dem ersten Schritt adjazent sind. Das bedeutet, daß je zwei Ecken eines Blockes von $B(G)$ untereinander adjazent sind, also jeder Block vollständig und damit $B(G)$ ein Blockgraph ist. $\|$

Bemerkung 8.2 Jeder nicht triviale Baum ist ein Blockgraph, wobei jeder Block ein K_2 ist.

Definition 8.6 Ein Block G heißt *eckenkritisch*, wenn für jede Ecke $x \in E(G)$ der Graph $G - x$ kein Block ist.
Ein Block G heißt *kantenkritisch*, wenn für jede Kante $k \in K(G)$ der Graph $G - k$ kein Block ist.

Beispiel 8.2 In der Skizze ist der Block G_1 kantenkritisch aber nicht eckenkritisch, während der Block G_2 eckenkritisch aber nicht kantenkritisch ist.

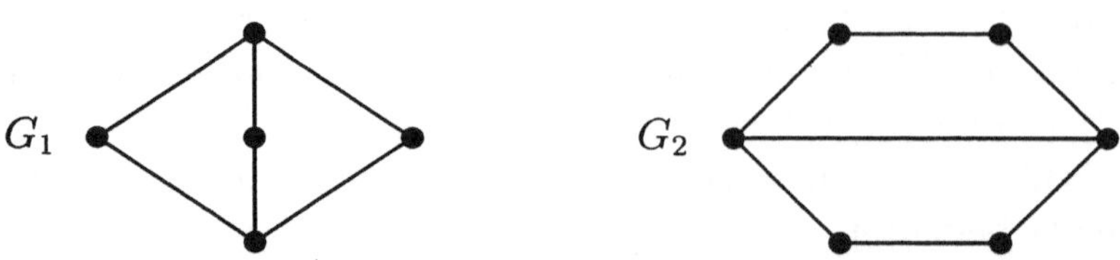

Die beiden Graphen G_1 und G_2 besitzen Ecken vom Grad 2. In den nächsten beiden Sätzen wollen wir zeigen, daß dies für alle kritischen, schlichten Blöcke der Fall ist.

Satz 8.9 (Lick [1] 1969) Jeder eckenkritische, schlichte Block der Ordnung $n(G) \geq 4$ besitzt eine Ecke vom Grad 2.

Beweis. Ist G ein schlichter, eckenkritischer Block mit $n(G) \geq 4$, so existiert zu jeder Ecke x eine Ecke y in $G - x$, so daß $G - \{x, y\}$ nicht zusammenhängend ist. Unter allen Paaren von Ecken x, y mit dieser Eigenschaft wählen wir ein Paar u, v, für welches die Ordnung der kleinsten Komponente von $G - \{u, v\}$ minimal ist. Ist G_1 die kleinste Komponente von $G - \{u, v\}$, so sei G_2 die Vereinigung der verbleibenden Komponenten. Im folgenden zeigen wir $n(G_1) = n_1 = 1$, womit die einzige Ecke aus G_1 nur die beiden Nachbarn u und v in G hat und damit vom Grad 2 ist.

Angenommen, es ist $n_1 \geq 2$. Da wir G als Block vorausgesetzt haben, ist der Teilgraph $H = G[E(G_1) \cup \{u, v\}]$ zusammenhängend. Wählt man für $a_1 \in E(G_1)$ eine Ecke a_2 aus $G - a_1$, so daß $G - \{a_1, a_2\}$ nicht zusammenhängend ist, so unterscheiden wir zwei Fälle.

1. Fall: $a_2 \in E(H)$. Da die beiden Graphen $G[E(G_2) \cup \{u\}]$ und $G[E(G_2) \cup \{v\}]$ zusammenhängend sind, und mindestens einer von beiden zu $G - \{a_1, a_2\}$ gehört, gibt es in $G - \{a_1, a_2\}$ eine Komponente von kleinerer Ordnung als n_1, was einen Widerspruch zur Wahl von G_1 bedeutet.

2. Fall: $a_2 \in E(G_2)$. Da $G - a_2$ zusammenhängend ist, hat a_1 in jeder Komponente von $G - \{a_1, a_2\}$ einen Nachbarn. Nach Konstruktion gilt $N(a_1, G) \subseteq E(H)$, womit H Ecken aus jeder Komponente von $G - \{a_1, a_2\}$ besitzt.

Nun zeigen wir, daß $H - a_1$ in genau zwei Komponenten H_u und H_v mit $u \in E(H_u)$ und $v \in E(H_v)$ zerfällt. Denn wäre $H - a_1$ zusammenhängend, so gäbe es zwischen je zwei Ecken von $H - a_1$ einen Weg in $H - a_1$, der a_2 nicht enthält. Damit gäbe es aber Wege zwischen den Komponenten von $G - \{a_1, a_2\}$, die weder a_1 noch a_2 enthalten, was natürlich nicht möglich ist. Da G ein Block ist, überlegt man sich mit Hilfe von Satz 8.4, daß es in G für jedes $x \in E(H)$ zwei eckendisjunkte (mit Ausnahme der Ecke x) Wege W_{xu} bzw. W_{xv} von x nach u bzw. von x nach v gibt, die a_2 nicht enthalten. Daher gibt es in $H - a_1$ für jede Ecke einen Weg nach u oder nach v. Da $H - a_1$ nicht zusammenhängend ist, zerfällt $H - a_1$ in die beiden gewünschten Komponenten H_u und H_v.

Sind H_u und H_v triviale Graphen, so sind wir fertig. Ist aber o.B.d.A. $|E(H_u)| \geq 2$, so gibt es in H_u eine Ecke $x \neq u$, und in G führt jeder Weg von x nach a_2 über die Ecke u oder die Ecke v. Daher führt in $G - u$ jeder Weg von x nach a_2 über v und damit notwendig über a_1. Das bedeutet, daß $G - \{a_1, u\}$ nicht zusammenhängend ist, und die Komponente H_x von $G - \{a_1, u\}$, die x enthält, ein Teilgraph von $H_u - u$ sein muß. Daraus folgt $n(H_x) < n(G_1)$, was der minimalen Ordnung von G_1 widerspricht. $\|$

Satz 8.10 (Dirac [3] 1967, Plummer [1] 1968) Jeder kantenkritische, schlichte Block G mit $n(G) \geq 4$ besitzt eine Ecke vom Grad zwei.

Beweis. Es sei G ein schlichter, kantenkritischer Block mit $n(G) \geq 4$, der keine Ecke vom Grad 2 besitzt. Dann ist G nach Satz 8.9 nicht eckenkritisch und besitzt daher eine Ecke x, so daß $G - x$ wieder ein Block ist. Ist die Kante k inzident mit x, so besitzt $G - k$ nach Voraussetzung eine Schnittecke u, die natürlich von x verschieden ist. Da $G - u$ zusammenhängend ist aber $(G - u) - k$ nicht, muß k eine Brücke von $G - u$ sein. Weiter ergibt sich aus dem Zusammenhang von $G - \{x, u\}$, daß k eine Endkante und x eine Endecke von $G - u$ ist. Daher hat die Ecke x den Grad 1 in $G - u$ und den Grad 2 in G, womit wir einen Widerspruch erzielt haben. $\|$

Die genaue geschichtliche Entwicklung dieses Abschnittes bis 1936 findet der interessierte Leser in dem Buch von König [3] auf den Seiten 224 – 231. Erweiterungen und Verallgemeinerungen der Sätze 8.9 und 8.10 findet man z.B. bei Dirac [3] 1967, Plummer [1] 1968, Halin [1] 1969 und Mader [1], [2] 1971.

8.2　Line-Graphen

Definition 8.7 Es sei G ein schlichter Graph. Der schlichte Graph $\mathcal{L}(G) = (E(\mathcal{L}(G)), K(\mathcal{L}(G)))$ mit $E(\mathcal{L}(G)) = K(G)$ und

$$K(\mathcal{L}(G)) = \{\{k,l\} \mid k,l \in K(G) \ \text{und} \ l \neq k \ \text{sind inzident in} \ G\}$$

heißt *Line-Graph* oder *Kantengraph* von G.

Bemerkung 8.3 Ist G ein schlichter Graph und $k = xy \in K(G)$, so gilt

$$d(k, \mathcal{L}(G)) = d(x, G) + d(y, G) - 2.$$

Ein schlichter Graph G ohne isolierte Ecken ist genau dann zusammenhängend, wenn sein Line-Graph $\mathcal{L}(G)$ zusammenhängend ist.
Jede Brücke eines schlichten Graphen G, die keine Endkante ist, ist eine Schnittecke von $\mathcal{L}(G)$ und umgekehrt.

Satz 8.11 Ist G ein schlichter Graph mit m Kanten, so besitzt $\mathcal{L}(G)$ natürlich m Ecken, und es gilt

$$|K(\mathcal{L}(G))| = \frac{1}{2} \sum_{x \in E(G)} d(x, G)^2 - m.$$

Beweis. Eine Ecke x von G liefert $\frac{1}{2}d(x, G)(d(x, G)-1)$ Kanten in $\mathcal{L}(G)$. Daraus ergibt sich

$$
\begin{aligned}
|K(\mathcal{L}(G))| &= \frac{1}{2} \sum_{x \in E(G)} d(x, G)(d(x, G) - 1) \\
&= \frac{1}{2} \sum_{x \in E(G)} d(x, G)^2 - \frac{1}{2} \sum_{x \in E(G)} d(x, G) \\
&= \frac{1}{2} \sum_{x \in E(G)} d(x, G)^2 - m. \ \ \|
\end{aligned}
$$

Satz 8.12 Ein schlichter und zusammenhängender Graph G ist genau dann isomorph zu seinem Line-Graphen, wenn er ein Kreis ist.

Beweis. Ist G ein Kreis, so ist leicht zu sehen, daß $G \cong \mathcal{L}(G)$ gilt. Nun gelte umgekehrt $G \cong \mathcal{L}(G)$. Dann ist $n = |E(G)| = |E(\mathcal{L}(G))| = m$, also $\mu(G) = m - n + 1 = 1$, womit G nach Satz 2.7 genau einen Kreis C besitzt. Mit $\mathcal{L}(C)$ bezeichnen wir das isomorphe Bild von C in $\mathcal{L}(G)$.

Nun nehmen wir an, daß eine Ecke $x \in E(C)$ existiert mit $d(x, G) > 2$. Es sei k eine zu x inzidente Kante mit $k \notin K(C)$. Dann ist k eine Ecke von $\mathcal{L}(G)$, die nicht zum Kreis $\mathcal{L}(C)$ gehört aber zu zwei Ecken des Kreises $\mathcal{L}(C)$ adjazent ist. Damit haben wir in $\mathcal{L}(G)$ einen weiteren Kreis gefunden, was aber nicht möglich ist, da auch $\mathcal{L}(G)$ nur einen Kreis enthält. $\parallel$

Sind zwei schlichte Graphen G und G' isomorph, so sind natürlich auch ihre Line-Graphen $\mathcal{L}(G)$ und $\mathcal{L}(G')$ isomorph. Im Jahre 1932 zeigte Whitney [2], daß auch die Umkehrung fast immer richtig ist.

Satz 8.13 (Whitney [2] 1932) Es seien G und G' zwei schlichte und zusammenhängende Graphen mit isomorphen Line-Graphen. Dann sind auch G und G' isomorph, es sei denn, der eine ist der K_3 und der andere der $K_{1,3}$.

Der wohl einfachste Beweis des Satzes von Whitney geht auf Jung [1] 1966 zurück. Dieser Beweis befindet sich auch in dem Lehrbuch von Harary [2] auf Seite 72 und in dem Übersichtsartikel "Line graphs and line digraphs" von Hemminger und Beineke [1] aus dem Jahre 1978.

Definition 8.8 Ein Graph G heißt *Line-Graph*, wenn ein schlichter Graph H existiert mit $\mathcal{L}(H) \cong G$.

Zunächst wollen wir die bipartiten Line-Graphen charakterisieren.

Satz 8.14 Es sei G ein schlichter, zusammenhängender und bipartiter Graph. Der Graph G ist genau dann der Line-Graph eines Graphen H, also $G \cong \mathcal{L}(H)$, wenn G ein Kreis gerader Länge oder ein Weg ist.

Beweis. Ist G ein Kreis gerader Länge, so folgt aus Satz 8.12 sofort $G \cong \mathcal{L}(G)$, womit wir in diesem Fall $H = G$ wählen können. Ist G ein Weg der Länge $p \geq 0$ und W ein Weg der Länge $p + 1$, so gilt $G \cong \mathcal{L}(W)$, also $H = W$.
Nun gelte $G \cong \mathcal{L}(H)$. Gibt es in H eine Ecke x mit $d(x, H) \geq 3$, so besitzt $\mathcal{L}(H)$ ein Dreieck, womit $\mathcal{L}(H)$ nicht bipartit ist. Daher muß H ein Kreis oder ein Weg sein. Da nach Satz 8.12 H kein Kreis ungerader Länge sein kann, ist der Satz bewiesen. $\parallel$

Eine erste vollständige Charakterisierung der Line-Graphen stammt von Krausz [1] aus dem Jahre 1943.

Satz 8.15 (Krausz [1] 1943) Ein schlichter Graph G ist genau dann ein Line-Graph, wenn sich G in kantendisjunkte vollständige Teilgraphen zerlegen läßt, so daß jede Ecke von G zu höchstens zwei dieser Teilgraphen gehört.

Beweis. Es gebe einen schlichten Graphen H ohne isolierte Ecken mit $\mathcal{L}(H) \cong G$. Ist $x \in E(H)$, so induziert diese Ecke zusammen mit allen zu x inzidenten Kanten einen vollständigen Teilgraphen von $\mathcal{L}(H)$, und jede Kante von $\mathcal{L}(H)$ liegt in genau einem solchen Teilgraphen. Da jede Kante von H mit genau zwei Ecken aus H inzidiert, gehört keine Ecke von $\mathcal{L}(H)$ zu mehr als zwei dieser Teilgraphen.

Nun sei $S_1, S_2, ..., S_q$ eine zulässige Zerlegung von G in vollständige Teilgraphen. Wir geben einen Graphen H an, dessen Line-Graph isomorph zu G ist. Es sei $U = \{x | x \in E(S_i) \text{ für genau ein } i = 1, ..., q\}$ und $S = \{S_1, ..., S_q\}$. Nun setzen wir $E(H) = S \cup U$,

$$
\begin{aligned}
K_1(H) &= \{S_i S_j | E(S_i) \cap E(S_j) \neq \emptyset,\ i \neq j\}, \\
K_2(H) &= \{x S_i | x \in U \text{ und } x \in E(S_i)\}, \\
K(H) &= K_1(H) \cup K_2(H).
\end{aligned}
$$

Mit Hilfe eines Induktionsbeweises nach der Kantenzahl $m = m(G)$ wollen wir zeigen, daß $\mathcal{L}(H) \cong G$ gilt. Ist $m(G) = 1$, also $G = K_2$, so ist H ein Weg der Länge 2. Nun sei $m \geq 2$.

1. Fall: Gibt es eine Ecke $x \in E(S_1)$, die nur zu S_1 gehört, so setzen wir $G' = G - x$.

Ist x eine Endecke von G, so gelte o.B.d.A. $E(S_1) = \{x, u\}$ mit $u \in E(S_2)$. Dann ist $S_2, ..., S_q$ eine zulässige Zerlegung von G', womit nach Induktionsvoraussetzung obige Vorschrift einen Graphen H' liefert mit $\mathcal{L}(H') \cong G'$. Weiter gilt nach Voraussetzung $u \in E(H')$ und die Kante uS_2 gehört zu H'. Nun entstehe H aus H' durch Hinzufügen einer Ecke x' und einer Endkante $x = ux'$. Es gilt $\mathcal{L}(H) \cong G$ und die Konstruktion von H durch die Ecken S_2, u und x' stimmt mit der obigen Konstruktion durch die Ecken S_2, S_1 und x überein.

Ist x keine Endecke, so setze man $S_1' = S_1 - x$. Dann ist $S_1', S_2, ..., S_q$ eine zulässige Zerlegung von G' und obige Vorschrift liefert einen Graphen H' mit $\mathcal{L}(H') \cong G'$. Der gesuchte Graph H entsteht aus H' durch Hinzufügen einer Ecke x' und der Kante $x = x'S_1'$. Die Konstruktion durch die Ecken S_1' und x' entspricht der ursprünglichen Konstruktion durch die Ecken S_1 und x.

2. Fall: Alle Ecken $x_1, ..., x_r$ von S_1 gehören zu genau zwei vollständigen Teilgraphen, also $x_i \in E(S_i^*)$ für $i = 1, ..., r$ mit $S_i^* \neq S_j^*$ für $i \neq j$.

Setzt man $G' = G - K(S_1)$, so ist $S_2, ..., S_q$ eine zulässige Zerlegung von G', und die Ecken x_i gehören nur zu S_i^*. Die obige Vorschrift liefert einen Graphen H' mit $\mathcal{L}(H') \cong G'$, der unter anderem die Ecken $x_1, ..., x_r, S_1^*, ..., S_r^*$ und die Kanten $x_1 S_1^*, ..., x_r S_r^*$ enthält. Der Graph H entstehe aus H' durch verschmelzen der Endecken $x_1, ..., x_r$ zu einer Ecke x. Nun gilt $\mathcal{L}(H) \cong G$, und die Ecke x entspricht in obiger Konstruktion der Ecke S_1. $\|$

Nach einer weiteren interessanten Charakterisierung der Line-Graphen durch Rooij und Wilf [1] 1965, gelang dann Beineke [1] 1968 und [2] 1970 eine sehr wichtige Charakterisierung dieser Graphenklasse durch 9 verbotene induzierte Teilgraphen (man vgl. dazu auch Harary [2], S. 74). Šoltés [1] reduzierte 1994 die Anzahl der verbotenen induzierten Teilgraphen auf 7, falls der Graph mindestens 9 Ecken besitzt.

Beispiel 8.3 Der links skizzierte Graph G ist nach dem Satz von Krausz ein Line-Graph, denn er besitzt durch $S_1 = G[\{x_1, x_4, x_5\}]$, $S_2 = G[\{x_1, x_2\}]$ und $S_3 = G[\{x_2, x_3, x_5, x_6\}]$ eine zulässige Zerlegung in vollständige Teilgraphen. Mit Hilfe der im Beweis von Satz 8.15 angegebenen Konstruktion ergibt sich der rechts skizzierte Graph H mit $\mathcal{L}(H) \cong G$.

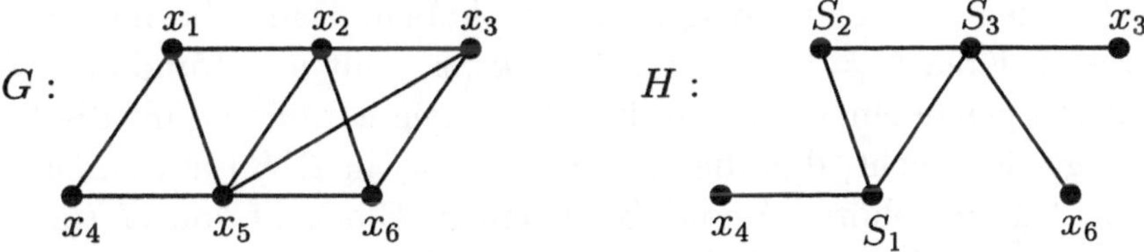

Folgerung 8.3 i) Jeder Line-Graph G ist klauenfrei.
ii) Jeder zusammenhängende Line-Graph gerader Ordnung besitzt einen 1-Faktor.

Beweis. i) Angenommen, G besitzt einen $K_{1,3}$ als induzierten Teilgraphen. Zerlegt man G in kantendisjunkte vollständige Teilgraphen, so gehört jede Kante des $K_{1,3}$ notwendig zu einem anderen solchen Teilgraphen. Damit liegt das Zentrum des $K_{1,3}$ in drei solchen vollständigen Teilgraphen, womit wir einen Widerspruch zum Satz von Krausz erzielt haben.
Teil ii) ergibt sich sofort aus i) und Satz 6.1. $\|$

Vollständige Informationen über klauenfreie Graphen befinden sich in dem interessanten Übersichtsartikel "Claw-free graphs – a survey" von

Faudree, Flandrin und Ryjáček [1], der in der Zeitschrift "Discrete Mathematics" erscheinen wird.

Satz 8.16 (Chartrand) (Man vgl. Harary [2], S. 78.) Ein schlichter Graph G ist genau dann der Line-Graph eines Baumes T, wenn G ein Blockgraph ist, bei dem jede Schnittecke zu genau zwei Blöcken von G gehört.

Beweis. Ist $G \cong \mathcal{L}(T)$, so gilt $G \cong B(T)$ (man vgl. Definition 8.5), denn die Kanten und Blöcke eines Baumes entsprechen sich in eindeutiger Weise. Nach Satz 8.8 ist dann G ein Blockgraph. Jede Schnittecke von $\mathcal{L}(T)$ entspricht einer Brücke von T, die keine Endkante ist, und liegt daher in genau zwei Blöcken von $\mathcal{L}(T)$.
Nun sei umgekehrt G ein Blockgraph, bei dem jede Schnittecke in genau zwei Blöcken liegt. Da jeder Block eines Blockgraphen vollständig ist, gibt es nach dem Satz von Krausz (Satz 8.15) einen schlichten Graphen H ohne isolierte Ecken mit $G \cong \mathcal{L}(H)$. Ist $G = K_3$, so können wir $H = K_{1,3}$ wählen. Ist G ein anderer Graph, so ist H natürlich zusammenhängend, und wir werden zeigen, daß H ein Baum ist. Nehmen wir an, daß H einen Kreis besitzt. Wenn H selbst ein Kreis ist, so gilt $\mathcal{L}(H) \cong H \cong G$. Aber der einzige Kreis, der ein Blockgraph ist, ist der K_3, den wir schon ausgeschlossen haben. Daher besitzt H einen kürzesten Kreis $C = (x_1, k_1, x_2, ..., x_p, k_p, x_1)$ mit $p \geq 3$ und eine Kante k, die mit genau einer Ecke des Kreises, sagen wir mit x_1, inzidiert. Man überlegt sich leicht, daß die Ecken k und k_2 in $\mathcal{L}(H)$ auf einem Kreis liegen. Damit gehören k und k_2 zu einem Block D von G (man vgl. Aufgabe 8.3), der nach Voraussetzung vollständig ist. Da die Kanten k und k_2 in H nicht inzidieren, sind sie als Ecken in $\mathcal{L}(H) \cong G$ nicht adjazent. Das ist ein Widerspruch dazu, daß der Block D vollständig ist. ‖

Satz 8.17 Es sei G ein schlichter Graph.

i) Ist G Eulersch, so ist $\mathcal{L}(G)$ sowohl Eulersch als auch Hamiltonsch.

ii) Ist G Hamiltonsch, so ist $\mathcal{L}(G)$ Hamiltonsch.

Beweis. i) Nach Bemerkung 8.3 ist der Eckengrad jeder Ecke von $\mathcal{L}(G)$ gerade, womit $\mathcal{L}(G)$ Eulersch ist.
Ist $(x_1, k_1, x_2, k_2, ..., x_{m-1}, k_{m-1}, x_m, k_m, x_1)$ eine Eulertour von G, so ist $(k_1, k_2, ..., k_m, k_1)$ ein Hamiltonkreis von $\mathcal{L}(G)$.

ii) Es sei $(x_1, k_1, x_2, k_2, ..., x_{n-1}, k_{n-1}, x_n, k_n, x_1)$ ein Hamiltonkreis von G. In $\mathcal{L}(G)$ beginne man mit einer Kante $k \neq k_1, k_n$ von G, die mit x_1 inzidiert (falls eine solche Kante existiert) und durchlaufe nacheinander alle zu x_1 inzidenten Kanten mit Ausnahme von k_1 und k_n. Danach gehe man zu k_1 und durchlaufe alle noch nicht benutzten Kanten, die mit x_2 inzidieren, außer k_2. Dann gehe man zu k_2 usw. $\|$

Bemerkung 8.4 Der Graph $G = K_{1,3}$ mit $\mathcal{L}(G) \cong K_3$ zeigt, daß sich die Aussagen von Satz 8.17 nicht umkehren lassen.

Es gibt effiziente Algorithmen, die entscheiden, ob ein vorgegebener schlichter Graph G ein Line-Graph ist, und sie liefern gegebenenfalls einen Graphen H mit $\mathcal{L}(H) \cong G$. Dazu vgl. man z.B. Roussopoulos [1] 1973, Lehot [1] 1974, Syslo [1] 1982 und Simić [1] 1991.
Das Konzept der Line-Graphen wurde 1989 von Broersma und Hoede [1] verallgemeinert (man vgl. dazu auch den Artikel von Li und Lin [1] aus dem Jahre 1993).

8.3 Graphenoperationen

In diesem Abschnitt stellen wir einige Graphenoperationen vor, die sich häufig als nützlich erwiesen haben.

Definition 8.9 Es sei G ein Graph. Ist q eine natürliche Zahl, so bezeichnen wir mit qG die disjunkte Vereinigung von q Exemplaren des Graphen G.
Es sei $\mathcal{H} = \{H_x | x \in E(G)\}$ eine Familie von nicht leeren Graphen, die durch die Ecken von G indiziert ist. Der *Koronagraph* $G \circ \mathcal{H}$ von G und $\mathcal{H}$ besteht aus der disjunkten Vereinigung von G und den $n(G)$ Graphen H_x, $x \in E(G)$, zusammen mit den zusätzlichen Kanten, die jede Ecke x aus G jeweils mit allen Ecken aus H_x verbinden. Sind alle Graphen der Familie $\mathcal{H}$ isomorph zu einem Graphen H, so schreiben wir $G \circ H$ an Stelle von $G \circ \mathcal{H}$.

Satz 8.18 Der Koronagraph $G \circ \mathcal{H}$ eines Graphen G und einer Familie $\mathcal{H} = \{H_x | x \in E(G)\}$ von Graphen ist genau dann ein Baum, wenn G ein Baum ist, und alle H_x Nullgraphen sind.

Satz 8.19 Der Koronagraph $G \circ \mathcal{H}$ eines Graphen G und einer Familie $\mathcal{H} = \{H_x | x \in E(G)\}$ von Graphen ist genau dann Hamiltonsch, wenn $G \cong K_1$, und der einzige verbleibende Graph H aus der Familie $\mathcal{H}$ semi-Hamiltonsch ist mit $|E(H)| \geq 2$.

Satz 8.20 Der Koronagraph $G \circ \mathcal{H}$ eines Graphen G und einer Familie $\mathcal{H} = \{H_x | x \in E(G)\}$ von Graphen ist genau dann Eulersch, wenn G Eulersch ist, und die Eckengrade $d(a, H_x)$ für alle $x \in E(G)$ und alle $a \in E(H_x)$ gerade sind.

Definition 8.10 Der *Potenzgraph* G^p mit $p \in \mathbf{N}$ eines schlichten Graphen G besteht aus der Eckenmenge $E(G)$, und zwei verschiedene Ecken a und b sind genau dann adjazent in G^p, wenn $d_G(a, b) \leq p$ gilt.

Ist T der Baum, der aus dem $K_{1,3}$ durch zweifaches unterteilen jeder Kante entsteht, so sieht man leicht, daß T^2 nicht Hamiltonsch ist. Die Frage nach der kleinsten natürlichen Zahl p mit der Eigenschaft, daß für jeden schlichten und zusammenhängenden Graphen G der Ordnung $n(G) \geq 3$, der Potenzgraph G^p Hamiltonsch ist, wurde 1960 durch Sekanina [1] beantwortet.

Satz 8.21 (Sekanina [1] 1960) Sei G ein schlichter und zusammenhängender Graph der Ordnung $n(G) \geq 3$. Dann existiert zu jeder Kante $k \in K(G)$ ein Hamiltonkreis C_k in G^3, der diese Kante enthält.

Beweis. Man wähle in G ein Gerüst $T_{G,k}$, das die Kante k enthält. Besitzt $T_{G,k}^3$ einen Hamiltonkreis C_k, so ist C_k natürlich auch ein Hamiltonkreis von G^3. Nun beweisen wir mittels vollständiger Induktion nach n, daß jeder Baum T der Ordnung $n \geq 3$ in T^3 einen Hamiltonkreis C_k enthält, wobei k eine beliebige aber fest gewählte Kante des Baumes T ist. Für $n = 3$ gilt die Behauptung, da $T^3 \cong K_3$. Sei nun T ein Baum der Ordnung $n = n(T) > 3$ und $k \in K(T)$.
Falls $k = a_1 a_2$ keine Endkante von T ist, so besteht der Teilgraph $T' = T - k$ aus genau zwei Baumkomponenten T_1 und T_2, die jeweils mindestens eine zu k inzidente Kante $k_i = a_i b_i$ mit $i = 1, 2$ enthalten. Falls $n(T_i) = 2$ für ein $i = 1, 2$, so ist T_i ein a_i und b_i verbindender Hamiltonweg H_i. Andernfalls folgt aus der Induktionsvoraussetzung die Existenz eines a_i und b_i verbindenden Hamiltonweges H_i in $T_i^3 \subseteq T^3$ für $i = 1, 2$. Wegen $d_T(b_1, b_2) = 3$ existiert in T^3 die Kante $k^* = b_1 b_2$. Die beiden Hamiltonwege H_1 und H_2 bilden zusammen mit den Kanten k und k^* einen Hamiltonkreis C_k in T^3.
Falls $k = uv$ eine Endkante von T ist, die mit der Endecke u und der Kante $k' = vw$ inzidiert, so betrachten wir den Baum $H = T - \{u\}$. Nach Induktionsvoraussetzung existiert in $H^3 \subseteq T^3$ ein Hamiltonweg, der die Ecken v und w verbindet. Wegen $d_T(u, w) = 2$ läßt sich H zu einem Hamiltonkreis C_k des Graphen T^3 erweitern. $\|$

Obwohl die Aussage von Satz 8.21 für G^2 nicht gilt, vermuteten Nash-Williams und Plummer unabhängig voneinander, daß G^2 Hamiltonsch ist, falls G ein zusammenhängender Block der Ordnung $n(G) \geq 3$ ist. Diese schwierige Vermutung wurde 1974 von Fleischner [1] bewiesen. Viel einfacher läßt sich das nächste Resultat von Sumner [1] zeigen.

Satz 8.22 (Sumner [1] 1974) Ist G ein schlichter und zusammenhängender Graph gerader Ordnung, so besitzt G^2 ein perfektes Matching.

Beweis. Es sei T_G ein Gerüst des Graphen G. Falls T_G^2 ein perfektes Matching besitzt, so trifft das auch für G^2 zu. Ist T ein Baum der Ordnung $2n$, so beweisen wir mittels vollständiger Induktion nach n, daß T^2 ein perfektes Matching besitzt. Da es für $n = 1$ nichts zu beweisen gibt, sei T ein Baum der Ordnung $2n > 2$. Falls in T Endecken u und v mit $d_T(u, v) = 2$ existieren, so ist $H = T - \{u, v\}$ wieder ein Baum gerader Ordnung. Falls solche Endecken nicht existieren, so gilt für eine Endecke u mit $e(u) = \mathrm{dm}(T)$, daß auch $H = T - \{u, v\}$ ein Baum ist, wenn v die zu u adjazente Ecke bedeutet. In beiden Fällen besitzt H^2 nach Induktionsvoraussetzung ein perfektes Matching M', das gleichzeitig ein Matching von T^2 ist. Fügt man die Kante $k = uv \in K(T^2)$ zu M' hinzu, so erhält man ein perfektes Matching von T^2. ‖

Definition 8.11 Es seien G_1 und G_2 zwei schlichte und disjunkte Graphen. Alle folgenden Operationen mit den zwei Graphen G_1 und G_2 ergeben einen Graphen, dessen Eckenmenge das kartesische Produkt $E(G_1) \times E(G_2)$ ist.
Zwei Ecken (a, u) und (b, v) des *kartesischen Produktes* $G_1 \times G_2$ sind adjazent, wenn $[a = b$ und u adjazent zu $v]$ oder $[u = v$ und a adjazent zu $b]$.
Zwei Ecken (a, u) und (b, v) des *lexikographischen Produktes* $G_1[G_2]$ sind adjazent, wenn $[a$ adjazent zu $b]$ oder $[a = b$ und u adjazent zu $v]$.
$G_1[G_2]$ nennt man auch *Komposition* der Graphen G_1 und G_2.
Zwei Ecken (a, u) und (b, v) der *Konjunktion* $G_1 \wedge G_2$ sind adjazent, wenn $[a$ adjazent zu $b]$ und $[u$ adjazent zu $v]$.
Zwei Ecken (a, u) und (b, v) der *Disjunktion* $G_1 \vee G_2$ sind adjazent, wenn $[a$ adjazent zu $b]$ oder $[u$ adjazent zu $v]$.

Satz 8.23 Sind G_1 und G_2 zwei schlichte, disjunkte und bipartite Graphen, so ist $G_1 \times G_2$ ein bipartiter Graph.

Beweis. Sind E_1, E_1' und E_2, E_2' Bipartitionen der Graphen G_1 und G_2, so ist

$$(E_1 \times E_2) \cup (E_1' \times E_2'), \quad (E_1' \times E_2) \cup (E_1 \times E_2')$$

eine Bipartition von $G_1 \times G_2$. ||

Satz 8.24 Es seien W_p und W_q disjunkte Wege der positiven Längen p und q. Das kartesische Produkt $G = W_p \times W_q$ ist genau dann Hamiltonsch, wenn p oder q ungerade ist.

Beweis. Ist p oder q ungerade, so ist es nicht schwer, einen Hamiltonkreis in G zu finden.

Nach Satz 8.23 ist G ein bipartiter Graph. Ist $p = 2i$ und $q = 2j$, so ist $|E(G)| = (2i + 1)(2j + 1)$ ungerade, womit G nach Folgerung 4.3 kein Hamiltonscher Graph sein kann. ||

Satz 8.25 Es seien G_1 und G_2 zwei schlichte, disjunkte Graphen mit $|E(G_1)| = n_1$, $|E(G_2)| = n_2$, $|K(G_1)| = m_1$ und $|K(G_2)| = m_2$. Für die in Definition 7.4 und Definition 8.11 gegebenen Graphen lassen sich die Anzahl der Ecken und Kanten berechnen. Die Ergebnisse fassen wir in einer Tabelle zusammen.

Operation		Eckenzahl	Kantenzahl
Summe	$G_1 + G_2$	$n_1 + n_2$	$m_1 + m_2 + n_1 n_2$
kart. Produkt	$G_1 \times G_2$	$n_1 n_2$	$n_1 m_2 + n_2 m_1$
Komposition	$G_1[G_2]$	$n_1 n_2$	$n_1 m_2 + n_2^2 m_1$
Konjunktion	$G_1 \wedge G_2$	$n_1 n_2$	$2 m_1 m_2$
Disjunktion	$G_1 \vee G_2$	$n_1 n_2$	$n_1^2 m_2 + n_2^2 m_1 - 2 m_1 m_2$

Beweis. Bei diesen Operationen gibt es für die Anzahl der Ecken nichts zu beweisen. Bei der Summe ist auch die Formel für die Anzahl der Kanten sofort einzusehen.

Es seien (x_i, y_j) die Ecken der anderen vier Graphen mit $1 \leq i \leq n_1$ und $1 \leq j \leq n_2$. Dann gilt

$$d((x_i, y_j), G_1 \times G_2) = d(x_i, G_1) + d(y_j, G_2).$$

Daraus ergibt sich

$$\begin{aligned}
|K(G_1 \times G_2)| &= \frac{1}{2} \sum_{\substack{1 \leq i \leq n_1 \\ 1 \leq j \leq n_2}} (d(x_i, G_1) + d(y_j, G_2)) \\
&= \frac{1}{2} \sum_{1 \leq j \leq n_2} (d(G_1) + n_1 d(y_j, G_2)) \\
&= m_1 n_2 + n_1 m_2.
\end{aligned}$$

Für das lexikographische Produkt erhält man die Anzahl der Kanten aus

$$d((x_i, y_j), G_1[G_2]) = n_2 d(x_i, G_1) + d(y_j, G_2).$$

Für die Konjunktion und Disjunktion berechnet man die Anzahl der Kanten aus

$$d((x_i, x_j), G_1 \wedge G_2) = d(x_i, G_1) \cdot d(y_j, G_2),$$

$$d((x_i, y_j), G_1 \vee G_2) = n_2 d(x_i, G_1) + n_1 d(y_j, G_2) - d((x_i, x_j), G_1 \wedge G_2). \quad \|$$

8.4 Aufgaben

Aufgabe 8.1 Man gebe einen schlichten Block G von minimaler Ordnung an, der nicht Hamiltonsch ist, aber einen Kreis besitzt.

Aufgabe 8.2 Man bestimme die maximale Anzahl von Schnittecken in einem Multigraphen der Ordnung n.

Aufgabe 8.3 Ist G ein Multigraph, so zeige man, daß jeder Kreis in einem Block liegt.

Aufgabe 8.4 Es seien $B_1, ..., B_p$ die Blöcke des Multigraphen G.
i) Man zeige

$$n(G) = \kappa(G) - p + \sum_{i=1}^{p} |E(B_i)|.$$

ii) Es sei $s(B_i)$ die Anzahl der Schnittecken von G im Block B_i. Für die Anzahl $s(G)$ der Schnittecken von G zeige man

$$s(G) = \kappa(G) - p + \sum_{i=1}^{p} s(B_i).$$

Aufgabe 8.5 Es sei G ein Multigraph und $b(x)$ die Anzahl der Blöcke von G, in der die Ecke x liegt. Für die Anzahl $b(G)$ der Blöcke von G zeige man

$$b(G) = \kappa(G) + \sum_{x \in E(G)} (b(x) - 1).$$

Aufgabe 8.6 Es sei G ein nicht trivialer, schlichter und zusammenhängender Kaktusgraph ohne Brücken. Man zeige, daß G einen [1,2]-Faktor besitzt.

Aufgabe 8.7 Es sei G ein schlichter, zusammenhängender Kaktus-graph ohne Endecken mit den Kreisen $H_1, ..., H_p$ $(p \geq 2)$. Weiter sei $(\cup_{i=1}^{p} E(H_i)) - E(H_j) = A_j$ für $j = 1, ..., p$. Ist der Abstand $d(E(H_j), A_j)$ ungerade für alle $j = 1, ..., p$, so beweise man $|S| \leq |N(S, G)|$ für alle $S \subseteq E(G)$.

Aufgabe 8.8 Es sei G ein nicht trivialer selbstkomplementärer Graph ohne Endecken. Man beweise, daß G ein Block ist.

Aufgabe 8.9 Es sei G ein schlichter Graph mit einer Schnittecke. Ist $n(G) = n$ und $\delta(G) = \delta$, so zeige man

$$\nu(G) \leq \nu(K_{\delta+1}) + \nu(K_{n-\delta}).$$

Hinweis: Für $p \geq i \geq 2$ beweise man die Ungleichung

$$\nu(K_p) + \nu(K_i) < \nu(K_{p+1}) + \nu(K_{i-1}).$$

Aufgabe 8.10 Es sei G ein nicht trivialer, zusammenhängender und schlichter Graph ohne Kreise gerader Länge. Man zeige, daß jeder Block von G ein K_2 oder ein Kreis ungerader Länge ist.

Aufgabe 8.11 Es sei G ein $(p-1)$-regulärer, schlichter und zusammen-hängender Graph der Ordnung $2p$ mit $p \geq 3$. Man zeige, daß G ein Block ist.

Aufgabe 8.12 Es sei G ein schlichter zusammenhängender Graph mit der Eigenschaft, daß jede Kante von G zu einem perfekten Matching gehört. Man zeige, daß G ein Block ist.

Aufgabe 8.13 Es sei k eine Kante des K_4. Ist $G = K_4 - k$ ein Line-Graph? Wenn ja, so gebe man einen Graphen H mit $\mathcal{L}(H) = G$ an.

Aufgabe 8.14 Es sei G ein schlichter, zusammenhängender Graph. Man bestimme eine notwendige und hinreichende Bedingung dafür, daß $\mathcal{L}(G)$ regulär ist. Man gebe Beispiele nicht regulärer Graphen an (Bäume und Graphen die Kreise enthalten), die reguläre Line-Graphen besitzen.

Aufgabe 8.15 Es sei G ein schlichter Graph. Weiter besitze G einen geschlossenen Kantenzug C, so daß jede Kante, die nicht zu C gehört, mit einer Kante aus C inzidiert. Man zeige daß $\mathcal{L}(G)$ Hamiltonsch ist.

Aufgabe 8.16 Man gebe einen zusammenhängenden Graphen G an, so daß $\mathcal{L}(G)$ nicht Eulersch aber $\mathcal{L}(\mathcal{L}(G))$ Eulersch ist.

Aufgabe 8.17 Man beweise Satz 8.18.

Aufgabe 8.18 Man beweise Satz 8.19.

Aufgabe 8.19 Man beweise Satz 8.20.

Aufgabe 8.20 Sei T der Baum, der aus dem $K_{1,3}$ durch zweifaches unterteilen jeder Kante entsteht. Man zeige, daß T^2 nicht Hamiltonsch ist.

Aufgabe 8.21 Es sei G ein schlichter und zusammenhängender Graph der Ordnung $n(G) \geq 3$. Man zeige, daß G^2 ein Block ist.

Aufgabe 8.22 Es sei W_p ein Weg der positiven Länge p und C_q ein Kreise der Länge $q \geq 2$. Man zeige, daß das kartesische Produkt $W_p \times C_q$ Hamiltonsch ist.

Aufgabe 8.23 Man fülle die Lücken im Beweis von Satz 8.25.

Kapitel 9

Unabhängige Mengen und Cliquen

9.1 Unabhängige Mengen

Definition 9.1 Es sei G ein Multigraph.

i) Eine Eckenmenge I von G heißt *unabhängig* in G, wenn keine zwei Ecken aus I adjazent sind. Ist I eine unabhängige Eckenmenge in G, und gibt es keine unabhängige Eckenmenge I' in G mit $|I'| > |I|$, so heißt I *maximale unabhängige Eckenmenge* in G und $|I| = \alpha(G) = \alpha$ *Eckenunabhängigkeitszahl* oder *Unabhängigkeitszahl* von G.

ii) Eine Eckenmenge T von G heißt *Eckenüberdeckung* oder *Überdeckung* von G, wenn jede Kante des Graphen mit mindestens einer Ecke aus T inzidiert. Ist T eine Überdeckung von G, und gibt es keine Überdeckung T' von G mit $|T'| < |T|$, so heißt T *minimale Überdeckung* und $|T| = \beta(G) = \beta$ *Eckenüberdeckungszahl* oder *Überdeckungszahl* von G.

iii) Eine Kantenmenge M von G heißt *unabhängig* in G, wenn M ein Matching ist. Ist M ein maximales Matching in G, so nennen wir $|M| = \alpha_0(G) = \alpha_0$ *Kantenunabhängigkeitszahl* von G.

iv) Eine Kantenmenge L von G heißt *Kantenüberdeckung* von G, wenn jede Ecke des Graphen mit mindestens einer Kante aus L inzidiert. Ist L eine Kantenüberdeckung von G, und gibt es keine Kantenüberdeckung L' von G mit $|L'| < |L|$, so heißt L *minimale*

Kantenüberdeckung und $|L| = \beta_0(G) = \beta_0$ *Kantenüberdeckungszahl* von G.

Satz 9.1 (Gallai [1] 1959) Ist G ein Multigraph, so gilt:

i) Eine Eckenmenge I ist genau dann unabhängig in G, wenn die Eckenmenge $E(G) - I$ eine Überdeckung von G ist.

ii) Es ist $\alpha(G) + \beta(G) = n(G)$.

Beweis. i) Eine Menge I ist genau dann unabhängig, wenn keine Kante beide Endpunkte in I hat. Dies ist gleichbedeutend damit, daß alle Kanten mindestens einen Endpunkt in $E(G) - I$ haben, was wiederum äquivalent dazu ist, daß $E(G) - I$ eine Überdeckung ist.

ii) Aus i) folgt, daß I genau dann eine maximale unabhängige Eckenmenge ist, wenn $E(G) - I$ eine minimale Überdeckung ist, woraus sich ii) sofort ergibt. $\|$

Satz 9.2 Es sei G ein Multigraph.

i) Es gilt $\alpha_0(G) \leq \beta(G)$.

ii) Ist M ein Matching und T eine Überdeckung von G mit $|M| = |T|$, so gilt $\alpha_0(G) = |M| = |T| = \beta(G)$.

Beweis. i) Ist M^* ein maximales Matching und T^* eine minimale Überdeckung, so liegt in T^* mindestens ein Endpunkt jeder Kante von M^*, womit $\alpha_0(G) = |M^*| \leq |T^*| = \beta(G)$ gilt.

ii) Aus der Voraussetzung und i) erhält man

$$|T| = |M| \leq \alpha_0(G) \leq \beta(G) \leq |T|,$$

womit ii) bewiesen ist. $\|$

Satz 9.3 (König [2] 1931) Ist G ein bipartiter Graph, so gilt

$$\beta(G) = \alpha_0(G) \leq \frac{1}{2}|E(G)|.$$

Beweis. Es sei A, B eine Bipartition von G und M ein maximales Matching. Mit U bezeichnen wir die Eckenmenge von A, die nicht mit M inzidiert. Weiter sei $Z \subseteq E(G)$ die Vereinigung von U und derjenigen Eckenmenge, die man durch einen M-alternierenden Weg mit U verbinden kann. Wir setzen

$$S = Z \cap A \quad \text{und} \quad I = Z \cap B.$$

Da es keinen M-erweiternden Weg gibt, folgt wie beim Beweis des Satzes von König-Hall (Satz 6.7) $I = N(S)$, und jede Ecke aus I inzidiert mit einer Kante aus M. Daraus ergibt sich $|S - U| = |I|$. Setzt man $T = (A - S) \cup I$, so ist T eine Überdeckung von G. Denn gäbe es eine Kante, die nicht mit T inzidiert, so läge der eine Endpunkt in S und der andere in $B - I$, was aber wegen $I = N(S)$ nicht möglich ist. Insgesamt erhält man daraus wegen $U \subseteq S \subseteq A$

$$|M| = |A - U| = |A - S| + |S - U| = |A - S| + |I| = |T|,$$

womit nach Satz 9.2 ii) unsere Behauptung bewiesen ist. $\|$

Bemerkung 9.1 Für beliebige Graphen ist Satz 9.3 nicht richtig, denn z.B. gilt für den Kreis C_3 der Länge drei $\alpha_0(C_3) = 1$ und $\beta(C_3) = 2$.

Satz 9.4 (Gallai [1] 1959) Ist G ein Multigraph ohne isolierte Ecken, so gilt

$$\alpha_0(G) + \beta_0(G) = n(G).$$

Beweis. Es sei M ein maximales Matching von G und U die Eckenmenge, die nicht mit M inzidiert. Da G keine isolierten Ecken besitzt und M maximal ist, existiert eine Menge J von $|U|$ Kanten, so daß jede Ecke von U mit genau einer Kante aus J inzidiert. Nach Konstruktion ist $M \cup J$ eine Kantenüberdeckung, womit

$$\beta_0 \leq |M \cup J| = \alpha_0 + (n - 2\alpha_0) = n - \alpha_0,$$

also $\alpha_0 + \beta_0 \leq n$ gilt.
Nun sei L eine minimale Kantenüberdeckung von G und M ein maximales Matching von $H = G[L]$. Ist U die Eckenmenge von H, die in H nicht mit M inzidiert, so ist $H[U]$ ein Nullgraph, da M maximal gewählt war. Daher existiert zu jeder Ecke aus U mindestens eine Kante aus $L - M$, die zu dieser Ecke inzident ist. Daraus erhält man

$$|L| - |M| = |L - M| \geq |U| = n - 2|M|,$$

also $|M| + |L| \geq n$. Da M auch ein Matching von G ist, folgt damit die umgekehrte Ungleichung $\alpha_0 + \beta_0 \geq |M| + |L| \geq n$. $\|$

Folgerung 9.1 Es gilt $\alpha(G) \leq \beta_0(G)$ für jeden Multigraphen G ohne isolierte Ecken.

Beweis. Aus Satz 9.2 i) folgt $\alpha_0(G) \leq \beta(G)$ und damit aus den Sätzen 9.1 und 9.4

$$\alpha(G) = n(G) - \beta(G) \leq n(G) - \alpha_0(G) = \beta_0(G). \quad \|$$

Aus den Sätzen 9.1, 9.3 und 9.4 ergibt sich sofort

Folgerung 9.2 Ist G ein bipartiter Graph ohne isolierte Ecken, so gilt $\alpha(G) = \beta_0(G)$.

Satz 9.5 Für jeden schlichten Graphen G mit $\Delta(G) \geq 1$ gilt

$$\alpha(G) \leq \frac{\Delta(G)n(G)}{\Delta(G) + \delta(G)}.$$

Beweis. Ist I eine maximale unabhängige Eckenmenge von G und $\bar{I} = E(G) - I$, so gelten die folgenden beiden Ungleichungen

$$m_G(I, \bar{I}) = \sum_{x \in I} d(x, G) \geq \alpha(G)\delta(G),$$

$$m_G(I, \bar{I}) \leq (n(G) - \alpha(G))\Delta(G),$$

woraus sich die gewünschte Abschätzung sofort ergibt. $\|$

Satz 9.6 (Wei [1] 1980) Ist G ein schlichter Graph, so gilt

$$\alpha(G) \geq \sum_{x \in E(G)} \frac{1}{d(x, G) + 1}.$$

Beweis. Man wähle eine Ecke $x_1 \in E(G)$ mit $d(x_1, G) = \delta(G)$ und setze $G_2 = G - N[x_1, G]$. Ist G_2 nicht leer, so wähle man $x_2 \in E(G_2)$ mit $d(x_2, G) = \min\{d(x, G)|x \in E(G_2)\}$ und setze $G_3 = G_2 - N[x_2, G]$ usw. Ist G_{r+1} der leere Graph aber, $E(G_r) \neq \emptyset$, so ist nach Konstruktion $\{x_1, x_2, ..., x_r\}$ eine unabhängige Eckenmenge in G. Daraus ergibt sich

$$\begin{aligned}
\alpha(G) \;\geq\; & r = \sum_{i=1}^{r} 1 = \sum_{i=1}^{r}\left(\sum_{x \in N[x_i, G]} \frac{1}{d(x_i, G) + 1}\right) \\
\geq\; & \sum_{i=1}^{r}\left(\sum_{x \in N[x_i, G_i]} \frac{1}{d(x_i, G) + 1}\right) \\
\geq\; & \sum_{i=1}^{r}\left(\sum_{x \in N[x_i, G_i]} \frac{1}{d(x, G) + 1}\right) = \sum_{x \in E(G)} \frac{1}{d(x, G) + 1}. \quad \|
\end{aligned}$$

Satz 9.7 (Unabhängigkeitslemma, Berge [5] 1981) Es sei G ein Multigraph und I eine unabhängige Eckenmenge von G. Die Menge I ist genau dann maximal, wenn für alle unabhängigen Eckenmengen $J \subseteq E(G) - I$ gilt:

$$|N(J,G) \cap I| \geq |J| \tag{9.1}$$

Beweis. Es sei I maximal. Annahme, im Komplement von I existiert eine unabhängige Eckenmenge S mit $|N(S,G) \cap I| < |S|$. Dann ist aber $I' = (I - (N(S,G) \cap I)) \cup S$ eine unabhängige Menge mit $|I'| > |I|$, was einen Widerspruch zur Maximalität von I bedeutet.

Umgekehrt setzen wir nun voraus, daß I die Bedingung (9.1) erfüllt. Ist I nicht maximal, so existiert eine unabhängige Eckenmenge I' mit $|I' - I| > |I - I'|$. Daraus folgt für die unabhängige Menge $I' - I$

$$|N(I' - I, G) \cap I| \leq |I - I'| < |I' - I|,$$

was ein Widerspruch zu (9.1) ist. $\parallel$

Das Unabhängigkeitslemma findet man auch in dem Buch von Berge [6] auf Seite 272.

Definition 9.2 Ist G ein Graph und sind A und B zwei disjunkte Teilmengen aus $E(G)$, so bezeichnen wir mit $G[A, B]$ den bipartiten Graphen, der aus der Eckenmenge $A \cup B$ und denjenigen Kanten von G besteht, die mit einer Ecke aus A und einer Ecke aus B inzidieren.

Folgerung 9.3 (Berge [5] 1981) Ist G ein Multigraph und I eine unabhängige Eckenmenge in G, so sind die beiden folgenden Aussagen äquivalent.

   i) Die Menge I ist maximal unabhängig.

  ii) Für alle unabhängigen Eckenmengen $J \subseteq E(G) - I$ besitzt der bipartite Graph $G[I, J]$ ein Matching, das mit jeder Ecke aus J inzidiert.

Beweis. Es sei I maximal unabhängig, $J \subseteq E(G) - I$ unabhängig und $H = G[I, J]$. Aus (9.1) folgt dann für alle $S \subseteq J$

$$|N(S, H)| = |N(S, G) \cap I| \geq |S|,$$

womit H nach dem Satz von König-Hall (Satz 6.7) ein Matching besitzt, das mit allen Ecken von J inzidiert.

Gilt ii), so ergibt sich analog aus (9.1) und dem Satz von König-Hall, daß I maximal unabhängig ist. $\|$

Mit Hilfe von Matchingalgorithmen kann man sich in Line-Graphen maximale unabhängige Eckenmengen verschaffen. Denn in einem schlichten Graphen G ist $M \subseteq K(G)$ genau dann ein Matching, wenn M eine unabhängige Eckenmenge in $\mathcal{L}(G)$ ist, womit $\alpha(\mathcal{L}(G)) = \alpha_0(G)$ gilt. Die Beobachtung, daß in einem schlichten Graphen G ohne isolierte Ecken ein Matching $M \subseteq K(G)$ genau dann perfekt ist, wenn im Line-Graphen

$$|N(x, \mathcal{L}(G)) \cap M| \geq 2 \quad \text{für alle} \quad x \notin M$$

gilt, gibt Anlaß zu folgender Definition, die man bei Croitoru und Suditu [1] 1983 findet.

Definition 9.3 Es sei G ein Multigraph und I eine unabhängige Eckenmenge. I heißt *perfekt unabhängig* in G, falls $|N(x, G) \cap I| \geq 2$ für alle $x \notin I$ gilt.

Bemerkung 9.2 Es gibt Graphen, die keine perfekt unabhängigen Eckenmengen besitzen, z.B. Kreise ungerader Länge oder Wege ungerader Länge. Außerdem muß eine perfekt unabhängige Menge nicht notwendig maximal sein. Man vergleiche dazu den skizzierten Graphen G mit der perfekt unabhängigen Menge $\{a, b\}$ und der maximal unabhängigen Menge $E(G) - \{a, b\}$.

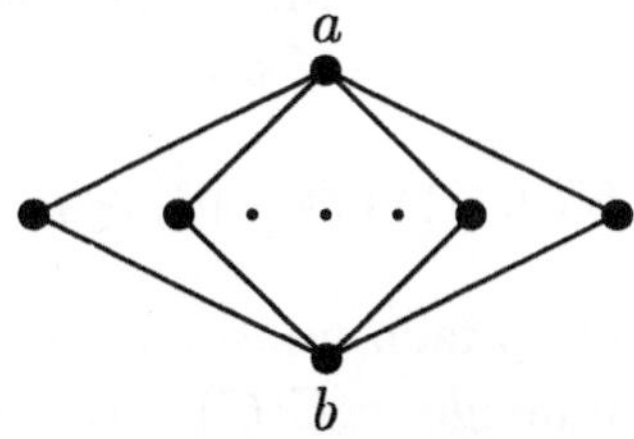

Satz 9.8 Ist G ein klauenfreier Multigraph, so ist jede perfekt unabhängige Menge auch maximal unabhängig.

Beweis. Ist I perfekt unabhängig in G und $J \subseteq E(G) - I$ unabhängig in G, so ist $m_G(J, I) \geq 2|J|$. Da G klauenfrei ist folgt daher

$$2|J| \leq m_G(J, I) - m_G(J, I \cap N(J, G)) \leq 2|I \cap N(J, G)|,$$

woraus sich $|J| \leq |I \cap N(J, G)|$ ergibt. Wegen des Unabhängigkeitslemmas von Berge (Satz 9.7) ist I dann notwendig maximal. $\|$

In den Jahren 1967 bzw. 1985 befaßten sich Harary und Plummer [1] bzw. Hopkins und Staton [1] mit Graphen, die genau eine maximale unabhängige Eckenmenge besitzen. Ist G ein Graph und r eine natürliche Zahl mit $r \leq \alpha = \alpha(G)$, so besitzt G mindestens $\binom{\alpha}{r}$ unabhängige Eckenmengen der Kardinalität r, denn alle r-elementigen Teilmengen einer maximalen unabhängigen Eckenmenge sind unabhängig. Die Graphen mit genau einer maximalen unabhängigen Menge lassen sich dadurch weiter klassifizieren, daß man nach dem kleinsten p sucht, so daß für alle r mit $p \leq r \leq \alpha$ genau $\binom{\alpha}{r}$ unabhängige Eckenmengen der Kardinalität r existieren. Diese Vorbetrachtungen führen zu folgender

Definition 9.4 Es sei G ein Multigraph, $I \subseteq E(G)$ eine unabhängige Eckenmenge und $p \in \mathbf{N_0}$. Die Eckenmenge I heißt *p-fach unabhängig* in G, wenn für alle unabhängigen Eckenmengen $I' \subseteq E(G)$, die die Bedingung $|I'| \geq |I| - p + 1$ erfüllen, $I' \subseteq I$ gilt.

Eine 0-fach unabhängige Eckenmenge I liegt offensichtlich genau dann vor, wenn I eine maximale unabhängige Eckenmenge ist, und I ist genau dann 1-fach unabhängig, wenn I die einzige maximale unabhängige Eckenmenge ist. Ist I p-fach unabhängig, so ist I auch r-fach unabhängig für alle $0 \leq r \leq p$. Analog zum Unabhängigkeitslemma wollen wir nun die p-fach unabhängigen Eckenmengen charakterisieren.

Satz 9.9 (Siemes, Topp, Volkmann [1] 1994) Es sei G ein Multigraph, $I \subseteq E(G)$ eine unabhängige Eckenmenge und $p \in \mathbf{N_0}$. Die Menge I ist genau dann p-fach unabhängig, wenn für alle nicht leeren unabhängigen Mengen $J \subseteq E(G) - I$ gilt:

$$|N(J, G) \cap I| - |J| \geq p \tag{9.2}$$

Beweis. Zunächst sei I eine p-fach unabhängige Eckenmenge in G und J eine unabhängige Eckenmenge in $E(G) - I$. Dann ist auch die Eckenmenge $I' = (I - N(J, G)) \cup J$ unabhängig mit

$$|I| - |I'| = |I| - (|I| - |N(J, G) \cap I| + |J|) = |N(J, G) \cap I| - |J|.$$

Ist J nicht leer, so ist I' keine Teilmenge von I. Daraus ergibt sich

$$|N(J, G) \cap I| - |J| = |I| - |I'| \geq p,$$

womit (9.2) erfüllt ist.

Nun sei umgekehrt (9.2) für alle nicht leeren unabhängigen Mengen $J \subseteq E(G) - I$ erfüllt. Angenommen, es gibt eine unabhängige Eckenmenge I' mit $|I| - |I'| \leq p - 1$, die keine Teilmenge von I ist. Dann ist $I' - I \subseteq E(G) - I$ eine nicht leere unabhängige Menge mit $N(I' - I, G) \cap I \subseteq I - I'$. Aus (9.2) folgt daher mit $J = I' - I$

$$|I| - |I'| = |I - I'| - |I' - I| \geq |N(I' - I, G) \cap I| - |I' - I| \geq p,$$

was einen Widerspruch zu $|I| - |I'| \leq p - 1$ bedeutet. $\parallel$

Folgerung 9.4 Eine 1-fach unabhängige Eckenmenge I ist notwendig perfekt, denn für alle Ecken $x \in E(G) - I$ folgt aus (9.2) die Abschätzung $|N(x, G) \cap I| - |\{x\}| \geq 1$ und damit $|N(x, G) \cap I| \geq 2$.

Beispiel 9.1 Es sei G ein Multigraph, und jede Ecke x aus G, die keine Endecke ist, sei zu mindestens $p + 1$ Endecken adjazent. Dann ist $I = \Gamma(G)$ natürlich eine maximale unabhängige Eckenmenge von G. Ist $J \subseteq E(G) - I$ eine nicht leere unabhängige Eckenmenge, so gilt

$$|N(J, G) \cap I| - |J| \geq (p + 1)|J| - |J| \geq p,$$

womit I nach Satz 9.9 eine p-fach unabhängige Eckenmenge ist.

Weitere Informationen über p-fach unabhängige Eckenmengen findet man in dem Artikel von Siemes, Topp und Volkmann [1].

9.2   Berechnung minimaler Überdeckungen in speziellen Graphen

Wegen Satz 9.1 ist die Suche nach maximalen unabhängigen Eckenmengen gleichbedeutend mit der Berechnung minimaler Überdeckungen. Zur Bestimmung minimaler Überdeckungen ist kein polynomialer Algorithmus bekannt, denn dies ist ein NP-vollständiges Problem (man vgl. Aho, Hopcroft und Ullman [1] 1983). Daher wollen wir für einige spezielle Graphen Methoden entwickeln, mit denen man sich in polynomialer Zeit minimale Überdeckungen verschaffen kann.

Satz 9.10 (Reduktionssatz, Volkmann [4] 1990) Es sei G ein Multigraph und H ein Teilgraph von G, der eine maximale unabhängige Eckenmenge I besitzt, so daß die Ecken von I nur zu Ecken aus H adjazent sind. Ist T' eine minimale Eckenüberdeckung von $G' = G - E(H)$, so ist $T = T' \cup (E(H) - I)$ eine minimale Eckenüberdeckung von G.

Beweis. Nach Satz 9.1 ist $E(H) - I$ eine minimale Überdeckung von H. Da I nur zu Ecken aus H adjazent ist, inzidieren alle Kanten, die von $E(H)$ nach $E(G')$ führen, mit $E(H) - I$. Daher ist T eine Überdeckung von G.

Ist T^* eine beliebige Überdeckung von G, so ist $T^* \cap E(G')$ eine Überdeckung von G' und $T^* \cap E(H)$ eine Überdeckung von H. Da T' bzw. $E(H) - I$ eine minimale Überdeckung von G' bzw. von H ist, folgt $|T^* \cap E(G')| \geq |T'|$ und $|T^* \cap E(H)| \geq |E(H) - I|$, woraus sich $|T^*| \geq |T|$ ergibt. Insgesamt haben wir gezeigt, daß T eine minimale Überdeckung von G ist. $\|$

Aus diesem Reduktionssatz ergeben sich einige interessante Folgerungen. Die Bekannteste dürfte ein Ergebnis von Daykin und Ng [1] aus dem Jahre 1966 sein.

Folgerung 9.5 (Daykin, Ng [1] 1966) Besitzt der Graph G eine Endecke, und entsteht bei jedem Reduktionsschritt wieder ein Graph mit einer Endecke, so erhält man mit Hilfe des Reduktionssatzes sehr schnell eine minimale Überdeckung. Denn ist a eine Endecke und x die Nachbarecke, so wende man den Reduktionssatz auf den von diesen beiden Ecken induzierten Graphen $H = K_2$ und $I = \{a\}$ an. Unsere Voraussetzungen sind z.B. dann erfüllt, wenn G ein Wald ist, oder wenn jeder Kreis mit einer Endkante inzidiert.

Folgerung 9.6 Liegt die Situation aus Folgerung 9.5 vor, und sind $e_1, e_2, ..., e_q$ die Endecken aus jedem Reduktionsschritt und $a_1, a_2, ..., a_q$ die zugehörigen adjazenten Ecken, so ist $T(G) = \{a_1, a_2, ..., a_q\}$ eine minimale Überdeckung von G und $M(G) = \{a_1 e_1, a_2 e_2, ..., a_q e_q\}$ ein Matching von G, daß die Gleichung $|M(G)| = |T(G)|$ erfüllt. Somit ist $M(G)$ nach Satz 9.2 ii) ein maximales Matching. Daher erhalten wir in diesem Fall direkt und sehr schnell gleichzeitig eine minimale Überdeckung und ein maximales Matching von G.

Folgerung 9.7 (Algorithmus für Blockgraphen) Sei G ein Blockgraph. Ist B ein Endblock von G, so existiert eine Ecke $a \in E(B)$, die nur zu Ecken aus B adjazent ist. Daher läßt sich der Reduktionssatz auf G mit $H = B$ und $I = \{a\}$ anwenden. Aus der Tatsache, daß $G - E(H)$ wieder ein Blockgraph ist, ergibt sich daher ein schneller Algorithmus für minimale Überdeckungen in Blockgraphen.

Als letzte Folgerung aus dem Reduktionssatz wollen wir uns für Graphen, bei denen alle Kreise durch eine Ecke gehen, eine minimale Überdeckung verschaffen. Zu dieser Klasse von Graphen gehören z.B. alle Eulerschen oder semi-Eulerschen Graphen mit einer guten Ecke. Zunächst benötigen wir folgenden vorbereitenden Satz, der für sich selbst auch schon interessant ist.

Satz 9.11 (Volkmann [2] 1988) Es sei G ein nicht trivialer Baum. Ist T eine Teilmenge der Eckenmenge von G mit $\Gamma(G) \subseteq T$, so ist T keine minimale Überdeckung von G.

Beweis. Wir führen den Beweis durch vollständige Induktion nach der Ordnung $n = n(G)$, wobei die Aussage für $n = 2, 3$ offensichtlich ist.
Es sei nun $n \geq 4$, und wir nehmen an, daß G eine minimale Überdeckung T mit $\Gamma(G) \subseteq T$ besitzt. Ist $e \in \Gamma(G)$ und a adjazent zu e, so unterscheiden wir zwei Fälle.
1. Fall: Es ist $d(a, G) \geq 3$. Dann ist $T - \{e\}$ eine Überdeckung von $G' = G - e$ mit $\Gamma(G') \subseteq T - \{e\}$. Da G' wieder ein Baum ist, ist nach Induktionsvoraussetzung $T - \{e\}$ keine minimale Überdeckung von G', womit eine Überdeckung T' von G' existiert mit $|T'| < |T - \{e\}|$. Das ist ein Widerspruch zur Minimalität von T, denn $T' \cup \{e\}$ ist eine Überdeckung von G mit $|T' \cup \{e\}| < |T|$.
2. Fall: Es ist $d(a, G) = 2$. Ist $b \neq e$ adjazent zu a, so gilt $a \notin T$ und damit notwendig $b \in T$. Dann ist $T - \{e\}$ eine Überdeckung von $G' = G - \{a, e\}$ mit $\Gamma(G') \subseteq T - \{e\}$. Analog zum 1. Fall existiert dann eine Überdeckung T' von G' mit $|T'| < |T - \{e\}|$, womit $T' \cup \{a\}$ eine Überdeckung von G ist, für die $|T' \cup \{a\}| < |T|$ gilt, was ein offensichtlicher Widerspruch ist. ‖

Bemerkung 9.3 Satz 9.11 gilt entsprechend auch für Wälder.
Ist e eine Endecke eines Baumes und $\Gamma(G) - \{e\} \subseteq T$, so kann T eine minimale Überdeckung sein.

Satz 9.12 (Volkmann [2] 1988) Es sei G ein Multigraph und a eine Ecke, die zu allen Kreisen von G gehört. Ist $\delta(G) \geq 2$ und T' eine minimale Überdeckung von $G' = G - a$, so ist $T' \cup \{a\}$ eine minimale Überdeckung von G.

Beweis. Wir nehmen an, daß es eine Überdeckung T von G gibt mit $|T| \leq |T'|$. Ist $a \in T$, so wäre $T - \{a\}$ eine Überdeckung von G' mit $|T - \{a\}| < |T'|$, was nach Voraussetzung nicht möglich ist. Ist $a \notin T$, so gilt notwendig $N(a, G) \subseteq T$. Da G' ein Wald ist, ergibt sich daraus wegen $\delta(G) \geq 2$

$$\Gamma(G') \subseteq N(a, G) \subseteq T,$$

womit T nach Satz 9.11 keine minimale Überdeckung von G' ist. Da T eine Überdeckung von G' mit $|T| \leq |T'|$ ist, konnte T' nicht minimal gewesen sein. $\|$

Bemerkung 9.4 Der skizzierte Graph zeigt uns, daß die Bedingung $\delta(G) \geq 2$ im Satz 9.12 notwendig ist, denn alle Kreise des Graphen gehen durch die Ecke a, aber es gibt keine minimale Überdeckung zu der die Ecke a gehört.

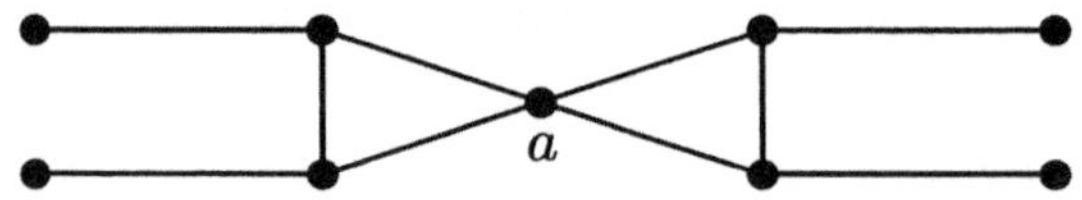

Folgerung 9.8 Es sei G ein Multigraph und a eine Ecke, die zu allen Kreisen von G gehört.

1. Fall: Es gilt $\delta(G) \geq 2$. Entfernt man aus G die Ecke a, so entsteht ein Wald G', für den man sich zusammen mit Folgerung 9.5 eine minimale Überdeckung T' verschaffen kann. Nach Satz 9.12 ist dann $T' \cup \{a\}$ eine minimale Überdeckung von G.

2. Fall: Da isolierte Ecken keine Rolle spielen, sei $\delta(G) = 1$. Nun wende man zunächst Folgerung 9.5 an, und zwar so lange, bis der reduzierte Graph G^* keine Endecken mehr besitzt. Ist G^* ein Nullgraph, so ist man fertig. Ist G^* kein Nullgraph, so liegt a immer noch auf allen Kreisen von G^*, und wir befinden uns wieder im 1. Fall.

Definition 9.5 Es sei $C = (x_0, x_1, ..., x_r, x_0)$ ein Kreis des schlichten Graphen G. Ist $x_i x_j \in K(G)$ mit $1 < |i - j| < r$, so heißt die Kante $x_i x_j$ *Sehne* oder *Diagonale* des Kreises C. Einen schlichten Graphen G nennt man *trianguliert* oder *chordal*, wenn jeder Kreis mit mindestens 4 Ecken eine Sehne besitzt, d.h. G enthält keinen Kreis C_p mit $p \geq 4$ als induzierten Teilgraphen.

Bemerkung 9.5 Jeder induzierte Teilgraph eines triangulierten Graphen ist wieder ein triangulierter Graph.

Auch für die Klasse der triangulierten Graphen, die die Blockgraphen umfaßt, ist ein polynomialer Algorithmus zur Bestimmung der Eckenüberdeckungszahl bekannt (man vgl. z.B. Golumbic [1]).

9.3 Perfekte Graphen

Definition 9.6 Es sei G ein schlichter Graph. Einen vollständigen Teilgraphen H von G nennt man *Clique*. Eine Clique H von G heißt *gesättigt*, wenn keine Clique H' von G existiert mit $E(H) \subseteq E(H')$ und $E(H) \neq E(H')$. Falls eine Ecke $s \in E(G)$ in genau einer gesättigten Clique H von G enthalten ist, also $N[s, G] = E(H)$ gilt, so bezeichnet man s als *simpliziale Ecke* in G und nennt dann H *Simplex* von G. Eine Clique maximaler Ordnung p von G heißt *maximale Clique*, und $p = \omega(G)$ ist die *Cliquenzahl* von G. Sind $H_1, ..., H_q$ Cliquen von G mit $\bigcup_{i=1}^{q} E(H_i) = E(G)$ und $E(H_i) \cap E(H_j) = \emptyset$ für $1 \leq i < j \leq q$, so nennen wir $\mathcal{H} = (H_1, ..., H_q)$ eine *Cliquenzerlegung* von G. Die minimale Anzahl der Cliquen, in die man G zerlegen kann, bezeichnen wir mit $\theta(G)$.

Bemerkung 9.6 Ist G ein schlichter Graph und H eine maximale Clique von G, so ist $E(H)$ in $\bar{G}$ eine maximale unabhängige Eckenmenge und umgekehrt, also $\omega(G) = \alpha(\bar{G})$. Ist $\mathcal{H}$ eine Cliquenzerlegung von G, so ist $\mathcal{H}$ in $\bar{G}$ eine Zerlegung von $E(\bar{G})$ in disjunkte unabhängige Eckenmengen von $\bar{G}$ und umgekehrt. Bezeichnen wir die minimale Anzahl disjunkter unabhängiger Eckenmengen, in die man die Eckenmenge eines Graphen G zerlegen kann, mit $\chi(G)$ (man vgl. Definition 12.1 der chromatischen Zahl χ und Bemerkung 12.2), so gilt $\theta(G) = \chi(\bar{G})$.

Satz 9.13 Es sei G ein schlichter Graph.

   i) Es gilt $\alpha(G) \leq \theta(G)$.

   ii) Es gilt $\omega(G) \leq \chi(G)$.

   iii) Ist I_0 eine unabhängige Eckenmenge und $\mathcal{H}_0$ eine Cliquenzerlegung von G mit $|I_0| = |\mathcal{H}_0|$, so ist I_0 maximal und $\mathcal{H}_0$ minimal.

Beweis. i) Für jede unabhängige Menge I und jede Cliquenzerlegung $\mathcal{H} = (H_1, ..., H_q)$ gilt $|I \cap E(H_i)| \leq 1$ für $i = 1, ..., q$, woraus das gewünschte Resultat folgt.
ii) Ungleichung i) angewandt auf das Komplement $\bar{G}$ liefert gemeinsam mit Bemerkung 9.6 die behauptete Ungleichung.
iii) Aus i) ergibt sich

$$|I_0| \leq \alpha(G) \leq \theta(G) \leq |\mathcal{H}_0| = |I_0|,$$

womit auch iii) bewiesen ist. $\|$

Hilfssatz 9.1 Es sei G ein schlichter Graph und $H \neq G$ ein Simplex von G. Dann gilt

$$\theta(G - E(H)) = \theta(G) - 1.$$

Beweis. Es sei $s \in E(H)$ eine simpliziale Ecke und $\mathcal{H} = \{H_1, ..., H_q\}$ eine minimale Cliquenzerlegung von G. Es gelte o.B.d.A. $s \in E(H_1)$. Da H gesättigt ist und damit $N[s, G] = E(H)$ gilt, folgt notwendig $E(H_1) \subseteq E(H)$. Setzen wir $G' = G - E(H)$ und $H_i' = H_i \cap G'$ für alle $i = 2, ..., q$, so ist $\mathcal{H}' = \{H_2', ..., H_q'\}$ eine Cliquenzerlegung von G', womit wir $\theta(G - E(H)) \leq \theta(G) - 1$ gezeigt haben. Da die umgekehrte Ungleichung $\theta(G - E(H)) \geq \theta(G) - 1$ leicht einzusehen ist, haben wir den Hilfssatz bewiesen. $\parallel$

Satz 9.14 Ist G ein schlichter und bipartiter Graph, so gilt für jeden Teilgraphen G' von G die Identität $\alpha(G') = \theta(G')$.

Beweis. Da G' bipartit ist, besitzt eine Clique von G' höchstens zwei Ecken. Besteht nun eine minimale Cliquenzerlegung $\mathcal{H}_0$ von G' aus r Cliquen der Ordnung zwei und s Cliquen der Ordnung eins, so ist $\theta(G') = r + s$ und $2r + s = n(G')$. Da $\mathcal{H}_0$ minimal ist, bilden die Kanten aus $\mathcal{H}_0$ ein maximales Matching von G', womit $r = \alpha_0(G')$ gilt. Daher folgt mit dem Satz von König (Satz 9.3) $r = \beta(G')$. Beachten wir noch Satz 9.1 ii), so ergibt sich insgesamt

$$\theta(G') = n(G') - r = n(G') - \beta(G') = \alpha(G'). \quad \parallel$$

Im Jahre 1958 bewiesen Hajnál und Surányi [1], daß $\alpha(G) = \theta(G)$ für jeden triangulierten Graphen G gilt. Zum Beweis dieser Aussage benötigen wir einige Eigenschaften triangulierter Graphen, die wir zunächst vorstellen wollen. Die Hilfssätze 9.2 und 9.3 stammen von Duchet [1], Folgerung 9.9 von Preissmann [1] und der Charakterisierungssatz 9.15 von Frank und Kas (man vgl. dazu Frank [1]).

Hilfssatz 9.2 (Duchet [1] 1984) Es sei G ein triangulierter Graph und a, b zwei nicht adjazente Nachbarn der Ecke u. Ist der Weg $W = x_1 x_2 ... x_{p-1} x_p$ ein induzierter Teilgraph von G mit $a = x_1$ und $b = x_p$, der die Ecke u nicht enthält, so sind alle Ecken des Weges W Nachbarn von u.

Beweis. Angenommen, es existiert eine Ecke $x_i \in E(W)$, die kein Nachbar von u ist. Dann sei $j \in \{2, ..., p - 1\}$ der kleinste Index mit dieser Eigenschaft und $l \in \{j + 1, ..., p\}$ der kleinste Index mit $x_l \in N(u, G)$. Nun ist $u x_{j-1} x_j ... x_l u$ ein induzierter Kreis der Länge größer als drei in G, was der Voraussetzung widerspricht, daß G trianguliert ist. $\parallel$

Hilfssatz 9.3 (Duchet [1] 1984) Es sei G ein triangulierter Graph und H eine gesättigte Clique von G. Ist Q ein zusammenhängender induzierter Teilgraph von $G - E(H)$, so existiert in H eine Ecke s mit $N(s, G) \cap E(Q) = \emptyset$.

Beweis. Da H eine gesättigte Clique in G ist, gibt es eine Ecke x in Q und eine Ecke y in H, die nicht adjazent sind. Nun sei R ein induzierter Teilgraph von Q maximaler Ordnung mit der Eigenschaft, daß R zusammenhängend ist und eine Ecke $s \in E(H)$ existiert mit $N(s, G) \cap E(R) = \emptyset$. Ist $R \neq Q$, so gibt es in $Q - E(R)$ eine Ecke a mit $a \in N(E(R), G)$. Aus der Maximalität von $|E(R)|$ folgt $a \in N(s, G)$. Da H eine gesättigte Clique ist, existiert in H eine Ecke $b \neq s$, die zu a nicht adjazent ist. Die Wahl von R und a zeigt aber, daß b einen Nachbarn in R besitzt. Daher können wir einen kürzesten Weg $W = y_1 y_2 ... y_{q-1} y_q$ von $a = y_1$ nach $b = y_q$ wählen, der zusätzlich die Bedingung $y_i \in E(R)$ für $i = 2, 3, ..., q - 1$ erfüllt. Dann ist W ein induzierter Teilgraph von G, der die Ecke s nicht enthält. Neben a ist aber auch b ein Nachbar von s, womit uns Hilfssatz 9.2 den Widerspruch $y_2 \in N(s, G)$ liefert. $\|$

Als unmittelbare Folgerung aus dem Hilfssatz 9.3 ergibt sich ein neueres Ergebnis von Preissmann [1].

Folgerung 9.9 (Preissmann [1] 1990) Es sei G ein zusammenhängender und triangulierter Graph und H eine gesättigte Clique von G. Dann ist der Graph $G - E(H)$ nicht zusammenhängend, oder H ist ein Simplex von G.

Satz 9.15 (Frank-Kas, Frank [1] 1975) Ein schlichter Graph G ist genau dann trianguliert, wenn jeder induzierte Teilgraph von G entweder eine Clique ist oder zwei nicht adjazente simpliziale Ecken enthält.

Beweis. Ist G nicht trianguliert, so besitzt G einen Kreis C_p mit $p \geq 4$ als induzierten Teilgraphen. Dieser induzierte Teilgraph ist weder eine Clique noch enthält er eine simpliziale Ecke.

Für die Umkehrung sei G ein triangulierter Graph, und wir nehmen an, daß G einen induzierten (und damit triangulierten) Teilgraphen G^* enthält, der weder eine Clique ist noch zwei nicht adjazente simpliziale Ecken enthält. Unter allen induzierten Teilgraphen mit diesen Eigenschaften sei G^* von minimaler Ordnung. Dann existieren in G^* mindestens zwei verschiedene gesättigte Cliquen H_1 und H_2. Wegen unserer Annahme enthält mindestens eine der beiden Cliquen H_1 oder H_2, sagen wir H_1, keine simpliziale Ecke von G^*. Daher ist $G^* - E(H_1)$ nach Folgerung 9.9 nicht zusammenhängend. Sind G_1 und G_2 zwei Zusammenhangskomponenten von $G^* - E(H_1)$, so sind die durch $E(G_1) \cup E(H_1)$ bzw. $E(G_2) \cup E(H_1)$ induzierten Teilgraphen G_1^* bzw. G_2^* trianguliert und keine Cliquen. Aufgrund der Minimalität von $|E(G^*)|$ enthalten G_1^* und G_2^* jeweils zwei nicht adjazente simpliziale Ecken. Dabei liegt mindestens eine simpliziale Ecke s_i von G_i^* in G_i für $i = 1, 2$. Da G_1 und G_2 Zusammenhangskomponenten von $G^* - E(H_1)$ sind, folgt, daß s_1 und s_2 auch zwei nicht adjazente simpliziale Ecken von G^* sind. Mit diesem Widerspruch ist der Satz vollständig bewiesen. $\|$

Satz 9.16 (Hajnál, Surányi [1] 1958) Es sei G ein triangulierter Graph. Für jeden induzierten Teilgraphen G' von G gilt die Identität $\alpha(G') = \theta(G')$.

Beweis. Nach Satz 9.13 i) gilt für jeden schlichten Graphen F die Ungleichung $\alpha(F) \leq \theta(F)$. Ist die Aussage des Satzes nicht richtig, so sei G^* ein triangulierter Graph minimaler Ordnung mit $\alpha(G^*) < \theta(G^*)$. Nach Satz 9.15 besitzt G^* eine simpliziale Ecke s. Damit ist s in einem Simplex H von G^* enthalten, und nach Hilfssatz 9.1 gilt dann einerseits $\theta(G^* - E(H)) = \theta(G^*) - 1$. Andererseits enthält jede maximale unabhängige Eckenmenge von G^* genau ein Element aus H, woraus sich sofort $\alpha(G^* - E(H)) = \alpha(G^*) - 1$ ergibt. Insgesamt erhalten wir daraus $\alpha(G^* - E(H)) < \theta(G^* - E(H))$, was der Minimalität von $|E(G^*)|$ widerspricht. $\|$

Definition 9.7 Ein schlichter Graph G wird *perfekt* genannt, wenn $\alpha(G') = \theta(G')$ für jeden induzierten Teilgraph G' von G gilt.

Bemerkung 9.7 Die Sätze 9.14 und 9.16 zeigen, daß die bipartiten und die triangulierten Graphen perfekt sind.

Das Konzept der perfekten Graphen wurde 1960 von Berge [3] entwickelt, der gleichzeitig die Vemutung aussprach, daß ein Graph G genau dann perfekt ist, wenn sein Komplement $\bar{G}$ perfekt ist. Diese als *Perfect Graph Conjecture* bekannt gewordene Vermutung wurde 1972 durch Lovász [2] bewiesen (man vgl. auch Lovász [5]), der damit das *Perfect Graph Theorem* schuf. Den schwierigen Beweis des Perfect Graph Theorems werden wir hier nicht vorstellen, aber die nächsten beiden Sätze sind interessante Anwendungen dieses tiefen Resultats.

Definition 9.8 Wir nennen einen Graphen P_4-*frei*, falls er keinen Weg der Länge drei als induzierten Teilgraphen enthält.

Satz 9.17 (Seinesche [1] 1974) Jeder schlichte und P_4-freie Graph G ist perfekt.

Beweis. Wir beweisen den Satz o.B.d.A. für zusammenhängende Graphen G, wobei das Resultat für $1 \leq n(G) \leq 3$ sofort einzusehen ist. Daher betrachten wir im folgenden nur noch Graphen mit mindestens vier Ecken. Ist G ein P_4-freier Graph, so ist sein Komplement $\bar{G}$ ebenfalls P_4-frei.

Zunächst zeigen wir, daß das Komplement eines zusammenhängenden P_4-freien Graphen der Ordnung $n(G) \geq 4$ nicht zusammenhängend ist. Für $n(G) = 4$ ist leicht zu sehen, daß diese Aussage richtig ist. Angenommen, G^* ist ein zusammenhängender P_4-freier Graph minimaler Ordnung $n(G^*) \geq 5$, dessen Komplement $\bar{G}^*$ zusammenhängend ist. Nach Satz 1.10 existiert in G^* eine Ecke v, so daß $H = G^* - v$ zusammenhängend bleibt. Da H natürlich auch P_4-frei ist, kann $\bar{H}$ nach unserer Annahme nicht zusammenhängend sein, womit v eine Schnittecke von $\bar{G}^*$ ist. Da G^* zusammenhängend ist, existiert in $\bar{H}$ eine Ecke a die in $\bar{G}^*$ den Abstand 2 zur Ecke v hat. Ist b ein gemeinsamer Nachbar von a und v in $\bar{G}^*$, so liegen a und b in einer Komponente H_1 von $\bar{H}$. Ist H_2 eine weitere Komponente von $\bar{H}$, so sei $c \in E(H_2)$ ein Nachbar von v in $\bar{G}^*$. Nun ist aber der Weg $abvc$ ein induzierter Teilgraph in $\bar{G}^*$, was der Tatsache widerspricht, daß $\bar{G}^*$ auch P_4-frei ist.

Angenommen, G' ist ein zusammenhängender P_4-freier nicht perfekter Graph minimaler Ordnung. Dann ist $\bar{G}'$ ebenfalls P_4-frei aber nicht zusammenhängend. Aufgrund der Minimalität des Graphen G' ist jede Zusammenhangskomponente von $\bar{G}'$ und somit auch $\bar{G}'$ perfekt. Nach dem Perfect Graph Theorem von Lovász ist dann $\bar{\bar{G}}' = G'$ perfekt, was unserer Annahme widerspricht. ∥

Eine weitere interessante Klasse perfekter Graphen ist die der transitiv orientierbaren Graphen, die die schlichten bipartiten Graphen enthält.

Definition 9.9 Ein schlichter Graph G heißt *transitiv orientierbar*, falls G eine Orientierung D besitzt, die die folgende Bedingung erfüllt:

$$\text{Ist } (x,y) \in B(D) \text{ und } (y,z) \subset B(D), \text{ so gilt } (x,z) \subset B(D)$$

Beispiel 9.2 Der skizzierte Graph G ist nicht transitiv orientierbar. Denn orientiert man das Dreieck o.B.d.A. in der angegebenen Form, so kann man zwar den Kanten ab und cd noch die dargestellte Orientierung geben, aber für die Kante ef gibt es keine verträgliche Richtung.

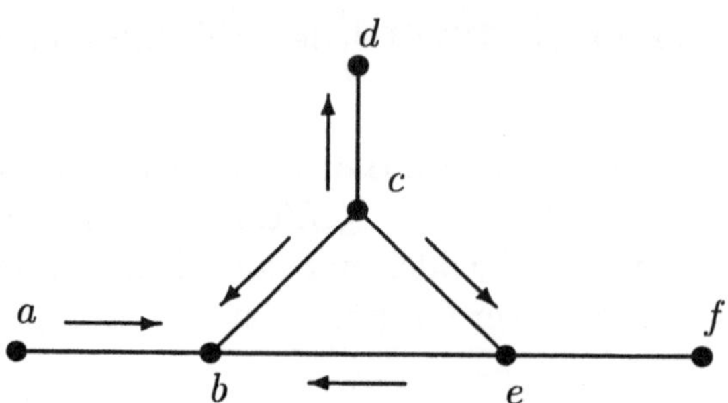

Satz 9.18 (Dilworth [1] 1950) Jeder transitiv orientierbare Graph G ist perfekt.

Beweis. Jeder induzierte Teilgraph eines transitiv orientierbaren Graphen ist wieder transitiv orientierbar. Daher ist es hinreichend $\alpha(G) = \theta(G)$ für einen beliebigen transitiv orientierbaren Graphen G zu zeigen. Aufgrund des Perfect Graph Theorems von Lovász genügt es aber auch $\omega(G) = \chi(G)$ nachzuweisen.

Nun sei D eine Orientierung von G, die der Bedingung aus Definition 9.9 genügt. Ist v eine Ecke von D und W_v ein längster orientierter Weg in D mit der Anfangsecke v, so definieren wir eine Gewichtsfunktion $h : E(D) \longrightarrow \mathbf{N_0}$ durch $h(v) = |E(W_v)|$. Nach Definition 9.9 enthält D keinen orientierten Kreis und der von $E(W_v)$ induzierte Teildigraph ist ein transitives Turnier der Ordnung $h(v)$ (man vgl. dazu auch Abschnitt 5.1). Ist $p = \max \{h(v)|v \in E(G)\}$, so gibt es in D ein transitives Turnier der Ordnung p, womit in G eine Clique der Ordnung p existiert. Es gilt sogar $\omega(G) = p$, denn gäbe es in G eine Clique der Ordnung $p + 1$, so wäre durch diese in D ein Turnier der Ordnung $p + 1$ als Teildigraph definiert. Dieses Turnier enthielte nach Satz 5.1 (Satz von Rédei) einen orientierten Hamiltonschen Weg W mit einer Startecke a. Im Widerspruch zu $h(a) \leq p$ wäre dann aber $h(a) \geq p + 1$.

Sind in D zwei Ecken x und y durch einen Bogen (x, y) verbunden, so ergibt sich aus Definition 9.9 sofort $h(x) > h(y)$. Daher bilden alle Ecken vom gleichen Gewicht eine unabhängige Eckenmenge in G. Damit liefert uns die Gewichtsfunktion h eine Zerlegung der Eckenmenge $E(G)$ in p disjunkte unabhängige Eckenmengen, woraus sich $\chi(G) \leq p = \omega(G)$ ergibt. Da nach Satz 9.13 ii) auch die umgekehrte Ungleichung $\omega(G) \leq \chi(G)$ gilt, haben wir die gewünschte Identität $\omega(G) = \chi(G)$ nachgewiesen. $\|$

Bemerkung 9.8 Für $p = 2, 3, \ldots$ überlegt man sich ohne größere Mühe $\alpha(C_{2p+1}) = p < p + 1 = \theta(C_{2p+1})$. Daher ist ein Graph sicher nicht perfekt, wenn er einen Kreis ungerader Länge mit mindestens fünf Ecken als induzierten Teilgraphen enthält. Falls $\bar{G}$ einen Kreis ungerader Länge ungleich dem Kreis C_3 als induzierten Teilgraph enthält, so sind nach dem Perfect Graph Theorem von Lovász weder $\bar{G}$ noch G perfekt.

Diese Bemerkung ist mit der zweiten Vermutung von Berge [3] verbunden, welche in der Literatur als *Strong Perfect Graph Conjecture* bekannt wurde.

Strong Perfect Graph Conjecture (Berge [3] 1960) Ein Graph G ist genau dann perfekt, wenn sowohl G als auch $\bar{G}$ keinen Kreis ungerader Länge, der vom C_3 verschieden ist, als induzierten Teilgraphen enthält.

Trotz der 35 Jahre, die seitdem vergangen sind, hat sich diese Vemutung bisher allen Lösungsversuchen widersetzt. Für einige Spezialklassen, wie z.B. den planaren Graphen (man vgl. Kapitel 11) bzw. den klauenfreien Graphen, ist diese Vermutung 1973 von Tucker [1] bzw. 1976 von Parthasarathy und Ravindra [1] bewiesen worden. Die Klasse der perfekten Graphen ist neben den planaren Graphen vielleicht die bekannteste Klasse in der Graphentheorie.

Im Sinne von Duchet [1] wurden in diesem Abschnitt die sogenannten klassischen perfekten Graphen untersucht. Damit sind solche Graphenklassen gemeint, bei denen die induzierten Teilgraphen ebenfalls zu der Klasse der Ausgangsgraphen gehören.

Mit den wichtigen algorithmischen Aspekten der perfekten Graphen beschäftigen sich die Bücher "Algorithmic Aspects of Perfect Graphs" von Golumbic [1] und "Effiziente Algorithmen für Perfekte Graphen" von Simon [1].

9.4 Der Satz von Turán

In diesem Abschnitt behandeln wir das folgende graphentheoretische Problem. Wieviel Kanten kann ein schlichter Graph G der Ordnung n maximal besitzen, wenn er keine Clique der Ordnung $r + 1$ enthält, also $\omega(G) \leq r$ gilt?

Liegt ein r-partiter Graph G mit der Partition $E_1, ..., E_r$ vor, so gilt sicher $\omega(G) \leq r$, denn unter jeweils $r + 1$ Ecken befinden sich mindestens zwei, die nicht adjazent sind. Daher hat der gesuchte extremale Graph mindestens so viele Kanten wie jeder schlichte, r-partite Graph der Ordnung n. Wir zeigen zunächst, daß unter allen diesen r-partiten Graphen genau einer maximaler Größe existiert, nämlich der vollständige r-partite Graph mit $||E_i| - |E_j|| \leq 1$ für alle $1 \leq i, j \leq r$. Für diesen Graphen, den wir mit $T_r(n)$ bezeichnen, gilt $|E_i| = \lfloor \frac{n+i-1}{r} \rfloor$ für $i = 1, ..., r$. Denn ist $n = sr + t$ mit $s, t \in \mathbf{N}_0$ und $t < r$, so gilt

$$\sum_{i=1}^{r} \left\lfloor \frac{n+i-1}{r} \right\rfloor = sr + \sum_{i=1}^{r} \left\lfloor \frac{t+i-1}{r} \right\rfloor = sr + t.$$

Ferner erkennt man $\lfloor \frac{n}{r} \rfloor = |E_1| \leq |E_2| \leq ... \leq |E_r| = \lfloor \frac{n-1}{r} \rfloor + 1$, womit für alle $1 \leq i, j \leq r$ die Bedingung $||E_i| - |E_j|| \leq 1$ erfüllt ist. Daß dieser sogenannte *Turánsche Graph* $T_r(n)$ wirklich die maximale Anzahl von Kanten enthält, ist leicht einzusehen. Denn nehmen wir einmal an, daß es zwei Eckenmengen E_i und E_j gibt mit

$$n_i = |E_i| \geq |E_j| + 2 = n_j + 2.$$

Transformiert man eine Ecke aus E_i nach E_j hinüber, so würde sich die Kantenzahl um $n_i - 1 - n_j \geq 1$ erhöhen.

Der Satz von Turán gibt eine Antwort auf die oben gestellte Frage und zeigt darüber hinaus, daß die Graphen mit maximaler Kantenzahl eindeutig bestimmt sind. Zum Beweis dieses Satzes benutzen wir folgendes Resultat von Erdös.

Satz 9.19 (Erdös [3] 1970) Es sei G ein schlichter Graph der Ordnung n. Ist $\omega(G) \leq r$, so existiert ein vollständiger r-partiter Graph H mit $E(H) = E(G) = E$, so daß für jede Ecke $x \in E$ gilt:

$$d(x, G) \leq d(x, H) \tag{9.3}$$

Ist G kein vollständiger r-partiter Graph, so existiert mindestens eine Ecke x, für die in (9.3) nicht die Gleichheit steht.

Beweis. Wir führen den Beweis durch Induktion nach r. Für $r = 1$ ist der Satz richtig, da G dann ein Nullgraph ist. Es sei nun $r \geq 2$ und G ein schlichter Graph mit $\omega(G) \leq r$. Wir wählen eine Ecke a maximalen Grades $\Delta = \Delta(G)$ und setzen $G_1 = G[N(a, G)]$. Da G keine Clique der

Ordnung $r + 1$ enthält, besitzt G_1 keine Clique der Ordnung r. Daher
können wir nach Induktionsvoraussetzung G_1 durch einen vollständigen $(r - 1)$-partiten Graphen H_1 ersetzen, so daß $d(x, G_1) \leq d(x, H_1)$
für alle $x \in E_1 = E(G_1) = N(a, G)$ gilt. Setzen wir $E_2 = E - E_1$
und bezeichnen mit G_2 den Nullgraphen, der aus der Eckenmenge E_2
besteht, so definieren wir H durch $H = H_1 + G_2$.
Nach Konstruktion ist H ein r-partiter Graph mit $E(H) = E(G)$. Weiter gilt für $x \in E_2$

$$d(x, H) = |E_1| = d(a, G) = \Delta \geq d(x, G)$$

und für $x \in E_1$

$$d(x, H) = d(x, H_1) + |E_2| \geq d(x, G_1) + |E_2| \geq d(x, G), \qquad (9.4)$$

womit (9.3) bewiesen ist.
Ist $d(x, G) = d(x, H)$ für alle $x \in E$, so folgt aus (9.4) sofort $d(x, H_1) =$
$d(x, G_1)$ für alle $x \in E_1$, woraus wir zusammen mit dem Handschlaglemma $m(G) = m(H)$ und $m(G_1) = m(H_1)$ erhalten. Nach Induktionsvoraussetzung ist dann G_1 ein vollständiger $(r - 1)$-partiter Graph.
Weiter folgt aus $d(x, G) = d(x, G_1) + |E_2|$ sofort $m_G(E_1, E_2) = |E_1||E_2|$,
woraus wir

$$m_G(E_1, E_2) = |E_1||E_2| = m_H(E_1, E_2)$$

erhalten. Insgesamt ergibt sich schließlich

$$m(G[E_2]) = m(H[E_2]) = 0,$$

womit auch G ein vollständiger r-partiter Graph ist. $\|$

Satz 9.20 (Turán [1] 1941) Ist G ein schlichter Graph der Ordnung
n mit der Cliquenzahl $\omega(G) \leq r$, so gilt

$$m(G) \leq m(T_r(n)). \qquad (9.5)$$

Es gilt genau dann $m(G) = m(T_r(n))$, wenn G isomorph zum Turánschen Graphen $T_r(n)$ ist.

Beweis. Nach Satz 9.19 gibt es einen vollständigen r-partiten Graphen H, der (9.3) erfüllt. Dann liefert das Handschlaglemma sofort
$m(G) \leq m(H)$, woraus zusammen mit unserer Vorbetrachtung die Ungleichung (9.5) folgt.

Gilt nun $m(G) = m(T_r(n))$, so liefert Satz 9.19 $d(x,G) = d(x,H)$ für alle $x \in E$. Denn aus $d(v,G) < d(v,H)$ für ein $v \in E$ folgt mit (9.3) und der Vorbetrachtung der Widerspruch

$$m(T_r(n)) = m(G) < m(H) \leq m(T_r(n)).$$

Damit ist G nach Satz 9.19 ein vollständiger r-partiter Graph, der dann wegen der Vorbetrachtung notwendig isomorph zum Turánschen Graphen $T_r(n)$ sein muß.
Ist G isomorph zu $T_r(n)$, so gilt in (9.5) natürlich die Gleichheit. $\|$

Setzen wir $T_{n,r} = \bar{T}_r(n)$, so besteht dieser Graph aus r disjunkten vollständigen Graphen der Ordnung $\lfloor \frac{n+i-1}{r} \rfloor$ für $i = 1, ..., r$. Benutzen wir Bemerkung 9.6, so können wir Satz 9.20 auf folgende komplementäre Form bringen.

Satz 9.21 (Turán [1] 1941) Ist G ein schlichter Graph der Ordnung n mit $\alpha(G) \leq r$, so gilt

$$m(G) \geq m(T_{n,r}). \tag{9.6}$$

Es gilt genau dann $m(G) = m(T_{n,r})$, wenn G isomorph zum *Turánschen Graphen* $T_{n,r}$ ist.

Wir wollen nun die Kantenzahl des Turánschen Graphen $T_r(n)$ nach oben abschätzen.

Satz 9.22 Ist G ein schlichter Graph der Ordnung n mit $\omega(G) \leq r$, so gilt

$$m(G) \leq m(T_r(n)) \leq \frac{r-1}{2r}n^2. \tag{9.7}$$

Beweis. Aus Satz 9.20 folgt $m(G) \leq m(T_r(n))$, womit wir nur noch die zweite Ungleichung in (9.7) nachweisen müssen.
Es sei $n = sr + t$ mit $0 \leq t \leq r - 1$. Nach Konstruktion besteht dann der Turánsche Graph $T_r(n)$ aus t Partitionsmengen mit $s + 1$ Ecken und $r - t$ Partitionsmengen mit s Ecken. Daraus ergibt sich

$$\begin{aligned}
2m(T_r(n)) &= (n-s)s(r-t) + (n-(s+1))t(s+1) \\
&= nrs - rs^2 + nt - 2ts - t \\
&= nr\frac{n-t}{r} - r\frac{(n-t)^2}{r^2} + nt - 2t\frac{n-t}{r} - t \\
&= n^2 - \frac{1}{r}(n-t)^2 - \frac{1}{r}(2tn - 2t^2) - t \\
&= \frac{1}{r}(t^2 + rn^2 - rt - n^2) := \frac{1}{r}g(t).
\end{aligned}$$

Da die Funktion g eine Parabel ist und $0 \le t \le r - 1$ gilt, erhalten wir

$$2m(T_r(n)) \le \frac{1}{r} \max\{g(0), g(r - 1)\}.$$

Wegen $g(0) = (r - 1)n^2$ und $g(r - 1) = (r - 1)(n^2 - 1)$ folgt insgesamt die gewünschte Abschätzung

$$2m(T_r(n)) \le \frac{r - 1}{r} n^2. \quad \|$$

Mit dem Satz von Turán begann ein Zweig der Graphentheorie, den man heute *extremale Graphentheorie* nennt.

9.5 Aufgaben

Aufgabe 9.1 Es sei k eine Kante des K_n. Für $n \ge 3$ bestimme man die Überdeckungszahl von $K_n - k$.

Aufgabe 9.2 Man bestimme die Überdeckungszahl für einen vollständigen p-partiten Graphen.

Aufgabe 9.3 Für jeden schlichten Graphen G beweise man die Ungleichung $\beta(G) \ge \delta(G)$.

Aufgabe 9.4 Ist G ein zusammenhängender, bipartiter Graph mit der Bipartition A, B, so gebe man Beispiele mit $\alpha(G) > \max\{|A|, |B|\}$ an.

Aufgabe 9.5 Man zeige, daß ein Multigraph G genau dann bipartit ist, wenn $\alpha(H) \ge \frac{1}{2}n(H)$ für jeden Teilgraphen H von G gilt.

Aufgabe 9.6 Es seien G_1 und G_2 zwei disjunkte schlichte Graphen und $I_i \subseteq E(G_i)$ unabhängige Eckenmengen ($i = 1, 2$). Man zeige:
i) $I_1 \times I_2$ ist eine unabhängige Eckenmenge in $G_1 \vee G_2$.
ii) $I_1 \times E(G_2)$ und $E(G_1) \times I_2$ sind unabhängige Eckenmengen in $G_1 \wedge G_2$.

Aufgabe 9.7 i) Ist G ein schlichter Graph mit $m(G) > \frac{1}{4}n(G)^2$, so zeige man, daß G ein Dreieck besitzt.
ii) Man gebe einen schlichten Graphen G ohne Dreiecke an, für den $m(G) = \frac{1}{4}n(G)^2$ gilt.

Aufgabe 9.8 Es sei $\mathcal{H}_n$ die Klasse aller schlichten Graphen H der Ordnung $n(H) = n$, die keinen Weg der Länge 3 enthalten.
i) Welche Struktur haben die Komponenten? Man zeige $\mu(H) \leq \kappa(H)$. Ist n nicht durch 3 teilbar, so beweise man $\mu(H) \leq \kappa(H) - 1$.
ii) Ist n durch 3 teilbar, so setze man $r_n = n$ und in den anderen Fällen $r_n = n - 1$. Zu jedem $n \in \mathbf{N}$ gebe man einen Graphen $H_n \in \mathcal{H}_n$ mit $m(H_n) = r_n$ an.
iii) Ist $H \in \mathcal{H}_n$, so zeige man $m(H) \leq r_n$.

Aufgabe 9.9 Ist G ein schlichter Kaktusgraph, so beweise man die Ungleichung $\mu(G) \leq \alpha_0(G)$.

Aufgabe 9.10 Es sei G ein schlichter Kaktusgraph.
i) Besitzt G einen Kreis C der Länge $L(C) \geq 4$, so beweise man die Ungleichung $\mu(G) < \alpha_0(G)$.
ii) Besitzt G eine Brücke, so zeige man $\mu(G) < \alpha_0(G)$.

Aufgabe 9.11 Es sei G ein nicht trivialer schlichter Kaktusgraph. Man zeige, daß genau dann $\mu(G) = \alpha_0(G)$ gilt, wenn alle Blöcke von G Dreiecke sind.

Aufgabe 9.12 Ist G ein nicht trivialer schlichter Kaktusgraph, so zeige man $\mu(G) < \beta(G)$.

Aufgabe 9.13 Ein Graph G mit $E(G) = \{1, 2, ..., n\}$ heißt *Intervallgraph*, wenn eine Menge von reellen Intervallen $\{I_1, I_2, ..., I_n\}$ existiert, so daß die Ecken i und j genau dann adjazent in G sind, wenn $I_i \cap I_j \neq \emptyset$ gilt. Zeigen Sie, daß jeder Intervallgraph G trianguliert und dessen Komplement transitiv orientierbar ist.

Aufgabe 9.14 Es sei G ein triangulierter Hamiltonscher Graph. Zeigen Sie, daß G Ecken-panzyklisch ist.

Aufgabe 9.15 Es sei G ein nicht trivialer triangulierter Block. Man zeige

$$m(G) \geq 2n(G) - 3$$

Aufgabe 9.16 Man beweise, daß jeder Blockgraph perfekt ist, ohne dabei Satz 9.16 zu benutzen.

Kapitel 10

Dominanz und Irredundanz

10.1 Abschätzungen der Dominanzzahl

Definition 10.1 Ist G ein Graph, so heißt eine Teilmenge $D \subseteq E(G)$ *Dominanzmenge* von G oder *dominant* in G, wenn $N[D, G] = E(G)$ gilt. Eine Dominanzmenge D von G heißt *minimale Dominanzmenge* von G, wenn es keine Dominanzmenge D' von G gibt mit $|D'| < |D|$. Ist D eine minimale Dominanzmenge von G, so nennt man $|D| = \gamma(G) = \gamma$ *Dominanzzahl* von G.

Satz 10.1 Ist G ein Multigraph, so gilt:

 i) Ist S eine maximale unabhängige Eckenmenge in G, so ist S dominant in G. Daraus folgt $\gamma(G) \leq \alpha(G)$.

Besitzt G zusätzlich keine isolierten Ecken, so gilt weiter:

 ii) Ist T eine Eckenüberdeckung von G, so ist T dominant in G. Damit ergibt sich $\gamma(G) \leq \beta(G)$.

 iii) Ist S eine unabhängige Eckenmenge in G, so ist $\bar{S} = E(G) - S$ dominant in G.

 iv) **(Ore [5] 1962)** Es ist $2\gamma(G) \leq n(G)$.

Beweis. i) Es sei S eine maximale unabhängige Eckenmenge. Wäre S keine Dominanzmenge von G, so gäbe es eine Ecke a mit $a \notin N[S, G]$, womit $S \cup \{a\}$ eine unabhängige Eckenmenge wäre. Dies ist ein Widerspruch zur Maximalität von S.

ii) Es sei T eine Überdeckung. Wir wollen zeigen, daß $N(T) \cup T = E(G)$ gilt. Da G keine isolierten Ecken und keine Schlingen besitzt, gibt es zu jeder Ecke $x \in E(G) - T$ eine Kante $k = xy$ mit $y \neq x$. Nach Voraussetzung muß die Kante k mit einer Ecke aus T inzidieren. Daraus folgt $y \in T$, also $x \in N(T)$, womit T eine Dominanzmenge ist.

iii) Ist S eine unabhängige Eckenmenge, so ist $\bar{S}$ nach Satz 9.1 i) eine Überdeckung und damit wegen ii) eine Dominanzmenge.

iv) Aus i), ii) und Satz 9.1 ii) folgt sofort die Ungleichung von Ore

$$2\gamma(G) = \gamma(G) + \gamma(G) \leq \alpha(G) + \beta(G) = n(G). \quad \|$$

Wegen $2\alpha_0 \leq n$ wird die Ungleichung $2\gamma \leq n$ von Ore durch die nächste Abschätzung verbessert.

Satz 10.2 (Volkmann [8] 1995) Ist G ein Multigraph ohne isolierte Ecken, so gilt $\gamma(G) \leq \alpha_0(G)$.

Beweis. Es sei T ein Waldfaktor von G ohne isolierte Ecken. Da T bipartit ist und keine isolierten Ecken besitzt, ergibt sich aus Satz 10.1 ii) und dem Satz von König (Satz 9.3)

$$\gamma(G) \leq \gamma(T) \leq \beta(T) = \alpha_0(T) \leq \alpha_0(G). \quad \|$$

Für den Fall $\delta(G) \geq 2$ gaben McCuaig und Shepherd [1] 1989 folgende Verschärfung der Ungleichung von Ore, die wir hier ohne Beweis und ohne explizite Angabe der Ausnahmegraphen – zu denen die Kreise der Länge 4 und 7 gehören – erwähnen wollen.

Satz 10.3 (McCuaig, Shepherd [1] 1989) Ist G ein schlichter und zusammenhängender Graph mit $\delta(G) \geq 2$, und gehört G nicht zu einer Familie von sieben Ausnahmegraphen, so gilt

$$\gamma(G) \leq \frac{2}{5} n(G).$$

Folgende Abschätzung der Dominanzzahl stammt von Payan [1]. Sie verbessert die Ungleichung von Ore für $\delta \geq 3$.

Satz 10.4 (Payan [1] 1975) Ist G ein schlichter Graph ohne isolierte Ecken, so gilt

$$2\gamma(G) \leq n(G) + 2 - \delta(G).$$

Wir wollen hier eine Abschätzung der Dominanzzahl herleiten, aus der das Ergebnis von Payan sofort folgt.

Hilfssatz 10.1 (Flach, Volkmann [2] 1990) Es sei G ein schlichter Graph ohne isolierte Ecken, $E_0 \subseteq E(G)$ und $G_0 = G[E_0]$. Ist I_0 die Menge der isolierten Ecken von $G - E_0$ und $G_1 = G[E_0 \cup I_0]$, so gilt

$$2\gamma(G) \leq n(G) - |E_0| + 2\gamma(G_1) - |I_0|. \qquad (10.1)$$

Beweis. Es gilt natürlich

$$2\gamma(G) \leq 2\gamma(G_1) + 2\gamma(G - (E_0 \cup I_0)).$$

Da der Teilgraph $G - (E_0 \cup I_0)$ keine isolierten Ecken besitzt, ergibt sich aus Satz 10.1 iv)

$$2\gamma(G - (E_0 \cup I_0)) \leq n(G) - |E_0| - |I_0|.$$

Die beiden letzten Ungleichungen liefern uns sofort die gewünschte Abschätzung (10.1). ‖

In vielen Fällen berechnet sich $\gamma(G_0)$ leichter als $\gamma(G_1)$. Daher leiten wir nun eine allgemeine Abschätzung für $\gamma(G_1) - \gamma(G_0)$ her.

Hilfssatz 10.2 (Flach, Volkmann [2] 1990) Setzen wir $\delta = \delta(G)$, so gilt mit den Voraussetzungen aus Hilfssatz 10.1

$$\gamma(G_1) - \gamma(G_0) \leq \frac{1}{2}\left(|I_0| + \left\lfloor \frac{|N(I_0)|}{\delta} \right\rfloor\right). \qquad (10.2)$$

Beweis. Es sei $D_0 \subseteq E_0$ eine minimale Dominanzmenge von G_0, also es gelte $|D_0| = \gamma(G_0)$. Nun suchen wir nach einer "kleinen" Teilmenge $D' \subseteq N(I_0) \subseteq E_0$ mit $I_0 \subseteq N(D')$. Haben wir eine solche Teilmenge D' gefunden, so ist $D_0 \cup D'$ eine Dominanzmenge von G_1, also $\gamma(G_1) \leq |D_0| + |D'|$ und damit

$$\gamma(G_1) - \gamma(G_0) \leq |D'|. \qquad (10.3)$$

Im Fall $I_0 = \emptyset$ gilt natürlich $G_1 = G_0$ und damit $\gamma(G_1) - \gamma(G_0) = 0$, also (10.2). Daher sei im folgenden $I_0 \neq \emptyset$.
Wir setzen $k = \lfloor \frac{|N(I_0)|}{\delta} \rfloor$, d.h. wir wählen die ganze Zahl k so, daß $k\delta \leq |N(I_0)| < (k+1)\delta$ gilt. Weiter sei

$$|I_0| = 2s + t,$$

wobei die Zahlen $s, t \in \mathbf{N}_0$ durch die folgenden Bedingungen eindeutig festgelegt werden.

a) Im Fall $|I_0| \leq k$ setze man $s = 0$ und $t = |I_0|$.

b) Im Fall $|I_0| > k$ setze man $t = k - 1$, wenn $|I_0| - k$ ungerade und $t = k$, wenn $|I_0| - k$ gerade ist. Damit gilt dann

$$s = \left\lceil \frac{|I_0| - k}{2} \right\rceil = \frac{|I_0| - t}{2}.$$

Ist $s > 0$, so wähle man eine Menge $I_1 \subseteq I_0$ mit $|I_1| = k + 1$. Dann sind mindestens $\delta(k+1) > |N(I_0)|$ Kanten inzident mit Ecken aus I_1. Daher gibt es zwei verschiedene Ecken b_1, b_2 aus I_1, die zu einer Ecke a_1 aus $N(I_0)$ adjazent sind. Ist $s > 1$, so wiederholen wir diese Überlegung und wählen eine Menge $I_2 \subseteq I_0 - \{b_1, b_2\}$ mit $|I_2| = k + 1$. (Wegen $|I_0 - \{b_1, b_2\}| = 2(s - 1) + t \geq k + 1$ ist das möglich.) Wir finden zwei neue Ecken b_3, b_4 aus I_2, die zu einer Ecke a_2 aus $N(I_0)$ adjazent sind. Wiederholt man diesen Prozeß s mal, so findet man $2s$ paarweise verschiedene Ecken $b_1, ..., b_{2s}$ aus I_0 und Ecken $a_1, ..., a_s$ aus $N(I_0)$ mit $b_{2i-1}, b_{2i} \in N(a_i)$ für $i = 1, ..., s$. Für die verbleibenden t Ecken $b_{2s+1}, ..., b_{2s+t}$ aus I_0 wählen wir beliebige adjazente Ecken $a_{s+1}, ..., a_{s+t}$ aus $N(I_0)$. (Die Ecken $a_1, ..., a_{s+t}$ müssen keineswegs verschieden sein.) Setzen wir nun $D' = \{a_1, ..., a_{s+t}\}$ so gilt aber $I_0 \subseteq N(D')$ und

$$\begin{aligned} |D'| &\leq s + t = \frac{|I_0| - t}{2} + t = \frac{1}{2}(|I_0| + t) \\ &\leq \frac{1}{2}(|I_0| + k) = \frac{1}{2}\left(|I_0| + \left\lfloor \frac{|N(I_0)|}{\delta} \right\rfloor\right). \end{aligned} \qquad (10.4)$$

Aus den beiden Ungleichungen (10.3) und (10.4) erhält man dann die gewünschte Abschätzung (10.2). ||

Satz 10.5 (Flach, Volkmann [2] 1990) Ist G ein schlichter Graph ohne isolierte Ecken, $\delta = \delta(G)$, $\Delta = \Delta(G)$, $n = n(G)$ und $A \subseteq E(G)$, so gilt

$$2\gamma(G) \leq n + |A| - (\delta - 1)\frac{|N(A) - A|}{\delta}, \qquad (10.5)$$

$$2\gamma(G) \leq n + 1 - (\delta - 1)\frac{\Delta}{\delta}. \qquad (10.6)$$

Beweis. Aus (10.1) und (10.2) folgt

$$2\gamma(G) \leq n - |E_0| + 2\gamma(G_0) + \left\lfloor \frac{|N(I_0)|}{\delta} \right\rfloor.$$

Wählt man in dieser Ungleichung speziell $E_0 = N[A]$, so gilt $\gamma(G_0) \leq |A|$ und $N(I_0) \subseteq N(A) - A$, und es ergibt sich

$$2\gamma(G) \leq n - |N(A) \cup A| + 2|A| + \frac{|N(A) - A|}{\delta}$$
$$= n + |A| - |N(A) - A| + \frac{|N(A) - A|}{\delta},$$

womit (10.5) bewiesen ist. Wählt man in (10.5) wiederum speziell $A = \{a\}$ mit $d(a, G) = \Delta$, so gilt $|N(a) - \{a\}| = d(a, G) = \Delta$ und daher (10.6). $\|$

Für schlichte Graphen G ohne isolierte Ecken folgt aus (10.6)

$$\gamma(G) \leq \left\lfloor \frac{n+1}{2} - \frac{(\delta - 1)\Delta}{2\delta} \right\rfloor. \tag{10.7}$$

An Hand von Beispielen wollen wir zeigen, daß es Graphen beliebig hoher Ordnung gibt, für die in (10.7) die Gleichheit gilt, womit (10.7) und damit (10.6) in diesem Sinne bestmöglich sind.

Beispiel 10.1 Es sei $p \in \mathbf{N}$ und G ein Graph der Ordnung $n = p^2 + p$ mit der Eckenmenge $E(G) = \{x_1, ..., x_{p^2}, a_1, ..., a_p\}$. Der von der Ekkenmenge $\{x_1, ..., x_{p^2}\}$ induzierte Teilgraph sei vollständig, und für alle $i = 1, ..., p$ seien die Ecken a_i nur zu den Ecken $x_{(i-1)p+1}, ..., x_{ip}$ adjazent. Für diesen Graphen gilt $\delta = p$, $\Delta = p^2$ und $\{a_1, ..., a_p\}$ ist eine minimale Dominanzmenge. Daraus folgt $\gamma(G) = p$, und durch Einsetzen der anderen Größen ergibt sich auf der rechten Seite von (10.7) ebenfalls p.

Als schöne Anwendung von Satz 10.5 wollen wir eine Abschätzung der Dominanzzahl herleiten, die vom Durchmesser abhängt.

Satz 10.6 (Volkmann) Es sei G ein schlichter, zusammenhängender Graph der Ordnung $n = n(G)$ und dem Minimalgrad $\delta = \delta(G) \geq 3$. Ist $d = \mathrm{dm}(G)$ der Durchmesser von G, so gilt

$$2\gamma(G) \leq n - (\delta - 2)(1 + \lfloor d/3 \rfloor) \leq n - \frac{d}{3}(\delta - 2).$$

Beweis. Es sei $d = 3t + r$ mit $0 \leq r \leq 2$ und $d_G(x_0, x_d) = d$. Ist $W = x_0 x_1 ... x_d$ ein Weg der Länge d, so setze man $A = \{x_0, x_3, ..., x_{3t}\}$. Damit ergibt sich $|A| = 1 + \lfloor d/3 \rfloor$, $N(A) \cap A = \emptyset$ und

$$|N(A) - A| = |N(A)| = |\bigcup_{i=0}^{t} N(x_{3i})| = \sum_{i=0}^{t} |N(x_{3i})| \geq \delta|A|.$$

Mit dieser Menge A folgt aus (10.5)

$$\begin{aligned}
2\gamma(G) &\leq n + |A| - (\delta - 1)\frac{|N(A) - A|}{\delta} \\
&\leq n + |A| - (\delta - 1)|A| = n - (\delta - 2)|A| \\
&= n - (\delta - 2)(1 + \lfloor d/3 \rfloor) \leq n - \frac{d}{3}(\delta - 2). \quad \|
\end{aligned}$$

Jaeger und Payan [1] 1972 und Payan [1] 1975 gaben einige Abschätzungen der Dominanzzahl im Zusammenhang mit dem Komplementärgraphen. Eines dieser Ergebnisse wollen wir jetzt vorstellen.

Satz 10.7 (Payan [1] 1975) Ist G ein schlichter Graph, $\delta = \delta(G)$, $\Delta = \Delta(G)$ und $n = n(G) \geq 2$, so gilt

$$\gamma(\bar{G}) \leq \frac{\delta(\Delta - 1)}{n - 1} + 2. \tag{10.8}$$

Beweis. Zunächst setzen wir $E = E(G) = E(\bar{G})$, $N(x) = N(x, G)$ und $N[x] = N[x, G]$. Ist u eine Ecke mit $d(u, G) = \delta$ und $x \in N(u)$, so ist $\{x\} \cup (N[u] \cap N(x))$ eine Dominanzmenge von $\bar{G}$, womit

$$\gamma(\bar{G}) \leq 1 + |N[u] \cap N(x)|$$

für alle $x \in N(u)$ gilt. Daraus ergibt sich zusammen mit

$$\Delta \geq |N(x) \cap N[u]| + |N(x) \cap (E - N[u])|$$

für alle $x \in N(u)$ die Abschätzung

$$|N(x) \cap (E - N[u])| \leq \Delta + 1 - \gamma(\bar{G}). \tag{10.9}$$

Wenn $y \in E - N[u]$ gilt, dann ist auch $\{u\} \cup \{y\} \cup (N(u) \cap N(y))$ eine Dominanzmenge von $\bar{G}$. Daraus folgt für alle $y \in E - N[u]$

$$\gamma(\bar{G}) - 2 \leq |N(u) \cap N(y)|. \tag{10.10}$$

Aus der Identität

$$\begin{aligned}
m_G(N(u), E - N[u]) &= \sum_{x \in N(u)} |N(x) \cap (E - N[u])| \\
&= \sum_{y \in E - N[u]} |N(y) \cap N(u)|
\end{aligned}$$

erhält man wegen $|N(u)| = \delta$ zusammen mit (10.9) und (10.10)

$$(\gamma(\bar{G}) - 2)(n - \delta - 1) \le \delta(\Delta + 1 - \gamma(\bar{G}))$$

und daraus die gewünschte Ungleichung (10.8). $\|$

Beachtet man für einen schlichten Graphen G die beiben Identitäten $\delta(G) = n(G) - 1 - \Delta(\bar{G})$ und $\Delta(G) = n(G) - 1 - \delta(\bar{G})$, so erhält man aus Satz 10.7 ohne Mühe

Folgerung 10.1 Ist G ein schlichter Graph, so gilt

$$\gamma(G) \le \frac{(n(G) - 1 - \Delta(G))(n(G) - 2 - \delta(G))}{n(G) - 1} + 2.$$

Weitere interessante Abschätzungen der Dominanzzahl sind:

$$\gamma(G) \le n(G) + 1 - \sqrt{2m(G) + 1}$$
$$\gamma(G) \le 1 + \frac{\log n(G)}{\log n(G) - \log(n(G) - \delta(G) - 1)}$$

Die erste Ungleichung stammt von Vizing [2] 1965, während die zweite Ungleichung auf Payan [1] 1975 zurückgeht. Im Jahre 1994 hat Fulman [1] die Ungleichung von Vizing verbessert.

10.2 Graphenparameter im Vergleich

Ist G ein Multigraph, so haben wir in Satz 10.1 $\gamma(G) \le \alpha(G)$ gezeigt und, falls G keine isolierten Ecken besitzt, $\gamma(G) \le \beta(G)$ nachgewiesen. Nun fragten Szamkolowicz [1] 1970 bzw. Laskar und Walikar [1] 1981 nach Graphenklassen, die $\gamma(G) = \alpha(G)$ bzw. $\gamma(G) = \beta(G)$ erfüllen. Im Zusammenhang mit dem zweiten Problem ist die folgende Beobachtung, die ich vor kurzem zusammen mit meinem Schüler Dr. U. Teschner gemacht habe, sehr nützlich.

Satz 10.8 (Teschner, Volkmann 1995) Ist G ein schlichter und zusammenhängender Graph mit $\gamma(G) = \beta(G)$, so gilt $\delta(G) \le 2$.

Beweis. Angenommen, es gilt $\delta(G) \ge 3$. Ist T eine minimale Eckenüberdeckung von G, so ist T nach Satz 10.1 ii) eine Dominanzmenge und wegen $\gamma(G) = \beta(G) = |T|$ sogar eine minimale Dominanzmenge von G.

Da $E(G) - T$ nach Satz 9.1 i) eine unabhängige Eckenmenge ist, gilt $N(x, G) \subseteq T$ für alle $x \in E(G) - T$, und aus $\delta(G) \geq 3$ folgt zusätzlich $|N(x, G)| \geq 3$. Wählen wir drei Ecken $u, v, w \in N(a, G)$ für ein $a \in E(G) - T$, so erkennt man ohne Mühe, daß schon $(T \cup \{a\}) - \{u, v\}$ eine Dominanzmenge von G ist, womit wir einen Widerspruch erzeugt haben. $\|$

Bemerkung 10.1 Ist C_n ein Kreis der Länge $n \geq 3$, so überlegt man sich leicht, daß $\gamma(C_n) = \beta(C_n)$ genau dann gilt, wenn $n = 4$ ist (man vgl. Aufgabe 10.6).

Folgerung 10.2 (Volkmann [6] 1994) Es sei G ein schlichter, zusammenhängender und r-regulärer $(r > 0)$ Graph. Es gilt genau dann $\gamma(G) = \beta(G)$, wenn $G = K_2$ oder $G = C_4$.

Beweis. Ist $G = K_2$ oder $G = C_4$, so gilt natürlich $\gamma(G) = \beta(G)$. Die Umkehrung erkennt man sofort für $r = 1$ und wegen Bemerkung 10.1 auch für $r = 2$. Da nach Satz 10.8 der Fall $r \geq 3$ nicht möglich ist, haben wir Folgerung 10.2 vollständig bewiesen. $\|$

Ein etwas mehr positives Resultat liefert der nächste Satz, den wir ohne Beweis angeben wollen.

Definition 10.2 Ein vollständiger bipartiter Graph $K_{1,p}$ heißt *Stern*, wenn $p \geq 2$ ist, und die Ecke vom Grad p nennt man *Zentrum*.

Satz 10.9 (Volkmann [6] 1994) Es sei G ein schlichter und zusammenhängender Graph der Ordnung $n(G) \geq 2$. Ist G zusätzlich trianguliert oder ein Kaktusgraph ohne Kreise der Länge 4, so gilt genau dann $\gamma(G) = \beta(G)$, wenn $G^* = G - N[\Gamma(G), G] = \emptyset$, oder jede Komponente von G^* ist eine isolierte Ecke oder ein Stern, wobei die Zentren dieser Sterne nicht zu Ecken aus $N(\Gamma(G), G)$ adjazent sein dürfen.

Beim Beweis von Satz 10.9 spielt folgende Eigenschaft der Graphen mit $\gamma = \beta$ eine wichtige Rolle.

Bemerkung 10.2 Es sei G ein zusammenhängender Multigraph, der die Identität $\gamma(G) = \beta(G)$ erfüllt. Ist H ein Faktor von G ohne isolierte Ecken, so gilt $\gamma(H) = \beta(H) = \beta(G)$ (man vgl. Aufgabe 10.7).

Im Jahre 1985 haben Fink, Jacobson, Kinch und Roberts [1] alle schlichten Graphen G ohne isolierte Ecken charakterisiert, für die in der Ungleichung von Ore die Gleichheit steht, also $2\gamma(G) = n(G)$ gilt. Zusammen mit Herrn Randerath habe ich einen neuen und kürzeren Beweis dieses Resultats entwickelt, der auf eine interessante Beobachtung von Bollobás und Cockayne [1] zurückgreift.

Hilfssatz 10.3 (Bollobás, Cockayne [1] 1979) Es sei G ein schlichter Graph ohne isolierte Ecken und D eine minimale Dominanzmenge, so daß $m(G[D])$ maximal ist. Dann existiert zu jeder Ecke $x \in D$ eine Nachbarecke $p(x)$ in $(E(G) - D) - N(D - \{x\}, G)$ (ein sogenannter *äußerer privater Nachbar* $p(x)$ von x bzgl. D in $E(G) - D$).

Beweis. Angenommen, es existiert in D eine Ecke a mit der Eigenschaft $(N(a, G) \cap (E(G) - D)) - N(D - \{a\}, G) = \emptyset$. Aufgrund der Minimalität von D ist a dann eine isolierte Ecke von $G[D]$. Da G aber keine isolierten Ecken enthält, existiert eine Ecke $b \in N(a, G) \cap (E(G) - D)$. Damit ist $D' = (D - \{a\}) \cup \{b\}$ ebenfalls eine minimale Dominanzmenge von G mit $m(G[D']) > m(G[D])$, was unserer Voraussetzung widerspricht. $\parallel$

Satz 10.10 (Fink, Jacobson, Kinch, Roberts [1] 1985) Es sei G ein schlichter und zusammenhängender Graph der Ordnung $2q$. Es gilt genau dann $\gamma(G) = q$, wenn $G = C_4$ oder $G = H \circ K_1$ ist, wobei H ein schlichter und zusammenhängender Graph der Ordnung q bedeutet.

Beweis. Ist $G = C_4$ oder $G = H \circ K_1$, so gilt $\gamma(G) = q$.
Sei nun G ein schlichter und zusammenhängender Graph der Ordnung $2q$ mit $\gamma(G) = q$. Ist $q = 1$, so gilt $G = K_2 = K_1 \circ K_1$, und ist $q = 2$, so gilt $G = K_2 \circ K_1$ oder $G = C_4$. Im Fall $q \geq 3$ wählen wir eine minimale Dominanzmenge $D = \{a_1, a_2, ..., a_q\}$, so daß $m(G[D])$ maximal ausfällt. Ist $F = \{p(a_1), p(a_2), ..., p(a_q)\}$ die Menge der äußeren privaten Nachbarn in $E(G) - D$ aus Hilfssatz 10.3, so gilt $E(G) = D \cup F$ und a_i ist nicht adjazent zu $p(a_j)$ für $i \neq j$. Angenommen, in $G[F]$ existiert eine Kante k, und es gelte o.B.d.A. $k = p(a_1)p(a_2)$. Sind a_1 und a_2 Endecken von G, so ist $D' = \{p(a_1), p(a_2), a_3, ..., a_q\}$ eine minimale Dominanzmenge mit $m(G[D']) > m(G[D])$, was der Maximalität von $m(G[D])$ widerspricht. Daher ist a_1 oder a_2 zu einer Ecke a_i adjazent. Ist $i \geq 3$ und o.B.d.A. a_1 adjazent zu a_i, so ist $D'' = (D - \{a_1, a_2\}) \cup \{p(a_2)\}$ im Widerspruch zu $\gamma(G) = q$ eine Dominanzmenge. Das bedeutet aber, daß a_1 und a_2 adjazent sind. Wegen des Zusammenhangs von G und der Voraussetzung $q \geq 3$ ist dann o.B.d.A. $p(a_1)$ zu einer Ecke $p(a_j)$

mit $j \geq 3$ adjazent. Nun ist $D^* = (D - \{a_1, a_j\}) \cup \{p(a_j)\}$ eine Dominanzmenge in G mit $|D^*| < |D|$, was der Minimalität von $|D|$ widerspricht. Insgesamt haben wir nachgewiesen, daß $G[F]$ ein Nullgraph ist, $H = G[D]$ zusammenhängend sein muß und $G = H \circ K_1$ gilt. $\|$

Bemerkung 10.3 Es sei G ein schlichter Graph der Ordnung $2q$ ohne isolierte Ecken mit $\gamma(G) = q$. Dann gilt nach Satz 10.1 i), ii) und Satz 9.1 ii) von Gallai sogar $\gamma(G) = \alpha(G) = \beta(G) = q$.

Borowiecki [1] hat 1975 alle Bäume T mit $\gamma(T) = \alpha(T)$ bestimmt. Wir wollen hier sogar alle schlichten und bipartiten Graphen mit dieser Eigenschaft charakterisieren.

Satz 10.11 (Topp, Volkmann [1] 1990) Es sei G ein schlichter, zusammenhängender und bipartiter Graph. Es gilt genau dann $\gamma(G) = \alpha(G)$, wenn $G = K_1$, $G = C_4$ oder $G = H \circ K_1$ ist, wobei H ein schlichter, zusammenhängender und bipartiter Graph bedeutet.

Beweis. Ist G einer der drei im Satz angegebenen Graphen, so gilt natürlich $\gamma(G) = \alpha(G)$.
Nun sei umgekehrt G ein schlichter, zusammenhängender und bipartiter Graph mit $\gamma(G) = \alpha(G)$ und G weder der K_1 noch der C_4. Ist E_1, E_2 eine Bipartition von $E(G)$, so ist jede dieser beiden Mengen sowohl unabhängig als auch dominant. Daraus folgt

$$\alpha(G) \geq \max\{|E_1|, |E_2|\} \geq \min\{|E_1|, |E_2|\} \geq \gamma(G),$$

woraus sich $\gamma(G) = |E_1| = |E_2| = \alpha(G) = q$ und $n(G) = 2q$ ergibt. Nach Satz 10.10 existiert dann ein schlichter und zusammenhängender Graph H der Ordnung q, so daß $G = H \circ K_1$ gilt. Da G bipartit ist, muß auch H diese Eigenschaften besitzen. $\|$

Folgerung 10.3 (Borowiecki [1] 1975) Es sei T ein Baum. Es ist genau dann $\gamma(T) = \alpha(T)$, wenn $T = K_1$ oder $T = H \circ K_1$ für einen beliebigen Baum H gilt.

Die Bedingung, daß für einen schlichten Graphen $G = H \circ K_1$ gilt, ist äquivalent dazu, daß jede Ecke von G zu genau einem Simplex der Ordnung 2 von G gehört. Im Hinblick auf weitere Graphenklassen für die das erste Charakterisierungsproblem $\gamma = \alpha$ gelöst werden kann, betrachten wir im folgenden die Klasse der schlichten Graphen, für die jede Ecke zu genau einem Simplex gehört. Diese Graphen G lassen sich vollständig mittels der Parameter $\alpha(G)$ und $\theta(G)$ sowie dem Potenzgraphen G^2 charakterisieren.

Hilfssatz 10.4 Es sei G ein schlichter Graph. Sind $S_1, S_2, ..., S_q$ verschiedene Simplizes von G mit $E(G) = \bigcup_{i=1}^{q} E(S_i)$, so existiert kein weiterer Simplex in G.

Beweis. Angenommen, es gibt einen weiteren Simplex H in G. Wegen $E(G) = \bigcup_{i=1}^{q} E(S_i)$ liegt jede Ecke von H in mindestens zwei Simplizes. Damit erhalten wir den Widerspruch, daß in H keine simpliziale Ecke existiert. $\parallel$

Hilfssatz 10.5 Ist G ein schlichter Graph mit $\gamma(G) = \theta(G)$ und $\mathcal{H}$ eine minimale Cliquenzerlegung von G, so ist jede Clique $H \in \mathcal{H}$ gesättigt.

Beweis. Es sei $\mathcal{H} = \{H_1, H_2, ..., H_q\}$ eine minimale Cliquenzerlegung von G. Im Fall $q = 1$ gibt es nichts zu beweisen. Ist $q \geq 2$, so sei o.B.d.A. H_q nicht gesättigt. Dann existiert eine Ecke $v \in E(G) - E(H_q)$ mit $E(H_q) \subseteq N(v, G)$. Ist nun D eine Eckenmenge, die v enthält mit $|E(H_i) \cap D| = 1$ für $i = 1, 2, ..., q - 1$ und $|E(H_q) \cap D| = 0$, so ist D aber im Widerspruch zu $\gamma(G) = q$ eine Dominanzmenge von G mit $|D| = q - 1$. $\parallel$

Bemerkung 10.4 Da die abgeschlossene Nachbarschaft $N[v, G]$ einer beliebigen Ecke v eines schlichten Graphen G in G^2 einen vollständigen Teilgraphen induziert, gilt $\theta(G^2) \leq \gamma(G)$. Kombiniert man diese Ungleichung mit denen aus den Sätzen 10.1 i) und 9.13 i), so ergibt sich die folgende Ungleichungskette

$$\alpha(G^2) \leq \theta(G^2) \leq \gamma(G) \leq \alpha(G) \leq \theta(G). \qquad (10.11)$$

Der nächste Satz liefert eine Charakterisierung der schlichten Graphen G mit $\alpha(G^2) = \theta(G)$.

Satz 10.12 (Randerath, Volkmann [1] 1995) Für einen schlichten Graphen G sind die folgenden Aussagen äquivalent.

i) Jede Ecke von G gehört zu genau einem Simplex von G.

ii) Es gilt $\alpha(G^2) = \alpha(G)$.

iii) Es gilt $\theta(G^2) = \theta(G)$.

iv) Es gilt $\alpha(G^2) = \theta(G^2) = \gamma(G) = \alpha(G) = \theta(G)$.

Beweis Aus iv) folgen natürlich ii) und auch iii).

Aus i) folgt iv). Aus i) folgt, daß alle Simplizes $S_1, S_2, ..., S_q$ von G eckendisjunkt sind und $E(G) = \dot{\cup}_{i=1}^q E(S_i)$ gilt, womit $S_1, S_2, ..., S_q$ eine Cliquenzerlegung von G ist, also $\theta(G) \leq q$ gilt. Nun sei S^* eine Eckenmenge von G, welche genau eine simpliziale Ecke aus jedem Simplex von G enthält. Sind v und w zwei verschiedene Ecken aus S^*, so gilt $N[v, G] \cap N[w, G] = \emptyset$, also $d_G(v, w) > 2$. Folglich ist die Eckenmenge S^* in G^2 unabhängig und daher gilt $\theta(G) \leq q = |S^*| \leq \alpha(G^2)$. Zusammen mit (10.11) erhält man $\alpha(G^2) = \theta(G^2) = \gamma(G) = \alpha(G) = \theta(G)$.

Aus ii) folgt i). Es sei I eine unabhängige Eckenmenge in G^2 mit $|I| = \alpha(G^2)$. Dann gilt $N[v, G] \cap N[w, G] = \emptyset$ für zwei verschiedene Ecken $v, w \in I$. Die Eckenmenge I ist ebenfalls in G unabhängig und wegen $|I| = \alpha(G^2) = \alpha(G)$ eine maximale unabhängige Eckenmenge in G. Daher ist I auch eine Dominanzmenge von G, woraus sich insgesamt $E(G) = \dot{\cup}_{v \in I} N[v, G]$ ergibt. Nun zeigen wir, daß $S_v = G[N[v, G]]$ für jedes $v \in I$ ein Simplex ist. Zunächst einmal ist S_v eine Clique, denn gibt es in S_v zwei zueinander nicht adjazente Ecken x und y, so ist $(I - \{v\}) \cup \{x, y\}$ eine unabhängige Eckenmenge in G, was der Maximalität von $|I|$ widerspricht. Selbstverständlich ist S_v eine gesättigte Clique mit der simplizialen Ecke v. Da es nach Hilfssatz 10.4 keine weiteren Simplizes gibt, liegt jede Ecke von G in genau einem Simplex S_v.

Aus iii) folgt i). Ist $\theta(G^2) = \theta(G)$, so folgt aus (10.11) $\gamma(G) = \theta(G) = q$. Daher existiert nach Hilfssatz 10.5 eine aus gesättigten Cliquen bestehende minimale Cliquenzerlegung $\mathcal{H} = \{H_1, H_2, ..., H_q\}$, womit $E(G) = \dot{\cup}_{i=1}^q E(H_i)$ gilt. Wegen Hilfssatz 10.4 genügt es nachzuweisen, daß jede Clique $H \in \mathcal{H}$ ein Simplex von G ist. Im Fall $q = 1$ ist H_1 ein Simplex. Im Fall $q \geq 2$ nehmen wir an, daß eine Clique, sagen wir H_q, kein Simplex von G ist. Dann ist jede Ecke $v \in H_q$ adjazent zu einer Ecke $w \notin H_q$. Nun haben je zwei Ecken x, y des induzierten Teilgraphen $S_i = G[E(H_i) \cup (N(E(H_i), G) \cap E(H_q))]$ für $i = 1, 2, ..., q - 1$ von G die Eigenschaft $d_G(x, y) \leq 2$, und es gilt $\cup_{i=1}^{q-1} E(S_i) = E(G)$. Daraus ergibt sich der Widerspruch $q - 1 \geq \theta(G^2) = \theta(G) = q$, womit der Beweis von Satz 10.12 vollständig ist. $\|$

Definition 10.3 Ein Graph heißt C_4-*frei*, falls er keinen Kreis der Länge 4 als induzierten Teilgraphen enthält.

Hilfssatz 10.6 Es sei G ein schlichter und C_4-freier Graph mit einer gesättigten Clique H. Dann ist H entweder ein Simplex von G, oder es existiert eine unabhängige Eckenmenge $S \subseteq E(G) - E(H)$ mit der Eigenschaft $E(H) \subseteq N(S, G)$.

Beweis. Ist H kein Simplex von G, so gilt $E(H) \subseteq N(E(G) - E(H), G)$. Sei nun S eine Teilmenge von $E(G) - E(H)$, so daß $E(H) \subseteq N(S, G)$ und der durch S induzierte Teilgraph $G[S]$ minimale Größe $m(G[S])$ besitzt. Angenommen, $G[S]$ enthält eine Kante $k = ab$. Aufgrund der Wahl von S existiert eine Ecke $u \in (N(a, G) \cap E(H)) - N(b, G)$ und eine Ecke $v \in (N(b, G) \cap E(H)) - N(a, G)$. Hieraus folgt, daß die Eckenmenge $\{a, b, v, u\}$ im Widerspruch zur Voraussetzung in G einen C_4 induziert. Damit ist S eine unabhängige Eckenmenge. Da, im Fall, daß H ein Simplex ist, keine solche unabhängige Eckenmenge existieren kann, ist der Hilfssatz bewiesen. $\parallel$

Mittels des Satzes 10.12 und der letzten drei Hilfssätze werden wir den nächsten Satz beweisen, der auch aus einem allgemeineren Ergebnis von Dean und Zito [1] aus dem Jahre 1994 gefolgert werden kann.

Satz 10.13 Es sei G ein schlichter und C_4-freier Graph mit $\alpha(G) = \theta(G)$. Es gilt genau dann $\gamma(G) = \alpha(G)$, wenn jede Ecke von G zu genau einem Simplex von G gehört.

Beweis. Falls jede Ecke von G zu genau einem Simplex von G gehört, so folgt aus Satz 10.12 $\gamma(G) = \alpha(G)$.
Gilt umgekehrt $\gamma(G) = \alpha(G)$, so ist nach Voraussetzung $\gamma(G) = \theta(G) = q$, womit nach Hilfssatz 10.5 eine aus gesättigten Cliquen bestehende minimale Cliquenzerlegung $\mathcal{H} = \{H_1, H_2, ..., H_q\}$ existiert. Wegen Hilfssatz 10.4 verbleibt noch zu zeigen, daß jede Clique $H_i \in \mathcal{H}$ mit $i = 1, 2, ..., q$ ein Simplex von G ist. Angenommen, H_q ist kein Simplex von G. Dann gibt es nach Hilfssatz 10.6 eine unabhängige Eckenmenge $S \subseteq E(G) - E(H_q)$ mit $E(H_q) \subseteq N(S, G)$. Daher gilt $|E(H_i) \cap S| \leq 1$ für alle $i = 1, 2, ..., q - 1$, und es existiert eine Obermenge D von S mit $|E(H_i) \cap D| = 1$ für $i = 1, 2, ..., q - 1$ und $|E(H_q) \cap D| = 0$. Die Eckenmenge D ist aber im Widerspruch zu $\gamma(G) = q$ eine Dominanzmenge von G mit $|D| = q - 1$. $\parallel$

Da jeder triangulierte Graph G natürlich C_4-frei ist und nach Satz 9.16 die Bedingung $\alpha(G) = \theta(G)$ erfüllt, folgt das nächste Resultat unmittelbar aus dem letzten Satz.

Folgerung 10.4 (Prisner, Topp, Vestergaard [1] 1995) Ist G ein schlichter und triangulierter Graph, so gilt genau dann $\gamma(G) = \alpha(G)$, wenn jede Ecke von G zu genau einem Simplex von G gehört.

Da jeder Blockgraph ein triangulierter Graph ist, ergibt sich aus Folgerung 10.4 eine Charakterisierung der Blockgraphen G, die $\gamma(G) = \alpha(G)$ erfüllen.

Folgerung 10.5 (Topp, Volkmann [1] 1990) Es sei G ein Blockgraph und $B_1, ..., B_t$ diejenigen Blöcke von G, die mindestens eine Ecke besitzen, die keine Schnittecke von G ist. Es gilt genau dann $\gamma(G) = \alpha(G)$, wenn $E(G)$ die disjunkte Vereinigung von $E(B_1), ..., E(B_t)$ ist.

Weitere Resultate über die Dominanzzahl findet man in den Übersichtsartikeln von Cockayne und S. Hedetniemi [2] 1977 sowie Laskar und Walikar [1] 1981 und in den Arbeiten von Cockayne, Favaron, Payan und Thomason [1] 1981, Favaron [2] 1986, Finbow, Hartnell und Nowakowski [1] 1988, Harary und Livingston [1] 1986, Topp und Volkmann [2] 1991, Brigham und Dutton [1] 1991, Goddard, Henning und Swart [1] 1992, Bacsò und Tuza [1] 1993, Cockayne und Mynhardt [1] 1993, Harary und Haynes [1] 1995 sowie I. Zverovich und V. Zverovich [1] 1995

10.3 Bestimmung minimaler Dominanzmengen in Blockgraphen

Zur Bestimmung minimaler Dominanzmengen ist kein polynomialer Algorithmus bekannt. Auch dieses Problem ist NP-vollständig. Daher wollen wir für einige spezielle Graphen Verfahren herleiten, mit denen man in polynomialer Zeit minimale Dominanzmengen findet. Dafür ist es günstig, den Begriff der Dominanzmenge etwas allgemeiner zu fassen.

Definition 10.4 Es sei G ein Graph und $X \subseteq E(G)$. Eine Menge $D \subseteq E(G)$ heißt *X-Dominanzmenge* von G, wenn $X \subseteq N[D, G] = N[D]$ gilt. Eine X-Dominanzmenge D heißt *minimale X-Dominanzmenge* von G, wenn es keine X-Dominanzmenge D' von G gibt mit $|D'| < |D|$. Ist D eine minimale X-Dominanzmenge von G, so wird durch $|D| = \gamma(G, X)$ die *X-Dominanzzahl* von G definiert.

Satz 10.14 (Reduktionssatz, Volkmann [4] 1990) Es sei G ein Graph, $X \subseteq E(G)$, $x \in X$ und $v \in E(G)$ mit

$$N[N[x, G], G] \cap X \subseteq N[v, G]. \tag{10.12}$$

Ist $X' = X - N[v, G]$ und D' eine minimale X'-Dominanzmenge von G, so ist $D' \cup \{v\}$ eine minimale X-Dominanzmenge von G.

Beweis. Ist D_0 eine beliebige minimale X-Dominanzmenge von G, so gilt $D_0 \cap N[x, G] \neq \emptyset$. Für jede Ecke $y \in D_0 \cap N[x, G]$ ist wegen (10.12) auch $D = (D_0 - \{y\}) \cup \{v\}$ eine minimale X-Dominanzmenge von G mit $v \in D$. Weiter ist $D - \{v\}$ eine X'-Dominanzmenge von G und $D' \cup \{v\}$ eine X-Dominanzmenge von G mit $v \notin D'$. Daraus ergibt sich

$$\gamma(G, X) \leq |D' \cup \{v\}| = \gamma(G, X') + 1 \leq |D - \{v\}| + 1 = \gamma(G, X),$$

womit $D' \cup \{v\}$ eine minimale X-Dominanzmenge von G ist. ‖

Folgerung 10.6 Ist G ein Graph und $X \subseteq E(G)$, so kann man den Reduktionssatz prinzipiell wie folgt anwenden.
Für alle $x \in X$ teste man, ob eine Ecke $v \in E(G)$ existiert, die die Bedingung (10.12) erfüllt. Hat man zwei solche Ecken x und v gefunden, so kann man wegen des Reduktionssatzes dieses Verfahren mit der Eckenmenge $X' = X - N[v, G]$ fortsetzen. Findet man keine zwei Ecken, die (10.12) erfüllen, so läßt sich der Reduktionssatz nicht weiter anwenden.

Sowohl für praktische Verfahren als auch für theoretische Untersuchungen ist häufig folgende Beobachtung sehr nützlich.

Hilfssatz 10.7 (Volkmann [4] 1990) Es sei G ein Graph, $X \subseteq E(G)$ und $Y = E(G) - X$. Ist $y \in Y$ mit

$$|N(y, G) \cap X| \leq 1, \tag{10.13}$$

und ist D eine minimale X-Dominanzmenge von $G - y$, so ist D auch eine minimale X-Dominanzmenge von G.

Beweis. D ist natürlich eine X-Dominanzmenge von G. Angenommen, es gibt in G eine minimale X-Dominanzmenge D_0 mit $|D_0| < |D|$. Dann gilt notwendig $y \in D_0$. Nun unterscheiden wir zwei Fälle.
1. Fall: Es gilt $N(y, G) \cap X = \emptyset$. Unter dieser Bedingung ist schon $D_0 - y$ eine X-Dominanzmenge von G, was der Minimalität von $|D_0|$ widerspricht.
2. Fall: Es gilt $|N(y, G) \cap X| = 1 = |\{x\}|$. Dann ist aber auch die Menge $D_1 = (D_0 - y) \cup \{x\}$ eine X-Dominanzmenge von $G - y$ mit $|D_1| = |D_0| < |D|$. Dies bedeutet einen Widerspruch zu der Voraussetzung, daß D eine minimale X-Dominanzmenge von $G - y$ ist.
Da es wegen der Bedingung (10.13) keine weiteren Fälle gibt, haben wir den Hilfssatz 10.7 vollständig bewiesen. ‖

Der skizzierte Graph G zeigt uns, daß man die Bedingung (10.13) aus Hilfssatz 10.7 im allgemeinen nicht abschwächen kann.

Denn setzt man $X = \{a, b\}$, so gilt $|N(y, G) \cap X| = 2$, und die Menge $\{a, b\}$ ist eine minimale X-Dominanzmenge von $G - y$ aber offensichtlich nicht von G.

Aus dem Reduktionssatz und dem Hilfssatz 10.7 leiten wir nun einen effizienten Algorithmus her, der uns für alle Blockgraphen eine minimale Dominanzmenge liefert.

10. Algorithmus

Algorithmus zur Bestimmung minimaler Dominanzmengen in Blockgraphen

Es sei G ein Blockgraph und $Y \subseteq E(G)$.

1. Man setze $X = Y$ und $D = \emptyset$.

2. Ist $X = \emptyset$, so stoppe man den Algorithmus, denn dann ist D eine minimale Y-Dominanzmenge von G.
   Ist $X \neq \emptyset$, so gehe man zu 3.

3. Man suche einen beliebigen Endblock B von G.
   Existiert eine Ecke $x \in E(B) \cap X$, die keine Schnittecke von G ist, so gehe man zu 5.
   Existiert keine solche Ecke x, so gehe man zu 4.

4. Gibt es im Endblock B keine Schnittecke von G, so setze man $G = G - E(B)$ und gehe zu 3.
   Im anderen Fall sei v die eindeutig bestimmte Schnittecke von G im Endblock B. Dann setze man $G = G - (E(B) - \{v\})$ und gehe zu 3.

5. Gibt es in B eine Schnittecke v von G, so setze man $D = D \cup \{v\}$, $X = X - N[v, G]$ und gehe zu 2.
   Gibt es in B keine Schnittecke von G, so wähle man eine beliebige Ecke v in B, setze $D = D \cup \{v\}$, $X = X - N[v, G]$ und gehe zu 2.

Beweis. Nach Folgerung 8.2 kann der 3. Schritt immer ausgeführt werden. Im 4. Schritt wird der aktuelle Graph G so reduziert, daß einerseits wieder ein Blockgraph entsteht und andererseits Hilfssatz 10.7 zum Tragen kommt. Daher bleibt im 4. Schritt die Menge X erhalten. Im 5. Schritt gilt nach Konstruktion

$$N[N[x, G], G] \cap X \subseteq N[v, G],$$

womit der Reduktionssatz anwendbar ist. Daher ist beim Abbruch des Algorithmus die aktuelle Eckenmenge D eine minimale Y-Dominanzmenge von G. ||

Im Jahre 1975 gaben Cockayne, Goodman und Hedetniemi [1] einen guten Algorithmus zur Bestimmung minimaler Dominanzmengen in Bäumen. Da jeder Baum ein Blockgraph ist, kann man den 10. Algorithmus als eine Verallgemeinerung dieses Resultats auffassen. Darüber hinaus gibt es effiziente Algorithmen für Kaktusgraphen von Hedetniemi, Laskar und Pfaff [1] 1986, für Block-Kaktusgraphen von Volkmann [9] 1992 (ist in einem Graphen jeder Block ein Kreis oder ein vollständiger Graph, so liegt ein Block-Kaktusgraph vor) sowie für stark triangulierte Graphen (eine Teilklasse der triangulierten Graphen, die auch die Blockgraphen umfaßt) von Farber [1] 1984.

10.4 p-Dominanzmengen

Definition 10.5 Es sei G ein Graph und $p \in \mathbf{N}$. Eine Menge $D \subseteq E(G)$ heißt *p-Dominanzmenge* von G, wenn $|N(x, G) \cap D| \geq p$ für alle $x \in E(G) - D$ gilt. Eine p-Dominanzmenge D heißt *minimale p-Dominanzmenge* von G, wenn es keine p-Dominanzmenge D' von G mit $|D'| < |D|$ gibt. Ist D eine minimale p-Dominanzmenge von G, so wird die *p-Dominanzzahl* durch $\gamma_p(G) = |D|$ definiert.

Bemerkung 10.5 Jede p-Dominanzmenge ist eine Dominanzmenge, womit $\gamma(G) \leq \gamma_p(G)$ für jedes $p \in \mathbf{N}$ gilt. Insbesondere sind die Begriffe 1-Dominanzmenge und Dominanzmenge gleichbedeutend, was $\gamma(G) = \gamma_1(G)$ zur Folge hat. Allgemeiner ist für $1 \leq q \leq p$ jede p-Dominanzmenge eine q-Dominanzmenge, also $\gamma_q(G) \leq \gamma_p(G)$. Es gilt immer $\gamma_p(G) \geq \min\{p, n(G)\}$ und im Fall $p > \Delta(G)$ natürlich $\gamma_p(G) = n(G)$.

Satz 10.15 (Fink, Jacobson [1] 1985) Ist G ein schlichter Graph und $p \in \mathbf{N}$ mit $2 \leq p \leq \Delta(G)$, so gilt

$$\gamma_p(G) \geq \gamma(G) + p - 2.$$

Beweis. Es sei D eine minimale p-Dominanzmenge von G. Wegen $p \leq \Delta(G)$ ist die Menge $E(G) - D$ nicht leer. Ist $u \in E(G) - D$, so gilt $|N(u, G) \cap D| \geq p$, womit es p Ecken $x_1, ..., x_p$ in D gibt, die zu u adjazent sind. Darüber hinaus ist jede Ecke aus $E(G) - D$ zu mindestens einer Ecke aus $D - \{x_2, ..., x_p\}$ adjazent. Daher ist

$$D^* = \{u\} \cup (D - \{x_2, ..., x_p\})$$

eine Dominanzmenge von G, woraus sich die behauptete Ungleichung ergibt. $\|$

Folgerung 10.7 Ist G ein schlichter Graph mit $\Delta(G) \geq 1$, so gilt $\gamma_p(G) > \gamma(G)$ für alle $p \geq 3$.

Beispiel 10.2 Für den Graphen G, der aus r disjunkten Kreisen der Länge 4 besteht, gilt $\gamma_2(G) = \gamma(G) = 2r$. Daher läßt sich Folgerung 10.7 nicht mehr für $p = 2$ aufrecht erhalten.

Satz 10.16 (Fink, Jacobson [1] 1985) Ist G ein schlichter Graph, $p \in \mathbf{N}$, $\Delta = \Delta(G)$ und $n = n(G)$, so gilt

$$\gamma_p(G) \geq \frac{pn}{\Delta + p}.$$

Beweis. Ist $p > \Delta$, so gilt $\gamma_p(G) = n$, und die Ungleichung ist tatsächlich erfüllt. Im Fall $p \leq \Delta$ sei D eine minimale p-Dominanzmenge von G. Es gilt einerseits

$$m_G(D, \bar{D}) \leq \Delta|D| = \Delta\gamma_p(G).$$

Da jede Ecke aus $\bar{D}$ zu mindestens p Ecken aus D adjazent ist, gilt andererseits

$$m_G(D, \bar{D}) \geq p|\bar{D}| = p(n - \gamma_p(G)).$$

Aus den letzten beiden Ungleichungen folgt ohne Mühe die gesuchte Abschätzung. $\|$

Nun wollen wir eine Verallgemeinerung der Abschätzung $2\gamma(G) \leq n(G)$ von Ore herleiten. Dazu benötigen wir den nächsten Hilfssatz, der sich laut Caro und Roditty [1] durch ein klassisches Argument von Erdös [2] beweisen läßt.

Hilfssatz 10.8 Es sei G ein schlichter Graph und r eine natürliche Zahl mit $r + 1 \leq n(G)$. Wählt man $E_1, ..., E_{r+1} \subseteq E(G)$ mit $E_i \neq \emptyset$, $E_i \cap E_j = \emptyset$ für $i \neq j$ und $E_1 \cup ... \cup E_{r+1} = E(G)$ so, daß die Anzahl der Kanten $K^* = K(G) - \bigcup_{i=1}^{r+1} K(G[E_i])$ maximal ist, so gilt für den $(r + 1)$-partiten Faktor $H = (E(G), K^*)$ und alle Ecken $x \in E(G)$:

$$(r + 1)d(x, H) \geq rd(x, G) \tag{10.14}$$

Beweis. Angenommen, es existiert eine Ecke a mit

$$(r + 1)d(a, H) < rd(a, G). \tag{10.15}$$

Ist o.B.d.A. $a \in E_1$, so liefert (10.15) $|E_1| \geq 2$, und es gilt

$$d(a, G) = m_G(a, E_1) + m_G(a, E_2) + ... + m_G(a, E_{r+1}).$$

Wir wollen zeigen, daß ein $j \geq 2$ existiert mit

$$m_G(a, E_j) < m_G(a, E_1). \tag{10.16}$$

Wäre das nicht der Fall, so hätte man für alle $i \geq 2$ die Abschätzung $m_G(a, E_i) \geq m_G(a, E_1)$, woraus sich zusammen mit (10.15) folgender Widerspruch ergäbe:

$$\begin{aligned} d(a, G) &\geq (r + 1)m_G(a, E_1) \\ &= (r + 1)(d(a, G) - d(a, H)) \\ &> (r + 1)d(a, G) - rd(a, G) = d(a, G) \end{aligned}$$

Damit ist (10.16) bewiesen. Setzen wir nun $E_1' = E_1 - \{a\}$, $E_j' = E_j \cup \{a\}$ und $E_i' = E_i$ für $i \neq 1, j$, so ergibt sich aus (10.16) für

$$K' = K(G) - \bigcup_{i=1}^{r+1} K(G[E_i'])$$

die Ungleichung

$$|K'| = |K^*| - m_G(a, E_j) + m_G(a, E_1) > |K^*|,$$

was der Maximalität von $|K^*|$ widerspricht. $\|$

Satz 10.17 (Caro, Roditty [1] 1990) Es sei G ein schlichter Graph der Ordnung $n = n(G)$ und $p, r \in \mathbf{N}$ mit $r + 1 \leq n$. Ist der Minimalgrad $\delta = \delta(G) \geq \frac{r+1}{r}p - 1$, so gilt

$$\gamma_p(G) \leq \frac{r}{r + 1}n. \tag{10.17}$$

Beweis. Es sei $E_1, E_2, ..., E_{r+1}$ eine Zerlegung von $E(G)$ mit den Eigenschaften aus Hilfssatz 10.8 und H der entsprechende $(r+1)$-partite Faktor. Dann folgt aus (10.14) für alle $x \in E(G)$

$$d(x, H) \geq \left\lceil \frac{r}{r+1}\delta \right\rceil \geq \left\lceil p - \frac{r}{r+1} \right\rceil = p.$$

Gilt o.B.d.A. $|E_1| \geq |E_2| \geq ... \geq |E_{r+1}|$, so ist $A = \bigcup_{i=2}^{r+1} E_i$ eine p-Dominanzmenge von G, denn jede Ecke aus E_1 ist zu mindestens p Ecken aus A adjazent. Daraus folgt nun das gewünschte Ergebnis

$$\gamma_p(G) \leq |A| = n - |E_1| \leq n - \frac{n}{r+1} = \frac{rn}{r+1}. \ \|$$

Setzt man in Satz 10.17 $r = p$, so ergibt sich unmittelbar ein Ergebnis von Cockayne, Gamble und Shepherd [1].

Folgerung 10.8 (Cockayne, Gamble, Shepherd [1] 1985) Ist G ein schlichter Graph, $p \in \mathbf{N}$ und $\delta(G) \geq p$, so gilt

$$\gamma_p(G) \leq \frac{p}{p+1} n(G). \tag{10.18}$$

Setzt man in Satz 10.17 $r = 1$, so folgt für $\delta \geq 2p - 1$ die Abschätzung $2\gamma_p(G) \leq n(G)$, die für $p = 1$ gerade die klassische Ungleichung von Ore bedeutet. Auch wir haben kürzlich mit Hilfe eines allgemeineren Dominanzkonzeptes eine Verallgemeinerung von Folgerung 10.8 gefunden, die wir hier ohne Beweis vorstellen wollen.

Satz 10.18 (Stracke, Volkmann [1] 1993) Es sei G ein schlichter Graph. Sind i und p zwei natürliche Zahlen mit $p \leq i$, so gilt

$$\gamma_p(G) \leq n(G) - \max_{p \leq i \leq 2p-1} \frac{|\{x \in E(G) \mid d(x, G) \geq i\}|}{2p - i + 1}.$$

Mit $i = \delta$ ergibt sich aus Satz 10.18 sofort

Folgerung 10.9 Ist G ein schlichter Graph der Ordnung n und p eine natürliche Zahl mit $p \leq \delta(G) = \delta \leq 2p - 1$, so gilt

$$\gamma_p(G) \leq \frac{n(2p - \delta)}{2p - \delta + 1}.$$

Folgerung 10.10 Ist G ein schlichter Graph der Ordnung n und p eine natürliche Zahl, so gilt

$$\gamma_p(G) \le \begin{cases} \frac{n(2p-\delta)}{2p-\delta+1} & : \text{ für } p \le \delta \le 2p-1 \\ \frac{n}{2} & : \text{ für } \delta \ge 2p \end{cases}$$

Beweis. Für $p \le \delta \le 2p-1$ erhält man diese Ungleichung aus Folgerung 10.9. Ist nun $\delta(G) \ge 2p$, so entferne man aus G sukzessive Kanten, bis man zu einem Graphen G^* mit $\delta(G^*) = 2p - 1$ gelangt. Damit ergibt sich zusammen mit Folgerung 10.9

$$\gamma_p(G) \le \gamma_p(G^*) \le \frac{n}{2}. \ \|$$

Man erkennt nun leicht, daß Folgerung 10.10 die Folgerung 10.8 umfaßt. Es soll nicht unerwähnt bleiben, daß man Folgerung 10.10 auch aus dem Satz von Caro und Roditty (Satz 10.17) herleiten kann.
Setzt man in Satz 10.18 $i = p > \delta$, so erhält man

Folgerung 10.11 Besitzt ein schlichter Graph t Ecken x vom Grad $d(x, G) \ge p$, so gilt

$$\gamma_p(G) \le \frac{(p+1)n(G) - t}{p+1}.$$

Ein solches Ergebnis läßt sich allerdings nicht mehr aus Satz 10.17 ableiten, da in diesem Satz $\delta \ge (r+1)p/r - 1 > p - 1$, also $\delta \ge p$ vorausgesetzt wird.

Die Arbeiten von Fink und Jacobson [1], [2] 1985, Favaron [1] 1985, Favaron [3] 1988 sowie Bean, Henning und Swart [1] 1994 enthalten weitere Resultate über p-Dominanzmengen.

10.5   Irredundanzmengen

Definition 10.6 Es sei G ein Multigraph und $I \subseteq E(G)$. Eine Ecke $x \in I$ heißt *irredundant* in I, wenn

$$N[x, G] - N[I - \{x\}, G] \ne \emptyset$$

gilt. Sind alle Ecken $x \in I \subseteq E(G)$ irredundant in I, so nennt man I *Irredundanzmenge* von G oder *irredundant* in G. Eine Irredundanzmenge I_0 von G heißt *gesättigt*, wenn es in G keine Irredundanzmenge

I gibt mit $I_0 \subseteq I$ und $I_0 \neq I$. Eine gesättigte Irredundanzmenge I^* von G nennt man *minimale Irredundanzmenge* von G, wenn es keine gesättigte Irredundanzmenge I mit $|I| < |I^*|$ gibt. Ist I eine minimale Irredundanzmenge, so bezeichnet man durch $|I| = \mathrm{ir}(G) = \mathrm{ir}$ die *Irredundanzzahl* von G.

In der Graphentheorie wurde der Begriff der Irredundanz erstmalig 1978 in einem Artikel von Cockayne, Hedetniemi und Miller [1] benutzt.

Satz 10.19 (Cockayne, Hedetniemi [1] 1974) Ist G ein Multigraph, so gilt

  i) Jede unabhängige Eckenmenge ist irredundant.

  ii) Eine minimale Dominanzmenge ist eine gesättigte Irredundanzmenge, also gilt $\mathrm{ir}(G) \leq \gamma(G)$.

Beweis. i) Es sei I eine unabhängige Eckenmenge und $x \in I$. Dann gilt $x \in N[x] - N[I - \{x\}]$, womit I eine Irredundanzmenge ist.

ii) Es sei D eine minimale Dominanzmenge von G. Nehmen wir an, daß D nicht irredundant ist. Dann gibt es in der Menge D eine Ecke x mit $N[x] - N[D - \{x\}] = \emptyset$, womit $N[x] \subseteq N[D - \{x\}]$ gilt. Das bedeutet aber, daß schon $D - \{x\}$ eine Dominanzmenge von G ist, was der Minimalität von D widerspricht. Ist D keine gesättigte Irredundanzmenge, so existiert eine Ecke $u \in E(G) - D$, so daß $D \cup \{u\}$ irredundant ist. Daraus erhalten wir den Widerspruch

$$\emptyset \neq N[u] - N[(D \cup \{u\}) - \{u\}] = N[u] - N[D] = N[u] - E(G) = \emptyset.$$

Aus der Definition der Irredundanzzahl ergibt sich nun die Ungleichung $\mathrm{ir}(G) \leq \gamma(G)$. $\|$

Definition 10.7 Ist G ein Multigraph, $I \subseteq E(G)$ und $x \in I$, so nennt man $P_G(x, I) = P(x, I) = P(x) = N[x, G] - N[I - \{x\}, G]$ die Menge der *privaten Nachbarn* von x bzgl. I.

Bemerkung 10.6 Benutzt man diese Definition, so erkennt man, daß eine Menge $I \subseteq E(G)$ genau dann irredundant ist, wenn jede Ecke aus I mindestens einen privaten Nachbarn besitzt.

Satz 10.20 (Allan, Laskar [1] 1978 bzw. Bollobás, Cockayne [1] 1979) Für jeden Multigraphen G gilt

$$\gamma(G) \leq 2\mathrm{ir}(G) - 1.$$

Beweis. Wegen $\mathrm{ir}(G) \leq \gamma(G)$ können wir o.B.d.A. $\mathrm{ir}(G) < \gamma(G)$ voraussetzen. Ist I eine gesättigte Irredundanzmenge mit $|I| = \mathrm{ir}(G)$, so gilt nach Bemerkung 10.6 $P(x) \neq \emptyset$ für jede Ecke $x \in I$. Zu jeder Ecke $x \in I$ wählen wir eine Ecke $f(x) \in P(x)$ und setzen $F = \bigcup_{x \in I} f(x)$ sowie $D = I \cup F$. Die beiden Eckenmengen I und F haben die gleiche Kardinalität, aber sie haben nicht notwendig einen leeren Durchschnitt, da $x \in P(x)$ für $x \in I$ und damit $f(x) = x$ möglich ist. Wegen $|I| = \mathrm{ir}(G)$ folgt damit $|D| \leq |I| + |F| = 2\mathrm{ir}(G)$.

Annahme, D ist keine Dominanzmenge von G. Dann existiert eine Ecke $w \in E(G) - D$ mit $w \notin N[D]$. Nun ist auch $I' = I \cup \{w\}$ eine Irredundanzmenge von G, denn es gilt $w \in N[w] - N[I' - \{w\}]$ und $f(x) \in N[x] - N[(I' - \{x\}]$ für alle $x \in I' - \{w\} = I$. Dies ist ein Widerspruch dazu, daß I gesättigt ist.

Damit ist D eine Dominanzmenge, die nach Voraussetzung die Ungleichung $|D| > \mathrm{ir}(G)$ erfüllt. Da I eine gesättigte Irredundanzmenge ist und D die Eckenmenge I echt umfaßt, kann D nach Satz 10.19 ii) keine minimale Dominanzmenge sein, womit wir die gewünschte Abschätzung $\gamma(G) \leq |D| - 1 \leq 2\mathrm{ir}(G) - 1$ erhalten. $\|$

Aus den letzten beiden Sätzen ergibt sich sofort:

Folgerung 10.12 Ist G ein Multigraph, so gilt

$$\frac{1}{2} < \frac{\mathrm{ir}(G)}{\gamma(G)} \leq 1.$$

Für spezielle Graphen lassen sich bessere untere Schranken für den Quotienten $\mathrm{ir}(G)/\gamma(G)$ nachweisen. Um solche Schranken zu bestimmen ist der folgende Struktursatz von Bollobás und Cockayne [1] aus dem Jahre 1979 häufig sehr nützlich.

Satz 10.21 (Bollobás, Cockayne [1] 1979) Es sei G ein schlichter Graph und I eine gesättigte Irredundanzmenge von G, die keine Dominanzmenge von G ist. Ist $u \in E(G) - N[I]$, so existiert ein $x \in I$ mit folgenden Eigenschaften.

  i) Es gilt $P(x, I) \subseteq N(u)$.

  ii) Sind $x_1, x_2 \in P(x, I)$ mit $x_1 \neq x_2$, so gilt $x_1 x_2 \subset K(G)$ oder es existieren $y_1, y_2 \in I - \{x\}$, so daß x_1 zu jeder Ecke aus $P(y_1, I)$ und x_2 zu jeder Ecke aus $P(y_2, I)$ adjazent ist ($y_1 = y_2$ ist dabei möglich).

Beweis. i) Da I eine gesättigte Irredundanzmenge ist, kann $I \cup \{u\}$ nicht irredundant sein. Daher existiert eine Ecke $x \in I \cup \{u\}$ mit

$$\emptyset = P(x, I \cup \{u\}) \;=\; N[x] - N[(I \cup \{u\}) - \{x\}]$$
$$=\; N[x] - N[I - \{x\}] - N[u],$$

womit $P(x, I) = N[x] - N[I - \{x\}] \subseteq N[u]$ gilt. Da u nicht von I dominiert wird, ist $u \notin P(x, I)$, woraus sich schließlich $P(x, I) \subseteq N(u)$ ergibt.

ii) Seien nun x_1 und x_2 zwei nicht adjazente Ecken aus $P(x, I)$. Angenommen, für alle $v_i \in I - \{x\}$ existiert eine Ecke $w_i \in P(v_i, I)$, so daß x_1 und w_i nicht adjazent sind. Dann ist aber auch $I' = I \cup \{x_1\}$ eine Irredundanzmenge von G, denn $w_i \in P(v_i, I')$ für alle $v_i \in I - \{x\}$, $x_2 \in P(x, I')$ und wegen i) gilt auch $u \in P(x_1, I')$, was unserer Voraussetzung widerspricht, daß I gesättigt ist. Mit den gleichen Argumenten erhält man die Aussage für x_2, womit auch ii) bewiesen ist. $\parallel$

Satz 10.22 Es sei G ein schlichter und zusammenhängender Graph.

- ·i) **(Damaschke [1] 1991)** Ist $\mu(G) = 0$, so gilt $3\mathrm{ir}(G) > 2\gamma(G)$.

- ii) **(Volkmann [10] 1994)** Ist $\mu(G) = 1$, so gilt $3\mathrm{ir}(G) \geq 2\gamma(G)$.

Beweis. Es sei I eine gesättigte Irredundanzmenge von G mit $|I| = \mathrm{ir}(G)$ und o.B.d.A. gelte $\gamma(G) - \mathrm{ir}(G) = c > 0$. Dann ist I keine Dominanzmenge von G, also $U = E(G) - N[I] \neq \emptyset$. Da $U \cup I$ eine Dominanzmenge von G ist, ergibt sich $|U| \geq \gamma(G) - \mathrm{ir}(G) = c$.
Gemäß Satz 10.21 i) wählen wir zu jeder Ecke $u \in U$ ein $f(u) \in I$ mit $P(f(u), I) \subseteq N(u)$. Daraus ergibt sich $f(u) \notin P(f(u), I)$, womit jede Ecke $f(u)$ zu einer Ecke aus $I - \{f(u)\}$ adjazent ist. Ist $F = \{f(u) | u \in U\}$, so wählen wir zu jedem $f(u) \in F$ ein $h(u) \in P(f(u), I)$ und setzen $H = \{h(u) | f(u) \in F\}$. Es gilt natürlich $|H| = |F|$ und $H \cap I = \emptyset$. Setzen wir $J = (I - F) \cup H$, so gilt $|J| = |I| - |F| + |H| = \mathrm{ir}(G)$, womit auch J keine Dominanzmenge von G ist. Ist $W = E(G) - N[J]$, so ist $W \cup J$ eine Dominanzmenge von G mit $\gamma(G) \leq |J| + |W|$, also $|W| \geq \gamma(G) - \mathrm{ir}(G) = c > 0$. Für $w \in W$ gilt $w \notin U$, $w \notin H$, $w \notin I$ und $w \notin N[I - F]$, also $w \in N(f(u))$ für ein $u \in U$.
Nun seien $L_1, ..., L_r$ die Komponenten von $G[I]$, die mindestens eine Ecke aus F enthalten. Da jede Ecke aus F zu mindestens einer weiteren Ecke aus I adjazent ist, gilt $|E(L_i)| \geq 2$ für $1 \leq i \leq r$, also $2r \leq |I| = \mathrm{ir}(G)$. Nun setzen wir $G[E(L_1) \cup ... \cup E(L_r) \cup W] = G^*$.

i) Ist $\mu(G) = 0$, also G ein Baum, so gilt wegen Satz 10.21 i) notwendig $|P(f(u), I)| = 1$ für alle $u \in U$. Daraus ergibt sich für $w \in W$ wegen $w \in N(f(u))$ und $w \notin H$ sofort $w \notin P(f(u), I)$, womit w mindestens zwei Nachbarn in F besitzt. Wir wollen nun $|W| \leq r - 1$ zeigen. Angenommen, es gilt $|W| = r + s$ mit $s \geq 0$. Da G^* ein Wald ist und $L_1, ..., L_r$ Bäume sind, erhalten wir den Widerspruch

$$
\begin{aligned}
0 &= \mu(G^*) = m(G^*) - n(G^*) + \kappa(G^*) \\
&\geq \sum_{i=1}^{r} (m(L_i) - n(L_i)) + 2(r + s) - (r + s) + 1 \\
&= \sum_{i=1}^{r} \mu(L_i) + s + 1 \geq 1.
\end{aligned}
$$

Insgesamt folgt nun

$$
\gamma(G) \leq |J| + |W| = |I| + |W| < |I| + r \leq \frac{3}{2} \mathrm{ir}(G).
$$

ii) Ist $\mu(G) = 1$, also besitzt G genau einen Kreis (man vgl. Satz 2.7), so ist $|P(f(u), I)| \geq 3$ wegen Satz 10.21 i) nicht möglich, und es gilt $|P(f(u), I)| = 2$ für höchstens ein $u \in U$.

Ist $|P(f(u), I)| = 1$ für alle $u \in U$, so besitzt wieder jedes $w \in W$ mindestens zwei Nachbarn in F. Wegen $\mu(G^*) \leq 1$, ergibt sich analog zu i) $|W| \leq r$.

Ist $|P(f(u), I)| = |\{x_1, x_2\}| = 2$ für ein $u \in U$, so gelte o.B.d.A. $x_1 \in H$. Gehört nun die Ecke x_2 zu W, so hat x_2 genau einen aber alle anderen Ecken aus W mindestens zwei Nachbarn in F. In diesem Fall geht der einzige Kreis von G durch eine Ecke aus U, womit notwendig $\mu(G^*) = 0$ gilt. Auch in diesem Fall gilt $|W| \leq r$, denn ist $|W| = r + s$ mit $s \geq 1$, so erhalten wir den Widerspruch

$$
\begin{aligned}
0 &= \mu(G^*) = m(G^*) - n(G^*) + \kappa(G^*) \\
&\geq \sum_{i=1}^{r} (m(L_i) - n(L_i)) + 2(r + s) - 1 - (r + s) + 1 \\
&= \sum_{i=1}^{r} \mu(L_i) + s \geq 1.
\end{aligned}
$$

Insgesamt folgt für $\mu(G) = 1$

$$
\gamma(G) \leq |J| + |W| = |I| + |W| \leq |I| + r \leq \frac{3}{2} \mathrm{ir}(G).
$$

Damit ist der Satz vollständig bewiesen. $\parallel$

Beispiel 10.3 Um zu zeigen, daß die Abschätzungen im Satz 10.22 bestmöglich sind, betrachten wir den skizzierten Graphen G, der genau einen Kreis besitzt.

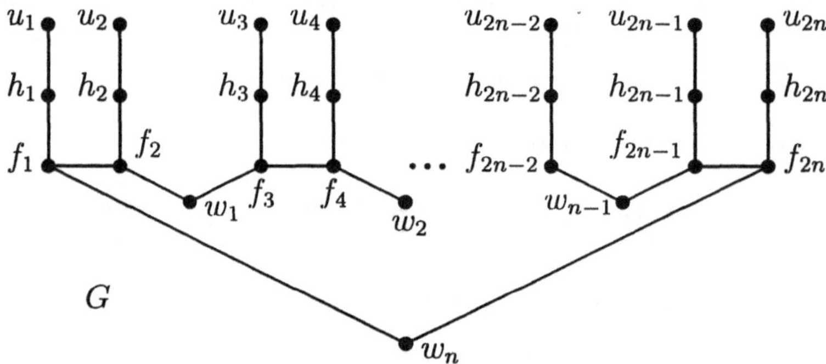

Für den skizzierten Graphen G wollen wir $3\mathrm{ir}(G) = 2\gamma(G)$ nachweisen. Zunächst wollen wir zeigen, daß jede gesättigte Irredundanzmenge von G mindestens eine Ecke aus der Menge $\{f_i, h_i, u_i\}$ für jedes $i = 1, ..., 2n$ besitzt. Denn ist I eine Irredundanzmenge mit $I \cap \{f_j, h_j, u_j\} = \emptyset$ für ein j, so ist auch $I \cup \{u_j\}$ eine Irredundanzmenge von G, denn u_j hat den privaten Nachbarn h_j. Damit folgt $\mathrm{ir}(G) \geq 2n$. Man sieht nun leicht, daß $I = \{f_1, ..., f_{2n}\}$ eine gesättigte Irredundanzmenge von G ist, woraus sich $\mathrm{ir}(G) = 2n$ ergibt.

Aus dem Reduktionssatz (Satz 10.14) und Hilfssatz 10.7 folgt sofort, daß $\{h_1, ..., h_{2n}, w_1, ..., w_n\}$ eine minimale Dominanzmenge von G ist, woraus sich $\gamma(G) = 3n$ ergibt. Insgesamt erhalten wir $3\mathrm{ir}(G) = 6n = 2\gamma(G)$, womit Satz 10.22 ii) bestmöglich ist.

Betrachten wir den Baum $T = G - w_n$, so erkennen wir analog zu oben $\mathrm{ir}(T) = 2n$ und $\gamma(T) = 3n - 1$. Daraus ergibt sich

$$\frac{\mathrm{ir}(T)}{\gamma(T)} = \frac{2n}{3n - 1}.$$

An der Tatsache, daß $2n/(3n-1)$ mit $n \to \infty$ gegen $2/3$ strebt, erkennt man auch die Schärfe von Satz 10.22 i).

Genauere Analysen liefern das nächste Ergebnis, das wir ohne Beweis notieren wollen.

Satz 10.23 (Volkmann [10] 1994) Es sei G ein schlichter und zusammenhängender Graph. Ist G ein Blockgraph oder ist $\mu(G) \leq 2$, so gilt $3\mathrm{ir}(G) \geq 2\gamma(G)$.

Satz 10.23 ist für allgemeine schlichte und zusammenhängende Kaktusgraphen nicht mehr richtig, denn es existieren Beispiele von Kaktusgraphen G mit

$$\frac{\mathrm{ir}(G)}{\gamma(G)} = \frac{7}{11} < \frac{2}{3}.$$

Für schlichte Kaktusgraphen vermuten wir die Abschätzung $\frac{\mathrm{ir}(G)}{\gamma(G)} > \frac{3}{5}$. Für bipartite sowie triangulierte schlichte Graphen haben wir Beispiele konstruiert, die zeigen, daß die Ungleichung $\gamma(G) \leq 2\mathrm{ir}(G) - 1$ für diese Klassen scharf ist.

Vollständige Informationen zur Theorie der Dominanzmengen und verwandte Parameter erhalten Sie durch die beiden Bände "Domination in graphs", Teil 1 von Haynes, S. Hedetniemi und Slater [1] und Teil 2 von Haynes und S. Hedeteniemi [1], die 1996 erscheinen werden. Während der erste Band in Lehrbuchform erscheint, enthält der zweite Band Übersichtsartikel von verschiedenen Autoren.

10.6 Aufgaben

Aufgabe 10.1 i) Ist G ein schlichter Graph, so zeige man die Abschätzung $\gamma(G)(\Delta(G) + 1) \geq n(G)$.

Aufgabe 10.2 i) Ist G ein schlichter Graph, so zeige man

$$\gamma(G) \leq n(G) - \Delta(G).$$

ii) Für alle $\Delta \in \mathbf{N}_0$ und alle natürlichen Zahlen $n \geq \Delta + 1$ gebe man schlichte Graphen G mit $n = n(G)$, $\Delta = \Delta(G)$ und $\gamma(G) = n - \Delta$ an.
iii) Für alle natürlichen Zahlen $\Delta \geq 2$ gebe man schlichte und zusammenhängende Graphen gerader und ungerader Ordnung $n = n(G)$ mit $\Delta = \Delta(G)$ und $\gamma(G) = n - \Delta$ an.

Aufgabe 10.3 Es sei H ein 3-regulärer und schlichter Graph ohne Brücken der Ordnung n und $G = H \circ K_2$. Man berechne die Größen $\alpha(G)$, $\beta(G)$, $\alpha_0(G)$, $\beta_0(G)$ und $\gamma(G)$.

Aufgabe 10.4 Man gebe einen direkten Beweis von Satz 10.4.

Aufgabe 10.5 Es sei G ein schlichter Graph und $\mathcal{H} = \{H_x | x \in E(G)\}$ eine Familie von schlichten Graphen, die durch die Ecken von G indiziert ist. Man beweise, daß genau dann $\gamma(G \circ \mathcal{H}) = \alpha(G \circ \mathcal{H})$ gilt, wenn alle H_x vollständige Graphen sind.

Aufgabe 10.6 Man beweise Bemerkung 10.1.

Aufgabe 10.7 Man beweise Bemerkung 10.2.

Aufgabe 10.8 Man beweise Bemerkung 10.3.

Aufgabe 10.9 Es sei G ein schlichter Graph mit $\gamma(G) = \alpha(G)$. Beweisen Sie, daß für alle unabhängigen Eckenmengen S von G die Bedingung $\gamma(G - N[S, G]) = \alpha(G - N[S, G])$ gilt.

Aufgabe 10.10 Es sei G ein schlichter Graph. Existiert in G eine unabhängige Eckenmenge X und eine Eckenmenge Y mit $|X| > |Y|$ und $N[X, G] \subseteq N[Y, G]$, so zeige man, daß $\gamma(G) < \alpha(G)$ gilt.

Aufgabe 10.11 Es sei G ein schlichter Graph mit $\alpha(G^2) = \alpha(G)$. Zeigen Sie, daß

$$\min\{\sum_{v \in D}(d(v, G) + 1) \mid D \text{ ist eine Dominanzmenge von } G\} = n(G).$$

Aufgabe 10.12 Ein schlichter Graph G heißt *simplizialer Graph*, falls jede Ecke von G in mindestens einem Simplex von G enthalten ist. Zeigen Sie, daß jede Ecke mit Minimalgrad in einem simplizialen Graphen eine simpliziale Ecke ist.

Aufgabe 10.13 Es sei G ein Blockgraph mit $\gamma(G) = \alpha(G)$. Ist B ein Endblock von G und $H = G - E(B)$, so zeige man $\gamma(H) = \alpha(H)$.

Aufgabe 10.14 Einen Block B eines Blockgraphen G nennen wir *äußeren Block* von G, wenn B eine Ecke enthält, die keine Schnittecke von G ist.
Man beweise: Ist G ein Blockgraph mit $\gamma(G) = \alpha(G)$, so gehört jede Ecke von G zu höchstens einem äußeren Block von G.

Aufgabe 10.15 Ist G ein schlichter Graph mit $\gamma(\bar{G}) \geq 3$, so beweise man

$$\gamma(G) + \gamma(\bar{G}) \leq \delta(G) + 3.$$

An Hand von Beispielen zeige man, daß diese Ungleichung im allgemeinen nicht gilt, wenn $\gamma(\bar{G}) \leq 2$ ist.

Aufgabe 10.16 Ist G ein schlichter Graph und $p \in \mathbf{N}$, so beweise man

$$\gamma_p(G) \le n(G) + p - 1 - \delta(G).$$

Die vollständigen Graphen zeigen die Schärfe dieser Abschätzung.

Aufgabe 10.17 Es sei G ein schlichter Graph, der weder vollständig noch 1-regulär ist. Man beweise $\gamma_2(G) \le n(G) - \delta(G)$.

Aufgabe 10.18 Es sei G ein schlichter Graph mit $\delta(G) \ge 2$ und a eine Ecke, die auf allen Kreisen von G liegt. Man zeige, daß es in G eine minimale Dominanzmenge gibt, die a enthält.

Kapitel 11

Planare Graphen

11.1 Die Eulersche Polyederformel

In diesem Kapitel beschäftigen wir uns mit einem Teil der topologischen Graphentheorie. Dabei steht die Frage im Vordergrund, welche Graphen man so in die Ebene einbetten kann, daß sich keine zwei Kanten schneiden, und welche Eigenschaften solche Graphen besitzen. Zur Präzisierung dieser Probleme benötigen wir einige neue Begriffe.

Definition 11.1 Eine stetige Abbildung $k : [0,1] \longrightarrow \mathbf{R}^p$ ist ein *Jordanbogen*, wenn $k(t) \neq k(s)$ für alle $s, t \in [0,1]$ mit $s \neq t$ gilt. (Dabei bedeutet $[0,1] = \{x \in \mathbf{R} \,|\, 0 \leq x \leq 1\}$.) Man spricht von einer *Jordankurve*, wenn $k(0) = k(1)$ erfüllt ist, und alle anderen Eigenschaften eines Jordanbogens erhalten bleiben.

Definition 11.2 Ein Graph G heißt *Euklidischer Graph*, wenn folgende drei Bedingungen erfüllt sind.

i) Die Eckenmenge $E(G)$ besteht aus Punkten $x_1, ..., x_n$ des $\mathbf{R}^p$.

ii) Die Kantenmenge $K(G)$ besteht aus einer Menge von Jordanbogen oder Jordankurven $\{k_1, ..., k_m\}$ mit $k_i(0), k_i(1) \in E(G)$ und $k_i(t) \notin E(G)$ für $0 < t < 1$ und alle $1 \leq i \leq m$. Dabei heißen eine Ecke x_i und eine Kante k_j *inzident*, wenn $x_i = k_j(0)$ oder $x_i = k_j(1)$ erfüllt ist.

iii) Die Kanten von G haben keine Schnittpunkte. D.h., sind k_i und k_j zwei verschiedene Kanten, so gilt $k_i(s) \neq k_j(t)$ für alle $0 < s < 1$ und $0 < t < 1$. Zwei verschiedene Kanten heißen *inzident*, wenn sie mit einer gemeinsamen Ecke inzidieren.

Ist G' ein Graph und G ein Euklidischer Graph im $\mathbf{R}^p$, der zu G' isomorph ist, so nennt man G eine *Einbettung* von G' in den $\mathbf{R}^p$. Ein Euklidischer Graph im $\mathbf{R}^2$ heißt *ebener Graph*. Ein Graph, der zu einem ebenen Graphen isomorph ist, heißt *planarer Graph*.

Satz 11.1 Jeder Graph G läßt sich in den $\mathbf{R}^3$ einbetten.

Beweis. Wir geben eine explizite Konstruktion für die Einbettung an. Zunächst ordnen wir verschiedenen Ecken von G verschiedene Punkte der x-Achse zu. Danach wählen wir für verschiedene Kanten des Graphen verschiedene Ebenen, welche die x-Achse enthalten. Nun zeichnen wir für jede Schlinge von G in der entsprechenden Ebene einen Kreis durch den zugehörigen Punkt der x-Achse und für jede weitere Kante einen Halbkreis in der entsprechenden Ebene, der die beiden zugehörigen Endpunkte miteinander verbindet. Da alle diese Kreise und Halbkreise in verschiedenen Ebenen liegen, können sie sich außerhalb derjenigen Punkte, die den Ecken des Graphen entsprechen, nicht schneiden. Damit haben wir eine Einbettung von G in den $\mathbf{R}^3$ gefunden. ||

Bemerkung 11.1 Obige Einbettung läßt sich auch durchführen, falls der Graph höchstens $|\mathbf{R}|$ Ecken und Kanten besitzt. Man kann sogar zeigen, daß sich jeder schlichte Graph mit höchstens $|\mathbf{R}|$ Ecken und Kanten geradlinig in den $\mathbf{R}^3$ einbetten läßt (d.h. die Kanten der Einbettung sind Strecken). Einen Beweis dafür findet man in dem Buch von Wagner [2]. In diesem Zusammenhang sei erwähnt, daß Wagner [1] 1936 gezeigt hat, daß man jeden schlichten und planaren Graphen sogar geradlinig in den $\mathbf{R}^2$ einbetten kann. Für Beweise dieses Resultats vgl. man z.B. Wagner und Bodendiek [1] S. 23, Sachs [3] S. 37 oder Wagner [2] S. 109.

Bemerkung 11.2 Ein ebener Graph ist ein derart in die Ebene gezeichneter Graph, daß keine zwei Kanten (genauer gesagt, die sie darstellenden Kurven) einen Schnittpunkt haben, abgesehen von den Ekken, mit denen die beiden Kanten inzidieren.

So einfach wie sich die Einbettung von Graphen in den $\mathbf{R}^3$ erwiesen hat, so schwer ist es zu entscheiden, welche Graphen planar sind (man vgl. Abschnitt 11.3).

Beispiel 11.1 In der Skizze ist der Graph G_1 eben, während der Graph G_2 nicht eben ist.

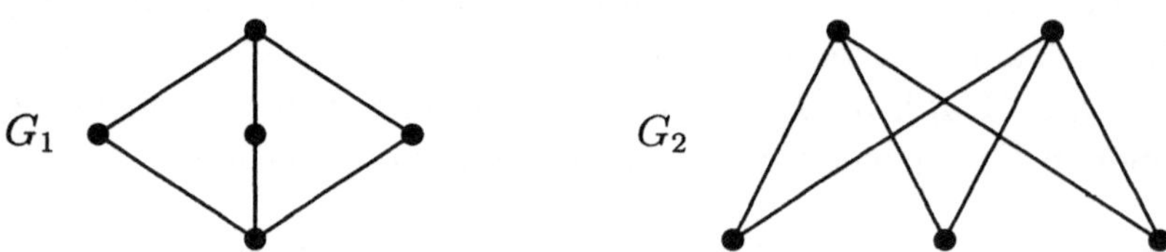

Beide Graphen G_1 und G_2 sind isomorph zum $K_{2,3}$, womit der $K_{2,3}$ planar ist.

Definition 11.3 Ist G ein ebener Graph, so wird die Ebene durch die Kurven in endlich viele zusammenhängende Gebiete zerlegt, die wir *Länder* von G nennen wollen. Bei dieser Zerlegung gibt es genau ein Gebiet (das *"äußere Gebiet"*), das nicht beschränkt ist. Ein ebener Graph zusammen mit seinen Ländern heißt *Landkarte*. Die Anzahl der Länder von G bezeichnen wir mit $l(G)$. Ein Punkt x der Ebene, der eine Ecke ist, oder auf einer Kurve (also auf einer Kante) liegt, heißt *Randpunkt* eines Landes F, wenn man x mit einem Punkt aus F durch einen Jordanbogen verbinden kann, der bis auf x in F verläuft. Die Gesamtheit aller Randpunkte eines Landes F nennen wir *Grenze* oder *Rand* von F. Zwei verschiedene Länder F_1 und F_2 heißen *benachbart* oder *adjazent*, wenn es eine Kante gibt, die sowohl zum Rand von F_1 als auch zum Rand von F_2 gehört.

Bemerkung 11.3 Bei der Definition 11.3 wurde implizit der bekannte *Jordansche Kurvensatz* herangezogen, der folgendermaßen lautet: Eine Jordankurve C zerlegt die Ebene in zwei zusammenhängende Gebiete, von denen genau eines nicht beschränkt ist. D.h., zwei verschiedene Punkte der Ebene können genau dann durch einen Jordanbogen verbunden werden, der C nicht trifft, wenn sie beide im Inneren oder beide im Äußeren von C liegen. So einleuchtend dieser Satz auch ist, so schwierig ist ein wirklich exakter Beweis, auf den wir hier natürlich nicht eingehen wollen.

Daher werden wir uns hier und im folgenden stark auf unsere Anschauung verlassen und guten Willen zeigen müssen, denn es liegt nicht in der Absicht der Autors, auf alle topologischen Einzelheiten und Feinheiten einzugehen.

Die Ordnung, die Größe und die Anzahl der Länder einer Landkarte weisen einen interessanten Zusammenhang auf, den Euler [2], [3] 1752 schon für die Anzahl der Ecken, der Kanten und der Seitenflächen eines konvexen Polyeders gefunden hat.

Satz 11.2 (Eulersche Polyederformel, Euler [2], [3] 1752) Ist G eine Landkarte, so gilt

$$l(G) = 1 + \mu(G).$$

Beweis. Der Beweis erfolgt durch Induktion nach der Kantenzahl $m(G)$. Ist $m(G) = 0$, so gilt $\mu(G) = 0$ und $l(G) = 1$, also $l(G) = 1 + \mu(G)$. Nun sei $m(G) \geq 1$.

Ist G ein Wald, so gilt nach Satz 2.4 $\mu(G) = m(G) - n(G) + \kappa(G) = 0$ und $l(G) = 1$, woraus die gewünschte Formel folgt.

Ist G kein Wald, so besitzt G einen Kreis und damit eine Kante k, die zu einem Kreis gehört. Setzt man $G' = G - k$, so gilt nach Satz 1.7 $\kappa(G') = \kappa(G)$. Da nach Entfernen von k die beiden verschiedenen an der Kante k angrenzenden Länder verschmelzen, ergibt sich $l(G') = l(G) - 1$, $n(G') = n(G)$ und $m(G') = m(G) - 1$. Aus diesen Beobachtungen folgt die Eulersche Polyederformel für G durch Induktion aus der für G'. $\|$

Folgerung 11.1 Ist G ein zusammenhängender, ebener Graph, so gilt

$$n(G) + l(G) - m(G) = 2.$$

Folgerung 11.2 Es sei G ein ebener Graph. Eine Kante k von G ist genau dann eine Brücke von G, wenn k zum Rand eines einzigen Landes gehört.

Beweis. Wegen Folgerung 1.1 ist k genau dann eine Brücke von G, wenn $\kappa(G - k) = \kappa(G) + 1$ gilt. Dies ist nach der Eulerschen Polyederformel äquivalent zu

$$l(G - k) = 1 + \mu(G - k) = 1 + \mu(G) = l(G).$$

Daher besitzen $G - k$ und G die gleiche Anzahl von Ländern, womit die Folgerung bewiesen ist. $\|$

Bemerkung 11.4 Nach der Eulerschen Polyederformel hat jede Einbettung eines planaren Graphen in die Ebene die gleiche Anzahl von Ländern. Daher können wir bei einem planaren Graphen von der Anzahl seiner Länder sprechen.

Definition 11.4 Es sei G ein Graph und C ein Kreis minimaler Länge von G. Dann heißt $t(G) = L(C)$ *Taillenweite* von G. Ist G ein Wald, so setzt man $t(G) = \infty$.

Satz 11.3 Ist G ein planarer Graph mit $3 \le t(G) < \infty$, so gilt

$$m(G) \le \frac{t(G)(n(G) - 1 - \kappa(G))}{t(G) - 2} \le \frac{t(G)(n(G) - 2)}{t(G) - 2}.$$

Beweis. O.B.d.A. dürfen wir annehmen, daß G ein ebener Graph ist. Nach Voraussetzung wird jedes Land von mindestens $t(G)$ Kanten begrenzt. Da jede Kante zum Rand von höchstens zwei Ländern gehört, folgt durch Abzählung $t(G)l(G) \le 2m(G)$. Setzt man diese Ungleichung in die Eulersche Polyederformel ein, so erhält man durch eine einfache Rechnung die gewünschte Abschätzung. $\|$

Folgerung 11.3 Ist G ein schlichter und planarer Graph der Ordnung $n(G) \ge 3$, so gilt

$$m(G) \le 3n(G) - 6.$$

Beweis. Ist $t(G) < \infty$, so liefert Satz 11.3 unmittelbar diese Ungleichung. Ist $t(G) = \infty$, also ist G ein Wald, so ergibt sich die Behauptung leicht aus $\mu(G) = 0$.

Im nächsten Satz stellen wir die beiden wichtigsten nicht planaren Graphen vor (man vgl. dazu den Satz 11.11 von Kuratowski).

Satz 11.4 Die Graphen K_5 und $K_{3,3}$ sind nicht planar.

Beweis. Folgerung 11.3 zeigt uns direkt, daß der K_5 nicht planar ist. Da der $K_{3,3}$ bipartit ist, gilt $t(K_{3,3}) \ge 4$. Nun folgt die Behauptung leicht aus Satz 11.3. $\|$

Satz 11.5 Es sei G ein planarer Graph.

i) Ist G schlicht, so gilt $\delta(G) \le 5$.

ii) Ist $t(G) \ge 4$, so gilt $\delta(G) \le 3$.

iii) Ist $t(G) \ge 6$, so gilt $\delta(G) \le 2$.

Beweis. i) Ist $n(G) \le 2$, so gibt es nichts zu beweisen. Im Fall $n(G) \ge 3$ erhalten wir aus der Annahme $\delta(G) \ge 6$ zusammen mit Folgerung 11.3 den Widerspruch

$$6n(G) \le \sum_{x \in E(G)} d(x, G) = 2m(G) \le 6n(G) - 12.$$

ii) Aus der Annahme $\delta(G) \geq 4$ erhalten wir zusammen mit Satz 11.3 den Widerspruch

$$4n(G) \leq 2m(G) \leq \frac{2t(G)}{t(G) - 2}(n(G) - 2) \leq 4(n(G) - 2).$$

iii) Aus der Annahme $\delta(G) \geq 3$ erhalten wir zusammen mit Satz 11.3 den Widerspruch

$$3n(G) \leq 2m(G) \leq \frac{2t(G)}{t(G) - 2}(n(G) - 2) \leq 3(n(G) - 2). \parallel$$

Satz 11.6 Ist G ein schlichter, planarer Graph mit $\delta(G) \geq 3$, so gilt

$$\tau_5 + 2\tau_4 + 3\tau_3 \geq 12 + \tau_7 + 2\tau_8 + 3\tau_9 + ... + (\Delta - 6)\tau_\Delta.$$

Beweis. Die Identitäten $n = \tau_3 + \tau_4 + ... + \tau_\Delta$ und $2m = 3\tau_3 + 4\tau_4 + ... + \Delta\tau_\Delta$ liefern zusammen mit Folgerung 11.3

$$\begin{aligned} 2m &= 3\tau_3 + 4\tau_4 + ... + \Delta\tau_\Delta \\ &\leq 6n - 12 = 6\tau_3 + 6\tau_4 + ... + 6\tau_\Delta - 12, \end{aligned}$$

woraus das gewünschte Ergebnis unmittelbar folgt. $\parallel$

Folgerung 11.4 Ist G ein schlichter, planarer Graph mit $\delta(G) \geq 3$, so existieren mindestens 4 Ecken vom Grad kleiner oder gleich fünf.
Daraus ergibt sich wiederum, daß alle schlichten und planaren Graphen der Ordnung $n \geq 4$ mindestens 4 Ecken vom Grad kleiner oder gleich fünf besitzen.

11.2 Der Fünffarbensatz

Definition 11.5 Ist G eine Landkarte und $\Lambda(G)$ die Menge seiner Länder, so nennt man eine Abbildung $h : \Lambda(G) \longrightarrow \{1, ..., p\}$ *Färbung* oder *p-Färbung* von G, wenn $h(F_1) \neq h(F_2)$ für zwei verschiedene benachbarte Länder F_1 und F_2 gilt. Man sagt auch, daß sich die Landkarte G mit p Farben färben läßt.
D.h., gehört eine Kante zum Rand zweier verschiedener Länder, so müssen die Länder verschiedene Farben besitzen. Gehört aber nur eine Ecke und keine Kante zum Rand von zwei verschiedenen Ländern, so dürfen sie gleich gefärbt sein.

Beispiel 11.2 Die skizzierte Landkarte kann mit 4 Farben aber nicht mit weniger Farben gefärbt werden. Dabei besitzt das äußere Gebiet die Farbe 4.

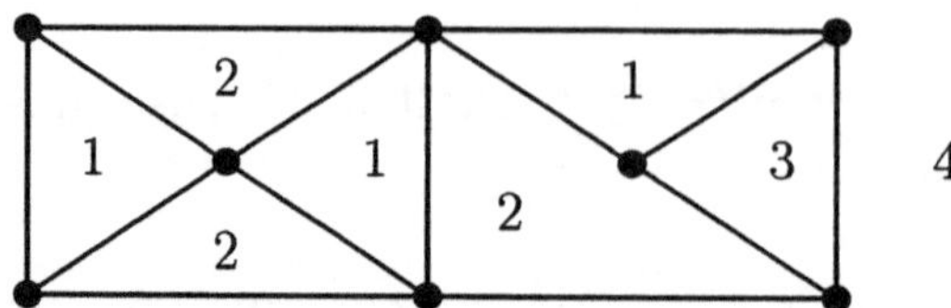

Satz 11.7 (Fünffarbensatz, Heawood [1] 1890) Jede zusammenhängende Landkarte G läßt sich mit fünf Farben färben.

Beweis. Da Ecken vom Grad 1 oder 2 beim Färben von Landkarten keine Rolle spielen, gelte o.B.d.A. $\delta(G) \geq 3$. Dann besitzt G aber nach Satz 11.5 iii) einen Kreis C der Länge $L(C) \leq 5$.

Weiter kann man o.B.d.A. G als 3-regulär voraussetzen. Denn ersetzt man jede Ecke x mit $d(x, G) \geq 4$ durch einen Kreis C der Länge $d(x, G)$ und verbindet alle zu x inzidenten Kanten mit genau einer Ecke des Kreises C, so erhält man eine 3-reguläre Landkarte G^*. Nun ist leicht einzusehen, daß die Fünffärbbarkeit von G^*, die Fünffärbbarkeit von G nach sich zieht.

Der Rest des Beweises erfolgt durch Induktion nach der Eckenzahl. Die kleinste 3-reguläre Landkarte besteht aus einer Kante, die an beiden Enden eine Schlinge hat. Diese Landkarte hat drei Länder, die man mit drei Farben färben kann. Beim Induktionsschluß betrachten wir die fünf möglichen Fälle, daß G einen Kreis der Länge 1,2,3,4 oder 5 besitzt. In jedem dieser Fälle werden wir aus G Kanten entfernen, die mit diesen Kanten inzidenten Ecken in den noch verbleibenden inzidenten Kanten verschmelzen, um wieder eine 3-reguläre Landkarte G' mit weniger Ecken zu erhalten. Danach werden wir aus einer Färbung von G' eine Färbung von G erzeugen (man vgl. die Skizzen).

1. *Fall: G* besitzt eine Schlinge.

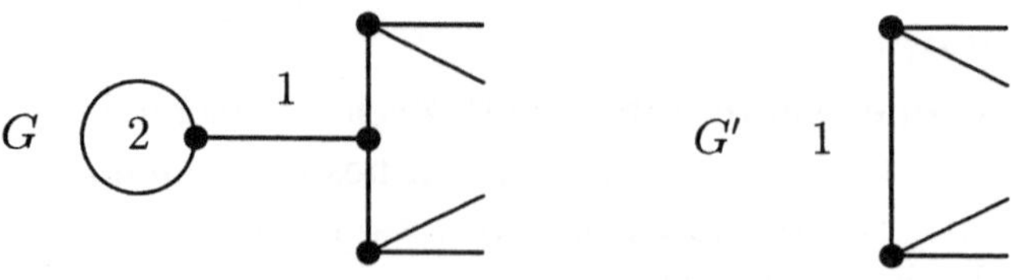

2. *Fall: G* besitzt einen Kreis der Länge 2.

Bilden in G' die mit 1 und 2 gefärbten Länder ein gemeinsames Land, so ersetze man in der Skizze jede 2 durch eine 1.

3. *Fall: G* besitzt einen Kreis der Länge 3.

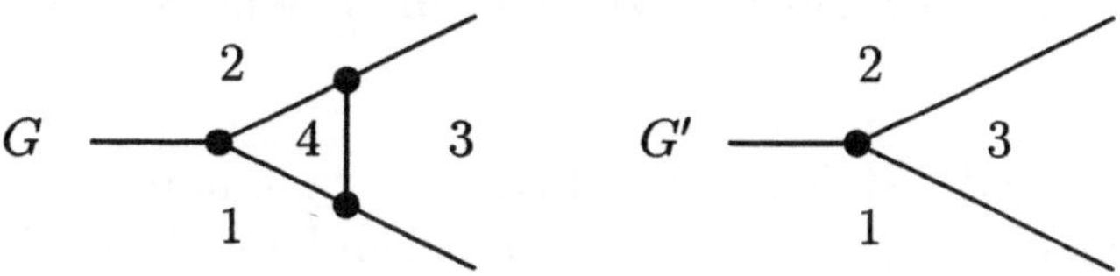

Falls in G' von den mit 1,2 und 3 gefärbten Ländern gewisse Länder zusammenfallen, so macht die Färbung von G erst recht keine Schwierigkeit.

4. *Fall: G* besitzt einen Kreis der Länge 4.

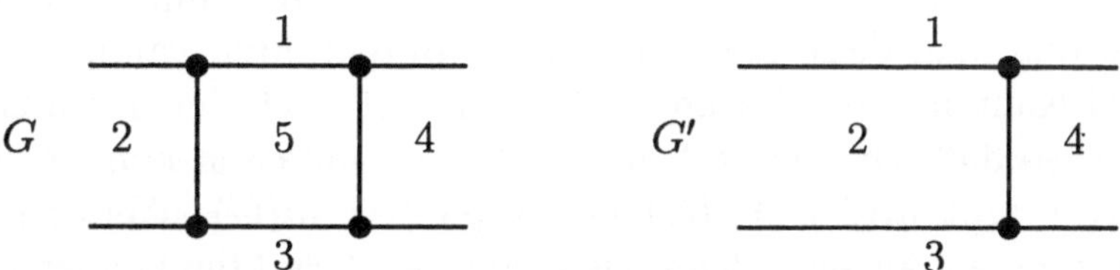

Falls in G' von den mit 1,2,3 und 4 gefärbten Ländern gewisse Länder zusammenfallen, so färbe man G entsprechend.

5. *Fall: G* besitzt einen Kreis der Länge 5.

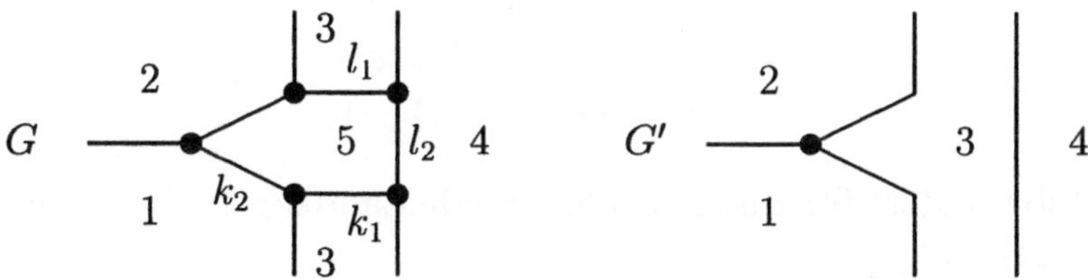

In diesem Fall ist es möglich, daß die in G mit der Farbe 3 gefärbten Länder an einer Kante zusammenstoßen, was natürlich nicht erlaubt ist. Dann kann man aber aus G die beiden Kanten k_2 und l_2 an Stelle von k_1 und l_1 entfernen, ohne daß dabei derselbe Effekt eintritt.
Da wir alle möglichen Fälle diskutiert haben, ist der Fünffarbensatz vollständig bewiesen. ||

Der hier geführte Beweis des Fünffärbensatzes stammt in wesentlichen
Teilen aus den Büchern von Rademacher und Toeplitz [1] 1930 sowie
Ringel [1] 1959. Durch Eckenfärbungen der sogenannten dualen Graphen wollen wir einen weiteren Beweis des Fünffärbensatzes vorstellen.

Definition 11.6 Ist G ein ebener Graph, so bestehe die Eckenmenge
des *dualen Graphen* G^* aus den Ländern von G. Gehört eine Kante k
von G zum Rand von zwei verschiedenen Ländern a und b, so sei die
duale Kante k^* in G^* mit a und b inzident. Gehört $k \in K(G)$ zum
Rand eines einzigen Landes a, so sei k^* in G^* eine Schlinge, die mit a
inzidiert.

Bemerkung 11.5 Ist G eine Landkarte, so kann man den dualen Graphen G^* etwa wie folgt konstruieren. In jedem Land F_i wähle man einen
Punkt w_i der Ebene. Gehört eine Kante $k \in K(G)$ zum Rand der beiden
verschiedenen Länder F_p und F_q, so verbinde man die beiden Punkte
w_p und w_q durch einen Jordanbogen, der die Kante k genau einmal
kreuzt und keine weiteren Punkte mit G gemeinsam hat. Gehört k zum
Rand eines Landes, so verfahre man ähnlich. Darüber hinaus überlegt
man sich, daß man diese Konstruktion so durchführen kann, daß sich
keine zwei Kanten von G^* schneiden. Daher ist auch der duale Graph
G^* planar, so daß wir auch G^* als Landkarte auffassen können. Nach
Konstruktion gilt $n(G^*) = l(G)$ und $m(G^*) = m(G)$. Weiter ist G^*
immer zusammenhängend, denn aus jedem beschränkten Gebiet von G
gelangt man über Kanten benachbarter Gebiete zum äußeren Gebiet
von G. Daher liefert die Eulersche Polyederformel

$$
\begin{aligned}
l(G^*) &= m(G^*) - n(G^*) + 2 \\
&= m(G) - l(G) + 2 \\
&= n(G) - \kappa(G) + 1,
\end{aligned}
$$

womit insbesondere für zusammenhängende Landkarten G die Identität
$l(G^*) = n(G)$ folgt.

Definition 11.7 Eine Landkarte G heißt *normal*, falls G weder Schlingen noch Brücken besitzt, $\kappa(G) = 1$ gilt und $\delta(G) \geq 3$ ist.

Bemerkung 11.6 Um zu zeigen, daß man beliebige zusammenhängende Landkarten G mit fünf Farben färben kann, genügt es, dies für
normale Landkarten nachzuweisen. Denn Schlingen können wir weglassen, da das von der Schlinge berandete Land nur mit einem weiteren

Land benachbart ist und somit nach Färbung des Restes eine der 4 verfügbaren Farben erhalten kann. Ferner können wir nach Folgerung 11.2 annehmen, daß G keine Brücken besitzt. Denn ist k eine Brücke von G, so folgt aus der Fünffärbbarkeit von $G - k$ unmittelbar die von G. Schließlich können wir alle Ecken, die nur mit zwei Kanten inzidieren, verschwinden lassen, indem wir diese beiden Kanten miteinander verschmelzen.

Definition 11.8 Ist G ein Multigraph, so nennt man eine Abbildung $h : E(G) \longrightarrow \{1, ..., q\}$ eine *echte Eckenfärbung* oder *echte q-Eckenfärbung* von G, falls $h(x) \neq h(y)$ für alle adjazenten Ecken $x, y \in E(G)$ gilt (man vgl. auch Definition 12.1).

Da der duale Graph G^* einer normalen Landkarte G ein ebener Multigraph ist, folgt der Fünffarbensatz sofort aus dem nachfolgenden Ergebnis über echte Eckenfärbungen.

Satz 11.8 Jeder ebene Multigraph besitzt eine echte 5-Eckenfärbung.

Beweis. Bei echten Eckenfärbungen sind parallele Kanten unerheblich, so daß wir o.B.d.A. G als schlicht voraussetzen können. Der Beweis erfolgt durch Induktion nach $n = n(G)$. Für $n \leq 5$ ist der Satz offensichtlich richtig. Es sei nun $n > 5$. Nach Satz 11.5 gibt es eine Ecke $u \in E(G)$ mit $d(u, G) \leq 5$. Der Graph $H = G - u$ ist wieder ein ebener Graph, womit er nach Induktionsvoraussetzung eine echte 5-Eckenfärbung besitzt. Ist $d(u, G) \leq 4$, so ergibt sich eine echte 5-Eckenfärbung von G sofort aus der von H.

Daher behandeln wir nur noch den verbleibenden Fall $d(u, G) = 5$. Ist $N(u, G) = \{x_1, ..., x_5\}$, so seien die Nachbarn von u o.B.d.A. in der skizzierten Form angeordnet.

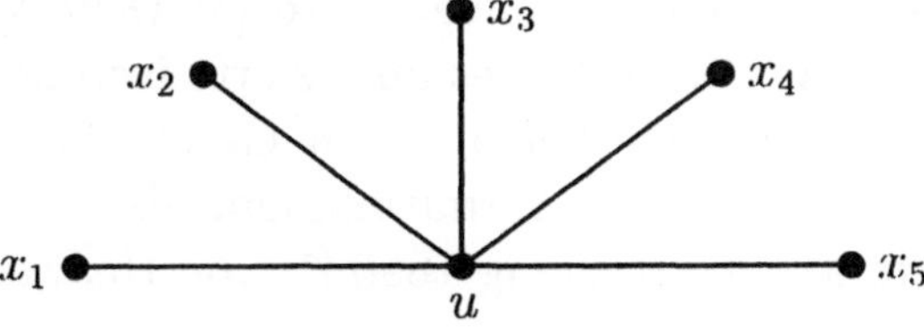

Weiter sei i die Farbe der Ecke x_i in H ($i = 1, ..., 5$), denn sind in H zwei der Ecken x_i gleich gefärbt, so sind wir nach Induktionsvoraussetzung sofort fertig. Mit $H_{1,3}$ bezeichnen wir denjenigen Teilgraphen von H, der von den Ecken mit den Farben 1 und 3 induziert wird.

1. Fall: Gehören die Ecken x_1 und x_3 zu verschiedenen Komponenten von $H_{1,3}$, so erzielt man eine andere echte 5-Eckenfärbung von H durch Austauschen der Farben 1 und 3 in der Komponente, in der x_1 liegt. Dadurch haben die beiden Ecken x_1 und x_3 die Farbe 3, und wir können in G die Ecke u mit der Farbe 1 färben.

2. Fall: Gehören x_1 und x_3 zur gleichen Komponente von $H_{1,3}$, so existiert in H ein Weg W von x_1 nach x_3, auf dem alle Ecken die Farbe 1 oder 3 besitzen. Da G eben ist, bildet W zusammen mit dem Weg (x_1, u, x_3) in G einen Kreis, der entweder die Ecke x_2 oder die beiden Ecken x_4 und x_5 umschließt. Daher kann es in H keinen Weg von x_2 nach x_4 geben, dessen Ecken nur mit den Farben 2 oder 4 gefärbt sind. Ist $H_{2,4}$ derjenige Teilgraph von H, der durch die Ecken mit den Farben 2 und 4 induziert wird, so gehören x_2 und x_4 zu verschiedenen Komponenten von $H_{2,4}$. Durch Wiederholung des Verfahrens aus dem 1. Fall, gelangt man zu einer echten 5-Eckenfärbung von G. $\parallel$

Nach den Beweisen des Fünffarbensatzes muß natürlich die berühmte Vierfarbenvermutung angesprochen werden, von der die Graphentheorie sehr starke Impulse erhalten hat.

Vierfarbenvermutung. Jede Landkarte läßt sich mit vier Farben färben.

Beispiel 11.2 zeigt, daß 4 Farben notwendig sind. Das Vierfarbenproblem wurde 1852 von einem Studenten namens Francis Guthrie über seinen Bruder Frederick dessen Lehrer Augustus de Morgan vorgelegt, der es Sir William Rowan Hamilton unterbreitete. Auf einer Sitzung der Londoner Mathematischen Gesellschaft im Jahre 1878 stellte Arthur Cayley den anwesenden Geographen und Mathematikern dieses Problem vor und diskutierte in einer Note [3] 1879 die auftretenden Schwierigkeiten. Binnen eines Jahres publizierte Kempe [1], ein Rechtsanwalt und Mitglied der Mathematischen Gesellschaft, einen interessanten und bis heute Anstöße vermittelnden, aber doch fehlerhaften Beweis. Die Lücke wurde erstmalig 1890 [1] von Heawood aufgezeigt.

Im Zusammenhang mit der Lösung der Vierfarbenvermutung möchte ich meinen Kollegen Horst Sachs aus Ilmenau zitieren. In seinem Artikel [4] "Einige Gedanken zur Geschichte und zur Entwicklung der Graphentheorie" aus dem Jahre 1989 schreibt Herr Sachs:

"Heute wird vielerorts angenommen, daß die Vierfarbenvermutung nach umfangreichen Vorarbeiten von Heinrich Heesch [1] durch Kenneth Appel und Wolfgang Haken [1] sowie Kenneth Appel, Wolfgang Haken und J. Koch [1] 1976 unter Einsatz eines Computers bewiesen worden sei. Da jedoch Fehler im Programm gefunden wurden (was jedem mit der Programmierung Vertrauten nur allzu verständlich ist), sahen sich K. Appel und W. Haken veranlaßt, 1986 in einem Artikel unter dem Titel "The Four Color Proof Suffices" [2] zu den aufgekommenen Zweifeln Stellung zu nehmen. Der Titel ist irreführend: die Autoren räumen (implizit) ein, daß es durchaus möglich (und sogar sehr wahrscheinlich) sei, daß auch die jetzt vorliegende Fassung des zum Beweis gehörigen Programms Fehler enthält. Das aber bedeutet, daß die endgültige Lösung des Vierfarbenproblems noch aussteht. (Der Verfasser hebt, um Mißverständnisse auszuschließen, hervor, daß er dem von H. Heesch geschaffenen Ideengebäude große Hochachtung entgegenbringt und auch die Leistungen von K. Appel und W. Haken zu würdigen weiß; er nimmt nicht Stellung zu der Frage, ob die Vierfarbenvermutung wahr sei, oder zu der Frage, ob die von den genannten Autoren verwendeten Mittel ausreichen, um das Problem zu lösen; er hat auch keine Vorbehalte gegen die Verwendung eines Computers. Er bringt jedoch sein Erstaunen darüber zum Ausdruck, daß – wie es scheint – manche seiner Kollegen bedenkenlos bereit sind, zuzulassen, daß der Begriff des mathematischen Beweises – mit seiner Forderung nach absoluter Strenge und Lückenlosigkeit: das teuerste Erbe, das von den alten Griechen überkommen ist, der zentrale Begriff der Mathematik überhaupt – seiner Kraft, seiner Unbestechlichkeit und Würde beraubt wird.)"

Den an dieser Thematik interessierten Leser möchte ich auf das 741 Seiten lange Werk von Appel und Haken [3] aus dem Jahre 1989 verweisen, in dem sie ihren "Beweis" der Vierfarbenvermutung neu überarbeitet haben. Drei Jahre danach erschien in den Jahresberichten der DMV folgende Besprechung dieses Buches von U. Schmidt [1].

"Dieser dickleibige Band bietet eine "verbesserte" Version der 1976 im *Illinois Journal of Mathematics* erschienenen Originalarbeit. Diese Arbeit brachte bekanntlich die Lösung des Vierfarbenproblems mittels der Reduktionsmethode, wobei die umfangreichen kombinatorischen Details des Beweises in einem als Microfiche beigefügten Anhang enthalten waren. Dieser Microfiche-Anhang ist in dem vorliegenden Buch

nunmehr in normal lesbarer (und korrigierter) Form ausgedruckt; er
macht etwa zwei Drittel des Umfangs aus. Neu ist ein Abschnitt über
"Immersionsreduzibilität" (100 Seiten), welcher einen Algorithmus zur
Vierfärbung ebener Landkarten enthält. Die Autoren zeigen, daß das
zeitliche "worst case"-Verhalten des Färbungsalgorithmus für eine gegebene Triangulation mit N Ecken durch ein Polynom vierten Grades
in N begrenzt ist.

Dem eigentlichen Beweis des Vierfarbensatzes von 1976 ist eine 30sei-
tige Einführung vorangestellt, in der die gut hundertjährige Geschichte
des Vierfarbenproblems umrissen wird. Ausgangspunkt der (letztlich
erfolgreichen) Lösungsbemühungen ist die Annahme eines *minimalen*
Gegenbeispiels zum Vierfarbensatz in Form einer 5chromatischen Minimaltriangulation der Ebene; wenn es nun gelingt zu zeigen, daß eine solche Minimaltriangulation keine Ecken vom Grade ≤ 5 enthalten
kann, dann ist ein Widerspruch zur Eulerschen Polyederformel herge-
stellt, und somit der Vierfarbensatz ex negativo bewiesen. Nachdem
Kempe 1879 gezeigt hatte, daß Ecken vom Grade < 5 *reduzierbar* sind
(also nicht in einem minimalen Gegenbeispiel enthalten sein können),
blieb "nur noch" die Reduzierbarkeit der 5-Ecke nachzuweisen. Da dies
auf direktem Wege nicht gelang, versuchte man, *unvermeidbare Mengen reduzibler Figuren* (Untergraphen) zusammenzustellen - unvermeid-
bar in dem Sinne, daß jede ebene Triangulation mindestens eine Figur
der Menge enthält. Die Arbeit von Appel und Haken liefert nun die
erste (und bisher einzige) Regel zur Konstruktion einer solchen unvermeidbaren Menge; diese Regel, von den Autoren "Entladungsprozedur"
genannt, wurde in einem iterativen, von Überlegungen zur Reduktions-
wahrscheinlichkeit geleiteten Prozeß gewonnen. Das Resultat ist eine
stark verästelte Entladungsprozedur mit einigen Grund- und hunder-
ten von Ausnahmeregeln, die zu einer unvermeidbaren Menge von 1476
reduziblen Figuren führte.

Der Beweis gliedert sich in zwei Teile: I) Nachweis der Unvermeidbarkeit
der per Entladungsprozedur konstruierten Figurenmenge, II) Nachweis
der Reduzierbarkeit aller zur unvermeidbaren Menge gehörenden Figuren. Teil I wurde von Hand durchgeführt, Teil II von Rechnern. Obwohl sich viele Mathematiker an der rechnergestützten Beweisführung
stießen, sind doch gerade die Ergbnisse von Teil II bestens gesichert,
vor allem durch die jahrzehntelangen Untersuchungen von Heesch zum
Vierfarbenproblem. Potentiell fehlerträchtig ist wegen seiner kombinatorischen Komplexität allenfalls Teil I (Entladungsprozedur und Unver-

meidbarkeitsbeweis). In der Tat fand der Rezensent 1981 einen Fehler in
Teil I, zu dessen Behebung die Autoren die Entladungsprozedur leicht
abänderten - diese Änderungen machen den hauptsächlichen Unter-
schied zwischen der hier vorliegenden Beweisversion und der von 1976
aus. Rein methodisch gesehen ist diese Fehlerbehebung nur ein *zusätz-
licher* Schritt aus einer Vielzahl von iterativen Schritten zur Herleitung
einer geeigneten Entladungsprozedur, und die Autoren legen überzeu-
gend dar, warum auch etwaige noch unentdeckte Fehler die "inhärente
Stabilität" des Beweisverfahrens nicht gefährden würden.
Kritisch anzumerken bleibt, daß der Beweis in den dreizehn Jahren
seit seiner Erstveröffentlichung nicht wesentlich vereinfacht wurde. Weder verwenden die Autoren die von Heesch in den siebziger Jahren gefundenen neuen Reduktionsstrukturen (E-,F-, ..., K-Reduktion), noch
betrachten sie Figuren, deren Randkreiszahl größer als 14 ist. Letz-
teres mag 1976 als pragmatisches Argument hinsichtlich der damals
verfügbaren Rechenleistung und Speicherkapazität berechtigt gewesen
sein, aber gewiß nicht heute. Es bleibt zu fragen, ob nicht durch Einsatz
des verfeinerten Reduktionsbegriffs und durch die Reduktion größerer
Figuren (mit 18 bis 20 Randkreisecken) die Entladungsprozedur ganz
wesentlich vereinfacht werden könnte."

Inzwischen gibt es einen ganz neuen Beweis der Vierfarbenvermutung
von Robertson, Sanders, Seymour und Thomas [1] 1995. Auch dieser
Beweis benutzt die Hilfe von Computern, aber er ist dennoch wesentlich
kürzer und durchsichtiger als der von Appel und Haken.

Satz 11.9 Es sei G eine Landkarte ohne Brücken. Die Landkarte G
is genau dann 2-färbbar, wenn die Komponenten von G Eulersch oder
isolierte Ecken sind.

Beweis. O.B.d.A. setzen wir G als Multigraphen voraus.
Zunächst sei G mit den beiden Farben 1 und 2 gefärbt. Angenommen,
es gibt eine Ecke a mit $d(a, G) = 2j + 1$. Die Kanten $k_1, k_2, ..., k_{2j+1}$,
die mit a inzidieren, seien in der skizzierten Reihenfolge angeordnet.

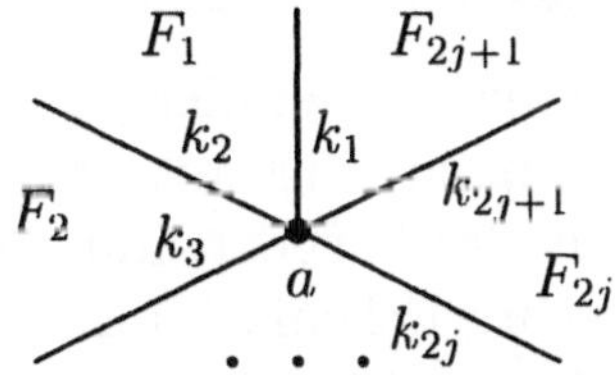

Da G keine Brücken besitzt, gehört jede Kante k_{i+1} zum Rand von zwei verschiedenen Ländern F_i und F_{i+1} für $i = 1, 2, ..., 2j$ und k_1 gehört zum Rand von den Ländern F_1 und F_{2j+1}. Ist o.B.d.A. $h(F_1) = 1$, so gilt notwendig $h(F_2) = 2$, $h(F_3) = 1, ..., h(F_{2j+1}) = 1$. Nun haben die beiden benachbarten Länder F_1 und F_{2j+1} die gleiche Farbe, was der 2-Färbung von G widerspricht. Daher kann G keine Ecke ungeraden Grades besitzen, womit G nach Satz 3.1 aus Eulerschen Komponenten oder isolierten Ecken besteht.

Nun seien die Komponenten von G Eulersch oder isolierte Ecken. Für die 2-Färbbarkeit von G geben wir zwei verschiedene Beweise.

Der erste Beweis erfolgt durch Induktion nach der Zahl $l = l(G)$ der Länder von G, wobei es im Fall $l = 1, 2$ nichts zu beweisen gibt. Ist $l \geq 3$, so wählen wir einen Kreis $C = (x_1, k_1, x_2, ..., k_p, x_1)$ in G, dessen Inneres genau ein Land F von G ist. Nun sind die Komponenten von $G' = G - \{k_1, ..., k_p\}$ wieder Eulersch oder isolierte Ecken. Nach Induktionsvoraussetzung kann man G' mit 2 Farben färben. Hat dasjenige Land von G', welches das Innere von C umfaßt, die Farbe 1, so färbe man in G das Land F mit der Farbe 2 und alle benachbarten Länder von F mit der Farbe 1. Da G' aus Eulerschen Komponenten oder isolierten Ecken besteht, besitzt G' keine Brücken, so daß die Nachbarländer von F in G untereinander nicht benachbart sind, womit wir eine 2-Färbung von G gefunden haben.

Im zweiten Beweis sei G^* der duale Graph von G. Wir zeigen, daß G^* bipartit ist. Da G keine Schlingen und keine Brücken besitzt, ist G^* ein Multigraph. Angenommen, G^* enthält einen Kreis C_{2j+1} der ungeraden Länge $2j+1$. Nach Konstruktion des dualen Graphen (man vgl. Bemerkung 11.5) schneidet jede Kante des Kreises C_{2j+1} genau eine Kante des Graphen G. Ist $X \subseteq E(G)$ diejenige Eckenmenge von G, die im Inneren von C_{2j+1} liegt, so ergibt sich notwendig $m_G(X, E(G) - X) = 2j+1$. Da G aus Eulerschen Komponenten oder isolierten Ecken besteht, erhalten wir den Widerspruch

$$m_G(X, E(G) - X) = \sum_{x \in X} d(x, G) - \sum_{x \in X} d(x, G[X]) \equiv 0 \pmod{2}.$$

Daher besitzt G^* keine Kreise ungerader Länge, womit G^* nach dem Satz von König (Satz 4.14) bipartit ist mit einer Bipartition A, B. Färbt man die Ecken von A mit der Farbe 1 und die Ecken von B mit der Farbe 2, so ist das eine echte Eckenfärbung von G^*, die uns natürlich eine 2-Färbung der Landkarte G liefert. $\|$

Wer Interesse an Färbungsproblemen auf anderen Flächen (z.B. Torus, Möbiussches Band usw.) hat, dem empfehle ich die Bücher von Ringel [1], [3].

11.3 Der Satz von Kuratowski

In diesem Abschnitt wollen wir eine notwendige und hinreichende Bedingung für die Planarität eines Graphen herleiten, die Kuratowski [1] im Jahre 1930 entdeckt hat.

Definition 11.9 Ein Graph H heißt *homöomorph* zum Graphen G, wenn $H \cong G$ oder H ein Unterteilungsgraph von G ist. Zwei Graphen H_1 und H_2 heißen *homöomorph*, wenn es einen Graphen G gibt, zu dem sowohl H_1 als auch H_2 homöomorph ist.

Bemerkung 11.7 Homöomorphie von Graphen ist eine Äquivalenzrelation. Da für die Planarität von Graphen die Ecken vom Grad 2 keine Rolle spielen, sind zwei homöomorphe Graphen gleichzeitig planar oder nicht planar. Besitzt ein Graph G einen nicht planaren Teilgraphen, so ist G sicher auch nicht planar. Zusammen mit Satz 11.4 ergibt sich daher:
Enthält ein Graph G einen zum K_5 oder $K_{3,3}$ homöomorphen Teilgraphen, so ist G nicht planar.
Die fundamentale Entdeckung von Kuratowski war die Umkehrung dieser Aussage. Auch Schlingen und Mehrfachkanten sind für die Planarität eines Graphen ohne Bedeutung, so daß wir im folgenden nur noch schlichte Graphen untersuchen.

Satz 11.10 (Whitney [4] 1932) Ein schlichter Graph G ist genau dann planar, wenn jeder Block von G planar ist.

Beweis. Ist G planar, so ist sicher jeder Block von G planar. Die Umkehrung beweisen wir durch vollständige Induktion nach der Anzahl der Blöcke von G, wobei wir o.B.d.A. G als zusammenhängend voraussetzen. Ist G ein Block, so sind wir fertig. Besteht G aus mehr als einem Block, so sei B ein Endblock von G mit der Schnittecke u. Nach Induktionsvoraussetzung ist $G' = G - (E(B) - \{u\})$ planar. Da nach Voraussetzung auch B planar ist, macht es keine Mühe, B und G' so in die Ebene einzubetten, daß B in einem Gebiet von G' liegt, zu dessen

Rand die Ecke u gehört. Durch Verheftung von G' und B an der Ecke u erhält man die gewünschte Einbettung von G. ‖

Satz 11.11 (Kuratowski [1] 1930) Ein schlichter Graph ist genau dann planar, wenn er keinen zum K_5 oder $K_{3,3}$ homöomorphen Teilgraphen besitzt.

Beweis. Nach Bemerkung 11.7 und Satz 11.10 genügt es zu zeigen, daß ein Block planar ist, wenn er keinen zum K_5 oder $K_{3,3}$ homöomorphen Teilgraphen enthält. Angenommen, dies ist nicht der Fall, und G ist ein nicht planarer Block minimaler Größe, der keinen zum K_5 oder $K_{3,3}$ homöomorphen Teilgraphen besitzt.

Zunächst zeigen wir $\delta(G) \geq 3$. Da G ein Block ist, gilt $\delta(G) \geq 2$. Angenommen, es gibt eine Ecke v mit $d(v, G) = 2$. Dann seien x und y die beiden Nachbarn von v.

Im Fall $xy \in K(G)$ ist auch $G - v$ ein Block, der keinen zum K_5 oder $K_{3,3}$ homöomorphen Teilgraphen hat. Wegen der minimalen Größe von G muß $G - v$ planar sein, woraus sich leicht die Planarität von G ergibt, was unserer Annahme widerspricht.

Im Fall $xy \notin K(G)$ ist der Graph $G' = (G - v) + xy$ ein Block mit $m(G') < m(G)$. Man überlegt sich leicht, daß G' keinen zum K_5 oder $K_{3,3}$ homöomorphen Teilgraphen besitzt, womit G' planar ist. Da G' aber homöomorph zu G ist, haben wir einen Widerspruch erzielt.

Aus der nun bewiesenen Tatsache $\delta(G) \geq 3$ folgt zusammen mit Satz 8.10, daß G kein kantenkritischer Block ist. Daher existiert in G eine Kante $k = uv$, so daß $H = G - k$ wieder ein Block ist, und nach Satz 8.4 liegen die beiden Ecken u und v auf einem gemeinsamen Kreis. Da auch H keinen zum K_5 oder $K_{3,3}$ homöomorphen Teilgraphen besitzt, können wir nach Wahl von G den Graphen H als eben voraussetzen. In H wählen wir nun einen Kreis C durch die beiden Ecken u und v, der die größte Anzahl von Gebieten im Inneren aufweist. Hat C die Gestalt

$$C = (u = x_0, x_1, ..., x_r = v, ..., x_p = u)$$

mit $1 < r < p - 1$, so enthält H Kanten im Inneren und im Äußeren von C. Denn wäre das nicht der Fall, so könnte man durch Hinzufügen der Kante k aus dem ebenen Graphen H sofort einen ebenen Graphen G erzeugen.

Weiter dürfen in H keine zwei verschiedenen Ecken aus der Menge $\{x_0, ..., x_r\}$ durch einen Weg im Äußeren von C verbunden sein, da es sonst einen Kreis durch u und v gäbe, der in seinem Inneren mehr

Gebiete als C besäße. Gleiches gilt für die Menge $\{x_r, ..., x_p\}$. Daher existieren zwei Ecken x_s und x_t mit $0 < s < r$ und $r < t < p$ und ein Weg W von x_s nach x_t, der notwendig im Äußeren von C verläuft und nur die Ecken x_s und x_t mit C gemeinsam hat. Die so gewonnene Struktur hat die skizzierte Gestalt.

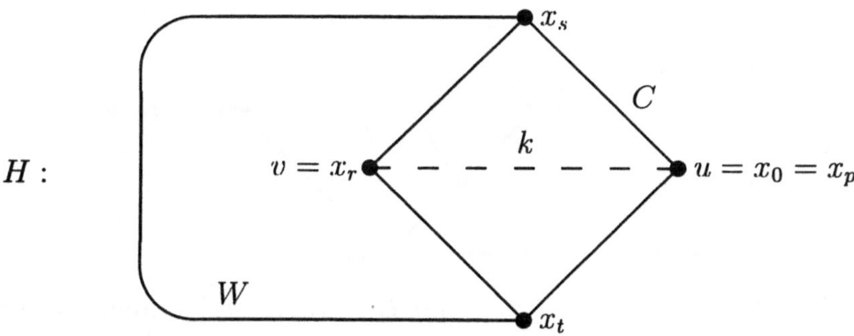

Da man W nicht in das Innere von C legen kann, ohne die Planarität von H zu zerstören, und da G nicht planar ist, gibt es für das Innere von C im wesentlichen 4 Möglichkeiten, die wir im folgenden diskutieren werden.

I. Es existiert ein Weg P von x_i nach x_j mit $0 < i < s$ und $r < j < t$ (oder $s < i < r$ und $t < j < p$), der mit C nur die Ecken x_i und x_j gemeinsam hat (man vgl. die Skizze).

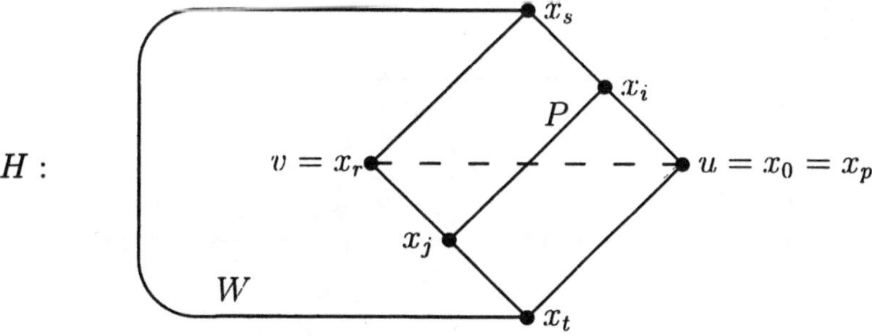

Die Eckenmengen $A = \{x_i, x_r, x_t\}$ und $B = \{x_j, x_p, x_s\}$ bilden aber eine Bipartition eines zum $K_{3,3}$ homöomorphen Teilgraphen von G, was unserer Voraussetzung widerspricht.

II. Im Inneren von C existiert eine Ecke a, die mit C durch drei eckendisjunkte (bis auf a) Wege im Inneren von C verbunden ist, wobei der von a verschiedene Endpunkt von einem dieser Wege, den wir mit P

bezeichnen, in der Eckenmenge $\{x_0, x_s, x_r, x_t\}$ liegt. Ist z.B. x_0 der Endpunkt von P, so enden die beiden anderen Wege in den Ecken x_i und x_j mit $s \leq i < r$ und $r < j \leq t$, wobei nicht gleichzeitig $i = s$ und $j = t$ gilt (man vgl. die Skizze).

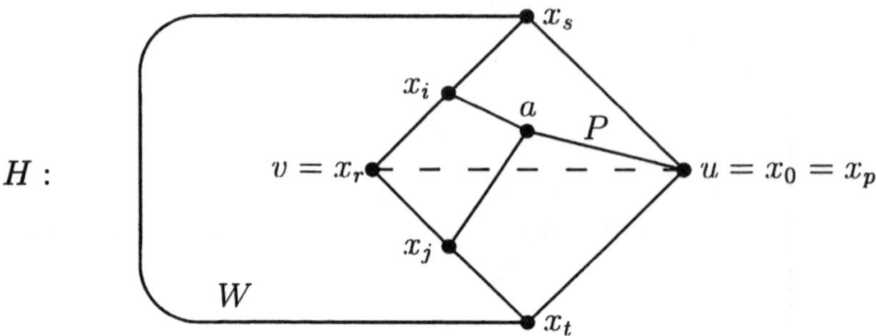

Die Eckenmengen $A = \{x_0, x_i, x_j\}$ und $B = \{a, x_r, x_t\}$ bilden nun wieder eine Bipartition eines zum $K_{3,3}$ homöomorphen Teilgraphen von G, was nach Voraussetzung nicht möglich ist. Analog werden die Fälle behandelt, in denen x_s, x_r oder x_t Endpunkte des Weges P sind.

III. Im Inneren von C existiert eine Ecke a, die mit drei Ecken aus der Menge $\{x_0, x_s, x_r, x_t\}$ durch drei eckendisjunkte (bis auf a) Wege P_1, P_2 und P_3 im Inneren von C verbunden ist. O.B.d.A. seien die Endpunkte von P_1, P_2 und P_3 die Ecken x_0, x_s und x_r. Zusätzlich gebe es im Inneren von C noch einen Weg P_4 von einer Ecke b auf den Wegen P_1 oder P_3 mit $b \neq x_r, a, x_0$ nach x_t, der eckendisjunkt (bis auf b) mit P_1 und P_3 ist (man vgl. die Skizze).

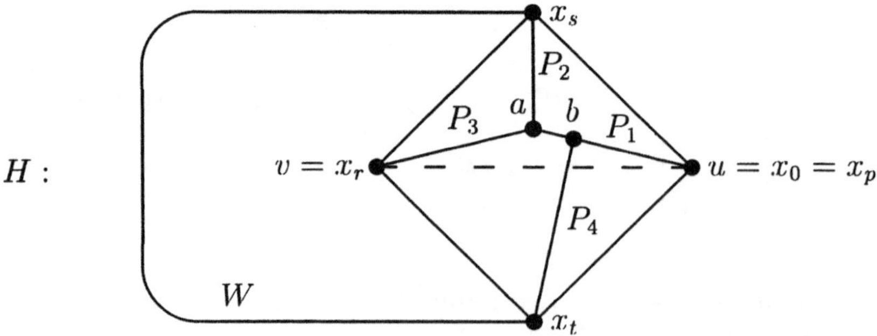

Die Eckenmengen $A = \{x_0, a, x_t\}$ und $B = \{b, x_r, x_s\}$ bilden eine Bipartition eines zum $K_{3,3}$ homöomorphen Teilgraphen von G, was unserer Voraussetzung widerspricht. Die verbleibenden Fälle für P_1, P_2 und P_3 behandelt man analog.

IV. Im Inneren von C existiert eine Ecke a, die mit x_0, x_s, x_r, x_t durch vier eckendisjunkte (bis auf a) Wege im Inneren von C verbunden ist (man vgl. die Skizze).

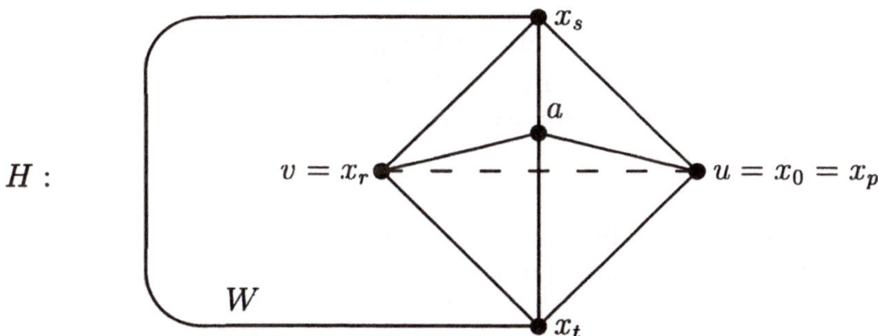

In diesem Fall erkennt man sofort, daß G einen zum K_5 homöomorphen Teilgraphen besitzt, was nach Voraussetzung verboten ist.

Da wir alle möglichen Fälle zum Widerspruch geführt haben, muß jeder nicht planare Graph einen zum K_5 oder $K_{3,3}$ homöomorphen Teilgraphen enthalten. ||

Der hier geführte Beweis folgt den Ideen von Dirac und Schuster [1] 1954 und ist dem Buch von Chartrand und Lesniak [1] S. 96 – 98 entnommen. Für Erweiterungen, Verallgemeinerungen oder andere Beweise des Satzes von Kuratowski vgl. man z.B. Bodendiek und Wagner [1] 1989, Klotz [1] 1989, Thomassen [2] 1981, Thomassen [4] 1984 oder Tverberg [1] 1989.

Gute Planaritätsalgorithmen findet man in den Büchern von Bondy und Murty [1] sowie Chartrand und Lesniak [1] und vor allen Dingen bei Nishizeki und Chiba [1] 1988.

11.4   Aufgaben

Aufgabe 11.1 Ist G ein schlichter und planarer Graph der Ordnung $n \geq 11$, so zeige man, daß $\bar{G}$ nicht planar ist.

Aufgabe 11.2 Man gebe einen schlichten planaren Graphen G an mit $\delta(G) = 5$.

Aufgabe 11.3 Man beweise Folgerung 11.4.

Aufgabe 11.4 Ist G ein planarer Graph mit $\delta(G) \geq 3$ und $t(G) \geq 4$, so zeige man, daß G mindestens 8 Ecken vom Grad 3 besitzt.

Aufgabe 11.5 Man beweise: Ein Graph ist genau dann planar, wenn man ihn in die Oberfläche einer Kugel einbetten kann.
Hinweis: Stereographische Projektion.

Aufgabe 11.6 Es sei G ein planarer Graph und $u \in E(G)$. Man zeige, daß es eine Einbettung von G in die Ebene gibt, bei der die Ecke u zum Rand des äußeren Gebietes gehört.
Hinweis: Aufgabe 11.5.

Aufgabe 11.7 Für eine normale Landkarte G zeige man, daß der duale Graph G^{**} von G^* genau dann zu G isomorph ist, wenn G zusammenhängend ist.

Aufgabe 11.8 Ein ebener Graph heißt *selbstdual*, wenn er isomorph zum dualen Graphen ist.
i) Ist der ebene Graph G selbstdual, so zeige man $m(G) = 2n(G) - 2$.
ii) Für alle $n \geq 4$ gebe man einen selbstdualen Graphen der Ordnung n an.

Aufgabe 11.9 Man zeige an Hand eines Beispiels, daß Satz 11.9 nicht mehr gültig ist, wenn man Brücken zuläßt.

Aufgabe 11.10 Sind G und H homöomorph, so zeige man

$$m(G) - n(G) = m(H) - n(H).$$

Aufgabe 11.11 Man zeige, daß der $K_3 \times K_3$ nicht planar ist.

Aufgabe 11.12 Man zeige, daß der im Abschnitt 13.1 skizzierte Petersen-Graph nicht planar ist.

Aufgabe 11.13 Es sei G ein schlichter Graph. Ist G nicht planar, so beweise man, daß auch der Line-Graph $\mathcal{L}(G)$ nicht planar ist.

Kapitel 12

Eckenfärbung

12.1 Die chromatische Zahl

Definition 12.1 Ist G ein Multigraph, so nennt man eine Abbildung $h : E(G) \longrightarrow \{1, ..., q\}$ *Eckenfärbung, q-Eckenfärbung* oder *q-Färbung* von G. Ist E_i die Menge aller Ecken von G mit der Farbe i, so nennen wir E_i *Farbenklasse*.

Gilt zusätzlich $h(x) \neq h(y)$ für alle adjazenten Ecken x, y, so sprechen wir von einer *echten Eckenfärbung, echten q-Eckenfärbung* oder *echten q-Färbung* von G.

Eine q-Eckenfärbung heißt *vollständige q-Eckenfärbung* oder *vollständige q-Färbung*, wenn für alle $i, j \in \{1, ..., q\}$ mit $i \neq j$ eine Kante xy existiert mit $h(x) = i$ und $h(y) = j$.

Die *chromatische Zahl* $\chi = \chi(G)$ von G ist die kleinste Zahl q, für die G eine echte q-Eckenfärbung besitzt.

Die *achromatische Zahl* $\psi = \psi(G)$ von G ist die größte Zahl q, für die G eine vollständige und echte q-Eckenfärbung besitzt.

Die *pseudoachromatische Zahl* $\psi_s = \psi_s(G)$ von G ist die größte Zahl q, für die G eine vollständige q-Eckenfärbung besitzt.

Bemerkung 12.1 Da Mehrfachkanten keinen Einfluß auf die Eckenfärbungen haben, beschränken wir uns im allgemeinen auf schlichte Graphen.

Färbt man jede Ecke eines schlichten Graphen G mit einer anderen Farbe, so ist das eine echte Eckenfärbung, womit die Existenz der chromatischen Zahl gesichert ist. Färbt man alle Ecken von G mit einer Farbe, so ist das eine vollständige Färbung, womit die pseudoachromatische Zahl existiert. Ist h eine echte q-Färbung von G mit $q = \chi(G)$, so sieht man leicht, daß h eine vollständige q-Färbung sein muß. Daher existiert auch die achromatische Zahl, und es ergeben sich sofort die folgenden Ungleichungen:

$$\omega(G) \leq \chi(G) \leq \psi(G) \leq \psi_s(G) \tag{12.1}$$

Beispiel 12.1 Für den skizzierten Graphen G überlegt man sich leicht $\chi(G) = 2 < \psi(G) = 3 < \psi_s(G) = 4$. Daher gibt es Graphen, für die die chromatische Zahl, die achromatische Zahl und die pseudoachromatische Zahl verschieden ausfallen.

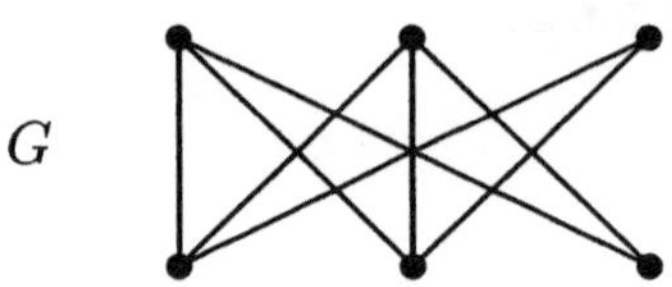

Bemerkung 12.2 Ist h eine echte q-Eckenfärbung eines Multigraphen G und $E_i = \{x|x \in E(G)$ mit $h(x) = i\}$ eine Farbenklasse, so gilt $E(G) = \bigcup_{i=1}^{q} E_i$ mit $E_i \cap E_j = \emptyset$ für alle $1 \leq i < j \leq q$, und jede Farbenklasse E_i ist eine unabhängige Eckenmenge von G. Daher ist jeder Graph G ohne Schlingen $\chi(G)$-partit. Umgekehrt liefert natürlich jede Zerlegung von $E(G)$ in q disjunkte unabhängige Eckenmengen eine echte q-Eckenfärbung von G.

Aus Bemerkung 12.2 folgt ohne Mühe

Satz 12.1 Es sei G ein Multigraph.

   i) Es gilt $\chi(G) = 1$ genau dann, wenn G ein Nullgraph ist.

  ii) Es gilt $\chi(G) = 2$ genau dann, wenn G bipartit ist mit $K(G) \neq \emptyset$.

 iii) Allgemein gilt $\chi(G) = p$ genau dann, wenn G p-partit aber nicht $(p-1)$-partit ist.

Satz 12.2 Ist G ein schlichter Graph, so gilt

$$\chi(G) \leq \Delta(G) + 1. \tag{12.2}$$

Beweis. Sind $x_1, x_2, ..., x_n$ die Ecken von G, so färben wir die Ecken induktiv mit den Farben $1, 2, ..., \Delta(G) + 1$. Man färbe x_1 mit einer beliebigen Farbe. Sind die Ecken $x_1, x_2, ..., x_i$ für $i < n$ schon gefärbt, so daß adjazente Ecken verschiedene Farben besitzen, so hat die Ecke x_{i+1} höchstens $\Delta(G)$ (gefärbte) Nachbarn. Daher steht von den $\Delta(G)+1$ Farben mindestens eine zur Verfügung, mit der man x_{i+1} färben kann, so daß wieder benachbarte Ecken verschieden gefärbt sind. $\|$

Bemerkung 12.3 Der Beweis von Satz 12.2 ist konstruktiv, so daß man mit diesem Verfahren sehr schnell zu einer echten $(\Delta(G) + 1)$-Eckenfärbung gelangt.

Definition 12.2 Ein schlichter Graph G heißt *kritisch,* wenn für jeden echten Teilgraphen H die Ungleichung $\chi(H) < \chi(G)$ gilt. G heißt q-*kritisch*, wenn G kritisch ist und $\chi(G) = q$ gilt.

Bemerkung 12.4 i) Ein kritischer Graph ist zusammenhängend.

  ii) Ist $\chi(G) = q \geq 2$, so besitzt G einen q-kritischen Teilgraphen. Man erreicht dies durch sukzessive Herausnahme von Kanten und Ecken.

 iii) Ein q-kritischer Graph besitzt keine Schnittecke. Angenommen, ein q-kritischer G enthält eine Schnittecke v. Sind $E_1, ..., E_r$ die Eckenmengen der Komponenten von $G - v$, so ist es möglich, die echten Teilgraphen $G[E_i \cup \{v\}]$ $(i = 1, ..., r)$ mit einer echten $(q - 1)$-Färbung zu versehen. Da man diese r echten $(q - 1)$-Färbungen so einrichten kann, daß die Ecke v immer die gleiche Farbe erhält, so hätte man eine echte $(q - 1)$-Färbung von G gefunden, was $\chi(G) = q$ widerspricht.

  iv) Offensichtlich ist der K_1 der einzige 1-kritische Graph. Genauso leicht sieht man, daß der K_2 der einzige 2-kritische Graph ist.
Die einzigen 3-kritischen Graphen sind Kreise ungerader Länge. Denn ist G ein 3-kritischer Graph, so ist G nach Satz 12.1 nicht bipartit. Damit besitzt G einen Kreis C ungerader Länge. Hätte der Graph G neben $E(C)$ und $K(C)$ noch weitere Ecken oder Kanten, so wäre C ein echter Teilgraph von G mit $\chi(C) = \chi(G) = 3$. Da Kreise ungerader Länge offensichtlich 3-kritische Graphen sind, haben wir das gewünschte Resultat nachgewiesen.

Satz 12.3 Ist G ein q-kritischer Graph, so gilt $q - 1 \leq \delta(G) = \delta$.

Beweis. Wir nehmen an, daß $\delta < q - 1$ gilt. Es sei a eine Ecke mit $d(a, G) = \delta$. Da G ein q-kritischer Graph ist, besitzt der Teilgraph $G - a$ eine echte $(q - 1)$-Färbung. Sind $E_1, ..., E_{q-1}$ die Farbenklassen einer $(q - 1)$-Färbung von $G - a$, so existiert wegen $\delta < q - 1$ eine Farbenklasse E_j, so daß a zu keiner Ecke aus E_j adjazent ist. Färbt man nun die Ecke a mit der Farbe j, so hat man eine echte $(q - 1)$-Färbung von G gefunden, was ein Widerspruch zu $\chi(G) = q$ ist. ‖

Satz 12.4 (Gallai [2] 1968) Ist G ein schlichter Graph, so gilt

$$\chi(G) \leq 1 + \ell(G),$$

wobei $\ell(G)$ die Länge eines längsten Weges in G bedeute.

Beweis. Da die Fälle $\chi(G) = 1, 2$ sofort einzusehen sind, sei im weiteren $\chi(G) = q \geq 3$. Ist H ein q-kritischer Teilgraph von G, so gilt nach Satz 12.3 $\delta(H) \geq q - 1$. Wegen Satz 1.9 gibt es in H einen Weg der Länge $\delta(H)$. Daraus folgt die gewünschte Ungleichung

$$\ell(G) \geq \ell(H) \geq \delta(H) \geq \chi(G) - 1. \quad \|$$

Im Jahre 1941 fand Brooks folgende interessante Verschärfung der Abschätzung (12.2).

Satz 12.5 (Brooks [1] 1941) Für einen schlichten, zusammenhängenden Graphen G, der weder ein Kreis ungerader Länge noch vollständig ist, gilt $\chi(G) \leq \Delta(G)$.

Beweis. Es sei G ein schlichter, zusammenhängender Graph, der weder ein Kreis ungerader Länge noch vollständig ist. Setzen wir $\chi(G) = q$, so gilt notwendig $q \geq 2$. Nach Bemerkung 12.4 ii) besitzt G einen q-kritischen Teilgraphen H mit $\Delta(H) \leq \Delta(G)$, der gemäß Bemerkung 12.4 iii) ein Block ist.

Ist H ein Kreis ungerader Länge oder $H \cong K_q$, so gilt $G \neq H$, und da G zusammenhängend ist, gibt es in G noch mindestens eine Kante, die nicht zu H gehört, die aber mit einer Ecke aus H inzidiert. Diese Überlegungen liefern uns sofort $\Delta(H) < \Delta(G)$. Daraus folgt in beiden Fällen

$$\chi(G) = q = \chi(H) = \Delta(H) + 1 \leq \Delta(G).$$

Daher können wir im folgenden annehmen, daß H weder vollständig noch ein Kreis ungerader Länge ist, womit wir insbesondere nach Bemerkung 12.4 iv) $q \geq 4$ voraussetzen dürfen. Da H nicht vollständig ist, ergibt sich daraus $n = n(H) \geq 5$. Für den weiteren Beweis unterscheiden wir zwei Fälle.

1. Fall: Der q-kritische Graph H ist 3-fach eckenzusammenhängend, d.h. $H - \{a, b\}$ ist für alle $a, b \in E(H)$ zusammenhängend (man vgl. auch Definition 14.1). Da H nicht vollständig ist, existieren zwei Ecken x und y mit $d_H(x, y) = 2$. Es sei w ein gemeinsamer Nachbar von x und y. Nun setzen wir $x = v_1$ und $y = v_2$, und es sei $v_3, ..., v_n$

eine Anordnung der Ecken aus $H - \{x, y\}$, so daß für $3 \leq i < n$ jede Ecke v_i zu mindestens einer Ecke v_j mit $j > i$ adjazent ist. Da $H - \{x, y\}$ zusammenhängend ist, kann man eine solche Reihenfolge z.B. dadurch gewinnen, daß man die Ecken in einer nicht zunehmenden Folge bezüglich der Entfernung zu w anordnet. Damit ist $v_n = w$ und für alle $1 \leq i < n$ ist v_i in H zu mindestens einer Ecke v_j mit $j > i$ adjazent, denn v_1 und v_2 sind zu v_n adjazent. Daher sind alle Ecken v_i mit $1 \leq i < n$ zu höchstens $\Delta(H) - 1$ Ecken v_j mit $j < i$ adjazent. Nun sind wir in der Lage eine echte Eckenfärbung von H anzugeben, die nur die Farben $1, 2, ..., \Delta(H)$ benötigt. Man färbe die Ecken v_1 und v_2 mit der Farbe 1. Jede der Ecken $v_3, ..., v_{n-1}$ wird mit einer der Farben $1, ..., \Delta(H)$ gefärbt, die nicht bei den adjazenten Vorgängern auftritt. Die Ecke $v_n = w$ ist zu den Ecken $v_1 = x$ und $v_2 = y$ adjazent, die beide mit 1 gefärbt wurden. Daher findet man auch für $v_n = w$ eine zulässige Farbe. Insgesamt ergibt sich für diesen Fall

$$\chi(G) = \chi(H) \leq \Delta(H) \leq \Delta(G).$$

2. Fall: Der q-kritische Graph H ist nicht 3-fach eckenzusammenhängend. Dann gibt es zwei Ecken a und b in H, so daß $H - \{a, b\}$ in verschiedene Komponenten zerfällt.

Zunächst zeigen wir, daß H nicht nur Ecken vom Grad 2 oder Grad $n - 1$ enthält. Wegen $\chi(H) \geq 4$ besitzt H nicht nur Ecken vom Grad 2. Da H nicht vollständig ist, kann H nicht $(n - 1)$-regulär sein. Besitzt H Ecken vom Grad 2 und vom Grad $n - 1$ und keine anderen Ecken, so gibt es natürlich höchstens zwei Ecken vom Grad $n - 1$. Enthält H zwei Ecken vom Grad $n - 1$, so gilt $H \cong K_{1,1,n-2}$, also $\chi(H) = 3$, was unserer Voraussetzung widerspricht. Ist y die einzige Ecke mit $d(y, H) = n - 1$, so ist y eine Schnittecke von H, was auch nicht möglich ist.

Nun sei u eine Ecke mit $2 < d(u, H) < n - 1$. Ist $H - u$ wieder ein Block, so sei v eine Ecke aus H mit $d_H(u, v) = 2$. Eine solche Ecke v existiert, da u nicht zu allen Ecken aus $H - u$ adjazent ist. Mit $x = u$ und $y = v$ verfahre man wie im 1. Fall.

Ist $H - u$ kein Block, so besitzt $H - u$ nach Folgerung 8.2 mindestens zwei Endblöcke B_1 und B_2 mit den Schnittecken w_1 und w_2 ($w_1 = w_2$ ist dabei möglich). Da H ein Block ist, überlegt man sich leicht, daß es Ecken $u_1 \in E(B_1) - \{w_1\}$ und $u_2 \in E(B_2) - \{w_2\}$ gibt, die in H zu u adjazent sind. Mit $x = u_1$ und $y = u_2$ kann man wie im 1. Fall vorgehen, denn wegen $d(u, H) \geq 3$, ist $H - \{x, y\}$ zusammenhängend. Damit ist der Satz von Brooks vollständig bewiesen ist. $\parallel$

Der hier geführte Beweis des Satzes von Brooks ist dem Buch von Chartrand und Lesniak [1] S. 275 – 276 entnommen, der einer Idee von Lovász [3] aus dem Jahre 1975 folgt.
Ohne Beweis geben wir eine weitere interessante Abschätzung der chromatischen Zahl an, die auf Erdös und Gallai [2] zurückgeht.

Satz 12.6 (Erdös, Gallai [2] 1964) Ist G ein schlichter, regulärer und nicht vollständiger Graph der Ordnung $n(G) \geq 5$, so gilt

$$\chi(G) \leq \frac{3}{5} n(G).$$

12.2   Die (pseudo-) achromatische Zahl

Satz 12.7 Ist G ein schlichter Graph, so gilt

$$\psi_s(G) \leq \frac{1}{2}(n(G) + \omega(G)).$$

Beweis. Es sei $\psi_s(G) = p$ und $1, ..., p$ die Farben einer vollständigen p-Färbung von G. Dann besitzt diese Färbung höchstens $\omega(G)$ Farben, die nur einmal auftreten, denn gäbe es mehr, so müßten diese alle untereinander adjazent sein, und wir hätten dann eine größere Clique. Daraus folgt die gewünschte Abschätzung

$$\psi_s(G) \leq \omega(G) + \frac{1}{2}(n(G) - \omega(G)) = \frac{1}{2}(n(G) + \omega(G)). \;\; \|$$

Aus Satz 12.7 und (12.1) ergibt sich sofort der folgende Zusammenhang zwischen der chromatischen und pseudoachromatischen Zahl, der auf Bhave [1] 1979 zurückgeht. Implizit ist dieses Ergebnis allerdings schon bei Auerbach und Laskar [1] 1976 zu finden.

Folgerung 12.1 (Bhave [1] 1979) Ist G ein schlichter Graph, so gilt

$$\psi_s(G) \leq \frac{1}{2}(n(G) + \chi(G)). \tag{12.3}$$

Satz 12.8 (Harary, Hedetniemi, Prins [1] 1967) Ist der Graph G schlicht, so gilt

$$\psi_s(G) \leq n(G) + 1 - \alpha(G). \tag{12.4}$$

Beweis. Es sei S eine maximale unabhängige Menge, und es seien $1, ..., t$ die Farben einer vollständigen p-Färbung von G, die in der Eckenmenge $\bar{S}$ auftreten. Dann ist $t \leq |\bar{S}| = n(G) - \alpha(G)$, und in S kann höchstens eine weitere Farbe $t + 1$ vorkommen. Daraus folgt $\psi_s(G) \leq t + 1 \leq n(G) + 1 - \alpha(G).$ $\|$

Für den bipartiten Fall liefert Satz 12.8 unmittelbar folgende Verbesserung der Ungleichung (12.3).

Folgerung 12.2 Ist G ein Faktor des vollständigen bipartiten Graphen $K_{r,t}$ mit $1 \leq r \leq t$, so gilt

$$\psi(G) \leq \psi_s(G) \leq r + 1. \tag{12.5}$$

Beispiel 12.2 Es sei G der vollständige bipartite Graph $K_{r,t}$ mit der Bipartition $E_1 = \{x_1, ..., x_r\}$, $E_2 = \{y_1, ..., y_t\}$ und $1 \leq r \leq t$. Färbt man die Ecken x_i und y_i mit der Farbe i für alle $1 \leq i \leq r - 1$, die Ecke x_r mit der Farbe r und die Ecken $y_r, ..., y_t$ mit der Farbe $r + 1$, so hat man eine vollständige $(r + 1)$-Färbung von G. Wegen Folgerung 12.2 gilt sogar $\psi_s(G) = r + 1$, womit die zweite Ungleichung in (12.5) scharf ist.

Entfernt man aus G das Matching $M = \{x_1 y_1, ..., x_{r-1} y_{r-1}\}$, so ist unsere Färbung in $G' = G - M$ sogar eine echte und vollständige $(r+1)$-Färbung. Daher folgt aus (12.5)

$$\psi(G') = \psi_s(G') = r + 1,$$

womit auch die Ungleichung $\psi(G) \leq r + 1$ für bipartite Graphen scharf ist.

Allgemeiner als in Beispiel 12.2, wollen wir im nächsten Satz für alle vollständigen p-partiten Graphen die pseudoachromatische Zahl bestimmen.

Satz 12.9 (Auerbach, Laskar [1] 1976) Ist G der vollständige p-partite Graph $K_{r_1, ..., r_p}$ mit $1 \leq r_1 \leq ... \leq r_p$, so gilt

$$\psi_s(G) = \min\left\{ \left\lfloor \frac{n(G) + p}{2} \right\rfloor, n(G) + 1 - r_p \right\}. \tag{12.6}$$

Beweis. Wir setzen $n(G) = n$ und bezeichnen mit t die rechte Seite von (12.6). Aus (12.3) und (12.4) folgt sofort $\psi_s(G) \leq t$.

Es sei $E_1, ..., E_p$ eine Partition von G mit $|E_i| = r_i$. Wir wählen die Ecken $a_1, ..., a_n$ aus G mit $a_i \in E_i$ für $i \leq p$ und für $i, j > p$, so daß aus $i < j$, $a_i \in E_l$ und $a_j \in E_q$ folgt: $l \leq q$. Nun geben wir allen Ecken a_i folgende Färbung h:

i) $h(a_i) = i$ für $i \leq t$.

ii) $h(a_{n+1-i}) = \max\{1, t+1-i\}$ für $i \leq n - t$.

Diese Färbung benutzt t Farben, wobei die Farben $1, ..., p$ in verschiedenen Mengen E_i vorkommen und die Farben $p+1, ..., t$ mindestens zweimal auftreten. Denn ist $p + 1 \leq i \leq t$, so ergibt sich aus $2t \leq n + p$ die Ungleichung $t - i + 1 \leq n - t$, und daher folgt aus der Definition von h für alle $p + 1 \leq i \leq t$

$$h(a_i) = h(a_{n+i-t}) = h(a_{n+1-(t-i+1)}) = i.$$

Um zu zeigen, daß h eine vollständige t-Färbung von G ist, genügt es nachzuweisen, daß für $p + 1 \leq i \leq t$ die Ecken a_i und a_{n+i-t} in verschiedenen Partitionsmengen liegen. Angenommen, die Ecken a_i und a_{n+i-t} gehören zu der gleichen Menge E_s. Dann sind nach Definition die Ecken $a_i, ..., a_{n+i-t}$ und die Ecke a_s Elemente von E_s. Daraus ergibt sich wegen $t \leq n + 1 - r_p$

$$|E_s| \geq n - t + 2 \geq n + 2 - (n + 1 - r_p) = 1 + r_p,$$

was natürlich nicht möglich ist. Daher gilt $\psi_s(G) \geq t$, womit wir insgesamt (12.6) nachgewiesen haben. $\|$

Bemerkung 12.5 Satz 12.9 zeigt, daß im Fall

$$\left\lfloor \frac{n(G) + p}{2} \right\rfloor \leq n(G) + 1 - r_p$$

in (12.3) das Gleichheitszeichen und im Fall

$$\left\lfloor \frac{n(G) + p}{2} \right\rfloor \geq n(G) + 1 - r_p$$

in (12.4) das Gleichheitszeichen steht, womit die Ungleichungen (12.3) und (12.4) bestmöglich sind.

Als nächstes wollen wir eine Abschätzung von $\psi(G)$ nach unten geben. Dazu benötigen wir ein Resultat, das auf Geller und Kronk zurückgeht.

Satz 12.10 (Geller, Kronk [1] 1974) Ist G ein schlichter Graph und a eine beliebige Ecke von G, so gilt

$$\psi(G) \geq \psi(G - a) \geq \psi(G) - 1.$$

Beweis. Ist $\psi(G - a) = q$, so besitzt auch G eine echte und vollständige q-Färbung, außer wenn jede der q Farben zur Ecke a adjazent ist. In diesem Fall besitzt G aber eine echte und vollständige $(q + 1)$-Färbung, womit wir $\psi(G) \geq \psi(G - a)$ bewiesen haben.

Ist $\psi(G) = q$, so betrachte man die echte Färbung von $G - a$, die durch eine echte und vollständige q-Färbung von G induziert wird. Ist diese q-Färbung von $G - a$ nicht vollständig, und hat a die Farbe i, so existiert eine Farbe j, die in $G - a$ zu keiner mit i gefärbten Ecke adjazent ist. Geben wir nun jeder Ecke mit der Farbe i aus $G - a$ die Farbe j, so erhalten wir eine echte und vollständige $(q - 1)$-Färbung von $G - a$, womit wir $\psi(G - a) \geq \psi(G) - 1$ gezeigt haben. $\|$

Folgerung 12.3 Ist G ein schlichter Graph und H ein induzierter Teilgraph von G, so gilt $\psi(H) \leq \psi(G)$.

Analog zum Beweis von Satz 12.10 zeigt man

Satz 12.11 (Geller, Kronk [1] 1974) Ist G ein schlichter Graph und k eine beliebige Kante von G, so gilt

$$\psi(G) + 1 \geq \psi(G - k) \geq \psi(G) - 1.$$

Satz 12.12 (Volkmann [5] 1991) Es sei G ein schlichter Graph und B eine Clique von G mit $E(B) = \{x_1, ..., x_t\}$. Weiter sei $M = \{k_1, ..., k_s\}$ ein Matching von $\bar{G}$ mit $E(M) \cap E(B) = \emptyset$ und

$$N(x_i, G) \cap E(k_j) \neq \emptyset \tag{12.7}$$

für alle $1 \leq i \leq t$ und $1 \leq j \leq s$. Ist $\bar{G}[E(k_i) \cup E(k_j)] \not\cong K_4$ für alle $1 \leq i, j \leq s$, so gilt

$$\psi(G) \geq s + t. \tag{12.8}$$

Beweis. Für alle $1 \leq i \leq s$ färben wir die beiden Ecken, die mit der Kante k_i inzident sind, mit der Farbe i. Da $\bar{G}[E(k_i) \cup E(k_j)] \not\cong K_4$ für $i \neq j$ gilt, existiert in G eine Kante, die mit k_i und k_j inzidiert. Da dies für alle $1 \leq i < j \leq s$ gilt, besitzt der induzierte Teilgraph $G[E(M)]$ eine echte und vollständige s-Färbung.

Nun färben wir die Ecken $x_1, ..., x_t$ der gegebenen Clique B mit den Farben $s+1, ..., s+t$. Da B eine Clique ist, und $E(M) \cap E(B) = \emptyset$ gilt, ergibt sich zusammen mit der Bedingung (12.7), daß der induzierte Teilgraph $G[E(M) \cup E(B)]$ eine echte und vollständige $(s+t)$-Färbung besitzt. Zusammen mit der Folgerung 12.3 erhalten wir daraus sofort das gewünschte Ergebnis. $\|$

Aus Satz 12.12 ergeben sich einige bekannte Ergebnisse, die Geller und Kronk [1] 1974 publiziert haben.

Folgerung 12.4 (Geller, Kronk [1] 1974) Es sei G ein schlichter Graph und $\zeta(G)$ die Anzahl der Ecken vom Grad $n(G) - 1$. Ist $\kappa^*(\bar{G})$ die Anzahl der nicht trivialen Komponenten im Komplementärgraphen $\bar{G}$, so gilt

$$\psi(G) \geq \zeta(G) + \kappa^*(\bar{G}).$$

Folgerung 12.5 (Geller, Kronk [1] 1974) Es sei G ein Faktor des vollständigen bipartiten Graphen $K_{r,t}$ und E_1, E_2 eine Bipartition von G. Weiter sei $\tilde{G} = K_{r,t} - K(G)$ und $\kappa^*(\tilde{G})$ die Anzahl der nicht trivialen Komponenten von $\tilde{G}$. Für $i = 1, 2$ setzen wir $\tau_i = 1$, wenn in E_i mindestens eine Ecke existiert, die zu allen Ecken aus E_{3-i} adjazent ist, und $\tau_i = 0$ sonst. Dann gilt

$$\psi(G) \geq \tau_1 + \tau_2 + \kappa^*(\tilde{G}).$$

Bemerkung 12.6 Ist $\psi_s(G) \geq \Delta(G) + 2$ oder $\psi(G) \geq \Delta(G) + 2$, so muß bei den jeweiligen Färbungen jede Farbe zweimal auftreten (man vgl. Aufgabe 12.10).

Folgerung 12.6 Ist G ein $(r-1)$-regulärer Faktor des Graphen $K_{r,r}$ $(r > 1)$, so gilt

$$\psi(G) = r = \psi_s(G).$$

Beweis. Da das relative Komplement $\tilde{G} = K_{r,r} - K(G)$ aus r Komponenten besteht, die alle 1-regulär sind, ergibt sich aus Folgerung 12.5 die Abschätzung $\psi(G) \geq r$. Wäre $\psi_s(G) \geq r + 1$, so müßten nach Bemerkung 12.6 alle Farben doppelt auftreten, was natürlich nicht möglich ist. Daraus folgt $r \leq \psi(G) \leq \psi_s(G) \leq r$, womit Folgerung 12.6 bewiesen ist. $\|$

Folgerung 12.7 Ist G ein $(r-2)$-regulärer Faktor des Graphen $K_{r,r}$ $(r > 2)$, und enthält das relative Komplement $\tilde{G} = K_{r,r} - K(G)$ keinen Kreis C_4 der Länge 4, so gilt

$$\psi(G) = r = \psi_s(G).$$

Beweis. Jede Komponente von $\tilde{G}$ ist 2-regulär und gerade, womit ein perfektes Matching

$$M = \{k_1, ..., k_r\} \subseteq K(\tilde{G}) \subseteq K(\bar{G})$$

existiert. Da der Graph $\tilde{G}$ keinen Kreis C_4 der Länge 4 enthält, gilt $\bar{G}[E(k_i) \cup E(k_j)] \not\cong K_4$ für alle $1 \le i < j \le r$, womit aus Satz 12.12 $\psi(G) \ge r$ folgt. Aus der Tatsache, daß $\psi_s(G) \ge r + 1$ nicht möglich ist, ergibt sich unsere Behauptung. ‖

Bemerkung 12.7 Im Zusammenhang mit Folgerung 12.7 zeigt eine genauere Analyse:
a) Jeder $(r-2)$-reguläre Faktor G des Graphen $K_{r,r}$ $(r > 2)$ erfüllt die Gleichung $\psi_s(G) = r$.
b) Ist G ein $(r-2)$-regulärer Faktor des Graphen $K_{r,r}$ $(r > 2)$, und enthält das relative Komplement $\tilde{G} = K_{r,r} - K(G)$ mindestens drei Kreise C_4 der Länge 4, so gilt $\psi(G) \le r - 1$.

Satz 12.13 Ist M ein Matching des vollständigen Graphen K_n und $G = K_n - M$, so gilt

$$\psi(G) = n - |M|.$$

Beweis. Es sei $M = \{k_1, ..., k_r\}$ das gegebene Matching mit $k_i = a_i b_i$ für $i = 1, ..., r$. Dann induzieren die Ecken $E(G) - \{a_1, ..., a_r\}$ in G eine Clique H der Ordnung $n - r = n - |M|$, womit dann nach (12.1) $\psi(G) \ge n - |M|$ gilt.
Ist $r = 1$, so folgt sofort $\psi(G) = n - |M| = n - 1$. Im Fall $r \ge 2$ nehmen wir einmal an, daß es eine echte und vollständige $(n - r + i)$-Färbung von G gibt mit $i \ge 1$. Da H eine Clique ist, müssen alle Ecken von H verschiedene Farben besitzen. Seien die Ecken von H o.B.d.A. mit den Farben $1, ..., n - r$ gefärbt, wobei die Ecke b_j die Farbe j haben soll. Besitzt nun eine Ecke a_j eine weitere Farbe, sagen wir die Farbe $n - r + 1$, so muß eine Ecke $a_p \ne a_j$ mit der Farbe $n - r + 1$ oder mit der Farbe j gefärbt sein. Da aber die Ecke a_p zu den Ecken b_j und a_j adjazent ist, liegt dann keine echte Eckenfärbung mehr vor, womit wir einen Widerspruch erzielt haben. ‖

12.3   Chromatische Polynome

Definition 12.3 Es sei G ein schlichter Graph. Die Anzahl der Abbildungen $h : E(G) \longrightarrow \{1, ..., q\}$ mit $h(x) \neq h(y)$ für alle adjazenten Ecken x, y bezeichnen wir mit $P(q, G)$. Damit bedeutet $P(q, G)$ die Anzahl der verschiedenen echten q-Färbungen von G.

Beim Versuch die Vierfarbenvermutung zu lösen, wurde in den Jahren 1912 und 1913 die Größe $P(q, G)$ von G. D. Birkhoff [1] und [2] für Landkarten G eingeführt. Als eines seiner Hauptergebnisse hat Birkhoff gezeigt, daß $P(q, G)$ stets ein Polynom in q ist, welches heute den Namen *chromatisches Polynom* von G trägt. Wir wollen einige von Birkhoff's Resultaten und weitere Ergänzungen durch Whitney [3] 1932, Read [1] 1968 und Meredith [1] 1972 für beliebige schlichte Graphen beweisen. Dazu berechnen wir das chromatische Polynom $P(q, G)$ zunächst für zwei spezielle Graphen.

Bemerkung 12.8 a) Es sei G ein Nullgraph der Ordnung n. Als Kombination n-ter Ordnung von q Elementen mit Wiederholung und mit Berücksichtigung der Reihenfolge ergibt sich

$$P(q, G) = q^n. \tag{12.9}$$

b) Es sei G der vollständige Graph K_n. Ist $q \geq n$, so hat man für die erste Ecke q Möglichkeiten, für die zweite Ecke $q - 1$ Möglichkeiten usw. und für die n-te Ecke $q - n + 1$ Möglichkeiten für eine echte Eckenfärbung. Daraus ergibt sich

$$P(q, K_n) = q(q - 1)...(q - n + 1). \tag{12.10}$$

c) Ein Graph G besitzt natürlich genau dann eine echte q-Färbung, wenn $P(q, G) > 0$ gilt.

Wir werden nun eine einfache aber fundamentale Rekursionsformel für das chromatische Polynom $P(q, G)$ herleiten. Dazu benutzen wir die Methode der Kantenkontraktion, die im Vergleich zur Definition 2.7 hier etwas modifiziert wird.

Definition 12.4 Es sei G ein schlichter Graph und $l = ab$ eine Kante von G. Der Graph $G^{(l)}$ entstehe aus G durch *Kontraktion der Kante* l, d.h. l wird gelöscht, die Ecken a und b werden identifiziert, und eventuell auftretende parallele Kanten werden zu einer Kante vereinigt.

Beispiel 12.3 In der folgenden Skizze führen wir eine Kontraktion der Kante l gemäß Definition 12.4 durch.

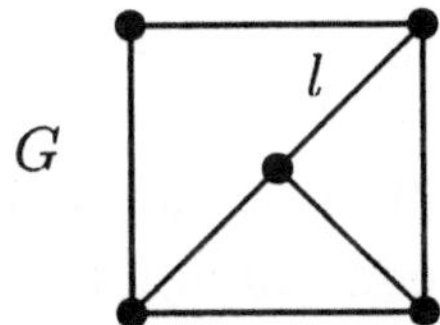
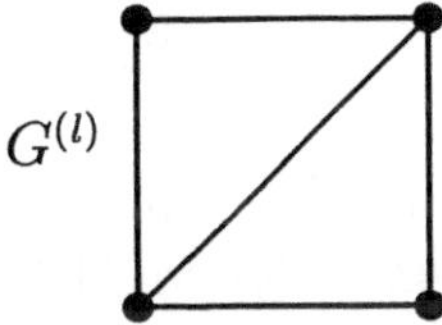

Bemerkung 12.9 Nach Definition 12.4 ist $G^{(l)}$ wieder ein schlichter Graph. Es gilt offensichtlich $\kappa(G^{(l)}) = \kappa(G)$, $n(G^{(l)}) = n(G) - 1$ und $m(G^{(l)}) \leq m(G) - 1$. Ist G ein Baum, so ergibt sich daraus

$$\begin{aligned} \mu(G^{(l)}) &= m(G^{(l)}) - n(G^{(l)}) + \kappa(G^{(l)}) \\ &\leq m(G) - 1 - n(G) + 1 + 1 = 0, \end{aligned}$$

womit $G^{(l)}$ nach Folgerung 2.1 auch ein Baum ist.

Satz 12.14 (Rekursionsformel) Ist G ein schlichter Graph, so gilt für alle $l \in K(G)$

$$P(q, G) = P(q, G - l) - P(q, G^{(l)}). \tag{12.11}$$

Beweis. Es sei $l = ab$ und u diejenige Ecke von $G^{(l)}$, die durch Identifizierung von a und b entstanden ist. Jeder echten q-Färbung von $G - l$, bei der die Ecken a und b die gleiche Farbe j haben, entspricht genau einer echten q-Färbung von $G^{(l)}$, bei der die Ecke u die Farbe j hat und umgekehrt. Jeder echten q-Färbung von $G - l$, bei der a und b verschiedene Farben haben, entspricht genau eine echte q-Färbung von G und umgekehrt. Daraus ergibt sich die Rekursionformel (12.11) in der Form

$$P(q, G - l) = P(q, G^{(l)}) + P(q, G). \; \| \tag{12.12}$$

Bemerkung 12.10 Im Zusammenhang mit der Taillenweite (man vgl. Definition 11.4) sind folgende Tatsachen leicht nachzuweisen.
Für $l \in K(G)$ gilt $t(G - l) \geq t(G)$, $t(G^{(l)}) \geq t(G) - 1$, und im Fall $t(G) \geq 4$ ist $m(G^{(l)}) = m(G) - 1$.

Im nächsten Satz, den wir Fundamentalsatz über chromatische Polynome nennen wollen, tragen wir einige wichtige Eigenschaften von $P(q, G)$ zusammen, die man fast alle in den am Anfang dieses Abschnitts zitierten Arbeiten findet. Dieses Ergebnis wird dann auch den Namen "chromatisches Polynom" vollständig klären.

Satz 12.15 (Fundamentalsatz) Ist G ein schlichter Graph der Ordnung $n = n(G)$, so gilt

$$P(q, G) = \sum_{i=0}^{n} (-1)^i a_i(G) q^{n-i}. \tag{12.13}$$

Setzen wir $m(G) = m$, $\kappa(G) = \kappa$ und $a_i(G) = a_i$, so gelten für das *chromatische Polynom* (12.13) und seine Koeffizienten folgende Aussagen:

i) Es sei $l \in K(G)$. Mit $a_{-1}(G^{(l)}) = 0$ gilt für alle $0 \le i \le n$

$$a_i = a_i(G - l) + a_{i-1}(G^{(l)}).$$

ii) $P(q, G)$ ist ein Polynom vom Grad n mit $a_0 = 1$ und $a_1 = m$.

iii) Die Koeffizienten a_i sind nicht negative ganze Zahlen, und es gilt $a_i \ne 0$ genau dann, wenn $0 \le i \le n - \kappa$ ist.

iv) Für alle $0 \le i \le n - \kappa$ gilt

$$\binom{n - \kappa}{i} \le a_i \le \binom{m}{i}.$$

v) Für $0 \le i \le t(G) - 2$ ist $a_i = \binom{m}{i}$.

vi) Sind $G_1, ..., G_\kappa$ die Komponenten von G, so gilt

$$P(q, G) = \prod_{i=1}^{\kappa} P(q, G_i).$$

vii) Ist G die Vereinigung zweier Teilgraphen G_1 und G_2, deren Durchschnitt ein vollständiger Graph K_r ist, so gilt

$$P(q, G) = \frac{P(q, G_1) P(q, G_2)}{P(q, K_r)} = \frac{P(q, G_1) P(q, G_2)}{q(q-1)...(q-r+1)}.$$

Beweis. Der Beweis von (12.13) und den Aussagen ii) – v) erfolgt durch Induktion nach $m = m(G)$. Wegen Bemerkung 12.8 a) sind (12.13) und ii) – v) für $m = 0$ erfüllt. Nun gelte (12.13) und ii) – v) für alle Graphen mit weniger als m Kanten, also z.B. für $G - l$ und $G^{(l)}$. Daraus ergibt sich wegen $n = n(G - l) = n(G^{(l)}) + 1$

$$P(q, G - l) = \sum_{i=0}^{n} (-1)^i a_i(G - l) q^{n(G-l)-i},$$

$$P(q, G^{(l)}) = \sum_{i=0}^{n-1} (-1)^i a_i(G^{(l)}) q^{n(G^{(l)})-i} = \sum_{i=1}^{n} (-1)^{i-1} a_{i-1}(G^{(l)}) q^{n-i}$$

und daraus zusammen mit der Rekursionsformel (12.11)

$$P(q, G) = \sum_{i=0}^{n}(-1)^i\{a_i(G - l) + a_{i-1}(G^{(l)})\}q^{n-i}$$

$$= \sum_{i=0}^{n}(-1)^i a_i(G)q^{n-i}. \tag{12.14}$$

Damit haben wir (12.13) und i) bestätigt.

Aus i) ergibt sich zusammen mit der Induktionsvoraussetzung $a_0 = a_0(G-l)+a_{-1}(G^{(l)}) = 1$ und $a_1 = a_1(G-l)+a_0(G^{(l)}) = m-1+1 = m$, womit auch ii) nachgewiesen ist.

iii) Nach Induktionsvoraussetzung sind die Koeffizienten $a_i(G - l)$ und $a_{i-1}(G^{(l)})$ nicht negative ganze Zahlen, womit wegen i) auch die Koeffizienten a_i diese Eigenschaften besitzen.

Nach Induktionsvoraussetzung gilt $a_i(G - l) \neq 0$ für $0 \leq i \leq n-1-\kappa$, woraus wegen i) $a_i \neq 0$ für $0 \leq i \leq n - 1 - \kappa$ folgt.

Nach Induktionsvoraussetzung gilt $a_{n-1-\kappa}(G^{(l)}) \neq 0$, womit $a_{n-\kappa} = a_{n-\kappa}(G - l) + a_{n-1-\kappa}(G^{(l)}) \neq 0$ folgt.

Weiter gilt nach Induktionsvoraussetzung $a_i(G^{(l)}) = 0$ für $i \geq n - \kappa$, also $a_{i-1}(G^{(l)}) = 0$ für $i \geq n-\kappa+1$ und $a_i(G-l) = 0$ für $i \geq n-\kappa+1$. Zusammen mit i) ergibt sich daraus unmittelbar $a_i = 0$ für $i \geq n-\kappa+1$, womit iii) vollständig bewiesen ist.

iv) Die Induktionsvoraussetzung und die Monotonie der Binomialkoeffizienten liefern für alle $0 \leq i \leq n - \kappa$ die beiden folgen Ungleichungen:

$$\binom{n - \kappa - 1}{i} \leq a_i(G - l) \leq \binom{m - 1}{i}$$

$$\binom{n - \kappa - 1}{i - 1} \leq a_{i-1}(G^{(l)}) \leq \binom{m - 1}{i - 1}$$

Zusammen mit der Rekursionsformel für die Binomialkoeffizienten und i) ergeben sich aus diesen Ungleichungen die Abschätzungen iv).

v) Für $t(G) = 3$ folgt v) sofort aus ii). Nun sei $t(G) \geq 4$.

Nach Induktionsvoraussetzung gilt $a_i(G - l) = \binom{m-1}{i}$ für $0 \leq i \leq t(G - l) - 2$, also auch für $0 \leq i \leq t(G) - 2$.

Aus Bemerkung 12.10 ergibt sich $m(G^{(l)}) = m - 1$. Daher folgt aus der Induktionsvoraussetzung $a_{i-1}(G^{(l)}) = \binom{m-1}{i-1}$ für $0 \leq i - 1 \leq t(G^{(l)}) - 2$, also für $1 \leq i \leq t(G^{(l)}) - 1$. Wegen Bemerkung 12.10 gilt $t(G) - 2 \leq t(G^{(l)}) - 1$, womit wir $a_{i-1}(G^{(l)}) = \binom{m-1}{i-1}$ für $1 \leq i \leq t(G) - 2$ erhalten.

Die Rekursionsformel für die Binomialkoeffizienten liefert nun zusammen mit i) das gewünschte Ergebnis.

vi) Die Behauptung vi) ist sofort einzusehen, denn die echten Eckenfärbungen der einzelnen Komponenten können unabhängig voneinander vorgenommen werden.

vii) Jede echte Eckenfärbung von G entspricht einem Paar (h_1, h_2) von echten Eckenfärbungen von G_1 und G_2, die auf K_r übereinstimmen und umgekehrt. Ist h_1 eine echte q-Färbung von G_1, so gibt es genau $\frac{P(q,G_2)}{P(q,K_r)}$ echte q-Färbungen h_2 von G_2, die auf K_r mit h_1 übereinstimmen. Zusammen mit (12.10) erhält man daraus die Aussage vii). $\|$

Der Fundamentalsatz zeigt uns, daß sich an den Koeffizienten des chromatischen Polynoms einige Eigenschaften des Graphen ablesen lassen. Der Idealfall wäre, wenn man den Graphen aus dem chromatischen Polynom eindeutig zurückgewinnen könnte. Daß dies aber im allgemeinen nicht möglich ist, zeigt schon das nächste Ergebnis.

Satz 12.16 Es sei G ein schlichter Graph der Ordnung $n = n(G)$ und der Größe $m = m(G)$. Ist G ein Wald, so gilt

$$P(q, G) = q^\kappa (q - 1)^{n-\kappa}, \tag{12.15}$$

wobei $\kappa = \kappa(G)$ ist. Gilt umgekehrt (12.15) für eine natürliche Zahl κ mit $1 \leq \kappa \leq n$, so ist G ein Wald mit κ Komponenten.

Beweis. Ist G ein Wald mit κ Komponenten, so gilt nach Satz 2.4 $m = n - \kappa$. Daraus ergibt sich zusammen mit dem Fundamentalsatz

$$
\begin{aligned}
P(q, G) &= \sum_{i=0}^{n-\kappa} (-1)^i \binom{m}{i} q^{n-i} \\
&= q^\kappa \sum_{i=0}^{n-\kappa} \binom{n-\kappa}{i} (-1)^i q^{n-\kappa-i} = q^\kappa (q-1)^{n-\kappa}.
\end{aligned}
$$

Gilt umgekehrt (12.15), so besitzt G nach Satz 12.15 iii) κ Komponenten. Darüber hinaus liefert (12.15) sofort $a_1(G) = n - \kappa$, womit nach Satz 12.15 ii) $m = n - \kappa$ gilt. Daher ist G nach Satz 2.4 ein Wald mit κ Komponenten. $\|$

Satz 12.17 Ist C_n ein Kreis der Länge $n \geq 3$, so gilt

$$P(q, C_n) = (q - 1)^n + (-1)^n (q - 1).$$

Beweis. Der Beweis erfolgt durch Induktion nach der Kreislänge. Für $n = 3$ ergibt sich aus (12.10)

$$P(q, C_3) = q(q - 1)(q - 2) = (q - 1)^3 - (q - 1).$$

Für $n \geq 4$ folgt aus der Rekursionsformel, Satz 12.16 und der Induktionsvoraussetzung

$$\begin{aligned} P(q, C_n) &= P(q, C_n - l) - P(q, C_{n-1}) \\ &= q(q - 1)^{n-1} - \{(q - 1)^{n-1} + (-1)^{n-1}(q - 1)\} \\ &= (q - 1)^n + (-1)^n(q - 1). \quad \| \end{aligned}$$

Bemerkung 12.11 Aus Satz 12.15 i) und iii) folgt für jeden Faktor H eines schlichten Graphen G die Ungleichungen $a_i(H) \leq a_i(G)$.

Zur algorithmischen Bestimmung eines chromatischen Polynoms kann man einerseits (12.11) solange anwenden, bis alle auftretenden Graphen Wälder oder Kreise sind oder andererseits (12.12) solange verwenden, bis alle auftretenden Graphen vollständig sind. Dabei ist die erste Methode günstig für Graphen mit wenig Kanten, die zweite für Graphen mit vielen Kanten.

Die kleinste natürliche Zahl q mit $P(q, G) > 0$ ist natürlich $\chi(G)$. Daraus ergibt sich zusammen mit (12.12)

$$\chi(G - l) = \min\{\chi(G^{(l)}), \chi(G)\}. \tag{12.16}$$

Wegen Gleichung (12.16) führt folgende Methode zu einer echten Ekkenfärbung von G. Man wende (12.12) solange an, bis alle auftretenden Graphen vollständig sind. Versieht man den kleinsten vollständigen Graphen mit einer echten Eckenfärbung, so erhält man rückwärts eine echte Eckenfärbung des Ausgangsgraphen.

Dieser Algorithmus ist nicht effizient, denn ist r die Anzahl der zum vollständigen Graphen fehlenden Kanten, so benötigt der Algorithmus 2^r Schritte.

Allerdings ist bis heute keine guter Algorithmus zur Bestimmung der chromatischen Zahl oder des chromatischen Polynoms bekannt.

Eine interessante Interpretation der Koeffizienten des chromatischen Polynoms gab Whitney [1] 1932.

Satz 12.18 (Whitney [1] 1932) Es sei G ein schlichter Graph mit $n = n(G)$ und $m = m(G)$. Ist $\sum_{i=0}^{n}(-1)^i a_i q^{n-i}$ das chromatische Polynom von G, so gilt

$$(-1)^i a_i = \sum_{t=0}^{m}(-1)^t N(t, n - i), \tag{12.17}$$

wobei $N(t, j)$ die Anzahl der Faktoren von G zählt, die t Kanten und j Komponenten besitzen.

Einen Beweis von Satz 12.18 findet man z.B. in dem Buch von Aigner [1] auf den Seiten 116 – 117. Mit der Formel (12.17) von Whitney lassen sich weitere Koeffizienten des chromatischen Polynoms berechnen (man vgl. z.B. Farrell [1] 1980 sowie Chao und Li [1] 1985). Zusätzliche Informationen über chromatische Polynome liefert der Artikel von Read und Tutte [1] aus dem Jahre 1988.

12.4 Aufgaben

Aufgabe 12.1 Für jeden Multigraphen G beweise man die Ungleichung

$$m(G) \geq \frac{1}{2}\chi(G)(\chi(G) - 1).$$

Aufgabe 12.2 Es sei $\mathbf{P}$ der im Abschnitt 13.1 skizzierte Petersen-Graph.
i) Man zeige $\chi(\mathbf{P}) = 3$.
ii) Man gebe einen 3-kritischen Teilgraphen H von $\mathbf{P}$ mit maximaler Eckenzahl an.

Aufgabe 12.3 Ist G ein selbstkomplementärer Graph, so zeige man $\sqrt{n(G)} \leq \chi(G)$.

Aufgabe 12.4 Es sei $f : E(G) \longrightarrow \{1, ..., q\}$ eine Eckenfärbung des schlichten Graphen G. Man beweise:
a) f ist genau dann eine echte Eckenfärbung, wenn f einen Homomorphismus $(f, F) : G \longrightarrow K_q$ induziert.
b) Ist $q \geq \chi(G)$, so sind folgende Aussagen äquivalent:
i) $q = \chi(G)$.
ii) Jedes $(f, F) : G \longrightarrow K_q$ ist kantensurjektiv.
iii) Jedes $(f, F) : G \longrightarrow K_q$ ist eckensurjektiv.
iv) G ist q-partit, aber nicht $(q - 1)$-partit.

Aufgabe 12.5 Man zeige für Beispiel 12.1

$$\chi(G) = 2 < \psi(G) = 3 < \psi_s(G) = 4.$$

Aufgabe 12.6 Man beweise Satz 12.11.

Aufgabe 12.7 Es seien G und H zwei disjunkte Multigraphen. Man beweise

$$\psi(G + H) = \psi(G) + \psi(H).$$

Aufgabe 12.8 Ist G ein schlichter Graph, $a \in E(G)$ und $k \in K(G)$, so zeige man:

$$\psi_s(G) \geq \psi_s(G - a) \geq \psi_s(G) - 1$$
$$\psi_s(G) \geq \psi_s(G - k) \geq \psi_s(G) - 1$$

Aufgabe 12.9 Man beweise die Folgerungen 12.4 und 12.5.

Aufgabe 12.10 Man beweise die Bemerkung 12.6.

Aufgabe 12.11 Man beweise Bemerkung 12.7.

Aufgabe 12.12 Man beweise Bemerkung 12.10.

Aufgabe 12.13 Man weise nacheinander die beiden folgenden Formeln nach.

$$P(q, K_{1,1,p}) = q(q - 1)(q - 2)^p$$
$$P(q, K_{2,p}) = q(q - 1)[(q - 2)^p + (q - 1)^{p-1}]$$

Aufgabe 12.14 Man zeige, daß $q^4 - 3q^3 + 3q^2$ kein chromatisches Polynom ist.

Aufgabe 12.15 Es sei a eine Endecke des schlichten Graphen G. Man zeige $P(q, G) = (q - 1)P(q, G - a)$.

Aufgabe 12.16 Der schlichte Graph G habe das chromatische Polynom

$$P(q, G) = (q - 1)^r R(q),$$

wobei $r \in \mathbf{N}_0$ und $R(q)$ ein Polynom mit $R(1) \neq 0$ ist. Man beweise, daß G höchstens r Endkanten besitzt.

Aufgabe 12.17 Für welche $r, s \in \mathbf{Z}$ ist

$$R(q) = q^5 - 5q^4 + 9q^3 - rq^2 + sq$$

ein chromatisches Polynom? Man bestimme bis auf Isomorphie alle Graphen G mit $P(q, G) = R(q)$.

Aufgabe 12.18 Wie muß $r \in \mathbf{Z}$ notwendig gewählt werden, damit

$$R(q) = q^5 - 5q^4 + 10q^3 - 9q^2 + rq$$

ein chromatisches Polynom ist? Man bestimme für diese r bis auf Isomorphie alle Graphen G mit $P(q, G) = R(q)$.

Kapitel 13

Kanten- und Totalfärbung

13.1 Der chromatische Index

Definition 13.1 Ist G ein Multigraph, so nennt man eine Abbildung $h : K(G) \longrightarrow \{1, ..., q\}$ *Kantenfärbung* oder *q-Kantenfärbung*, wenn $h(k_1) \neq h(k_2)$ für alle inzidenten Kanten k_1, k_2 aus $K(G)$ gilt. Die Werte $1, ..., q$ heißen *Farben*, und der Graph G heißt *q-kantenfärbbar*. Besitzt der Graph G eine q-Kantenfärbung aber keine $(q-1)$-Kantenfärbung, so nennt man q den *chromatischen Index* von G, in Zeichen $q = \chi'(G) = \chi'$. Ist h eine Kantenfärbung von G und K_i die Menge aller Kanten von G mit der Farbe i, so nennen wir K_i *Farbenklasse*.

Der Begriff der Kantenfärbung ist einer der ältesten in der Graphentheorie. Er wurde schon 1880 von Tait [1] eingeführt, der folgenden schönen Zusammenhang zwischen der Vierfarbenvermutung und der Kantenfärbung gefunden hat.

Satz 13.1 (Tait [1] 1880) Es sei G eine normale und 3-reguläre Landkarte. Die Landkarte G ist genau dann 4-färbbar, wenn G eine 3-Kantenfärbung besitzt.

Beweis. Die Länder von G seien mit den Farben 1,2,3 und 4 gefärbt. Da G keine Brücken besitzt, gehört jede Kante nach Folgerung 11.2 zum Rand von zwei verschiedenen Ländern. Nun färbe man die Kanten von G mit den Farben a, b und c nach dem folgenden Prinzip.
Eine Kante k erhält die Farbe a, wenn k zum Rand zweier Länder mit den Farben 1 und 2 oder 3 und 4 gehört.
Eine Kante k erhält die Farbe b, wenn k zum Rand zweier Länder mit den Farben 1 und 3 oder 2 und 4 gehört.

Eine Kante k erhält die Farbe c, wenn k zum Rand zweier Länder mit den Farben 1 und 4 oder 2 und 3 gehört.

Damit ist allen Kanten von G eine Farbe zugeordnet worden. Um zu zeigen, daß inzidente Kanten verschieden gefärbt sind, haben wir wegen der 3-Regularität nur vier Fälle zu unterscheiden. Diese vier Fälle sind an der folgenden Skizze abzulesen, womit wir den ersten Teil des Beweises erbracht haben.

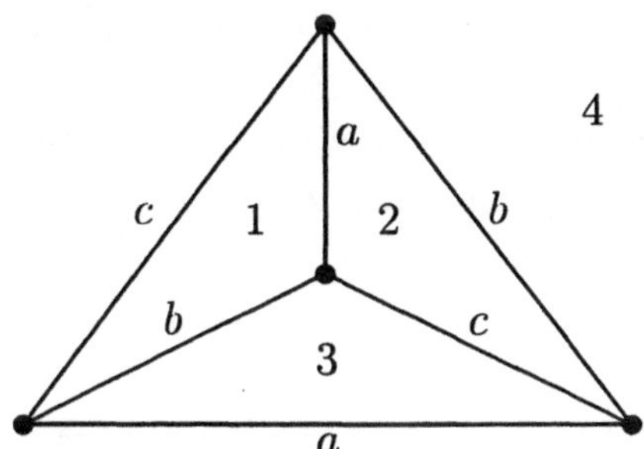

Nun seien die Kanten von G mit den Farben a, b und c gefärbt. Ist $M_{ab} \subseteq K(G)$ die Menge der Kanten, die die Farbe a oder b besitzen, so sei $G_{ab} = G[M_{ab}]$ der von M_{ab} erzeugte Teilgraph. Wegen der 3-Regularität von G, besteht G_{ab} aus einer disjunkten Vereinigung von Kreisen. Es ist induktiv sofort einsichtig, daß man die Länder von G_{ab} mit den beiden Farben x und y färben kann. Ist $M_{ac} \subseteq K(G)$ die Menge der Kanten, die die Farbe a oder c besitzen, so können die Länder von $G_{ac} = G[M_{ac}]$ mit den Farben w und z gefärbt werden.

Durch diese Prozedur können wir jedem Land von G genau ein Farbenpaar (x, w), (x, z), (y, w) oder (y, z) zuordnen, womit wir die Länder von G mit vier verschiedenen Farben gefärbt haben. Nun zeigen wir, daß benachbarte Länder verschiedene Farben besitzen.

Ist die Kante zwischen zwei adjazenten Ländern mit a oder b gefärbt, so liegt ein Land im Inneren eines Kreises der aus Kanten besteht, die die Farben a oder b tragen, und das andere Land im Äußeren dieses Kreises. Damit weist das eine Land die Farbe x und das andere die Farbe y in der ersten Koordinate auf, womit sie notwendig verschieden gefärbt sind. Ist die Kante zwischen zwei adjazenten Ländern mit c gefärbt, so weist ein Land die Farbe w und das andere die Farbe z in der zweiten Koordinate auf, womit auch diese verschieden gefärbt sind. Da wir alle möglichen Fälle diskutiert haben, ist Satz 13.1 vollständig bewiesen. ‖

Bemerkung 13.1 Für jeden schlichten Graphen G gilt die Identität
$$\chi'(G) = \chi(\mathcal{L}(G)).$$

Bemerkung 13.2 Ist h eine q-Kantenfärbung des Multigraphen G, so ist jede Farbenklasse ein Matching von G, und es gilt $\bigcup_{i=1}^{q} K_i = K(G)$ mit $K_i \cap K_j = \emptyset$ für alle $1 \leq i < j \leq q$, d.h. die q-Kantenfärbung h liefert eine Zerlegung der Kantenmenge in kantendisjunkte Matchings. Umgekehrt kann natürlich durch jede solche Zerlegung eine Kantenfärbung definiert werden.

Man erhält aber in der Regel keine optimale Kantenfärbung, d.h. eine solche, die mit möglichst wenig Farben auskommt, wenn man sukzessive maximale Matchings sucht. Beginnt man beispielsweise in dem skizzierten Graphen G mit dem maximalen Matching, das aus den drei Endkanten besteht, so gelangt man zu einer Zerlegung in vier kantendisjunkte Matchings, während offensichtlich $\chi'(G) = 3$ gilt.

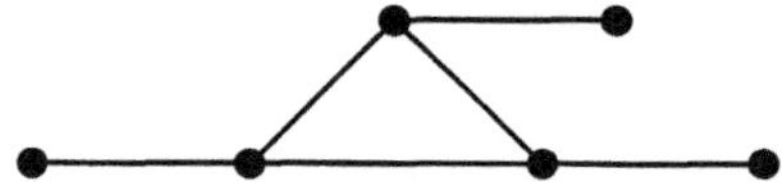

Trotz der in Satz 13.1 und den Bemerkungen angegebenen Beziehungen zur Landkartenfärbung, Eckenfärbung und Matchingtheorie hat sich die Kantenfärbung zu einer eigenständigen Disziplin innerhalb der Graphentheorie entwickelt. Dies ist auf die zentralen Resultate von Vizing aus den sechziger Jahren zurückzuführen. Sein bekanntestes Ergebnis, *Satz von Vizing* genannt, liefert eine nicht triviale obere Schranke für den chromatischen Index.

Satz 13.2 (Satz von Vizing, Vizing [1] 1964) Für jeden schlichten Graphen G gilt

$$\Delta(G) \leq \chi'(G) \leq \Delta(G) + 1.$$

Um diesen Satz beweisen zu können, benötigen wir weitere Bezeichnungen sowie Hilfssatz 13.1. Die nun folgende Vorgehensweise stützt sich auf Goldberg [2] 1984.

Definition 13.2 Es sei G ein schlichter Graph und $k = vw_1$ eine Kante von G. Weiter besitze der Teilgraph $G - k$ eine q-Kantenfärbung h. Ein Tupel $(vw_1, ..., vw_t)$ von Kanten aus G heißt *h-Fächer* oder *Fächer* um v, falls $h(vw_i) \in \Omega(w_{i-1})$ für $i = 2, ..., t$ gilt, wobei $\Omega(z)$ für eine beliebige Ecke z die Menge der Farben bezeichnet, die an z nicht vorkommen. Die Menge der Ecken w_i aller Fächer um v heißt *Fächermenge*, in Zeichen $F = F_{h,v}$. Sind i, j zwei Farben und ist $i \in \Omega(z)$, so heißt der längste in z beginnende, abwechselnd mit j und i gefärbte Weg, die $\{i, j\}$-*Kette* von z (im Fall $j \in \Omega(z)$ besteht die $\{i, j\}$-Kette von z nur aus der Ecke z).

Bemerkung 13.3 Färbt man in der Situation von Definition 13.2 die Kante vw_{i-1} mit $h(vw_i)$ für $i = 2, ..., t$ und entfärbt die Kante vw_t, so erhält man eine q-Kantenfärbung von $G - vw_t$. Dieses Vorgehen bezeichnet man als *Umfärben des Fächers*.

Hilfssatz 13.1 Es sei G ein schlichter Graph und $k = vw_1$ eine Kante von G. Weiter seien $\chi'(G) = q + 1, d(v, G) \leq q$ und h eine q-Kantenfärbung von $G - k$. Dann gelten folgende Aussagen:

i) Für alle $z \in F_{h,v}$ ist $\Omega(v) \cap \Omega(z) = \emptyset$.

ii) Sind $z \in F_{h,v}$, $j \in \Omega(z)$ und $i \in \Omega(v)$, so ist die $\{i, j\}$-Kette von z gleich der $\{i, j\}$-Kette von v.

iii) Für verschiedene $z, u \in F_{h,v}$ gilt $\Omega(z) \cap \Omega(u) = \emptyset$.

iv) Es gilt $\sum\limits_{u \in F_{h,v}} |\Omega(u)| \leq |F_{h,v}| - 1$.

v) In keinem Fächer um v kommt eine Kante mehr als einmal vor.

Beweis. i) Wir nehmen an, daß i) falsch ist. Dann existieren ein Fächer $(vw_1, ..., vw_t)$ mit $w_t = z$ und eine Farbe $i \in \Omega(v) \cap \Omega(z)$. Das Umfärben des Fächers und das Färben der Kante vz mit i ergeben eine q-Kantenfärbung von G. Dies widerspricht $\chi'(G) = q + 1$.

ii) Wir nehmen an, daß ii) für ein $z \in F_{h,v}$ falsch ist. Dann existiert ein Fächer $(vw_1, ..., vw_t)$ mit $w_t = z$, von dem wir o.B.d.A. annehmen dürfen, daß er unter allen Fächern, die ii) widersprechen, minimale Kantenzahl besitzt. Aufgrund dieser Minimalität ist für $r < t$ kein w_r Endecke der $\{i, j\}$-Kette von z. Vertauscht man in der $\{i, j\}$-Kette von z die Farben, so erhält man eine q-Kantenfärbung h' von $G - k$. Da das Vertauschen der Farben in der $\{i, j\}$-Kette die Farben an den Ecken $w_1, w_2, ..., w_{t-1}$ nicht verändert hat, ist $(vw_1, ..., vw_t)$ auch ein Fächer bezüglich h'. Nun gilt aber $i \in \Omega(v) \cap \Omega(z)$, was i) widerspricht.

iii) Da $d(v, G - k) < q$ gilt, existiert ein $j \in \Omega(v)$. Seien nun $z, u \in F_{h,v}$ und $i \in \Omega(z) \cap \Omega(u)$. Nach i) ist $i \neq j$ und wegen ii) sind die $\{i, j\}$-Ketten von z und u gleich der $\{i, j\}$-Kette von v, woraus $z = u$ folgt.

iv) Es sei $z \in F_{h,v}$ und $i \in \Omega(z)$. Dann existiert nach i) eine Kante $k_0 = vy$ mit $h(k_0) = i$. Durch Angabe eines Fächers zeigen wir $y \in F_{h,v}$. Wegen $z \in F_{h,v}$ existiert ein Fächer $(vw_1, ..., vw_t)$ mit $w_t = z$. Ist $k_0 \in \{vw_1, ..., vw_t\}$, so ist bereits dieser Fächer geeignet. Anderenfalls aber ist $(vw_1, ..., vw_t, k_0)$ ein solcher Fächer. Damit ist gezeigt, daß zu jedem $i \in \bigcup_{u \in F_{h,v}} \Omega(u)$ eine mit i gefärbte Kante existiert, die v mit einem Element aus $F_{h,v}$ verbindet. Da alle diese Kanten mit v inzidieren, sind sie notwendigerweise verschieden. Die Anzahl dieser Kanten ist höchstens $|F_{h,v}| - 1$. Mit iii) folgt schließlich

$$\sum_{u \in F_{h,v}} |\Omega(u)| = |\bigcup_{u \in F_{h,v}} \Omega(u)| \leq |F_{h,v}| - 1.$$

v) Angenommen, in dem Fächer $(vw_1, ..., vw_t)$ gibt es eine Kante, die zweimal oder öfter vorkommt. Wählen wir dann die kleinsten Indizes $i < j$ mit $l = vw_i = vw_j$, so gilt $w_{i-1} \neq w_{j-1}$ und $h(l) \in \Omega(w_{i-1}) \cap \Omega(w_{j-1})$, im Widerspruch zu iii). $\|$

Beweis von Satz 13.2. Die Ungleichung $\Delta(G) \leq \chi'(G)$ ist klar, da an jeder Ecke maximalen Grades genau $\Delta(G)$ Farben vorkommen müssen. Nun zu $\chi'(G) \leq \Delta(G)+1$. Wir gehen dabei indirekt vor und wählen ein Gegenbeispiel G mit minimaler Kantenzahl. Dann gilt für eine beliebige Kante $k = vw_1 \in K(G)$

$$\chi'(G - k) \leq \Delta(G - k) + 1 \leq \Delta(G) + 1,$$

wonach eine $(\Delta(G)+1)$-Kantenfärbung h von $G - k$ existiert. Bezüglich h gilt nun für jede Ecke u

$$|\Omega(u)| = \Delta(G) + 1 - d(u, G - k) \geq 1.$$

Daraus folgt

$$\sum_{u \in F_{h,v}} |\Omega(u)| \geq |F_{h,v}|,$$

was Hilfssatz 13.1 iv) mit $q = \Delta(G) + 1$ widerspricht. $\|$

Mit etwas mehr Aufwand, aber ohne wesentlich andere Ideen zu benutzen, kann man Satz 13.2 auf Multigraphen ausweiten. Wir geben hier nur Vizings Abschätzung an. Für Verschärfungen sei der Leser auf Andersen [1] 1977 bzw. Goldberg [2] 1984 verwiesen.

Satz 13.3 (Satz von Vizing, Vizing [1] 1964) Ist G ein Multigraph, so gilt

$$\Delta(G) \leq \chi'(G) \leq \Delta(G) + \max_{a,b \in E(G)} m_G(a, b).$$

Folgerung 13.1 (Shannon [1] 1949) Für jeden Multigraphen G gilt $\chi'(G) \leq \frac{3}{2}\Delta(G)$.

Beweis. Wir setzen $\Delta(G) = \Delta$ und nehmen an, daß die Folgerung falsch ist. Dann existiert ein Multigraph G mit $\chi'(G) = q > \frac{3}{2}\Delta$ und $\chi'(G - k) = q - 1$ für jede Kante $k \in K(G)$. Nach Satz 13.3 gibt es dann zwei Ecken u und v mit $q - m_G(u,v) \leq \Delta$. Ist k_0 eine Kante, die u und v verbindet und h eine $(q - 1)$-Kantenfärbung von $G - k_0$, so gelten folgende Abschätzungen:

$$\begin{aligned}
|\Omega(u) \cup \Omega(v)| &\leq q - 1 - (m_G(u,v) - 1) \leq \Delta \\
|\Omega(u)| &\geq q - 1 - (\Delta - 1) = q - \Delta \\
|\Omega(v)| &\geq q - 1 - (\Delta - 1) = q - \Delta
\end{aligned}$$

Wegen $|\Omega(u) \cap \Omega(v)| = |\Omega(u)| + |\Omega(v)| - |\Omega(u) \cup \Omega(v)|$, ergibt sich daraus

$$|\Omega(u) \cap \Omega(v)| \geq 2(q - \Delta) - \Delta = 2q - 3\Delta > 0.$$

Demnach kann h zu einer $(q - 1)$-Kantenfärbung von G fortgesetzt werden, indem man k_0 mit einer Farbe aus $\Omega(u) \cap \Omega(v)$ färbt. Dies widerspricht $\chi'(G) = q$. $\|$

Bevor wir den chromatischen Index einiger Graphen berechnen und damit auch die Schärfe der gegebenen Abschätzungen zeigen, führen wir eine Klassifizierung ein, die wegen Satz 13.2 naheliegend ist.

Definition 13.3 Ein Multigraph G heißt *Klasse 1-Graph* oder *Klasse 1*, falls $\chi'(G) = \Delta(G)$ ist, anderenfalls heißt G *Klasse 2-Graph* oder *Klasse 2*.

Beispiel 13.1 i) Der *Shannonsche Multigraph* $\mathrm{Sh}(m)$ besteht aus drei Ecken, die untereinander mit $\lfloor \frac{1}{2}m \rfloor$, $\lfloor \frac{1}{2}m \rfloor$ und $\lfloor \frac{1}{2}(m + 1) \rfloor$ Kanten verbunden sind. Offensichtlich gilt

$$\chi'(\mathrm{Sh}(m)) = |K(\mathrm{Sh}(m))| = \left\lfloor \frac{3m}{2} \right\rfloor.$$

Für gerades m werden also die oberen Schranken aus Satz 13.3 und Folgerung 13.1 angenommen.

ii) Der vollständige Graph K_{2n} ist Klasse 1 (man vgl. Satz 7.9). Bezeichnet K_{2n}^* den Graphen, der aus K_{2n} durch Entfernen eines perfekten Matchings hervorgeht, so ist auch K_{2n}^* Klasse 1 (man vgl. Folgerung 7.3).

iii) Jeder reguläre Graph mit ungerader Eckenzahl und nicht leerer Kantenmenge ist Klasse 2, also insbesondere Kreise ungerader Länge und der K_{2n+1} für $n \geq 1$, denn keiner dieser Graphen besitzt ein perfektes Matching.

iv) Jeder bipartite Graph ist Klasse 1, also insbesondere Kreise gerader Länge (man vgl. Satz 6.11).

v) Der skizzierte 3-reguläre Graph **P** ist der berühmte *Petersen-Graph* [2] 1898.

P   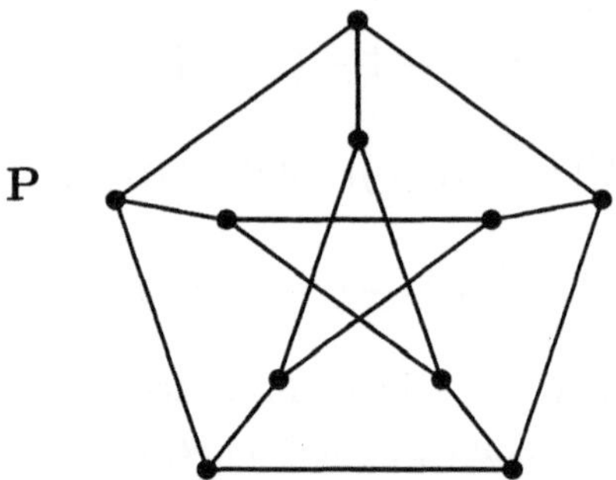

Es gilt $\chi'(\mathbf{P}) = 4$. Dies sieht man wohl am einfachsten wie folgt ein: Man versuche eine 3-Kantenfärbung zu konstruieren, indem man zunächst den äußeren Kreis färbt und sich dann nach innen vorarbeitet. Zwangsläufig benötigt man dann eine weitere Farbe und erkennt auch, daß man mit diesen vier Farben auskommt.

Alle aus dem Petersen-Graphen durch Entfernen einer Ecke hervorgehenden Graphen sind isomorph. Wir nennen einen solchen Graphen $\mathbf{P}^*$. Es gilt $\chi'(\mathbf{P}^*) = 4$ (man vgl. Aufgabe 13.1).

Als nächstes wollen wir die untere Schranke Δ für den chromatischen Index verbessern. Das dieser Verbesserung zugrundeliegende einfache Abzählargument wurde unabhängig von verschiedenen Personen beobachtet. Implizit ist es sogar schon bei Vizing [4] 1965 vorhanden.

Definition 13.4 Ist G ein Multigraph mit $|E(G)| \geq 3$, so setzen wir

$$\varphi(G) = \frac{2|K(G)|}{|E(G)| - 1}$$

und

$$\Phi(G) = \max \varphi(H),$$

wobei das Maximum über alle Teilgraphen H von G ungerader Ordnung mit $n(H) \geq 3$ zu bilden ist.

Satz 13.4 Für jeden Multigraphen G mit $|E(G)| \geq 3$ gilt

$$\chi'(G) \geq \max\{\Delta(G), \lceil \Phi(G) \rceil\}.$$

Beweis. Es genügt natürlich zu zeigen, daß $\chi'(G) \geq \Phi(G)$ gilt. Sei dazu H ein Teilgraph von G ungerader Ordnung mit $n(H) \geq 3$ und $\Phi(G) = \varphi(H)$. Ist h eine q-Kantenfärbung von G, so ist die Einschränkung von h auf $K(H)$ eine q-Kantenfärbung von H. Da höchstens $\frac{1}{2}(|E(H)| - 1)$ Kanten von H mit einer Farbe gefärbt sein können, folgt $q \geq \frac{2|K(H)|}{|E(H)|-1}$. Daraus ergibt sich

$$\chi'(G) \geq \chi'(H) \geq \varphi(H) = \Phi(G). \;\; \|$$

Satz 13.4 ist ein starkes Klasse 2-Kriterium. Wir geben einige Anwendungen.

Folgerung 13.2 (Vizing [4] 1965) Es sei G ein schlichter, r-regulärer Graph $(r > 0)$ ungerader Ordnung. Ist $K' \subseteq K(G)$ mit $|K'| < \frac{r}{2}$, so ist $G' = G - K'$ Klasse 2.

Beweis. Da $n(G)$ ungerade ist, etwa $n(G) = 2p+1$, muß r notwendigerweise gerade sein. Da G schlicht ist, gilt $r < n(G)$, woraus $\Delta(G') = r$ folgt. Es ist

$$|K(G')| = |K(G)| - |K'| > \frac{r}{2}(2p + 1) - \frac{r}{2} = rp,$$

woraus sich

$$\Phi(G') \geq \varphi(G') > r = \Delta(G')$$

ergibt. Mit Satz 13.4 folgt die Behauptung. $\|$

Folgerung 13.3 (Vizing [4] 1965) Es sei G ein schlichter, r-regulärer Graph $(r \geq 2)$ gerader Ordnung. Besitzt G eine Schnittecke, so ist G Klasse 2.

Beweis. Sei v eine Schnittecke von G. Nach Voraussetzung ist $|E(G-v)|$ ungerade, womit der Graph $G - v$ eine ungerade Komponente H der Ordnung $n(H) \geq 3$ besitzt. Da v eine Schnittecke ist, liegen nicht alle Nachbarn von v in $E(H)$, woraus sich $m_G(v, E(H)) < r$ ergibt. Es folgt

$$\varphi(H) = \frac{2|K(H)|}{|E(H)| - 1} = \frac{|E(H)|r - m_G(v, E(H))}{|E(H)| - 1} > r,$$

also $\Phi(G) \geq \varphi(H) > r$, womit G nach Satz 13.4 Klasse 2 ist. $\|$

Bemerkung 13.4 Ist $p \in \mathbb{N}$ mit $p \geq 2$, so lassen sich unter Ausnutzung der Folgerungen 13.2 und 13.3 (schlichte) Klasse 2-Graphen G konstruieren, die $\Delta(G) = p$ erfüllen.

13.2 Kritische Graphen

In Anlehnung an eine Arbeit von Dirac [1] 1952 über Eckenfärbungen
wurden 1965 von Vizing [4] kritische Graphen in der Kantenfärbungstheorie wie folgt eingeführt.

Definition 13.5 Ein schlichter, zusammenhängender Klasse 2-Graph
G heißt *kritisch*, falls für jede Kante $k \in K(G)$ gilt:

$$\chi'(G - k) < \chi'(G) \tag{13.1}$$

Dies ist nicht die einzige Möglichkeit kritische Graphen einzuführen.
So forderten etwa Beineke und Wilson [1] 1973 die Ungleichung (13.1)
nicht für Kanten, sondern für Ecken. Diese Graphen nennt man heute
eckenkritisch. Natürlich ist jeder kritische Graph auch eckenkritisch.
Die Umkehrung davon gilt jedoch nicht, was man z.B. an den Graphen
K_{2n+1} für $n \geq 2$ erkennt (man vgl. Aufgabe 13.3). Es hat sich aber
gezeigt, daß die Menge der eckenkritischen Graphen zu groß gewählt
ist, um starke Ergebnisse zu erzielen.

Bemerkung 13.5 Aus Satz 13.2 folgt, daß für jede Kante k eines kritischen Graphen G, der Teilgraph $G - k$ eine $\Delta(G)$-Kantenfärbung besitzt.

Bevor wir das zentrale Ergebnis über kritische Graphen herleiten (Satz
13.5), wollen wir zwei einfach zu zeigende Eigenschaften festhalten. Diese wurden erstmals von Vizing [4] 1965 formuliert, lassen sich aber über
die in Bemerkung 13.1 angegebene Beziehung zu Eckenfärbungen auch
sofort aus Ergebnissen von Dirac [1] 1952 ableiten.

Hilfssatz 13.2 Ist G ein kritischer Graph, und sind u und v zwei adjazente Ecken von G, so gilt

$$d(u, G) + d(v, G) \geq \Delta(G) + 2.$$

Beweis. Da G ein kritischer Graph ist, existiert eine $\Delta(G)$-Kantenfär-
bung von $G - uv$. Aus $\Omega(u) \cap \Omega(v) = \emptyset$ folgt

$$\begin{aligned}
\Delta(G) \;&\geq\; |\Omega(u) \cup \Omega(v)| = |\Omega(u)| + |\Omega(v)| \\
&\geq\; \Delta(G) + 1 - d(u, G) + \Delta(G) + 1 - d(v, G),
\end{aligned}$$

was äquivalent zur Behauptung ist. $\|$

Hilfssatz 13.3 Ein kritischer Graph hat keine Schnittecken.

Beweis. Angenommen es existiert ein kritischer Graph G mit einer Schnittecke v. Es seien $H_1, ..., H_p$ die Komponenten von $G - v$. Nach Voraussetzung lassen sich die von den Mengen $E(H_i) \cup \{v\}, i = 1, ..., p,$ in G induzierten Teilgraphen mit $\Delta(G)$ Farben färben. Benennt man die Farben derart, daß alle mit v inzidenten Kanten verschieden gefärbt sind, so erhält man eine $\Delta(G)$-Kantenfärbung von G. Dies ist ein Widerspruch, da G Klasse 2 ist. $\parallel$

Definition 13.6 Es sei G ein schlichter Graph und $v \in E(G)$. Die Anzahl der mit v adjazenten Ecken maximalen Grades bezeichnen wir mit $d^*(v, G) = d^*(v)$.

Der folgende Satz heißt *Vizings Adjazenz Lemma*; er wird häufig durch VAL abgekürzt. Er gibt in kritischen Graphen eine untere Schranke für $d^*(v)$, welche starke Konsequenzen für deren Struktur hat.

Satz 13.5 (Vizings Adjazenz Lemma, Vizing [3] 1965) Es sei G ein kritischer Graph. Sind v und w zwei adjazente Ecken von G, so gilt

$$d^*(v, G) \geq \max\{2, \Delta(G) - d(w, G) + 1\}.$$

Beweis. Ist h eine $\Delta(G)$-Kantenfärbung von $G - vw$, so werden wir zunächst die beiden folgenden Aussagen beweisen.
1) Sind $(vw, vw_1, ..., vw_r)$ und $(vw, vz_1, ..., vz_t)$ zwei Fächer um v mit $w_1 \neq z_1$, so gilt $w_i \neq z_j$ für alle Indizes i und j.
2) Ist $(vw, vw_1, ..., vw_r)$ ein Fächer um v, der nicht durch Anfügen einer weiteren Kante vergrößert werden kann, so gilt $d(w_r, G) = \Delta(G)$.
Angenommen, es existieren Indizes i und j mit $w_i = z_j$. Dann wählen wir solche Indizes kleinstmöglich und erhalten deshalb $w_{i-1} \neq z_{j-1}$. Dies liefert einen Widerspruch zum Hilfssatz 13.1 iii), denn wegen $vw_i = vz_j$ ist dann $h(vw_i) \in \Omega(w_{i-1}) \cap \Omega(z_{j-1})$.
Angenommen, es gilt $d(w_r, G) < \Delta(G)$. Dann fehlt an w_r eine Farbe i. Nach Hilfssatz 13.1 i) existiert eine zu v inzidente und mit i gefärbte Kante. Da der Fächer nicht vergrößert werden kann, ist diese Kante eine Fächerkante, etwa vw_j mit $j < r$. Aus Hilfssatz 13.1 iii) folgt dann $w_{j-1} = w_r$ und demnach $vw_{j-1} = vw_r$, im Widerspruch zu Hilfssatz 13.1 v). Somit sind die Aussagen 1) und 2) bewiesen.
Wählt man nun zu jeder Farbe i aus $\Omega(w)$ einen nicht vergrößerbaren Fächer aus, dessen zweite Kante mit i gefärbt ist, so ergibt sich mit 1) und 2)

$$d^*(v, G) \geq |\Omega(w)| = \Delta(G) - d(w, G) + 1.$$

Ist $d(w, G) < \Delta(G)$, so ist das die Behauptung. Anderenfalls ist w selbst eine weitere mit v adjazente Ecke maximalen Grades, und es folgt $d^*(v, G) \geq 2$. ‖

Folgerung 13.4 (Vizing [3] 1965) Jeder kritische Graph hat mindestens drei Ecken maximalen Grades.

Beweis. Nach Satz 13.5 ist jede Ecke mit mindestens zwei Ecken maximalen Grades adjazent. Angewandt auf eine Ecke maximalen Grades liefert dies die Behauptung. ‖

Folgerung 13.5 (Fiorini, Wilson [1] 1977) Es sei G ein kritischer Graph mit ζ Ecken maximalen Grades. Dann gilt

$$\delta(G) \geq \Delta(G) - \zeta + 2.$$

Beweis. Sei $w \in E(G)$ mit $d(w, G) = \delta(G)$. Nach VAL ist w zu einer Ecke v maximalen Grades adjazent. Für v folgt mit VAL

$$d^*(v, G) \geq \Delta(G) - d(w, G) + 1 = \Delta(G) - \delta(G) + 1.$$

Also besitzt G außer v noch mindestens $\Delta(G) - \delta(G) + 1$ Ecken maximalen Grades, woraus sich $\zeta \geq \Delta(G) - \delta(G) + 2$ ergibt. ‖

Folgerung 13.6 (Chetwynd, Hilton [2] 1985) Ist G ein kritischer Graph mit ζ Ecken maximalen Grades, so gilt

$$\Delta(G) \geq \frac{2|E(G)|}{\zeta}.$$

Beweis. Mit VAL folgt

$$\zeta\Delta(G) = \sum_{v \in E(G)} d^*(v, G) \geq 2|E(G)|. \; ‖$$

Kritische Graphen wurden eingeführt, um mehr über die Klasse 2-Graphen zu erfahren. Dazu ist natürlich unabdingbar, das Verhältnis von kritischen Graphen zu Klasse 2-Graphen zu untersuchen.

Satz 13.6 (Vizing [3] 1965) Ist G ein schlichter Klasse 2-Graph, so besitzt G für jedes $p = 2, 3, ..., \Delta(G)$ einen kritischen Teilgraphen H_p mit $\Delta(H_p) = p$.

Beweis. Nach Satz 13.2 gilt $\chi'(G) = \Delta(G) + 1$. Sei zuerst $p = \Delta(G)$. Entfernt man sukzessive Kanten aus G, solange dadurch der chromatische Index nicht verringert wird, so resultiert ein Graph G^* mit $\chi'(G^*) = \Delta(G) + 1$ und $\chi'(G^* - k) < \chi'(G^*)$ für alle $k \in K(G^*)$. Nach Satz 13.2 gilt $\Delta(G^*) \geq \chi'(G^*) - 1 = \Delta(G)$, also $\Delta(G^*) = \Delta(G)$. Nach Konstruktion besitzt G^* eine Komponente H mit $\Delta(G^*) = \Delta(H)$ und sonst allenfalls noch isolierte Ecken. $H_{\Delta(G)} = H$ ist ein kritischer Teilgraph von G mit $\Delta(H) = \Delta(G)$.

Sei nun $p < \Delta(G) = \Delta$. Ist $k = vw$ eine Kante des kritischen Graphen H, so färbe man die Kanten von $H - k$ mit Δ Farben. Dann fehlt an v eine Farbe i und an w eine Farbe $j \neq i$. Nun wähle man $\Delta - p$ von i und j verschiedene Farben aus und entferne alle mit diesen Farben gefärbten Kanten aus H. Im folgenden zeigen wir, daß der resultierende Graph R den Maximalgrad p besitzt.

Da H kritisch ist, existiert nach Folgerung 13.4 in $H - k$ eine Ecke a mit $d(a, H-k) = \Delta$. Diese Ecke inzidiert in $H-k$ mit genau Δ Farben, woraus sich $d(a, R) = p$, also $\Delta(R) \geq p$ ergibt.

Nun wollen wir noch $\Delta(R) \leq p$ nachweisen. Dazu nehmen wir an, daß $\Delta(R) \geq p+1$ gilt. Existiert eine Ecke $x \neq v, w$ mit $d(x, R) \geq p+1$, so sind die Kanten an der Ecke x mit $d(x, R)$ Farben gefärbt und zusätzlich gibt es noch die $\Delta - p$ entfernten Farben, womit wir insgesamt mindestens $p+1+\Delta - p = \Delta + 1$ Farben im Spiel haben, was natürlich nicht möglich ist. Ist o.B.d.A. $d(v, R) \geq p + 1$, so sind die Kanten an der Ecke v mit $d(v, R) - 1$ Farben gefärbt (denn die Kante $k \in K(R)$ ist ungefärbt). Zusätzlich gibt es noch die $\Delta - p$ entfernten Farben und die Farbe i, die an der Ecke v fehlt. Daher hätten wir auch in diesem Fall mindestens $p + \Delta - p + 1 = \Delta + 1$ Farben im Spiel, womit wir $\Delta(R) = p$ nachgewiesen haben.

Weiter ergibt sich aus dem Satz von Vizing $p \leq \chi'(R) \leq p + 1$. Da $\chi'(R) = p$ sofort zu einer Δ-Färbung von H führen würde, folgt schließlich $\chi'(R) = p + 1$. Verfährt man mit R wie mit G im Fall $p = \Delta(G)$, so folgt die Existenz von H_p. $\|$

Unmittelbar aus Satz 13.6 und Folgerung 13.4 ergibt sich

Folgerung 13.7 Jeder schlichte Graph mit höchstens zwei Ecken maximalen Grades ist Klasse 1.

Der folgende Hilfssatz zeigt, daß gewisse Ecken und Kanten keinen Einfluß auf die Klasse eines Graphen haben. Er wird im nächsten Abschnitt mit Erfolg angewendet werden.

Hilfssatz 13.4 (Chetwynd, Hilton [2] 1985) Es sei G ein schlichter Graph mit mindestens drei Ecken maximalen Grades. Weiter seien $v \in E(G)$ und $vw \in K(G)$, und es gelte $d^*(v, G) \leq 1$. Dann sind folgende Aussagen äquivalent:

  i) G ist Klasse 1.

  ii) $G - vw$ ist Klasse 1.

  iii) $G - v$ ist Klasse 1.

Beweis. Da G mindestens drei Ecken maximalen Grades besitzt und v mit höchstens einer von diesen adjazent ist, gilt $\Delta(G) = \Delta(G - vw) = \Delta(G - v)$. Daraus ergeben sich unmittelbar die beiden Implikationen i) $\Longrightarrow$ ii) und ii) $\Longrightarrow$ iii).
Um iii) $\Longrightarrow$ i) nachzuweisen, nehmen wir an, daß $G - v$ Klasse 1 aber G Klasse 2 ist. Nach Satz 13.6 besitzt G einen kritischen Teilgraphen H mit $\Delta(H) = \Delta(G)$. Mit VAL ist jede Ecke aus H zu mindestens zwei Ecken maximalen Grades adjazent. Demnach ist $v \notin E(H)$ und deshalb H ein Teilgraph von $G - v$. Dies ergibt einen Widerspruch, denn wegen $\Delta(H) = \Delta(G) = \Delta(G - v)$ ist dann auch $G - v$ Klasse 2. $\|$

Wir wollen nun Beispiele für kritische Graphen vorstellen. Dazu untersuchen wir zunächst Graphen von niedriger Ordnung. Die Resultate ergeben sich dabei aus Arbeiten von Jakobsen [2] 1974, Beineke und Fiorini [1] 1976 sowie Chetwynd und Yap [1] 1983.

Satz 13.7 Unter allen schlichten Graphen G ohne isolierte Ecken der Ordnung $n(G) \leq 5$ sind genau vier kritisch, und dies sind gerade die Graphen mit

$$|K(G)| = \left\lfloor \frac{|E(G)|}{2} \right\rfloor \Delta(G) + 1. \tag{13.2}$$

Insbesondere sind alle diese Graphen von ungerader Ordnung.

Beweis. Es sei G ein kritischer Graph der Ordnung $|E(G)| \leq 5$.
Ist $\Delta(G) = 2$, so ist G zwangsläufig ein Kreis ungerader Länge. Die beiden Kreise C_3 und C_5 erfüllen die Bedingung (13.2).
Ist $\Delta(G) = 3$, so gilt nicht nur $|E(G)| \geq 4$, sondern sogar $|E(G)| = 5$, denn der K_4 ist Klasse 1 und daher auch jeder seiner Teilgraphen mit Maximalgrad 3. Da G keine Endecke besitzen kann und nach Folgerung 13.4 mindestens 3 Ecken vom Grad 3 haben muß, schließen wir aus dem Handschlaglemma, daß G vier Ecken vom Grad 3 und eine Ecke

vom Grad 2 besitzt. Damit ist aber G bis auf Isomorphie eindeutig bestimmt, denn von den vier Ecken vom Grad 3 sind nur die beiden Nachbarn der Ecke von Grad 2 nicht adjazent. Aus $\varphi(G) = \frac{7}{2} > 3$ folgt mit Satz 13.4, daß G Klasse 2 ist. Darüber hinaus erfüllt dieser Graph die Identität (13.2) und ist kritisch, da keiner seiner echten Teilgraphen vom Maximalgrad 3 kritisch ist.

Im verbleibenden Fall $\Delta(G) = 4$ ist $|E(G)| = 5$. Da G mindestens drei Ecken vom Grad 4 besitzt, gibt es noch genau die beiden Möglichkeiten, daß G der K_5 oder $G = K_5 - k$ ist, wobei k eine beliebige Kante des K_5 bedeutet. Wegen $\varphi(K_5 - k) = \frac{9}{2} > 4$ ist der $K_5 - k$ kritisch und der K_5 nicht. Auch für den $K_5 - k$ gilt (11.2).

Erfüllt ein Graph G die Bedingung (13.2), so ist $|E(G)|$ ungerade, denn anderenfalls wäre

$$|K(G)| = \frac{1}{2} \sum_{v \in E(G)} d(v, G) \leq \frac{|E(G)|}{2} \Delta(G) = \left\lfloor \frac{|E(G)|}{2} \right\rfloor \Delta(G).$$

Daß genau die vier als kritisch nachgewiesenen Graphen diejenigen sind, die der Identität (13.2) genügen, sei dem Leser überlassen (man vgl. Aufgabe 13.5). ‖

Wir geben folgendes weitergehende Ergebnis an, dessen Beweis recht aufwendig ist.

Satz 13.8 Mit Ausnahme von **P*** (man vgl. Beispiel 13.1) gilt für jeden kritischen Graphen G mit höchstens zehn Ecken die Identität (13.2). Insbesondere sind diese kritischen Graphen alle von ungerader Ordnung.

Unser nächstes Ziel ist es, Beispiele für kritische Graphen mit beliebig hohem Maximalgrad und Minimalgrad 2 anzugeben.

Definition 13.7 Es seien G ein Graph, $k \in K(G)$ und $a \notin E(G)$. Mit $G^{k,a}$ bezeichnen wir den durch k und a erzeugten Unterteilungsgraphen.

Satz 13.9 (Fiorini [1] 1974) Ist $n \geq 2$, so sind die beiden Graphen $(K_{n,n})^{k,a}$ und $(K_{2n})^{k,a}$ kritisch.

Beweis. Wir beweisen den Satz für $(K_{n,n})^{k,a}$. Für $(K_{2n})^{k,a}$ kann die Argumentation analog durchgeführt werden. Es gilt

$$\Phi((K_{n,n})^{k,a}) \geq \varphi((K_{n,n})^{k,a}) = \frac{2n^2 + 1}{2n} > n = \Delta((K_{n,n})^{k,a}),$$

womit dieser Graph nach Satz 13.4 Klasse 2 ist. Satz 13.6 liefert die Existenz eines kritischen Teilgraphen H von $(K_{n,n})^{k,a}$ mit $\Delta(H) = n$. Da $K_{n,n}$ und somit auch $K_{n,n} - k$ Klasse 1 sind, ist $a \in E(H)$. Für die beiden in $(K_{n,n})^{k,a}$ mit a adjazenten Ecken x_1 und x_2 folgt nach VAL, daß sie auch in H Ecken maximalen Grades sind, woraus sich $E(H) = E((K_{n,n})^{k,a})$ ergibt. Aus Satz 13.5 erhalten wir für $i = 1, 2$

$$d^*(x_i, H) \geq \Delta(H) - d(a, H) + 1 = n - 1,$$

wonach alle Ecken aus $(K_{n,n})^{k,a}$, die von a verschieden sind, in H den Grad n besitzen. Daher ist $H = (K_{n,n})^{k,a}$ ein kritischer Graph. $\|$

Die in Satz 13.9 angegebenen kritischen Graphen können bei dem folgenden Konstruktionsverfahren als Ausgangsgraphen benutzt werden. Die bemerkenswerte Idee dieser Konstruktion geht auf Hajós [1] 1961 zurück.

Definition 13.8 Es seien G und G' zwei disjunkte Graphen mit nicht leeren Kantenmengen. Sind $uv \in K(G)$ und $u'v' \in K(G')$, so wird eine *Hajós-Vereinigung* von G und G' folgendermaßen gebildet: Man entferne die beiden Kanten uv und $u'v'$, identifiziere u mit u' und verbinde die beiden Ecken v und v' durch eine neue Kante.

Bemerkung 13.6 In der Regel sind verschiedene Hajós-Vereinigungen zweier Graphen nicht isomorph. In seltenen Fällen ist dies jedoch möglich, so ist z.B. jede Hajós-Vereinigung zweier Kreise C_n und C_p ein Kreis C_{n+p-1}.

Satz 13.10 (Jakobsen [1] 1973) Es seien G und G' zwei kritische Graphen mit $\Delta = \Delta(G) = \Delta(G')$. Sind $u \in E(G)$ und $u' \in E(G')$ mit $d(u, G) + d(u', G') \leq \Delta + 2$, so liefert jede Hajós-Vereinigung von G und G', bei der u und u' identifiziert werden, einen kritischen Graphen.

Beweis. Es sei H eine Hajós-Vereinigung von G und G', bei der die Ecken u und u' zur Ecke u^* identifiziert und die Kanten uv und $u'v'$ entfernt wurden. Mit der Voraussetzung $d(u, G) + d(u', G') \leq \Delta + 2$ ergibt sich $d(u^*, H) \leq \Delta$. Da die Eckengrade der verbleibenden Ecken aus H mit den entsprechenden aus G und G' übereinstimmen, gilt zusammen mit Folgerung 13.4 $\Delta(H) = \Delta$. Zuerst zeigen wir, daß H Klasse 2 ist. Angenommen, H ist Klasse 1. Dann besitzt H eine Δ-Kantenfärbung h, die jeweils eine Δ-Kantenfärbung für $G - uv$ und $G' - u'v'$ liefert, wobei die Farbe $h(vv')$ an u oder an u' nicht vorkommt. Da dann aber G oder G' mit Δ Farben gefärbt werden kann, erhalten wir einen Widerspruch.

Um zu zeigen, daß H kritisch ist, müssen wir für jede Kante $k \in K(H)$ nachweisen, daß $H - k$ mit Δ Farben gefärbt werden kann. Ist $k = vv'$, so ist dies klar, da Δ-Kantenfärbungen von $G - uv$ und $G' - u'v'$, nach eventueller Umbenennung der Farben, zu einer Δ-Kantenfärbung von $H - vv'$ zusammengefügt werden können. Sei nun o.B.d.A. k eine Kante von $G - uv$. Da $G' - u'v'$ Δ-färbbar ist, kann auch der Teilgraph von H mit der Eckenmenge $E(G') \cup \{v\}$ und der Kantenmenge $(K(G') - \{u'v'\}) \cup \{vv'\}$ mit Δ Farben gefärbt werden. Ist f eine Δ-Kantenfärbung dieses Graphen, so muß die Farbe $f(vv')$ an u' vorkommen, da anderenfalls G' Δ-färbbar wäre. Nach Voraussetzung ist $G - k$ auch Δ-färbbar. Mittels einer Δ-Kantenfärbung von $G - k$ erhält man leicht eine Δ-Kantenfärbung g des Graphen mit der Eckenmenge $E(G) \cup \{v'\}$ und der Kantenmenge $(K(G) - \{uv, k\}) \cup \{vv'\}$, bei der die Farbe $g(vv')$ an u nicht vorkommt. O.B.d.A. dürfen wir deshalb annehmen, daß $g(vv') = f(vv')$ gilt, und daß die Farben, die an u und u' vorkommen, alle verschieden sind (ist dies nicht der Fall, so kann dies durch eine Umbenennung der Farben erreicht werden). Nun können die Kantenfärbungen f und g zu einer Δ-Kantenfärbung von $H - k$ zusammengefügt werden. $\|$

Die in den Sätzen 13.8 und 13.9 gegebenen Beispiele kritischer Graphen sind alle von ungerader Ordnung. Auch eine Hajós-Vereinigung zweier Graphen ungerader Ordnung liefert einen Graphen ungerader Ordnung, so daß wir auch mit Satz 13.10 keine kritischen Graphen gerader Ordnung konstruieren können, ohne vorher mindestens einen solchen zu kennen. Jakobsen [2] hat 1974 die Vermutung geäußert, daß jeder kritische Graph von ungerader Ordnung ist. Jedoch im Jahre 1981 gelang es Goldberg [1], eine Familie kritischer Graphen gerader Ordnung mit Maximalgrad 3 zu konstruieren, so daß die in die Literatur unter dem Namen *"critical graph conjecture"* eingegangene Vermutung widerlegt ist.

13.3 Klassifizierung

Die Frage, welche Graphen Klasse 1 und welche Klasse 2 sind, nennt man heute *Klassifizierung* oder *Klassifizierungsproblem*. Die Schwierigkeit dieses Problems erkennt man daran, daß - wie in Satz 13.1 bewiesen - die Vierfarbenvermutung dazu äquivalent ist, daß jede normale, 3-reguläre Landkarte Klasse 1 ist.

In den vorangegangenen Abschnitten haben wir schon einige Klassifizierungen durchgeführt. Mit den Ergebnissen über kritische Graphen wird diese Arbeit in zwei Richtungen fortgeführt. Zunächst beschäftigen wir uns mit planaren Graphen.

Satz 13.11 (Vizing [4] 1965) Jeder schlichte und planare Graph G mit $\Delta(G) \geq 10$ ist Klasse 1.

Beweis. Angenommen, es existiert ein planarer Klasse 2-Graph mit $\Delta(G) \geq 10$. Dann gibt es nach Satz 13.6 einen kritischen planaren Graphen H mit $\Delta(H) = 10$. Ist $S = \{v \in E(H) | d(v, H) \leq 5\}$, so ist S wegen Satz 11.5 nicht leer. Da auch $H - S$ planar ist, existiert wiederum nach Satz 11.5 eine Ecke w in $H - S$ mit $d(w, H - S) \leq 5$. Die Ecke w ist natürlich mit einer Ecke $v \in S$ adjazent, woraus sich mit VAL der folgende Widerspruch ergibt:

$$5 \geq d(w, H - S) \geq d^*(w, H) \geq 10 - d(v, H) + 1 \geq 6 \quad \|$$

Bemerkung 13.7 Im gleichen Jahr gelang es Vizing [3] selber, diesen Satz auf planare Graphen mit Maximalgrad acht oder neun zu erweitern. In dieser Arbeit äußerte er die nach wie vor ungelöste Vermutung, daß Satz 13.11 sogar für alle planaren Graphen mit $\Delta \geq 6$ gilt. Im Fall $3 \leq \Delta \leq 5$ gibt es sowohl planare Klasse 1-Graphen als auch planare Klasse 2-Graphen (man vgl. Aufgabe 13.10).

Abschließend wollen wir Klassifizierungsergebnisse neueren Datums betrachten. Diese beruhen auf einer Idee von Chetwynd und Hilton [2] aus dem Jahre 1985, die vereinfacht wie folgt beschrieben werden kann.

Betrachtet man in einem Graphen G den von den Ecken maximalen Grades induzierten Teilgraphen, so kann man manchmal - etwa mit Folgerung 13.7 - schon an diesem erkennen, daß G Klasse 1 ist. Ist dies nicht der Fall, so besteht noch die Möglichkeit, geeignete Matchings $M_1, ..., M_t$ zu suchen, so daß bewiesen werden kann, daß die Farbenklassen einer Klasse 1-Färbung von $G - (M_1 \cup ... \cup M_t)$ zusammen mit den Matchings $M_1, ..., M_t$ die Farbenklassen einer Klasse 1-Färbung von G bilden.

Das erste mit dieser Methode erzielte Ergebnis war die Klassifizierung aller Graphen mit genau drei Ecken maximalen Grades.

Satz 13.12 (Chetwynd, Hilton [2] 1985) Ist G ein schlichter und zusammenhängender Graph mit genau drei Ecken maximalen Grades, so sind folgende Aussagen äquivalent:

i) G ist Klasse 2.

ii) G ist kritisch.

iii) G ist von ungerader Ordnung $n(G) = 2p + 1$, und die Kantenmenge von $\bar{G}$ ist ein $(p - 1)$-elementiges Matching.

Beweis. Aus i) folgt ii). Nach Satz 13.6 besitzt G einen kritischen Teilgraphen H mit $\Delta(G) = \Delta(H)$, der nach Folgerung 13.4 dieselben drei Ecken maximalen Grades wie G haben muß. Aus Folgerung 13.5 ergibt sich $\delta(H) \geq \Delta(H) - 1$, womit $d(a, G) = d(a, H)$ für alle $a \in E(H)$ gilt. Der Zusammenhang von G liefert notwendig $E(G) = E(H)$ und damit $G = H$.

Aus ii) folgt iii). Da für den K_3 die Behauptung offensichtlich richtig ist, können wir von $|E(G)| \geq 4$ und daher auch von $\delta(G) < \Delta(G)$ ausgehen. Mit Folgerung 13.5 erhalten wir $\delta(G) \geq \Delta(G) - 1$, also $\delta(G) = \Delta(G) - 1$. Daher gilt

$$2|K(G)| = |E(G)|(\Delta(G) - 1) + 3,$$

womit $|E(G)|$ ungerade ist. Setzen wir $|E(G)| = 2p + 1$, so ist iii) bewiesen, falls wir $\Delta(G) = 2p$ gezeigt haben. Dazu nehmen wir an, daß $\Delta(G) \leq 2p - 1$ gilt.

1. Fall. Ist $p = 2$, also $n(G) = 5$, so ergibt sich aus Folgerung 13.6 unmittelbar $\Delta(G) \geq 4$, was unserer Annahme $\Delta(G) \leq 3$ widerspricht.

2. Fall. Ist $p = 3$, also $n(G) = 7$, so ergibt sich aus Folgerung 13.6 $\Delta(G) \geq 5$. Da $\Delta(G) = 5$ nach dem Handschlaglemma nicht möglich ist, folgt $\Delta(G) \geq 6$, was unserer Annahme $\Delta(G) \leq 5$ widerspricht.

3. Fall. Ist $p = 4$, also $n(G) = 9$, so ergibt sich aus Folgerung 13.6 $\Delta(G) \geq 6$. Da $\Delta(G) = 7$ nach dem Handschlaglemma nicht möglich ist, liefert unsere Annahme notwendig $\Delta(G) = 6$.

Sind u, v, w die drei Ecken maximalen Grades von G, so sind sie nach VAL untereinander adjazent. Ist x eine Ecke, die zu u nicht adjazent ist, so muß sie nach VAL notwendig zu v und w adjazent sein. Setzen wir $G' = G - \{u, v, x\}$, so seien y_1, y_2 und y_3 diejenigen Ecken in G', die zu w adjazent sind und a_1 und a_2 die Ecken in G', die nicht zu w adjazent sind. Aus $\delta(G') \geq 2$ folgt leicht, daß in G' ein perfektes Matching M existiert. Nun besitzt der Graph $G^* = G - (M \cup \{uv\})$ genau die vier Ecken u, v, w und x von maximalem Grad 5 mit $d^*(u, G^*) = 1$. Damit

sind die Graphen G^* und $G^* - uw$ nach Hilfssatz 13.4 von der gleichen
Klasse. Der Graph $G^* - uw$ besitzt genau zwei Ecken maximalen Grades, so daß er und damit auch G^* wegen Folgerung 13.7 Klasse 1 ist.
Die Farbenklassen einer 5-Kantenfärbung von G^* und das Matching
$M \cup \{uv\}$ bilden die Farbenklassen einer 6-Kantenfärbung von G, was
der Voraussetzung widerspricht, daß G kritisch ist.

4.Fall. Ist $p \geq 5$ und sind u, v und w die drei Ecken maximalen Grades von G, so sind diese nach VAL paarweise adjazent. Wegen unserer
Annahme $\Delta(G) \leq 2p - 1$ existiert eine Ecke $x \in E(G) - \{u, v, w\}$, die
nicht mit u adjazent ist. Zusammen mit Folgerung 13.6 erhalten wir

$$\begin{aligned}
\delta(G - \{u, v\}) \;&\geq\; \Delta(G) - 3 \geq \left\lceil \frac{2|E(G)|}{3} \right\rceil - 3 = \left\lceil \frac{4p + 2}{3} \right\rceil - 3 \\
&\geq\; \frac{2p - 1}{2} = \frac{1}{2}|E(G - \{u, v\})|.
\end{aligned}$$

Daher liefert der Satz von Dirac (Satz 4.5) die Existenz eines Hamiltonkreises in $G - \{u, v\}$ und damit auch die Existenz eines Matchings M,
das mit Ausnahme von x alle Ecken von $G - \{u, v\}$ berührt. Setzen wir
$G^* = G - (M \cup \{uv\})$, so besitzt G^* genau die vier Ecken u, v, w und x
von maximalem Grad $\Delta(G) - 1$. Da $d^*(u, G^*) = 1$ gilt, sind die beiden
Graphen G^* und $G^* - uw$ nach Hilfssatz 13.4 von der gleichen Klasse.
Der Graph $G^* - uw$ besitzt genau zwei Ecken maximalen Grades, so
daß er und damit auch G^* wegen Folgerung 13.7 Klasse 1 ist. Die Farbenklassen einer $(\Delta(G) - 1)$-Kantenfärbung von G^* und das Matching
$M \cup \{uv\}$ bilden die Farbenklassen einer $\Delta(G)$-Kantenfärbung von G,
was der Voraussetzung widerspricht, daß G kritisch ist.

Aus iii) folgt i). Diese Implikation erhält man unmittelbar aus Folgerung 13.2. ∥

Die Klassifizierung der Graphen mit genau vier Ecken maximalen Grades findet man bei Chetwynd und Hilton [1] 1984. Sie ist wesentlich
aufwendiger als der Beweis von Satz 13.12. Dafür ist die Tatsache ver-
antwortlich, daß die untere Schranke für den Minimalgrad aus Folgerung 13.5 bei größerer Anzahl von Ecken maximalen Grades kleiner
wird. Deshalb muß bei beliebig vorgegebener Anzahl der Ecken maximalen Grades den Voraussetzungen eine Minimalgradbedingung hinzugefügt werden, damit die skizzierte Beweisidee Früchte trägt. Die
diesbezüglich besten Ergebnisse sind in den beiden folgenden Sätzen
zusammengefaßt.

Satz 13.13 (Niessen, Volkmann [1] 1990) Es sei G ein schlichter Graph der Ordnung $2p$ mit genau ζ Ecken maximalen Grades. Ist

$$\delta(G) \geq p + \zeta - 2,$$

so ist G Klasse 1.

Satz 13.14 (Niessen, Volkmann [1] 1990) Es sei G ein schlichter Graph der Ordnung $2p - 1$ mit genau ζ Ecken maximalen Grades. Ist

$$\delta(G) \geq (p - 1) + \zeta + \left\lfloor \frac{\zeta \Delta(G)}{2p - 1} \right\rfloor,$$

so ist $\chi'(G) = \max\{\Delta(G), \lceil \varphi(G) \rceil\}$.

Die schwierigen Beweise dieser beiden Sätze werden hier nicht vorgestellt. Wir wollen aber eine interessante Anwendung von Satz 13.14 geben, die im Zusammenhang mit der *1-Faktorisierungs-Vermutung* steht, deren Ursprung schon in den fünfziger Jahren zu finden ist.

1-Faktorisierungs-Vermutung Jeder schlichte und r-reguläre Graph der Ordnung $2p$ mit $r \geq p$ ist 1-faktorisierbar bzw. Klasse 1.

Hilfssatz 13.5 (Chetwynd, Hilton [2] 1985) Ist G ein schlichter und r-regulärer Graph der Ordnung $2p$ mit $p \geq 2$, so gilt für jede Ecke $v \in E(G)$

$$\chi'(G) = \chi'(G - v).$$

Beweis. Ist $G \cong K_{2p}$, so folgt die Behauptung aus Satz 13.2 sowie den Beispielen 13.1 ii) und iii).
Ist G nicht isomorph zum K_{2p}, so gilt $\Delta(G - v) = \Delta(G) = \Delta$. Im Fall $\chi'(G - v) = \Delta + 1$ folgt wegen $\chi'(G - v) \leq \chi'(G)$ mit Satz 13.2 sofort $\chi'(G) = \Delta + 1$. Ist aber $\chi'(G - v) = \Delta$ und h eine Δ-Kantenfärbung von $G - v$, so sind $|K(G - v)| = \Delta(p - 1)$ Kanten mit Δ Farben gefärbt. Da mit einer Farbe höchstens $\lfloor \frac{1}{2}|E(G - v)| \rfloor = p - 1$ Kanten gefärbt sein können, folgt sogar, daß mit jeder Farbe genau $p - 1$ Kanten gefärbt sind. Daher fehlt jede dieser Δ Farben an genau einer Ecke von $G - v$ und die Ecken, an denen eine Farbe fehlt, können nur die Nachbarn von v in G sein, weil alle anderen Ecken in $G - v$ den Grad Δ besitzen. Demnach läßt sich h zu einer Δ-Kantenfärbung von G fortsetzen, indem man die mit v inzidenten Kanten mit der an der Nachbarecke von v fehlenden Farbe färbt. ∥

Hilfssatz 13.6 (Niessen, Volkmann [1] 1990) Ist G ein schlichter, regulärer Graph der Ordnung $2p$ vom Regularitätsgrad $2p - r$ mit

$$2p \geq 4r + 2\left\lfloor \frac{(2p - r)(r - 1)}{2p - 1} \right\rfloor - 2,$$

so ist G Klasse 1, also 1-faktorisierbar.

Beweis. Da der K_{2p} Klasse 1 ist, können wir im folgenden $G \neq K_{2p}$, also $r \geq 2$ voraussetzen. Ist v eine beliebige Ecke von G, so gilt $n(G - v) = 2p - 1$, $\Delta(G - v) = 2p - r = \Delta(G)$, $\delta(G - v) = 2p - r - 1$ und $m(G - v) = m(G) - (2p - r) = (p - 1)(2p - r) = (p - 1)\Delta(G - v)$. Daraus ergibt sich sofort $\varphi(G - v) = \Delta(G - v)$. Weiter besitzt $G - v$ genau $\zeta = r - 1$ Ecken maximalen Grades. Durch Einsetzen der berechneten Größen, erkennt man, daß die gegebene Ungleichung zu

$$\delta(G - v) \geq (p - 1) + \zeta + \left\lfloor \frac{\zeta\Delta(G - v)}{2p - 1} \right\rfloor$$

äquivalent ist, womit nach Satz 13.14 $\chi'(G - v) = \Delta(G - v) = \Delta(G)$ gilt. Nun liefert Hilfssatz 13.5 das gewünschte Resultat. $\parallel$

Das nun folgende Ergebnis wurde unabhängig auch von Chetwynd und Hilton [3] 1989 auf direktem Wege bewiesen.

Satz 13.15 (Chetwynd, Hilton [3] 1989, Niessen, Volkmann [1] 1990) Jeder schlichte, $(2p - r)$-reguläre Graph der geraden Ordnung $2p$ mit $2p - r \geq (\sqrt{7} - 1)p \approx 1{,}647p$, ist 1-faktorisierbar.

Beweis. Für $0 < c \leq 3 - \sqrt{7}$ gilt $c^2 - 6c + 2 \geq 0$ und damit $\frac{2}{c} \geq 6 - c$. Setzt man $c = \frac{r}{p}$, so folgt für $r \leq (3 - \sqrt{7})p$ die Ungleichung $\frac{2p}{r} \geq 6 - \frac{r}{p}$ und damit

$$2p \geq 6r - \frac{r^2}{p} = 4r + \frac{2p - r}{p}r.$$

Schließlich erhält man daraus für $2p - r \geq (\sqrt{7} - 1)p$

$$\begin{aligned}
2p \; &\geq \; 4r + \frac{2p - r}{p}r \geq 4r + 2\frac{(2p - r)(r - 1)}{2p - 1} \\
&\geq \; 4r + 2\left\lfloor \frac{(2p - r)(r - 1)}{2p - 1} \right\rfloor - 2.
\end{aligned}$$

Daher erfüllt G die Voraussetzungen von Hilfssatz 13.6, womit die 1-Faktorisierbarkeit von G nachgewiesen ist. $\parallel$

Von der 1-Faktorisierungs-Vermutung gibt es noch die nun folgende genauere Fassung.

1-Faktorisierungs-Vermutung Jeder schlichte und r-reguläre Graph der Ordnung $2p$ ist Klasse 1, wenn p ungerade und $r \geq p$ bzw. p gerade und $r \geq p - 1$ gilt.

Beispiel 13.2 An Hand von Beispielen wollen wir zeigen, daß man diese Fassung der 1-Faktorisierungs-Vermutung nicht weiter verschärfen kann.

i) Für ungerades $p \geq 3$ ist der $2K_p$ ein nicht zusammenhängender $(p-1)$-regulärer Klasse 2-Graph.

ii) Zusammenhängende Beispiele für ungerades $p \geq 5$ kann man wie folgt konstruieren. In jeder Komponente des $2K_p$ wird eine Kante entfernt, etwa ab und uv. Danach werden die Kanten au und bv hinzugefügt. Der neu entstandene Graph ist $(p-1)$-regulär und nach Satz 13.4 (z.B. mit $H = K_p - k$) wegen $p \geq 5$ Klasse 2.

iii) Ist $p \geq 4$ gerade und C ein Hamiltonscher Kreis im K_{p+1}, so ist $G =.(K_{p+1} - K(C)) \cup K_{p-1}$ ein nicht zusammenhängender $(p-2)$-regulärer Klasse 2-Graph.

iv) Zusammenhängende Beispiele für gerades $p \geq 6$ lassen sich wie folgt konstruieren. Man gehe von zwei vollständigen Graphen K_{p+1} und K_{p-1} aus. Man entferne aus dem K_{p+1} zwei disjunkte Matchings M_1 und M_2 mit $2|M_1| = 2|M_2| = p$, die mit verschiedenen Ecken a und b aus dem K_{p+1} nicht inzidieren. Ist in diesem Graphen y eine Ecke, die mit a und b adjazent ist, so entferne man weiter die Kanten ay und by. In dem verbleibenden Graphen H gilt $d(y, H) = p - 4$ und $d(x, H) = p - 2$ für alle Ecken $x \neq y$, und wegen $p \geq 6$ ist H zusammenhängend (nach dem Satz von Ore (Satz 4.6) sogar Hamiltonsch für $p \geq 8$). Ist uv eine beliebige Kante aus dem K_{p-1}, so vereinige man den Graphen H mit $K_{p-1} - uv$ und füge die Kanten uy und vy hinzu. Der so entstandene Graph G ist schlicht, zusammenhängend und $(p-2)$-regulär. Nach Konstruktion ist y eine Schnittecke von G, womit G nach Folgerung 13.3 ein Klasse 2-Graph ist.

Viele weitere interessante Aspekte und Anwendungen der Kantenfärbungstheorie findet man in den Büchern von Fiorini und Wilson [1] 1977 und Yap [1] 1986.

13.4 Totalfärbung

Definition 13.9 Ist G ein Multigraph, so nennt man eine Abbildung der Form $h : E(G) \cup K(G) \longrightarrow \{1, ..., q\}$ *Totalfärbung* oder *q-Totalfärbung*, wenn $h(a) \neq h(b)$ für alle adjazenten oder inzidenten Elemente $a, b \in E(G) \cup K(G)$ gilt. Besitzt G eine q-Totalfärbung aber keine $(q - 1)$-Totalfärbung, so nennt man q die *totalchromatische Zahl* von G, in Zeichen $q = \chi_T(G) = \chi_T$. Eine Teilmenge $X \subseteq E(G) \cup K(G)$ nennen wir *unabhängig*, wenn zwei Elemente aus X weder adjazent noch inzident sind. Die totalchromatische Zahl ist natürlich die minimale Anzahl von solchen unabhängigen Mengen von Ecken und Kanten, in die man $E(G) \cup K(G)$ zerlegen kann.

Wir werden hier nicht sehr tief in die Theorie der Totalfärbungen einsteigen, sondern nur einige einfache Resultate beweisen. Darüber hinaus stellen wir die hochinteressante Totalfärbungs-Vermutung von Vizing [1] und Behzad [1] vor und nennen einige wichtige Ergebnisse, die diese Vermutung erhärten.

Bemerkung 13.8 Für jeden Multigraphen G ergibt sich unmittelbar aus der Definition der totalchromatischen Zahl

$$\Delta(G) + 1 \leq \chi_T(G) \leq \chi(G) + \chi'(G).$$

Im Jahre 1967 zeigten Behzad, Chartrand und Cooper [1], daß die Gleichheit $\chi_T(G) = \chi(G) + \chi'(G)$ höchstens für bipartite Graphen möglich ist.

Satz 13.16 (Behzad, Chartrand und Cooper [1] 1967) Gilt für einen Multigraphen G die Identität $\chi_T(G) = \chi(G) + \chi'(G)$, so ist G notwendig bipartit.

Beweis. Ist $q = \chi(G)$ und $p = \chi(G)'$, so sei $E_1, E_2, ..., E_q$ eine Partition von $E(G)$ und $K_1, K_2, ..., K_p$ eine Zerlegung der Kantenmenge $K(G)$ in disjunkte Teilmengen. Damit haben wir $E(G) \cup K(G)$ in $q + p$ unabhängige Mengen zerlegt. Ist G nicht bipartit, so gilt nach Satz 12.1 $\chi(G) \geq 3$. Dann existiert zu jeder Kante k aus (z.B.) K_1 eine Partitionsmenge E_i, so daß k zu keiner Ecke aus E_i inzident ist. Fügt man jede Kante aus K_1 zu einer solchen Partitionsmenge E_i hinzu, so erhält man eine Zerlegung von $E(G) \cup K(G)$ in $q + p - 1$ unabhängige Mengen von Ecken und Kanten, woraus sich unmittelbar $\chi_T(G) \leq q + p - 1 < \chi(G) + \chi'(G)$ ergibt. $\parallel$

Satz 13.17 Ist G ein Multigraph, so gilt $\chi_T(G) \leq 2\Delta(G) + 1$.

Beweis. Nach Satz 12.2 bzw. Bemerkung 12.3 können wir den Graphen G zunächst mit einer echten $(\Delta(G) + 1)$-Eckenfärbung versehen. Sind $k_1, k_2, ..., k_m$ die Kanten von G, so färben wir nun die Kanten induktiv mit den Farben $1, 2, ..., 2\Delta(G) + 1$. Ist $k_1 = a_1 b_1$, so färbe man k_1 mit einer Farbe, die von denjenigen Farben verschieden ist, mit der die Ecken a_1 und b_1 gefärbt sind. Sind die Kanten $k_1, k_1, ..., k_i$ für $i < m$ schon gefärbt, so daß inzidente Elemente verschiedene Farben besitzen, so ist die Kante k_{i+1} zu höchstens $2\Delta(G) - 2$ (gefärbten) Kanten und zu genau zwei gefärbten Ecken inzident. Daher steht von den $2\Delta(G) + 1$ Farben mindestens eine zur Verfügung, mit der man k_{i+1} färben kann, so daß wieder inzidente Elemente verschieden gefärbt sind. $\|$

Bemerkung 13.9 Die Beweistechniken aus den Sätzen 12.2 und 13.17 liefern unmittelbar einen effizienten Algorithmus für eine $(2\Delta(G) + 1)$-Totalfärbung eines gegebenen Multigraphen G.

Analog zum Satz von Vizing (Satz 13.2) formulierten Vizing [1] 1964 und Behzad [1] 1965 unabhängig voneinander folgende Vermutung für die totalchromatische Zahl, die als Totalfärbungs-Vermutung in die Literatur eingegangen ist.

Totalfärbungs-Vermutung (Vizing [1] 1964, Behzad [1] 1965)
Ist G ein schlichter Graph, so gilt

$$\chi_T(G) \leq \Delta(G) + 2.$$

Von einem vollständigen Beweis dieser attraktiven Vermutung ist man im Augenblick noch sehr weit entfernt.

Satz 13.18 Für bipartite Graphen gilt die Totalfärbungs-Vermutung.

Beweis. Ist G ein bipartiter Graph, so lassen sich die Kanten nach dem Satz von König (Satz 6.11) mit $\Delta(G)$ verschiedenen Farben färben. Färbt man nun die Ecken der beiden Partitionsmengen mit zwei weiteren Farben, so erhält man eine $(\Delta(G) + 2)$-Totalfärbung von G. $\|$

Satz 13.19 (Behzad [2] 1971) Es sei C_n ein Kreis der Länge n und p eine natürliche Zahl.
i) Ist $n = 3p$, so gilt $\chi_T(C_n) = 3$.
ii) Ist $n = 3p + 1$ oder $n = 3p + 2$, so gilt $\chi_T(C_n) = 4$.

Beweis. Für einen Kreis C_n benutzen wir im folgenden die Schreibweise

$$C_n = a_1 a_2 a_3 a_4 ... a_{2n-2} a_{2n-1} a_{2n} a_1,$$

wobei $a_1, a_3, ..., a_{2n-1}$ die Ecken und $a_2, a_4, ..., a_{2n}$ die Kanten des Kreises bedeuten.

i) Ist $n = 3p$, so hat C_n die Form

$$C_n = a_1 a_2 a_3 a_4 a_5 a_6 ... a_{6p-2} a_{6p-1} a_{6p} a_1.$$

Wir geben den Elementen $a_1, a_4, a_7, ..., a_{6p-2}$ die Farbe 1, den Elementen $a_2, a_5, ..., a_{6p-1}$ die Farbe 2 und den verbleibenden Elementen die Farbe 3. Diese Färbung liefert eine 3-Totalfärbung des C_{3p}, womit i) bewiesen ist.

ii) Ist $n = 3p + 1$, so hat C_n die Form

$$C_n = a_1 a_2 a_3 ... a_{6p-4} a_{6p-3} a_{6p-2} a_{6p-1} a_{6p} a_{6p+1} a_{6p+2} a_1.$$

Wir geben den Elementen $a_1, a_4, a_7, ..., a_{6p-2}$ die Farbe 1, den Elementen $a_2, a_5, ..., a_{6p-4}$ die Farbe 2, den Elementen $a_3, a_6, ..., a_{6p-3}$ die Farbe 3, den beiden Elementen a_{6p-1} und a_{6p+2} die Farbe 4, dem Element a_{6p} die Farbe 2 und schließlich dem Element a_{6p+1} die Farbe 3. Diese Färbung liefert eine 4-Totalfärbung des C_{3p+1}. Da man ohne Mühe erkennt, daß man mit 3 Farben nicht auskommt, haben wir $\chi_T(C_{3p+1}) = 4$ nachgewiesen.

Ist $n = 3p + 2$, so hat C_n die Form

$$C_n = a_1 a_2 a_3 a_4 a_5 a_6 ... a_{6p} a_{6p+1} a_{6p+2} a_{6p+3} a_{6p+4} a_1.$$

Nun geben wir den Elementen $a_1, a_4, a_7, ..., a_{6p+1}$ die Farbe 1, den Elementen $a_2, a_5, ..., a_{6p+2}$ die Farbe 2, dem Element a_{6p+4} die Farbe 4 und den verbleibenden Elementen die Farbe 3. Diese Färbung liefert eine 4-Totalfärbung des C_{3p+2}. Da man auch hier ohne Mühe erkennt, daß man mit 3 Farben nicht auskommt, haben wir $\chi_T(C_{3p+2}) = 4$ nachgewiesen, womit der Satz vollständig bestätigt ist. ||

Bemerkung 13.10 Mit Satz 13.19 haben wir die Totalfärbungs-Vermutung auch für Kreise nachgewiesen.

Satz 13.20 Ist G ein schlichter Graph mit $\Delta(G) = n(G) - 1$, so gilt die Totalfärbungs-Vermutung

$$\chi_T(G) \leq \Delta(G) + 2.$$

Beweis. Es seien $x_1, x_2, ..., x_n$ die Ecken von G. Fügt man zu G eine Ecke w und die Kanten $k_1 = wx_1, k_2 = wx_2, ..., k_n = wx_n$ hinzu, so entsteht ein neuer schlichter Graph G' mit $\Delta(G') = n = \Delta(G) + 1$. Nach dem Satz von Vizing (Satz 13.2) besitzt G' eine $(\Delta(G) + 2)$-Kantenfärbung. Entfernt man nun die Ecke w aus G' und färbt die Ecke x_i von G mit der Farbe der Kante k_i für alle $i = 1, 2, ..., n$, so hat man aus der Kantenfärbung von G' eine $(\Delta(G)+2)$-Totalfärbung von G gewonnen. $\|$

Im Beweis von Satz 13.20 haben wir das Totalfärbungsproblem durch einen kleinen Trick auf ein Kantenfärbungsproblem zurückgeführt. Diese Technik wurde erstmalig 1989 in einer Arbeit von Yap, J.-F. Wang und Z.-F. Zhang [1] vorgestellt, die die Totalfärbungs-Vermutung für Graphen mit hohem Maximalgrad bestätigt haben.

Satz 13.21 (Yap, Wang und Zhang [1] 1989) Ist G ein schlichter Graph mit $\Delta(G) \geq n(G) - 4$, so gilt

$$\chi_T(G) \leq \Delta(G) + 2.$$

Folgende Ergänzung von Satz 13.21 wurde mit der gleichen Methode nachgewiesen.

Satz 13.22 (Yap, Chew [1] 1992) Ist G ein schlichter Graph mit $\Delta(G) = n(G) - 5$, so gilt

$$\chi_T(G) \leq \Delta(G) + 2.$$

Auch wir wollen diese Beweistechnik nochmals verwenden, um die totalchromatische Zahl für vollständige Graphen zu bestimmen.

Satz 13.23 (Behzad, Chartrand und Cooper [1] 1967) Es gilt
i) $\chi_T(K_{2p+1}) = 2p + 1 = \Delta(K_{2p+1}) + 1$ und
ii) $\chi_T(K_{2p}) = 2p + 1 = \Delta(K_{2p}) + 2$.

Beweis. i) Ist $G = K_{2p+1}$, so gilt für den Graphen G' aus dem Beweis des Satzes 13.20 $G' = K_{2p+2}$. Nach Satz 7.9 besitzt G' eine $(2p + 1)$-Kantenfärbung, womit $G = K_{2p+1}$ eine $(2p + 1)$-Totalfärbung besitzt. Beachtet man noch Bemerkung 13.8, so ergibt sich unmittelbar i).
ii) Um $\chi_T(K_{2p}) = 2p + 1 = \Delta(K_{2p}) + 2$ nachzuweisen, genügt es wegen Satz 13.20 zu zeigen, daß man die Ecken und Kanten des K_{2p} nicht in $2p$ unabhängige Mengen zerlegen kann. Ist X eine unabhängige Menge, so enthält X höchstens eine Ecke und höchstens p Kanten. Da in X aber

nicht gleichzeitig p Kanten und eine Ecke enthalten sein dürfen, ergibt sich $|X| \leq p$. Könnte man nun die Ecken und Kanten in $2p$ unabhängige Mengen zerlegen, so würde daraus $|E(K_{2p})| + |K(K_{2p})| \leq 2p^2$ folgen, was offensichtlich nicht richtig ist. ||

Satz 13.24 (Behzad, Chartrand und Cooper [1] 1967) Es gilt
i) $\chi_T(K_{p,q}) = q + 1 = \Delta(K_{p,q}) + 1$ für $q > p$ und
ii) $\chi_T(K_{p,p}) = p + 2 = \Delta(K_{p,p}) + 2$.

Beweis. i) Es sei $G = K_{p,q}$ und E_1, E_2 ein Partition der Ecken von G mit $q = |E_1| > |E_2| = p$. Nach dem Satz von König (Satz 6.11) kann man die Kanten von G in q Matchings $K_1, K_2, ..., K_q$ zerlegen. Wegen $q > p$ existiert zu jeder Ecke $x \in E_1$ ein Matching K_i, so daß x zu keiner Kante aus K_i inzident ist. Fügt man jede Ecke aus E_1 zu einem solchen Matching hinzu, so erhält man insgesamt eine Zerlegung von $E(G) \cup K(G)$ in $q + 1$ unabhängige Mengen von Ecken und Kanten, woraus zusammen mit Bemerkung 13.8 das gewünschte Ergebnis folgt.
ii) Ist $G = K_{p,p}$, so erkennt man ohne Mühe, daß für jede unabhängige Menge $X \subseteq E(G) \cup K(G)$ notwendig $|X| \leq p$ gilt. Da bekanntlich $|E(G)| + |K(G)| = p^2 + 2p$ gilt, erhalten wir zusammen mit Satz 13.18 $\chi_T(K_{p,p}) = p + 2 = \Delta(K_{p,p}) + 2$. ||

Im Jahre 1989 bestätigte Yap [2] die Totalfärbungs-Vermutung für die vollständigen p-partiten Graphen. Aber welche vollständigen p-partiten Graphen G die Gleichung $\chi_T(G) = \Delta(G) + 1$ und welche die Gleichung $\chi_T(G) = \Delta(G) + 2$ erfüllen ist bisher noch nicht ganz geklärt. Das wohl beste Ergebnis im Zusammenhang mit der Totalfärbungs-Vermutung wurde 1993 von Hilton und Hind [1] mit Methoden aus der Eckenfärbungstheorie bewiesen.

Satz 13.25 (Hilton, Hind [1] 1993) Ist G ein schlichter Graph mit $\Delta(G) \geq \frac{3}{4}n(G)$, so gilt

$$\chi_T(G) \leq \Delta(G) + 2.$$

Weitere Informationen zu diesem Thema findet der Leser in dem Artikel "Recent developments in total colouring" von Hind [1] aus dem Jahre 1994. Es soll nicht unerwähnt bleiben, daß die Totalfärbungs-Vermutung auch für Multigraphen ausgesprochen wurde.

Totalfärbungs-Vermutung (Vizing [1] 1964, Behzad [1] 1965)
Ist G ein Multigraph, so gilt

$$\chi_T(G) \leq \Delta(G) + \max_{a,b \in E(G)} m_G(a,b) + 1.$$

13.5 Aufgaben

Aufgabe 13.1 Man beweise die beiden folgenden Aussagen.
i) Der Petersen-Graph **P** ist Klasse 2.
ii) Alle aus dem Petersen-Graphen durch Entfernen einer Ecke hervorgehenden Graphen sind isomorph. Bezeichnet man diesen Isomorphietyp mit **P***, so gilt $\chi'(\mathbf{P}^*) = 4$.

Aufgabe 13.2 Man konstruiere Beispiele, die den Bedingungen aus Bemerkung 13.4 genügen.

Aufgabe 13.3 Man zeige, daß für $n \geq 2$ die Graphen K_{2n+1} eckenkritisch aber nicht kritisch sind.

Aufgabe 13.4 Man beweise: Für einen schlichten Graphen G gilt genau dann $\Phi(G) > \Delta(G)$, wenn G einen Teilgraphen H mit

$$|K(H)| \geq \left\lfloor \frac{|E(H)|}{2} \right\rfloor \Delta(G) + 1$$

besitzt. Ist dies der Fall, so gilt $\Delta(H) = \Delta(G)$.

Aufgabe 13.5 Man zeige, daß es genau vier schlichte Graphen mit höchstens fünf Ecken gibt, für die

$$|K(G)| = \left\lfloor \frac{|E(G)|}{2} \right\rfloor \Delta(G) + 1$$

gilt (man vgl. Satz 13.7).

Aufgabe 13.6 Man zeige, daß **P*** kritisch ist.

Aufgabe 13.7 Man zeige, daß $(K_{2n})^{k,a}$ kritisch ist (man vgl. Satz 13.9).

Aufgabe 13.8 Man beweise: Ist G ein schlichter, r-regulärer Graph der Ordnung $2n$ mit $r \geq 2$, so ist $G^{k,a}$ für jede Kante $k \in K(G)$ ein Klasse 2-Graph.

Aufgabe 13.9 Es seien G und G' zwei schlichte Graphen mit $\Delta = \Delta(G) = \Delta(G')$ und $\Phi(G), \Phi(G') > \Delta$. Man zeige für jede Hajós-Vereinigung H der Graphen G und G' mit $\Delta(H) = \Delta$ die Ungleichung $\Phi(H) > \Delta$.

Aufgabe 13.10 Für $3 \leq \Delta \leq 5$ gebe man schlichte und planare Klasse 1- und Klasse 2-Graphen G mit $\Delta(G) = \Delta$ an.

Aufgabe 13.11 Es sei G ein schlichter Graph gerader Ordnung mit $\Delta(G) = n(G) - 1$. Man zeige $\chi_T(G) = \Delta(G) + 1$.

Aufgabe 13.12 Man zeige: Ist G ein schlichter und 3-partiter Klasse 1-Graph, so gilt $\chi_T(G) \leq \Delta(G) + 2$.

Kapitel 14

Mehrfacher Zusammenhang

14.1 Ecken- und Kantenzusammenhang

Definition 14.1 Ein nicht trivialer, zusammenhängender Multigraph G heißt *q-fach eckenzusammenhängend* oder *q-fach zusammenhängend* ($q \in \mathbf{N}$), wenn $|E(G)| \geq q + 1$ gilt, und $G - E'$ für alle $E' \subseteq E(G)$ mit $|E'| \leq q - 1$ zusammenhängend ist. Ist G q-fach eckenzusammenhängend, aber nicht $(q + 1)$-fach eckenzusammenhängend, so heißt $q = \sigma(G) = \sigma$ *Eckenzusammenhangszahl* oder *Zusammenhangszahl* von G. Ist der Multigraph G nicht zusammenhängend, oder ist G der triviale Graph, so heißt G *0-fach zusammenhängend*, und wir setzen $\sigma(G) = 0$. Ein nicht trivialer, zusammenhängender Multigraph G heißt *q-fach kantenzusammenhängend* ($q \in \mathbf{N}$), wenn $G - K'$ für alle $K' \subseteq K(G)$ mit $|K'| \leq q - 1$ zusammenhängend ist. Ist G q-fach kantenzusammenhängend, aber nicht $(q + 1)$-fach kantenzusammenhängend, so heißt $q = \lambda(G) = \lambda$ *Kantenzusammenhangszahl* von G. Ist der Multigraph G nicht zusammenhängend, oder ist G der triviale Graph, so heißt G *0-fach kantenzusammenhängend*, und wir setzen $\lambda(G) = 0$.

Bemerkung 14.1 i) Nach Definition 14.1 gilt für jeden Multigraphen G die Abschätzung $\sigma(G) \leq n(G) - 1$.
ii) Aus Definition 14.1 erhält man $\sigma(K_n) = \delta(K_n) = n - 1$.
iii) Für einen zusammenhängenden Multigraphen G gilt genau dann $\lambda(G) = 1$, wenn G eine Brücke besitzt.
iv) Für einen zusammenhängenden Multigraphen G gilt genau dann $\sigma(G) = 1$, wenn G eine Schnittecke besitzt, oder G aus genau zwei Ecken und p parallelen Kanten besteht.

Satz 14.1 (Whitney [2] 1932) Ist G ein Multigraph, so gilt

$$\sigma(G) \leq \lambda(G) \leq \delta(G). \tag{14.1}$$

Beweis. Wir setzen $\sigma(G) = \sigma$, $\lambda(G) = \lambda$ und $\delta(G) = \delta$. Ist G nicht zusammenhängend, oder ist G der triviale Graph, so gilt nach Definition 14.1 $\sigma = \lambda = 0$, womit (14.1) erfüllt ist. Daher sei im folgenden $\kappa(G) = 1$ und $|E(G)| \geq 2$.

Zunächst zeigen wir $\lambda \leq \delta$. Nach Voraussetzung gilt $\delta \geq 1$. Ist a eine Ecke aus G mit $d(a, G) = \delta$, so entferne man aus G alle Kanten, die mit a inzidieren. Da dieser neue Graph nicht mehr zusammenhängend ist, ergibt sich sofort $\lambda \leq \delta$.

Um $\sigma \leq \lambda$ zu beweisen, können wir o.B.d.A. G als schlicht voraussetzen. Denn entfernt man aus einem Graphen alle parallelen Kanten, so bleibt die Zusammenhangszahl unverändert, während die Kantenzusammenhangszahl kleiner werden kann.

Ist $\lambda = 1$, so besitzt G nach Bemerkung 14.1 eine Brücke $k = ab$. Dann gilt aber auch $\sigma = 1$, denn entweder ist $G \cong K_2$, oder mindestens eine der beiden Ecken a, b ist eine Schnittecke.

Ist $\lambda \geq 2$, so existiert in G eine Kantenmenge $K' = \{k_1, ..., k_\lambda\}$ mit der Eigenschaft, daß $G - K'$ nicht zusammenhängend ist, und der Graph $H = G - \{k_2, ..., k_\lambda\}$ die Brücke $k_1 = ab$ besitzt. Wählt man für $2 \leq i \leq \lambda$ zu jeder Kante k_i eine inzidente Ecke $x_i \neq a, b$, so ist einer der beiden Graphen $G - \{a, x_2, ..., x_\lambda\}$ bzw. $G - \{b, x_2, ..., x_\lambda\}$ nicht zusammenhängend, oder einer dieser beiden Graphen besteht nur aus einer Ecke. Wegen $|\{x_2, ..., x_\lambda\}| \leq \lambda - 1$ ergibt sich daraus die gewünschte Ungleichung $\sigma \leq \lambda$. $\|$

Bemerkung 14.2 Aus Bemerkung 14.1 und (14.1) folgt nun sofort $\lambda(K_n) = n - 1$. Im Zusammenhang mit dem Satz von Whitney konstruierten Chartrand und Harary [1] 1968 Beispiele von Graphen G mit $\sigma(G) = p$, $\lambda(G) = q$ und $\delta(G) = r$ für beliebig vorgegebene natürliche Zahlen $0 < p \leq q \leq r$.

Beispiel 14.1 Für den skizzierten Graphen G gilt $\sigma(G) = 2$, $\lambda(G) = 3$ und $\delta(G) = 4$. Dabei ist $\sigma(G) = 2$, aber vor allen Dingen $\lambda(G) = 3$ erst durch längeres "scharfes" Hinsehen zu erkennen. Mit Hilfe einiger der folgenden Resultate werden wir diese beiden Größen von G nochmals bestimmen.

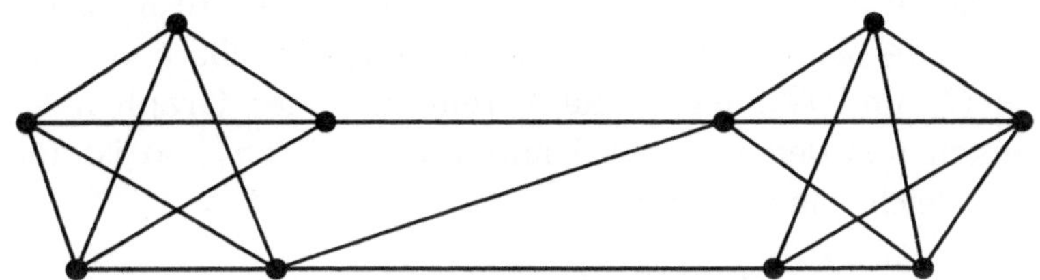

Satz 14.2 (Chartrand, Harary [1] 1968) Ist G ein schlichter aber nicht vollständiger Graph, so gilt

$$\sigma(G) \geq 2\delta(G) + 2 - n(G).$$

Beweis. Wir wählen eine Eckenmenge $S \subseteq E(G)$ mit $|S| = \sigma(G)$, so daß $\kappa(G - S) \geq 2$ gilt. Sind H_1 und H_2 zwei Komponenten von $G - S$, so gilt für $x_i \in E(H_i)$ $(i = 1, 2)$

$$N[x_i, G] \subseteq E(H_i) \cup S$$

und daher

$$2 + 2\delta(G) \leq |N[x_1, G]| + |N[x_2, G]| \leq n(G) + |S|.$$

Wegen $|S| = \sigma(G)$ folgt daraus die Behauptung. ||

Das folgende Beispiel wird uns zeigen, daß die Ungleichung in Satz 14.2 bestmöglich ist.

Beispiel 14.2 Es seien r und t zwei natürliche Zahlen mit $1 \leq r \leq t$. In dem Graphen $K_{t+1-r} \cup K_r \cup K_{t+1-r}$ verbinde man jeweils alle Ecken der beiden vollständigen Graphen K_{t+1-r} mit allen Ecken des vollständigen Graphen K_r. Für den so konstruierten Graphen H erhält man dann $n(H) = 2t + 2 - r$, $\delta(H) = t$ und $\sigma(H) = r$, woraus sich unmittelbar $\sigma(H) = 2\delta(H) + 2 - n(H)$ ergibt.

Folgerung 14.1 Ist $s \geq 0$ eine ganze Zahl und G ein schlichter Graph, der die Bedingung $n(G) \leq \delta(G) + 2 + s$ erfüllt, so gilt $\sigma(G) \geq \delta(G) - s$. Der Spezialfall $s = 0$ liefert zusammen mit dem Satz von Whitney die folgende Aussage. Ist G ein schlichter Graph mit $n(G) \leq \delta(G) + 2$, so gilt $\sigma(G) = \lambda(G) = \delta(G)$.

Bemerkung 14.3 Es seien G_1 und G_2 zwei disjunkte Multigraphen sowie $x_1, ..., x_r \in E(G_1)$ und $y_1, ..., y_r \in E(G_2)$ jeweils r verschiedene Ecken aus G_1 und G_2. Ist G die Vereinigung der Graphen G_1 und G_2 zusammen mit den r neuen Kanten $x_1 y_1, ..., x_r y_r$, so ist folgende Ungleichung leicht einzusehen:

$$\sigma(G) \geq \min\{\sigma(G_1), \sigma(G_2), r\}$$

Man gebe ein Beispiel mit $\sigma(G) > \min\{\sigma(G_1), \sigma(G_2), r\}$ an (man vgl. Aufgabe 14.2).

Aus Folgerung 14.1 und Bemerkung 14.3 ergibt sich für den Graphen G aus Beispiel 14.1 sofort $\sigma(G) = 2$.

Das nächste Resultat liefert eine Erweiterung von Folgerung 14.1.

Satz 14.3 (Topp, Volkmann [3] 1993) Es sei G ein schlichter und p-partiter Graph mit $p \geq 2$. Ist

$$n(G) \leq \delta(G) \frac{2p - 1}{2p - 3},$$

so gilt $\sigma(G) = \delta(G)$.

Beweis. Es sei $E_1, ..., E_p$ eine Partition von $E(G)$ in p unabhängige Mengen. Nehmen wir an, es gilt $\sigma(G) = \sigma < \delta = \delta(G)$. Dann ist G nicht vollständig, womit eine Eckenmenge S von G mit $|S| \leq \delta - 1$ existiert, so daß $G - S$ nicht zusammenhängend ist. Nun sei G_1 eine Komponente von $G - S$ und $G_2 = G - S - E(G_1)$. Für alle $i \in J = \{1, ..., p\}$ und $j = 1, 2$ setzen wir $S_i = S \cap E_i$, $E_{i,j} = E_i \cap E(G_j)$ und $W_{i,j} = (E(G_j) \cup S) - (E_{i,j} \cup S_i)$. Weiter sei I_j für $j = 1, 2$ eine Teilmenge von J, wobei $i \in I_j$ genau dann gilt, wenn $E_{i,j} \neq \emptyset$ ist. Zur Abkürzung setzen wir $|I_1| = t$ und $|I_2| = r$.

Sei x eine beliebige Ecke von G_j, also $x \in E_{i,j}$ für ein $i \in I_j$ und $j = 1, 2$. Dann ergibt sich aus

$$|N(x, G)| \geq \delta > \delta - 1 \geq |S|$$

und

$$N(x, G) \subseteq (E(G_j) - E_{i,j}) \cup (S - S_i) = W_{i,j} :$$

$t, r \geq 2$ und $|W_{i,j}| \geq \delta$ für $i \in I_j$ und $j = 1, 2$. Außerdem gilt $|E(G_1)| = n - |S| - |E(G_2)|$, $|E(G_2)| = n - |S| - |E(G_1)|$, $|E(G_2)| \leq n - |S| - |I_1|$

und $|S_i| \le n - \delta$ für $i \in J$. Ist o.B.d.A. $t \le r$, so folgt aus den obigen Ungleichungen

$$\delta(t+r) \le \sum_{j=1}^{2} \sum_{i \in I_j} |W_{i,j}| = \sum_{j=1}^{2} \sum_{i \in I_j} (|E(G_j)| - |E_{i,j}| + |S| - |S_i|)$$

$$= (t-1)|E(G_1)| + (r-1)|E(G_2)| + (t+r)|S| - \sum_{j=1}^{2} \sum_{i \in I_j} |S_i|$$

$$= (t-1)|E(G_1)| + (r-1)|E(G_2)| + (t+r-2)|S| + \sum_{j=1}^{2} \sum_{i \in J-I_j} |S_i|$$

$$\le (t-1)(n - |E(G_2)| - |S|) + (r-1)|E(G_2)|$$

$$+(t+r-2)|S| + (2p-t-r)(n-\delta)$$

$$\le (t-1)n + (r-t)(n - |S| - t) + (r-1)|S| + (2p-t-r)(n-\delta)$$

und damit

$$2p\delta + t(r-t) \le n(2p-t-1) + (t-1)|S|.$$

Daraus ergibt sich zusammen mit der Voraussetzung $n \le \delta\frac{2p-1}{2p-3}$ und $|S| \le \delta - 1$:

$$2p\delta + t(r-t) \le \delta\frac{2p-1}{2p-3}(2p-t-1) + (t-1)(\delta-1)$$

und damit wegen $t \ge 2$:

$$(2p-3)(t-1+t(r-t)) \le 2\delta(2-t) \le 0$$

Da aber $p \ge 2$ und $t \le r$ gilt, ist $(2p-3)(t-1+t(r-t)) > 0$, womit wir einen Widerspruch erzielt haben. Zusammen mit dem Satz von Whitney (Satz 14.1) folgt insgesamt $\sigma(G) = \delta(G)$. $\|$

Folgerung 14.2 Ist G ein schlichter und bipartiter Graph der Ordnung $n(G) \le 3\delta(G)$, so gilt $\sigma(G) = \delta(G)$.

Für schlichte, bipartite und reguläre Graphen konnten Topp und Volkmann [3] die Voraussetzung in Folgerung 14.2 durch folgende Bedingung abschwächen

$$n(G) < 3\delta(G) + \sqrt{2\delta(G) - 1}.$$

Für eine spezielle Klasse regulärer Graphen, den sogenannten stark regulären Graphen, zeigten Brouwer und Mesner [1] 1985 $\sigma = \delta$. Den an dieser Klasse von Graphen interessierten Leser verweisen wir auf Bose [1] 1963, Cameron [1] 1978 sowie Seidel [1] 1979.

Nun wenden wir uns dem Problem zu, hinreichende Bedingungen für $\lambda = \delta$ zu finden. Ein erstes solches Ergebnis geht auf Chartrand zurück. Zum Beweis dieses Resultats verwenden wir folgende nützliche Charakterisierung des q-fachen Kantenzusammenhangs.

Satz 14.4 (Chartrand [1] 1966) Ein Multigraph G ist genau dann q-fach kantenzusammenhängend, wenn für alle Teilmengen $S \subseteq E(G)$ mit $S \neq E(G), \emptyset$ gilt:

$$m_G(S, \bar{S}) \geq q$$

Beweis. Es sei G q-fach kantenzusammenhängend. Ist $q = 0$, so gibt es nichts zu zeigen. Daher sei nun $q \geq 1$. Angenommen, es gibt eine Eckenmenge S in G mit $S \neq E(G), \emptyset$ und $m_G(S, \bar{S}) = r < q$. Entfernt man aus G die r Kanten zwischen S und $\bar{S}$, so zerfällt der zusammenhängende Graph G in verschiedene Komponenten, was einen Widerspruch zur Voraussetzung bedeutet.

Nun gelte umgekehrt $m_G(S, \bar{S}) \geq q$ für alle $S \subseteq E(G)$ mit $S \neq E(G), \emptyset$. Der Fall $q = 0$ ist sofort klar. Sei also $q \geq 1$. Angenommen, es existiert eine Kantenmenge K' mit $|K'| = r < q$, so daß $G - K'$ aus mindestens zwei Komponenten besteht. Ist A die Eckenmenge einer Komponente von $G - K'$, so gilt $A \neq E(G), \emptyset$ und $m_G(A, \bar{A}) \leq r < q$, was einen Widerspruch zur Voraussetzung ergibt. ||

Satz 14.5 (Chartrand [1] 1966) Ist G ein schlichter Graph der Ordnung $n(G) \leq 2\delta(G) + 1$, so gilt $\lambda(G) = \delta(G)$.

Beweis. Ist $\delta(G) = 0$, so ist nichts zu beweisen. Im Fall $\delta(G) \geq 1$ wollen wir für jede echte Teilmenge $S \neq \emptyset$ von $E(G)$ die Ungleichung $m_G(S, \bar{S}) \geq \delta(G)$ nachweisen. Es gelte o.B.d.A. $1 \leq |S| \leq \frac{1}{2}n(G)$, also $1 \leq |S| \leq \delta(G)$. Da G schlicht ist, folgt $2|K(G[S])| \leq |S|(|S| - 1)$, woraus sich

$$m_G(S, \bar{S}) \geq |S|\delta(G) - |S|(|S| - 1) \geq \delta(G)|S| - \delta(G)(|S| - 1) = \delta(G)$$

ergibt. Zusammen mit den Sätzen 14.1 und 14.4 erhält man daraus das gewünschte Resultat. ||

Ein Analogon zu Bemerkung 14.3 ist

Bemerkung 14.4 Es seien G_1 und G_2 zwei disjunkte Multigraphen. Ist G die Vereinigung der Graphen G_1 und G_2 zusammen mit r neuen Kanten, die G_1 mit G_2 verbinden, so gilt

$$\lambda(G) \geq \min\{\lambda(G_1), \lambda(G_2), r\}.$$

Man gebe ein Beispiel mit $\lambda(G) > \min\{\lambda(G_1), \lambda(G_2), r\}$ an (man vgl. Aufgabe 14.3).

Aus dieser Bemerkung und Satz 14.5 ergibt sich für den Graphen G aus Beispiel 14.1 sofort $\lambda(G) = 3$.

Der Satz von Chartrand (Satz 14.5) wurde durch die folgenden interessanten Ergebnisse verallgemeinert.

Satz 14.6 (Lesniak [1] 1974) Gilt für alle verschiedenen, nicht adjazenten Ecken x und y eines schlichten Graphen G die Bedingung $d(x, G) + d(y, G) \geq n(G) - 1$, so ist $\lambda(G) = \delta(G)$.

Satz 14.7 (Plesnik [1] 1975) Es sei G ein schlichter Graph. Ist der Durchmesser $\mathrm{dm}(G) \leq 2$, so gilt $\lambda(G) = \delta(G)$.

Satz 14.8 (Plesnik, Znám [1] 1989) Es sei G ein schlichter, zusammenhängender Graph. Gibt es in G keine vier Ecken a_1, b_1, a_2, b_2 mit

$$d(a_1, a_2), \ d(a_1, b_2), \ d(b_1, a_2), \ d(b_1, b_2) \geq 3, \tag{14.2}$$

so gilt $\lambda = \lambda(G) = \delta(G) = \delta$.

Bemerkung 14.5 Implizit befindet sich der Satz 14.8 schon in einer Arbeit von Goldsmith [1] aus dem Jahre 1981.
Folgende Implikationskette ist leicht einzusehen:
Satz 14.8 $\Longrightarrow$ Satz 14.7 $\Longrightarrow$ Satz 14.6 $\Longrightarrow$ Satz 14.5. (man vgl. Aufgabe 14.4).

Mit meinem Schüler Dr. Peter Dankelmann habe ich ein Ergebnis bewiesen, das den Satz 14.8 als Spezialfall enthält. Zur Herleitung dieses Resultats benötigen wir folgende Definition.

Definition 14.2 Ist G ein Graph und $X, Y \subseteq E(G)$, so wird der *Abstand* zwischen X und Y durch

$$d(X, Y) = \min\{d(x, y) | x \in X, \ y \in Y\}$$

definiert. Ein Paar $X, Y \subseteq E(G)$ mit $d(X, Y) = p > 0$ nennen wir *p-abstandsmaximal*, wenn keine Eckenmengen $A \supseteq X$ und $B \supseteq Y$ mit $A \neq X$ oder $B \neq Y$ existieren, so daß $d(A, B) = p$ gilt.

Satz 14.9 (Dankelmann, Volkmann [1] 1995) Es sei G ein schlichter und zusammenhängender Graph. Erfüllen alle 3-abstandsmaximalen Eckenpaare $X, Y \subseteq E(G)$ die Bedingung $\delta(G[X \cup Y]) = 0$, so gilt $\lambda = \lambda(G) = \delta(G) = \delta$.

Beweis. Im Fall $n(G) = 1$ gibt es nichts zu beweisen. Ist $n(G) \geq 2$, so nehmen wir an, daß $\lambda < \delta$ gilt. Dann existiert eine Kantenmenge $K' \subseteq K(G)$ mit $|K'| = \lambda$, so daß $G - K'$ aus genau zwei Komponenten G_1 und G_2 besteht. Wir setzen $S = E(G_1)$ und $\bar{S} = E(G_2)$. Weiter seien $S_1 \subseteq S$ und $\bar{S}_1 \subseteq \bar{S}$ diejenigen Eckenmengen, die mit den Kanten aus K' inzidieren und $S_0 = S - S_1$ sowie $\bar{S}_0 = \bar{S} - \bar{S}_1$ (man vgl. die Skizze). Es gilt natürlich $|S_1|, |\bar{S}_1| \leq \lambda < \delta$.

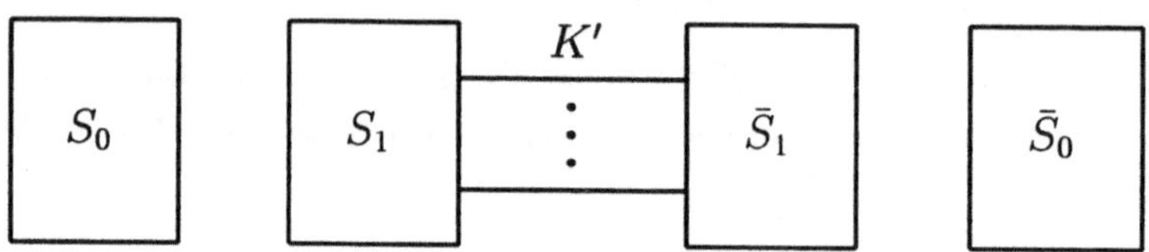

1. Fall: Es gelte $S_0, \bar{S}_0 \neq \emptyset$. Nach Konstruktion beträgt der Abstand zwischen S_0 und $\bar{S}_0$ mindestens 3. Nun wählen wir ein 3-abstandsmaximales Paar $X, Y \subseteq E(G)$ mit $S_0 \subseteq X$ und $\bar{S}_0 \subseteq Y$. Nach Voraussetzung enthält dann $G[X]$ oder $G[Y]$ eine isolierte Ecke u. Sei o.B.d.A. $u \in X$. Ist $u \in S_0$, so erhalten wir den Widerspruch

$$\delta \leq |N(u, G)| \leq |S_1| \leq \lambda.$$

Ist $u \in S_1$, so erhalten wir den Widerspruch

$$\begin{aligned}
\delta \; &\leq \; d(u, G) = |N(u, G) \cap \bar{S}_1| + |N(u, G) \cap S_1| \\
&\leq \; |N(u, G) \cap \bar{S}_1| + \sum_{x \in N(u,G) \cap S_1} |N(x, G) \cap \bar{S}_1| \\
&\leq \; \sum_{x \in S_1} |N(x, G) \cap \bar{S}_1| = \lambda.
\end{aligned}$$

Ist $u \in \bar{S}_1$, so gilt wieder $N(u, G) \subseteq S_1 \cup \bar{S}_1$, und man erhält analog zum Fall $u \in S_1$ einen Widerspruch.

2. Fall: Ist o.B.d.A. $S_0 = \emptyset$, so erhält man analog zum Fall $u \in S_1$ für eine beliebige Ecke $a \in S_1$ einen Widerspruch. Daher liefert uns der Satz von Whitney die gewünschte Aussage. ||

Beweis von Satz 14.8: Ist $X, Y \subseteq E(G)$ ein Paar 3-abstandsmaximaler Eckenmengen, so gilt nach (14.2) die Bedingung $\delta(G[X \cup Y]) = 0$, womit sich Satz 14.8 aus Satz 14.9 ergibt. ||

Bemerkung 14.6 Die Voraussetzungen in den Sätzen 14.5 bis 14.8 lassen nur Graphen zu, deren Durchmesser höchstens 4 beträgt. Die folgende Skizze zeigt einen Graphen von beliebig großem Durchmesser, der die Bedingungen von Satz 14.9 erfüllt.

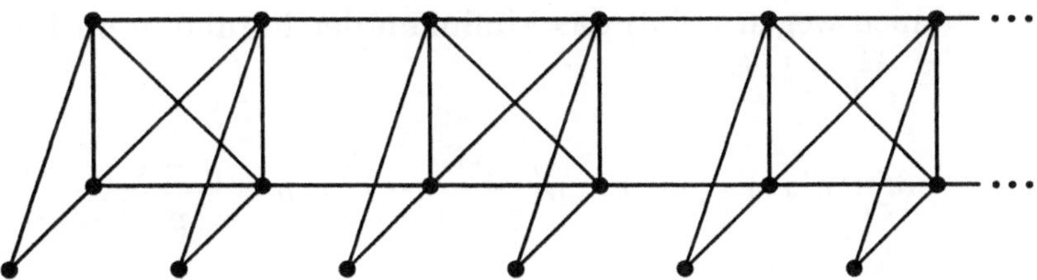

Entsprechende Beispiele existieren auch für $\delta = \lambda \geq 3$ (man vgl. Aufgabe 14.5).

Zum Abschluß dieses Abschnitts beweisen wir ein zum Satz 14.3 analoges Resultat für den Kantenzusammenhang.

Satz 14.10 (Dankelmann, Volkmann [1] 1995) Es sei $p \geq 2$ eine natürliche Zahl und G ein schlichter Graph vom Minimalgrad $\delta = \delta(G)$ und von der Ordnung $n = n(G)$. Ist $\omega(G) \leq p$ und

$$n \leq 2\left\lfloor \frac{p\delta}{p-1} \right\rfloor - 1,$$

so gilt $\lambda(G) = \lambda = \delta$.

Beweis. Für jede echte Teilmenge $S \neq \emptyset$ von $E(G)$ wollen wir die Ungleichung $m_G(S, \bar{S}) \geq \delta$ nachweisen. Für S gelte nun o.B.d.A. $1 \leq |S| \leq \frac{n}{2}$ und damit nach Voraussetzung $1 \leq |S| \leq \lfloor \frac{p\delta}{p-1} \rfloor - \frac{1}{2}$. Da $|S|$ ganzzahlig ist, folgt daraus

$$1 \leq |S| \leq \left\lfloor \frac{p\delta}{p-1} \right\rfloor - 1 \leq \frac{p\delta}{p-1} - 1. \tag{14.3}$$

Wegen $\omega(G[S]) \leq \omega(G) \leq p$ liefert Satz 9.22

$$2m(G[S]) \leq \frac{p-1}{p}|S|^2,$$

und damit

$$m_G(S, \bar{S}) \geq \delta|S| - \frac{p-1}{p}|S|^2. \tag{14.4}$$

Um $m_G(S, \bar{S})$ weiter nach unten abzuschätzen, setzen wir

$$g(x) = -\frac{p-1}{p}x^2 + \delta x$$

und bestimmen wegen (14.3) das Minimum der Parabel g im Intervall $I: 1 \leq x \leq \frac{p\delta}{p-1} - 1$. Nun ist

$$\min_{x \in I}\{g(x)\} = g(1) = g\left(\frac{p\delta}{p-1} - 1\right) = \delta - \frac{p-1}{p},$$

womit sich aus (14.4)

$$m_G(S, \bar{S}) \geq \delta - \frac{p-1}{p}$$

ergibt. Da $m_G(S, \bar{S})$ und δ ganze Zahlen sind, und weil $0 < \frac{p-1}{p} < 1$ gilt, folgt daraus $m_G(S, \bar{S}) \geq \delta$. Die Sätze 14.1 und 14.4 liefern uns schließlich die Behauptung. $\parallel$

Ohne den Satz von Turán zu benutzen, ist Satz 14.10 schon im Jahre 1988 bzw. 1989 für bipartite bzw. p-partite Graphen von Volkmann [1], [3] bewiesen worden. Der bipartite Fall wurde dann von Plesnik und Znám [1] sowie von Dankelmann und Volkmann [1] noch verfeinert. Weitere hinreichende Bedingungen für $\lambda = \delta$ bzw. entsprechende Resultate für Digraphen findet man z.B. in den Arbeiten von Goldsmith und White [1] 1978, Bollobás [2] 1979, Goldsmith und Entringer [1] 1979, Esfahanian [1] 1985, Soneoka, Nakada, Imase und Peyrat [1] 1987, Fàbrega und Fiol [1] 1989, Fiol [1] 1992 sowie J.-M. Xu [1] 1994.

14.2   Mehrfacher Bogenzusammenhang

Definition 14.3 Ein nicht trivialer, stark zusammenhängender Multidigraph D heißt *q-fach stark zusammenhängend* ($q \in \mathbf{N}$), wenn $|E(D)| \geq q+1$ gilt, und $D - E'$ für alle $E' \subseteq E(D)$ mit $|E'| \leq q-1$ stark zusammenhängend ist. Ist D q-fach stark zusammenhängend, aber nicht $(q+1)$-fach stark zusammenhängend, so heißt $q = \tau(D) = \tau$ *starke Zusammenhangszahl* von D. Ist D nicht stark zusammenhängend, oder ist D der triviale Digraph, so heißt D *0-fach stark zusammenhängend*, und wir setzen $\tau(D) = 0$.

Ein nicht trivialer, stark zusammenhängender Multidigraph D heißt *q-fach bogenzusammenhängend* $(q \in \mathbf{N})$, wenn $D - B'$ für alle $B' \subseteq B(D)$ mit $|B'| \leq q - 1$ stark zusammenhängend ist. Ist D q-fach bogenzusammenhängend, aber nicht $(q + 1)$-fach bogenzusammenhängend, so heißt $q = \eta(D) = \eta$ *Bogenzusammenhangszahl* von D. Ist D nicht stark zusammenhängend, oder ist D der triviale Digraph, so heißt D 0-*fach bogenzusammenhängend*, und wir setzen $\eta(D) = 0$.

Definition 14.4 Ist D ein Digraph, und sind A und B zwei disjunkte Teilmengen aus $E(D)$, so bezeichnen wir mit $m_D(A, B)$ die Anzahl der Bogen, die ihre Anfangsecke in A und ihre Endecke in B besitzen. Im Fall $A = \{a\}$ und $B = \{b\}$ schreiben wir kurz $m_D(a, b)$ (man vgl. Definition 1.6).

Satz 14.11 Ein Multidigraph D ist genau dann q-fach bogenzusammenhängend, wenn für alle $S \subseteq E(D)$ mit $S \neq E(D), \emptyset$ gilt:

$$m_D(S, \bar{S}) \geq q$$

Beweis. Es sei D q-fach bogenzusammenhängend. Ist $q = 0$, so gibt es nichts zu beweisen. Daher sei nun $q \geq 1$. Angenommen, es gibt eine Eckenmenge S in D mit $S \neq E(D), \emptyset$ und $m_D(S, \bar{S}) = r < q$. Entfernt man aus D die r Bogen von S nach $\bar{S}$, so ist der verbleibende Digraph nicht mehr stark zusammenhängend, was einen Widerspruch zur Voraussetzung bedeutet.
Nun gelte umgekehrt $m_D(S, \bar{S}) \geq q$ für alle $S \subseteq E(D)$ mit $S \neq E(D), \emptyset$. Ist $q = 0$, so sind wir fertig. Sei also $q \geq 1$. Angenommen, es existiert eine Bogenmenge $B' \subseteq B(D)$ mit $|B'| = r < q$, so daß $D' = D - B'$ nicht stark zusammenhängend ist. Dann gibt es eine Ecke a in D, so daß nicht alle Ecken in D' von a aus erreichbar sind. Es sei $S = S(a)$ diejenige Eckenmenge von $E(D)$, die in D' von a aus erreichbar ist. Insbesondere gilt $a \in S$ und somit $S \neq E(D), \emptyset$. Nach Voraussetzung ist

$$m_{D'}(S, \bar{S}) \geq m_D(S, \bar{S}) - r \geq q - r \geq 1,$$

womit in D' mindestens ein Bogen von S nach $\bar{S}$ existiert, was nach Definition von S aber nicht möglich ist. ‖

Definition 14.5 Es sei G ein Multigraph. Ersetzt man in G jede Kante durch zwei entgegengesetzt gerichtete Bogen, so erhält man einen eindeutig definierten Multidigraphen $D(G)$. $D(G)$ heißt der dem Graphen G *zugeordnete Digraph*.

Satz 14.12 Ist G ein Multigraph, so gilt:

i) Es gibt eine bijektive Zuordnung der Wege von G (mit Berücksichtigung des Anfangspunktes gemäß Definition 1.9) zu den orientierten Wegen von $D(G)$.

ii) $\sigma(G) = \tau(D(G))$.

iii) $\lambda(G) = \eta(D(G))$.

Beweis. i) Nach Definition von $D(G)$ ist die Aussage klar.

ii) Für $E' \subseteq E(G) = E(D(G))$ ergibt sich $\sigma(G) = \tau(D(G))$ aus der Tatsache, daß $G - E'$ genau dann zusammenhängend ist, wenn $D(G) - E'$ stark zusammenhängend ist.

iii) Ist G q-fach kantenzusammenhängend, so gilt für alle $S \subseteq E(G)$ mit $S \neq E(G), \emptyset$ nach Satz 14.4 die Abschätzung $m_G(S, \bar{S}) \geq q$. Aus der Definition von $D(G)$ folgt dann wegen $E(G) = E(D(G))$ sofort $m_{D(G)}(S, \bar{S}) \geq q$ und daher zusammen mit Satz 14.11 der q-fache Bogenzusammenhang von $D(G)$. Analog zeigt man die umgekehrte Richtung, womit auch iii) bewiesen ist. $\|$

Definition 14.6 Ist D ein Digraph, so setzen wir

$$\delta(D) = \min\{\delta^+(D), \delta^-(D)\}.$$

Bemerkung 14.7 Ist D ein schlichter Digraph mit $n(D) = \delta(D) + 1$, so gilt $D = D(K_{n(D)})$ und damit nach den Bemerkungen 14.1 und 14.2 sowie Satz 14.12

$$\tau(D) = \eta(D) = \delta(D) = n(D) - 1.$$

Ähnlich wie den Satz 14.1 von Whitney beweist man

Satz 14.13 Ist D ein Multidigraph, so gilt

$$\tau(D) \leq \eta(D) \leq \delta(D). \tag{14.5}$$

Folgendes Analogon zum Satz 14.2 läßt sich beweisen.

Satz 14.14 Ist D ein schlichter Digraph mit $n(D) \geq \delta(D) + 2$, so gilt

$$\tau(D) \geq 2\delta(D) + 2 - n(D).$$

Im Zusammenhang mit der Konstruktion von "guten Einbahnstraßensystemen" ist folgendes Ergebnis von Robbins aus dem Jahre 1939 interessant.

Satz 14.15 (Robbins [1] 1939) Ist G ein 2-fach kantenzusammenhängender Multigraph, so besitzt G eine stark zusammenhängende Orientierung.

Dieses Resultat von Robbins folgt induktiv aus dem nächsten Satz, der sich mit sogenannten gemischten Graphen beschäftigt, die wir in der folgenden Definition kurz erklären werden.

Definition 14.7 Ein *gemischter Graph* $Q = (E(Q), K(Q))$ besteht aus einer Eckenmenge $E(Q)$ und einer Menge von Kanten oder Bogen $K(Q)$.

$$W = (a_0, k_1, a_1, k_2, a_2, ..., a_{i-1}, k_i, a_i, ..., k_s, a_s)$$

heißt *orientierter Weg* von Q, wenn die Ecken a_i paarweise verschieden sind, und k_i eine Kante oder ein Bogen von a_{i-1} nach a_i ist. Q heißt *stark zusammenhängend*, wenn für je zwei Ecken a, b ein orientierter Weg von a nach b und von b nach a existiert.

Satz 14.16 (Boesch, Tindell [1] 1980) Es sei Q ein stark zusammenhängender gemischter Graph ohne Schlingen und k eine Kante von Q. Die Kante k kann genau dann so orientiert werden, daß der daraus neu entstehende gemischte Graph wieder stark zusammenhängend ist, wenn k keine Brücke des untergeordneten Graphen G von Q ist.

Beweis. Die angegebene Bedingung ist offensichtlich notwendig. Für die Umkehrung nehmen wir an, daß keine Orientierung von $k = ab$ zu einem stark zusammenhängenden gemischten Graphen führt. Dann bleibt zu zeigen, daß k eine Brücke von G ist.
Setzt man $H = Q - k$, so gibt es wegen unserer Annahme in H keinen orientierten Weg von a nach b und keinen orientierten Weg von b nach a. Ist $S = S(a)$ diejenige Eckenmenge von $E(Q)$, die man in H durch einen orientierten Weg von a aus erreichen kann, so gibt es in H für alle $x \in S$ auch einen orientierten Weg von x nach a. Denn nach Voraussetzung existiert in Q ein orientierter Weg von x nach a. Würde k zu diesem Weg gehören, so gäbe es in H einen orientierten Weg von a über x nach b, im Widerspruch zur obigen Aussage.
Wegen $b \in \bar{S}$ ist $\bar{S} \neq \emptyset$, und zu jeder Ecke y aus $\bar{S}$ existiert in H ein orientierter Weg von b nach y. Denn in Q gibt es einen orientierten Weg

von b nach y. Dieser Weg kann die Kante k nicht enthalten, weil sonst $y \in S$ gelten würde.

Nach diesen Überlegungen zeigen wir, daß k die einzige Kante des untergeordneten Graphen G ist, die von S nach $\bar{S}$ geht.

Denn nach Definition von S kann es in H keine Kante und keinen Bogen von S nach $\bar{S}$ geben. Würde in H ein Bogen von $\bar{S}$ nach S existieren, so gäbe es in H auch einen Weg von b nach a, was aber nicht möglich ist. $\|$

Im Jahre 1960 gab Nash-Williams folgende tiefliegende Verallgemeinerung des Satzes von Robbins.

Satz 14.17 (Nash-Williams [1] 1960) Ist G ein $2p$-fach kantenzusammenhängender Multigraph ($p \in \mathbf{N}$), so besitzt G eine p-fach bogenzusammenhängende Orientierung.

Für eine weitere Verallgemeinerung dieses Resultats vgl. man Mader [4] 1978. Da der Beweis des Satzes von Nash-Williams sehr lang und kompliziert ist, begnügen wir uns hier mit dem Beweis eines kleinen Spezialfalles, der uns gleichzeitig eine Methode liefert, eine solche Orientierung zu konstruieren.

Satz 14.18 Es seien $q, s \in \mathbf{N}$ mit $s - 1 \leq \frac{q}{2}$. Ist G ein q-fach kantenzusammenhängender Multigraph mit $2s$ Ecken ungeraden Grades, so besitzt G eine $(\lfloor \frac{q}{2} \rfloor + 1 - s)$-fach bogenzusammenhängende Orientierung.

Beweis. Verbindet man $2(s - 1)$ Ecken ungeraden Grades paarweise durch $s - 1$ neue Kanten, so entsteht ein semi-Eulerscher Multigraph H. Es sei $(a_0, k_1, a_1, ..., k_m, a_m)$ ein Eulerscher Kantenzug von H. Gibt man jeder Kante k_i die Orientierung $\vec{k}_i = (a_{i-1}, a_i)$ für $1 \leq i \leq m$, so erhalten wir eine Orientierung R von H. Ist $S \subseteq E(G)$ mit $S \neq E(G), \emptyset$, so gilt nach Voraussetzung und Satz 14.4

$$m_H(S, \bar{S}) \geq m_G(S, \bar{S}) = r \geq q.$$

Ist nun $(a_0, \vec{k}_1, a_1, ..., \vec{k}_m, a_m)$ der entsprechende orientierte Eulersche Kantenzug von R, so erkennt man, daß die Anzahl der Bogen von S nach $\bar{S}$ und $\bar{S}$ nach S sich maximal um 1 unterscheiden kann. Daraus ergibt sich sofort

$$m_R(S, \bar{S}) \geq \left\lfloor \frac{r}{2} \right\rfloor \geq \left\lfloor \frac{q}{2} \right\rfloor.$$

Entfernt man aus R die $s-1$ Bogen, die den $s-1$ hinzugefügten Kanten entsprechen, so erhält man eine Orientierung D von G mit

$$m_D(S, \bar{S}) \geq m_R(S, \bar{S}) - (s-1) \geq \left\lfloor \frac{q}{2} \right\rfloor + 1 - s \geq 0.$$

womit die Orientierung D von G nach Satz 14.11 ($\lfloor \frac{q}{2} \rfloor + 1 - s$)-fach bogenzusammenhängend ist. ‖

Setzt man in Satz 14.18 $q = 2p$ und $s = 1$, so erhält man den angekündigten Spezialfall des Satzes von Nash-Williams.

Folgerung 14.3 Es sei G ein $2p$-fach kantenzusammenhängender und semi-Eulerscher Multigraph. Dann besitzt G eine p-fach bogenzusammenhängende Orientierung D.

Beispiel 14.3 Gegeben sei der skizzierte schlichte und semi-Eulersche Graph G mit $\delta(G) = 4$.

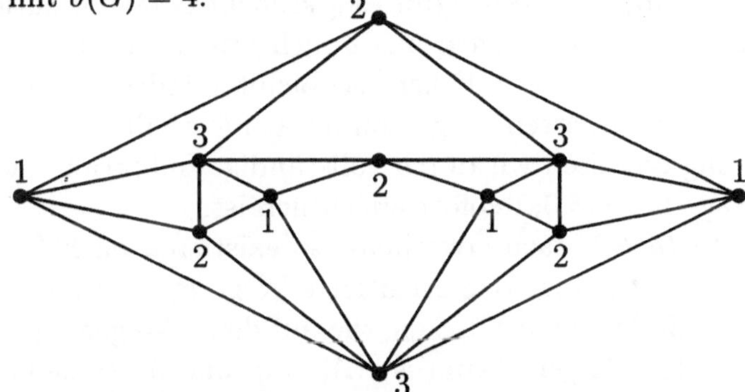

Die angegebene Eckenfärbung zeigt, daß $\chi(G) = 3$ gilt, womit der Graph 3-partit ist. Nach Satz 14.10 ist G dann 4-fach kantenzusammenhängend. Wegen Folgerung 14.3 besitzt G eine 2-fach bogenzusammenhängende Orientierung D. Eine solche Orientierung ergibt sich unmittelbar aus einem Eulerschen Kantenzug von G.

14.3 Die Mengerschen Sätze

Definition 14.8 Es sei D ein schlichter Digraph und a, b zwei verschiedene Ecken von D. Zwei orientierte Wege von a nach b heißen *kreuzungsfrei* in D, falls sie außer a und b keine weitere gemeinsame Ecke besitzen. Liegen p orientierte Wege ($p \geq 3$) von a nach b vor, so heißen diese *kreuzungsfrei*, wenn sie paarweise kreuzungsfrei sind.

Gehört der Bogen (a, b) nicht zu D, so heißt b von a aus *q-fach erreich-bar* in D $(q \in \mathbf{N})$, wenn für alle $S \subseteq E(D) - \{a, b\}$ mit $|S| \leq q - 1$ die Ecke b in $D - S$ von a aus erreichbar ist. Gibt es in D keinen orientierten Weg von a nach b, so ist b von a aus *0-fach erreichbar*.

Von den folgenden 8 Sätzen wurden Satz 14.20 von Menger [1] 1927 und Satz 14.22 von Whitney [2] 1932 publiziert. Wegen der Ähnlichkeit und Verwandtheit dieser Sätze, und da Menger als erster ein solches Resultat veröffentlicht hat, nennt man heute alle diese Ergebnisse "Mengersche Sätze".

Satz 14.19 Es sei D ein schlichter Digraph und a, b zwei verschiedene Ecken von D, die durch keinen Bogen (a, b) verbunden sind. Die Ecke b ist genau dann von a aus q-fach erreichbar in D, wenn es q kreuzungs-freie orientierte Wege von a nach b in D gibt.

Beweis. (**McCuaig [1] 1984**) Gibt es q kreuzungsfreie orientierte We-ge von a nach b, so ist b von a aus q-fach erreichbar. Denn entfernt man aus D höchstens $q - 1$ Ecken, so bleibt mindestens einer der q kreuzungsfreien orientierten Wege von a nach b erhalten.
Die Umkehrung beweisen wir durch vollständige Induktion nach q, wo-bei die Aussage für $q = 0, 1$ sofort ersichtlich ist.
Ist b von a aus $(q + 1)$-fach erreichbar, so existieren nach Induktions-voraussetzung q kreuzungsfreie orientierte Wege $P_1, ..., P_q$ von a nach b in D. Es sei A die Menge der Ecken, die auf den q Wegen $P_1, ..., P_q$ der Ecke a unmittelbar folgen. Dann ist $|A| = q$, und da es keinen Bogen (a, b) gibt, ist $b \in E(D) - A$, und die Ecke b ist in $D - A$ von a aus er-reichbar. Es sei P ein orientierter Weg von a nach b in $D - A$ und $x \neq a$ die erste Ecke von P, die auch auf einem Weg P_i liegt $(1 \leq i \leq q)$. Mit P_{q+1} bezeichnen wir den (a, x)-Abschnitt des orientierten Weges P.
Nun seien $P_1, ..., P_q, P$ so gewählt, daß der Abstand (d.h. die Länge eines kürzesten orientierten Weges) von x nach b in $D - a$ minimal ist. Ist $x = b$, so sind wir fertig. Also nehmen wir an, daß $x \neq b$ gilt.
In $D - x$ ist b von a aus q-fach erreichbar, womit nach Induktionsvor-aussetzung q kreuzungsfreie orientierte Wege $W_1, ..., W_q$ von a nach b in $D - x$ existieren. Wir wählen die orientierten Wege $W_1, ..., W_q$ so, daß der folgende Ausdruck minimal wird.

$$\left| \left(\bigcup_{i=1}^{q} B(W_i) \right) \cap \left(B(D) - \bigcup_{i=1}^{q+1} B(P_i) \right) \right|$$

Der Digraph Q bestehe aus allen Ecken und Bogen von $W_1, ..., W_q$ und
der Ecke x. Nun wählen wir einen orientierten Weg P_j ($1 \leq j \leq q+1$),
dessen erster Bogen nicht zu $B(Q)$ gehört, und es sei $y \neq a$ die erste
Ecke von P_j, die in $E(Q)$ liegt. Ist $y = b$, so sind wir fertig. Annahme,
$y \neq b$. Im folgenden werden wir zeigen, daß dieser Fall nicht eintreten
kann.

Ist $y = x$, so sei V der kürzeste orientierte Weg von x nach b in $D - a$
und z die erste Ecke von V auf einem orientierten Weg W_i. Dann ist
aber in $D - a$ der Abstand von z zu b geringer als der Abstand von
x zu b, womit wir einen Widerspruch zur Wahl der Wege $P_1, ..., P_q, P$
erzeugt haben.

Ist $y \in E(W_r)$ für ein $1 \leq r \leq q$, so liegt auf dem (a, y)-Abschnitt von
W_r ein Bogen, der zu keinem $P_1, ..., P_{q+1}$ gehört, denn sonst hätten zwei
orientierte Wege aus $\{P_1, ..., P_{q+1}\}$ die Ecke y gemeinsam, die nicht zu
der Menge $\{a, b, x\}$ gehört. Ersetzen wir den (a, y)-Abschnitt von W_r
durch den (a, y)-Abschnitt von P_j, so erhalten wir einen Widerspruch
zur Wahl der Wege $W_1, ..., W_q$. $\|$

Definition 14.9 Es sei G ein schlichter Graph und a, b zwei verschiedene Ecken aus G. Zwei Wege von a nach b heißen *kreuzungsfrei* in G,
falls sie außer a und b keine weitere gemeinsame Ecke besitzen. Liegen
p Wege ($p \geq 3$) von a nach b vor, so heißen diese *kreuzungsfrei*, wenn
sie paarweise kreuzungsfrei sind.
Sind a, b nicht adjazent, so heißen a und b *q-fach zusammenhängend* in
G ($q \in \mathbf{N}$), wenn für alle $S \subseteq E(G) - \{a, b\}$ mit $|S| \leq q - 1$ ein Weg
von a nach b in $G - S$ existiert. Gibt es in G keinen Weg von a nach b,
so sind die beiden Ecken *0-fach zusammenhängend* in G.

Mit Hilfe der Sätze 14.12 und 14.19 können wir leicht die ungerichtete
Form des Mengerschen Satzes 14.19 beweisen.

Satz 14.20 Es sei G ein schlichter Graph und a, b zwei verschiedene,
nicht adjazente Ecken von G. Die Ecken a und b sind genau dann q-fach
zusammenhängend in G, wenn es q kreuzungsfreie Wege von a nach b
in G gibt.

Beweis. Gibt es q kreuzungsfreie Wege von a nach b, so sind a und b
natürlich q-fach zusammenhängend.
Sind umgekehrt die Ecken a und b in G q-fach zusammenhängend, so
sei $D(G)$ der dem Graphen G zugeordnete Digraph. Da a und b in G
nicht adjazent sind, gibt es in $D(G)$ keinen Bogen (a, b) und keinen

Bogen (b, a). Wegen Satz 14.12 ist die Ecke b in $D(G)$ von a aus q-fach erreichbar. Damit existieren nach Satz 14.19 q kreuzungsfreie, orientierte Wege von a nach b in $D(G)$ und daher wieder nach Satz 14.12 q kreuzungsfreie Wege von a nach b in G. ||

Satz 14.21 Es sei $q \in \mathbb{N}$ und D ein schlichter Digraph der Ordnung $|E(D)| \geq q+1$. D ist genau dann q-fach stark zusammenhängend, wenn zwischen je zwei Ecken q kreuzungsfreie orientierte Wege existieren.

Beweis. Es sei D q-fach stark zusammenhängend. Angenommen, es gibt zwei Ecken a und b in G, so daß von a nach b maximal $p < q$ kreuzungsfreie, orientierte Wege in G existieren.

Gibt es in D keinen Bogen (a, b), so ist nach Satz 14.19 die Ecke b von a aus höchstens p-fach in D erreichbar, womit eine Menge $S \subseteq E(D) - \{a, b\}$ mit $|S| \leq p < q$ existiert, so daß die Ecke b in $D - S$ von a aus nicht mehr erreichbar ist. Das ergibt einen Widerspruch zur Voraussetzung, daß D q-fach stark zusammenhängend ist.

Existiert ein Bogen $k = (a, b)$, so gibt es in $D - k$ höchstens $p - 1$ kreuzungsfreie, orientierte Wege von a nach b. Nach Satz 14.19 existiert eine Menge $S \subseteq E(D) - \{a, b\}$ mit $|S| \leq p - 1$, so daß die Ecke b in $D' = (D - k) - S$ von a aus nicht mehr erreichbar ist. Nun bedeute $M^+(a)$ die Menge aller Ecken von D', die in D' von a aus erreichbar sind (insbesondere ist $a \in M^+(a)$), und $R = (E(D') - M^+(a)) - \{b\}$.

Ist $R \neq \emptyset$ und $u \in R$, so ist in $D' - b = D - (S \cup \{b\})$ die Ecke u von a aus nicht erreichbar, womit wir einen Widerspruch zum q-fachen starken Zusammenhang von D erzielt haben.

Ist $R = \emptyset$, so existiert eine Ecke $v \in M^+(a)$ mit $v \neq a$. Denn anderenfalls würde nach Definition von R gelten: $E(D') = \{a, b\}$, im Widerspruch zu $|E(D)| \geq q+1$. Daher ist in $D' - a = D - (S \cup \{a\})$ die Ecke b von v aus nicht erreichbar, womit wir auch in diesem Fall einen Widerspruch zum q-fachen starken Zusammenhang von D gefunden haben.

Umgekehrt soll es nun zwischen je zwei Ecken mindestens q kreuzungsfreie, orientierte Wege geben. Angenommen, D ist nicht q-fach stark zusammenhängend. Wegen $|E(D)| \geq q + 1$ existiert dann eine Menge $S \subseteq E(D)$ mit $|S| \leq q - 1$, so daß $D - S$ nicht stark zusammenhängend ist. Damit gibt es in $D - S$ zwei Ecken a und b, so daß in $D - S$ kein orientierter Weg von a nach b existiert. Das widerspricht aber der Tatsache, daß es mindestens q kreuzungsfreie, orientierte Wege von a nach b in D gibt. ||

Aus den Sätzen 14.12 und 14.21 folgt leicht die ungerichtete Form von Satz 14.21.

Satz 14.22 Es sei $q \in \mathbf{N}$ und G ein schlichter Graph der Ordnung $|E(G)| \geq q + 1$. G ist genau dann q-fach zusammenhängend, wenn zwischen je zwei Ecken q kreuzungsfreie Wege existieren.

Beweis. Gibt es zwischen je zwei Ecken q kreuzungsfreie Wege, so ist G q-fach zusammenhängend (man vgl. den Beweis von Satz 14.21).
Ist umgekehrt G q-fach zusammenhängend, so sei $D(G)$ der dem Graphen G zugeordnete Digraph. Nach Satz 14.12 ist $D(G)$ q-fach stark zusammenhängend. Damit gibt es nach Satz 14.21 zwischen je zwei Ecken q kreuzungsfreie, orientierte Wege in $D(G)$ und daher wieder nach Satz 14.12 q kreuzungsfreie Wege in G. $\|$

Mit analogen Überlegungen lassen sich diejenigen Mengerschen Sätze beweisen, die den mehrfachen Bogen- bzw. Kantenzusammenhang charakterisieren.

Satz 14.23 Es sei D ein schlichter Digraph und a, b zwei verschiedene Ecken von D. Es gibt genau dann q bogendisjunkte, orientierte Wege ($q \in \mathbf{N}$) von a nach b in D, wenn es für alle $B' \subseteq B(D)$ mit $|B'| \leq q - 1$ einen orientierten Weg von a nach b in $D - B'$ gibt.

Satz 14.24 Es sei G ein schlichter Graph und a, b zwei verschiedene Ecken von G. Es gibt genau dann q kantendisjunkte Wege ($q \in \mathbf{N}$) von a nach b in D, wenn es für alle $K' \subseteq K(G)$ mit $|K'| \leq q - 1$ einen Weg von a nach b in $G - K'$ gibt.

Satz 14.25 Es sei D ein schlichter Digraph. D ist genau dann q-fach bogenzusammenhängend ($q \in \mathbf{N}$), wenn zwischen je zwei Ecken q bogendisjunkte, orientierte Wege existieren.

Satz 14.26 Es sei G ein schlichter Graph. G ist genau dann q-fach kantenzusammenhängend ($q \in \mathbf{N}$), wenn zwischen je zwei Ecken q kantendisjunkte Wege existieren.

Während wir hier direkte Beweise der Mengerschen Sätze vorgestellt haben, findet man im Abschnitt 15.3 über Anwendungen der Netzwerktheorie alternative Beweise.

Diejenigen Leser, die an Erweiterungen, Verallgemeinerungen und Anwendungen der Mengerschen Sätze und an Problemen des mehrfachen Zusammenhangs interessiert sind, seien auf den Übersichtsartikel von Mader [5] aus dem Jahre 1979 und z.B. auf die neueren Arbeiten von Aharoni [1] 1987, Mader [6] 1986, Mader [7] 1988 und Mader [9] 1989 verwiesen.

14.4   Unabhängige Mengen und Hamiltonkreise

Satz 14.27 Es sei G ein schlichter und q-fach zusammenhängender Graph. Sind $a, x_1, x_2, ..., x_q$ paarweise verschiedene Ecken aus G, so existieren q Wege von a nach $\{x_1, ..., x_q\}$, die paarweise nur die Ecke a gemeinsam haben.

Beweis. Aus G konstruieren wir einen Graphen H, indem wir eine neue Ecke u und die Kanten ux_i für $i = 1, .., q$ zu G hinzufügen. Nach Voraussetzung und Definition 14.1 ist H auch q-fach zusammenhängend. Daher existieren nach Satz 14.22 q kreuzungsfreie Wege von a nach u in H, deren Einschränkung auf G die gewünschten q Wege von a nach $\{x_1, ..., x_q\}$ liefert. $\|$

Mit Hilfe dieses Satzes wollen wir ein interessantes hinreichendes Kriterium für Hamiltonsche Graphen herleiten, das Chvátal und Erdös [1] 1972 aufgestellt haben.

Satz 14.28 (Chvátal, Erdös [1] 1972) Es sei G ein schlichter Graph mit $|E(G)| \geq 3$. Gilt $\sigma(G) \geq \alpha(G)$, so ist G Hamiltonsch.

Beweis. Ist die Unabhängigkeitszahl $\alpha(G) = 1$, so ist G ein vollständiger Graph mit mindestens drei Ecken, womit G einen Hamiltonkreis besitzt. Sei nun $\alpha(G) \geq 2$ und damit nach Voraussetzung $q = \sigma(G) \geq \alpha(G) \geq 2$. Dann besitzt G nach Satz 1.9 und wegen $q \leq \delta(G)$ einen Kreis mit mehr als q Ecken. Ist C ein längster Kreis von G, so wollen wir zeigen, daß C ein Hamiltonkreis ist.
Ist C kein Hamiltonkreis, so gibt es eine Ecke u in G, die nicht zu C gehört. Dann existieren nach Satz 14.27 q Wege $W_1, ..., W_q$ mit der Anfangsecke u, die paarweise nur die Ecke u gemeinsam haben, und die mit dem Kreis C nur ihre Endecken $y_1, ..., y_q$ gemeinsam besitzen. Gibt

man dem Kreis C eine beliebige Orientierung, so seien x_i die Nachfolger von y_i für $i = 1, ..., q$. Nun kann kein x_i zu u adjazent sein, denn sonst könnte man in C die Kante $y_i x_i$ durch die Kante $x_i u$ und den Weg W_i ersetzen und erhielte einen längeren Kreis als C. Analog zeigt man, daß alle x_i von allen y_j verschieden sind. Da nach Voraussetzung die Menge $\{u, x_1, ..., x_q\}$ nicht unabhängig ist, muß in G eine Kante $x_i x_j$ existieren. Ersetzt man in C die Kanten $y_i x_i$ und $y_j x_j$ durch die Kante $x_i x_j$ und die beiden Wege W_i und W_j, so hat man einen Kreis gefunden, der länger als C ist, was aber der Wahl von C widerspricht. ||

Als einfache Folgerung aus Satz 14.28 erhalten wir

Satz 14.29 (Chvátal, Erdös [1] 1972) Es sei G ein schlichter und q-fach zusammenhängender Graph ($q \in \mathbf{N}$). Gilt $\alpha(G) \leq q + 1$, so ist G semi-Hamiltonsch.

Beweis. Wählen wir eine Ecke u, die nicht zu G gehört, so ist $G + u$ sogar $(q+1)$-fach zusammenhängend. Wegen $\alpha(G + u) = \alpha(G) \leq q + 1$ besitzt $G + u$ nach Satz 14.28 einen Hamiltonkreis, womit G semi-Hamiltonsch ist. ||

Die vollständigen bipartiten Graphen $K_{q,q+1}$ bzw. $K_{q,q+2}$ zeigen, daß die Sätze 14.28 bzw. 14.29 bestmöglich sind.

Das nächste Resultat läßt sich analog zum Satz 14.28 herleiten.

Satz 14.30 (Chvátal, Erdös [1] 1972) Es sei G ein schlichter, q-fach zusammenhängender Graph. Ist $\alpha(G) \leq q - 1$, so ist jedes Eckenpaar durch einen Hamiltonschen Weg verbunden. (Man nennt solche Graphen Hamiltonsch zusammenhängend.)

Als Erweiterung der Beweismethode von Satz 14.28 werden wir zum Schluß dieses Kapitels eine hinreichende Bedingung für Hamiltonsche Graphen vorstellen, die auch im Fall $\alpha(G) \geq \sigma(G) + 1$ anwendbar ist. Zur Formulierung dieses Resultats benutzen wir folgende Bezeichnungen.

Ist $S \subseteq E(G)$ eine unabhängige Eckenmenge mit $|S| = q + 1$, so setzen wir

$$S_i = \{x \in E(G) - S |\ |N(x, G) \cap S| = i\}$$

und $|S_i| = s_i$ für $1 \leq i \leq q + 1$.

Satz 14.31 (Schiermeyer [1] 1990) Es sei G ein schlichter, q-fach zusammenhängender Graph ($q \geq 2$). Gibt es ein $t \leq q$, so daß für jede unabhängige Eckenmenge $S \subseteq E(G)$ mit $|S| = q + 1$ die Ungleichung

$$\sum_{i=1}^{t+1}(i + t - 1)s_i > t(n(G) - 1) \tag{14.6}$$

erfüllt wird, so ist G Hamiltonsch.

Beweis. Im Fall $t = 1$ ist (14.6) äquivalent zu der Bedingung aus Satz 4.6. Daher setzen wir im folgenden $q \geq t \geq 2$ voraus. Wie im Beweis von Satz 14.28 sei C ein längster, nicht Hamiltonscher Kreis von G der Länge c und $x_0 \in E(G) - E(C)$. Dann existieren wieder t Wege $W_1, ..., W_t$ mit der Anfangsecke x_0, die paarweise nur die Ecke x_0 gemeinsam haben, und die mit C nur ihre Endecken $y_1, ..., y_t$ gemeinsam besitzen. Bezüglich einer Orientierung von C sollen o.B.d.A. die Ecken $y_1, ..., y_t$ in dieser Reihenfolge auftreten und $x_1, ..., x_t$ ihre unmittelbaren Nachfolger auf C bedeuten. Dann ist $X = \{x_0, x_1, ..., x_t\}$ wieder eine unabhängige Eckenmenge. Setzen wir $A = E(G) - N(X, G)$, so gilt $X \subseteq A$, da X eine unabhängige Menge ist. Weiter haben keine zwei Ecken aus X eine gemeinsame Nachbarecke in der Menge $B = E(G) - (E(C) \cup \{x_0\})$. Denn wäre eine Ecke $x \in N(x_i, G) \cap N(x_j, G) \cap B$ für $0 \leq i < j \leq t$, so könnte man einen Kreis mit wenigstens $c + 2$ Ecken angeben, der x und x_0 enthält. Daraus folgt

$$|N(a, G) \cap X| \leq 1 \quad \text{für} \quad a \in B. \tag{14.7}$$

Seien nun a_1 und a_2 zwei Ecken aus $A \cap C$, die in C aufeinanderfolgen. D.h. alle Ecken aus dem offenen Segment (a_1, a_2) von C, also alle Ecken von C, die zwischen a_1 und a_2 liegen, gehören zu $N(X, G)$. Da $X \subseteq A$ gilt, können wir annehmen, daß a_1 und a_2 zu einem abgeschlossenen Segment $[x_r, x_{r+1}]$ mit $0 < r < t$ oder $[x_t, x_1]$ von C gehören. Es gebe nun zwei Indizes i, j und zwei Ecken v und v^+ in dem offenen Segment (a_1, a_2) von C mit $v \in N(x_i, G)$, $v^+ \in N(x_j, G)$, $vv^+ \in K(C)$, und v^+ ist Nachfolger von v. Dann ist $i \neq 0$, denn anderenfalls könnten wir einen Kreis mit mindestens $c + 1$ Ecken angeben, der x_0 und alle Ecken von C enthält. Weiter können die Ecken y_i, y_j und y_r nicht in dieser Reihenfolge auf C liegen, da sich sonst ein längerer Kreis als C durch folgende Operationen konstruieren läßt. Man entferne aus C die Kanten $y_i x_i$, $y_j x_j$ und vv^+ und ersetze sie durch die Wege W_i und W_j sowie die Kanten $x_i v$ und $x_j v^+$.

Setzt man speziell $i = r - 1$ und $j = r$, so erkennt man, daß diejenigen Nachbarn von $N(x_r, G)$ und $N(x_{r-1}, G)$, die zu (a_1, a_2) gehören, in zwei aufeinanderfolgenden (möglicherweise leeren) abgeschlossenen Segmenten von C liegen, die sich höchstens in ihren Randecken überlappen können. Durch Fortführung dieses Verfahrens sieht man, daß die Nachbarmengen von

$$N(x_r), N(x_{r-1}), ..., N(x_1), N(x_t), N(x_{t-1}), ..., N(x_{r+1}), N(x_0),$$

die zu (a_1, a_2) gehören, in aufeinanderfolgenden, abgeschlossenen Segmenten von C liegen, die sich nur in ihren Randecken überlappen können. Da es maximal $t + 1$ solche Segmente gibt, können höchstens t Überlappungsecken zwischen a_1 und a_2 existieren. Sind $v_1, ..., v_p$ die Überlappungsecken, und ist eine Ecke v_i zu d_i Ecken aus X adjazent, so gilt $2 \leq d_i \leq t + 1$, und ein Abzählargument liefert

$$\sum_{i=1}^{p} (d_i - 1) \leq t. \tag{14.8}$$

Wir führen nun noch eine Gewichtsfunktion s ein, die jeder Ecke $v \in E(G)$ ein Gewicht bezüglich einer unabhängigen Menge $S \subseteq E(G)$ mit $t+1$ Ecken zuordnet, wobei $s(v) = 0$ ist, wenn $v \in S$ oder $v \notin N(S, G)$, und $s(v) = i + t - 1$, wenn $v \in S_i$. Für $S = X$ wollen wir $s(E(G))$ nach oben abschätzen.

Die Eckenmenge des halboffenen Segments $[a_1, a_2)$ von C besteht aus a_1, den Überlappungsecken $v_1, ..., v_p$ und der Resteckenmenge R, die zu S_1 gehört. Wegen $a_1 \in A$ ist $s(a_1) = 0$. Ist $x \in R$, so gilt $x \in S_1$ und damit $s(x) = t$. Aus (14.8) folgt

$$s(\{v_1, ..., v_p\}) = \sum_{i=1}^{p} (d_i + t - 1) = pt + \sum_{i=1}^{p} (d_i - 1) \leq t(p + 1)$$

und damit dann

$$s(E([a_1, a_2))) \leq t|E([a_1, a_2))|.$$

Da C die Vereinigung von Segmenten der Art $[a_1, a_2)$ ist, ergibt sich aus der letzten Ungleichung

$$s(E(C)) \leq t|E(C)|. \tag{14.9}$$

Aus (14.7) folgt für jedes $a \in B$ entweder $a \notin N(X, G)$, also $s(a) = 0$ oder $a \in S_1$, also $s(a) = t$ und daher

$$s(B) \leq t|B|. \tag{14.10}$$

Insgesamt erhalten wir aus (14.9), (14.10) und $s(x_0) = 0$ die Abschätzung

$$\sum_{i=1}^{t+1}(i + t - 1)s_i = s(E(G)) \leq t(|E(C)| + |B|) = t(n(G) - 1),$$

die unserer Voraussetzung (14.6) widerspricht. ‖

Der Satz 14.31 verallgemeinert ein verwandtes Resultat von Fraisse [1] aus dem Jahre 1986, wobei die Beweismethoden einige Gemeinsamkeiten aufweisen. Darüber hinaus lassen sich aus diesem Satz einige andere Ergebnisse der achtziger Jahre folgern (man vgl. dazu die Originalarbeit von Schiermeyer [1]).

14.5   Aufgaben

Aufgabe 14.1 Man beweise Bemerkung 14.1.

Aufgabe 14.2 Man beweise Bemerkung 14.3 und gebe ein Beispiel mit $\sigma(G) > \min\{\sigma(G_1), \sigma(G_2), r\}$ an.

Aufgabe 14.3 Man beweise Bemerkung 14.4 und gebe ein Beispiel mit $\lambda(G) > \min\{\lambda(G_1), \lambda(G_2), r\}$ an.

Aufgabe 14.4 Man beweise die Implikationen aus Bemerkung 14.5.

Aufgabe 14.5 Man zeige, daß der in Bemerkung 14.6 skizzierte Graph die Bedingungen aus Satz 14.9 erfüllt und konstruiere entsprechende Beispiele für $\delta = \lambda \geq 3$.

Aufgabe 14.6 Man beweise Satz 14.13.

Aufgabe 14.7 Man beweise Satz 14.14.

Aufgabe 14.8 Es sei G ein schlichter Graph mit $n = n(G) \geq 3$. Ist

$$m(G) \geq \frac{1}{2}(n - 1)(n - 2) + 2,$$

so zeige man, daß G eine stark zusammenhängende Orientierung besitzt.

Aufgabe 14.9 Es sei D ein Eulerscher Multidigraph und $S \subseteq E(D)$ mit $S \neq E(D), \emptyset$. Man zeige

$$m_D(S, \bar{S}) = m_D(\bar{S}, S).$$

Aufgabe 14.10 Es sei D ein Eulerscher Multidigraph mit einer guten Ecke. Man zeige $\eta(D) = \delta(D)$.

Aufgabe 14.11 Man beweise Satz 14.30.

Aufgabe 14.12 Es sei D ein schlichter, q-fach stark zusammenhängender Digraph mit $n(D) \geq 2q$. Sind $x_1, ..., x_q, y_1, ..., y_q$ verschiedene Ecken aus D, so zeige man, daß q paarweise eckendisjunkte, orientierte Wege von $\{x_1, ..., x_q\}$ nach $\{y_1, ..., y_q\}$ existieren.

Kapitel 15

Netzwerke

15.1 Die Theorie von Ford-Fulkerson

Definition 15.1 Ein zusammenhängender Multidigraph $N = (E, B)$ heißt *Netzwerk*, wenn folgende Bedingungen erfüllt sind:

i) In N existiert genau eine Ecke u mit $d^-(u, N) = 0$. Die Ecke u nennt man *Quelle* des Netzwerkes.
In N existiert genau eine Ecke v mit $d^+(v, N) = 0$. Die Ecke v nennt man *Senke* des Netzwerkes.

ii) Es existiert eine Funktion $c : B \longrightarrow \mathbf{R}$ mit $c(k) \geq 0$ für alle $k \in B$. Man nennt c *Kapazitätsfunktion* und $c(k)$ *Kapazität* des Bogens k.

Für ein Netzwerk N mit der Eckenmenge E, der Bogenmenge B, der Quelle u, der Senke v und der Kapazitätsfunktion c benutzen wir im folgenden die Schreibweise $N = (E, B, u, v, c)$.

Beispiel 15.1 Ein Baumaschinenhersteller soll innerhalb einer gegebenen Frist einige Planierraupen bei einer entfernten Großbaustelle anliefern. Das Zeitlimit erweist sich als Problem, denn bei den verschiedenen Transportmöglichkeiten (Bahn, mit eigenen Fahrzeugen, Schiff, über Spediteure usw.) kann der Fabrikant stets nur eine bestimmte Anzahl von Maschinen bis zum gegebenen Termin befördern. Wir nehmen an, daß die verschiedenen Transportwege durch den unten skizzierten Digraphen repräsentiert werden.
Dabei bedeuten die eingetragenen Zahlen die Anzahl der Planierraupen, die auf der betreffenden Strecke so befördert werden können, daß

sie rechtzeitig zum Ziel gelangen. Damit liegt eine Kapazitätsfunktion vor. Die Ecke u entspricht dem Standort des Herstellers und die Ecke v der Großbaustelle. Damit führt das gestellte praktische Problem auf natürliche Weise zu einem Problem in einem Netzwerk, das die Quelle u und die Senke v besitzt. Der Fabrikant ist natürlich daran interessiert, die maximale Anzahl der Maschinen herauszufinden, die er fristgerecht durch dieses Netzwerk befördern kann.

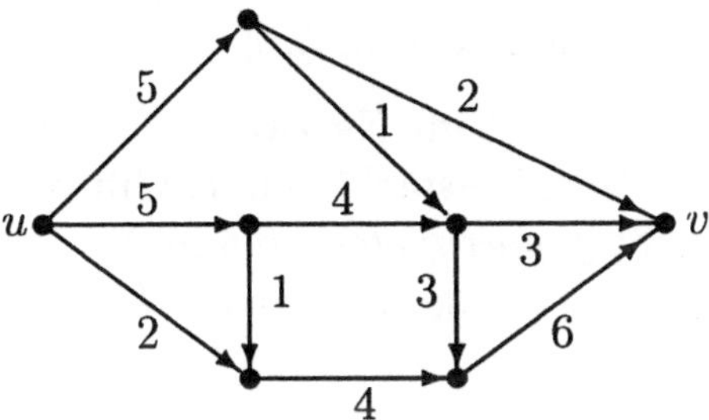

Zur allgemeinen Lösung solcher und ähnlicher Fragestellungen wollen wir eine Methode vorstellen, die von Ford und Fulkerson [1], [2], [3] in den Jahren 1956 bis 1962 entwickelt worden ist.

Definition 15.2 Sei $N = (E, B, u, v, c)$ ein Netzwerk und $f : B \longrightarrow \mathbf{R}$ eine Funktion. Ist $B' \subseteq B$, so setzen wir $f(B') = \sum_{k \in B'} f(k)$. Sind $X, Y \subseteq E$, so bedeute (X, Y) die Menge der Bogen aus B, die in X beginnen und in Y enden. Weiter setzen wir für $X \subseteq E$

$$f^+(X) = f((X, \bar{X})) \quad \text{und} \quad f^-(X) = f((\bar{X}, X))$$

und $f^+(a) = f^+(\{a\})$ bzw. $f^-(a) = f^-(\{a\})$ für eine Ecke $a \in E$. Die Funktion f heißt *Fluß* im Netzwerk N, wenn sie für alle $k \in B$ und alle $a \in E - \{u, v\}$ die Bedingungen

$$0 \leq f(k) \leq c(k), \tag{15.1}$$

$$f^+(a) = f^-(a) \tag{15.2}$$

erfüllt. Die Ungleichung (15.1) nennt man *Kapazitätsbeschränkung*. Die Gleichung (15.2) besagt, daß bei einem Fluß in jeder Ecke, die von der Quelle und Senke verschieden ist, der einlaufende und der auslaufende "Gesamtfluß" übereinstimmen.

Jedes Netzwerk besitzt den sogenannten *Null-Fluß* f_0 mit $f_0(k) = 0$ für alle Bogen $k \in B$.

Satz 15.1 Ist $N = (E, B, u, v, c)$ ein Netzwerk und f ein Fluß in N, so gilt

$$f^+(u) = f^-(v). \tag{15.3}$$

Beweis. Es gilt

$$\sum_{a \in E} f^+(a) = \sum_{k \in B} f(k) = \sum_{a \in E} f^-(a).$$

Wegen $f^+(a) = f^-(a)$ für alle $a \neq u, v$ und $f^+(v) = f^-(u) = 0$ folgt daraus unmittelbar die Eigenschaft (15.3). $\|$

Definition 15.3 Ist f ein Fluß im Netzwerk $N = (E, B, u, v, c)$, so heißt $w(f) = f^+(u) = f^-(v)$ *Flußstärke* von f. Gibt es keinen Fluß f' mit $w(f') > w(f)$, so heißt f *maximaler Fluß* in N.
Ist $A \subseteq E$ mit $u \in A$ und $v \in \bar{A}$, so nennen wir $L = (A, \bar{A}) \subseteq B$ einen *Schnitt* in N und

$$\operatorname{cap} L = \sum_{k \in L} c(k)$$

Kapazität des Schnittes L. Gibt es im Netzwerk N keinen Schnitt L' mit $\operatorname{cap} L' < \operatorname{cap} L$, so heißt L *minimaler Schnitt* in N.

Bemerkung 15.1 Da es nur endlich viele Schnitte in einem Netzwerk gibt, existiert natürlich stets ein minimaler Schnitt. Außerdem gibt es auch immer einen maximalen Fluß. Um dies einzusehen, brauchen wir lediglich für jeden Bogen k des Netzwerkes die Größe $f(k)$ nicht als Funktionswert, sondern als Variable aufzufassen. Dann sieht man nämlich, daß die Flußstärke eine stetige Funktion dieser Variablen ist, und ihr Definitionsbereich, der durch die Bedingungen (15.1) und (15.2) beschrieben wird, ist offensichtlich kompakt. Aus einem bekannten Ergebnis der Analysis folgt damit die Existenz eines maximalen Flusses. Tatsächlich zeigt diese Betrachtung sogar, daß die Bestimmung eines maximalen Flusses ein lineares Programm ist. Damit stehen prinzipiell schon kraftvolle Methoden zur Lösung des Problems zur Verfügung (man vgl. dazu z.B. Jongen und Triesch [1], [2]). Allerdings garantieren diese Methoden im allgemeinen nicht die Ganzzahligkeit der Lösung, die für kombinatorische Probleme (man vgl. Beispiel 15.1) von entscheidender Bedeutung ist.

Hilfssatz 15.1 Ist f ein Fluß im Netzwerk $N = (E, B, u, v, c)$ und $(A, \bar{A})$ ein Schnitt, so gilt

$$w(f) = f^+(A) - f^-(A).$$

Beweis. Für alle $X \subseteq E$ gelten die Identitäten

$$\sum_{a \in X} f^+(a) = f^+(X) + f((X, X)),$$

$$\sum_{a \in X} f^-(a) = f^-(X) + f((X, X)).$$

Setzen wir $X = A$, so folgt daraus wegen (15.2)

$$w(f) = f^+(u) = \sum_{a \in A}(f^+(a) - f^-(a)) = f^+(A) - f^-(A)$$

und damit die Behauptung. $\|$

Definition 15.4 Es sei f ein Fluß im Netzwerk $N = (E, B, u, v, c)$. Ein Bogen $k \in B$ heißt

f-*Null*, wenn $f(k) = 0$,

f-*positiv*, wenn $f(k) > 0$,

f-*ungesättigt*, wenn $f(k) < c(k)$,

f-*gesättigt*, wenn $f(k) = c(k)$.

Satz 15.2 Es sei $N = (E, B, u, v, c)$ ein Netzwerk und f ein Fluß in N. Ist $L = (A, \bar{A})$ ein Schnitt in N, so gilt stets

$$w(f) \leq \operatorname{cap} L, \tag{15.4}$$

und in (15.4) steht genau dann das Gleichheitszeichen, wenn jeder Bogen aus $(A, \bar{A})$ f-gesättigt und jeder Bogen aus $(\bar{A}, A)$ f-Null ist.

Beweis. Da nach (15.1) für alle $k \in B$ die Bedingung $0 \leq f(k) \leq c(k)$ gilt, ergibt sich aus Hilfssatz 15.1 für $L = (A, \bar{A})$

$$\begin{aligned} w(f) &= f^+(A) - f^-(A) \leq f^+(A) \\ &= \sum_{k \in L} f(k) \leq \sum_{k \in L} c(k) = \operatorname{cap} L, \end{aligned}$$

womit die Ungleichung (15.4) nachgewiesen ist.
Nun gilt $f^+(A) = \operatorname{cap} L$ genau dann, wenn jeder Bogen des Schnittes $(A, \bar{A})$ f-gesättigt ist, und es gilt $f^-(A) = 0$ genau dann, wenn jeder Bogen von $(\bar{A}, A)$ f-Null ist. Daraus erhält man zusammen mit den letzten Ungleichungen die gesamte Aussage des Satzes. $\|$

Satz 15.3 Ist $N = (E, B, u, v, c)$ ein Netzwerk, f ein Fluß und L ein Schnitt in N mit

$$w(f) = \operatorname{cap} L,$$

so ist L ein minimaler Schnitt und f ein maximaler Fluß.

Beweis. Es sei L^* ein minimaler Schnitt in N. Mit Hilfe der Ungleichung (15.4) und der Voraussetzung erhalten wir

$$w(f) \leq \operatorname{cap} L^* \leq \operatorname{cap} L = w(f),$$

womit L notwendig ein minimaler Schnitt ist.
Angenommen, es gibt einen Fluß f^* in N mit $w(f^*) > w(f)$. Dann liefert (15.4) den Widerspruch

$$w(f) < w(f^*) \leq \operatorname{cap} L = w(f). \quad \|$$

Beispiel 15.2 Setzen wir im Beispiel 15.1 $A = \{a, u\}$, so gilt für den Schnitt $(A, \bar{A})$ (man vgl. die Skizze): $\operatorname{cap}(A, \bar{A}) = 10$.

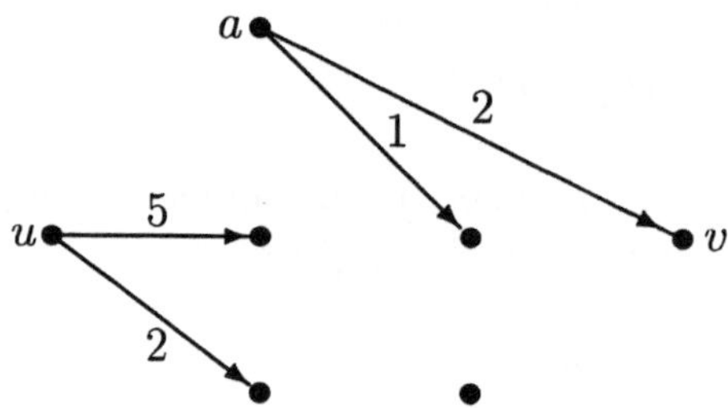

Nun skizzieren wir in diesem Netzwerk einen Fluß der Flußstärke 10, womit nach Satz 15.3 ein maximaler Fluß vorliegt. (Der Leser möge alle Eigenschaften nachprüfen, die ein Fluß nach Definition 15.2 besitzen muß.)

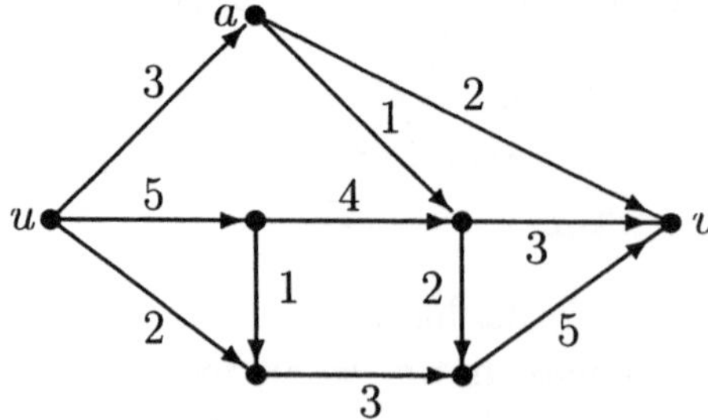

Daher kann der Baumaschinenhersteller höchstens 10 Planierraupen innerhalb der vorgegebenen Frist bei der Großbaustelle abliefern.

Die Lösung des Problems aus Beispiel 15.1 haben wir allerdings nur durch "scharfes Hinsehen" gefunden. Im nächsten Abschnitt wollen wir eine systematische Methode angeben, mit deren Hilfe man maximale Flüsse in Netzwerken bestimmen kann. Dazu benötigen wir noch folgende Begriffe, die sowohl von theoretischem Interesse, als auch von praktischem Nutzen sind.

Definition 15.5 Es sei $N = (E, B, u, v, c)$ ein Netzwerk und f ein Fluß in N. Ist W ein Weg des untergeordneten Graphen $G(N)$ und $k \in B$ ein Bogen, dessen in $G(N)$ entsprechende Kante zum Weg W gehört, so heißt k *Vorwärtsbogen* von W, wenn k die gleiche Orientierung in N aufweist wie der Weg W in $G(N)$. Im anderen Fall heißt k *Rückwärtsbogen* von W. Jedem Weg W positiver Länge von $G(N)$ ordnen wir eine nicht negative Zahl $s(W)$ durch

$$s(W) = \min_{k \in B} s(k)$$

zu, wobei

$$s(k) = \begin{cases} c(k) - f(k) & , \text{ wenn } k \text{ ein Vorwärtsbogen von } W \\ f(k) & , \text{ wenn } k \text{ ein Rückwärtsbogen von } W \\ \infty & , \text{ sonst} \end{cases}$$

$$(15.5)$$

gilt. Ein Weg W in $G(N)$ mit $L(W) > 0$ heißt

f-gesättigt, wenn $s(W) = 0$,

f-ungesättigt, wenn $s(W) > 0$ und

f-zunehmend, wenn er f-ungesättigt ist und von u nach v geht.

Satz 15.4 Es sei $N = (E, B, u, v, c)$ ein Netzwerk und f ein Fluß in N. Ist W ein f-zunehmender Weg im untergeordneten Graphen $G(N)$, so ist $F : B \longrightarrow \mathbf{R}$ mit

$$F(k) = \begin{cases} f(k) + s(W) & , \text{ wenn } k \text{ ein Vorwärtsbogen von } W \\ f(k) - s(W) & , \text{ wenn } k \text{ ein Rückwärtsbogen von } W \\ f(k) & , \text{ sonst} \end{cases}$$

$$(15.6)$$

ein neuer Fluß in N mit $w(F) = w(f) + s(W) > w(f)$.

Beweis. Zunächst zeigen wir die Abschätzung $0 \leq F(k) \leq c(k)$ für alle Bogen k des Netzwerkes.

Ist $k \in B$ ein Bogen, dessen in $G(N)$ entsprechende Kante nicht zu W gehört, so gilt $0 \leq F(k) = f(k) \leq c(k)$.

Ist k ein Vorwärtsbogen von W, so folgt aus (15.5) und (15.6)

$$0 \leq F(k) = f(k) + s(W) \leq f(k) + c(k) - f(k) = c(k).$$

Ist k ein Rückwärtsbogen von W, so folgt aus (15.5) und (15.6)

$$0 = f(k) - f(k) \leq f(k) - s(W) = F(k) \leq c(k).$$

Nun zeigen wir $F^+(a) = F^-(a)$ für alle $a \in E - \{u, v\}$.
Gehört a nicht zum Weg W, so gibt es nichts zu beweisen.
Gehört a zum Weg W, so existieren genau die vier skizzierten Möglichkeiten.

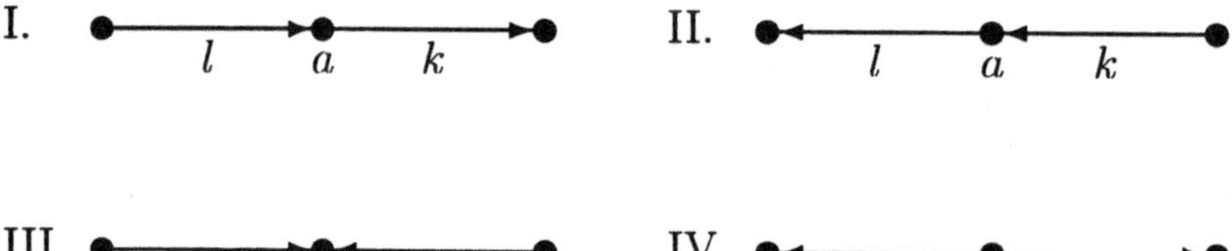

Im I. Fall seien l und k zwei Vorwärtsbogen von W. Dann gilt $F^-(a) = f^-(a) + s(W) = f^+(a) + s(W) = F^+(a)$. Der zweite Fall geht analog.
Im III. Fall sei l ein Vorwärts- und k ein Rückwärtsbogen von W. Dann gilt $F^-(a) = f^-(a) + s(W) - s(W) = f^+(a) = F^+(a)$. Den vierten Fall beweist man analog zum III. Fall. Damit haben wir gezeigt, daß F ein Fluß in N ist.
Da der Weg W in u beginnt, $d^-(u, N) = 0$ gilt und $s(W) > 0$ ist, ergibt sich

$$w(F) = F^+(u) = f^+(u) + s(W) = w(f) + s(W) > w(f). \quad \|$$

Der nächste Satz zeigt uns, daß die f-zunehmenden Wege in der Netzwerktheorie die gleiche Rolle spielen wie die M-erweiternden Wege in der Matchingtheorie.

Satz 15.5 (Ford, Fulkerson [1] 1956) Es sei $N = (E, B, u, v, c)$ ein Netzwerk und f ein Fluß in N. Der Fluß f ist genau dann maximal, wenn es keinen f-zunehmenden Weg gibt.

Beweis. Ist f ein maximaler Fluß, so kann es nach Satz 15.4 keinen f-zunehmenden Weg geben.

Nun gebe es umgekehrt keinen f-zunehmenden Weg. Es sei $A \subseteq E$ die Menge aller Ecken, die auf einem f-ungesättigten Weg mit der Anfangsecke u liegen, und ferner sei $u \in A$. Da es keinen f-zunehmenden Weg gibt, gilt $v \in \bar{A}$, womit $L = (A, \bar{A})$ ein Schnitt ist. Unter diesen Voraussetzungen ist jeder Bogen aus $(A, \bar{A})$ f-gesättigt und jeder Bogen aus $(\bar{A}, A)$ f-Null. Dann gilt wegen Satz 15.2 notwendig $w(f) = \text{cap}\, L$, womit nach Satz 15.3 f ein maximaler Fluß ist. $\|$

Jetzt können wir eines der Hauptergebnisse der Netzwerktheorie formulieren und beweisen.

Satz 15.6 (Max-flow-min-cut-Satz, Ford, Fulkerson [1] 1956)
In jedem Netzwerk ist die Flußstärke eines maximalen Flusses gleich der Kapazität eines minimalen Schnittes.

Beweis. Es sei f ein maximaler Fluß in dem Netzwerk N. Nach Satz 15.5 existiert dann kein f-zunehmender Weg in N. Wie im zweiten Teil des Beweises von Satz 15.5 können wir also einen Schnitt L finden, für den $w(f) = \text{cap}\, L$ gilt. Mit Satz 15.3 folgt nun die Behauptung. $\|$

Der folgende Satz ist entscheidend für kombinatorische Anwendungen der Flußtheorie (man vgl. Abschnitt 15.3).

Satz 15.7 (Integral-flow-Satz, Ford, Fulkerson, [1] 1956) Ein Netzwerk mit einer ganzzahligen Kapazitätsfunktion besitzt einen ganzzahligen maximalen Fluß.

Beweis. Es sei $N = (E, B, u, v, c)$ ein Netzwerk mit ganzzahliger Kapazitätsfunktion. Es sei f_0 der Null-Fluß in N. Ist f_0 maximal, so sind wir fertig. Andernfalls existiert nach Satz 15.5 ein f_0-zunehmender Weg W und nach Satz 15.4 ein Fluß f_1 mit $w(f_1) = w(f_0) + s(W) = s(W)$. Da $c(k)$ ganzzahlig ist, folgt aus Definition 15.5 und (15.6) die Ganzzahligkeit von $s(W)$ und f_1. Ist nun f_1 maximal, so sind wir fertig. Andernfalls verfahren wir mit f_1 so wie zuvor mit f_0 und erhalten dementsprechend einen ganzzahligen Fluß f_2, usw. Es genügt nun zu zeigen, daß dieses Vorgehen mit einem maximalen Fluß abbricht. Dazu beobachten wir, daß die Flußstärke bei jedem Schritt um mindestens 1 zunimmt, aber gleichzeitig nach oben durch die Kapazität eines beliebigen Schnittes beschränkt ist. $\|$

15.2   Algorithmus von Edmonds-Karp

Die im ersten Abschnitt durchgeführten Überlegungen legen auf natürliche Weise einen Algorithmus zur Bestimmung maximaler Flüsse nahe, der mit f-zunehmenden Wegen arbeitet. Zunächst wollen wir zeigen, wie man analog zur Ungarischen Methode systematisch f-zunehmende Wege finden kann.

Definition 15.6 Es sei f ein Fluß im Netzwerk $N = (E, B, u, v, c)$. Ein Baum T in $G(N)$ heißt *f-ungesättigter Wurzelbaum bzgl. u*, wenn er die beiden folgenden Bedingungen erfüllt:

i) $u \in E(T)$.

ii) Für alle $a \in E(T) - \{u\}$ ist der eindeutig bestimmte Weg von u nach a in T ein f-ungesättigter Weg in $G(N)$.

Die Suche nach einem f-zunehmenden Weg ist nun gleichbedeutend damit, einen f-ungesättigten Wurzelbaum bzgl. u wachsen zu lassen. Zunächst bestehe dieser Wurzelbaum T nur aus der Quelle u. Setzt man $A = E(T)$, so kann dieser Baum auf folgende zwei Arten wachsen.

> Es gibt einen f-ungesättigten Bogen $k \in (A, \bar{A})$. Dann füge man die dem Bogen k entsprechende Kante und die mit k inzidente Ecke von $G(N)$ zu T hinzu.

> Es gibt einen f-positiven Bogen $k \in (\bar{A}, A)$. Dann füge man die dem Bogen k entsprechende Kante und die mit k inzidente Ecke von $G(N)$ zu T hinzu.

Für das Ende dieser Prozedur gibt es dann die beiden folgenden Möglichkeiten.

1. Man findet einen f-ungesättigten Wurzelbaum T bzgl. u, so daß $v \in E(T)$ gilt. Dann ist der eindeutig bestimmte Weg von u nach v in diesem Baum ein f-zunehmender Weg.

2. Man findet einen f-ungesättigten Wurzelbaum T bzgl. u, der sich nicht mehr vergrößern läßt, und der die Senke v nicht enthält. Ist wieder $A = E(T)$, so bedeuten diese Voraussetzungen, daß alle $k \in (A, \bar{A})$ f-gesättigt und alle $k \in (\bar{A}, A)$ f-Null sind. Nach Satz 15.2 gilt dann aber $w(f) = \operatorname{cap}(A, \bar{A})$, womit der Fluß f nach Satz 15.3 schon maximal ist.

Zur Bestimmung eines maximalen Flusses in einem Netzwerk mit ganzzahligen Kapazitäten notieren wir zunächst einen Algorithmus von Ford und Fulkerson [2] aus dem Jahre 1957, der dann 1972 durch einen geschickten Trick von Edmonds und Karp [1] verbessert wurde.

11. Algorithmus

Algorithmus von Ford und Fulkerson

Es sei $N = (E, B, u, v, c)$ ein Netzwerk mit ganzzahligen Kapazitäten.

1. Man starte mit dem Null-Fluß f.

2. Man setze $T = \{u\}$.

3. Man setze $A = E(T)$ und prüfe, ob es einen f-ungesättigten Bogen $k \in (A, \bar{A})$ bzw. einen f-positiven Bogen $k \in (\bar{A}, A)$ gibt. Wenn ja, so gehe man zu 4., wenn nein, so stoppe man den Algorithmus.

4. Man füge die dem Bogen k entsprechende Kante und die mit k inzidente Ecke von $G(N)$ zu T hinzu und nenne den neuen Baum T^*.
   Ist $v \notin E(T^*)$, so setze man $T = T^*$ und gehe zu 3.
   Gehört die Senke v zu T^*, so sei W der eindeutig bestimmte Weg von u nach v in T^*. Nun bestimme man nach Definition 15.5 die Größe $s(W)$ und dann nach Satz 15.4 den Fluß F mit $w(F) = w(f) + s(W) \geq w(f) + 1$, setze $f = F$ und gehe zu 2.

Dieser Algorithmus bricht nach endlich vielen Schritten mit einem maximalen Fluß ab.

Die Korrektheit dieses Algorithmus folgt wegen der ganzzahligen Kapazitäten sofort aus den vorangegangenen Überlegungen.

Sind die Kapazitäten in einem Netzwerk nicht alle ganzzahlig, aber wenigstens noch rational, so arbeitet der Algorithmus von Ford und Fulkerson ebenfalls korrekt. In diesem Fall gilt nämlich für jeden f-zunehmenden Weg W die Abschätzung $s(W) \geq 1/c$, wobei c den Hauptnenner aller auftretenden nicht ganzzahligen Kapazitäten bezeichnet. Interessanterweise kann aber der Algorithmus bei irrationalen

Kapazitäten versagen. Beispiele dafür findet man schon in dem Buch
von Ford und Fulkerson [3] aus dem Jahre 1962 oder bei Lovász und
Plummer [1], S. 47. In diesen Beispielen bricht nicht nur der Algorithmus nicht ab, sondern die Folge der Flußstärken konvergiert auch noch
gegen einen falschen Wert.
Darüber hinaus ist die Laufzeit des 11. Algorithmus selbst im Falle ganzzahliger Kapazitäten nicht notwendig polynomial in $|E|$ und
$|B|$. Bei unglücklicher Wahl der f-ungesättigten Wurzelbäume bzgl.
der Quelle u kann er, wie das folgende Beispiel zeigt, von der Kapazitätsfunktion c abhängen.

Beispiel 15.3 Gegeben sei das skizzierte Netzwerk N mit der Quelle
u, der Senke v und den gekennzeichneten Kapazitäten.

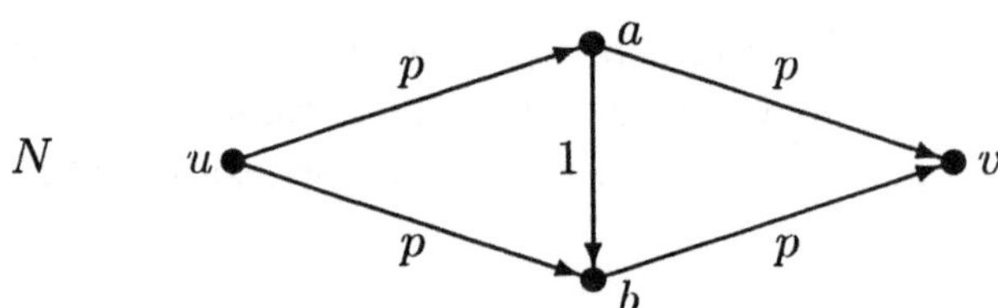

Es sei $p \in \mathbf{N}$. Wählt man im Algorithmus von Ford und Fulkerson
abwechselnd die Wege (u, a, b, v) und (u, b, a, v) als f-zunehmende Wege, so wird die Flußstärke bei jedem Durchlauf um 1 erhöht. Daher
benötigt man insgesamt $2p$ Durchläufe, um den maximalen Fluß der
Flußstärke $2p$ zu ermitteln.

Als nächstes zeigen wir nun, daß eine von Edmonds und Karp [1] vorgeschlagene Zusatzvorschrift zur Bestimmung der f-zunehmenden Wege
die gerade angesprochenen Probleme löst.

Definition 15.7 Es sei f ein Fluß im Netzwerk N. Ein Bogen k eines
f-zunehmenden Weges W heißt *minimal* bzgl. (W, f), falls $s(k) = s(W)$
gilt.

Satz 15.8 (Edmonds, Karp [1] 1972) Wählt man in dem Algorithmus von Ford und Fulkerson bei jedem Durchlauf einen kürzesten
f-zunehmenden Weg, so liefert der Algorithmus nach höchstens $\lfloor \frac{n}{2} \rfloor m$
Schritten einen maximalen Fluß, wobei n die Ordnung und m die Größe
des Netzwerkes bedeuten.

Beweis. Es seien $f_0, f_1, \ldots$ Flüsse im Netzwerk $N = (E, B, u, v, c)$, wobei f_{i+1} aus f_i durch Fluß-Vergrößerung längs eines kürzesten f_i-zunehmenden Weges W_i entstanden sei. Wir werden nun drei Eigenschaften einer solchen Flußfolge nachweisen, die uns das gewünschte Ergebnis liefern.

1. Ist $k = xy \in B$ ein minimaler Vorwärtsbogen (Rückwärtsbogen) bzgl. (W_i, f_i) und bzgl. (W_j, f_j) mit $i < j$, so gilt $j \geq i + 2$, und xy ist ein Rückwärtsbogen (Vorwärtsbogen) eines Weges W_q mit $i < q < j$. Denn ist xy ein minimaler Vorwärtsbogen bzgl. (W_i, f_i) und (W_j, f_j), so folgt aus Definition 15.5 und Satz 15.4 $f_i(xy) < c(xy) = f_{i+1}(xy)$ und $f_j(xy) < c(xy)$, woraus die behaupteten Tatsachen sofort folgen. Im Fall, daß xy ein minimaler Rückwärtsbogen ist, verläuft der Beweis analog.

2. Bezeichnen wir mit $L_i(a, b)$ die Länge eines kürzesten f_i-ungesättigten Weges von a nach b, so gelten für alle Ecken $x \in E$ die beiden nachstehenden Ungleichungen

$$L_i(u, x) \leq L_{i+1}(u, x)$$
$$L_i(x, v) \leq L_{i+1}(x, v)$$

Zum Beweis der ersten Ungleichung sei $W_{ux} = (u = x_0, x_1, \ldots, x_p = x)$ ein kürzester f_{i+1}-ungesättigter Weg von u nach x. Dabei setzen wir $L_i(u, u) = 0$ und $L_{i+1}(u, x) = \infty$, falls für $x \neq u$ kein solcher Weg existiert. Für $j = 0, 1, \ldots, p - 1$ zeigen wir

$$L_i(u, x_{j+1}) \leq L_i(u, x_j) + 1. \tag{15.7}$$

Ist $x_j x_{j+1} \in B$, also ist $x_j x_{j+1}$ ein Vorwärtsbogen von W_{ux}, so folgt $f_{i+1}(x_j x_{j+1}) < c(x_j x_{j+1})$. Daraus ergibt sich $f_i(x_j x_{j+1}) < c(x_j x_{j+1})$, oder $x_j x_{j+1}$ ist ein Rückwärtsbogen von W_i. Im ersten Fall folgt (15.7) unmittelbar, und im zweiten Fall ergibt sich (15.7) aus

$$L_i(u, x_{j+1}) = L_i(u, x_j) - 1 < L_i(u, x_j) + 1.$$

Ist $x_{j+1} x_j \in B$, also ist $x_{j+1} x_j$ ein Rückwärtsbogen von W_{ux}, so folgt $c(x_{j+1} x_j) \geq f_{i+1}(x_{j+1} x_j) > 0$. Daraus ergibt sich $f_i(x_{j+1} x_j) > 0$, oder $x_{j+1} x_j$ ist ein Vorwärtsbogen von W_i. In beiden Fällen erhält man leicht (15.7). Aus (15.7) folgt induktiv die erste der beiden gewünschten Ungleichungen

$$L_i(u, x) = L_i(u, x_p) \leq L_i(u, x_{p-1}) + 1 \leq \ldots \leq L_i(u, u) + p = L_{i+1}(u, x).$$

Die zweite Ungleichung beweist man analog.

3. Ist $i < j$ und xy ein Vorwärtsbogen (Rückwärtsbogen) von W_i sowie ein Rückwärtsbogen (Vorwärtsbogen) von W_j, so gilt

$$L_j(u, v) \geq L_i(u, v) + 2,$$

denn 2. liefert im ersten Fall

$$
\begin{aligned}
L_j(u, v) &= L_j(u, y) + 1 + L_j(x, v) \\
&\geq L_i(u, y) + 1 + L_i(x, v) = L_i(u, v) + 2.
\end{aligned}
$$

Im zweiten Fall verläuft der Beweis vollständig analog.

Ist für eine beliebige natürliche Zahl p und $m = |B|$ der Fluß f_{p+m} nicht maximal, so ergibt sich die Ungleichung

$$L_{p+m}(u, v) \geq L_p(u, v) + 2 \tag{15.8}$$

folgendermaßen aus 1., 2. und 3. Da jeder Weg W_i einen minimalen Bogen enthält, existieren zwei Zahlen i, j mit $p \leq i < j \leq p + m$, so daß die beiden Wege W_i und W_j den gleichen minimalen Bogen xy besitzen. Ist der Bogen xy auf den beiden Wegen W_i und W_j verschieden orientiert, so folgt aus 3. $L_j(u, v) \geq L_i(u, v) + 2$. Hat der Bogen xy auf W_i und W_j die gleiche Orientierung, so existiert nach 1. ein q mit $p \leq i < q < p + m$, so daß xy auf W_q eine andere Orientierung als auf W_i besitzt. Aus 3. folgt dann wieder $L_q(u, v) \geq L_i(u, v) + 2$. Für $r = j$ oder $r = q$ ergibt sich daraus zusammen mit 2.

$$L_{p+m}(u, v) \geq L_r(u, v) \geq L_i(u, v) + 2 \geq L_p(u, v) + 2.$$

Die Ungleichung (15.8) liefert uns sofort das gewünschte Ergebnis. Denn wäre der Fluß f_ℓ mit $\ell = \lfloor \frac{n}{2} \rfloor m$ nicht maximal, so erhielten wir folgenden Widerspruch

$$n - 1 \geq L_\ell(u, v) \geq L_0(u, v) + 2 \left\lfloor \frac{n}{2} \right\rfloor \geq n. \quad \|$$

Es soll nicht unerwähnt bleiben, daß es keine Schwierigkeiten bereitet, einen f-ungesättigten Wurzelbaum T so zu erzeugen, daß ein durch T gegebener f-zunehmender Weg auch automatisch ein kürzester ist. Man geht dazu wie nach Definition 15.6 beschrieben vor, wobei allerdings der f-ungesättigte bzw. f-positive Bogen k so gewählt wird, daß der Abstand seiner aus A stammenden Ecke minimal ist (man vgl. dazu den ersten Algorithmus).

15.3 Anwendungen der Netzwerktheorie

Als erstes wollen wir zeigen, wie man den Mengerschen Satz 14.23 mit Hilfe der Netzwerktheorie beweisen kann. Dazu ist das nächste Ergebnis sehr hilfreich.

Satz 15.9 Es sei $N = (E, B, u, v, c)$ ein Netzwerk mit $c(k) = 1$ für alle Bogen $k \in B$.

i) Ist f ein maximaler Fluß in N, so ist die Flußstärke $w(f)$ gleich der maximalen Anzahl p der bogendisjunkten, orientierten Wege von u nach v.

ii) Ist L ein minimaler Schnitt in N, so ist cap L gleich der minimalen Anzahl q von Bogen, deren Streichung alle orientierten Wege von u nach v zerstört.

Beweis. i) Im Fall $w(f) = 0$ oder $p = 0$ ist nichts zu beweisen. Daher seien im folgenden $w(f) \geq 1$ und $p \geq 1$. Nach Satz 15.7 ist der maximale Fluß f ganzzahlig. Es sei B' die Menge aller Bogen von N, die f-Null sind. Wegen $w(f) \geq 1$ existiert im untergeordneten Graphen von $N - B'$ eine Komponente D, die die Ecken u und v enthält. Aus der Ganzzahligkeit von f und der Voraussetzung $c(k) = 1$ für alle $k \in B$ folgt notwendig $f(k) = 1$ für alle Bogen k aus D. Daraus ergibt sich

$$d^+(u, D) = w(f) = d^-(v, D) \quad \text{und} \quad d^+(a, D) = d^-(a, D) \quad \text{für alle } a \neq u, v.$$

Daher gibt es nach Satz 3.12 $w(f)$ bogendisjunkte, orientierte Wege von u nach v in D, also auch in N, womit $w(f) \leq p$ gilt.
Ist andererseits $W_1, ..., W_p$ ein maximales System bogendisjunkter, orientierter Wege von u nach v in N, so ist $f^* : B \longrightarrow \mathbf{Z}$ mit

$$f^*(k) = \begin{cases} 1 & , \quad \text{wenn } k \text{ ein Bogen von } W_i \text{ ist } (i = 1, ..., p) \\ 0 & , \quad \text{sonst} \end{cases}$$

ein Fluß in N, für den $w(f^*) = p$ gilt. Da f ein maximaler Fluß in N ist, folgt daraus $p = w(f^*) \leq w(f)$, womit wir insgesamt $p = w(f)$ bewiesen haben.
ii) Hat der minimale Schnitt L die Form $L = (A, \bar{A})$, so gibt es in $N - L$ keinen Bogen von A nach $\bar{A}$ und daher wegen $u \in A$ und $v \in \bar{A}$ keinen orientierten Weg von u nach v. Damit haben wir $q \leq$ cap L gezeigt.
Nun sei andererseits $B^* = \{k_1, ..., k_q\}$ eine minimale Bogenmenge von N mit der Eigenschaft, daß in $N - B^*$ kein orientierter Weg von u nach

v existiert, und S diejenige Eckenmenge aus E, die man in $N - B^*$ von u aus erreicht. Wegen $u \in S$ und $v \in \bar{S}$ ist $(S, \bar{S})$ ein Schnitt in N. Da es in $N - B^*$ keinen Bogen von S nach $\bar{S}$ gibt, und da jeder Bogen von N die Kapazität 1 besitzt, gilt $\mathrm{cap}\,(S, \bar{S}) \leq q$. Aus der Minimalität des Schnittes L ergibt sich dann $\mathrm{cap}\,L \leq \mathrm{cap}\,(S, \bar{S}) \leq q$ und daher insgesamt $q = \mathrm{cap}\,L$. $\|$

Aus den Sätzen 15.6 und 15.9 läßt sich nun der Satz 14.23 recht einfach gewinnen, den wir auf die in diesem Abschnitt verwendete Terminologie äquivalent umschreiben.

Satz 14.23 Es sei D ein schlichter Digraph und a, b zwei verschiedene Ecken von D. Dann ist die maximale Anzahl p der bogendisjunkten, orientierten Wege von a nach b gleich der minimalen Anzahl q von Bogen, deren Streichung alle orientierten Wege von a nach b zerstört.

Beweis. Gibt es in D keinen orientierten Weg von a nach b, so gibt es nichts zu beweisen. Daher gebe es in D einen orientierten Weg von a nach b, und es sei D o.B.d.A. zusammenhängend.

Sei D^* genau derjenige Teildigraph von D, der aus allen Ecken und Bogen besteht, die zu einem orientierten Weg von a nach b gehören. Man beachte, daß sich dabei die Größen p und q nicht verändert haben, und a die einzige Ecke mit $d^-(a, D^*) = 0$ und b die einzige Ecke mit $d^+(b, G^*) = 0$ ist. Darüber hinaus ist D^* natürlich zusammenhängend. Versehen wir jeden Bogen k von D^* mit der Kapazität $c(k) = 1$, so erhalten wir ein Netzwerk $N = (E, B, a, b, c)$ mit $E = E(D^*)$ und $B \subseteq B(D)$. Ist L ein minimaler Schnitt und f ein maximaler Fluß in N, so ergibt sich aus Satz 15.6 und Satz 15.9 i) und ii)

$$p = w(f) = \mathrm{cap}\,L = q,$$

womit der Satz 14.23 vollständig bewiesen ist. $\|$

Bemerkung 15.2 Dieser Beweis von Satz 14.23 zeigt uns, daß man in einem schlichten Digraphen D, zusammen mit dem Algorithmus von Edmonds und Karp, die maximale Anzahl der bogendisjunkten Wege zwischen je zwei Ecken von D und damit wegen Satz 14.25 die Bogenzusammenhangszahl $\eta(D)$ bestimmen kann.

Ist G ein schlichter Graph, so können wir durch Übergang zum Digraphen $D(G)$ wegen des Satzes 14.12 die maximale Anzahl der kantendisjunkten Wege zwischen je zwei Ecken von G und die Kantenzusammenhangszahl $\lambda(G)$ berechnen.

Aus Gründen der Vollständigkeit wollen wir noch kurz zeigen, wie man Satz 14.19 aus Satz 14.23 gewinnen kann. Dazu formulieren wir auch Satz 14.19 äquivalent um.

Satz 14.19 Es sei D ein schlichter Digraph und a, b zwei verschiedene Ecken von D, die durch keinen Bogen (a, b) verbunden sind. Dann ist die maximale Anzahl p der kreuzungsfreien, orientierten Wege von a nach b gleich der minimalen Anzahl q von Ecken, deren Herausnahme aus D alle orientierten Wege von a nach b zerstört.

Beweis. Aus D konstruieren wir einen neuen schlichten Digraphen D' wie folgt:

i) Da die Bogen (x, a) und (b, y) keinen Beitrag zu den Größen p und q liefern, werden sie aus D entfernt.

ii) Jede Ecke $x \neq a, b$ werde durch zwei neue Ecken x' und x'' ersetzt, die durch einen Bogen (x', x'') verbunden sind.

iii) Jeder Bogen (a, x) bzw. (y, b) aus D wird durch einen Bogen (a, x') bzw. (y'', b) in D' ersetzt.

iv) Jeder Bogen (x, y) mit $x, y \neq a, b$ aus D wird durch einen Bogen (x'', y') in D' ersetzt.

Man sieht nun, daß zu jedem orientierten Weg von a nach b in D eindeutig ein orientierter Weg von a nach b in D' existiert und umgekehrt, indem man (x, y) in D durch (x', x'', y') in D' ersetzt und umgekehrt. Weiter erkennt man, daß zwei orientierte Wege von a nach b in D genau dann kreuzungsfrei sind, wenn die entsprechenden orientierten Wege in D' bogendisjunkt sind, denn zwei orientierte Wege in D' sind wegen $d^+(x', D') = d^-(x'', D') = 1$ genau dann bogendisjunkt, wenn sie kreuzungsfrei sind. Daher ist die maximale Anzahl der bogendisjunkten, orientierten Wege von a nach b in D' gleich p. Man überlegt sich ferner, daß die minimale Anzahl von Bogen, deren Herausnahme aus D' alle orientierten Wege von a nach b zerstört, gleich q ist. Durch Anwendung von Satz 14.23 erhalten wir sofort das gewünschte Ergebnis. ‖

Zum Abschluß dieses Kapitels leiten wir aus der Netzwerktheorie einige weitere Faktorsätze her.

Satz 15.10 Es sei G ein schlichter und bipartiter Graph mit der Bipartition A, B und $f : E(G) \longrightarrow \mathbf{N}_0$ eine Abbildung. Der Graph G besitzt genau dann einen Faktor F mit $d(a, F) = f(a)$ für alle Ecken $a \in A$ und $d(b, F) \leq f(b)$ für alle $b \in B$, wenn für alle $X \subseteq A$ und alle $Y \subseteq B$ gilt:

$$f(X) \leq m_G(X, Y) + f(B - Y)$$

Beweis. Besitzt G einen derartigen Faktor F, so gilt für alle $X \subseteq A$ und $Y \subseteq B$

$$\begin{aligned}
f(X) &= m_F(X, Y) + m_F(X, B - Y) \\
&\leq m_G(X, Y) + m_F(A, B - Y) \\
&\leq m_G(X, Y) + f(B - Y).
\end{aligned}$$

Zum Nachweis der umgekehrten Richtung konstruieren wir ein Netzwerk $N = (E, B, u, v, c)$ wie folgt. Es sei $E = E(G) \cup \{u, v\}$, wobei u und v zwei neue Ecken sind. Jede Kante aus $K(G)$ erhält die Orientierung von A nach B. Zusätzlich fügen wir noch die Bogenmengen $\{ua \mid a \in A\}$ und $\{bv \mid b \in B\}$ hinzu. Schließlich sei die Kapazitätsfunktion gegeben durch:

$$c(xy) = \begin{cases} 1, & \text{falls } xy \in K(G) \\ f(y), & \text{falls } x = u \\ f(x), & \text{falls } y = v \end{cases}$$

Es sei nun $L = (S, \overline{S})$ ein beliebiger Schnitt in N. Wir setzen $X = A \cap S$ und $Y = B \cap \overline{S}$. Nun gilt mit unserer Voraussetzung

$$\begin{aligned}
\operatorname{cap} L &= f(A - S) + |(A \cap S, B \cap \overline{S})| + f(B \cap S) \\
&= f(A - S) + m_G(X, Y) + f(B - Y) \\
&\geq f(A - S) + f(A \cap S) \quad = \quad f(A).
\end{aligned}$$

Da für den Schnitt $L_0 = (\{u\}, E - \{u\})$ genau $\operatorname{cap} L_0 = f(A)$ gilt, ist L_0 ein minimaler Schnitt, womit nach Satz 15.6 in N ein maximaler Fluß die Flußstärke $f(A)$ besitzt. Wegen Satz 15.7 können wir davon ausgehen, daß in N sogar ein ganzzahliger Fluß g der Flußstärke $f(A)$ existiert. Der Fluß g bestimmt nun einen Faktor F in folgendem Sinne: Eine Kante $ab \in E(G)$ gehört zu diesem Faktor genau dann, wenn der entsprechende Bogen (a, b) im Netzwerk g-positiv ist. Wie man leicht sieht, besitzt dieser Faktor gerade die gewünschten Eigenschaften. $\|$

Setzen wir im vorangegangenen Satz $f(x) = 1$ für alle Ecken $x \in E(G)$, so entspricht der oben beschriebene Faktor gerade einem Matching in G, welches mit allen Ecken von A inzidiert. Für ein solches Matching hatten wir schon im Satz von König-Hall (Satz 6.7) eine äquivalente Bedingung angegeben. Tatsächlich ist es nicht schwer zu überprüfen (mit $X = S$ und $B - Y = N(S, G)$), daß beide Kriterien äquivalent sind.

Gilt in Satz 15.10 sogar $f(A) = f(B)$, so ist der oben beschriebene Faktor zwangsläufig ein f-Faktor. Dieser Spezialfall des Satzes 15.10 heißt f-Faktorsatz für bipartite Graphen und geht auf Ore [3] 1956 und Ryser [1] 1957 zurück.

Erinnern wir uns daran, daß der f-Faktorsatz von Tutte (Satz 7.5) ein Kriterium für die Existenz eines Graphen mit vorgegebener Gradsequenz liefert (Satz 7.23), so ist es nun wenig überraschend, daß wir nun ein ähnliches Kriterium für bipartite Graphen angeben können.

Definition 15.8 Seien $a_1 \geq a_2 \geq ... \geq a_p$ und $b_1 \geq b_2 \geq ... \geq b_q$ nichtnegative ganze Zahlen. Das Paar $((a_1, ..., a_p), (b_1, ..., b_q))$ heißt *bipartit graphisch*, wenn es einen schlichten und bipartiten Graphen G mit einer Bipartition $\{x_1, ..., x_p\}, \{y_1, ..., y_q\}$ gibt, der $d(x_i, G) = a_i$ für $i = 1, ..., p$ und $d(y_j, G) = b_j$ für $j = 1, ..., q$ erfüllt.

Satz 15.11 (Gale [1] 1957, Ryser [1] 1957) Ein Paar von zwei Zahlentupeln $((a_1, ..., a_p), (b_1, ..., b_q))$, wie in Definition 15.8 beschrieben, ist genau dann bipartit graphisch, wenn $\sum_{i=1}^{p} a_i = \sum_{j=1}^{q} b_j$ ist und für jedes $t = 1, ..., p$ gilt:

$$\sum_{i=1}^{t} a_i \leq \sum_{j=1}^{q} \min\{b_j, t\}$$

Beweis. Es sei $K_{p,q}$ der vollständige bipartite Graph mit der Bipartition $\{x_1, ..., x_p\}, \{y_1, ..., y_q\}$. Weiterhin sei $f : E(K_{p,q}) \longrightarrow \mathbf{N}_0$ definiert durch

$$f(w) = \begin{cases} a_i, & \text{falls } w = x_i \\ b_j, & \text{falls } w = y_j. \end{cases}$$

Offensichtlich ist nun $((a_1, ..., a_p), (b_1, ..., b_q))$ genau dann bipartit graphisch, wenn $K_{p,q}$ einen f-Faktor besitzt.

Die Notwendigkeit der Ungleichungen erhalten wir wie folgt. Es sei F ein f-Faktor von $K_{p,q}$. Dann gilt für ein beliebiges $t \subset \{1, ..., p\}$

$$\sum_{i=1}^{t} a_i = \sum_{i=1}^{t} d(x_i, F) = \sum_{j=1}^{q} |N_F(y_j) \cap \{x_1, ..., x_t\}| \leq \sum_{j=1}^{q} \min\{b_j, t\}.$$

Daß die angegebenen Ungleichungen auch hinreichend für die Existenz eines f-Faktors in $K_{p,q}$ sind, prüfen wir mit Hilfe von Satz 15.10 nach. Zunächst können wir feststellen, daß $\sum_{i=1}^{p} a_i = \sum_{j=1}^{q} b_j$ gerade äquivalent zu $f(\{x_1, ..., x_p\}) = f(\{y_1, ..., y_q\})$ ist. Wie oben bemerkt, ist deshalb ein Faktor mit den in Satz 15.10 beschriebenen Eigenschaften gerade ein f-Faktor. Wir überprüfen deshalb nur noch die Gültigkeit der Ungleichung aus Satz 15.10. Es seien $X \subseteq A = \{x_1, ..., x_p\}$ und $Y \subseteq B = \{y_1, ..., y_q\}$. Dann gilt für $t = |X|$

$$
\begin{aligned}
f(X) \;\leq\; & \sum_{i=1}^{|X|} a_i \;\leq\; \sum_{j=1}^{q} \min\{b_j, |X|\} \\
=\; & \sum_{j=1}^{|Y|} \min\{b_j, |X|\} + \sum_{j=|Y|+1}^{q} \min\{b_j, |X|\} \\
\leq\; & |X||Y| + \sum_{j=|Y|+1}^{q} b_j \;=\; m_{K_{p,q}}(X, Y) + \sum_{j=|Y|+1}^{q} b_j \\
\leq\; & m_{K_{p,q}}(X, Y) + f(B - Y). \quad \|
\end{aligned}
$$

Satz 15.12 Gegeben sei ein schlichter Digraph (E, B) und zwei Abbildungen $f, g : E \longrightarrow \mathbf{N}_0$.

Es existiert genau dann ein Faktor F von D mit $d^+(x, F) = f(x)$ und $d^-(x, F) = g(x)$ für alle $x \in E$, wenn $f(E) = g(E)$ ist, und für alle $X, Y \in E$ gilt:

$$f(X) \leq m_D(X, Y) + g(E - Y)$$

Beweis. Ausgehend von D bilden wir einen bipartiten Graphen G mit $E(G) = \{x', x'' \mid x \in E\}$ und $K(G) = \{x'y'' \mid (x, y) \in B\}$. Weiter definieren wir $h : E(G) \longrightarrow \mathbf{N}_0$ durch $h(x') = f(x)$ und $h(x'') = g(x)$. Nun besitzt D den gewünschten Faktor F offensichtlich genau dann, wenn G einen h-Faktor besitzt. Da $f(E) = g(E)$ gilt, was äquivalent zu $h(\{x' \mid x \in E\}) = h(\{x'' \mid x \in E\})$ ist, genügt es, die Ungleichung aus Satz 15.10 nachzuprüfen. Diese ist aber offensichtlich äquivalent zu der gegebenen Ungleichung. $\|$

Vertiefte Informationen zur Netzwerktheorie findet man in dem Buch von Ahuja, Magnanti und Orlin [1] aus dem Jahre 1993.

Kapitel 16

Ramsey-Theorie

16.1 Die klassischen Ramsey-Zahlen

Unser erstes Ergebnis stellt eine Lösung der Aufgabe 6.11 dar.

Satz 16.1 Ist G ein schlichter Graph der Ordnung $n \geq 6$, so gilt $\omega(G) \geq 3$ oder $\alpha(G) \geq 3$.

Beweis. Ist $a \in E(G)$, so ist a mit drei Kanten aus G oder drei Kanten aus $\bar{G}$ inzident. Es seien aa_1, aa_2 und aa_3 drei Kanten aus G. Existiert in G eine der Kanten a_1a_2, a_1a_3 oder a_2a_3, so gilt $\omega(G) \geq 3$, existiert keine dieser drei Kanten, so gilt $\alpha(G) \geq 3$. Beachtet man die Identitäten $\omega(G) = \alpha(\bar{G})$ und $\alpha(G) = \omega(\bar{G})$, so erkennt man, daß der Beweis analog verläuft, falls die drei Kanten aa_1, aa_2 und aa_3 zu $\bar{G}$ gehören. $\|$

Der Kreis der Länge 5 zeigt uns, daß Satz 16.1 für Graphen mit 5 Ecken im allgemeinen nicht mehr gilt.

Definition 16.1 Es seien $p, q \in \mathbf{N}$. Die *Ramsey-Zahl* $r(p, q)$ ist die kleinste natürliche Zahl, so daß für jeden schlichten Graphen G der Ordnung $n \geq r(p, q)$ gilt: $\omega(G) \geq p$ oder $\alpha(G) \geq q$.

Bemerkung 16.1 i) Satz 16.1 und der Kreis der Länge 5 liefern uns sofort $r(3, 3) = 6$.
ii) Durch Übergang vom Graphen G zum Komplementärgraphen $\bar{G}$, erkennt man leicht, daß die Ramsey-Zahlen symmetrisch sind, d.h., es gilt $r(p, q) = r(q, p)$.
iii) Ohne Mühe berechnet man $r(1, q) = r(p, 1) = 1$ und für $q \geq 2$ auch $r(2, q) = r(q, 2) = q$.

Die Ramsey-Zahlen sind nach dem Mathematiker Frank Ramsey benannt, der dieses Konzept unter allgemeinen mengentheoretischen Gesichtspunkten 1930 in [1] entwickelte und im wesentlichen die Existenz solcher Zahlen nachgewiesen hat. Für unseren Spezialfall wollen wir die Existenz der Ramsey-Zahlen mit Hilfe eines Resultats von Erdös und Szekeres nachweisen, das uns zusätzlich eine nützliche Beziehung zwischen gewissen Ramsey-Zahlen liefert.

Satz 16.2 (Erdös, Szekeres [1] 1935) Für je zwei natürliche Zahlen $p \geq 2$ und $q \geq 2$ existiert die Ramsey-Zahl $r(p,q)$, und es gilt

$$r(p,q) \leq r(p,q-1) + r(p-1,q). \tag{16.1}$$

Weiterhin tritt in (16.1) keine Gleichheit ein, wenn sowohl $r(p,q-1)$ als auch $r(p-1,q)$ gerade ist.

Beweis. Der Beweis von (16.1) erfolgt durch Induktion nach $p+q$. Wegen Bemerkung 16.1 ist die Ungleichung (16.1) für $p=q=2$ erfüllt. Ist $p+q \geq 5$, so existieren nach Induktionsvoraussetzung die Ramsey-Zahlen $r(p,q-1)$ und $r(p-1,q)$.
Ist nun G ein Graph der Ordnung $r(p,q-1)+r(p-1,q)$ und v eine Ecke von G, so setzen wir $T = N(v,G)$ und $S = E(G) - N[v,G]$. Wegen

$$|S| + |T| = |E(G)| - 1 = r(p,q-1) + r(p-1,q) - 1,$$

gilt entweder $|S| \geq r(p,q-1)$ oder $|T| \geq r(p-1,q)$. Ist $|S| \geq r(p,q-1)$, so enthält $G[S]$ eine Clique der Ordnung p oder eine unabhängige Menge aus $q-1$ Ecken. Dann besitzt aber $G[S \cup \{v\}]$ eine Clique der Ordnung p oder q unabhängige Ecken, womit (16.1) in diesem Fall nachgewiesen ist. Den Fall $|T| \geq r(p-1,q)$ behandelt man analog.

Sei nun sowohl $r(p,q-1)$ als auch $r(p-1,q)$ gerade, und sei G ein Graph mit $r(p,q-1) + r(p-1,q) - 1$ Ecken. Da G von ungerader Ordnung ist, existiert in G eine Ecke v von geradem Grad, womit v nicht zu genau $r(p-1,q) - 1$ Ecken adjazent ist. Dementsprechend muß auch in dieser Situation entweder $|E(G) - N[v,G]| \geq r(p,q-1)$ oder $|N(v,G)| \geq r(p-1,q)$ gelten. Analog zu oben schließen wir dann $\omega(G) \geq p$ oder $\alpha(G) \geq q$ und damit sogar

$$r(p,q) \leq r(p,q-1) + r(p-1,q) - 1. \; \|$$

Aus Satz 16.2 erhält man induktiv sofort eine obere Schranke für die Ramsey-Zahlen.

Folgerung 16.1 Für zwei natürliche Zahlen $p, q \geq 2$ gilt

$$r(p,q) \leq \binom{p+q-2}{p-1} = \binom{p+q-2}{q-1}. \tag{16.2}$$

Ist eine der beiden Zahlen p oder q gleich 1 oder 2, so ist die Ungleichung (16.2) scharf. Wegen Bemerkung 16.1 wird die Ungleichung (16.2) auch für $p = q = 3$ mit Gleichheit erfüllt. Darüber hinaus ergibt sich aus (16.2) die Abschätzung $r(3,q) \leq (q^2 + q)/2$. Im nächsten Satz werden wir für $r(3,q)$ eine bessere Schranke präsentieren.

Satz 16.3 Für jede natürliche Zahl $q \geq 3$ gilt

$$r(3,q) \leq \frac{1}{2}(q^2 + 3). \tag{16.3}$$

Beweis. Wir führen den Beweis von Satz 16.3 durch Induktion nach q, wobei wir für $q = 3$ die Ungleichung (16.3) schon durch (16.2) bestätigt haben. Ist $q \geq 4$, so gilt nach Satz 16.2 und Bemerkung 16.1

$$r(3,q) \leq r(2,q) + r(3,q-1) = q + r(3,q-1) \tag{16.4}$$

und im Fall, daß q und $r(3,q-1)$ gerade sind sogar

$$r(3,q) \leq q - 1 + r(3,q-1). \tag{16.5}$$

Zusammen mit der Induktionsvoraussetzung folgt aus (16.4)

$$r(3,q) \leq q + \frac{(q-1)^2 + 3}{2} = \frac{q^2 + 4}{2}. \tag{16.6}$$

Ist q ungerade, so ist auch $q^2 + 4$ ungerade, womit sich in diesem Fall die gewünschte Ungleichung aus (16.6) ergibt. Ist q gerade und gilt die Ungleichung $r(3,q-1) < ((q-1)^2 + 3)/2$, so ergibt sich das Ergebnis aus (16.4). Ist q gerade und gilt $r(3,q-1) = ((q-1)^2 + 3)/2$, so ist auch $r(3,q-1)$ gerade und dann liefert (16.5) die gewünschte Abschätzung (16.3). ‖

Beispiel 16.1 Aus Satz 16.3 folgt $r(3,4) \leq 9$ und $r(3,5) \leq 14$. Die beiden skizzierten Graphen (a) bzw. (b) der Ordnung 8 bzw. 13 besitzen kein Dreieck, und ihre Unabhängigkeitszahlen sind 3 bzw. 4. Daraus ergibt sich $r(3,4) = 9$ und $r(3,5) = 14$.

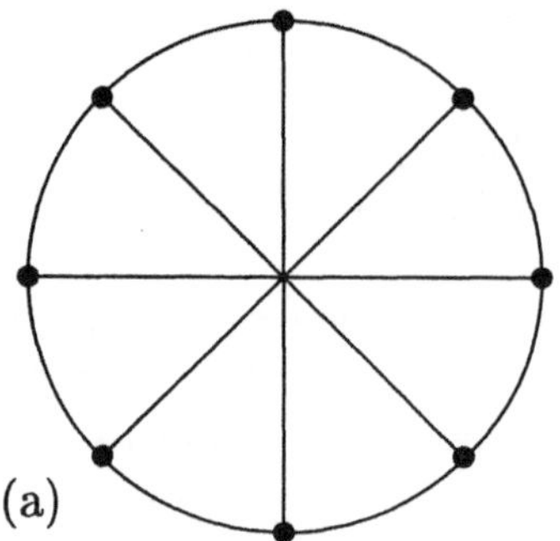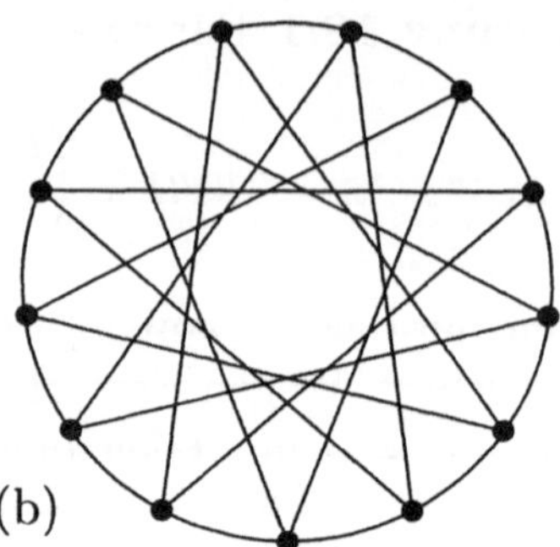

Beispiel 16.2 Aus (16.1) ergibt sich zusammen mit Bemerkung 16.1 die Ungleichung $r(4,4) \leq r(4,3) + r(3,4) = 2r(3,4) \leq 18$. Der auf der nächsten Seite skizzierte 8-reguläre Graph (c) mit 17 Ecken, der weder eine Clique der Ordnung 4 noch eine unabhängige Menge aus 4 Ecken besitzt, zeigt uns schließlich $r(4,4) = 18$.

Die vier schon berechneten Ramsey-Zahlen $r(3,3) = 6$, $r(3,4) = 9$, $r(3,5) = 14$ und $r(4,4) = 18$ findet man in einer Arbeit von Greenwood und Gleason [1] aus dem Jahre 1955.

Bemerkung 16.2 Die genaue Berechnung der Ramsey-Zahlen ist im allgemeinen ein sehr schwieriges Problem. Außer den schon genannten Ramsey-Zahlen sind nur noch die folgenden fünf bekannt.
Im Jahre 1968 zeigten Graver und Yackel [1], daß $r(3,6) = 18$ und $r(3,7) = 23$ gilt.
Grinstead und Roberts [1] haben 1982 die Ramsey-Zahl $r(3,9) = 36$ bestimmt.
Erst im Jahre 1992 wurde die Ramsey-Zahl $r(3,8) = 28$ durch McKay und K. M. Zhang [1] bestätigt, die dabei die Abschätzung $r(3,8) \geq 28$ von Grinstead und Roberts [1] benutzten.
Mit einem nicht unerheblichen Aufwand wurde 1995 schließlich die Ramsey-Zahl $r(4,5) = 25$ von McKay und Radziszowski [1] nachgewiesen.
Darüber hinaus gibt es noch verschiedene obere und untere Schranken von $r(3,t)$ für $10 \leq t \leq 15$, die man in der Arbeit von McKay und K. M. Zhang [1] nachlesen kann. Noch mehr Informationen über den neuesten Stand der Forschung findet man in dem Übersichtsartikel "Small Ramsey numbers" von Radziszowski [1] aus dem Jahre 1994.

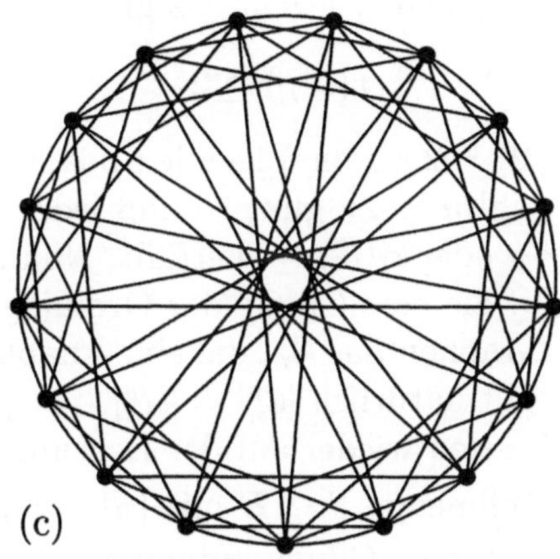

(c)

Wie wir gesehen haben, ist die Bestimmung von Ramsey-Zahlen eine Prozedur, die aus zwei Schritten besteht. Einerseits berechnet man obere Schranken, und andererseits konstruiert man Schärfebeispiele. Insbesondere bereitet die Konstruktion von solchen Beispielen bis heute große Schwierigkeiten. Überraschend ist, daß die besten Ergebnisse zum zweiten Schritt keineswegs konstruktiv erzielt wurden, sondern mit der sogenannten probabilistischen Methode, die wir im Beweis von Satz 16.5 vorstellen wollen. Dazu berechnen wir zunächst einmal die Anzahl der Graphen mit n Ecken.

Satz 16.4 Ist $\mathcal{G}_n$ die Menge aller schlichten Graphen der Ordnung n, so gilt

$$|\mathcal{G}_n| = 2^{\binom{n}{2}}.$$

(Dabei werden zwei Graphen mit gleicher Eckenmenge $E = \{1, 2, ..., n\}$ genau dann als verschieden angesehen, wenn zwei verschiedene Ecken i und j existieren, die in dem einen der beiden Graphen adjazent, in dem anderen jedoch nicht adjazent sind. Bei dieser Betrachtung werden also die verschiedenen Graphen gezählt, nicht aber die Isomorphietypen.)

Beweis. Bekanntlich besitzt der vollständige Graph K_n genau $\binom{n}{2}$ verschiedene Kanten. Jeder Graph aus $\mathcal{G}_n$ ist durch Angabe seiner Kanten eindeutig bestimmt. Numeriert man alle möglichen Kanten von 1 bis $\binom{n}{2}$ durch, und ordnet der Kante j die Zahl 0 bzw. 1 zu, falls die Kante j im Graphen G vorhanden bzw. nicht vorhanden ist, so erkennt man, daß $|\mathcal{G}_n|$ die Anzahl der Kombinationen $\binom{n}{2}$-ter Ordnung von 2 Elementen mit Wiederholung und mit Berücksichtigung der Reihenfolge ist und damit $2^{\binom{n}{2}}$ beträgt. $\|$

Satz 16.5 (Erdös [1] 1947) Für $p \geq 2$ gilt

$$r(p,p) \geq 2^{\frac{p}{2}}.$$

Beweis. Wegen $r(2,2) = 2$ sei im folgenden $p \geq 3$. Wir nehmen an, daß es eine natürliche Zahl $n < 2^{\frac{p}{2}}$ gibt, so daß jeder Graph G aus $\mathcal{G}_n$ die Bedingung $\omega(G) \geq p$ oder $\alpha(G) \geq p$ erfüllt. Nun sei $\mathcal{C}_n^p$ die Teilmenge von Graphen aus $\mathcal{G}_n$, die eine Clique der Ordnung p enthalten und $\mathcal{U}_n^p$ die Teilmenge von Graphen aus $\mathcal{G}_n$, die eine unabhängige Menge von p Ecken besitzen. Es gilt natürlich $|\mathcal{C}_n^p| = |\mathcal{U}_n^p|$.

Die Graphen aus $\mathcal{G}_n$ seien wieder auf der Eckenmenge $E = \{1, 2, ..., n\}$ definiert. Für jede Teilmenge $S \subseteq E$ mit $|S| = p$ gibt es $2^{\binom{n}{2} - \binom{p}{2}}$ Graphen in $\mathcal{G}_n$, in denen S eine Clique induziert, denn da $\binom{p}{2}$ Kanten fest liegen, sind noch $\binom{n}{2} - \binom{p}{2}$ Kanten frei verfügbar. Da es $\binom{n}{p}$ verschiedene p-elementige Teilmengen $S \subseteq E$ gibt, folgt

$$|\mathcal{C}_n^p| = |\mathcal{U}_n^p| \leq \binom{n}{p} \cdot 2^{\binom{n}{2} - \binom{p}{2}}.$$

Daraus ergibt sich zusammen mit unserer Annahme $n < 2^{\frac{p}{2}}$

$$\frac{|\mathcal{C}_n^p|}{|\mathcal{G}_n|} = \frac{|\mathcal{U}_n^p|}{|\mathcal{G}_n|} \leq \binom{n}{p} \cdot 2^{-\binom{p}{2}} \leq \frac{n^p}{p!} \cdot 2^{-\binom{p}{2}}$$

$$< \frac{1}{p!} \cdot 2^{\frac{p^2}{2}} \cdot 2^{-\binom{p}{2}} = \frac{1}{p!} \cdot 2^{\frac{p}{2}} < \frac{1}{2}.$$

Daher enthält $\mathcal{G}_n$ mindestens einen Graphen, der weder eine Clique noch eine unabhängige Eckenmenge mit p Ecken besitzt, was aber unserer Annahme widerspricht. $\|$

Unter Ausnutzung der bekannten Stirlingschen Formel gelang es Spencer [1] im Jahre 1975, die untere Schranke von Erdös um den Faktor 2 zu verbessern.

16.2   Verallgemeinerte Ramsey-Zahlen

Sind p_1 und p_2 zwei natürliche Zahlen, so bedeutet die Ramsey-Zahl $r(p_1, p_2)$ die kleinste natürliche Zahl, so daß für jede Faktorisierung $K_n = H_1 \uplus H_2$ mit $n \geq r(p_1, p_2)$ gilt: $K_{p_1} \subseteq H_1$ oder $K_{p_2} \subseteq H_2$. Diese äquivalente Definition der Ramsey-Zahl legt folgende Verallgemeinerung nahe.

Definition 16.2 Es seien $G_1, G_2, ..., G_q$ $(q \geq 2)$ schlichte Graphen. Die *verallgemeinerte Ramsey-Zahl* $r(G_1, G_2, ..., G_q)$ ist die kleinste natürliche Zahl n, so daß für jede Faktorisierung

$$K_n = H_1 \uplus H_2 \uplus ... \uplus H_q$$

gilt: $G_i \subseteq H_i$ für mindestens ein $i = 1, 2, ..., q$. Mit dieser Definition ergibt sich $r(K_{p_1}, K_{p_2}) = r(p_1, p_2)$. Dementsprechend setzen wir abkürzend $r(K_{p_1}, K_{p_2}, ..., K_{p_q}) = r(p_1, p_2, ..., p_q)$.

Analog zum Satz von Erdös und Szekeres (Satz 16.2) weisen wir die Existenz der verallgemeinerten Ramsey-Zahl $r(p_1, ..., p_q)$ nach.

Satz 16.6 (Cockayne [1] 1972) Gegeben seien $q \geq 2$ natürliche Zahlen $p_1, p_2, ..., p_q \geq 2$. Dann existiert die verallgemeinerte Ramsey-Zahl $r(p_1, ..., p_q)$, und es gilt

$$r(p_1, ..., p_q) \leq r(p_1-1, p_2, ..., p_q)+...+r(p_1, ..., p_{q-1}, p_q-1)-q+2. \quad (16.7)$$

Beweis. Der Beweis von (16.7) erfolgt durch Induktion nach $p_1 + ... + p_q$, wobei für $p_1 = ... = p_q = 2$ in der Ungleichung offensichtlich das Gleichheitszeichen steht. Ist $p_1 + ... + p_q \geq 2q + 1$, so existieren nach Induktionsvoraussetzung die verallgemeinerten Ramsey-Zahlen auf der rechten Seite von (16.7). Kürzen wir die Summe der rechten Seite von (16.7) mit n ab, so sei $K_n = H_1 \uplus ... \uplus H_q$ eine beliebige Faktorisierung des vollständigen Graphen K_n. Ist v eine beliebige Ecke des K_n, so gilt $\sum_{i=1}^{q} |N(v, H_i)| = n - 1$, womit mindestens ein $j \in \{1, ..., q\}$ existiert mit $N = |N(v, H_j)| \geq r(p_1, ..., p_j-1, ..., p_q)$. Ist nun K_N der vollständige Graph mit der Eckenmenge $N(v, H_j)$ und $F_i = K_N \cap H_i$, so gilt offensichtlich $K_N = F_1 \uplus ... \uplus F_q$. Wegen $N \geq r(p_1, ..., p_j - 1, ..., p_q)$ folgt aus der Definition der verallgemeinerten Ramsey-Zahl $K_{p_j-1} \subseteq F_j \subseteq H_j$ oder $K_{p_i} \subseteq F_i \subseteq H_i$ für $i \neq j$. Ist $K_{p_i} \subseteq H_i$ für $i \neq j$, so sind wir fertig. Daher gelte nun $K_{p_j-1} \subseteq F_j$. Da die Ecke v in H_j zu allen Ecken von F_j adjazent ist, ergibt sich sogar $K_{p_j} \subseteq H_j$, womit $r(p_1, ..., p_q) \leq N+1 \leq n$, also (16.7) nachgewiesen ist. $\|$

Bemerkung 16.3 Sind $G_1, G_2, ..., G_q$ schlichte Graphen der Ordnung $p_1, p_2, ..., p_q$, so gilt natürlich

$$r(G_1, G_2, ..., G_q) \leq r(p_1, p_2, ..., p_q),$$

womit auch die Existenz der verallgemeinerten Ramsey-Zahlen, die wir im folgenden wieder kurz Ramsey-Zahlen nennen werden, vollständig nachgewiesen ist.

Satz 16.7 Die Ramsey-Zahlen sind symmetrisch, d.h., es gilt

$$r(G_1, ..., G_q) = r(G_{\pi(1)}, ..., G_{\pi(q)}),$$

wobei π eine Permutation der Zahlen $1, ..., q$ bedeutet.

Beweis. Wir setzen $r = r(G_1, ..., G_q)$ und $r_\pi = r(G_{\pi(1)}, ..., G_{\pi(q)})$ und nehmen o.B.d.A. $r_\pi < r$ an. Dann existiert eine Zahl n mit $r_\pi \leq n < r$ und eine Faktorisierung $K_n = H_1 \uplus H_2 \uplus ... \uplus H_q$, so daß $G_i \not\subseteq H_i$ für alle $i = 1, 2, ..., q$ gilt. Setzen wir $F_i = H_{\pi(i)}$ für alle $i = 1, 2, ..., q$, so ist $K_n = F_1 \uplus F_2 \uplus ... \uplus F_q$ auch eine Faktorisierung des K_n. Nun gilt offensichtlich $G_{\pi(i)} \not\subseteq F_i$ für alle $i = 1, 2, ..., q$, was unserer Voraussetzung $n \geq r_\pi$ widerspricht. $\|$

Bemerkung 16.4 Im Jahre 1955 haben Greenwood und Gleason [1] schon die etwas schwächere Abschätzung

$$r(p_1, ..., p_q) \leq r(p_1 - 1, p_2, ..., p_q) + ... + r(p_1, ... p_{q-1}, p_q - 1)$$

angegeben, die im Fall $q = 2$ mit (16.7), also auch mit dem Satz von Erdös und Szekeres übereinstimmt.

Aus Satz 16.6 und Bemerkung 16.3 erhalten wir wieder induktiv folgende obere Schranke für die verallgemeinerten Ramsey-Zahlen, die die Abschätzung aus Folgerung 16.1 verallgemeinert.

Folgerung 16.2 Sind $G_1, G_2, ..., G_q$ schlichte Graphen der Ordnung $p_1, p_2, ..., p_q$, so gilt

$$r(G_1, G_2, ..., G_q) \leq \frac{(p_1 + p_2 + ... + p_q - q)!}{(p_1 - 1)!(p_2 - 1)!...(p_q - 1)!}.$$

Satz 16.8 (Greenwood, Gleason [1] 1955) Es gilt $r(3, 3, 3) = 17$.

Beweis. Wie üblich, erfolgt der Beweis in zwei Schritten. Aus den Sätzen 16.6, 16.7 und 16.1 ergibt sich ohne Mühe

$$\begin{aligned}
r(3, 3, 3) &\leq r(2, 3, 3) + r(3, 2, 3) + r(3, 3, 2) - 3 + 2 \\
&= 3r(2, 3, 3) - 1 = 3r(3, 3) - 1 = 17.
\end{aligned}$$

Die skizzierte Faktorisierung des K_{16} zeigt durch "längeres scharfes Hinsehen", daß $r(3, 3, 3) > 16$ gilt, denn es gibt kein Dreieck, das aus durchgezogenen bzw. gepunkteten Kanten besteht, und es existieren keine drei unabhängigen Ecken. Damit ist die Aussage $r(3, 3, 3) = 17$ schon bewiesen. $\|$

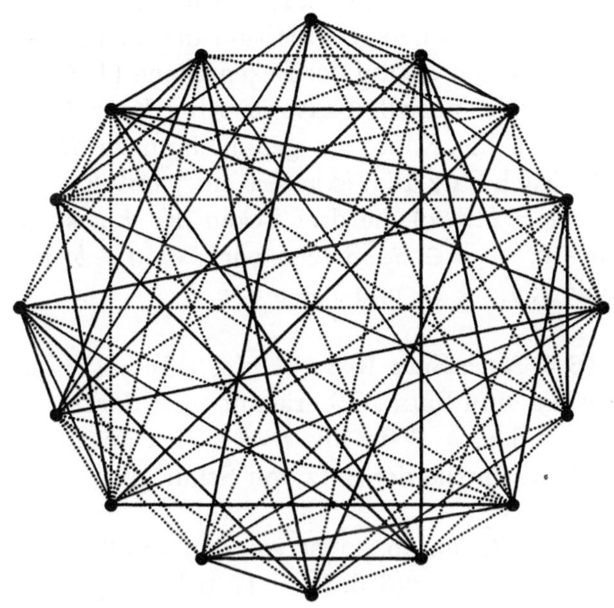

Betrachtet man die Partition

$$\{1,4,10,13\},\quad \{2,3,11,12\},\quad \{5,6,7,8,9\}$$

der Menge $\{1,2,...,13\}$, so stellt man leicht fest, daß in keiner Partitionsmenge drei (nicht notwendig verschiedene) Elemente x, y, z existieren, die die Gleichung $x + y = z$ erfüllen. Betrachtet man aber eine beliebige Partition aus drei Teilmengen der Menge $\{1,2,....,14\}$, so zeigt eine kleine systematische Untersuchung, daß immer eine Partitionsmenge existiert, in der die Gleichung $x + y = z$ eine Lösung hat. Schur [1] zeigte 1916 ganz allgemein, daß zu jeder gegebenen natürlichen Zahl n eine natürliche Zahl s_n existiert, so daß in jeder Partition der Menge $\{1,2,...,s_n\}$, die aus n Teilmengen besteht, eine Partitionsmenge existiert, die eine Lösung der Gleichung $x + y = z$ besitzt. Wir werden dieses Resultat von Schur aus der Existenz der verallgemeinerten Ramsey-Zahlen herleiten.

Satz 16.9 (Schur [1] 1916) Zu jedem $n \in \mathbf{N}$ existiert eine natürliche Zahl s_n, so daß für jede Partition $(S_1, ..., S_n)$ der Menge $\{1, 2, ..., s_n\}$ gilt: Es gibt ein $i \in \{1, ..., n\}$ mit der Eigenschaft, daß die Partitionsmenge S_i drei (nicht·notwendig verschiedene) Zahlen x, y und z enthält, die die Gleichung $x + y = z$ erfüllen.

Beweis. Man setze $s_n = r = r(p_1, ..., p_n)$, wobei $p_i = 3$ für $i = 1, ..., n$ gilt. Ist $(S_1, ..., S_n)$ eine beliebige Partition der Menge $\{1, 2, ..., r\}$, so sei der vollständige Graph K_r auf der Eckenmenge $\{1, 2, ..., r\}$ definiert. Nun betrachten wir die spezielle Faktorisierung $K_r = H_1 \uplus ... \uplus H_n$ mit der Eigenschaft, daß die Kante uv genau dann zu H_i gehört, wenn $|u - v| \in S_i$ gilt. Nach Satz 16.6 existiert ein j mit $K_3 \subseteq H_j$. Sind a, b und c (o.B.d.A. $a > b > c$) die drei Ecken des K_3, so bedeutet dies gerade $a - b, a - c, b - c \in S_j$. Setzen wir $x = a - b$, $y = b - c$ und $z = a - c$, so gilt $x, y, z \in S_j$ und $x + y = z$. $\|$

Bemerkung 16.5 Nach Satz 16.8 gilt $r(3, 3, 3) = 17$. Zusammen mit der Vorbetrachtung zum Satz 16.9 erkennt man daran, daß die Größe $s_n = r(p_1, ..., p_n)$ mit $p_i = 3$ für alle $i = 1, ..., n$ im allgemeinen nicht die kleinste Zahl ist, für die der Satz von Schur gilt.

Sieht man von Trivialfällen ab, so ist von den verallgemeinerten Ramsey-Zahlen $r(p_1, ..., p_q)$ nur $r(3, 3, 3) = 17$ bekannt. Daher ist es vielleicht überraschend, daß die Berechnung von $r(G_1, ..., G_q)$ häufig einfacher wird, falls nicht alle G_i vollständige Graphen sind. Typisch und interessant dabei ist, daß man je nach Wahl der G_i zum Teil gänzlich verschieden vorgehen muß und daß dazu eine Fülle von Ergebnissen aus anderen Teilgebieten der Graphentheorie herangezogen werden. Eine einfache aber nützliche untere Schranke der verallgemeinerten Ramsey-Zahl $r(G_1, G_2)$ in Abhängigkeit der chromatischen Zahl fanden 1972 Chvátal und Harary [1].

Satz 16.10 (Chvátal, Harary [1] 1972) Es seien G_1 und G_2 zwei schlichte Graphen ohne isolierte Ecken. Ist p die Ordnung einer größten Komponente von G_1, so gilt

$$r(G_1, G_2) \geq (p - 1)(\chi(G_2) - 1) + 1. \tag{16.8}$$

Beweis. Es sei $G = (\chi(G_2) - 1)K_{p-1}$. Da G keine Zusammenhangskomponente der Ordnung p enthält, ist G_1 kein Teilgraph von G. Weil $\bar{G}$ ein vollständiger $(\chi(G_2) - 1)$-partiter Graph ist, gilt $\chi(\bar{G}) = \chi(G_2) - 1$, womit G_2 nicht in $\bar{G}$ enthalten ist. Wegen $n(G) = (p - 1)(\chi(G_2) - 1)$, haben wir (16.8) bestätigt. $\|$

Wir kommen nun zu einem sehr bekannten Resultat von Chvátal [1], das sich recht einfach beweisen läßt.

Satz 16.11 (Chvátal [1] 1977) Ist B_p ein Baum der Ordnung $p \geq 2$, so gilt

$$r(B_p, K_n) = 1 + (p-1)(n-1).$$

Beweis. Da der Fall $n = 1$ klar ist, sei im folgenden $n \geq 2$. Ist G ein schlichter Graph der Ordnung $1 + (p-1)(n-1)$, so zeigen wir $B_p \subseteq G$ oder $K_n \subseteq \bar{G}$, woraus sich $r(B_p, K_n) \leq 1 + (p-1)(n-1)$ ergibt. Ist K_n kein Teilgraph von $\bar{G}$, so gilt $\alpha(G) \leq n - 1$. Daraus folgt aber

$$\chi(G) \geq \frac{n(G)}{\alpha(G)} \geq \frac{1 + (p-1)(n-1)}{n-1},$$

also $\chi(G) \geq p$. Nach Bemerkung 12.4 (ii) besitzt G dann einen p-kritischen Teilgraphen H, für den nach Satz 12.3 $\delta(H) \geq p - 1$ gilt. Daher ist der Baum B_p nach Aufgabe 2.9 (die man leicht durch Induktion nach p beweist) ein Teilgraph von H und damit auch von G.
Aus (16.8) ergibt sich sofort $r(B_p, K_n) \geq (p-1)(n-1) + 1$, womit der Satz vollständig bewiesen ist. $\|$

Mit Hilfe dieses Satzes von Chvátal kann man ein Resultat von Burr beweisen, das man in dem Übersichtsartikel von Parsons [2] aus dem Jahre 1978 findet.

Satz 16.12 (Burr 1978) Ist $q \geq 2$ eine natürliche Zahl und B_p ein Baum der Ordnung $p \geq 2$, so gilt

$$r(B_p, K_{n_1}, ..., K_{n_q}) = 1 + (p-1)((r(n_1, ..., n_q) - 1).$$

Beweis. Wir setzen $\ell = r(n_1, ..., n_q) - 1$ und $n = 1 + (p-1)\ell$. Ist $K_n = G \uplus H_1 \uplus ... \uplus H_q$ eine beliebige Faktorisierung des vollständigen Graphen K_n, so zeigen wir $B_p \subseteq G$ oder $K_{n_j} \subseteq H_j$ für ein $j \in \{1, ..., q\}$. Setzen wir $H = H_1 \uplus ... \uplus H_q$, so gilt $K_n = G \uplus H$. Da aus Satz 16.11 $r(B_p, K_{\ell+1}) = n$ folgt, ergibt sich $B_p \subseteq G$ oder $K_{\ell+1} \subseteq H$. Ist $B_p \subseteq G$, so sind wir fertig. Daher gelte nun $K_{\ell+1} \subseteq H$. Ist F ein Teilgraph von H mit $F \cong K_{\ell+1}$, so setze man $F_i = F \cap H_i$ für $i = 1, ..., q$, woraus $K_{\ell+1} \cong F_1 \uplus ... \uplus F_q$ folgt. Da aber $r(n_1, ..., n_q) = \ell + 1$ gilt, ergibt sich daraus $K_{n_j} \subseteq F_j$ für ein $j \in \{1, ..., q\}$. Aus $F_i \subseteq H_i$ für alle $i = 1, ..., q$ folgt sofort $K_{n_j} \subseteq H_j$ für ein $j \in \{1, ..., q\}$ und daher $r(B_p, K_{n_1}, ..., K_{n_q}) \leq n$.
Für die umgekehrte Ungleichung sei $F_1 \uplus ... \uplus F_q$ eine Faktorisierung des K_ℓ mit $\omega(F_i) \leq n_i - 1$ für alle $i = 1, ..., q$. Weiter setzen wir $G = \ell K_{p-1}$ und für jedes $i = 1, ..., q$ entstehe H_i aus F_i wie folgt. Jede Ecke aus

F_i werde durch einen Nullgraphen aus $p-1$ Ecken ersetzt. Sind die beiden Ecken $x, y \in E(F_i)$ adjazent und wurden sie durch die Ecken $x_1, ..., x_{p-1}$ bzw. $y_1, ..., y_{p-1}$ ersetzt, so wird jede Ecke x_j mit jeder Ecke y_t durch eine Kante verbunden. Die Faktorisierung $G \uplus H_1 \uplus ... \uplus H_q$ des vollständigen Graphen K_{n-1} zeigt uns die gewünschte Abschätzung $r(B_p, K_{n_1}, ..., K_{n_q}) \geq n.$ ||

Satz 16.13 (Lawrence [1] 1973) Ist C_m ein Kreis der Länge $m \geq 3$ und $n \in \mathbf{N}$, so gilt

$$r(C_m, K_{1,n}) \leq \begin{cases} 2n+1, & \text{falls } m \leq 2n-1 \\ m, & \text{falls } m \geq 2n. \end{cases}$$

Für folgende Werte gilt sogar die Gleichheit:

$$r(C_m, K_{1,n}) = \begin{cases} 2n+1, & \text{falls } m \text{ ungerade und } m \leq 2n-1 \\ m, & \text{falls } m \geq 2n \end{cases}$$

Beweis. Aus dem Satz 16.10 von Chvátal und Harary ergibt sich leicht

$$r(C_m, K_{1,n}) \geq \max\{m, n(\chi(C_m) - 1) + 1\}$$

und damit dann:

$$r(C_m, K_{1,n}) \geq \begin{cases} m, & \text{falls } m \geq 2n \\ m, & \text{falls } m \text{ gerade und } n+1 \leq m \leq 2n-2 \\ n+1, & \text{falls } m \text{ gerade und } m \leq n \\ 2n+1, & \text{falls } m \text{ ungerade und } m \leq 2n-1 \end{cases}$$

Sei nun G ein schlichter Graph der Ordnung $p \geq 2n$. Ist $K_{1,n}$ kein Teilgraph von $\bar{G}$, so ergibt sich sofort $\Delta(\bar{G}) \leq n-1$ und $G \neq K_{t,t}$ für $t \geq n+1$. Daher folgt $2\delta(G) \geq 2p - 2n \geq p$, womit G nach dem Satz von Dirac (Satz 4.5) Hamiltonsch ist. Aus dem Handschlaglemma ergibt sich sofort $m(G) \geq \frac{1}{4}p^2$. Nach dem Satz von Bondy (Satz 4.15) ist dann G entweder panzyklisch, oder es gilt $G = K_{p/2,p/2}$. Wegen $G \neq K_{t,t}$ für $t \geq n+1$, ist dann G panzyklisch, oder es gilt $G = K_{n,n}$.

Ist $p = m = 2n$, so ist G panzyklisch, oder es gilt $G = K_{n,n}$. In beiden Fällen folgt $C_m \subseteq G$, woraus sich $r(C_m, K_{1,n}) \leq m$ ergibt.

Ist nun $p \geq m \geq 2n$ und $p \neq 2n$, so ist G nach unserer Vorbetrachtung panzyklisch, also $C_m \subseteq G$ und damit $r(C_m, K_{1,n}) \leq m$.

Ist schließlich $p \geq 2n+1$ und $m \leq 2n-1$, so ist G nach unserer Vorbetrachtung wieder panzyklisch, also $C_m \subseteq G$, womit in diesem Fall $r(C_m, K_{1,n}) \leq 2n+1$ gilt.

Faßt man die erzielten Abschätzungen zusammen, so erhält man alle Aussagen des Satzes. ||

Bemerkung 16.6 Ist m gerade und $m \leq 2n-2$, so hat sich die Berechnung der Ramsey-Zahl $r(C_m, K_{1,n})$ als schwierig herausgestellt. Z.B. hat Parsons [1] 1975 für $n \geq 2$ gezeigt, daß $r(C_4, K_{1,n}) \leq 1+n+\lfloor\sqrt{n}\rfloor$ gilt, wobei die Gleichheit für $n = p^2$ oder $n = p^2 + 1$ eintritt, falls p eine Primzahl ist.

Zum Schluß dieses Abschnitts wollen wir einige weitere typische verallgemeinerte Ramsey-Zahlen nennen. Clapham, Exoo, Harborth, Mengersen und Sheehan [1] bewiesen 1989, daß $r(K_5 - k, K_5 - k) = 22$ gilt, wobei k eine beliebige Kante des K_5 bedeutet. Im Jahre 1991 zeigten Harborth und Mengersen [1] $r(K_{2,3}, K_{3,3}) = 13$ und $r(K_{3,3}, K_{3,3}) = 18$ sowie 1992 Y. Yang und Rowlinson [1] $r(C_5, C_5, C_5) = 17$. Eine schöne Übersicht zu diesem Thema liefert der schon erwähnte Artikel von Radziszowski [1].

16.3 Ramsey-Zahlen von Bäumen

Sind alle Bäume Sterne, so sind die Ramsey-Zahlen vollständig durch Burr und Roberts bestimmt worden.

Satz 16.14 (Burr, Roberts [1] 1973) Es seien $q \geq 2$ natürliche Zahlen $n_1, ..., n_q$ gegeben. Sind t von diesen q Zahlen gerade, so gilt

$$r(K_{1,n_1}, ..., K_{1,n_q}) = \Theta_t + \sum_{i=1}^{q}(n_i - 1),$$

wobei $\Theta_t = 1$, falls t positiv und gerade ist und $\Theta_t = 2$ in allen anderen Fällen gilt.

Beweis. Wir setzen $r = r(K_{1,n_1}, ..., K_{1,n_q})$ und $N = \sum_{i=1}^{q} n_i$. Zunächst beweisen wir $r \leq N - q + \Theta_t$. Da jede Ecke des vollständigen Graphen K_{N-q+2} den Grad $N - q + 1 = 1 + \sum_{i=1}^{q}(n_i - 1)$ besitzt, gilt für jede Faktorisierung

$$K_{N-q+2} = H_1 \uplus ... \uplus H_q$$

notwendig $K_{1,n_i} \subseteq H_i$ für ein $i \in \{1, ..., q\}$, womit wir $r \leq N - q + 2$ gezeigt haben. Daher verbleibt $r \leq N - q + 1$ nachzuweisen, falls t positiv und gerade ist. In diesem Fall erkennt man leicht, daß $N - q + 1$ immer ungerade ist. Nehmen wir nun an, daß es eine Faktorisierung

$$K_{N-q+1} = H_1 \uplus ... \uplus H_q$$

gibt, so daß K_{1,n_i} kein Teilgraph von H_i für alle $i = 1, ..., q$ ist. Daraus ergibt sich $\Delta(H_i) \leq n_i - 1$ für alle $i = 1, ..., q$. Dies liefert wiederum $\delta(H_i) \geq n_i - 1$ für alle $i = 1, ..., q$, womit jeder Faktor H_i ein regulärer Graph vom Grad $n_i - 1$ ist. Da nach Voraussetzung mindestens ein n_j gerade ist, besitzt der reguläre Faktor H_j den ungeraden Grad $n_j - 1$, was dem Handschlaglemma widerspricht. Daher ist die Ungleichung $r \leq N - q + \Theta_t$ vollständig bewiesen.

Nun zeigen wir $r \geq N - q + \Theta_t$. Ist $t = 0$, so ist jede gegebene Zahl n_i sowie $N - q + 1$ ungerade. Daher kann man den vollständigen Graphen K_{N-q+1} nach dem I. Satz von Petersen (Satz 7.10) in $\frac{1}{2}(N - q)$ 2-Faktoren zerlegen. Für jedes $i = 1, ..., q$, bestehe der Faktor F_i aus der Vereinigung von $\frac{1}{2}(n_i - 1)$ kantendisjunkten 2-Faktoren, so daß $K(F_i) \cap K(F_j) = \emptyset$ für $i \neq j$ gilt. Nach Konstruktion ist dann $K_{N-q+1} = F_1 \uplus ... \uplus F_q$ eine Faktorisierung mit der Eigenschaft, daß für alle $i = 1, ..., q$ der Stern K_{1,n_i} kein Teilgraph von F_i ist, womit in diesem Fall $r \geq N - q + 2$ gilt.

Ist t ungerade, so ist $N - q + 1$ gerade, und nach Satz 7.9 ist der vollständige Graph K_{N-q+1} 1-faktorisierbar. Für jedes $i = 1, ..., q$, bestehe der Faktor F_i aus der Vereinigung von $n_i - 1$ kantendisjunkten 1-Faktoren mit $K(F_i) \cap K(F_j) = \emptyset$ für $i \neq j$. Dann ist $K_{N-q+1} = F_1 \uplus ... \uplus F_q$ eine Faktorisierung, so daß K_{1,n_i} kein Teilgraph von F_i für alle $i = 1, ..., q$ gilt, womit auch in diesem Fall $r \geq N - q + 2$ gilt.

Ist schließlich $t > 0$ gerade, so sei o.B.d.A. n_1 gerade. Dann sind $t - 1$ von den q Zahlen $n_1 - 1, n_2, ..., n_q$ gerade, und es folgt aus dem letzten Fall

$$r \geq r(K_{1,n_1-1}, K_{1,n_2}, ..., K_{1,n_q}) \geq N - q + 1.$$

Daher gilt in allen Fällen $r \geq N - q + \Theta_t$, womit wir Satz 16.14 vollständig bewiesen haben. $\|$

Folgerung 16.3 (Harary [3] 1972) Sind p und q zwei natürliche Zahlen, so gilt:

$$r(K_{1,p}, K_{1,q}) = \begin{cases} p + q - 1, & \text{falls } p \text{ und } q \text{ gerade} \\ p + q, & \text{sonst} \end{cases}$$

Satz 16.15 (Burr [1] 1974) Es seien $p, q \geq 2$ zwei natürliche Zahlen. Ist B_{p+1} ein Baum der Ordnung $p + 1$, so gilt

$$r(B_{p+1}, K_{1,q}) \leq p + q.$$

Ist p ein Teiler von $q - 1$, so gilt sogar $r(B_{p+1}, K_{1,q}) = p + q$.

Beweis. Es sei G ein schlichter Graph der Ordnung $p + q$. Ist $K_{1,q}$ kein Teilgraph von $\bar{G}$, so gilt $\Delta(\bar{G}) \leq q - 1$, also $\delta(G) \geq p$. Daher ist der Baum B_{p+1} nach Aufgabe 2.9 ein Teilgraph von G, woraus sich $r(B_{p+1}, K_{1,q}) \leq p + q$ ergibt.

Ist $q - 1 = kp$, so hat der Graph $G = (k + 1)K_p$ die Ordnung $n(G) = p + kp = p + q - 1$. Dieses Beispiel zeigt $r(B_{p+1}, K_{1,q}) \geq p + q$, denn B_{p+1} ist kein Teilgraph von G und $K_{1,q}$ ist kein Teilgraph von $\bar{G}$. $\|$

Im folgenden wollen wir weitere Ramsey-Zahlen $r(B_{p+1}, K_{1,q})$ bestimmen, wobei der Baum B_{p+1} kein Stern ist und p nicht die Zahl $q - 1$ teilt. Dazu benötigen wir gewisse Erweiterungen der Aufgabe 2.9, die wir in den nächsten beiden Ergebnissen vorstellen wollen.

Hilfssatz 16.1 (Guo, Volkmann [5] 1995) Es sei $p \geq 3$ eine natürliche Zahl und G ein schlichter, zusammenhängender aber nicht vollständiger Graph der Ordnung $n(G) \geq p + 2$ mit $\delta(G) \geq p$. Weiter sei B ein Baum mit $4 \leq n(B) \leq p + 1$ und $\Delta(B) \leq n(B) - 2$ (also B ist kein Stern). Ist a eine beliebige Ecke von B, so existiert ein Baum $B_a \subseteq G$ mit $B_a \cong B$, so daß

$$N[a', G] \cap E(B_a) \neq E(B_a),$$

gilt, wobei wir mit $a' \in E(B_a)$ die zu a isomorphe Ecke bezeichnen. (Ist $f : E(B) \longrightarrow E(B_a)$ ein Isomorphismus mit $f(a) = a'$, so nennen wir a' isomorph zu a.)

Beweis. Der Beweis erfolgt durch Induktion nach $n(B) = n$. Ist $n = 4$, so ist der Baum B notwendig ein Weg der Länge 3. Benutzt man die bekannte Tatsache, daß in G zwei Ecken x und y vom Abstand 2 existieren, so erkennt man leicht, daß die Aussage des Satzes für $n = 4$ richtig ist.

Nun gelte $5 \leq n \leq p + 1$ und a sei eine beliebige Ecke von B. Da B kein Stern ist, existiert in B eine Endecke $v \neq a$, so daß auch der Baum $B' = B - v$ kein Stern ist. Mit u bezeichnen wir die Nachbarecke von v in B. Nach Induktionsvoraussetzung existiert ein Baum $B'_a \subseteq G$, der zu B' isomorph ist mit $N[a', G] \cap E(B'_a) \neq E(B'_a)$, wobei a' die zu a isomorphe Ecke bedeutet. Ist $u' \in E(B'_a)$ die zu u isomorphe Ecke, so existiert wegen $\delta(G) \geq p$ in G ein Nachbar v' von u' mit $v' \notin E(B'_a)$. Fügt man nun zum Baum B'_a die Ecke v' und die Kante $u'v'$ hinzu, so entsteht ein zum Baum B isomorpher Baum B_a mit der gewünschten Eigenschaft $N[a', G] \cap E(B_a) \neq E(B_a)$. $\|$

Aus Hilfssatz 16.1 leiten wir das nächste Ergebnis her, das uns dann die angekündigten Erweiterungen von Folgerung 16.3 und Satz 16.15 liefern wird.

Satz 16.16 (Guo, Volkmann [5] 1995) Es sei $p \geq 2$ eine natürliche Zahl und G ein schlichter und zusammenhängender Graph der Ordnung $n(G) \geq p+2$ mit $\delta(G) \geq p$. Ist B ein Baum der Ordnung $n(B) \leq p+2$ und $\Delta(B) \leq p$, so existiert ein Teilgraph $B^* \subseteq G$ mit $B^* \cong B$.

Beweis. Ist G ein vollständiger Graph oder $n(B) \leq p+1$, so ist der Satz durch Aufgabe 2.9 bewiesen. Im Fall, daß G kein vollständiger Graph ist und $n(B) = p + 2$ gilt, erfolgt der Beweis durch Induktion nach p. Ist $p = 2$, so überlegt man sich ohne Mühe, daß G einen Weg der Länge 3 enthält.

Nun sei $p \geq 3$ und v eine Endecke von B, so daß $B' = B - v$ kein Stern ist. Mit a bezeichnen wir die zu v adjazente Ecke in B. Nun gibt es nach Hilfssatz 16.1 einen Baum $B'_a \subseteq G$, der zu B' isomorph ist mit $N[a', G] \cap E(B'_a) \neq E(B'_a)$, wobei a' die zu a isomorphe Ecke bedeutet. Wegen $\delta(G) \geq p$ existiert in G ein Nachbar v' von a' mit $v' \notin E(B'_a)$. Fügt man nun zum Baum B'_a die Ecke v' und die Kante $a'v'$ hinzu, so entsteht ein zum Baum B isomorpher Baum $B^* \subseteq G$. ∥

Satz 16.17 (Guo, Volkmann [5] 1995) Es seien $p, q \geq 2$ zwei natürliche Zahlen. Ist der Baum B_{p+1} der Ordnung $p+1$ kein Stern (und damit $p \geq 3$), und ist p kein Teiler von $q - 1$ (also insbesondere $p \geq q$), so gilt

$$r(B_{p+1}, K_{1,q}) \leq p + q - 1.$$

Erfüllen p oder q eine der folgenden zusätzlichen Voraussetzungen, so gilt sogar die Gleichheit:

i) Ist $q = 2$, so gilt $r(B_{p+1}, K_{1,q}) = p + q - 1 = p + 1$.

ii) Ist $q = p \geq 3$, so gilt $r(B_{p+1}, K_{1,q}) = p + q - 1 = 2p - 1$.

iii) Ist $q - 1 = kp + 1$ für ein $k \in \mathbf{N}$, so gilt $r(B_{p+1}, K_{1,q}) = p + q - 1$.

iv) Ist $q - 1 = kp + s$ für ein $k \in \mathbf{N}$ mit $2 \leq s \leq p - 1$, so gilt $r(B_{p+1}, K_{1,q}) = p+q-1$, falls $k+s+1-p \geq 0$ oder $\Delta(B_{p+1}) = p-1$ erfüllt ist.

v) Ist $p > q \geq 3$ und $\Delta(B_{p+1}) = p-1$, so gilt $r(B_{p+1}, K_{1,q}) = p+q-1$, wenn $p + q$ gerade oder q ungerade und p gerade, und es gilt $r(B_{p+1}, K_{1,q}) = p + q - 2$, wenn p ungerade und q gerade.

Beweis. Im folgenden bedeute R_s^n ein schlichter und s-regulärer Graph der Ordnung n.

Es sei G ein schlichter Graph der Ordnung $p + q - 1$. Ist $K_{1,q}$ kein Teilgraph von $\bar{G}$, so gilt $\Delta(\bar{G}) \leq q - 1$, also $\delta(G) \geq p - 1$, womit jede Komponente von G mindestens p Ecken besitzt. Da p kein Teiler von $q - 1$ ist, existiert daher eine Komponente H von G mit $n(H) \geq p + 1$. Wegen $\Delta(B_{p+1}) \leq p - 1$ folgt mit Satz 16.16 $B_{p+1} \subseteq H \subseteq G$ und daraus dann $r(B_{p+1}, K_{1,q}) \leq p + q - 1$.
i) Ist $q = 2$, so zeigt der K_p unmittelbar $r(B_{p+1}, K_{1,q}) \geq p + 1$.
ii) Ist $q = p \geq 3$, so zeigt der Graph $2K_{p-1}$ das gewünschte Ergebnis.
iii) Ist $q - 1 = kp + 1$, so zeigt der Graph $G = (k + 1)K_p$ der Ordnung $q + p - 2$ die Ungleichung $r(B_{p+1}, K_{1,q}) \geq p + q - 1$.
iv) Ist $q - 1 = kp + s$ mit $2 \leq s \leq p - 1$ und $k + s + 1 - p \geq 0$, so existiert der Graph

$$G = (p + 1 - s)K_{p-1} \cup (k + s + 1 - p)K_p$$

der Ordnung $n(G) = q + p - 2$. Da B_{p+1} offensichtlich kein Teilgraph von G ist und $\Delta(\bar{G}) \leq q - 1$ gilt, folgt $r(B_{p+1}, K_{1,q}) \geq p + q - 1$. (Für $s = p - 1$ oder $s = p - 2$ ist die Bedingung $k + s + 1 - p \geq 0$ immer erfüllt, womit $r(B_{p+1}, K_{1,q}) = p + q - 1$ auch für $q - 1 = kp + p - 1$ und $q - 1 = kp + p - 2$ gilt.)
Nun sei $q - 1 = kp + s$ mit $2 \leq s \leq p - 3$ und $\Delta(B_{p+1}) = p - 1$.
Ist $q + p$ gerade bzw. q ungerade und p gerade, so existiert nach dem Satz von Kirkman und Reiß (Satz 7.9) bzw. dem I. Satz von Petersen (Satz 7.10) eine Faktorisierung der Form

$$K_{q+p-2} = R_{p-2}^t \uplus R_{q-1}^t,$$

wobei $t = q + p - 2$ gilt. Diese Faktorisierung zeigt zusammen mit der Bedingung $\Delta(B_{p+1}) = p - 1$ sofort $r(B_{p+1}, K_{1,q}) \geq p + q - 1$.
Im verbleibenden Fall q gerade und p ungerade unterscheiden wir ob k gerade oder ungerade ist.
Ist k ungerade, so folgt aus der Darstellung $q = kp + s + 1$, daß s gerade ist, womit der Graph

$$F = kK_p \cup R_{p-2}^{p+s-1}$$

der Ordnung $n(F) = q + p - 2$ existiert. Die Faktorisierung $K_{q+p-2} = F \uplus \bar{F}$ liefert dann $r(B_{p+1}, K_{1,q}) \geq p + q - 1$.

Ist k gerade, so muß $s = 2t + 1$ ungerade sein. Ist $p + t$ gerade, so existiert

$$F_1 = (k - 1)K_p \cup 2R_{p-2}^{p+t},$$

und ist $p + t$ ungerade, so existiert

$$F_2 = (k - 1)K_p \cup R_{p-2}^{p+t-1} \cup R_{p-2}^{p+t+1}.$$

Nun ergibt sich $n(F_1) = n(F_2) = q + p - 2$, und die Faktorisierungen $K_{q+p-2} = F_i \uplus \bar{F}_i$ für $i = 1, 2$, liefern uns das gewünschte Ergebnis.

v) Es gelte nun $p > q \geq 3$ und $\Delta(B_{p+1}) = p - 1$.

Ist $q + p$ gerade oder q ungerade und p gerade, so zeigt obige Faktorisierung $K_{q+p-2} = R_{p-2}^t \uplus R_{q-1}^t$ mit $t = p + q - 2$ die gewünschte Ungleichung $r(B_{p+1}, K_{1,q}) \geq p + q - 1$.

Nun seien p ungerade, q gerade, und es sei G ein schlichter Graph der Ordnung $p + q - 2$. Ist $K_{1,q}$ kein Teilgraph von $\bar{G}$, so gilt $\Delta(\bar{G}) \leq q - 1$, also $\delta(G) \geq p - 2$, womit G notwendig zusammenhängend ist. Da die beiden Zahlen $p + q - 2$ und $p - 2$ ungerade sind, existiert in G eine Ecke a mit $|N(a, G)| \geq p - 1$. Aus diesen Tatsachen folgt ohne Mühe $B_{p+1} \subseteq G$, womit $r(B_{p+1}, K_{1,q}) \leq p + q - 2$ bewiesen ist.

Die Faktorisierung $K_{q+p-3} = R_{p-3}^t \uplus R_{q-1}^t$ mit $t = p + q - 3$ zeigt sofort $r(B_{p+1}, K_{1,q}) \geq p + q - 2$. $\|$

Auch im folgenden bedeute R_s^n ein schlichter und s-regulärer Graph der Ordnung n und B_n^* ein Baum der Ordnung n vom Maximalgrad $\Delta(B_n^*) = n - 2$.

Satz 16.18 (Guo, Volkmann [5] 1995) Sind $p, q \geq 4$ zwei natürliche Zahlen, so gilt:

$$r(B_{p+1}^*, B_{q+1}^*) = \begin{cases} p + q - 1, & \text{falls } q - 2 = tp \text{ oder } p - 2 = tq \\ p + q - 3, & \text{falls } p = q \text{ und } p \text{ ungerade} \\ p + q - 2, & \text{sonst} \end{cases}$$

Beweis. Es sei G ein schlichter Graph der Ordnung $p + q - 1$ und B_{q+1}^* kein Teilgraph von $\bar{G}$.

Ist $\Delta(\bar{G}) \leq q - 2$, so gilt $\delta(G) \geq p$ und damit $B_{p+1}^* \subseteq G$.

Ist $\Delta(\bar{G}) \geq q - 1$, so sei $a \in E(G)$ mit $d(a, \bar{G}) = \Delta(\bar{G})$. Nun wähle man eine Eckenmenge $A \subseteq N(a, \bar{G})$ mit $|A| = q - 1$ und setze $B = E(G) - (A \cup \{a\})$. Dann gilt $|B| = p - 1$, und alle Kanten zwischen A und B gehören notwendig zu G. Daraus ergibt sich sofort $B_{p+1}^* \subseteq G$.

Ist o.B.d.A. $q - 2 = tp$, so zeigt der Graph $G = (t+1)K_p$ die gewünschte Identität $r(B^*_{p+1}, B^*_{q+1}) = p + q - 1$.

Nun sei G ein schlichter Graph der Ordnung $p + q - 2$ mit $q - 2 \neq tp$ sowie $p - 2 \neq tq$ und B^*_{q+1} kein Teilgraph von $\bar{G}$.
Ist $\Delta(\bar{G}) \leq q - 2$, so gilt $\delta(G) \geq p - 1$, und es existiert eine Komponente H von G mit $n(H) \geq p + 1$. Daraus folgt zusammen mit Satz 16.16 $B^*_{p+1} \subseteq H \subseteq G$.
Ist $\Delta(\bar{G}) \geq q - 1$, so sei $a \in E(G)$ mit $d(a, \bar{G}) = \Delta(\bar{G})$. Nun wähle man eine Eckenmenge $A \subseteq N(a, \bar{G})$ mit $|A| = q - 1$ und setze $B = E(G) - (A \cup \{a\})$. Dann gilt $|B| = p - 2$, und alle Kanten zwischen A und B gehören notwendig zu G. Sind zwei Ecken aus A in G durch eine Kante verbunden, so erkennt man sofort $B^*_{p+1} \subseteq G$. Daher gelte im folgenden $\bar{G}[A \cup \{a\}] = K_q$. Damit gehören aber alle Kanten zwischen a und B zu G.
Ist nun $q \geq p - 1$, so ergibt sich leicht $B^*_{p+1} \subseteq G$. Daher sei nun $p = q + s$ mit $s \geq 3$. Setzen wir $H_1 = \bar{G}[B]$ und $H_2 = G[B]$, so gilt $B^*_{p+1} \subseteq G$ oder $\Delta(H_2) \leq s - 2$. Ist $\Delta(H_2) \leq s - 2$, so gilt aber $\delta(H_1) \geq p - 3 - (s - 2) = q - 1$. Wegen $p - 2 \neq tq$ folgt daraus mit Satz 16.16 der Widerspruch $B^*_{q+1} \subseteq \bar{G}$, womit wir in diesem Fall $r(B^*_{p+1}, B^*_{q+1}) \leq p + q - 2$ gezeigt haben.
Sind p und q nicht gleichzeitig ungerade, so existiert nach dem Satz Kirkman und Reiß sowie dem I. Satz von Petersen eine Faktorisierung der Form

$$K_{q+p-3} = R^\ell_{p-2} \uplus R^\ell_{q-2},$$

wobei $\ell = p + q - 3$ ist. Sind p und q ungerade, und gilt o.B.d.A. $q \geq p + 4$, so sei $G = K_p \cup R^{q-3}_{p-2}$. Diese Faktorisierungen zeigen dann $r(B^*_{p+1}, B^*_{q+1}) = p + q - 2$ für die diskutierten Fälle.

Im letzten Fall sei p ungerade, $q = p$ und G ein schlichter Graph der Ordnung $p + q - 3$. Weiter sei B^*_{q+1} kein Teilgraph von $\bar{G}$.
Ist $\Delta(\bar{G}) \leq q - 3$, so gilt $\delta(G) \geq p - 1$ und G ist zusammenhängend, womit nach Satz 16.16 $B^*_{p+1} \subseteq G$ gilt.
Ist $\Delta(\bar{G}) = q - 2$, so gilt $\delta(G) \geq p - 2$, $\Delta(G) \geq p - 1$ und G ist zusammenhängend. Ist $b \in E(G)$ mit $d(b, G) = \Delta(G)$, so wähle man eine Eckenmenge $A \subseteq N(b, G)$ mit $|A| = p - 1$ und setze $B = E(G) - (A \cup \{b\})$. Dann gilt $|B| = q - 3 \geq 2$, und alle Kanten zwischen A und B gehören notwendig zu $\bar{G}$. Nun erkennt man sofort $B^*_{p+1} = B^*_{q+1} \subseteq \bar{G}$.

Ist $\Delta(\bar{G}) \geq q - 1$, so sei $a \in E(G)$ mit $d(a, \bar{G}) = \Delta(\bar{G})$. Nun wähle man eine Eckenmenge $A \subseteq N(a, \bar{G})$ mit $|A| = q - 1$ und setze $B = E(G) - (A \cup \{a\})$. Dann gilt $|B| = p - 3$, und alle Kanten zwischen A und B gehören notwendig zu G. Daraus ergibt sich sofort $B^*_{q+1} = B^*_{p+1} \subseteq G$, womit in diesem Fall $r(B^*_{p+1}, B^*_{q+1}) \leq p + q - 3$ gilt.

Ist p ungerade, $p = q$ und $p + q - 4 = s$, so zeigt die Faktorisierung

$$K_{q+p-4} = R^s_{p-2} \uplus R^s_{q-3}$$

die gewünschte Gleichheit im letzten Fall. $\parallel$

Von einer vollständigen Bestimmung der Ramsey-Zahlen zweier Bäume ist man noch weit entfernt.

Kapitel 17

Lokal semi-vollständige Digraphen

17.1   Zwei Struktursätze

Im Jahre 1990 hat Bang-Jensen [1] eine hochinteressante Verallgemeinerung des Turnierbegriffes entwickelt, mit dem wir uns im letzten Kapitel dieses Buches ausführlich beschäftigen wollen.

Definition 17.1 Ein schlichter Digraph heißt *semi-vollständig*, wenn zwischen je zwei verschiedenen Ecken mindestens ein Bogen existiert. Ein schlichter Digraph D heißt *lokal semi-vollständig*, wenn sowohl $D[N^+(x)]$ als auch $D[N^-(x)]$ für alle Ecken x aus D semi-vollständig ist. Einen lokal semi-vollständigen Digraphen ohne 2-Kreise nennt man auch *lokales Turnier*.

Im folgenden werden wir sehen, daß die lokal semi-vollständigen Digraphen wesentlich mehr Eigenschaften mit den Turnieren gemeinsam haben als die multipartiten Turniere.

Bemerkung 17.1 Ein Turnier ist ein semi-vollständiger Digraph ohne 2-Kreise. Ein semi-vollständiger Digraph ist auch lokal semi-vollständig.

Bemerkung 17.2 Ist D ein lokal semi-vollständiger Digraph und A eine Eckenmenge aus D, so folgt unmittelbar aus Definition 17.1, daß auch $D - A$ lokal semi-vollständig ist.

Beispiel 17.1 Jeder orientierte Kreis ist lokal semi-vollständig. Die skizzierten Beispiele zeigen uns zwei weitere lokal semi-vollständige Digraphen, die nicht semi-vollständig sind. In der linken Skizze bedeutet

D_i ein semi-vollständiger Digraph mit $D_i \to D_{i+1}$ für $i = 1, ..., 6$ (dabei ist $D_7 = D_1$).

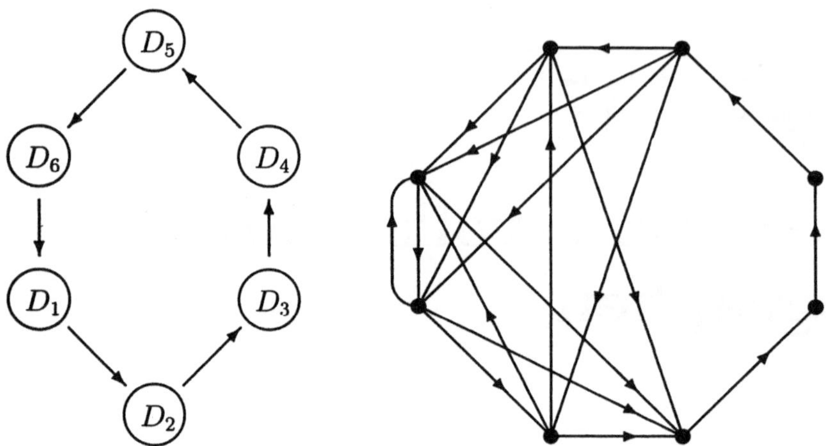

Unser erstes Ergebnis ist ein Analogon zum Satz von Camion (Folgerung 5.1).

Satz 17.1 (Bang-Jensen [1] 1990) Ein stark zusammenhängender lokal semi-vollständiger Digraph D der Ordnung $n \geq 2$ ist Hamiltonsch.

Beweis. Es sei C ein längster orientierter Kreis in D. Ist C ein n-Kreis, so ist D Hamiltonsch. Daher sei nun $C = c_1 c_2 ... c_t c_1$ ein t-Kreis mit $t < n$. Da D stark zusammenhängend ist, existiert eine Ecke $a \in D - V(C)$, die einen positiven Nachbarn in C hat. Es gelte o.B.d.A. $(a, c_1) \in B(D)$. Hat a auch einen negativen Nachbarn in C, so sei $j \in \{1, 2, ..., t\}$ der größte Index mit $(c_j, a) \in B(D)$. Im Fall $j = t$ ist $c_1 c_2 ... c_t a c_1$ ein $(t+1)$-Kreis. Ist $j \neq t$, so sind a und c_{j+1} positive Nachbarn von c_j. Daher sind diese beiden Ecken nach Definition 17.1 durch einen Bogen verbunden. Wegen der Wahl von j gilt notwendig $a \to c_{j+1}$, womit $c_j a c_{j+1} ... c_t c_1 ... c_j$ ein $(t + 1)$-Kreis ist.

Hat a keinen negativen Nachbarn in C, so existiert aber wegen des starken Zusammenhangs ein kürzester orientierter Weg $x_1 x_2 ... x_\ell$ von C nach $a = x_\ell$ mit $\ell \geq 3$, $x_1 = c_j$ für $j \in \{1, 2, ..., t\}$. Wie oben sei j wieder der größte Index mit diesen Eigenschaften. Im Fall $j = t$ ist $x_1 x_2 ... x_\ell c_1 c_2 ... c_t$ ein längerer orientierter Kreis. Ist $j \neq t$, so sind x_2 und c_{j+1} positive Nachbarn von c_j, also sind diese beiden Ecken durch einen Bogen verbunden. Die Wahl von j liefert $x_2 \to c_{j+1}$ und damit den $(t + 1)$-Kreis $c_j x_2 c_{j+1} ... c_t c_1 ... c_j$.

Insgesamt haben wir den Fall $t < n$ zum Widerspruch geführt, womit D Hamiltonsch ist. ||

Folgerung 17.1 Jeder stark zusammenhängende semi-vollständige Digraph D der Ordnung $n(D) \geq 3$ ist Ecken-panzyklisch.

Beweis. Da D nach Satz 17.1 einen orientierten Hamiltonschen Kreis besitzt, enthält D auch ein stark zusammenhängendes Turnier T_n der Ordnung $n = n(D)$. Da T_n nach dem Satz von Moon (Satz 5.3) Ecken-panzyklisch ist, trifft das erst recht für D zu. ∥

Im Mittelpunkt dieses Abschnitts stehen zwei Struktursätze, die für die gesamte Theorie der lokal semi-vollständigen Digraphen von zentraler Bedeutung sind.

Satz 17.2 (I. Struktursatz, Bang-Jensen [1] 1990) Ist D ein zusammenhängender aber nicht stark zusammenhängender lokal semi-vollständiger Digraph, so gilt:

i) Sind A und B zwei stark zusammenhängende Komponenten von D, so tritt genau eine der drei folgenden Möglichkeiten ein. Es gibt keinen Bogen zwischen A und B, $A \to B$ oder $B \to A$.

ii) Sind A und B zwei stark zusammenhängende Komponenten von D mit $A \to B$, so ist sowohl A als auch B semi-vollständig.

iii) Die starken Zusammenhangskomponenten von D können in eindeutiger Form $D_1, D_2, ..., D_p$ angeordnet werden, so daß es keinen Bogen von D_j nach D_i für $j > i$ gibt und $D_i \to D_{i+1}$ für $i = 1, 2, ..., p - 1$ gilt.

Beweis. i) Es gebe mindestens einen Bogen zwischen A und B. Da $D[E(A) \cup E(B)]$ nicht stark zusammenhängend ist, existieren entweder nur Bogen von A nach B oder von B nach A. Nehmen wir o.B.d.A. an, daß ein Bogen (a, b) von A nach B existiert. Nun sei $x \neq a$ eine beliebige Ecke von A. Da A stark zusammenhängend ist, gibt es in A einen orientierten Weg $a_1 a_2 ... a_t$ von $a = a_1$ nach $x = a_t$. Nun sind b und a_2 positive Nachbarn von a_1, womit b und a_2 nach Definition 17.1 durch einen Bogen verbunden sind. Da kein Bogen von B nach A führt, folgt $a_2 \to b$. Durch Wiederholung dieses Arguments erreichen wir $x = a_t \to b$ und ebenso $A \to b$. Ähnlich zeigt man $a \to B$ und schließlich $A \to B$, womit i) bewiesen ist.

ii) Ist $a \in A$, so gilt $a \to B$, also $E(B) \subseteq N^+(a)$, womit B nach Definition 17.1 semi-vollständig ist. Analog zeigt man, daß auch A semivollständig ist.

Teil iii) beweisen wir mittels vollständiger Induktion nach der Anzahl der stark zusammenhängenden Komponenten von D, wobei der Fall $p = 2$ schon durch i) bestätigt ist. Nun seien $p \geq 3$ und $U_1, U_2, ..., U_p$ die stark zusammenhängenden Komponenten von D.

Für $i = 1, ..., p$ sei u_i eine Ecke von U_i. Aus i) und ii) folgt, daß D genau dann zusammenhängend ist, wenn $D' = D[\{u_1, ..., u_p\}]$ zusammenhängend ist. Nach Satz 1.10 besitzt der untergeordnete Graph G' von D' eine Ecke u_j, so daß $G' - u_j$ zusammenhängend ist. Daher bleibt auch $D - E(U_j)$ zusammenhängend.

Wir nehmen o.B.d.A. an, daß $j = p$ gilt und U_p eine stark zusammenhängende Komponente von $D - E(U_p)$ dominiert. Nach Induktionsvoraussetzung besitzt $D - E(U_p)$ eine eindeutige Anordnung mit den gewünschten Eigenschaften, die o.B.d.A. von der Form $U_1, ..., U_{p-1}$ sein möge. Nun setzen wir $\ell = \min\{i | U_p \to U_i\}$. Ist $\ell = 1$, so erhalten wir die eindeutige Anordnung $U_p, U_1, ..., U_{p-1}$. Ist $\ell \geq 2$, so folgt aus Definition 17.1 und i) sofort $U_{\ell-1} \to U_p$. Daraus ergibt sich die eindeutige Anordnung $U_1, ..., U_{\ell-1}, U_p, U_\ell, U_{\ell+1}, ..., U_{p-1}$. $\|$

Definition 17.2 Es sei D ein zusammenhängender aber nicht stark zusammenhängender lokal semi-vollständiger Digraph. Die eindeutige Anordnung $D_1, D_2, ..., D_p$ der starken Zusammenhangskomponenten von D aus Satz 17.1 nennen wir *stark zusammenhängende Zerlegung* von D. Dabei heißt D_1 *Anfangskomponente* und D_p *Endkomponente*.

Als erste Anwendung dieses Struktursatzes beweisen wir ein Analogon zum Satz von Rédei (Satz 5.1).

Satz 17.3 (Bang-Jensen [1] 1990) Jeder zusammenhängende lokal semi-vollständige Digraph ist semi-Hamiltonsch.

Beweis. Ist D ein stark zusammenhängender lokal semi-vollständiger Digraph, so folgt unsere Behauptung unmittelbar aus Satz 17.1. Ist D ein zusammenhängender aber nicht stark zusammenhängender lokal semi-vollständiger Digraph, so sei $D_1, D_2, ..., D_p$ die stark zusammenhängende Zerlegung von D. Da nach Satz 17.1 jede Komponente D_i einen orientierten Hamiltonschen Kreis besitzt, liefert Satz 17.2 iii) sehr leicht einen orientierten Hamiltonschen Weg von D. $\|$

Definition 17.3 Es sei D ein Multidigraph mit der starken Zusammenhangszahl $\tau = \tau(D) \geq 1$. Ist $S \subseteq E(D)$, so daß $D - S$ nicht mehr stark zusammenhängend ist, so nennen wir S *Schnittmenge* von D. Gilt zusätzlich $|S| = \tau$, so heißt S *minimale Schnittmenge*. Ist S eine

Schnittmenge von D aber $D - S'$ stark zusammenhängend für jede echte Teilmenge S' von S, so sprechen wir von einer *kleinsten Schnittmenge*.

Bemerkung 17.3 Eine minimale Schnittmenge ist unter allen möglichen Schnittmengen diejenige mit den wenigsten Elementen. Eine kleinste Schnittmenge ist nur mengentheoretisch kleinstmöglich. Eine minimale Schnittmenge ist natürliche auch eine kleinste Schnittmenge

Hilfssatz 17.1 (Bang-Jensen [1] 1990) Es sei D ein stark zusammenhängender lokal semi-vollständiger Digraph. Ist $S \subseteq E(D)$ eine kleinste Schnittmenge von D, so ist $D - S$ zusammenhängend.

Beweis. Wir nehmen an, daß $D - S$ nicht zusammenhängend ist. Seien G_1 und G_2 zwei Komponenten des untergeordneten Graphen von $D - S$ und $S' = S - s$ mit $s \in S$. Da S eine kleinste Schnittmenge ist, ist $D - S'$ noch stark zusammenhängend. Daher besitzt s einen positiven Nachbarn $x \in E(G_1)$ und einen positiven Nachbarn $y \in E(G_2)$. Da D lokal semi-vollständig ist, sind die beiden Ecken x und y in D durch einen Bogen verbunden, was unserer Annahme widerspricht. $\parallel$

Hilfssatz 17.2 (Bang-Jensen, Guo, Gutin, Volkmann [1] 1995) Ist D ein stark zusammenhängender lokal semi-vollständiger aber nicht semi-vollständiger Digraph, so gilt:

i) Es existiert eine kleinste Schnittmenge S, so daß $D - S$ nicht semi-vollständig ist.

ii) Es sei S eine kleinste Schnittmenge mit der Eigenschaft, daß $D - S$ nicht semi-vollständig ist. Dann besitzt $D - S$ eine stark zusammenhängende Zerlegung $D_1, D_2, ..., D_p$ mit $p \geq 3$. Außerdem gilt $D_p \to S \to D_1$, und der von S induzierte Teildigraph $D[S]$ ist semi-vollständig.

Beweis. i) Da D nicht semi-vollständig ist, gibt es in D zwei Ecken x und y die durch keinen Bogen verbunden sind. Dann ist aber $N^+(x)$ eine Schnittmenge von D. Wählt man S als eine kleinste Schnittmenge von D mit $S \subseteq N^+(x)$, so ist $D - S$ sicher nicht semi-vollständig.

ii) Nach Hilfssatz 17.1 ist $D - S$ zusammenhängend, womit $D - S$ nach Satz 17.2 eine stark zusammenhängende Zerlegung $D_1, D_2, ..., D_p$ besitzt. Da $D - S$ nicht semi-vollständig ist, folgt aus Satz 17.2 leicht, daß es keinen Bogen zwischen D_1 und D_p gibt, womit wir schon $p \geq 3$ nachgewiesen haben. Es sei s eine beliebige Ecke aus S und $S' = S - s$.

Da S eine kleinste Schnittmenge ist, ist $D - S'$ stark zusammenhängend. Damit folgt notwendig $s \in N^+(D_p)$ und $s \in N^-(D_1)$. Aus der Tatsache, daß es zwischen D_1 und D_p keinen Bogen gibt, schließen wir weiter $s \notin N^-(D_p)$ und $s \notin N^+(D_1)$, woraus sich zusammen mit Satz 17.2 i) sogar $D_p \to s \to D_1$ ergibt. Da $s \in S$ beliebig gewählt war, erhalten wir unmittelbar $D_p \to S \to D_1$ und damit wiederum, daß $D[S]$ semi-vollständig ist. $\|$

Satz 17.4 (II. Struktursatz, Guo, Volkmann [1] 1994) Es sei D ein zusammenhängender aber nicht stark zusammenhängender lokal semi-vollständiger Digraph und $D_1, D_2, ..., D_p$ seine stark zusammenhängende Zerlegung. Dann kann D wie folgt in $r \geq 2$ Teildigraphen $D_1', D_2', ..., D_r'$ zerlegt werden:

$$D_1' = D_p, \quad \lambda_1 = p,$$

$$\lambda_{i+1} = \min\{\, j \mid N^+(D_j) \cap V(D_i') \neq \emptyset \} \quad \text{und} \quad \lambda_r = 1$$

$$\text{und} \quad D_{i+1}' = D[E(D_{\lambda_{i+1}}) \cup E(D_{\lambda_{i+1}+1}) \cup ... \cup E(D_{\lambda_i - 1})].$$

Die Teildigraphen $D_1', D_2', ..., D_r'$ besitzen folgende Eigenschaften:

   i) Die Teildigraphen $D_1', D_2', ..., D_r'$ sind semi-vollständig, D_{i+1}' dominiert die Anfangskomponente von D_i', und es existiert kein Bogen von D_i' nach D_{i+1}' für $i = 1, 2, ..., r-1$.

   ii) Ist $r \geq 3$, so existiert für $|j - i| \geq 2$ kein Bogen zwischen den Teildigraphen D_i' und D_j'.

Beweis. i) Wegen $D_1' = D_p$, ist D_1' semi-vollständig. Nach Definition von D_{i+1}' existiert eine starke Zusammenhangskomponente D_ℓ von D_i' mit $N^+(D_{\lambda_{i+1}}) \cap V(D_\ell) \neq \emptyset$, womit aus Satz 17.2 i) $D_{\lambda_{i+1}} \to D_\ell$ folgt. Daraus ergibt sich zusammen mit Definition 17.1 und Satz 17.2 iii) sukzessiv $D_{\lambda_{i+1}} \to D_j$ für alle j mit $\lambda_{i+1} < j \leq \ell$. Insbesondere gilt $D_{\lambda_{i+1}} \to D_{\lambda_i}$.
Ist $\lambda_i \geq \lambda_{i+1} + 2$, so erkennt man wieder sukzessiv $D_j \to D_{\lambda_i}$ für jedes j mit $\lambda_{i+1} \leq j < \lambda_i$. Damit haben wir $D_{i+1}' \to D_{\lambda_i}$ gezeigt, woraus man sofort schließt, daß D_{i+1}' semi-vollständig ist. Wegen Satz 17.2 gibt es natürlich keinen Bogen von D_i' nach D_{i+1}', womit i) bestätigt ist.
ii) Ist $r \geq 3$ und sind i, j zwei natürliche Zahlen mit $j \geq i + 2$, so gibt es einerseits nach Definition von λ_j keinen Bogen von D_j' nach D_i'. Andererseits existiert nach Satz 17.2 iii) auch kein Bogen von D_i' nach D_j', womit der II. Struktursatz vollständig bewiesen ist. $\|$

Definition 17.4 Ist D ein zusammenhängender aber nicht stark zusammenhängender lokal semi-vollständiger Digraph, so nennen wir die eindeutig definierte Anordnung $D'_1, D'_2, ..., D'_r$ im II. Struktursatz *semi-vollständige Zerlegung* von D.

Eine Veranschaulichung der semi-vollständigen Zerlegung findet man in der nächsten Skizze, wenn man dort nur auf die Struktur von $D - S$ achtet.

17.2   Ringförmige lokal semi-vollständige Digraphen

Definition 17.5 Es sei D ein schlichter Digraph der Ordnung p. Sind $H_1, H_2, ..., H_p$ weitere p schlichte Digraphen, so entstehe der neue Digraph $D[H_1, H_2, ..., H_p]$ aus D dadurch, daß man jede Ecke v_i von D durch H_i ersetzt und zusätzlich die Bogen von jeder Ecke von H_i zu jeder Ecke von H_j für alle i und j mit $1 \leq i \neq j \leq p$ hinzufügt, falls $(v_i, v_j) \in B(D)$ gilt.

Definition 17.6 Ein schlichter Digraph der Ordnung n heißt *kreisförmig*, wenn eine Numerierung $v_0, v_1, ..., v_{n-1}$ seiner Ecken existiert, so daß für alle $i \in \{0, 1, ..., n - 1\}$ gilt: $N^+(v_i) = \{v_{i+1}, ..., v_{i+d^+(v_i)}\}$ und $N^-(v_i) = \{v_{i-d^-(v_i)}, ..., v_{i-1}\}$. Dabei werden die Indizes natürlich modulo n betrachtet.

Definition 17.7 Ein lokal semi-vollständiger Digraph D heißt *ringförmig*, wenn ein kreisförmiges lokales Turnier R der Ordnung $p \geq 2$ existiert mit $D = R[H_1, H_2, ..., H_p]$, wobei jedes H_i ein stark zusammenhängender semi-vollständiger Teildigraph von D für $i = 1, 2, ..., p$ bedeutet. Wir nennen $R[H_1, H_2, ..., H_p]$ eine *ringförmige Darstellung* von D und $H_1, H_2, ..., H_p$ die Komponenten dieser Darstellung. Ist dabei $R = D[\{x_1, x_2, ..., x_p\}]$ mit $x_i \in E(H_i)$ für $i = 1, 2, ..., p$, so setzen wir stets voraus, daß die Ecken von R schon in der Reihenfolge aus Definition 17.6 numeriert sind.

Beispiel 17.2 Sind im Beispiel 17.1 die semi-vollständigen Digraphen $D_1, D_2, ..., D_6$ stark zusammenhängend, so ist $D = R[D_1, D_2, ..., D_6]$ eine ringförmige Darstellung von D, wobei R ein 6-Kreis ist.

Satz 17.5 Jeder zusammenhängende aber nicht stark zusammenhängende lokal semi-vollständige Digraph D besitzt eine eindeutige ringförmige Darstellung der Form $R[D_1, D_2, ..., D_p]$. Dabei ist $D_1, D_2, ..., D_p$ die stark zusammenhängende Zerlegung von D und R ein kreisförmiges lokales Turnier, das keinen orientierten Kreis enthält.

Beweis. Sei $D_1, D_2, ..., D_p$ die stark zusammenhängende Zerlegung von D. Wählen wir für jedes $i = 1, 2, ..., p$ ein $x_i \in V(D_i)$, so ist $R = D[\{x_1, x_2, ..., x_p\}]$ lokal semi-vollständig. Aus Satz 17.2 iii) folgt, daß R ein kreisförmiges lokales Turnier ohne orientierte Kreise ist, wenn man die Tatsache beachtet, daß aus $x_i \to x_k$ für $k > i$ stets $x_i \to x_j$ für $i < j < k$ folgt. Daher ist $R[D_1, D_2, ..., D_p]$ eine ringförmige Darstellung von D, die auch eindeutig ist. $\|$

Satz 17.6 (Bang-Jensen, Guo, Gutin, Volkmann [1] 1995) Es sei D ein stark zusammenhängender lokal semi-vollständiger Digraph mit einer ringförmigen Darstellung $D = R[D_1, D_2, ..., D_\alpha]$ und S eine kleinste Schnittmenge von D. Dann existieren zwei ganze Zahlen $p \geq 1$ und $q \geq 0$, so daß $S = E(D_p) \cup ... \cup E(D_{p+q})$ gilt.

Beweis. Sei S eine kleinste Schnittmenge von D und $S_i = S \cap E(D_i)$ für $i = 1, 2, ..., \alpha$. Dann ist $\alpha \geq 3$, und es existieren zwei Zahlen k und ℓ, so daß $D - S$ mindestens eine Ecke aus D_k und eine Ecke aus D_ℓ enthält, womit $F_k = E(D_k) - S_k \neq \emptyset$ und $F_\ell = E(D_\ell) - S_\ell \neq \emptyset$ gilt. Nach Hilfssatz 17.1 ist $D - S$ zusammenhängend. Ist $H_1, H_2, ..., H_\beta$ die stark zusammenhängende Zerlegung von $D - S$, so erkennt man analog zum Beweis von Hilfssatz 17.2 $N^+(H_\beta) \cap S = S = N^-(H_1) \cap S$. Nehmen wir an, es gilt $S_k \neq \emptyset$. Da D ringförmig ist, hat jede Ecke aus D_k die gleichen positiven und negativen Nachbarn außerhalb von D_k. Wir setzen $t = \max\{i | E(H_i) \cap F_k \neq \emptyset\}$ und wählen $u \in S_k$ und $v \in E(H_t) \cap F_k$. Beachtet man, daß u und v die gleichen negativen Nachbarn außerhalb von D_k besitzen, so folgt sofort $t = \beta$. Weiter hat u in H_1 einen positiven Nachbarn w. Da es keinen Bogen von H_β nach H_1 gibt, gehört w notwendig zu F_k. Aus der Tatsache, daß D_k semi-vollständig ist, ergibt sich $(w, v) \in B(D)$, also $H_1 \to H_\beta$ und damit $H_i \to H_j$ für $i < j$. Nun zeigen wir $E(H_i) \subseteq E(D_k)$ für $i = 1, \beta$. Denn wäre $E(H_1) - F_k \neq \emptyset$, so gäbe es wegen des starken Zusammenhangs von H_1 eine Ecke $x \in E(H_1) - F_k$ und eine Ecke $y \in E(H_1) \cap F_k$ mit $(y, x) \in B(D)$. Das liefert den Widerspruch $(v, x) \in B(D)$. Analog erhält man $E(H_\beta) \subseteq E(D_k)$. Daher gilt $w \to x \to v$ für jede Ecke x aus F_ℓ, was natürlich nicht möglich ist. Dies bedeutet schließlich $S_k = \emptyset$.

Tatsächlich haben wir bewiesen, daß aus $S_i \neq \emptyset$ stets $E(D_i) \subseteq S$ folgt. Nehmen wir nun an, daß S aus den disjunkten Mengen $T_1, ..., T_r$ besteht mit

$$T_i = E(D_{p_i} \cup ... \cup D_{p_i+q_i}) \quad \text{und} \quad E(D_{p_i-1} \cup D_{p_i+q_i+1}) \cap S = \emptyset$$

für $i = 1, ..., r$. Ist $r \geq 2$, dann ist $D - T_i$ stark zusammenhängend, und damit gilt $D_{p_i-1} \to D_{p_i+q_i+1}$ für alle $i = 1, ..., r$. Insgesamt ist dann aber auch $D - S$ stark zusammenhängend, was unserer Voraussetzung widerspricht. $\|$

Satz 17.7 (Bang-Jensen, Guo, Gutin, Volkmann [1] 1995) Ist D ein ringförmiger lokal semi-vollständiger Digraph, so besitzt D eine eindeutige ringförmige Darstellung $D = R[D_1, D_2, ..., D_\alpha]$.

Beweis. Ist D nicht stark zusammenhängend, so liefert uns Satz 17.5 das gewünschte Ergebnis.

Ist D stark zusammenhängend, so sei S eine kleinste Schnittmenge von D. Nach Satz 17.6 können wir o.B.d.A. voraussetzen, daß S die Form $S = E(D_1) \cup ... \cup E(D_p)$ hat. Da $D - S = D[E(D_{p+1}) \cup ... \cup E(D_\alpha)]$ nicht stark zusammenhängend ist, existiert kein Bogen von D_α nach D_{p+1}. Aus der Ringförmigkeit von D schließen wir dann, daß es auch keinen Bogen von D_j nach D_i für $p + 1 \leq i < j \leq \alpha$ gibt, womit $D_{p+1}, ..., D_\alpha$ die starken Zusammenhangskomponenten von $D - S$ sind. Nach Satz 17.2 besitzt $D - S$ dann die eindeutige stark zusammenhängende Zerlegung $D_{p+1}, ..., D_\alpha$.

Ist $D[S]$ nicht stark zusammenhängend, so ergibt sich analog, daß $D[S]$ die eindeutige stark zusammenhängende Zerlegung $D_1, ..., D_p$ besitzt. Für diesen Fall und ebenso für $S = E(D_1)$ ist der Satz dann bewiesen. Im verbleibenden Fall, daß $D[S]$ stark zusammenhängend ist und $p \geq 2$ gilt, gibt es einen Bogen von D_p nach D_1. Da D ringförmig ist, folgt daraus $D_j \to D_1$ für $p \leq j \leq \alpha$. Nun erkennt man, daß $S' = E(D_2) \cup ... \cup E(D_p)$ schon eine Schnittmenge von D ist, denn in $D - S'$ haben die Ecken aus D_1 keine positiven Nachbarn außerhalb von D_1. Mit diesem Widerspruch zur Wahl von S ist der Eindeutigkeitssatz vollständig bewiesen. $\|$

Satz 17.8 (Guo [1] 1995) Es sei D ein stark zusammenhängender lokal semi-vollständiger Digraph. Besitzt D eine kleinste Schnittmenge S, so daß die semi-vollständige Zerlegung von $D - S$ aus mindestens vier Komponenten besteht, so ist D ringförmig.

Beweis. Wegen Hilfssatz 17.1 ist $D - S$ zusammenhängend. Nun seien $D_1, D_2, ..., D_p$ die stark zusammenhängende und $D_1', D_2', ..., D_r'$ die semi-vollständige Zerlegung von $D - S$. Die Voraussetzung $r \geq 4$ zeigt uns zusammen mit Satz 17.4 iii), daß $D - S$ nicht semi-vollständig ist. Daher liefert Hilfssatz 17.2 $D_p \to S \to D_1$, womit $D[S]$ semi-vollständig ist. Ist $D_{p+1}, ..., D_{p+q}$ die stark zusammenhängende Zerlegung von $D[S]$, so ergibt sich aus dem I. Struktursatz $D_i \to D_{i+1}$ für $i = 1, 2, ..., p + q$.

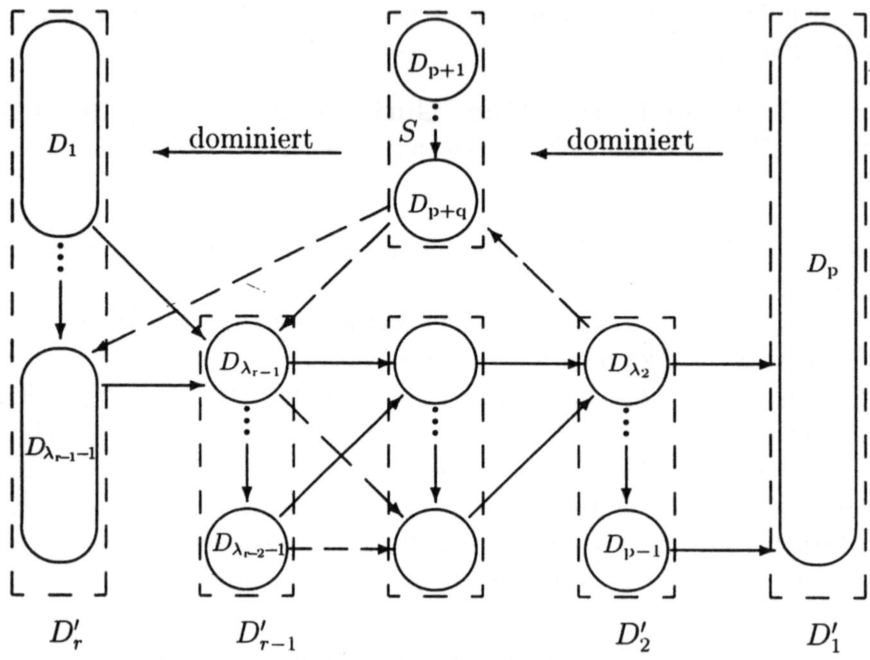

Nach dem II. Struktursatz existiert kein Bogen zwischen D_i' und D_j' für $|i - j| \geq 2$. Daher gibt es für $i \geq 3$ keinen Bogen von D_i' nach S und für $j \leq r - 2$ keinen Bogen von S nach D_j'. Existiert für $1 \leq i \neq j \leq p+q$ ein Bogen zwischen D_i und D_j, so gilt natürlich $D_i \to D_j$ oder $D_j \to D_i$. Damit besitzt D die skizzierte Struktur.

Setzen wir $R = D[\{x_1, x_2, ..., x_{p+q}\}]$ mit $x_i \in E(D_i)$ für $i = 1, 2, ..., p+q$, so erkennt man leicht, daß R ein lokales Turnier ist. Hat $x_t \in E(R)$ die Eigenschaft $x_k \to x_t \to x_m$, so zeigt die beschriebene Struktur $x_i \to x_t \to x_j$ für alle i und j mit $k \leq i < t < j \leq m$. Damit ist R nach Definition 17.6 kreisförmig, also $D = R[D_1, D_2, ..., D_{p+q}]$ die ringförmige Darstellung von D. ||

Definition 17.8 Für einen stark zusammenhängenden lokal semi-vollständigen Digraphen D wird die *quasi-Taillenweite* $g(D)$ wie folgt definiert. Besitzt D die ringförmige Darstellung $D = R[D_1, D_2, ..., D_\alpha]$, so bedeutet $g(D)$ die Länge eines kürzesten orientierten Kreises von R. Ist D nicht stark zusammenhängend, so setzen wir $g(D) = \infty$, und ist D nicht ringförmig, so setzen wir $g(D) = 3$.

Zunächst geben wir für q-fach stark zusammenhängende lokal semi-vollständige Digraphen D eine obere Schranke von $g(D)$ an. Diese Schranke habe ich 1992 gemeinsam mit Dr. Yubao Guo gefunden.

Satz 17.9 (Guo, Volkmann 1992) Es sei D ein q-fach ($q \geq 1$) stark zusammenhängender lokal semi-vollständiger Digraph der Ordnung n. Ist $n \geq q + 2 \geq 3$, so gilt $3 \leq g(D) \leq \frac{n-2}{q} + 2$.

Beweis. Definition 17.8 zeigt unmittelbar $g(D) \geq 3$. Ist $g(D) = 3$, so gibt es nichts zu beweisen, also sei nun $g(D) \geq 4$. Wegen Definition 17.8 ist D dann notwendig ringförmig. Nun sei $D = R[D_1, D_2, ..., D_\alpha]$ eine ringförmige Darstellung und S eine kleinste Schnittmenge von D. Nach Satz 17.6 können wir o.B.d.A. voraussetzen, daß S die Form $S = E(D_{p+1}) \cup ... \cup E(D_\alpha)$ hat. Dann ist $D_1, D_2, ..., D_p$ die stark zusammenhängende Zerlegung von $D - S$ (man vgl. den Beweis von Satz 17.7). Besitzt $D - S$ die semi-vollständige Zerlegung $D_1', D_2', ..., D_r'$, so ergibt sich aus $g(D) \geq 4$ und $N^+(D_p) \cap S = S = N^-(D_1) \cap S$ sofort $r \geq 3$. Aus dem II. Struktursatz folgt $N^+(D_i') - E(D_i') \subseteq E(D_{i-1}')$ für alle $i \geq 3$. Daher enthält jede Eckenmenge $E(D_j')$ eine kleinste Schnittmenge für $2 \leq j \leq r-1$, woraus man $|E(D_j')| \geq q$ erhält. Dies liefert uns einerseits die Abschätzung $n \geq (r-1)q + 2$. Andererseits existiert in R der $(r+1)$-Kreis $x_r x_{r-1} ... x_1 x_{r+1} x_r$, wobei x_i eine Ecke aus der Anfangskomponente von D_i' für $i = 1, 2, ..., r$ ist und x_{r+1} in S liegt. Insgesamt erhalten wir die gewünschte Abschätzung $g(D) \leq r + 1 \leq \frac{n-2}{q} + 2$. $\|$

Zum Schluß dieses Abschnitts leiten wir eine wichtige Charakterisierung derjenigen lokal semi-vollständigen Digraphen her, die weder semi-vollständig noch ringförmig sind, die 1995 von Dr. Yubao Guo [1] entdeckt wurde.

Satz 17.10 (III. Struktursatz, Guo [1] 1995) Es sei D ein stark zusammenhängender lokal semi-vollständiger Digraph, der nicht semi-vollständig ist. Dann ist D nicht ringförmig genau dann, wenn die beiden folgenden Bedingungen erfüllt sind.

  i) Es existiert eine kleinste Schnittmenge S, so daß $D - S$ nicht semi-vollständig ist. Für jede solche Schnittmenge S ist $D[S]$ semi-vollständig und die semi-vollständige Zerlegung von $D - S$ besteht aus genau drei Komponenten D'_1, D'_2, D'_3.

ii) Es existieren natürliche Zahlen α, β, μ, ν mit $\lambda \leq \alpha \leq \beta \leq p - 1$ und $p + 1 \leq \mu \leq \nu \leq p + q$, so daß

$$N^-(D_\alpha) \cap E(D_\mu) \neq \emptyset \quad \text{und} \quad N^+(D_\alpha) \cap E(D_\nu) \neq \emptyset$$

$$\text{oder} \quad N^-(D_\mu) \cap E(D_\alpha) \neq \emptyset \quad \text{und} \quad N^+(D_\mu) \cap E(D_\beta) \neq \emptyset$$

gilt, wobei $D_1, D_2, ..., D_p$ bzw. $D_{p+1}, ..., D_{p+q}$ die stark zusammenhängenden Zerlegungen von $D - S$ bzw. $D[S]$ sind, und D_λ die Anfangskomponente von D'_2 bedeutet.

Beweis. Der Digraph D erfülle die Bedingungen i) und ii). Angenommen, D ist ringförmig. Dann besitzt D nach Satz 17.7 die eindeutige Darstellung der Form $D = R[D_1, D_2, ..., D_{p+q}]$. Existiert ein Bogen von D_α nach D_ν, so folgt aus der ringförmigen Darstellung, daß $D_i \to D_j$ für $\alpha \leq i < j \leq \nu$ gilt, was der Voraussetzung $N^-(D_\alpha) \cap E(D_\mu) \neq \emptyset$ widerspricht. Analog behandelt man den Fall, daß ein Bogen von D_μ nach D_β existiert.

Nun sei D nicht semi-vollständig und nicht ringförmig. Wegen Hilfssatz 17.2 existiert eine kleinste Schnittmenge S, so daß $D - S$ nicht semi-vollständig ist, und für jede solche Schnittmenge ist $D[S]$ semi-vollständig. Es seien $D_1, D_2, ..., D_p$ bzw. $D'_1, D'_2, ..., D'_r$ die stark zusammenhängende bzw. die semi-vollständige Zerlegung von $D - S$. Aus der Voraussetzung, daß D nicht ringförmig ist, folgt zusammen mit Satz 17.8 sofort $r \leq 3$. Da D nicht semi-vollständig ist, muß aber $r \geq 3$, also $r = 3$ gelten, womit i) schon bestätigt ist.

Dem Hilfssatz 17.2 entnehmen wir $D_p \to S \to D_1$. Wegen Satz 17.4 gilt $D'_2 \to D_p$, und es existiert kein Bogen zwischen D'_1 und D'_3. Daher besitzt D keinen Bogen von D'_3 nach S. Gibt es einen Bogen von einer stark zusammenhängenden Komponente D_k von $D[S]$ zu einer stark zusammenhängenden Komponente D_m von D'_3, so liefert Satz 17.2 i) $D_k \to D_m$. Sind D_k bzw. D_m stark zusammenhängende Komponenten von $D[S]$ bzw. D'_3 mit $D_k \to D_m$, so erhält man weiter $D_i \to D_j$ für $1 \leq j \leq m$ und $k \leq i \leq p + 1$. Sind D_k bzw. D_m stark zusammenhängende Komponenten von D'_3 bzw. D'_2 mit $D_k \to D_m$, so schließt man analog $D_i \to D_j$ für $k \leq i < j \leq m$. Entfernt man nun aus D alle Bogen zwischen S und D'_2, so erhält man einen ringförmigen lokal semi-vollständigen Faktor D'. Damit kann die Ringförmigkeit von

D nur durch die Bogenstruktur zwischen den starken Zusammenhangs-komponenten von $D[S]$ und D_2' zerstört werden. Da dies nur durch die unter ii) beschriebene Art möglich ist, haben wir den III. Struktursatz vollständig bewiesen. ‖

17.3 Panzyklische lokal semi-vollständige Digraphen

Nach dem Satz von Moon sind alle stark zusammenhängenden Turnie-re Ecken-panzyklisch. In diesem letzten Abschnitt des Buches wollen wir alle panzyklischen und Ecken-panzyklischen lokal semi-vollständi-gen Digraphen charakterisieren. Dazu werden wir die Begriffe panzy-klisch sowie Ecken-panzyklisch etwas erweitern.

Definition 17.9 Es sei D ein schlichter Digraph der Ordnung $n \geq 3$ und m eine ganze Zahl mit $3 \leq m \leq n$. Der Digraph D heißt *m-panzyklisch*, wenn D einen k-Kreis für alle k mit $m \leq k \leq n$ besitzt. Der Digraph D heißt *Ecken-m-panzyklisch*, wenn für alle k mit $m \leq k \leq n$, jede Ecke von D auf einem k-Kreis liegt. Damit beschreiben die Ausdrücke (Ecken)-3-panzyklisch und (Ecken)-panzyklisch den gleichen Sachverhalt.

Hilfssatz 17.3 (Guo [1] 1995) Es sei D ein zusammenhängender lokal semi-vollständiger Digraph der Ordnung n und C ein k-Kreis von D mit $k < n$. Besitzt jede Ecke aus $D - E(C)$ einen positiven und einen negativen Nachbarn in C, so ist D Ecken-$(k + 1)$-panzyklisch.

Beweis. Ist x eine beliebige Ecke aus D, so folgt aus den Voraus-setzungen ohne Mühe, daß x zu einem $(k + 1)$-Kreis C' gehört mit $E(C) \subseteq E(C')$. Daher besitzt wieder jede Ecke aus $D - E(C')$ einen positiven und einen negativen Nachbarn in C'. Durch Wiederholung dieses Prozesses erhält man das gewünschte Ergebnis. ‖

Satz 17.11 (Guo [1] 1995) Es sei D ein zusammenhängender lokal semi-vollständiger Digraph der Ordnung n. Besitzt D einen induzierten k-Kreis C mit $4 \leq k < n$, so ist G Ecken-$(k + 1)$-panzyklisch.

Beweis. Der k-Kreis C habe die Gestalt $C = x_1 x_2 ... x_k x_1$. Da D nach Voraussetzung zusammenhängend ist und C ein induzierter k-Kreis mit

$k \geq 4$ ist, folgt unmittelbar aus dem I. Struktursatz, daß D stark zusamenhängend ist.

Zunächst zeigen wir, daß jede Ecke aus $D - E(C)$ zu $N^+(C) \cup N^-(C)$ gehört. Dazu sei y eine beliebige Ecke aus $D - E(C)$ und $P = y_1 y_2 ... y_q$ ein kürzester orientierter Weg von C nach y mit $y_1 = x_i$ und $y_q = y$. Dann gibt es einen Bogen zwischen y_2 und x_{i+1}. Gilt $x_{i+1} \to y_2$, so folgt aus der Voraussetzung, daß C ein induzierter k-Kreis ist, sofort $y_2 \to x_{i+2}$. Daher können wir im folgenden o.B.d.A. $y_1 = x_1$ und $(y_2, x_2) \in B(D)$ voraussetzen.

Ist $q = 2$, so ist y ein negativer Nachbar von C. Nun sei $q \geq 3$. Da x_2 und y_3 positive Nachbarn von y_2 sind und P als kürzester orientierter Weg von C nach y gewählt war, dominiert y_3 die Ecke x_2. Durch Fortsetzung dieses Verfahrens erhalten wir schließlich $y \to x_2$, womit jede Ecke aus $D - E(C)$ zu $N^+(C) \cup N^-(C)$ gehört.

Beachtet man, daß C ein induzierter k-Kreis mit $k \geq 4$ ist, so folgt durch die übliche Methode leicht, daß jede Ecke aus $D - E(C)$ einen positiven und einen negativen Nachbarn in C hat, womit D nach Hilfssatz 17.3 Ecken-$(k + 1)$-panzyklisch ist. $\|$

Satz 17.12 (Bang-Jensen, Guo, Gutin, Volkmann [1] 1995) Es sei D ein stark zusammenhängender lokal semi-vollständiger Digraph der Ordnung $n \geq 4$. Ist D kein orientierter Kreis, so gilt:

i) Ist D ringförmig, so ist D Ecken-$(g(D) + 1)$-panzyklisch.

ii) Ist D semi-vollständig oder nicht ringförmig, so ist D Ecken-panzyklisch.

Beweis. i) Es sei $D = R[D_1, D_2, ..., D_\alpha]$ die ringförmige Darstellung von D. Im Fall $g(D) \geq 4$ enthält D einen induzierten $g(D)$-Kreis, womit D nach Satz 17.11 Ecken-$(g(D) + 1)$-panzyklisch ist. Im Fall $g(D) = 3$ sei $C = x_1 x_2 x_3 x_1$ ein 3-Kreis von R. O.B.d.A. gelte $x_i \in E(D_{j_i})$ für $i = 1, 2, 3$ mit $1 \leq j_1 < j_2 < j_3 \leq \alpha$.

Nun sei v eine beliebige Ecke aus $D - E(C)$. Ist $v \in E(D_{j_i})$, so ergibt sich aus $D_{j_{i-1}} \to D_{j_i} \to D_{j_{i+1}}$ sofort $x_{i-1} \to v \to x_{i+1}$. Ist $v \in E(D_\ell)$ mit $j_i < \ell < j_{i+1}$, so folgt aus der Ringförmigkeit von D sofort $x_i \to v \to x_{i+1}$. Damit besitzt jede Ecke aus $D - E(C)$ sowohl einen negativen als auch einen positiven Nachbarn in C, womit D nach Hilfssatz 17.3 Ecken-4-panzyklisch ist.

ii) Ist D semi-vollständig, so liefert Folgerung 17.1 das Ergebnis. Daher sei D nun weder semi-vollständig noch ringförmig. Dann erfüllt D die Bedingungen i) und ii) aus dem III. Struktursatz.

Wir wählen eine kleinste Schnittmenge S von D, so daß $D - S$ nicht semi-vollständig ist. Weiter seien $D_1, D_2, ..., D_p$ bzw. $D_{p+1}, ..., D_{p+q}$ die stark zusammenhängenden Zerlegungen von $D - S$ bzw. $D[S]$ und D'_1, D'_2, D'_3 die semi-vollständige Zerlegung von $D - S$. Mit λ bezeichnen wir den Index der Anfangskomponente von D'_2. Die folgenden Tatsachen folgen aus dem II. und III. Struktursatz sowie aus Hilfssatz 17.2. Es existiert kein Bogen zwischen $D'_1 = D_p$ und D'_3, es gilt $D'_2 \to D'_1 \to S \to D_1$, und $D[S]$ ist semi-vollständig.

Entfernt man aus D alle Bogen zwischen S und D'_2, so erhält man bekanntlich einen ringförmigen lokal semi-vollständigen Faktor D' mit mit $g(D') = 4$. Wegen Teil i) ist D dann schon Ecken-5-panzyklisch. Daher müssen wir im folgenden noch nachweisen, daß jede Ecke von D auf einen 3-Kreis sowie auf einem 4-Kreis liegt.

Dazu definieren wir:

$$
\begin{aligned}
t &= \max\{\, i \mid N^+(S) \cap E(D_i) \neq \emptyset,\ \lambda \leq i < p \} \\
A &= E(D_\lambda) \cup ... \cup E(D_t) \\
t' &= \min\{\, j \mid N^+(D_j) \cap E(D'_2) \neq \emptyset,\ p+1 \leq j \leq p+q \} \\
B &= E(D_{t'}) \cup ... \cup E(D_{p+q})
\end{aligned}
$$

Diese Definitionen liefern uns ohne Mühe $B \to D'_3 \to A$.

Wegen $S \to D_1 \to D_\lambda \to D'_1 \to S$ liegt jede Ecke aus S auf einem 4-Kreis. Weiter folgt aus $B \to D'_3 \to A \to D'_1 \to S$, daß jede Ecke aus $E(D'_3) \cup A \cup E(D'_1)$ in einem 4-Kreis enthalten ist.

Die Definition von t' liefert uns einen Bogen (s, b) von $D_{t'}$ nach A. Nun ergibt eine kleine Analyse der Bedingung ii) aus dem III. Struktursatz, daß auch ein Bogen (b', s') von A nach B existiert. Ist a eine beliebige Ecke aus D'_1 und c eine beliebige Ecke aus D'_3, so sind *sbas* und *s'cb's'* orientierte Kreise der Länge 3. Damit gehört jede Ecke aus $E(D'_3) \cup E(D'_1)$ zu einem 3-Kreis.

Enthält D'_2 eine Ecke x, die nicht in A liegt, dann gilt natürlich $A \to x$. Die Definition von t zeigt uns noch $x \to s$. Damit haben wir den 3-Kreis *xsbx* und den 4-Kreis *xasbx* durch x gefunden. Es verbleibt der Nachweis, daß alle Ecken aus $A \cup S$ auf einem 3-Kreis liegen.

Sei u eine Ecke aus S mit $u \in E(D_\ell)$. Besteht D_ℓ aus mindestens 3 Ecken, so liefert uns Folgerung 17.1 einen 3-Kreis durch u. Daher gelte nun $|E(D_\ell)| \leq 2$. Ist $\ell < t'$, so sind u und b' durch einen Bogen verbunden, denn D_ℓ dominiert die Ecke s' aus B. Ist $\ell \geq t'$, so gilt $u = s$ oder es existiert der Bogen (s, u), und dann gibt es auch einen Bogen zwischen den Ecken u und b. In jedem Fall ist die Ecke u mit b oder mit

b' durch einen Bogen verbunden. Es gelte o.B.d.A. $b \in N^+(u) \cup N^-(u)$. Existiert der Bogen (u,b), so ist $ubau$ ein 3-Kreis. Existiert der Bogen (b,u), so ist $ucbu$ ein 3-Kreis. Daher liegt jede Ecke aus S auf einem 3-Kreis.

Schließlich sehen wir, daß $S' = N^+(D'_3)$ eine Teilmenge von $E(D'_2)$ ist, die auch eine kleinste Schnittmenge darstellt. Da $D - S'$ nicht semi-vollständig ist, zeigt uns obiger Beweis, daß jede Ecke von S' zu einem 3-Kreis gehört. Wegen $A \subseteq S'$ liegt jede Ecke aus A auf einem 3-Kreis und der Beweis von Satz 17.12 ist vollbracht. $\|$

Satz 17.13 (Bang-Jensen, Guo, Gutin, Volkmann [1] 1995) Es sei D ein stark zusammenhängender lokal semi-vollständiger Digraph der Ordnung $n \geq 4$ und m eine ganze Zahl mit $3 \leq m < n$. Dann gelten die folgenden beiden Aussagen.

 i) Der Digraph D ist genau dann nicht m-panzyklisch, wenn er die ringförmige Darstellung $D = R[D_1, D_2, ..., D_\alpha]$ besitzt mit $g(D) > \max\{m - 1, |E(D_1)|, |E(D_2)|, ..., |E(D_\alpha)|\} + 1$.

 ii) Der Digraph D ist genau dann nicht Ecken-m-panzyklisch, wenn er die ringförmige Darstellung $D = R[D_1, D_2, ..., D_\alpha]$ besitzt mit
    a) $g(D) \geq m$ und in D existiert eine Ecke, die zu keinem $g(D)$-Kreis gehört oder
    b) $g(D) > m$ und $g(D) > \min\{|E(D_1)|, |E(D_2)|, ..., |E(D_\alpha)|\} + 1$.

Beweis. Die Bedingung i) bzw. ii) ist natürlich hinreichend. Für die umgekehrte Richtung nehmen wir an, daß D nicht m-panzyklisch bzw. nicht Ecken-m-panzyklisch ist. In beiden Fällen ist D nach Satz 17.12 ringförmig und nicht semi-vollständig. Hat D die ringförmige Darstellung $R[D_1, D_2, ..., D_\alpha]$, so ist D nach Satz 17.12 i) Ecken-$(g(D) + 1)$-panzyklisch, womit $g(D) \geq m$ gilt.

Nun betrachten wir den Fall, daß D nicht m-panzyklisch ist. Da R einen $g(D)$-Kreis enthält, muß $g(D) \geq m + 1$ gelten. Angenommen, es gibt ein D_i mit $|E(D_i)| \geq g(D) - 1$. Dann ist D_i nach Folgerung 17.1 Ecken-panzyklisch und D damit panzyklisch. Dieser Widerspruch beweist i).

Zum Schluß betrachten wir den Fall, daß D nicht Ecken-m-panzyklisch ist. Existiert in D eine Ecke, die zu keinem $g(D)$-Kreis gehört, so ist wegen $g(D) \geq m$ der Digraph D sicher nicht Ecken-m-panzyklisch. Daher können wir im folgenden voraussetzen, daß jede Ecke auf einem $g(D)$-Kreis liegt. Da D Ecken-$(g(D) + 1)$-panzyklisch ist, folgt $g(D) > m$. Angenommen, jeder Teildigraph D_i hat mindestens $g(D) - 1$ Ecken für $i = 1, 2, ..., \alpha$. Nach Folgerung 17.1 liegt dann jede Ecke von D auf einem k-Kreis für $3 \leq k \leq g(D) - 1$. Zusammenfassend ist D nun Ecken-panzyklisch, was unserer Voraussetzung widerspricht. ||

Als nette Anwendung von Satz 17.12 wollen wir ein Analogon zur Folgerung 5.3 herleiten.

Satz 17.14 (Guo, Volkmann [1] 1994) Es sei D ein stark zusammenhängender lokal semi-vollständiger Digraph der Ordnung $n \geq 4$. Besitzt D mindestens $n+2$ Bogen, so existieren zwei verschiedene Ecken x_1 und x_2 in D, so daß $D - x_i$ für $i = 1, 2$ stark zusammenhängend bleibt.

Beweis. Ist D Ecken-$(n-1)$-panzyklisch, so verläuft der Beweis analog zum Beweis von Folgerung 5.3.

Ist D nicht Ecken-$(n - 1)$-panzyklisch, so folgt aus Satz 17.12, daß D ringförmig ist mit $g(D) \geq n - 1$. Es sei $D = R[D_1, D_2, ..., D_\alpha]$ die ringförmige Darstellung von D. Existiert eine Komponente D_i der Ordnung $|E(D_i)| \geq 2$, so hat jede Ecke von D_i die gewünschte Eigenschaft. Besteht jede Komponente D_i aus genau einer Ecke, so stimmt D mit dem kreisförmigen lokalen Turnier R überein. Wegen $|B(D)| \geq n + 2$ gibt es in D mindestens zwei Ecken v_i und v_j mit $d^+(v_i), d^+(v_j) \geq 2$. Nun gilt aber für die beiden Ecken $x_1 = v_{i+1}$ und $x_2 = v_{j+1}$, daß $D - x_i$ für $i = 1, 2$ stark zusammenhängend ist. ||

Zum Abschluß wollen wir noch einige weitere interessante Ergebnisse über Turniere und lokal semi-vollständige Digraphen ohne Beweise angeben und diskutieren.

Definition 17.10 Besitzt ein Digraph D zwei eckendisjunkte orientierte Kreise C_1 und C_2 mit $L(C_i) \geq 3$ für $i = 1, 2$, und gilt außerdem $E(D) = E(C_1) \cup E(C_2)$, so spricht man von *komplementären Kreisen*.

Das Problem, welche stark zusammenhängenden Turniere komplementäre Kreise besitzen, wurde schon Anfang der achtziger Jahre von Carsten Thomassen gestellt (man vgl. dazu Reid [2]). Zunächst geben wir einige Beispiele an, die zeigen, daß nicht alle stark zusammenhängenden Turniere komplementäre Kreise besitzen.

Beispiel 17.3 Es sei T das transitive n-Turnier mit der Eckenmenge $\{1, 2, ..., n\}$, so daß $i \rightarrow j$ für $1 \leq i < j \leq n$ gilt.
a) Ersetzen wir in T die beiden Bogen $(1, j)$ und (j, n) durch die beiden Bogen $(j, 1)$ und (n, j) für ein j mit $1 < j < n$, so erhalten wir

ein stark zusammenhängendes Turnier T_j, das keine komplementären
Kreise enthält.

b) Es gelte $1 < i_1 < ... < i_t$ und $1 + i_t < j_1 < ... < j_p < n$. Geben wir
den Bogen

$$(1, n), \ (1, i_1), \ ..., \ (1, i_t), \ (j_1, n), \ ..., \ (j_p, n)$$

aus T die umgekehrte Richtung, so entsteht ein stark zusammenhängendes Turnier $T_{t,p}$, das auch keine komplementären Kreise besitzt. Denn
jeder Kreis C aus $T_{t,p}$, der durch die Ecke $i_t + 1$ geht, enthält den Bogen $(n, 1)$ und damit die Ecken 1 und n. Da das Turnier $T_{t,p} - E(C)$
nicht stark zusammenhängend ist, kann es in $T_{t,p}$ keine komplementären
Kreise geben.

Es ist leicht zu sehen, daß die angegebenen Beispiele genau 1-fach
stark zusammenhängend sind. Betrachten wir aber 2-fach stark zusammenhängende Turniere, so erhalten wir eine völlig veränderte Situation,
denn alle 2-fach stark zusammenhängenden Turniere T_n mit $n \geq 8$ besitzen komplementäre Kreise. Diese Tatsache folgt aus dem nächsten
interessanten Ergebnis von Reid.

Satz 17.15 (Reid [2] 1985) Ist T ein 2-fach stark zusammenhängendes Turnier der Ordnung $n \geq 8$, so enthält T zwei komplementäre
Kreise der Länge 3 und $n - 3$.

Mit Hilfe eines schwierigen Induktionsbeweises, wobei der Satz von Reid
als Induktionsanfang dient, vervollständigte Song 1993 dieses Resultat.

Satz 17.16 (Song [1] 1993) Ist T ein 2-fach stark zusammenhängendes Turnier der Ordnung $n \geq 8$, so enthält T zwei komplementäre
Kreise der Länge p und $n - p$ für alle p mit $3 \leq p \leq \frac{n}{2}$.

Bang-Jensen [2] beobachtete 1992, daß die 2-regulären lokal semi-vollständigen Digraphen der Ordnung $2t + 1 \geq 7$ zwar 2-fach stark zusammenhängend sind aber keine komplementären Kreise besitzen. Mit
dem nächsten Resultat, das zwei Vermutungen von Bang-Jensen [2]
bestätigt, zeigen wir, daß es keine weiteren Beispiele dieser Art gibt.

Satz 17.17 (Guo, Volkmann [3] 1994) Ist D ein 2-fach stark zusammenhängender lokal semi-vollständiger Digraph mit mindestens 8
Ecken, so enthält D genau dann keine komplementären Kreise, wenn
D von ungerader Ordnung und 2-regulär ist.

Als Verallgemeinerung der Sätze von Reid und Song, habe ich kürzlich zusammen mit Dr. Y. Guo [4] das Problem der komplementären Kreise in 2-fach stark zusammenhängenden lokal semi-vollständigen Digraphen vollständig gelöst.

Definition 17.11 Ein Digraph D heißt *schwach Hamiltonsch-zusammenhängend*, wenn zwischen je zwei Ecken x und y von D ein orientierter Hamiltonscher Weg von x nach y oder von y nach x existiert. Ein Digraph D heißt *stark Hamiltonsch-zusammenhängend*, wenn zwischen je zwei Ecken x und y von D ein orientierter Hamiltonscher Weg von x nach y und von y nach x existiert.

Über stark bzw. schwach Hamiltonsch-zusammenhängenden Turniere hat Thomassen [1] 1980 intensive und erfolgreiche Untersuchungen durchgeführt. Kürzlich haben Bang-Jensen, Guo und Volkmann [1] die schwach Hamiltonsch-zusammenhängenden lokal semi-vollständigen Digraphen charakterisiert. Dr. Guo fand 1995 in seiner Dissertation [1] eine wichtige und äußerst wirksame hinreichende Bedingung für stark Hamiltonsch-zusammenhängende lokal semi-vollständige Digraphen. Eine unmittelbare Anwendung dieser hinreichenden Bedingung liefert folgendes interessante Ergebnis, das Thomassen [1] 1980 für Turniere bewiesen hat.

Satz 17.18 (Guo [1] 1995) Jeder 4-fach stark zusammenhängende lokal semi-vollständige Digraph ist sogar stark Hamiltonsch-zusammenhängend.

Vollständige Informationen über den Stand der Forschung zum Thema lokal semi-vollständige Digraphen findet der Leser in der phantastischen Dissertation von Dr. Yubao Guo [1].

Symbolverzeichnis

A_D	Adjazenzmatrix von D	7
A_G	Adjazenzmatrix von G	7
$B(D)$	Bogenmenge von D	3
B_G	Bewertungsmatrix von G	26
$c(k)$	Kapazität des Bogens k	338
C_p	Kreis der Länge p	10
$Cl_r(G)$	r-Hülle von G	86
$\operatorname{cap} L$	Kapazität des Schnittes L	340
$D = (E, B, h)$	$(E, B) = (E(D), B(D))$, Digraph	3
$d(a, b) = d_G(a, b)$	Abstand der Ecken a und b	18
$d(X, Y) = d_G(X, Y)$	Abstand der Eckenmengen X und Y	319
$D(G)$	G zugeordneter Digraph	323
$d(x) = d(x, G)$	Grad der Ecke x	5
$d(G)$	$\sum_{x \in E(G)} d(x, G)$	5
$d_G(X)$	$\sum_{x \in X} d(x, G)$	143
$\operatorname{dm}(G)$	Durchmesser von G	18
$d^*(v) = d^*(v, G)$	Anzahl der Nachbarn maximalen Grades von v	293
$d^+(x) = d^+(x, D)$	Außengrad der Ecke x	5
$d^+(D)$	$\sum_{x \in E(D)} d^+(x, D)$	5
$d^-(x) = d^-(x, D)$	Innengrad der Ecke x	5
$d^-(D)$	$\sum_{x \in E(D)} d^-(x, D)$	5
$d_\rho(a, A)$	ρ-Abstand zwischen a und A	22
$d_\rho(a, b)$	ρ-Abstand zwischen a und b	22
$e(a)$	Exzentrizität der Ecke a	18
$E = E(G) = E(D)$	Eckenmenge von G bzw. D	1, 3
$E(Z)$	Ecken der Kantenfolge Z	10
$f(X)$	$\sum_{x \in X} f(x)$	143
f	Fluß im Netzwerk N	339
$f^+(X)$	$f((X, \bar{X}))$	339
$f^-(X)$	$f((\bar{X}, X))$	339
$f^+(a)$	$f^+(\{a\})$	339

$f^-(a)$	$f^-(\{a\})$	339
$F_{h,v}$	Fächermenge	286
$G(D)$	untergeordneter Graph von D	4
$G = (E, K, g)$	$(E, K) = (E(G), K(G))$, Graph	1
$\mathrm{Hom}(G, G')$	Homomorphismen von G nach G'	6
$\mathcal{H} = \{H_1, ..., H_q\}$	Cliquenzerlegung von G	203
$ir = ir(G)$	Irredundanzzahl von G	236
I_D	Inzidenzmatrix von D	7
I_G	Inzidenzmatrix von G	7
J_p	Standardintervall der Länge p	10
$K(Z)$	Kanten der Kantenfolge Z	10
$k = (a, b)$	Bogen mit $h(k) = (a, b)$	3, 12
$k = ab$	Kante mit $g(k) = \{a, b\}$	1, 12
$K = K(G)$	Kantenmenge des Graphen G	1
K_n	vollständiger Graph mit n Ecken	9
$K_{p,q}$	vollständiger bipartiter Graph	82
$K_{r_1,...,r_p}$	vollständiger p-partiter Graph	82
$K_{1,3}$	Klaue	114
$K_{1,q}$	Stern	222
$\mathcal{L}(G)$	Line-Graph von G	180
$L(Z)$	Länge der (orientierten) Kantenfolge Z	10 (27)
$L = (A, \bar{A})$	Schnitt in N	340
$l = l(G)$	Anzahl der Länder von G	246
$m = m(D) = |B(D)|$	Größe von D	4
$m = m(G) = |K(G)|$	Größe von G	4
$m(x, y) = m_G(x, y)$	Anzahl der Kanten von x nach y	7
$m_D(x, y)$	Anzahl der Bogen von x nach y	7
$m(x, A) = m_G(x, A)$	$\sum_{y \in A - \{x\}} m(x, y)$	15
$m(A, B) = m_G(A, B)$	$\sum_{x \in A} m(x, B)$	15
$m_D(X, Y)$	Anzahl der Bogen von X nach Y	323
$me(G)$	mittlere Entfernung in G	20
$N(x) = N(x, G)$	Nachbarn der Ecke x	15
$N(A) = N(A, G)$	Nachbarn der Eckenmenge A	15
$N = (E, B, u, v, c)$	Netzwerk	338
$n = n(D) = |E(D)|$	Ordnung von D	4
$n = n(G) = |E(G)|$	Ordnung von G	4
$N^+(x) = N^+(x, D)$	positive Nachbarn von x	15
$N^+(A) = N^+(A, D)$	positive Nachbarn der Eckenmenge A	15
$N^-(x) = N^-(x, D)$	negative Nachbarn von x	15
$N^-(A) = N^-(A, D)$	negative Nachbarn der Eckenmenge A	15
$N[x] = N[x, G]$	$N(x, G) \cup \{x\}$	15
$N[A] = N[A, G]$	$N(A, G) \cup A$	15

$p(x) = p_G(x, D)$	äußere private Nachbarn von x bzgl. D	223
$P(x) = P_G(x, I)$	private Nachbarn von x bzgl. I	236
$\mathbf{P}$	Petersen-Graph	290
$\mathbf{P}^*$	$\mathbf{P} - a$ mit $a \in E(\mathbf{P})$	290
$P(q, G)$	chromatisches Polynom von G	276
$q(G)$	Anzahl ungerader Komponenten von G	137
$q_G(X, Y, f)$	Anzahl ungerader f-Komponenten von $G - (X \cup Y)$	143
$q_G(X, Y, g, f)$	Anzahl ungerader (g, f)-Komponenten von $G - (X \cup Y)$	150
qG	q disjunkte Kopien von G	185
$Q = (E(Q), K(Q))$	gemischter Graph	325
$r(G)$	Radius von G	18
$r(p, q)$	Ramsey-Zahl	357
$r(G_1, ..., G_q)$	verallgemeinerte Ramsey-Zahl	363
$r(p_1, ..., p_q)$	$r(K_{p_1}, ..., K_{p_q})$	363
$R(8)$	Rösselsprunggraph	77
$s(k)$		343
$s(W)$		343
$t(G)$	Taillenweite von G	247
T_n	n-Turnier	95
$T_r(n)$	Turán-Graph	210
$T_{n,r}$	Turán-Graph	212
VAL	Vizings Adjazenz Lemma	293
W_{ab}	(kürzester) Weg von a nach b	17
$(a_0, k_1, a_1, ..., k_p, a_p) = a_0 a_1 ... a_p = (k_1, ..., k_p) = (a_0, ..., a_p)$	(orientierte) Kantenfolge von a_0 nach a_p	9 (27)
$z(G)$	Anzahl der Gerüste von G	44
$Z(G)$	Zentrum von G	18
$\alpha = \alpha(G)$	Unabhängigkeitszahl von G	192
$\alpha_0 = \alpha_0(G)$	Kantenunabhängigkeitszahl von G	192
$\beta = \beta(G)$	Eckenüberdeckungszahl von G	192
$\beta_0 = \beta_0(G)$	Kantenüberdeckungszahl von G	193
$\gamma = \gamma(G)$	Dominanzzahl von G	215
$\gamma(G, X)$	X-Dominanzzahl von G	228
$\gamma_p = \gamma_p(G)$	p-Dominanzzahl von G	231
$\Gamma(G)$	Menge der Endecken von G	37
$\delta = \delta(G)$	Minimalgrad von G	5
$\delta(D)$	$\min\{\delta^+(D), \delta^-(D)\}$	324
$\delta^+ = \delta^+(D)$	$\min_{x \in E(D)} d^+(x, D)$	5
$\delta^- = \delta^-(D)$	$\min_{x \in E(D)} d^-(x, D)$	5
$\Delta = \Delta(G)$	Maximalgrad von G	5

$\Delta^+ = \Delta^+(D)$	$\max_{x \in E(D)} d^+(x, D)$	5
$\Delta^- = \Delta^-(D)$	$\max_{x \in E(D)} d^-(x, D)$	5
$\eta = \eta(D)$	Bogenzusammenhangszahl von D	323
$\theta(G)$	Größe einer minimalen Cliquenzerlegung	203
$\Theta_G(X, Y, f)$	$f(X) - f(Y) + d_{G-X}(Y) - q_G(X, Y, f)$	144
$\Theta_G(X, Y, g, f)$	$f(X) - g(Y) + d_{G-X}(Y) - q_G(X, Y, g, f)$	150
$\kappa = \kappa(G)$	Anzahl der Komponenten von G	12
$\lambda = \lambda(G)$	Kantenzusammenhangszahl von G	313
$\Lambda(G)$	Menge der Länder von G	249
$\mu = \mu(G)$	Index oder zyklomatische Zahl von G	14
$\nu = \nu(G)$	Anzahl der Kreise in G	35
$\xi(G)$	$\sum_{a,b \in E(G)} d(a, b)$	20
$\xi(v)$	$\sum_{a \in E(G)} d(v, a)$	20
$\pi = \pi(G)$	Wegüberdeckungszahl von G	77
$\pi^* = \pi^*(D)$	orientierte Wegüberdeckungszahl von D	78
$\rho(k)$	Länge der Kante k	22
$\rho(G)$	Länge von G	22
$\sigma = \sigma(G)$	Eckenzusammenhangszahl von G	313
$\tau = \tau(D)$	starke Zusammenhangszahl von D	322
$\tau_i = \tau_i(G)$	Anzahl der Ecken vom Grad i	37
$\varphi(G)$	$\frac{2|K(G)|}{|E(G)|-1}$ mit $|E(G)| \geq 3$	290
$\Phi(G)$	$\max \varphi(H)$	290
$\chi = \chi(G)$	chromatische Zahl von G	203, 265
$\chi' = \chi'(G)$	chromatischer Index von G	284
$\chi_T = \chi_T(G)$	totalchromatische Zahl von G	306
$\psi = \psi(G)$	achromatische Zahl von G	265
$\psi_s = \psi_s(G)$	pseudoachromatische Zahl von G	265
$\omega(G)$	Cliquenzahl	203
$\omega(f)$	Flußstärke von f	340
$\Omega(z)$	Farbenmenge, die nicht mit z inzidiert	286
$\bar{A}$	Komplement der Menge A	22
$A \triangle B$	symmetrische Differenz der Mengen A, B	41
$D_1 \to D_1$	D_1 dominiert D_2	97
$D' \subseteq D$	D' ist Teildigraph von D	27
$D[E']$	von E' induzierter Teildigraph	28
$D + k$	Ergänzen des Bogens k	28
$d_1, ..., d_n$	$d(x_1, G), ..., d(x_n, G)$; Gradsequenz von G	165
$D_1, ..., D_p$	stark zusammenhängende Zerlegung von D	380
$D'_1, ..., D'_r$	semi-vollständige Zerlegung von D	383
$R[H_1, ..., H_p]$	ringförmige Darstellung von D	383
(f, F)	Graphenhomomorphismus	6
$\bar{G}$	Komplementärgraph vom Graphen G	19

$G^{(k)}$	Kontraktion der Kante k	44, 276
$G^{k,a}$	Unterteilungsgraph durch a und k	297
G^p	Potenzgraph des schlichten Graphen G	186
$G' \cong G$	G' isomorph zu G	6
$G' \subseteq G$	G' ist Teilgraph von G	8
$G[E']$	von E' induzierter Teilgraph	8
$G[K']$	von K' erzeugter Teilgraph	8
$G - E'$	Löschen aller Ecken $E' \subseteq E(G)$	8
$G - K'$	Löschen aller Kanten $K' \subseteq K(G)$	8
$G - k$	Löschen der Kante k	8
$G + k$	Ergänzen der Kante k	9
$G - x$	Löschen der Ecke x	8
$\bigcup G_i$	Vereinigung der Graphen G_i	9
$\bigcap G_i$	Durchschnitt der Graphen G_i	9
$G + H$	Summe zweier Graphen	139
$G_1[G_2]$	lexikographisches Produkt	187
$G \circ H$	Koronagraph von G und H	185
$G_1 \times G_2$	kartesisches Produkt von G_1 und G_2	187
$G_1 \wedge G_2$	Konjunktion der Graphen G_1 und G_2	187
$G_1 \vee G_2$	Disjunktion der Graphen G_1 und G_2	187
$G[A, B]$	von A und B induzierter bipartiter Graph	196
$H_1 \uplus \dots \uplus H_q$	Faktorisierung des K_n	363
$x \rightarrow y$	x dominiert y	97
$n!$	Fakultät der natürlichen Zahl n	
$\binom{n}{k}$	Binomialkoeffizient	
$\lfloor x \rfloor$	größte ganze Zahl $\leq x$	
$\lceil x \rceil$	kleinste ganze Zahl $\geq x$	
$O(\dots)$	Landausches Symbol	
$P(m, n)$	Polynom in den Variablen m und n	
$\lvert M \rvert$	Determinante der Matrix M	
$\mathbf{N}$	$\{1, 2, 3, \dots\}$	
$\mathbf{N}_0$	$\{0, 1, 2, 3, \dots\}$	
$\mathbf{Z}$	$\{0, \pm 1, \pm 2, \pm 3, \dots\}$	
$\mathbf{R}$	Menge der reellen Zahlen	

Literaturverzeichnis

Am Ende jeder Literaturstelle werden die Seiten des entsprechenden Zitats in eckigen Klammern angegeben.

[1] Abu-Sbeih, M. Z.
On the number of spanning trees of K_n and $K_{m,n}$. Discrete Math. **84** (1990), 205 – 207. [48]

[1] Aharoni, R.
Menger's theorem for countable graphs. J. Combin. Theory Ser. B **43** (1987), 303 – 313. [332]

[1] Aho, V., J. Hopcroft und J. Ullman
Data Structures and Algorithms. Addison-Wesley, Reading (Massachusetts), Menlo Park (California), London (1983). [199]

[1] Ahrens, W.
Über das Gleichungssystem einer Kirchhoff'schen galvanischen Stromverzweigung. Math. Ann. **49** (1897), 311 – 324. [41]

[1] Ahuja, R. K., T. L. Magnanti und J. B. Orlin
Network Flows: Theory, Algorithms, and Applications. Prentice Hall, Englewood Cliffs, New Jersey (1993). [356]

[1] Aigner, M.
Graphentheorie: Eine Entwicklung aus dem 4-Farben Problem. Teubner, Stuttgart (1984). [x], [282]

[1] Akiyama, J. und M. Kano
Factors and factorizations of graphs – a survey. J. Graph Theory **9** (1985), 1 – 42. [165]

[1] Allan, R. B. und R. Laskar
On domination and some related topics in graph theory. Proc. of the 9th Southeast Conference on Combinatorics, Graph Theory and Computing, Utilitas Math., Winnipeg (1978), 43 – 56. [236]

[1] Alspach, B.
Cycles of each length in regular tournaments. Canad. Math. Bull. **10** (1967), 283 – 286. [100]

[1] Andersen, L. D.
On edge-colourings of graphs. Math. Scand. **40** (1977), 161 – 175. [288]

[1] Anderson, I.
Perfect matchings of a graph. J. Combin. Theory Ser. B **10** (1971), 183 – 186. [137]

[1] Appel, K. und W. Haken
Every planar map is four colorable. Part I: Discharging. Illinois J. Math. **21** (1977), 429 – 490. [255]

[2] Appel, K. und W. Haken
The four color proof suffices. Math. Intelligencer **8** (1986), 10 – 20. [255]

[3] Appel, K. und W. Haken
Every Planar Map is Four Colorable. Contemporary Mathematics 98 (1989). [255]

[1] Appel, K., W. Haken und J. Koch
Every planar map is four colorable. Part II: Reducibility. Illinois J. Math. **21** (1977), 491 – 567. [255]

[1] Auerbach, B. und R. Laskar
Some coloring numbers for complete r-partite graphs. J. Combin. Theory Ser. B **21** (1976), 169 – 170. [270], [271]

[1] Bäbler, F.
Über die Zerlegung regulärer Streckenkomplexe ungerader Ordnung. Comment. Math. Helv. **10** (1938), 275 – 287. [159]

[2] Bäbler, F.
Über eine spezielle Klasse Euler'scher Graphen. Comment. Math. Helv. **27** (1953), 81 – 100. [66], [67]

[1] Balakrishnan, R. und P. Paulraja
Note on the existence of directed $(k + 1)$-cycles in diconnected complete k-partite digraphs. J. Graph Theory **8** (1984), 423 – 426. [108], [110]

[1] Bang-Jensen, J.
Locally semicomplete digraphs: A generalization of tournaments. J. Graph Theory **14** (1990), 371 – 390. [377], [378], [379], [380], [381]

[2] Bang-Jensen, J.
On the structure of locally semicomplete digraphs. Discrete Math. **100** (1992), 243 – 265. [394]

[1] Bang-Jensen, J., Y. Guo, G. Gutin und L. Volkmann
A classification of locally semicomplete digraphs. Institut for Matematik og Datalogi Odense Universitet, Preprint Nr. **15** (1995), 13 S.
[381], [384], [385], [390], [392]

[1] Bang-Jensen, J., Y. Guo und L. Volkmann
Weakly Hamiltonian-connected locally semicomplete digraphs. Erscheint
in: J. Graph Theory.   [395]

[1] Bascò, G. und Z. Tuza
Domination properties and induced subgraphs. Discrete Math. **111**
(1993), 37 – 40.   [228]

[1] Bean, T. J., M. A. Henning und H. C. Swart
On the integrity of distance domination in graphs. Australas. J. Combin.
10 (1994), 29 – 43.   [235]

[1] Behzad, M.
Graphs and their chromatic numbers. Ph. D. Thesis, Michigan State
University (1965).   [306], [307], [311]

[2] Behzad, M.
The total chromatic number of a graph, a survey. Combinatorial Math.
Appl. (Hrsg. D. J. W. Welsh). Acad. Press, New York (1971), 1 – 9.
                                                                              [307]

[1] Behzad, M., G. Chartrand und J. K. Cooper, Jr.
The colour numbers of complete graphs. J. London Math. Soc. **42** (1967),
226 – 228.   [306], [309], [310]

[1] Beineke, L. W.
Derived graphs and digraphs. Beiträge zur Graphentheorie (Hrsg. H.
Sachs, H. Voss, H. Walther). Teubner, Leipzig (1968), 17 – 33.   [183]

[2] Beineke, L. W.
Characterizations of derived graphs. J. Combin. Theory Ser. B **9** (1970),
129 – 135.   [183]

[1] Beineke, L. W. und S. Fiorini
On small graphs critical with respect to edge-colourings. Discrete Math.
16 (1976), 109 – 121.   [296]

[1] Beineke, L. W. und R. J. Wilson
On the edge-chromatic number of a graph. Discrete Math. **5** (1973), 15
– 20.   [292]

[2] Beineke, L. W. und R. J. Wilson
A survey of recent results on tournaments. Recent Adv. Graph Theory,
Proc. Symp., Prague, 1974. Academia, Praha (1975), 31 – 48.   [100]

[1] Belck, H.-B.
Reguläre Faktoren von Graphen. J. Reine Angew. Math. **188** (1950), 228
 252.   [149]

[1] Benhocine, A. und A. P. Wojda
On self-complementation. J. Graph Theory **8** (1985), 335 – 341.   [20]

[2] Benhocine, A. und A. P. Wojda
The Geng-Hua Fan conditions for pancyclic or hamilton-connected graphs. J. Combin. Theory Ser. B **42** (1987), 167 – 180. [83]

[1] Berge, C.
Two theorems in graph theory. Proc. Nat. Acad. Sci. U.S.A. **43** (1957), 842 – 844. [117]

[2] Berge, C.
Sur le couplage maximum d'un graphe. C. R. Acad. Sci. Paris Math. **247** (1958), 258 – 259. [139]

[3] Berge, C.
Les problèmes de coloration en théorie des graphes. Publ. Inst. Statist. Univ. Paris **9** (1960), 123 – 160. [206], [209]

[4] Berge, C.
Graphs and Hypergraphs. North-Holland, Amsterdam, London (1976). [x]

[5] Berge, C.
Some common properties for regularizable graphs, edge-critical graphs and *B*-graphs. Graph Theory and Algorithms (Hrsg. N. Saito und T. Nishizeki). Lecture Notes in Computer Science **108**, Springer Verlag, Berlin, Heidelberg, New York (1981), 108 – 123. [196]

[6] Berge, C.
Graphs (Second Revised Edition). North-Holland, Amsterdam, New York, Oxford (1985). [x], [196]

[1] Bermond, J. C.
Hamiltonian graphs. Selected Topics in Graph Theory (Hrsg. L. W. Beineke und R. J. Wilson). Academic Press, London, New York, San Francisco (1978), 127 – 167. [85]

[1] Bermond, J. C. und C. Thomassen
Cycles in digraphs – a survey. J. Graph Theory **5** (1981), 1 – 43. [100]

[1] Bhave, V. N.
On the pseudoachromatic number of a graph. Fund. Math. **102** (1979), 159 – 164. [270]

[1] Birkhoff, G. D.
A determinant formula for the number of ways of coloring a map. Ann. of Math. (2) **14** (1912 – 1913), 42 – 46. [276]

[2] Birkhoff, G. D.
The reducibility of maps. Amer. J. Math **35** (1913), 115 – 128. [276]

Literaturverzeichnis   405

[1] Bodendiek, R. und K. Wagner
    Eine Verallgemeinerung des Satzes von Kuratowski. Mitt. Math. Ges.
    Hamburg **11** (1989), 677 – 697.   [263]

[1] Boesch, F. und R. Tindell
    Robbins's theorem for mixed multigraphs. Amer. Math. Monthly **87**
    (1980), 716 – 719.   [325]

[1] Bollobás, B.
    Extremal Graph Theory. Academic Press, London, New York, San Fran-
    cisco (1978).   [x]

[2] Bollobás, B.
    On graphs with equal edge connectivity and minimum degree. Discrete
    Math. **28** (1979), 321 – 323.   [322]

[3] Bollobás, B.
    Graph Theory, An Introductory Course. Springer, Berlin, Heidelberg,
    New York, Tokyo (1979).   [x], [160]

[1] Bollobás, B. und E. J. Cockayne
    Graph-theoretic parameters concerning domination, independence, and
    irredundance. J. Graph Theory **3** (1979), 241 – 249.   [223], [236], [237]

[1] Bollobás, B., A. Saito und N. C. Wormald
    Regular factors of regular graphs. J. Graph Theory **9** (1985), 97 – 103.
                                                                    [159]

[1] Bondy, J. A.
    Diconnected orientations and a conjecture of Las Vergnas. J. London
    Math. Soc. **14** (1976), 277 – 282.   [103], [105], [108]

[2] Bondy, J. A.
    Pancyclic graphs. J. Combin. Theory Ser. B **11** (1971), 80 – 84.
                                                          [88], [89], [91]

[1] Bondy, J. A. und V. Chvátal
    A method in graph theory. Discrete Math. **15** (1976), 111 – 135. [85], [86]

[1] Bondy, J. A. und U. S. R. Murty
    Graph Theory with Applications. The Macmillan Press Ltd., London
    and Basingstoke (1976).   [x], [19], [71], [84], [263]

[1] Borchardt, C. W.
    Über eine der Interpolation entsprechende Darstellung der Eliminations-
    Resultante. J. Reine Angew. Math. **57** (1860), 111 – 121.   [43]

[1] Borowiecki, M.
    On a minimaximal kernel of trees. Discuss. Math. **1** (1975), 3 – 6. [224]

[1] Boruvka, O.
O jistém problému minimálnim (Über ein Minimalproblem, tschechisch).
Práce moravské přirod. spol. (1926), III. 3.   [56]

[1] Bose, R. C.
Strongly regular graphs, partial geometries and partially balanced designs. Pacific J. Math. **13** (1963), 389 – 419.   [318]

[1] Brigham, R. C. und R. D. Dutton
A compilation of relations between graph invariants-supplement, I. Networks **21** (1991), 412 – 455.   [228]

[1] Broersma, H. J.
Hamilton Cycles in Graphs and Related Topics. Proefschrift, University
of Twente, Enschede (1988), 113 S.   [92]

[1] Broersma, H. J. und C. Hoede
Path graphs. J. Graph Theory **13** (1989), 427 – 444.   [185]

[1] Broersma, H. J., J. van den Heuvel und H. J. Veldman
A generalization of Ore's theorem involving neighborhood unions. Discrete Math. **122** (1993), 37 – 49.   [92]

[1] Brooks, R. L.
On colouring the nodes of a network. Proc. Cambridge Philos. Soc. **37**
(1941), 194 – 197.   [268]

[1] Brouwer, A. E. und D. M. Mesner
The connectivity of strongly regular graphs. European J. Combin. **6**
(1985), 215 – 216.   [318]

[1] Buckley, F. und F. Harary
Distance in Graphs. Addison-Wesley, Reading (Massachusetts), Menlo
Park (California), New York (1990).   [173]

[1] Burr, S. A.
Generalized Ramsey theory for graphs – a survey. Graphs and Combi-
natorics, Lecture Notes in Mathematics **406** (Hrsg. R. A. Bari und F.
Harary), Springer-Verlag, Berlin, Heidelberg, New York (1974), 52 – 75.
                                                                 [370]

[1] Burr, S. A. und J. A. Roberts
On Ramsey numbers for stars. Utilitas Math. **4** (1973), 217 – 220. [369]

[1] Cameron, P. J.
Strongly regular graphs. Selected Topics in Graph Theory (Hrsg. L. W.
Beineke und R. J. Wilson). Academic Press, London, New York, San
Francisco (1978), 337 – 360.   [318]

[1] Camion, P.
Chemins et circuits hamiltoniens des graphes complets. C. R. Acad. Sci.
Paris **249** (1959), 2151 – 2152. [98]

[1] Caro, Y. und Y. Roditty
A note on the k-domination number of a graph. Int. J. Math. Math. Sci.
13 (1990), 205 – 206. [232], [233]

[1] Cayley, A.
On the mathematical theory of isomers. Philosophical Magazine **47**
(1874), 444 – 446. [ix]

[2] Cayley, A.
On the analytical forms called trees, with application to the theory of
chemical combinations. Report of the British Association for the Advan-
cement of Science **45** (1875), 257 – 305. [ix]

[3] Cayley, A.
On the colouring of maps. Proc. Roy. Geographical Soc. (N. S.) **1** (1879),
259 – 261. [254]

[4] Cayley, A.
A theorem on trees. Quart. J. Pure Appl. Math. **23** (1889), 376 – 378.
[43], [46], [47]

[1] Chao, C. Y. und N. Z. Li
On trees of polygons. Arch. Math. (Basel) **45** (1985), 180 – 185. [282]

[1] Chartrand, G.
A graph-theoretic approach to a communications problem. SIAM J.
Appl. Math. **14** (1966), 778 – 781. [318]

[1] Chartrand, G. und F. Harary
Graphs with prescribed connectivities. Theory of Graphs (Hrsg. P. Erdös
und G. Katona). Academic Press, London, New York, San Francisco
(1968), 61 – 63. [314], [315]

[1] Chartrand, G. und L. Lesniak
Graphs and Digraphs (Second Edition). Wadsworth and Brooks/Cole
Advanced Books and Software, Monterey, California (1986).
[x], [71], [85], [89], [263], [270]

[1] Chetwynd, A. G. und A. J. W. Hilton
The chromatic index of graphs with at most four vertices of maximum
degree. Proc. of the 5th Southeast Conference on Combinatorics, Graph
Theory and Computing (Baton Rouge, La., 1984). Congr. Numer. **43**
(1984), 221 – 248. [302]

[2] Chetwynd, A. G. und A. J. W. Hilton
Regular graphs of high degree are 1-factorizable. Proc. London Math.
Soc. (3) **50** (1985), 193 – 206. [294], [296], [300], [301], [303]

[3] Chetwynd, A. G. und A. J. W. Hilton
1-factorizing regular graphs of high degree – an improved bound. Discrete
Math. **75** (1989), 103 – 112.   [304]

[1] Chetwynd, A. G. und H. P. Yap
Chromatic index critical graphs of order 9. Discrete Math. **47** (1983), 23
– 33.   [296]

[1] Chvátal, V.
Tree-complete graph Ramsey numbers. J. Graph Theory **1** (1977), 93.
                                                                    [366], [367]

[1] Chvátal, V. und P. Erdös
A note on Hamiltonian circuits. Discrete Math. **2** (1972), 111 – 113.
                                                                    [332], [333]

[1] Chvátal, V. und F. Harary
Generalized Ramsey theory for graphs, III. Small off-diagonal numbers.
Pacific J. Math. **41** (1972), 335 – 345.   [366]

[1] Clapham, C. R. J., G. Exoo, H. Harborth, I. Mengersen und J. Sheehan
The Ramsey number of $K_5 - e$. J. Graph Theory **13** (1989), 7 – 15. [369]

[1] Clapham, C. R. J. und D. J. Kleitman
The degree sequences of self-complementary graphs. J. Combin. Theory
Ser. B **20** (1976), 67 –74.   [20]

[1] Cockayne, E. J.
Colour classes for r-graphs. Canad. Math. Bull. **15** (1972), 349 – 354.
                                                                         [363]

[1] Cockayne, E. J., O. Favaron, C. Payan und A. G. Thomason
Contributions to the theory of domination, independence and irredundance in graphs. Discrete Math. **33** (1981), 249 – 258.   [228]

[1] Cockayne, E. J., B. Gamble und B. Shepherd
An upper bound for the k-domination number of a graph. J. Graph
Theory **9** (1985), 533 – 534.   [234]

[1] Cockayne, E. J., S. Goodman und S. T. Hedetniemi
A linear algorithm for the domination number of a tree. Inform. Process.
Lett. **4** (1975), 41 – 44.   [231]

[1] Cockayne, E. J. und S. T. Hedetniemi
Independence graphs. Proc. of the 5th Southeast Conference on Combinatorics, Graph Theory and Computing. Utilitas Math., Winnipeg
(1974), 471 – 491.   [236]

[2] Cockayne, E. J. und S. T. Hedetniemi
Towards a theory of domination in graphs. Networks **7** (1977), 247 – 261.
                                                                         [228]

[1] Cockayne, E. J., S. T. Hedetniemi und D. J. Miller
Properties of hereditary hypergraphs and middle graphs. Canad. Math.
Bull. **21** (1978), 461 – 468. [236]

[1] Cockayne, E. J. und C. M. Mynhardt
The sequence of upper and lower domination, independence and irredundance numbers of a graph. Discrete Math. **122** (1993), 89 – 102. [228]

[1] Croitoru, C. und E. Suditu
Perfect stables in graphs. Inform. Process. Lett. **17** (1983), 53 – 56. [197]

[1] Damaschke, P.
Irredundance number versus domination number. Discrete Math. **89**
(1991), 101 – 104. [238]

[1] Dankelmann, P.
Mittlere Entfernung in Graphen. Doktorarbeit, RWTH Aachen (1993),
93 S. [21]

[1] Dankelmann, P., T. Niessen und I. Schiermeyer
On path-tough graphs. SIAM J. Disc. Math. **7** (1994), 571 – 584. [84]

[1] Dankelmann, P. und L. Volkmann
New sufficient conditions for equality of minimum degree and edge-
connectivity. Erscheint in: Ars Combin., 9 S. [320], [321], [322]

[1] Dantzig, G. B.
On the shortest route through a network. Management Sci. **6** (1959/60),
187 – 190. [23]

[1] Daykin, D. E. und C. P. Ng
Algorithms for generalized stability numbers of tree graphs. J. Austral.
Math. Soc. **6** (1966), 89 – 100. [200]

[1] Dean, N. und J. Zito
Well-covered graphs and extendability. Discrete Math. **126** (1994), 67 –
80. [227]

[1] Dempster, M. A. H.
Two algorithms for the time-table problem. Combinatorial Mathematics
and its Applications (Hrsg. D. J. A. Welsh), 63 – 85. Academic Press,
London, New York, San Francisco (1971). [123]

[1] De Werra, D.
On some combinatorial problems arising in scheduling. CORS J. **8**
(1970), 165 – 175. [123]

[1] Dijkstra, E. W.
A note on two problems in connexion with graphs. Numer. Math. **1**
(1959), 269 – 271. [23]

[1] Dilworth, R. P.
A decomposition theorem for partially ordered sets. Ann. Math. **51** (1950), 161 – 166. [208]

[1] Dirac, G. A.
A property of 4-chromatic graphs and some remarks on critical graphs. J. London Math. Soc. **27** (1952), 85 – 92. [292]

[2] Dirac, G. A.
Some theorems on abstract graphs. Proc. London Math. Soc. (3) **2** (1952), 69 – 81. [13], [80]

[3] Dirac, G. A.
Minimally 2-connected graphs. J. Reine Angew. Math. **228** (1967), 204 – 216. [179]

[1] Dirac, G. A. und S. Schuster
A theorem of Kuratowski. Nederl. Akad. Wetensch. Proc. Ser. A **57** (1954), 343 – 348. [263]

[1] Dörfler, W. und J. Mühlbacher
Ein verbesserter Matchingalgorithmus. Computing **13** (1974), 389 – 397. [118]

[1] Doyle, J. K. und J. E. Graver
Mean distance in a graph. Discrete Math. **17** (1977), 147 – 154. [21]

[1] Duchet, P.
Classical perfect graphs. Topics on perfect graphs (Hrsg. C. Berge und V. Chvátal). Ann. Discrete Math. **21**, North-Holland, Amsterdam, New York, Oxford, Tokyo (1984), 67 – 96. [204], [205], [209]

[1] Edmonds, J.
Paths, trees, and flowers. Canad. J. Math. **17** (1965), 449 – 467. [125], [129], [130]

[1] Edmonds, J. und E. L. Johnson
Matching, Euler tours and the Chinese postman. Math. Programming **5** (1973), 88 – 124. [73]

[1] Edmonds, J. und R. M. Karp
Theoretical improvements in algorithmic efficiency for network flow problems. J. Assoc. Comput. Mach. **19** (1972), 248 – 264. [347], [348]

[1] Egawa, Y. und M. Kano
Sufficient conditions for graphs to have (g, f)-factors. Unveröffentlichtes Manuskript (1990). [162], [164]

[1] Entringer, R. C.
A short proof of Rubin's block theorem. Ann. Discrete Math. **27** (1985), 367 – 368. [174]

[1] Entringer R. C., D. E. Jackson und D. A. Snyder.
Distance in graphs. Czech. Math. J. **26** (1976), 283 – 296.   [20], [21]

[1] Entringer, R. C. und P. J. Slater
On the maximum number of cycles in a graph. Ars Combin. **11** (1981),
289 – 294.   [42]

[1] Erdös, P.
Some remarks on the theory of graphs. Bull. Amer. Math. Soc. **53** (1947),
292 – 294.   [362]

[2] Erdös, P.
On some extremal problems in graph theory. Israel J. Math. **3** (1965),
113 – 116.   [232]

[3] Erdös, P.
On the graph theorem of Turán (Ungarisch). Mat. Lapok **21** (1970), 249
– 251.   [210]

[1] Erdös, P. und T. Gallai
Graphs with prescribed degrees of vertices (Ungarisch). Mat. Lapok **11**
(1960), 264 – 274.   [166], [168]

[2] Erdös, P. und T. Gallai
Solution of a problem of Dirac. Theory of Graphs and its Applications
(Hrsg. M. Fiedler), Academia, Prague (1964), 167 – 168.   [270]

[1] Erdös, P., A. L. Rubin und G. Taylor
Choosability in graphs. Proc. West Coast Conference on Combinatorics,
Graph Theory and Computing, Utilitas Mathematica, Winnipeg (1980),
125 – 157.   [174]

[1] Erdös, P. und G. Szekeres
A combinatorial problem in geometry. Compositio Mat. **2** (1935), 463 –
470.   [358]

[1] Esfahanian, A. H.
Lower-bounds on the connectivities of a graph. J. Graph Theory **9** (1985),
503 – 511.   [322]

[1] Euler, L.
Solutio problematis ad geometriam situs pertinentis. Commentarii Aca-
demiae Petropolitanae **8** (1736), 128 – 140.   =   Opera omnia, Ser.
I, Nr. **7**, 1 – 10. Deutsche Übersetzung: Speiser, Klassische Stücke der
Mathematik, Zürich (1927), 127 –138.   [viii], [xvi] [62]

[2] Euler, L.
Elementa doctrinae solidarum. Novi Comm. Acad. Sci. Imp. Petropol. **4**
(1752 – 1753), 109 – 140.   [viii], [246], [247]

[3] Euler, L.
Demonstratio nonnullarum insignium proprietatum quibus solida hedris planis inclusa sunt praedita. Novi Comm. Acad. Sci. Imp. Petropol. **4** (1752 – 1753), 140 – 160.   [viii], [246], [247]

[1] Fàbrega, J. und M. A. Fiol
Maximally connected digraphs. J. Graph Theory **13** (1989), 657 – 668.
[322]

[1] Fan, G. H.
New sufficient conditions for cycles in graphs. J. Combin. Theory Ser. B **37** (1984), 222 – 227.   [82]

[1] Farber, M.
Domination, independent domination, and duality in strongly chordal graphs. Discrete Appl. Math. **7** (1984), 115 – 130.   [231]

[1] Farrell, E. J.
On chromatic coefficients. Discrete Math. **29** (1980), 257 – 264.   [282]

[1] Faudree, R. J., R. J. Gould, M. S. Jacobson und L. M. Lesniak
Neighborhood unions and a generalization of Dirac's theorem. Discrete Math. **105** (1992), 61 – 71.   [92]

[1] Faudree, R. J., O. Favaron, E. Flandrin und H. Li
The complete closure of a graph. J. Graph Theory **17** (1993), 481 – 494.
[86]

[1] Faudree, R. J., E. Flandrin und Z. Ryjáček
Claw-free graphs – a survey. Erscheint in: Discrete Math.   [184]

[1] Favaron, O.
On a conjecture of Fink and Jacobson concerning k-domination and k-dependence. J. Combin. Theory Ser. B **39** (1985), 101 – 102.   [235]

[2] Favaron, O.
Stability, domination and irredundance in a graph. J. Graph Theory **10** (1986), 429 – 438.   [228]

[3] Favaron, O.
k-domination and k-dependence in graphs. Ars Combin. **25 C** (1988), 159 – 167.   [235]

[1] Fiedler, M. und J. Sedlacek
O W-basich orientovanich grafu. (Über Wurzelbasen von gerichteten Graphen.) Časopis Pěst. Mat. **83** (1958), 214 – 225.   [48]

[1] Finbow, A., B. Hartnell und R. Nowakowski
Well-dominated graphs: a collection of well-covered ones. Ars Combin. **25 A** (1988), 5 – 10.   [228]

[1] Fink, J. F. und M. S. Jacobson
n-domination in graphs. Graph Theory with Applications to Algorithms
and Computer Science (Hrsg. Y. Alavi, G. Chartrand, L. Lesniak, D.
R. Lick, C. E. Wall). Proceedings of the 5th international conference,
Kalamazoo (1984), Wiley and Sons Inc., New York (1985), 283 – 300.
[232], [235]

[2] Fink, J. F. und M. S. Jacobson
On n-domination, n-dependence and forbidden subgraphs. Graph Theory
with Applications to Algorithms and Computer Science (Hrsg. Y. Alavi,
G. Chartrand, L. Lesniak, D. R. Lick, C. E. Wall). Proceedings of the
5th international conference, Kalamazoo (1984), Wiley and Sons Inc.,
New York (1985), 301 – 311.   [235]

[1] Fink, J. F., M. S. Jacobson, L. F. Kinch und J. Roberts
On graphs having domination number half their order. Period. Math.
Hungar. **16** (1985), 287 – 293.   [223]

[1] Fiol, M. A.
On super-edge-connected digraphs and bipartite digraphs. J. Graph
Theory **16** (1992), 545 – 555.   [322]

[1] Fiorini, S.
The Chromatic Index of Simple Graphs. Doctoral Thesis, The Open
University, England (1974).   [297]

[1] Fiorini, S. und R. J. Wilson
Edge-colourings of graphs. (Research Notes in Mathematics 16), Pitman,
London (1977).   [294], [305]

[1] Flach, P. und L. Volkmann
Abschätzungen gesättigter Matchings nach unten. An. Univ. Bucureşti
Mat. **36** (1987), 25 – 30.   [114]

[2] Flach, P. und L. Volkmann
Estimations for the domination number of a graph. Discrete Math. **80**
(1990), 145 – 151.   [217], [218]

[1] Fleischner, H.
The square of every two-connected graph is hamiltonian. J. Combin.
Theory Ser. B **16** (1974), 29 – 34.   [187]

[2] Fleischner, H.
Eulerian Graphs. Selected Topics in Graph Theory 2 (Hrsg. L. W. Beineke und R. Wilson). Academic Press, London, New York, San Francisco
(1983), 17 – 53.   [70]

[3] Fleischner, H.
Eulerian Graphs and Related Topics, Part 1, Vol 1. Ann. Discrete Math.
45, North-Holland, Amsterdam (1990).   [70]

[4] Fleischner, H.
Eulerian Graphs and Related Topics, Part 1, Vol 2. Ann. Discrete Math.
50, North-Holland, Amsterdam (1991).   [70]

[1] Folkman, J. und D. R. Fulkerson
Edge colorings in bipartite graphs. Combinatorial Mathematics and its
Applications (Hrsg. Bose und Dowling). Univ. of N. C. Press, Chapel
Hill (1969), 561 - 577.   [117], [118]

[1] Ford, L. R. und D. R. Fulkerson
Maximal flow through a network. Canad. J. Math. **8** (1956), 399 - 404.
                                                        [339], [344], [345]

[2] Ford, L. R. und D. R. Fulkerson
A simple algorithm for finding maximal network flows and an application to the Hitchcock problem. Canad. J. Math. **9** (1957), 210 - 218.
                                                              [339] [347]

[3] Ford, L. R. und D. R. Fulkerson
Flows in Networks. Princeton University Press, Princeton (1962).
                                                            [339], [348]

[1] Fraisse, P.
A new sufficient condition for Hamiltonian graphs. J. Graph Theory **10**
(1986), 405 - 409.   [336]

[1] Frank, A.
Some polynomial algorithm for certain graphs and hypergraphs. Proc.
5th British Comb. Conf., Aberdeen (1975), 211 - 226.   [204], [205]

[1] Fulman, J.
A generalization of Vizing's theorem on domination. Discrete Math. **126**
(1994), 403 - 406.   [221]

[1] Gale, D.
A theorem on flows in networks. Pacific J. Math. **7** (1957), 166 - 177.
                                                                    [355]

[1] Gallai, T.
Über extreme Punkt- und Kantenmengen. Ann. Univ. Sci. Budapest.
Eötvös Sect. Math. **2** (1959), 133 - 138.   [193], [194]

[2] Gallai, T.
On directed paths and circuits. Theory of Graphs (Hrsg. P. Erdös und
G. Katona). Academic Press, London, New York, San Francisco (1968),
115 - 118.   [268]

[1] Geller, D. und H. Kronk
Further results on the achromatic number. Fund. Math. **85** (1974), 285
- 290.   [273], [274]

[1] Ghouila-Houri, A.
Une condition suffisante d'existence d'un circuit hamiltonien. C. R. Acad.
Sci. Paris **251** (1960), 495 – 497. [84]

[1] Goddard, W. D., M. A. Henning und H. C. Swart
Some Nordhaus-Gaddum-type results. J. Graph Theory **16** (1992), 221
– 231. [228]

[1] Goddard, W. D., G. Kubicki, O. R. Oellermann und S. Tian
On multipartite tournaments. J. Combin. Theory Ser. B **52** (1991), 284
– 300. [100], [107], [110]

[1] Goddard, W. D. und O. R. Oellermann
On the cycle structure of multipartite tournaments. Graph Theory, Combinatorics, and Applications, Nr. 1 (Hrsg. Y. Alavi, G. Chartrand, O. R.
Oellermann und A. J. Schwenk). John Wiley and Sons, New York (1991),
525 - 533. [108]

[1] Goldberg, M. K.
Construction of class 2 graphs with maximum vertex degree 3. J. Combin.
Theory Ser. B **31** (1981), 282 – 291. [299]

[2] Goldberg, M. K.
Edge-coloring of multigraphs: recoloring technique. J. Graph Theory **8**
(1984), 123 – 137. [286], [288]

[1] Goldsmith, D. L.
On the n-th order of edge-connectivity of a graph. Congr. Numer. **32**
(1981), 375 – 382. [319]

[1] Goldsmith, D. L. und R. C. Entringer
A sufficient condition for equality of edge-connectivity and minimum
degree of a graph. J. Graph Theory **3** (1979), 251 – 255. [322]

[1] Goldsmith, D. L. und A. T. White
On graphs with equal edge-connectivity and minimum degree. Discrete
Math. **23** (1978), 31 – 36. [322]

[1] Golovko, L. D. und N. P. Khomenko
Identifying certain types of parts of a graph and computing their number.
Ukrainian Math. J. **24** (1972), 313 – 321. [40]

[1] Golumbic, M. C.
Algorithmic Graph Theory and Perfect Graphs. Academic Press, London, New York, San Francisco (1980). [202], [209]

[1] Graver, J. E. und J. Yackel
Some graph-theoretic results associated with Ramsey's theorem. J. Combin. Theory **4** (1968), 125 – 175. [360]

[1] Greenwood, R. E. und A. M. Gleason
Combinatorial relations and chromatic graphs. Canad. J. Math. **7** (1955),
1 – 7.   [360], [364]

[1] Grinstead, C. M. und S. M. Roberts
On the Ramsey numbers $R(3,8)$ and $R(3,9)$. J. Combin. Theory Ser. B
33 (1982), 27 – 51.   [360]

[1] Guo, Y.
Locally Semicomplete Digraphs. Aachener Beiträge zur Mathematik **13**
(Hrsg. H. H. Bock, H. Th. Jongen und W. Plesken), Doktorarbeit, RWTH
Aachen, Augustinus Buchhandlung, Aachen (1995), 92 S.
                                                        [385], [387], [389], [395]

[1] Guo, Y., A. Pinkernell und L. Volkmann
On cycles through a given vertex in multipartite tournaments. Erscheint
in: Discrete Math.   [101], [102], [103], [105]

[1] Guo, Y. und L. Volkmann
Connectivity properties of locally semicomplete digraps. J. Graph Theory
18 (1994), 269 – 280.   [382], [393]

[2] Guo, Y. und L. Volkmann
Cycles in multipartite tournaments. J. Combin. Theory Ser. B **62** (1994),
363 – 366.   [106]

[3] Guo, Y. und L. Volkmann
On complementary cycles in locally semicomplete digraphs. Discrete
Math. **135** (1994), 121 – 127.   [394]

[4] Guo, Y. und L. Volkmann
Locally semicomplete digraphs that are complementary m-pancyclic. Erscheint in: J. Graph Theory.   [395]

[5] Guo, Y. und L. Volkmann
Tree-Ramsey numbers. Australas. J. Combin. **11** (1995), 169 – 175.
                                                              [371], [372], [374]

[6] Guo, Y. und L. Volkmann
A complete solution of a problem of Bondy concerning multipartite tournaments. Erscheint in: J. Combin. Theory Ser. B.   [108], [109]

[1] Gutin, G.
On cycles in complete n-partite digraphs (Russisch). Gomel Politechnic
Inst. Depon. in VINITI, Nr. 2473 (1982).   [108]

[2] Gutin, G.
On cycles in strong complete n-partite tournaments (Russisch). Vest.
Acad. Navuk. BSSR Ser. Fiz.-Mat. Navuk. Nr. **5** (1984), 105 – 106. [103]

[3] Gutin, G.
On cycles in multipartite tournaments. J. Combin. Theory Ser. B **58**
(1993), 319 – 321. [105]

[4] Gutin, G.
Cycles and paths in semicomplete multipartite digraphs, theorems and
algorithms: a survey. J. Graph Theory **19** (1995), 481 – 505. [110]

[1] Hajnál, A. und J. Surányi
Über die Auflösung von Graphen in vollständige Teilgraphen. Ann. Univ.
Sci. Budapest Eötvös Sect. Math. **1** (1958),113 – 121. [204], [206]

[1] Hajós, G.
Über eine Konstruktion nicht n-färbbarer Graphen. Wiss. Z. Martin-
Luther-Univ., Halle Wittenberg, Math. Natur. Reihe **10** (1961), 116 –
117. [298]

[1] Hakimi, S. L.
On realizability of a set of integers as degrees of the vertices of a linear
graph I. J. Soc. Indust. Appl. Math. **10** (1962), 496 – 506. [166]

[1] Halin, R.
A theorem on n-connected graphs. J. Combin. Theory **7** (1969), 150 –
154. [179]

[2] Halin, R.
Graphentheorie (Band 1). Wissenschaftliche Buchgesellschaft, Darm-
stadt (1980). [x]

[3] Halin, R.
Graphentheorie (Band 2). Wissenschaftliche Buchgesellschaft, Darm-
stadt (1981). [x]

[1] Hall, P.
On representatives of subsets. J. London Math. Soc. **10** (1935), 26 – 30.
[xviii], [119]

[1] Harary, F.
A characterization of block-graphs. Canad. Math. Bull. **6** (1963), 1 – 6.
[177]

[2] Harary, F.
Graph Theory. Addison-Wesley, Reading (Massachusetts), Menlo Park
(California), London (1969). [x], [168], [181], [183], [184]

[3] Harary, F.
Recent results on generalized Ramsey theory for graphs. Graph Theory
and Applications (Hrsg. Y. Alavi et al.). Lecture Notes in Mathematics
303, Springer-Verlag, Berlin, Heidelberg, New York (1972), 125 – 138.
[370]

[1] Harary, F. und T. W. Haynes
Nordhaus-Gaddum inequalities for domination in graphs. Erscheint in:
Discrete Math. (1995).   [228]

[1] Harary, F., S. T. Hedetniemi und G. Prins
An interpolation theorem for graphical homomorphisms. Portugal. Math.
26 (1967), 453 – 462.   [270]

[1] Harary, F. und M. Livingston
Characterization of trees with equal domination and independent domination number. Congr. Numer. **55** (1986), 121 – 150.   [228]

[1] Harary, F. und B. Manvel
On the number of cycles in a graph. Mat. Časopis Sloven. Akad. Vied.
21 (1971), 55 – 63.   [39], [40]

[1] Harary, F. und L. Moser
The theory of round robin tournaments. Amer. Math. Monthly **73** (1966),
231 – 246.   [98]

[1] Harary, F. und R. Z. Norman
The dissimilarity characteristic of Husimi trees. Ann. of Math. (2) **58**
(1953), 134 – 141.   [172]

[1] Harary, F. und M. D. Plummer
On the core of a graph. Proc. London Math. Soc. (3) **17** (1967), 305 –
314.   [198]

[1] Harary, F. und G. Prins
The block-cutpoint-tree of a graph. Publ. Math. Debrecen **13** (1966), 103
– 107.   [175]

[1] Harary, F. und R. W. Robinson
The diameter of a graph and its complement. Amer. Math. Monthly **92**
(1985), 211 – 212.   [19]

[1] Harborth, H. und A. Kemnitz
Eine Anzahl für Fußballtabellen. Math. Semesterber. **29** (1982), 258 –
263.   [99]

[1] Harborth, H. und I. Mengersen
The Ramsey number of $K_{3,3}$. Graph Theory, Combinatorics, and Ap-
plications 2 (Hrsg. Y. Alavi, G. Chartrand, O. R. Oellermann und J.
Schwenk). John Wiley and Sons (1991), 639 - 644.   [369]

[1] Havel, V.
Eine Bemerkung über die Existenz der endlichen Graphen, (Tschechisch). Časopis Pěst. Mat. **80** (1955), 477 – 480.   [166]

[1] Haynes, T. W. und S. T. Hedetniemi
Domination in Graphs (Band 2). Marcel Dekker. Erscheint (1996). [241]

[1] Haynes, T. W., S. T. Hedetniemi und P. J. Slater
Domination in Graphs (Band 1). Marcel Dekker. Erscheint (1996). [241]

[1] Heawood, P. J.
Map-colour theorem. Quart. J. Pure Appl. Math. **24** (1890), 332 – 338.
[250], [254]

[1] Hedetniemi, S. T., R. Laskar und J. Pfaff
A linear algorithm for finding a minimum dominating set in a cactus.
Discrete Appl. Math. **13** (1986), 287 – 292. [231]

[1] Heesch, H.
Untersuchungen zum Vierfarbenproblem. Bibliographisches Institut,
Mannheim (1969). [255]

[1] Heinrich, K., P. Hell, D. G. Kirkpatrick und G. Liu
A simple existence criterion for $(g < f)$-factors. Discrete Math. **85**
(1990), 313 – 317. [152]

[1] Hemminger R. L. und L. W. Beineke
Line graphs and line digraphs. Selected Topics in Graph Theory (Hrsg.
L. W. Beineke und R. J. Wilson). Academic Press, London, New York,
San Francisco (1978), 271 – 305. [181]

[1] Hierholzer, C.
Über die Möglichkeit, einen Linienzug ohne Wiederholung und ohne Un-
terbrechung zu umfahren. Math. Ann. **6** (1873), 30 – 32. [62], [63]

[1] Hilton, A. J. W. und H. R. Hind
The total chromatic number of graphs having large maximum degree.
Discrete Math. **117** (1993), 127 – 140. [310]

[1] Hind, H. R.
Recent developments in total colouring. Discrete Math. **125** (1994), 211
– 218. [310]

[1] Hopkins, G. und W. Staton
Graphs with unique maximum independent sets. Discrete Math. **57**
(1985), 245 – 251. [198]

[1] Hutschenreuther, H.
Einfacher Beweis des Matrix-Gerüst-Satzes der Netzwerktheorie. Wiss.
Z. Techn. Hochsch. Ilmenau **13** (1967), 403 – 404. [43]

[1] Jackson, B.
Long paths and cycles in oriented graphs. J. Graph Theory **5** (1981), 145
– 157. [102]

[2] Jackson, B.
Neighborhood unions and hamilton cycles. J. Graph Theory **15** (1991),
443 – 451. [92]

[1] Jaeger, F. und C. Payan
Relations du type Nordhaus-Gaddum pour le nombre d'absorption d'un
graphe simple. C. R. Acad. Sci. Paris **274** (1972), 728 – 730.   [220]

[1] Jakobsen, I. T.
Some remarks on the chromatic index of a graph. Arch. Math. (Basel)
24 (1973), 440 – 448.   [298]

[2] Jakobsen, I. T.
On critical graphs with chromatic index 4. Discrete Math. **9** (1974), 265
– 276.   [296], [299]

[1] Joentgen, A. und L. Volkmann
Factors of locally almost regular graphs. Bull. London Math. Soc. **23**
(1991), 121 – 122.   [160], [162], [164]

[1] Jongen, H. Th. und E. Triesch
Optimierung A (Skript zur Vorlesung). Augustinus-Buchhandlung,
Aachen (1988).   [340]

[2] Jongen, H. Th. und E. Triesch
Optimierung B (Skript zur Vorlesung). Augustinus-Buchhandlung,
Aachen (1988).   [340]

[1] Jordan, C.
Sur les assemblages de lignes. J. Reine Angew. Math. **70** (1869), 185 –
190.   [172]

[1] Jung, H. A.
Zu einem Isomorphiesatz von H. Whitney für Graphen. Math. Ann. **164**
(1966), 270 – 271.   [181]

[2] Jung, H. A.
On maximal circuits in finite graphs. Ann. Discrete Math. **3** (1978), 129
– 144.   [84]

[1] Jungnickel, D.
Graphen, Netzwerke und Algorithmen. Bibliographisches Institut, Mannheim, Wien, Zürich (1987).   [x], [73], [131]

[1] Kano, M.
Factors of regular graphs. J. Combin. Theory Ser. B **41** (1986), 27 – 36.
                                                                        [165]

[1] Kano, M. und A. Saito
$[a, b]$-factors of graphs. Discrete Math. **47** (1983), 113 – 116.   [164]

[1] Katerinis, P.
Some conditions for the existence of f-factors. J. Graph Theory **9** (1985),
513 – 521.   [149], [156]

[1] Kemnitz, A.
Score sequences of multitournaments. Unveröffentlichtes Manuskript (1994). [99]

[1] Kempe, A. B.
On the geographical problem of the four colours. Amer. J. Math. **2** (1879), 193 – 200. [254]

[1] Kirchhoff, G. R.
Über die Auflösung der Gleichungen, auf welche man bei der Untersuchung der linearen Verteilung galvanischer Ströme geführt wird. Annalen der Physik und Chemie **72** (1847), 497 – 508 = Gesammelte Abhandlungen, Leipzig (1882), 22 – 33. [viii], [41], [43]

[1] Kirkman, T. P.
On a problem in combinations. Cambridge Dublin Math. J. **2** (1847), 191 – 204. [153]

[1] Klotz, W.
A constructive proof of Kuratowski's theorem. Ars Combin. **28** (1989). [263]

[1] König, D.
Über Graphen und ihre Anwendung auf Determinantentheorie und Mengenlehre. Math. Ann. **77** (1916), 453 – 465. [87], [121], [122], [136]

[2] König, D.
Graphen und Matrizen (Ungarisch mit deutschem Auszug). Mat. Fiz. Lapok **38** (1931), 116 – 119. [xviii], [119], [193]

[3] König, D.
Theorie der endlichen und unendlichen Graphen. Akademische Verlagsgesellschaft M.B.H., Leipzig, (1936). Reprint: Teubner-Archiv zur Mathematik, Band 6, Leipzig (1986). [viii], [x], [35], [158], [170], [171], [179]

[1] Krausz, J.
Démonstration nouvelle d'une théorème de Whitney sur les réseaux (Ungarisch). Mat. Fiz. Lapok **50** (1943), 75 – 85. [181], [182]

[1] Kruskal, J. B.
On the shortest spanning subtree of a graph and the traveling salesman problem. Proc. Amer. Math. Soc. **7** (1956), 48 – 50. [49]

[1] Kuan, M.-K.
Graphic programming using odd or even points. Chinese Math. **1** (1962), 273 – 277. [70]

[1] Kuhn, H. W.
The Hungarian method for the assignment problem. Naval Res. Logist. Quart. **2** (1955), 83 – 97. [125]

[1] Kuratowski, C.
Sur le problème des courbes gauches en topologie. Fund. Math. **15** (1930),
271 – 283.   [259], [260]

[1] Landau, H. G.
On dominance relations and the structure of animals societies. III. The
condition for a score structure. Bull. Math. Biophys. **15** (1953), 143 –
148.   [99]

[1] Laskar, R. und H. B. Walikar
On domination related concepts in graph theory. Combinatorics and
Graph Theory (Hrsg. S. B. Rao). Lecture Notes in Mathematics **885**,
Springer, Berlin, Heidelberg, New York (1981), 308 – 320.   [221], [228]

[1] Las Vergnas, M.
A note on matchings in graphs. Cahiers Centre Etudes Rech. Opér. **17**
(1975), 257 – 260.   [114]

[1] Lawrence, S. L.
Cycle-star Ramsey numbers. Notices Amer. Math. Soc. **20** (1973), Abstract A-562.   [368]

[1] Lehot, P. G. H.
An optimal algorithm to detect a line graph and output its rout graph.
J. Assoc. Comput. Mach. **21** (1974), 569 – 575.   [185]

[1] Lesniak, L.
Results on the edge-connectivity of graphs. Discrete Math. **8** (1974), 351
– 354.   [319]

[1] Li, H. und Y. Lin
On the characterization of path graphs. J. Graph Theory **17** (1993), 463
– 466.   [185]

[1] Lick, D.
Critically and minimally n-connected graphs. In "The many facets of
graph theory". Lecture Notes **110**. Springer-Verlag, Berlin-Heidelberg-
New York (1969), 199 – 205.   [178]

[1] Listing, J. B.
Vorstudien zur Topologie. Göttinger Studien (1847), auch separat er-
schienen: Göttingen (1848).   [64]

[2] Listing, J. B.
Der Census räumlicher Complexe oder Verallgemeinerung des Eulerschen
Satzes von den Polyedern. Göttinger Abhandlungen **10** (1862).   [35]

[1] Lovász, L.
Subgraphs with prescribed valencies. J. Combin. Theory **8** (1970), 391 –
416.   [150]

[2] Lovász, L.
Normal hypergraphs and the perfect graph conjecture. Discrete Math. **2**
(1972), 253 – 267. [206]

[3] Lovász, L.
Three short proofs in graph theory. J. Combin. Theory Ser. B **19** (1975),
269 – 271. [141], [270]

[4] Lovász, L.
Combinatorial Problems and Exercises. Akadémiai Kiadó, Budapest
(1979). [21]

[5] Lovász, L.
Normal hypergraphs and the Weak Perfect Graph Conjecture. Topics on
perfect graphs (Hrsg. C. Berge und V. Chvátal). Ann. Discrete Math.
21, North-Holland, Amsterdam, New York, Oxford, Tokyo (1984), 29 –
42. [206]

[1] Lovász, L. und M. D. Plummer
Matching Theory. Ann. Discrete Math. **29**, North-Holland, Amsterdam,
New York, Oxford, Tokyo (1986). [x], [73], [129], [131], [165], [348]

[1] Lucas, E.
Récréations mathématiques I – IV. Paris (1882 – 1894). [64], [71]

[1] Mader, W.
Eine Eigenschaft der Atome endlicher Graphen. Arch. Math. (Basel) **22**
(1971), 333 – 336. [179]

[2] Mader, W.
Minimale n-fach kantenzusammenhängende Graphen. Math. Ann. **191**
(1971), 21 – 28. [179]

[3] Mader, W.
1-Faktoren von Graphen. Math. Ann. **201** (1973), 269 – 282. [141]

[4] Mader, W.
A reduction method for edge-connectivity in graphs. Ann. Discrete Math.
3 (1978), 145 – 164. [326]

[5] Mader, W.
Connectivity and edge-connectivity in finite graphs. Surveys in Combinatorics (Hrsg. B. Bollobás). Cambridge University Press, Cambridge
(1979), 66 – 95. [332]

[6] Mader, W.
Kritisch n-fach kantenzusammenhängende Graphen. J. Combin. Theory
Ser. B **40** (1986), 152 – 158. [332]

[7] Mader, W.
     Über $(k+1)$-kritisch $(2k+1)$-fach zusammenhängende Graphen. J. Combin. Theory Ser. B **45** (1988), 45 – 57.   [332]

[8] Mader, W.
     Telephonische Mitteilung (1988).   [136]

[9] Mader, W.
     On critically connected digraphs. J. Graph Theory **13** (1989), 513 – 522.
                                                                           [332]

[1] Mateti P. und N. Deo
     On algorithms for enumerating all circuits of a graph. SIAM J. Comput.
     5 (1976), 90 – 99.   [42]

[1] Maurer, S. B.
     Cycle-complete graphs. Proceedings of the Fifth British Combinatorial
     Conference, Aberdeen (1975), Congr. Numer. **15** (1976), 447 – 453. [42]

[1] McCarthy, P. J.
     Matchings in graphs. Bull. Austral. Math. Soc. **9** (1973), 141 – 143. [140]

[1] McCuaig, W.
     A simple proof of Menger's theorem. J. Graph Theory **8** (1984), 427 –
     429.   [328]

[1] McCuaig, W. und B. Shepherd
     Domination in graphs with minimum degree two. J. Graph Theory **13**
     (1989), 749 – 762.   [216]

[1] McKay, B. D. und S. P. Radziszowski
     $R(4,5) = 25$. J. Graph Theory **19** (1995), 309 – 322.   [360]

[1] McKay, B. D. und K.-M. Zhang
     The value of the Ramsey number $R(3,8)$. J. Graph Theory **16** (1992),
     99 – 105.   [360]

[1] Menger, K.
     Zur allgemeinen Kurventheorie. Fund. Math. **10** (1927), 96 – 115. [328]

[1] Meredith, G. H. J.
     Coefficients of chromatic polynomials. J. Combin. Theory Ser. B **13**
     (1972), 14 – 17.   [276]

[1] Moon, J. W.
     On subtournaments of a tournament. Canad. Math. Bull. **9** (1966), 297
     – 301.   [97]

[2] Moon, J. W.
     Topics on Tournaments. Holt, Rinehart and Winston, New York (1968).
                                                                     [99], [100]

[1] Munkres, J.
Algorithms for the assignment and transportation problems. J. Soc. Industry. Appl. Math. **5** (1957), 32 – 38. [125]

[1] Nash-Williams, C. St. J. A.
On orientations, connectivity and odd-vertex-pairings in finite graphs. Canad. J. Math. **12** (1960), 555 – 567. [326]

[1] Niessen, T.
Mündliche Mitteilung (1988). [136]

[2] Niessen, T.
Hinreichende Bedingungen für die Existenz regulärer Faktoren in Graphen. Doktorarbeit, RWTH Aachen (1994), 84 S. [165]

[3] Niessen, T.
Mündliche Mitteilung (1995). [147]

[1] Niessen, T. und B. Randerath
Regular factors of regular graphs and k-spectra. Unveröffentlichtes Manuskript (1995). [159]

[1] Niessen, T. und L. Volkmann
Class 1 conditions depending on the minimum degree and the number of vertices of maximum degree. J. Graph Theory **14** (1990), 225 – 246.
[303], [304]

[1] Nishizeki, T. und N. Chiba
Planar Graphs: Theory and Algorithms. Ann. Discrete Math. **32**, North-Holland, Amsterdam, New York, Oxford, Tokyo (1988). [263]

[1] Ore, O.
A problem regarding the tracing of graphs. Elem. Math. **6** (1951), 49 – 53. [65]

[2] Ore, O.
Graphs and matching theorems. Duke Math. J. **22** (1955), 625 – 639.
[120], [121]

[3] Ore, O.
Studies in directed graphs I, II, III. Ann. Math. **63** (1956), 383 – 406, **64** (1956), 142 – 153, **68** (1958), 526 – 549. [355]

[4] Ore, O.
Note on Hamilton circuits. Amer. Math. Monthly **67** (1960), 55. [80], [81]

[5] Ore, O.
Theory of Graphs. Amer. Math. Soc. Colloq. Publ. **38** (1962). [215]

[1] Papadimitriou, C. H. und K. Steiglitz
Combinatorial Optimization: Algorithms and Complexity. Prentice Hall,
Englewood Cliffs, N.J. (1982).   [73], [131]

[1] Parsons, T. D.
Ramsey graphs and block designs, I. Trans. Amer. Math. Soc. **209**
(1975), 33 – 44.   [369]

[2] Parsons, T. D.
Ramsey Graph Theory. Selected Topics in Graph Theory (Hrsg. L. W.
Beineke und R. J. Wilson). Academic Press, London, New York, San
Francisco (1978), 361 – 384.   [367]

[1] Parthasarathy, K. R. und G. Ravindra
The strong perfect graph conjecture is true for $K_{1,3}$-free graphs. J. Combin. Theory Ser. B **22** (1976), 212 – 223.   [209]

[1] Payan, C.
Sur le nombre d'absorption d'un graph simple. Cahiers Centre Études
Rech. Opér. **17** (1975), 307 – 317.   [216], [220], [221]

[1] Petersen, J.
Die Theorie der regulären graphs. Acta Math. **15** (1891), 193 – 220.
                                            [153], [155], [157], [158]

[2] Petersen, J.
Sur le théorème de Tait. L'intermédiaire des Mathématiciens **5** (1898),
225 –227.   [290]

[1] Plesnik, J.
Critical graphs of given diameter. Acta Fac. Rerum Natur. Univ. Come-
nian. Math. **30** (1975), 71 – 93.   [319]

[1] Plesnik, J. und S. Znám
On equality of edge-connectivity and minimum degree of a graph. Arch.
Math. (Brno) **25** (1989), 19 – 25.   [319], [322]

[1] Plummer, M. D.
On minimal blocks. Trans. Amer. Math. Soc. **134** (1968), 85 – 94. [179]

[1] Pólya, G.
Kombinatorische Anzahlbestimmungen für Gruppen, Graphen und che-
mische Verbindungen. Acta Math. **68** (1937), 145 – 254.   [ix]

[1] Preissmann, M.
Locally perfect graphs. J. Combin. Theory Ser. B **50** (1990), 22 – 40.
                                                          [204], [205]

[1] Prim, R. C.
Shortest connection networks and some generalizations. Bell Systems
Techn. J. **36** (1957), 1389 – 1401.   [53]

[1] Prisner, E., J. Topp und P. D. Vestergaard
Well covered simplicial, chordal and circular arc graphs. Erscheint in: J.
Graph Theory (1995). [227]

[1] Rademacher, H. und O. Toeplitz
Von Zahlen und Figuren. Springer, Berlin (1930). [252]

[1] Radziszowski, S. P.
Small Ramsey numbers. Electronic J. Combin. 1 (1994), DS1, 28 S.
[360], [369]

[1] Ramsey, F. P.
On a problem of formal logic. Proc. London Math. Soc. (2) 30 (1930),
264 – 286. [358]

[1] Randerath, B. und L. Volkmann
Simplicial graphs and relationships to different graph invariants. Erscheint in: Ars Combin., 7 S. [225]

[1] Rao, S. B.
Solution of the Hamiltonian Problem for self-complementary graphs. J.
Combin. Theory Ser. B 27 (1979), 13 – 41. [20]

[1] Read, R. C.
An introduction to chromatic polynomials. J. Combin. Theory 4 (1968),
52 – 71. [276]

[1] Read, R. C. und W. T. Tutte
Chromatic polynomials. Selected Topics in Graph Theory 3 (Hrsg. L. W.
Beineke und R. J. Wilson). Academic Press, Orlando, FL (1988), 15 –
42. [282]

[1] Rédei, L.
Ein kombinatorischer Satz. Acta Litt. Sci. Szeged 7 (1934), 39 – 43. [95]

[1] Reid, K. B.
Cycles in the complement of a tree. Discrete Math. 15 (1976), 163 – 174.
[42]

[2] Reid, K. B.
Two complementary circuits in two-connected tournaments. Ann. Discrete Math. 27 (1985), 312 – 334. [393], [394]

[1] Reid, K. B. und L. W. Beineke
Tournaments. Selected Topics in Graph Theory (Hrsg. L. W. Beineke
und R. J. Wilson). Academic Press, London, New York, San Francisco
(1978), 169 – 204. [100]

[1] Reiß, M.
Über eine Steinersche kombinatorische Aufgabe, welche im 45sten Bande dieses Journals, Seite 181, gestellt worden ist. J. Reine Angew. Math. **56** (1859), 326 – 344.   [153]

[1] Rényi, A.
Some remarks on the theory of trees (Ungarisch). Magyar Tud. Akad. Mat. Kutató Int. Közl. **4** (1959), 73 – 85.   [46], [47]

[1] Ringel, G.
Färbungsprobleme auf Flächen und Graphen. VEB Deutscher Verlag der Wissenschaften, Berlin (1959).   [252], [259]

[2] Ringel, G.
Selbstkomplementäre Graphen. Arch. Math. (Basel) **14** (1963), 354 – 358.   [19], [20]

[3] Ringel, G.
Map Color Theorem. Springer, Berlin (1974).   [259]

[1] Robbins, H. E.
A theorem on graphs with an application to a problem of traffic control. Amer. Math. Monthly **46** (1939), 281 – 283.   [325]

[1] Robertson, N., D. P. Sanders, P. Seymour und R. Thomas
The four-colour-theorem. Unveröffentlichtes Manuskript (1995).   [257]

[1] Rooij, A. van und H. Wilf
The interchange graphs of a finite graph. Acta Math. Acad. Sci. Hungar. **16** (1965), 263 – 269.   [183]

[1] Roussopoulos, N. D.
A $\max\{m, n\}$ algorithm for determining the graph H from its line graph G. Inform. Process. Lett. **2** (1973), 108 – 112.   [185]

[1] Ryser, H. J.
Combinatorial properties of matrices of 0's and 1's. Canad. J. Math. **9** (1957), 371 – 377.   [355]

[1] Sachs, H.
Über selbstkomplementäre Graphen. Publ. Math. Debrecen **9** (1962), 270 – 288.   [20]

[2] Sachs, H.
Einführung in die Theorie der endlichen Graphen. Carl Hanser Verlag, München (1971).   [x], [27], [43]

[3] Sachs, H.
Einführung in die Theorie der endlichen Graphen, Teil II. Teubner, Leipzig (1972).   [x], [245]

[4] Sachs, H.
Einige Gedanken zur Geschichte und zur Entwicklung der Graphentheorie. Mitt. Math. Ges. Hamburg **9** (1989), 623 – 641. [254]

[1] Schiermeyer, I.
On generalizing a theorem of Fraisse. Ars Combin. **29 A** (1990), 49 – 58.
[334], [336]

[1] Schmidt, U.
Buchbesprechung von: Appel, Haken [3]. Jahresber. Deutsch. Math.-Verein. **94** (1992), 31 – 32. [255]

[1] Schur, I.
Über die Kongruenz $x^m + y^m = z^m$ (mod p). Jahresber. Deutsch. Math.-Verein. **25** (1916), 114 – 117. [365]

[1] Sedlacek, J.
Einführung in die Graphentheorie. Deutsch-Taschenbücher, Nr. 10, Verlag Harri Deutsch, Zürich und Frankfurt/Main (1972). [56]

[1] Seidel, J. J.
Strongly regular graphs. Surveys in Combinatorics (Hrsg. B. Bollobás). Cambridge University Press, Cambridge (1979), 157 – 180. [318]

[1] Seinsche, D.
On a property of the class of n-colorable graphs. J. Combin. Theory Ser. B **16** (1974), 191 – 193. [207]

[1] Sekanina, M.
An ordering of the set of vertices of a connected graph. Publ. Fac. Sci. Univ. Brno No. **412** (1960), 137 – 142. [186]

[1] Shannon, C. E.
A theorem on coloring the lines of a network. J. Math. Phys. **28** (1949), 148 – 151. [288]

[1] Siemes, W., J. Topp und L. Volkmann
On unique independent sets in graphs. Discrete Math. **131** (1994), 279 –285. [198], [199]

[1] Simić, S. K.
An algorithm to recognize a generalized line graph and output its root graph. Publ. Inst. Math. (Beograd) (N.S.) **49 (63)** (1991), 21 – 26. [185]

[1] Simon, K.
Effiziente Algorithmen für perfekte Graphen. Teubner, Stuttgart (1992).
[209]

[1] Šoltés, Ľ.
Forbidden induced subgraphs for line graphs. Discrete Math. **132** (1994), 391 – 394. [183]

[1] Soneoka, T., H. Nakada, M. Imase und C. Peyrat
Sufficient conditions for maximally connected dense graphs. Discrete
Math. **63** (1987), 53 – 66.   [322]

[1] Song, Z. M.
Complementary cycles of all length in tournaments. J. Combin. Theory
Ser. B **57** (1993), 18 – 25.   [394]

[1] Spencer, J. H.
Ramsey's Theorem – a new lower bound. J. Combin. Theory Ser. A **18**
(1975), 108 – 115.   [362]

[1] Stracke, C. und L. Volkmann
A new domination conception. J. Graph Theory **17** (1993), 315 – 323.
                                                                      [234]

[1] Sumner, D. P.
Graphs with 1-factors. Proc. Amer. Math. Soc. **42** (1974), 8 – 12.
                                                                 [114], [187]

[1] Sylvester, J. J.
On an application of the new atomic theory to the graphical represen-
tation of the invariants and covariants of binary quantics – with three
appendices. Amer. J. Math. **1** (1878), 64 – 125.   [ix]

[1] Syslo, M. M.
A labelling algorithm to recognize a line digraph and output its root
graph. Inform. Process. Lett. **15** (1982), 28 – 30.   [185]

[1] Szamkolowicz, L.
Sur la classification des graphes en vue des propriétés de leurs noyaux.
Prace Nauk. Inst. Mat. Fiz. Teoret. Politechn. Wroclaw. Ser. Stud. Ma-
terialy **3** (1970), 15 – 21.   [221]

[1] Tait, P. G.
On the colouring of maps. Proc. Roy. Soc. Edinburgh **10** (1880), 501 –
503 und 729.   [284]

[1] Takács, L.
On Cayley's formula for counting forests. J. Combin. Theory Ser. A **53**
(1990), 321 – 323.   [47]

[1] Thomassen, C.
Hamiltonian-connected tournaments. J. Combin. Theory Ser. B **28**
(1980), 142 – 163.   [395]

[2] Thomassen, C.
Kuratowski's theorem. J. Graph Theory **5** (1981), 225 – 241.   [263]

[3] Thomassen, C.
A remark on the factor theorems of Lovász and Tutte. J. Graph Theory
5 (1981), 441 – 442. [160]

[4] Thomassen, C.
A refinement of Kuratowski's theorem. J. Comb. Theory Ser. B **37**
(1984), 245 – 253. [263]

[1] Tian, F.
A short proof of a theorem on the circumference of a graph. J. Combin.
Theory Ser. B **45** (1988), 373 – 375. [83]

[1] Tian, F., Z.-S. Wu und C.-Q. Zhang
Cycles of each length in tournaments. J. Comb. Theory Ser. B **33** (1982),
245 – 255. [100]

[1] Topp, J. und L. Volkmann
On domination and independence numbers of graphs. Resultate Math.
17 (1990), 333 – 341. [224], [228]

[2] Topp, J. und L. Volkmann
On graphs with equal domination and independent domination numbers.
Discrete Math. **96** (1991), 75 – 80. [228]

[3] Topp, J. und L. Volkmann
Sufficient conditions for equality of connectivity and minimum degree of
a graph. J. Graph Theory **17** (1993), 695 – 700. [316], [317]

[1] Trent, H.
A note on the enumeration and listing of all possible trees in a connected
linear graph. Proc. Nat. Acad. Sci. U.S.A. **40** (1954), 1004 – 1007. [43]

[1] Tucker, A.
The strong perfect graph conjecture for planar graphs. Canad. J. Math.
25 (1973), 103 – 114. [209]

[1] Turán, P.
An extremal problem in graph theory (Ungarisch). Mat. Fiz. Lapok **48**
(1941), 436 – 452. [211], [212]

[1] Tutte, W. T.
The factorization of linear graphs. J. London Math. Soc. **22** (1947), 107
– 111. [137]

[2] Tutte, W. T.
The factors of graphs. Canad. J. Math. **4** (1952), 314 – 328. [143]

[3] Tutte, W. T.
The 1-factors of oriented graphs. Proc. Amer. Math. Soc. **4** (1953), 922
– 931. [136]

[4] Tutte, W. T.
A short proof of the factor theorem for finite graphs. Canad. J. Math. **6**
(1954), 347 – 352.   [142], [143]

[5] Tutte, W. T.
The subgraph problem. Ann. Discrete Math. **3** (1978), 289 – 295. [160]

[6] Tutte, W. T.
Graph factors. Combinatorica **1** (1981), 79 – 97.   [150]

[7] Tutte, W. T.
Graph Theory. Addison-Wesley, Reading (Massachusetts), Menlo Park
(California), London (1984).   [x]

[1] Tverberg, H.
A proof of Kuratowski's theorem. Ann. Discrete Math. **41** (1989), 417 –
419.   [263]

[1] Van den Heuvel, J.
Degree and toughness conditions for cycles in graphs. Proefschrift, University of Twente, Enschede (1993).   [92]

[1] Veblen, O.
An application of modular equations in analysis situs. Ann. of Math. (2)
14 (1912 – 1913), 86 – 94.   [63]

[1] Vizing, V. G.
On an estimate of the chromatic class of a p-graph (Russisch). Diskret.
Analiz. **3** (1964), 25 – 30.   [286], [288], [306], [307], [311]

[2] Vizing, V. G.
An estimate on the external stability number of a graph (Russisch). Dokl.
Akad. Nauk SSSR **164** (1965), 729 – 731.   [221]

[3] Vizing, V. G.
Critical graphs with given chromatic class (Russisch). Diskret. Analiz. **5**
(1965), 9 – 17.   [293], [294], [300]

[4] Vizing, V. G.
The chromatic class of a multigraph (Russisch). Kibernetika (Kiev) **3**
(1965), 29 – 39.   [290], [291], [292], [300]

[1] Volkmann, L.
Bemerkungen zum p-fachen Kantenzusammenhang von Graphen. An.
Univ. Bucureşti Mat. **37** (1988), 75 – 79.   [322]

[2] Volkmann, L.
Minimale und unabhängige minimale Überdeckungen. An. Univ. Bucureşti Mat. **37** (1988), 85 – 90.   [201]

[3] Volkmann, L.
Edge-connectivity in p-partite graphs. J. Graph Theory **13** (1989), 1 –
6. [322]

[4] Volkmann, L.
Simple reduction theorems for finding minimum coverings and minimum
dominating sets. Contemporary Methods in Graph Theory (Hrsg. R.
Bodendiek). Bibliographisches Institut, Mannheim, Wien, Zürich (1990),
667 – 672. [199], [228], [229]

[5] Volkmann, L.
Graphen und Digraphen: Eine Einführung in die Graphentheorie.
Springer-Verlag, Wien New York (1991). [vii], [273]

[6] Volkmann, L.
On graphs with equal domination and covering numbers. Discrete Appl.
Math. **51** (1994), 211 – 217. [222]

[7] Volkmann, L.
Regular graphs, regular factors, and the impact of Petersen's Theorems.
Jahresber. Deutsch. Math.-Verein. **97** (1995), 19 – 42. [165]

[8] Volkmann, L.
On graphs with equal domination and edge independence numbers. Erscheint in: Ars Combin., 12 S. [216]

[9] Volkmann, L.
A reduction principle concerning minimum dominating sets in graphs.
Unveröffentlichtes Manuskript (1992). [231]

[10] Volkmann, L.
Irredundance number versus domination number for special graphs. Unveröffentlichtes Manuskript (1994). [238], [240]

[1] Wagner, K.
Bemerkungen zum Vierfarbenproblem. Jahresber. Deutsch. Math.-
Verein. **46** (1936), 26 – 32. [245]

[2] Wagner, K.
Graphentheorie. Bibliographisches Institut, Mannheim (1970). [245]

[1] Wagner, K. und R. Bodendiek
Graphentheorie I, Anwendungen auf Topologie, Gruppentheorie und Ver-
bandstheorie. Bibliographisches Institut, Mannheim (1989). [245]

[1] Wei, V. K.
Coding for a multiple access channel. Ph. D. Thesis, University of Hawaii,
Honolulu (1980). [195]

[1] Whitney, H.
A logical expansion in mathematics. Bull. Amer. Math. Soc. **38** (1932),
572 – 579. [281]

[2] Whitney, H.
Congruent graphs and the connectivity of graphs. Amer. J. Math. **54**
(1932), 150 – 168. [181], [314], [328]

[3] Whitney, H.
The coloring of graphs. Ann. of Math. (2) **33** (1932), 688 – 718. [276]

[4] Whitney, H.
Non-separable and planar graphs. Trans. Amer. Math. Soc. **34** (1932),
339 – 362. [173], [259]

[1] Wilson, R. J.
Einführung in die Graphentheorie (Originaltitel: Introduction to Graph
Theory). Vandenhoeck und Ruprecht, Göttingen (1976). [x]

[1] Woodall, D. R.
The binding number of a graph and its Anderson number. J. Combin.
Theory Ser. B **15** (1973), 225 – 255. [141]

[1] Xu, J.-M.
A sufficient condition for equality of arc-connectivity and minimum degree of a digraph. Discrete Math. **133** (1994), 315 – 318. [322]

[1] Yang, Y. und P. Rowlinson
On the third Ramsey numbers of graphs with five edges. J. Combinat.
Math. Combinat. Comput. **11** (1992), 213 – 222. [369]

[1] Yap, H. P.
Some Topics in Graph Theory. London Math. Soc. Lecture Notes Series
108, University Press, Cambridge (1986). [305]

[2] Yap, H. P.
Total colourings of graphs. Bull. London Math. Soc. **21** (1989), 159 –
163. [310]

[1] Yap, H. P. und K. H. Chew
Total chromatic number of graphs of high degree, II. J. Austral. Math.
Soc. Ser. A **53** (1992), 219 – 228. [309]

[1] Yap, H. P., J.-F. Wang und Z.-F. Zhang
Total chromatic number of graphs of high degree. J. Austral. Math. Soc.
Ser. A **47** (1989), 445 – 452. [309]

[1] Zhang, C.-Q.
Cycles of each length in a certain kind of tournament. Sci. Sinica **9** (1981),
1056 – 1062. [99]

[2] Zhang, C.-Q.
Hamilton paths in multipartite oriented graphs. Ann. Discrete Math. **41**
(1989), 499 –514. [110]

[1] Zhang, H.
Self-complementary symmetric graphs. J. Graph Theory **16** (1992), 1 –
5. [20]

[1] Zhou, B.
The maximum number of cycles in the complement of a tree. Discrete
Math. **69** (1988), 85 – 94. [42]

[1] Zverovich, I. E. und V. E. Zverovich
An induced subgraph characterization of domination perfect graphs. J.
Graph Theory **20** (1995), 375 – 395. [228]

Stichwortverzeichnis

$[a, a+1]$-Faktor, perfekter, 136
$[a, b]$-Faktor, 136
C_4-frei, 226
f-Faktor, 135
f-Faktorproblem, 141, 143
f-Faktorsatz von Tutte, 143
f-gesättigter
   Bogen, 341
   Weg, 343
f-Null Bogen, 341
f-positiver Bogen, 341
f-ungesättigter
   Bogen, 341
   Weg, 343
   Wurzelbaum, 346
f-zunehmender Weg, 343
(g, f)-Faktor, 136
(g, f)-Faktorsatz von Lovász, 150
h-Fächer, 286
$\{i, j\}$-Kette, 286
m-panzyklisch, 389
M-alternierender
   Weg, 116
   Wurzelbaum, 125
    gesättigter, 125
M-erweiternder Weg, 116
M-zunehmender Weg, 116
n-Turnier, 95
p-Dominanzmenge, 231
   minimale, 231
p-Dominanzzahl, 231
p-fach unabhängig, 198
p-Färbung, 249
p-partiter Graph, 82

p-partites Turnier, 100
P_4-freier Graph, 207
q-Eckenfärbung, 265
   echte, 253, 265
   vollständige, 265
q-fach
   bogenzusammenhängend, 323
   eckenzusammenhängend, 313
   erreichbar, 328
   kantenzusammenhängend, 313
   stark zusammenhängend, 322
   zusammenhängend, 313, 329
q-Färbung, 265
   echte, 253, 265
   vollständige, 265
q-kantenfärbbar, 284
q-Kantenfärbung, 284
q-Kreis, 97
q-kritischer Graph, 267
q-Totalfärbung, 306
r-Faktor, 135
r-faktorisierbarer Graph, 135
r-Faktorsatz von Belck, 149
r-fastregulärer Graph, 160
r-Hülle, 86
r-regulär, 9
   primitiv, 157
ρ-Abstand, 22
X-Dominanzmenge, 228
   minimale, 228
X-Dominanzzahl, 228
1-Faktorisierungs-
   Vermutung, 303, 305
1-Faktorsatz von Tutte, 137

1-tough, 79
2-fach eckenenzusammen-
hängend, 78
3-Turnier, transitives, 96
3-Turnier, zyklisches, 96

$[a, a+1]$-Faktor, perfekter, 136
$[a, b]$-Faktor, 136
Abstand, 17, 22, 319
    ρ-Abstand, 22
achromatische Zahl, 265
adjazent, 1, 97
adjazente Länder, 246
Adjazenzlemma von Vizing, 293
Adjazenzmatrix, 7
Admittanzmatrix, 44
Algorithmus, effizienter, 17
Algorithmus von
    Dantzig und Dijkstra, 25
    Edmonds, 130
    Fleury, 72
    Ford und Fulkerson, 347
    Hierholzer, 71
    Kruskal, 49
    Prim, 54
Anfangskomponente, 380
Anfangspunkt, 3, 10
Außengrad, 5
äußerer Block, 242
äußerer privater Nachbar, 223
äußeres Gebiet, 246

Bäbler, Satz von, 159
Baum, 26, 29, 34
    orientierter, 29
    spannender, 41
Baumfaktor, 41
Belck, r-Faktorsatz von, 149
benachbart, 1
benachbarte Länder, 246
Berge,
    Satz von, 117
    Satz von (Tutte-Berge), 139

Ünabhängigkeitslemma
    von, 196
bewerteter Graph, 22
Bewertung, 22
Bewertungsmatrix, 26
    halbe, 51
bipartit graphisch, 355
bipartiter Graph, 82
bipartites Turnier, 100
Bipartition, 82
Block, 78, 170
    äußerer, 242
    eckenkritischer, 177
    kantenkritischer, 177
Blockgraph, 176
Bogen, 3
    f-gesättigter, 341
    f-Null, 341
    f-positiver, 341
    f-ungesättigter, 341
Bogen-panzyklischer Digraph, 98
Bogenmenge, 3
bogenzusammenhängend,
    q-fach, 323
Bogenzusammenhangszahl, 323
Bondy, Satz von, 89, 91, 105
Briefträgerproblem, 70
Brooks, Satz von, 268
Brücke, 13

C_4-frei, 226
Camion, Satz von, 98
chinesisches Briefträger-
    problem, 70
chordaler Graph, 202
chromatische Zahl, 265
chromatischer Index, 284
chromatisches Polynom, 276
Chvátal, Erdös, Satz von, 332
Clique, 203
    gesättigte, 203
    maximale, 203

Cliquenzahl, 203
Cliquenzerlegung, 203
Critical Graph Conjecture, 299

Dantzig und Dijkstra,
     Algorithmus von, 25
Darstellung, ringförmige, 383
Diagonale, 202
Differenz, symmetrische, 41
Digraph, 3
    Bogen-panzyklischer, 98
    Ecken-panzyklischer, 98
    endlicher, 4
    Eulerscher, 68
    Hamiltonscher, 76
    kreisförmiger, 383
    lokal semi-vollständiger, 377
    regulärer, 100
    schlichter, 4
    schwach Hamiltonsch-
      zusammenhängender, 395
    semi-Eulerscher, 68
    semi-Hamiltonscher, 78
    semi-vollständiger, 377
    stark Hamiltonsch-
      zusammenhängender, 395
    trivialer, 3
    zugeordneter, 323
    zusammenhängender, 28
Dijkstra-Algorithmus, 25
Dilworth, Satz von, 208
Dirac, Satz von, 80
Disjunktion, 187
Dodekaeder, 76
dominant, 215
Dominanzmenge, 215
    minimale, 215
Dominanzzahl, 215
dominieren, 97
Dreieck, 40
Dreikreis, 96
dualer Graph, 252

Durchmesser, 18
Durchschnitt, 9

ebener Graph, 245
echte Eckenfärbung, 253, 265
echte q-Eckenfärbung, 253, 265
Ecke, 1, 3
    gute, 65, 67
    isolierte, 1, 3
Ecken-m-panzyklisch, 389
Ecken-panzyklischer Digraph, 98
Ecken-panzyklischer Graph, 98
Eckenfärbung, 265
    echte, 253, 265
Eckengrad, 5
    maximaler, 5
    minimaler, 5
eckenkritisch, 292
eckenkritischer Block, 177
Eckenmenge, 1, 3
    maximale unabhängige, 192
    unabhängige, 192
Eckenüberdeckung, 192
Eckenüberdeckungszahl, 192
Eckenunabhängigkeitszahl, 192
eckenzusammenhängend,
    q-fach, 313
Eckenzusammenhangszahl, 313
Edmonds,
    Algorithmus von, 130
    Karp, Satz von, 348
    Satz von, 129
effizienter Algorithmus, 17
Einbettung, 245
Endblock, 170
Endecke, 5
Endkante, 5
Endkomponente, 380
endlicher Digraph, 4
endlicher Graph, 4
Endpunkt, 1, 3, 10
Entfernung, mittlere, 20

Entfernungsbaum, 26
Erdös,
    Chvàtal, Satz von, 332
    Gallai, Satz von, 166
    Satz von, 210, 362
    Szekeres, Satz von, 358
erreichbar, 27
    q-fach, 328
erzeugter Teilgraph, 8
Euklidischer Graph, 244
Euler, Hierholzer, Satz von, 62
Eulersche Polyederformel, 247
Eulerscher
    Digraph, 68
    Graph, 60
    Kantenzug, 60
      orientierter, 68
Eulertour, 60
    orientierte, 68
Exzentrizität, 18

f-Faktorproblem, 141, 143
f-Faktorsatz von Tutte, 143
f-gesättigter
    Bogen, 341
    Weg 343
f-Null Bogen, 341
f-positiver Bogen, 341
f-ungesättigter
    Bogen, 341
    Weg 343
    Wurzelbaum, 346
f-zunehmender Weg, 343
Fächer, 286
Fächermenge, 286
Faktor, 8, 135
    perfekter $[a, a + 1]$, 136
faktorisierbar, 135
Farben, 284
Farbenklasse, 265, 284
Färbung
    einer Landkarte, 249

    von Ecken, 265
fast-perfektes Matching, 113
Fleury, Algorithmus von, 72
Fluß, 339
    maximaler, 340
Flußstärke, 340
Folge, graphische, 165
Ford und Fulkerson,
    Algorithmus von, 347
    Sätze von, 345
Fundamentalsatz über chroma-
      tische Polynome, 278
Fünffarbensatz von Heawood, 250

(g, f)-Faktor, 136
(g, f)-Faktorsatz von Lovász, 150
Gale, Ryser, Satz von, 355
Gallai, Erdös, Satz von, 166
Gebiet, äußeres, 246
gemischter, Graph, 325
gerichtete Kante, 3
gerichteter Graph, 3
Gerüst, 41
gesättigte
    Clique, 203
    Irredundanzmenge, 235
gesättigter
    Weg, 95
    Wurzelbaum, 125
      M-alternierender, 125
gesättigtes Matching, 113
geschlossene Kantenfolge, 10
    orientierte, 27
geschlossener Kantenzug, 10
Gleason, Greenwood, Satz von,
    364
Grad, 5
Gradsequenz, 165
Graph, 1
    p-partiter, 82
    P_4-freier, 207
    q-kritischer, 267

r-faktorisierbarer, 135
r-fastregulärer, 160
bewerteter, 22
bipartiter, 82
chordaler, 202
dualer, 252
ebener, 245
eckenkritischer, 292
endlicher, 4
Euklidischer, 244
Eulerscher, 60
faktorisierbarer, 135
gemischter, 325
gerichteter, 3
Hamiltonscher, 76
homöomorpher, 259
klauenfreier, 114
kritischer, 267, 292
leerer, 1
lokal-r-fastregulärer, 160
panzyklischer, 85
perfekter, 206
planarer, 245
primitiver, 157
regulärer, 9
schlichter, 2
semi-Eulerscher, 60
semi-Hamiltonscher, 77
transitiv orientierbarer, 207
triangulierter, 202
trivialer, 2
ungerichteter, 1
untergeordneter, 4
vollständiger, 9
   p-partiter, 82
   bipartiter, 82
Graphenhomomorphismus, 6
Graphenisomorphismus, 6
graphisch, bipartit, 355
graphische Folge, 165
Greenwood, Gleason,
     Satz von, 364

Grenze, 246
Größe, 4
gute Ecke, 65, 67

h-Fächer, 286
Hajnál, Surányi, Satz von, 206
Hajós-Vereinigung, 298
Hakimi, Havel, Satz von, 166
halbe Bewertungsmatrix, 51
Hall, Satz von (König-Hall),
     xiv, 119
Hamiltonkreis, 76
   orientierter, 76
Hamiltonscher
    Digraph, 76
    Graph, 76
    Weg, 77
Handschlaglemma, 5
Haus vom Nikolaus, xi, 62
Havel, Hakimi, Satz von, 166
Heawood, Fünffarbensatz von, 250
Heiratssatz, xiv, 119
Hierholzer,
    Algorithmus von, 71
    Euler, Satz von, 62
Homomorphismus, 6
homöomorpher Graph, 259
Hülle eines Graphen, 86

$\{i, j\}$-Kette, 286
Index, 14
   chromatischer, 284
induzierter
    Teildigraph, 27
    Teilgraph, 8
Innengrad, 5
Integral-flow-Satz, 345
Intervallgraph, 214
inzident, 1, 244
Inzidenzmatrix, 7
inzidieren, 1, 3
   negativ, 3
   positiv, 3

irredundant, 235
irredundante Ecke, 235
Irredundanzmenge, 235
    gesättigte, 235
    minimale, 236
Irredundanzzahl, 236
isolierte Ecke, 1, 3
Isomorphismus, 6

Jordanbogen, 244
Jordankurve, 244
Jordanscher Kurvensatz, 246

Kaktusgraph, 36
Kante, 1
    gerichtete, 3
    orientierte, 3
    parallele, 2
Kantenfärbung, 284
Kantenfolge, 9, 10
    geschlossene, 10
        orientierte, 27
    offene, 10
        orientierte, 27
    optimale, 70
    orientierte, 27
Kantengraph eines Graphen, 180
Kantenkontraktion, 44, 276
kantenkritischer Block, 177
Kantenmenge, 1
    unabhängige, 192
Kantenüberdeckung, 192
    minimale, 192, 193
Kantenüberdeckungszahl, 193
Kantenunabhängigkeitszahl, 192
Kantenzug, 10
    Eulerscher, 60
    geschlossener, 10
    offener, 10
    orientierter, 27
kantenzusammenhängend, 313
    q-fach, 313
Kantenzusammenhangszahl, 313

Kapazität
    eines Bogens, 338
    eines Schnittes, 340
Kapazitätsbeschränkung, 339
Kapazitätsfunktion, 338
Karp, Edmonds, Satz von, 348
kartesisches Produkt, 187
klauenfreier Graph, 114
Klasse
    1-Graph, 289
    2-Graph, 289
Klassifizierung, 299
Klassifizierungsproblem, 299
kleinste Schnittmenge, 381
Komplement, 19
komplementäre Kreise, 393
Komplementärgraph, 19
Komponente, 12
Komposition von Graphen, 187
König, Hall, Satz von
        (König-Hall), xiv, 119
König, Satz von,
        87, 121, 122, 171, 193
König-Ore, Satz von Ore, 121
Königsberger Brückenproblem,
        60, 65
Konjunktion, 187
Kontraktion einer Kante, 44, 276
Koronagraph, 185
Krausz, Satz von, 182
Kreis, 10
    orientierter, 27
kreisförmiger Digraph, 383
kreuzungsfrei, 327, 329
kritischer Graph, 267, 292
Kruskal, Algorithmus von, 49
Kuratowski, Satz von, 260
Kurvensatz von Jordan, 246

Land, 246
Länder,
    adjazente, 246

benachbarte, 246
Landkarte, 246
   normale, 252
Länge, 22
   einer Kantenfolge, 9, 10
leerer Graph, 1
Lemma von Ore, 81
lexikographisches Produkt, 187
Line-Graph, 181
   eines Graphen, 180
lokal semi-vollständiger
      Digraph, 377
   ringförmiger, 383
lokal-r-fastregulärer Graph, 160
lokales Turnier, 377
Loop, 1, 3
Lovász, (g, f)-Faktorsatz von, 150

m-panzyklisch, 389
M-alternierender
   Weg, 116
   Wurzelbaum, 125
     gesättigter, 125
M-erweiternder Weg, 116
M-zunehmender Weg, 116
Matching, 113
   fast-perfektes, 113
   gesättigtes, 113
   maximales, 113
   perfektes, 113
Matrix-Gerüst-Satz, 45
Max-flow-min-cut-Satz, 345
maximale
   Clique, 203
   unabhängige Eckenmenge,
     192
maximaler
   Eckengrad, 5
   Fluß, 340
maximales Matching, 113
Mehrfachkanten, 2
Mengersche Sätze, 328ff

minimale
   p-Dominanzmenge, 231
   X-Dominanzmenge, 228
   Dominanzmenge, 215
   Irredundanzmenge, 236
   Kantenüberdeckung, 192, 193
   Schnittmenge, 380
   Überdeckung, 192
minimaler
   Eckengrad, 5
   Schnitt, 340
Minimalgerüst, 49
mittlere Entfernung, 20
Moon, Satz von, 97
Multidigraph, 3
Multigraph, 2
   Shannonscher, 289
multipartites Turnier, 100
Multiturnier, 99

n-Turnier, 95
Nachbar, 15
   äußerer privater, 223
   negativer, 15
   positiver, 15
   privater, 236
Nachbarschaftsungleichung, 16
Nash-Williams, Satz von, 326
negativ
   inzidieren, 3
   orientierter Wurzelbaum, 29
negativer Nachbar, 15
Netzwerk, 338
normale Landkarte, 252
Null-Fluß, 339
Nulldigraph, 3
Nullgraph, 1
Nullweg, 10

offene Kantenfolge, 10
   orientierte, 27
offener Kantenzug, 10
optimale Kantenfolge, 70

optimaler Stundenplan, 122
Ordnung, 4
Ore,
    Lemma von, 81
    Satz von, 81
    Satz von (König-Ore), 121
orientierte
    Eulertour, 68
    Kante, 3
    Kantenfolge, 27
    Wegüberdeckung, 77
    Wegüberdeckungszahl, 77
orientierter
    Baum, 29
    Hamiltonkreis, 76
    Kantenzug, 27
      Eulerscher, 68
    Kreis, 27
    Weg, 27, 325
      Hamiltonscher, 78
    Wurzelbaum, 29
Orientierung, 4

p-Dominanzmenge, 231
    minimale, 231
p-Dominanzzahl, 231
p-fach unabhängig, 198
p-Färbung, 249
p-partiter Graph, 82
p-partites Turnier, 100
P_4-freier Graph, 207
panzyklischer
    Digraph, 98
    Graph, 85, 98
parallele Bogen, 3
parallele Kanten, 2
Partition, 82, 100
Partitionsmatrix, 127
path-tough, 79
Perfect Graph
    Conjecture, 206
    Theorem, 206

perfekt unabhängig, 197
perfekter
    $[a, a + 1]$-Faktor, 136
    Graph, 206
perfektes Matching, 113
Personal-Zuteilungsproblem, 123
Petersen, I., II. Satz von, 155, 158
Petersen-Graph, 290
planarer Graph, 245
Polyederformel von Euler, 247
Polynom, chromatisches, 276
positiv inzidieren, 3
positiver Nachbar, 15
Potenzgraph, 186
Prim, Algorithmus von, 54
primitiver Graph, 157
privater Nachbar, 236
    äußerer, 223
Produkt,
    kartesisches, 187
    lexikographisches, 187
pseudoachromatische Zahl, 265

q-Eckenfärbung, 265
    echte, 253, 265
    vollständige, 265
q-fach
    bogenzusammenhängend, 323
    eckenzusammenhängend, 313
    erreichbar, 328
    stark zusammenhängend, 322
    zusammenhängend, 313, 329
q-Färbung, 265
    echte, 253, 265
    vollständige, 265
q-kantenfärbbar, 284
q-Kantenfärbung, 284
q-Kreis, 97
q-kritischer Graph, 267
q-Totalfärbung, 306
quasi-Taillenweite, 386
Quelle, 338

r-Faktor, 135
r-faktorisierbarer Graph, 135
r-Faktorsatz von Belck, 149
r-fastregulärer Graph, 160
r-Hülle, 86
r-regulär, 9
    primitiv, 157
ρ-Abstand, 22
Radius, 18
Ramsey-Zahl, 357
    verallgemeinerte, 363
Rand, 246
Randpunkt, 246
Rédei, Satz von, 95
Reduktionssatz, 199, 228
regulärer
    Digraph, 100
    Graph, 9
Rekursionsformel für chromatische
        Polynome, 277
ringförmige Darstellung, 383
ringförmiger lokal semi-voll-
        ständiger Digraph, 383
Robbins, Satz von, 325
Rösselsprunggraph, 77
Rückwärtsbogen, 343
Ryser, Gale, Satz von, 355

Satz von
    Bäbler, 159
    Berge, 117
    Berge, (Tutte-Berge), 139
    Bondy, 89, 91, 105
    Brooks, 268
    Camion, 98
    Chvátal, Erdös, 332
    Dilworth, 208
    Dirac, 80
    Edmonds, 129
    Edmonds, Karp, 348
    Erdös, 210, 362
    Erdös, Gallai, 166

Erdös, Szekeres, 358
Euler, Hierholzer, 62
Gale, Ryser, 355
Greenwood, Gleason, 364
Hajnál, Surányi, 206
Havel, Hakimi, 166
Heawood, 250
König, 87, 121, 122, 171, 193
König, Hall,
        (König-Hall), xiv, 119
Krausz, 182
Kuratowski, 260
Moon, 97
Nash-Williams, 326
Ore, 81
Ore, (König-Ore), 121
Petersen I., 155
Petersen II., 158
Rédei, 95
Robbins, 325
Schur, 365
Tait, 284
Turán, 211, 212
Tutte, 136, 142
Vizing, 286, 288
Whitney, 173, 181, 281, 314
Sätze von
    Ford und Fulkerson, 345
    Menger, 328ff
schlichter
    Digraph, 4
    Graph, 2
Schlinge, 1, 3
Schnitt, 340
    minimaler, 340
Schnittecke, 78, 170
Schnittmenge, 380
    kleinste, 381
    minimale, 380
Schur, Satz von, 365
schwach Hamiltonsch-zusammen-
        hängender Digraph, 395

Sehne, 202
selbstdual, 264
selbstkomplementärer Graph, 19
semi-Eulerscher
　　Digraph, 68
　　Graph, 60
semi-Hamiltonscher
　　Digraph, 78
　　Graph, 77
semi-vollständige Zerlegung, 383
semi-vollständiger Digraph, 377
Senke, 338
Shannonscher Multigraph, 289
Simplex, 203
simpliziale Ecke, 203
simplizialer Graph, 242
spannender Baum, 41
Standardintervall, 10
stark Hamiltonsch-zusammen-
　　　　hängender Digraph, 395
stark zusammenhängend, 27, 28
　　q-fach, 322
stark zusammenhängende
　　　　Zerlegung, 380
starke Zusammenhangs-
　　　　komponente, 28
starke Zusammenhangszahl, 322
Stern, 222
Strong Perfect Graph
　　　　Conjecture, 209
Struktursatz
　　I., 379
　　II., 382
　　III., 387
Stundenplan, optimaler, 122
Summe zweier Graphen, 139
Surányi, Hajnál, Satz von, 206
symmetrische Differenz, 41
Szekeres, Erdös, Satz von, 358

Taillenweite, 247
Tait, Satz von, 284

Teildigraph, 27
　　induzierter, 28
Teilgraph, 8
　　erzeugter, 8
　　induzierter, 8
totalchromatische Zahl, 306
Totalfärbung, 306
Totalfärbungs-Vermutung,
　　　　307, 311
Tour, 10
transitiv orientierbarer Graph, 207
transitives
　　3-Turnier, 96
　　Turnier, 96
triangulierter Graph, 202
trivialer
　　Digraph, 3
　　Graph, 2
Turán, Satz von, 211, 212
Turánscher Graph, 210
Turnier, 95
　　p-partites, 100
　　bipartites, 100
　　lokales, 377
　　multipartites, 100
　　transitives, 96
Tutte,
　　1-Faktorsatz von, 137
　　f-Faktorsatz von, 143
　　Satz von, 136, 142
Tutte-Berge, Satz von Berge, 139

Überdeckung, 192
　　minimale, 192
Überdeckungszahl, 192
Umfärben eines Fächers, 287
unabhängig, p-fach, 198
unabhängige
　　Eckenmenge, 192
　　Kantenmenge, 192
　　Menge von Ecken
　　　　und Kanten, 306

Unabhängigkeitslemma, 196
Unabhängigkeitszahl, 192
Ungarische Methode, 125, 126
ungerichteter Graph, 1
ungesättigter Wurzelbaum, 346
untergeordneter Graph, 4
Unterteilung einer Kante, 173
Unterteilungsgraph, 173

VAL, 293
Valenz, 5
verallgemeinerte Ramsey-Zahl,
    363
Vereinigung, 9
Vierfarbenvermutung, 254
Vizing, Satz von, 286, 288
Vizings Adjazenz Lemma, 293
vollständig orientierter
        Wurzelbaum, 29
            negativ, 29
vollständige
    q-Eckenfärbung, 265
    q-Färbung, 265
vollständiger
    p-partiter Graph, 82
    bipartiter Graph, 82
    Graph, 9
Vorwärtsbogen, 343

Wald, 26, 29, 34
Weg, 10
    f-gesättigter, 343
    f-ungesättigter, 343
    f-zunehmender, 343
    M-alternierender, 116
    M-erweiternder, 116
    M-zunehmender, 116
    gesättigter, 95
    Hamiltonscher, 77

    orientierter, 27, 325
Wegüberdeckung, 77
    orientierte, 77
Wegüberdeckungszahl, 77
    orientierte, 78
Whitney, Satz von, 173, 181,
        281, 314
Wurzel, 29, 125
Wurzelbaum,
    f-ungesättigter, 346
    M-alternierender, 125
        gesättigter, 125
    gesättigter, 125
    negativ orientierter, 29
    orientierter, 29
    vollständig orientierter, 29

X-Dominanzmenge, 228
    minimale, 228
X-Dominanzzahl, 228

Zahl,
    achromatische, 265
    chromatische, 265
    pseudoachromatische, 265
    zyklomatische, 14
Zentrum, 18
Zerlegung, semi-vollständige, 383
zugeordneter Digraph, 323
zusammenhängend, 12
    q-fach, 313, 329
    stark, 27, 28, 325
zusammenhängender Digraph, 28
Zusammenhangskomponente, 12
    starke, 28
Zusammenhangszahl, 313
    starke, 322
zyklisches 3-Turnier, 96
zyklomatische Zahl, 14